The Illustrated Book of Plant Systematics in Color
Bambusoideae in Japan

原色植物分類図鑑

日本のタケ亜科植物

小林幹夫

宇都宮大学名誉教授

北隆館

The Illustrated Book of Plant Systematics in Color
Bambusoideae in Japan

by Dr. MIKIO KOBAYASHI FLS

Professor Emeritus, Utsunomiya University

はじめに

日本では、竹や笹は日常生活のあらゆるところに行き渡り、文化的な豊かさの要素にもなっています。しかし、日本を一歩離れると、これらはすべてBambooと一括されます。これらを植物分類学の分野でまとめる時、タケ類、ササ類、バンブー類というように3群に分けて認識され、取り扱われるのも、その文化的な豊かさの現れと見なされます。ところが、タケ科として、イネ科とは別の一群として扱う立場が時として流布されてきました。これも日本だけの特異な現象といわざるを得ません。日本を一歩離れると、イネ科の一員としてのタケ亜科として扱うのが常識だからです。日本の植物学の父・牧野富太郎博士はタケ亜科の認識で一貫していました。日本に見られたこの特異な現象は、一つには、タケ・ササ類の分類学を近代的な、誰にでも判り易い内容に整理・総括した鈴木貞雄博士の業績（鈴木 1978；1996）が、「タケ科」という用語をベースにまとめられてきたからに他なりません。筆者は、植物分類学上のタケ類の認識、タケ亜科の概念の変遷について、過去180年にわたるイネ科の研究史の中で捉え、再検討を試みました（小林1993a)。その結果、多くの研究者の賛同を得て、イネ科の一群としてのタケ亜科という範疇で捉えることが当然のようになりました。しかし、依然としてタケ科という用語に固執する部分が存在し続けているのも事実です。その理由は、鈴木博士が集大成した分類体系を越えるような体系もしくは出版物が刊行されていない、ということに尽きるのではないでしょうか。そのうえ、分類学では、分類学としての原則、文法に則ってさえいれば、実証的なデータを提示しなくとも分類体系を組み換え、変更することができること、それゆえに、「最も古い名前（学名）が最も安全」、という神話がまかりとおる、という学問的土壌も否定できません。鈴木博士の業績はあまりにも大きく、その学問的な価値は計り知れないものですが、学問研究自体も不断に進展しつつあります。1990年代初頭から、分子系統学が破竹の勢いで進展し、遺伝子の解析をベースとした分類学、系統学が常態化しました。本書は、このような流れを見据えて、タケ類の研究の現状はどうなっているか、を再認識するうえで参考になるような本になれば、ということを念頭に置いて執筆しました。本書が、日本におけるタケ類の実証的研究の進展に多少なりとも寄与し、読者諸氏のご批判をいただければ幸いです。

本書をまとめるにあたり、多くの方々から様々なご協力をいただきました。1990年に国際生態学会議のエクスカーションで初めて訪れた富士竹類植物園を機会に知り合った柏木治次氏には、タケ類の分類や取扱いまで、多大なご指導とともに絶えず貴重な試料類の御提供をいただきました。東北植物研究会の上野雄規氏には、東北地方のササ類に関し度重なる実地検分の機会をいただくとともに、本書で取り上げた日本産タケ類の分類学的記載に関する面倒な文献のチェックとコメントをいただきました。2009年以来、毎年のように広島で研究会を開催し、現地調査の機会を与えて下さった齋藤隆登氏には、能登から三陸までササ類の調査に同行させていただきました。

また、相模原市在住の三樹和博氏にも、箱根山から新潟地方まで、幾度となくササ群落の探索にご案内いただき、得難い情報の提供を受けました。これらの諸氏に、心よりお礼を申し上げます。

また、本書では特に第4章において、この数年間に明らかにされたササ類の新たな分布地を示す多くの情報が写真、標本とともに筆者に寄せられ、掲載しています。それらの標本には、( )中に採集者番号もしくは国立科学博物館TNSの受け入れ番号を明示しました。本来ならば、それぞれの分布情報は証拠標本とともに報文として出版する価値を有するものです。権威ある学術雑誌になり代わることは不可能ですが、本書をその発表の場と位置付けて下さった諸氏に深謝します。

日本古来の伝統武芸には"師弟同行"という教えがあります。物事を探求するのに、どちらか一方通行では達成されない、ということでしょう。本書には、筆者の現役時代に宇都宮大学農学部森林科学科森林資源植物学研究室を訪ね、卒論や修論研究に携わった学生や院生諸君によりもたらされた多くの未発表データが公開されています。これらは学界の専門家からの査読を受けていないので、単なる資料に過ぎない側面もありますが、今後の多方面にわたる研究の新たな発展の手がかりになることは間違いありません。抜群の行動力で多くの貴重な手がかりを発見された学生院生諸氏に敬意を表します。

各章においても個別に紹介しましたが、本書での写真の使用にあたり、多くの愛好家や専門の研究者の方々のご協力をいただきました。また、筆者の定年退職後から今日まで、独立美術協会会員の湯澤宏画伯より水彩画の手ほどきをいただいてきましたが、画伯の強いお勧めもあり、2点の稚拙な画を使用させていただきました。湯澤画伯の懇切なご指導に記して御礼申し上げます。本書では、筆者が準備した大量の写真、図表などの資料類がほとんどそのままに掲載されました。これは、北隆館編集部の角谷裕通氏の裁量によるもので、ひと目でわかり易く、読みやすく仕上げられた氏のセンスには脱帽するしかありません。企画を依頼され、丸3年を経過し、やっと日の目を見ることになりましたが、その間、じっと耐え忍ばれた社長の福田久子氏に深潭なる謝意を表します。

末筆となりましたが、本書を以下の方々に捧げます：

信州大学農学部畜産学科時代の恩師　細野明義博士、
名古屋大学大学院理学研究科生物学専攻時代の恩師　(故) 伊藤道夫博士、
イネ科植物分類学の世界的権威　(故) 館岡亜緒博士、
そして
妻・節子氏。

2017年3月

小林幹夫

目　次

第4章　日本産タケ亜科植物の分類と分布 Classification and distribution ……………… 113 ～ 364

目　次

〔**表紙イラスト**：ミクラザサの生活史概要図（小林幹夫 作）〕

本書第 5 章では著者が約 20 年間にわたり継続してきたミクラザサの生活史に関する研究を紹介している。表紙画はミクラザサの生活史の概要を表す。ミクラザサは、伊豆諸島南部の御蔵島と八丈島のみに固有分布するササ属チシマザサ節の種である。

Ⅰ. タケ亜科植物とは何か

第1章　イネ科におけるタケ亜科の位置と特徴

1　タケ亜科とは何か

(1) タケ亜科の外見的特徴

地球上の緑地の四分の一はイネ科の草原で覆われている。この状況は住宅地の周囲の、私たちの身近にある自然環境においても垣間見ることができる。筆者の自宅から東方に自転車で20分ほど走ると、栃木県宇都宮市の東部を南北に貫流する鬼怒川の右岸に突き当たる。河川敷の土手沿いの分流の岸辺に立って上流方向を眺めると（図1）、視野いっぱいにイネ科植物の姿が飛び込んでくる。画面の下方手前には、カーテンのように穂を林立させたクサヨシ、そして、その下方でアーチ状に穂を垂れ下げたカモジグサなどのイチゴツナギ亜科のメンバー。流れの両岸には長大な葉を付けて点々と抽水して生育するマコモ（イネ亜科）の株。右手の河原には、走出枝や横走地下茎を伸ばして広大な群落を形成するツルヨシ（ダンチク亜科）やオギ（キビ亜科）。左手の土手はチガヤ（キビ亜科）で覆われ、その群落内にはカゼクサ（オヒゲシバ亜科）を含む十指に余るイネ科の各種を見出すことができる。左上の民家の脇にはモウソウチクとマダケを交えた屋敷林が見られ、流れが大きく右方向に曲がった土手の端にはアズマネザサ（タケ亜科）の薮が見える。

これらの植物は、逐一名前を知らなくとも、ほとんど誰でも、イネ科やタケやササの仲間であることを直感的に言い当てることができる。何故だろうか。茎がスラッとした直線的で、薄く手を切りそうな細長い葉や、独特な穂を付けたり、背の高い木立のように林立するからだろう。それを田んぼのイネを相手にもう少し詳しく見てみよう（図2）。葉は、鋭く尖った流線形の元の方に、鞘のように茎を包む部分が続く。先端の広がりを‘葉身（ようしん）’と呼び、元の部分の鞘状の構造を‘葉鞘（ようしょう）’と呼び、両者を合わせて‘葉’とみなす。葉鞘は茎を取り巻いているので、その付着部位である節も茎を取り巻くように発達し、結果として、茎は多数の節間に区切られた分節構造を成す。このような構造を持った茎を、‘稈（かん）’と

図1：身近な自然に溢れるイネ科植物。
Fig. 1. A landscape full of grass family.

図2：イネを間近に観察する。
Fig. 2. Close-up of *Oryza sativa*.

図3：タケとササの違い。
Fig. 3. How to tell Take from Sasa?

いう特別な用語を当てて呼び、イネ科植物とともに、系統的に近縁なカヤツリグサ科やツユクサ科に共通した特徴となっている。

では、イネ科の中で、タケ亜科はどうだろう。稈が木化して硬くなることを特徴として挙げたいところだが、第２章で紹介するように、イネやムギをはじめ、上記に紹介した各種と同様に、稈の木化しない草本性タケ類が存在するので、特徴とすることは妥当ではない。ありきたりのようだが、タケ亜科では、ほとんど例外なく、稈の出始めの時期にタケノコの時代を経ることで共通している。タケノコは稈を包む鞘、'稈鞘（かんしょう）' と呼ばれる皮を被っている。稈鞘は、'本体' の部分と、'葉片（ようへん）' と呼ばれる先端の出っ張りの部分からなり、それぞれ、普通葉の葉鞘と葉身に相当し、お互いに相同な器官である。葉そのものにも、他のイネ科には見られない特徴がある。近くの竹林に足を踏み入れると、林床には白色のタケの葉が降り積もっているのが普通である。モウソウチクやマダケ、ハチクなどには、年に一度、'竹の秋' がやってくる。麦の穂が色づく麦秋の頃、竹林はオレンジ色に紅葉する。紅葉した葉は、やがて一斉に落葉し、若葉と交替する。これは葉鞘と葉身の間に '葉柄' と呼ばれる関節を持った柄が存在し、直近の葉鞘の付け根の節に形成された腋芽から新葉が展開するからである。その時、まず葉身だけが脱落し、やがて古くなった葉鞘も散り落ちる。葉柄を持たない他のイネ科植物では、葉身だけが枯れ落ちることはない。

では、タケとササはどう違うのだろうか。大型のものがタケ、小型がササ、と思われがちだが、正しくない。稈鞘がタケノコの成長とともに脱落するものをタケ（図3A）、成長後も物理的な外力で引き剥がされたりしない限り長く宿存するものをササ（図3B）と区別する。和名でオカメザサ（タケ類）、メダケ、リュウキュウチク、スズダケ、ネマガリダケ（以上ササ類）など、語尾に 'ササ' や 'タケ' という言葉がついていても、必ずしもタケ類、ササ類の区別に該当するわけではない。以後の参考の

表1：日本産イネ科植物分類表（館岡亜緒 1985, 1994.3.9 を一部改変）

BOP分岐群

Subfamily Bambusoideae タケ亜科

Tribe Bambuseae **バンブーサ連**：ダイサンチク、マチク

Tribe Arundinarieae アルンディナリア連

Subtribe Arundinarineae タケ亜連：マダケ、オカメザサ、トウチク、カンチク、ナリヒラダケ、インヨウチク

Subtribe Shibataeineae ササ亜連：メダケ、ヤダケ、ササ、スズダケ、スズザサ、アズマザサ

Subfamily Oryzoideae イネ亜科

Tribe Oryzeae **イネ連**：サヤヌカグサ、ツクシガヤ、マコモ

Subfamily Pooideae イチゴツナギ亜科（Festucoideae ウシノケグサ亜科）

Tribe Stipeae **ハネガヤ連**：ハネガヤ

Tribe Brachyelytreae **コウヤザサ連**：コウヤザサ

Tribe Brylkinieae **ホガエリガヤ連**：ホガエリガヤ

Tribe Meliceae **コメガヤ連**：コメガヤ、ドジョウツナギ

Tribe Poeae **ナガハグサ連**：ナガハグサ、ウシノケグサ、ドクムギ、コバンソウ、カモガヤ、ハイドジョウツナギ、チシマドジョウツナギ、スズメノチャヒキ

Tribe Brachypodieae **ヤマカモジグサ連**：ヤマカモジグサ

Tribe Aveneae **カラスムギ連**：カニツリグサ、ミサヤマチャヒキ、カラスムギ、オオカニツリ、ノガリヤス、ヌカボ、ミノゴメ、ヒエガエリ、フサガヤ、アワガエリ、スズメノテッポウ、コウボウ、ハルガヤ、クサヨシ、イブキヌカボ、ヒゲナガコメススキ、シラゲガヤ、コメススキ、ミノボロ

Tribe Triticeae **コムギ連**：カモジグサ、オオムギ、エゾムギ、アズマガヤ

PACC分岐群

Subfamily Panicoideae キビ亜科

Tribe Arundinelleae **トダシバ連**：トダシバ、（ハイシバ）

Tribe Isachneae **チゴザサ連**：チゴザサ、ヒナザサ

Tribe Paniceae **キビ連**：チカラシバ、ウキシバ、エノコログサ、ヌメリグサ、キビ、ビロードキビ、チジミザサ、イヌビエ、メヒシバ、ナルコビエ、スズメノヒエ、ツキイゲ、クリノイガ

Tribe Andropogoneae **ヒメアブラススキ連**：ススキ、チガヤ、カリマタガヤ、アブラススキ、イタチガヤ、アカヒゲガヤ、ウンヌケ、アシボソ、オオアブラススキ、ワセオバナ、モロコシ、コブナグサ、ヒメアブラススキ、ウシクサ、オガルカヤ、メガルカヤ、ウシノシッペイ、アイアシ、カモノハシ

Tribe Maydeae **トウモロコシ連**：ジュズダマ

Subfamily Arundinoideae ダンチク亜科

Tribe Arundineae **ダンチク連**：ダンチク、ヨシ、ウラハグサ、ヌマガヤ

Tribe Phaenospermae **タキキビ連**：タキキビ、タツノヒゲ

Subfamily Chloridoideae オヒゲシバ亜科（Eragrostoideae スズメガヤ亜科）

Tribe Eragrosteae **スズメガヤ連**：スズメガヤ、オヒシバ、タツノツメガヤ、トリコグサ、アゼガヤ、チョウセンガリヤス、ネズミガヤ、ネズミノオ

Tribe Chlorideae **ヒゲシバ連**：オヒゲシバ、ギョウギシバ

Tribe Zoysieae **シバ連**：シバ

Subfamily Centothecoideae ラッパグサ亜科

Tribe Centotheceae **ラッパグサ連**：ササクサ

ために館岡亜緒博士が学会の講演や研究室ゼミで公表された日本産イネ科植物分類表を最近の知見を加えて改変し紹介する（表1）。タケ亜科については亜連まで示した。冒頭の風景のような身近な自然に、イネ科の大部分を構成する基本的なグループが出そろい、観察される点は日本の植物的自然の多様性の現れである。

(2) イネ科の有性生殖器官

イネ科の中で、タケ亜科に属する木本性タケ類の多くは、後述するように、数十年に１度という一斉開花枯死を繰り返して世代を交替する一回繁殖型（モノカルピック）の特異な生活史上の特徴を示すことが古くより知られている。開花が稀な性質は、有性繁殖に伴う遺伝子の組み換えに基づく形態変化の機会が稀、という意味を持ち、その結果、花に関わる形質の変異を生ずる機会が稀となり、結果として、１年生や多年生の繰返し繁殖型（ポリカルピック）の植物に比べ、構造的により祖先的な形態を保持している可能性が高いと見なされる（Soderstrom 1981）。そのことを考慮し、多種多様な花あるいは、花の集合である花序を持つ他のイネ科植物に比べ、相対的に特殊化の程度の低いと推定されるササの花・花序に注目し、ここでは、ササ属チシマザサ節の１種、ミクラザサ *Sasa jotanii* の花に関わる構造形態を紹介しよう（図４）。ミクラザサの生活史については、第５章に詳述する。なお、イネ科の花器官各部の名称には研究者により異なった呼称が使用されることがあるが、本書では舘岡（1959）に従う。

① **花穂**（図１・２・４A）　イネ科では一般的に図１・２で見られるように穂が稈の一番上の葉の葉鞘に包まれた状態で発生し、出穂する。タケ亜科では腋芽が花の蕾に変化し、あるいは独立した花茎を生じ、花序の一部として仏炎苞を伴う群もあるが、出穂・開花する。穂の全体の形は多様だが、ササ類では円錐花穂が一般的である。ミクラザサでは、垂直に立たずにアーチ状に垂れ下がる。

② **小穂**（図４B）　イネ科の花序は、稈の下方から上方に向かって苞と花梗（花柄）を備えた花の集まり、すなわち総状花序が重複した複総状花序を基本とする‘小穂（しょうすい）’を単位とする。小穂の一番外側（下方）には‘苞穎（ほうえい）’と呼ばれる１対の鱗片状構造があり、下から順番に第一苞穎(C)、第二苞穎(D)と呼ばれる。前項のように、小穂は、柄に相当する小梗を介してさらに大きな花穂を構成し、円錐形（ササ類に一般的）、球形、総（そう）形など、属の単位でまとまった様々な形態をとる。

③ **小花**　小穂の内側に、基部から先端へと順番に発生する個々の花に相当する小花が付き、下から順番に第一小花、第二小花、…と呼ばれる。ミクラザサの１個の小穂はBに示すように、ほとんど４個の小花からなるが、先端は不完全な不稔小花となる。小花の柄に相当する部分は小軸と呼ばれ、末端で軸のみに退化した小軸突起で終わる種もある。それぞれの小花は、内外一対の鱗片状の構造で包まれ、外側は蓋の役割を果たす‘外穎（がいえい）’(E)、内側は器の役割を果たす‘内穎（ないえい）’(F)と呼ぶ。外穎には‘禾’もしくは‘芒（のぎ）’と呼ばれる針状の突起を生ずる場合が多い。内穎は小花の雌しべと雄しべを包み、背面両端に‘竜骨’と呼ばれる２本の突起状の稜が走る。このような小花を編成する小穂は、イネ科植物の種を特徴づける花に相当する構造＝偽花と見なされ、古くより最も重要な分類形質として扱われてきた。

④ **花の本体**　外穎と内穎を開くと、一番外側にタケ亜科の特徴を成す３枚の‘鱗被（りんぴ）’(G～J)と呼ばれる菱形をした半透明で鱗片状の構造が現れる。これが花の構成要素の一つとしての花被に相当する器官である。その内側に数本の雄しべ（花糸＋葯）(K)が輪生し、中心に雌しべ（子房＋花柱＋柱頭）(L)がある。ササ属、スズダケ属では雄しべは６本、メダケ属、マダケ属では３本、ヤダケ属では４本、ホウライチク属やマチク属では６本である。また、雌しべは１本で柱頭は大半が３叉する。鱗被には、基部にカルス状の膨らみがあり(I)、受粉に際し、膨圧の変化によって外穎と内穎の開閉に関わる。

⑤ **穎果**　イネ科の果実は、雌しべの子房の部分が薄く皮状に種子を包み、その外側を籾殻に相当する外穎と内穎が包み、“穎果”（えいか）（M、N）と呼ばれる。穎果は、親植物に付着していた“へそ”の部分(N)とその反対側の胚の部分(M)、そして、胚と結合した胚乳部分か

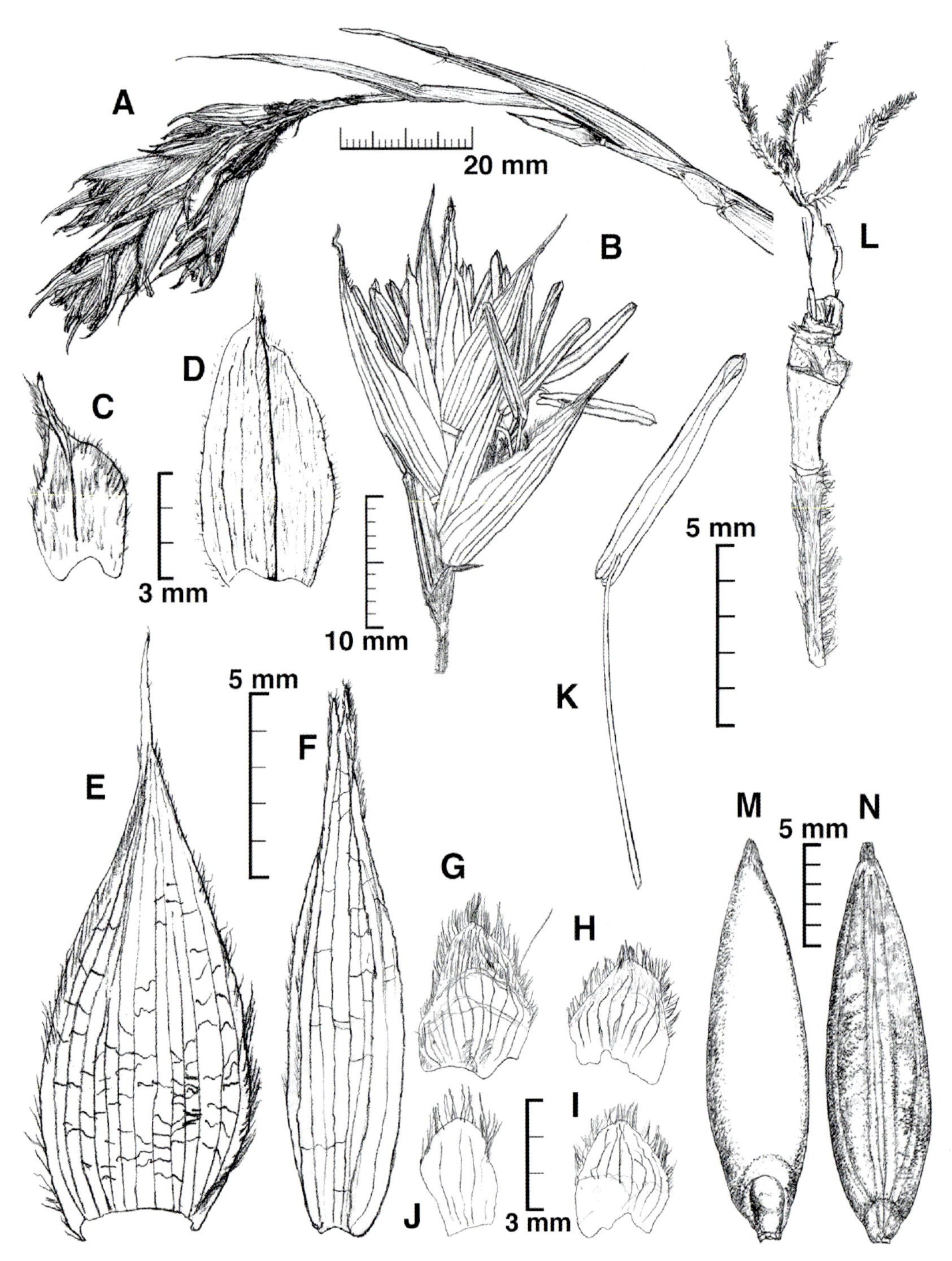

図4：ミクラザサの花の各部；A: 4個の小穂からなる花穂、B: 4個の小花からなる小穂、1個の小穂には6本の雄しべがある。C: 第一苞穎、D: 第二苞穎、E: 外穎、F: 内穎、外側から見た図で両側に竜骨があり、先端が二つに分かれる。G: 鱗被1、H: 鱗被2、I: 鱗被2の裏側、左下にカルスが発達する。J: 鱗被3、K: 1本のおしべの花糸と葯、L: 小軸の先端についためしべ、小花の他の器官は除去して示す。柱頭は繊毛状。M: 穎果の胚側、N: 穎果のへそ側。Fig. 4. Flower organs of *Sasa jotanii*. A: flowering branch with a panicle, B: spikelet, C: glume I, D: glume II, E: lemma, abaxial view, F: palea, adaxial view, G ~H: anterior lodicules, H: abaxial view, I: adaxial view showing fleshy part at the base, J: posterior lodicule, K: androecium, L: gynoecium, M: embryo side, N: hilum side.

らなる。ミクラザサの穎果は長さが平均で 18 mm もあり、日本産のタケ亜科植物中では最大である。ササ属では穎果が成熟後、半年から 2 年間程度の休眠性があるが、ミクラザサには無い。また、メダケ属やマダケ属、ホウライチク属、マチク属も非休眠性を持ち、穎果の散布後、しばらくして発芽力を失う。

⑥ **胚**　イネ科における一般的な胚の構造として、胚乳と結合した胚盤、胚盤と直結した中胚軸、中胚軸の下端に根鞘、上端に子葉鞘、そして子葉鞘の基部付近に突起状の構造としてエピブラストが見られる。シャーレに脱脂綿を敷き、玄米や籾殻を剥がしたムギの穎果を播き、水を与えて暫くすると発芽する。幼根が伸び、すぐに針状に巻いた薄緑色の葉が伸びてくる。比較のために、九条ネギの種子を同様に播種すると、幼根とともに、種子の殻を被った状態だが、1 枚の子葉を先端に付けた胚軸が伸びてくる。単子葉類の一般的な発芽の姿である。しかし、タケ亜科はもとより、イネ科では、このような子葉は見られず、子葉鞘を突いて出てくるのは、いきなり本葉である。イネ科植物は、単子葉類の最も進化した一群の証拠として、子葉が無いという際立った特徴を持つ。筆者は大学で教鞭を執るようになるまで、イネやムギのタネを播いて最初に出てくる 1 枚の針状の葉を見て、「これぞ、単子葉の証」、と思っていた。胚の構造のうち、エピブラストが子葉の名残だ、とする説もあるが、現在は胚盤に姿を変えた、とする見解が有力である。種子が発芽後、はじめの 1、2 枚の本葉はタケ亜科では、葉身を持たず、その次から軸に直角に水平に開く広楕円形の葉身が出る。他の亜科では、針状の葉身が軸に沿うように真上～斜上する。タケ亜科の芽生えの最初の葉に葉身を欠くのは、稈鞘の名残りかもしれない。

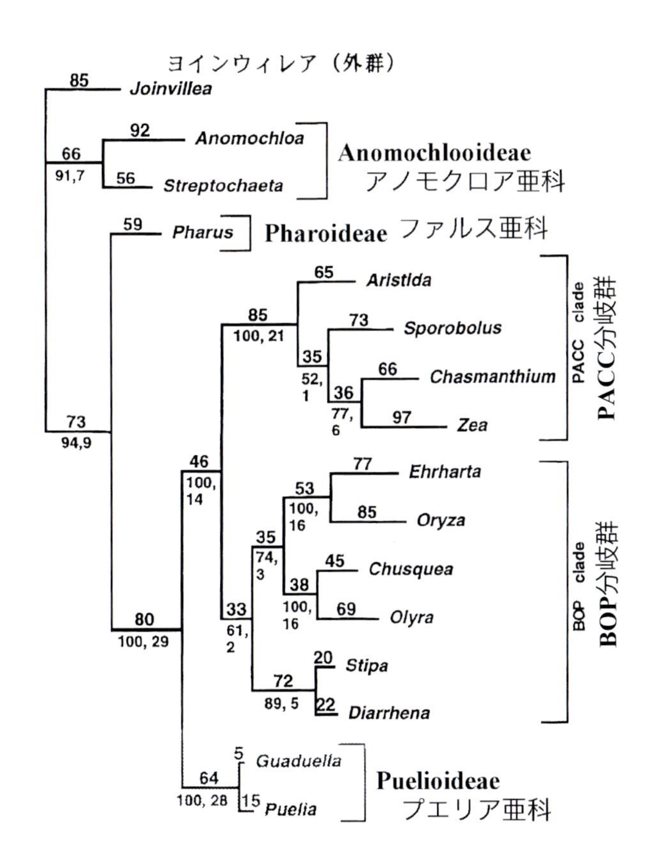

図5: イネ科の代表的な分類群の系統図、葉緑体遺伝子 *ndhF*、*rbcL*、および核遺伝子 *PHYB* の塩基配列データに基づく最節約系統樹（Clark *et al.* 2000 より）。Fig. 5. Cladogram of the Poaceae based on combined sequences of *ndhF*, *rbcL*, and *PHYB* showing the placement of Puelioideae. Tree length = 1642, CI = 0.551, RI = 0.583, Numbers above branches indicate branch length, numbers below branches indicate bootstrap support and decay values respectively. PACC clade includes one representative each of the Panicoideae, Arundinoideae, Centothecoideae and Chloridoideae; BOP clade includes two representatives each of the Bambusoideae, Oryzoideae, and Pooideae (Clark *et al.* 2000).

(3) イネ科におけるタケ亜科の位置

図 5 はイネ科の研究史上、初めて科の構成の全貌を明らかにした分子系統樹である（Clark *et al.* 2000）。イネ科に最も近縁な外群はヨインウィレア科 Joinvilleaceae やトウツルモドキ科 Flagellriaceae である。前者は南太平洋から赤道付近の島嶼や沿岸部を中心に、また後者は熱帯アジアの森林地帯から日本の西表島まで分布する。イネ科の最初の初期分岐群

は、アノモクロア亜科 Anomochlooideae で、ブラジル・バイア州ウナに数十個体のみが生育するアノモクロア・マラントイデア *Anomochloa marantoidea* 1 種と、新熱帯地域に広域分布するストレプトカエタ属 *Streptochaeta* 2 種の 3 分類群のみからなる。第二の初期分岐群はファルス亜科 Pharoideae で、新熱帯地域に分布するファルス属 *Pharus*、アフリカとアジアにまたがって分布するレプタスピス属 *Leptaspis*、および熱帯アジアのスクロトクロア属 *Scrotochloa* からなる。他方、イネ科の 99％は、BOP 分岐群と PACC 分岐群の 2 大系統群に属し、前者はタケ亜科 Bambusoideae、イネ亜科 Oryzoideae（もしくはエールハルタ亜科 Ehrhartoideae）、およびイチゴツナギ亜科 Pooideae（もしくはウシノケグサ亜科 Festucoideae）からなる。後者はキビ亜科 Panicoideae、ダンチク亜科 Arundinoideae、ラッパグサ亜科 Centhotececoideae、およびオヒゲシバ亜科 Chloridoideae（もしくはスズメガヤ亜科 Eragrositisooidee）からなる分岐群である。後者はさらに拡張し、PACCAD 分岐群とも位置づけられる。イネ科の初期分岐群と 2 大姉妹分岐群の間を繋ぐ位置にプエリア亜科 Puelioideae が入る。

既に見たように、通常の被子植物の花被（がくと花冠）に相当するイネ科の器官は鱗被と呼ばれる小さな鱗片状の構造だが、第一の初期分岐群 Anomochooideae には存在しない。第二の初期分岐群 Pharoideae の *Pharus* 属において、雌花の花托の部分に初原的な突起状構造として出現し、Puelioideae においてはじめて本格的な鱗被と小穂構造が出現し、以後の 2 大姉妹分岐群の間に多様な小穂構造を開花させるに至る。初期分岐群の詳しい紹介は第 2 章を参照されたい。

形質群 ** / 分類群	1	2	3	4	5	6	7	8	9	10
Bambusoideae (a)	○	○	○	○	○	○	○	○	○	○
Streptogyneae	○	○	○	○	×	×	○	○	○	○
Puelieae	?	○	○	○	×	×	○	○	○	○
(b)Guaduelleae	?	○	○	○	×	×	○	○	×	◎
Phareae	○	○	○	○	×	×	○	○	○	×
Oryzeae	×	○	○	×	×	○	○	×	○	○
Zizanieae	○	○	○	×	×	○	○	○	○	○
Phaenospermateae	○	○	○	○	×	×	○	×	×	×
Diarrheneae	○	○	○	×	×	×	○	×	×	×
Ehrharteae	×	○	○	×	×	○	○	×	×	×
Centotheceae	×	×	○	×	○	○	○	×	×	×
Arundineae	×	×	○	×	×	○	○	×	×	×
Brachyelytreae	×	○	○	×	×	×	○	×	×	×
Stipeae	×	×	○	○	×	×	○	×	×	×
Pooideae	×	×	○	×	×	×	○	×	×	×
Arundinoideae	×	×	×	×	×	○	○	×	×	×
Panicoideae	×	×	×	×	×	○	×	×	×	×
Chloridoideae	×	×	×	×	×	×	×	×	×	◎

* Sodersrtom & Ellis (1987)を改変。
○ 狭義のタケ亜科に共通に見られる形質
× それ以外の様々な形質
? 不明
◎ *Guaduella oblonga* (Baldwin 6704, Liberia, 26 July 1947 /US2672982) および日本産ヒゲシバ亜科６属から得られた未発表データによる○該当形質

1 胚の形式：F+PP**型
2 へその形：線形
3 胚の大きさ：胚乳に比して小さい
4 鱗被：３枚で、扁平な菱形
5 芽生えの葉：第１葉は葉鞘のみ; 第２葉は幅広く水平
6 ２細胞性の微毛：等長で、先端は丸い
7 葉肉組織：非クランツ型；維管束鞘組織は発達せず
8 葉肉細胞：腕細胞と紡錘細胞有り
9 中肋の維管束：複合型
10 葉脈裏の珪酸体：サドル型で葉脈に直交
(a) 狭義のタケ亜科
(b) 広義のタケ亜科

←図6：イネ科におけるタケ亜科の範囲を示す 10 の形質群（Soderstrom & Ellis 1987 より改変）。Fig. 6. Limit of subfamily Bambusoideae in Poaceae systematized by Soderstrom & Ellis (1987), which is schematically simplified with additional minor data by Kobayashi (1993).

(4) 10の解剖学的形質群

イネ科の分類にとって最も重要な外部形態は小穂であるが、200 年におよぶ研究の過程で、外部形態よりも、より内部の解剖学的形質が、イネ科を構成する各群の系統をより強く反映することが明らかにされた。Soderstrom & Ellis（1987）は、それらを 10 項目にまとめ、タケ亜科の範囲を解明した。彼らがこのような系統類縁関係をまとめた時点の狭義のタケ亜科の構成員は、アノモクロア連、ストレプトカエタ連、バージェルシオクロア連 Buergersiochloeae（北

部ニューギニアにただ1種が分布）、オリラ連 Olyreae、およびバンブーサ連 Bambuseae であり、前4者は草本性タケ類として一括された。このため、タケ亜科植物はイネ科の中で、最も祖先的（原始的）なグループと考えられてきた。だが、Clark & Judziewicz（1996）はイネ科全体に関する分子系統学的な解析結果をもとに、前2者をタケ亜科から切り離し、イネ科における最初の初期分岐群としてアノモクロア亜科 Anomochlooideae を認めた。

Soderstrom & Ellis（1987）は10の形質群の保有関係をもとに、5つの基軸群（オヒゲシバ亜科、キビ亜科、イチゴツナギ亜科、ダンチク亜科、タケ亜科（狭義）と13の連を認め、狭義のタケ亜科に共通に見られる形質を過半数共有する分類群をまとめて広義のタケ亜科として定義した。ここでは、A4判2ページにまたがる彼等の図を簡略化して示す（図6）。

狭義のタケ亜科に共通な10の形質群のうち、図6-2と3は既に前出のミクラザサの穎果の図に示したように、臍が細い溝状の線形で、胚が胚乳に比し、小さい。また、図6-4の鱗被は扁平な菱形である。

胚の形式（図6-1）について、タケ亜科はF＋PPと表記されるが、オヒゲシバ亜科の一般的な形式P＋PFを図示して説明する。図7のように、左側の線形の臍と胚乳を挟んだ反対側に胚が位置する。胚は胚盤によって胚乳に組込まれている。イネ科の胚には他の植物群には見られない中胚軸という特異な構造が発生するが（図7①）、既に胚の段階で明確な維管束をもって発達した状態はキビ属 *Panicum* に見られる（P型）。しかし、ウシノケグサ属 *Festuca* では発達が見られない（F型）。胚の付け根の部分にはエピブラストと呼ばれる突起を持つ場合（＋型）と持たない場合（－型）がある（図7②）。胚の下方には幼根を包む根鞘と呼ばれる構造が位置し（図7③）、胚盤との間にくびれが存在する場合（P型）と、くびれの無い場合（F型）がある。胚の先端部には幼芽（図7④）を包む子葉鞘が位置するが、幼芽の葉が巻いている場合（P型）と、折り畳まれている場合（F型）がある。胚の各部がいずれの状態であるかを、①＋②＋③＋④の順に列記したものが胚の形式と呼ばれるものである。この結果、タケ亜科はF＋PP、イネ亜科はF＋FP、イチゴツナギ亜科はF＋FF、ラッパグサ亜科はP＋PP、オヒゲシバ亜科はP＋PF（図7）、ダンチク亜科はP－PF、そしてキビ亜科はP－PPである。タケ亜科の胚の形式F＋PPがどのような形態のものであるか、薄井（1957）のミヤコザサの胚の解剖データを基に略図化したものを示す（図8）。Aは胚の模式図で右上は子葉鞘部分を輪切りにして第一葉が巻いている状態を調べたものである。Bは発芽して稈が伸び始めた時期の芽生えで、第一葉、第二葉は葉身を欠き、最初に現れる葉身は楕円状披針形で軸に直角に、水平方向に広がる。これは5番目の形質（図6-5）に関する事柄である。Cはヤヒコザサの芽生えの写真である。ミヤコザサ同様に、第一葉、第二葉は葉身を欠き、第三葉以降は水平に楕円状披針形の葉身が広がる。

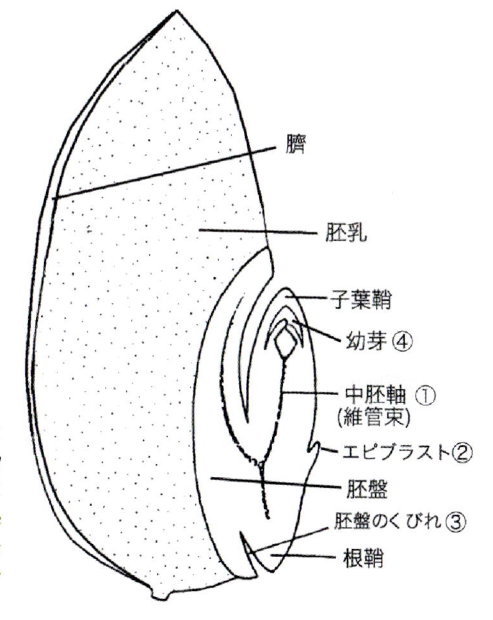

図7：イネ科の胚の構造と形式。オヒゲシバ亜科P+PFを例とした各項目のうち、①＋②＋③＋④で表現される。Pは *Panicum* キビ属に、Fは *Festuca* ウシノケグサ属にそれぞれ普遍的に見られる構造を示す。Fig. 7. Embryo structure and embryo type in Poaceae characterized with embryo formula, exemplified by Chloridoideae as P+PF. ➡

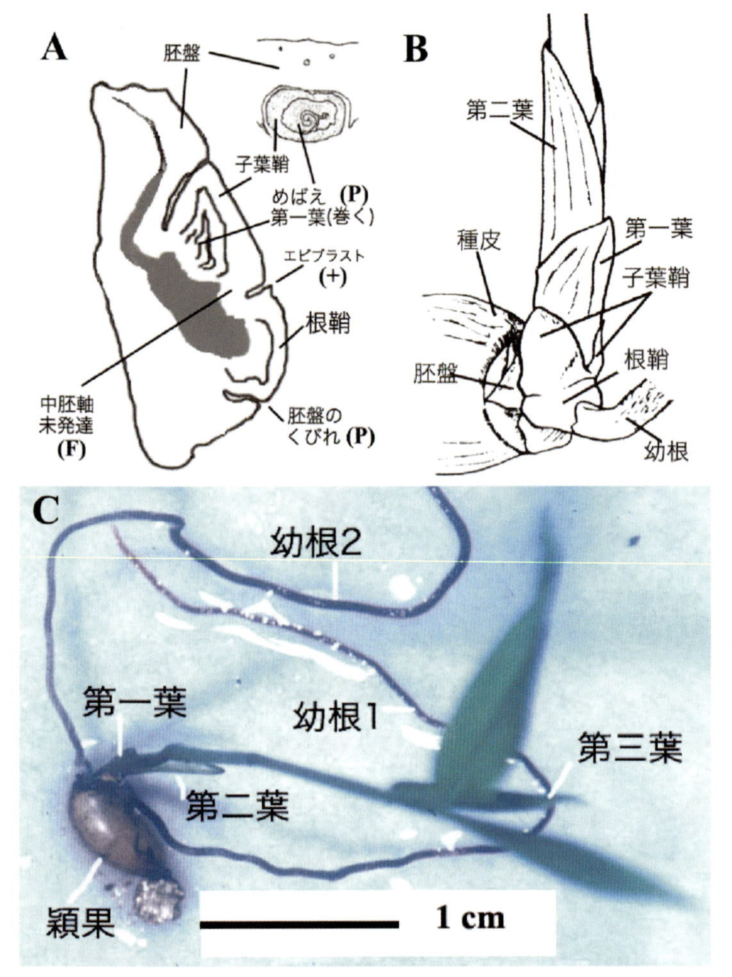

図8: ミヤコザサ（タケ亜科）の胚の構造と芽生えの形態。A: 胚の形式F＋PP、右上の挿入図は子葉鞘の切断面で第一葉は巻いているところを示す。B: 芽生え各部の名称、C: ヤヒコザサの発芽半年後の実生の写真。Fig. 8. Embryo structure and seedling morphology of *Sasa nipponica* (Bambusoideae). A: embryo formula of F+PP. Upper right hand insertion shows a transverse section of the first seedling leaf that rolling in the coleoptile. B: Relationship of each part of germinated seedling with embryo structure, in which first and second leaves without blades. C: young clump of *S. yahikoensis* immediately after seedling growth.

10の形質群のうち、6番目以降はすべて葉の解剖学的性質に関する事柄である。葉の表皮組織には2細胞からなる微毛が発生する。その形態として、タケ亜科は2細胞とも等長で、外側の先端部は円い（図6-6）。図9の1〜11までがタケ亜科であるが、Tateoka & Takagi（1967）は、多くのタケ類の鱗被においても、葉の表皮組織に見られるような微毛の分布することを報告した。12はストレプトカエタ・スピカータだが、10枚以上もある苞穎の最も内側に位置する3枚を鱗被と誤認した結果と判断される。1〜7は日本産の温帯性タケ類であるが、2細胞が等長なのは7のタンガザサに限られているのは、鱗被上に出現する微毛の特性なのかもしれない。7番目は、葉肉組織の形態的特徴で、維管束を取り巻く維管束鞘組織の構造を“クランツ型”と呼び、C4植物に共通するのに対して、C3植物にはそれが無く、“非クランツ型”と呼ばれる。ちなみに、“クランツ Kranz”はドイツ語で、花輪（リース）の意味である。イネ科の中でクランツ型はオヒゲシバ亜科とキビ亜科であり（図10A）、2大系統群では、PACC分岐群の主役を占める。C3植物ではタケ亜科を含むBOP分岐群である（図10B）。タケ亜科は非クランツ型に加え、側脈間に葉緑体を持たない大型の紡錘細胞と、非対称的に入り組んだ腕細胞を持っている（図10C・D）。大部分のイネ科に共通して、葉の表面側に表皮を裏打ちするように葉脈の間に泡状細胞が存在する。図10Dはミヤコザサの葉の断面、Eは同じ葉の断片を550℃で数時間焼き、灰にしたものを光学顕微鏡で観察した灰像 spodogram と呼ばれる試料の表面構造である。図10E中、青矢頭で葉脈に平行に配列する泡状細胞を、黄矢頭で珪酸体を示す。他の数種類の表皮組織の細胞とともに泡状細胞には、葉の展開直後から加齢とともに二酸化珪素（SiO_2）が蓄積し、珪酸体が形成される。後述するように、各種の珪酸体は様々な程度に各分類群の特徴を現し、分類形質としての有用性が知られ、多数の研究がある。

また、それぞれの維管束は表皮組織との間に梁のような硬膜組織が発達した複合的な組織を発達さ

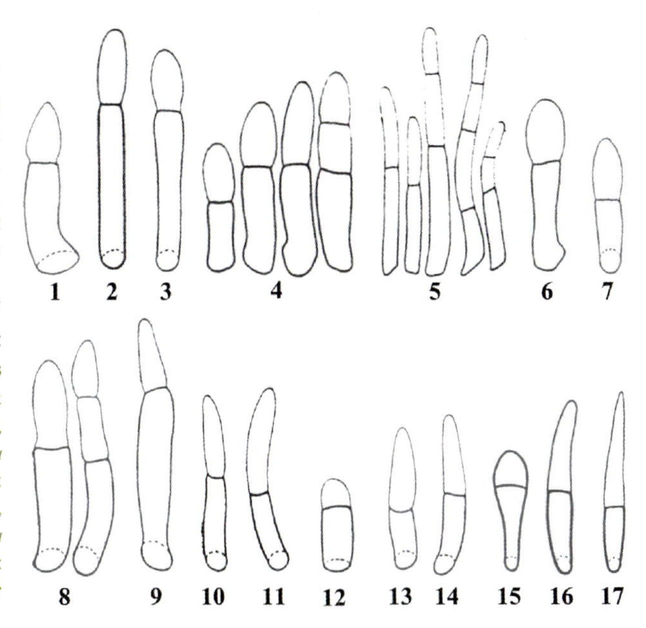

図9：イネ科における葉もしくは鱗被上に出現する二細胞性微毛の形態（Tateoka & Takagi 1967）。1: オカメザサ、2: マダケ、3: ナリヒラダケ、4: ヤクシマヤダケ、5: タイミンチク、6: スズダケ、7: タンガザサ、8: チョウシチク、9: マツダザサ（アウロネミア・ラキサ）、10: オリラ・ユカタナ、11: パリアナ・ラディキフロラ、12: ストレプトカエタ・スピカータ、13: オリザ・ラティフォリア、14: ウラハグサ、15: オオネズミガヤ、16: イヌビエ、17: エノコログサ。Fig. 9. Bi-cellular microhairs of lodicule epidermis in Poaceae (Tateoka & Takagi, 1967). 1~8: Japanese Arundinariinae, 8: *Bambusa dolichoclada*, 9: *Aulonemia laxa* (F.Maekawa) McClure, 10~11: Olyreae, 12: *Streptochaeta spicata*, 13: *Oryza latifolia*, 14: *Hakonechloa macra*, 15: *Muhlenbergia longistolon*, 16: *Echinochloa crus-galli*, 17: *Setaria viridis*. ➡

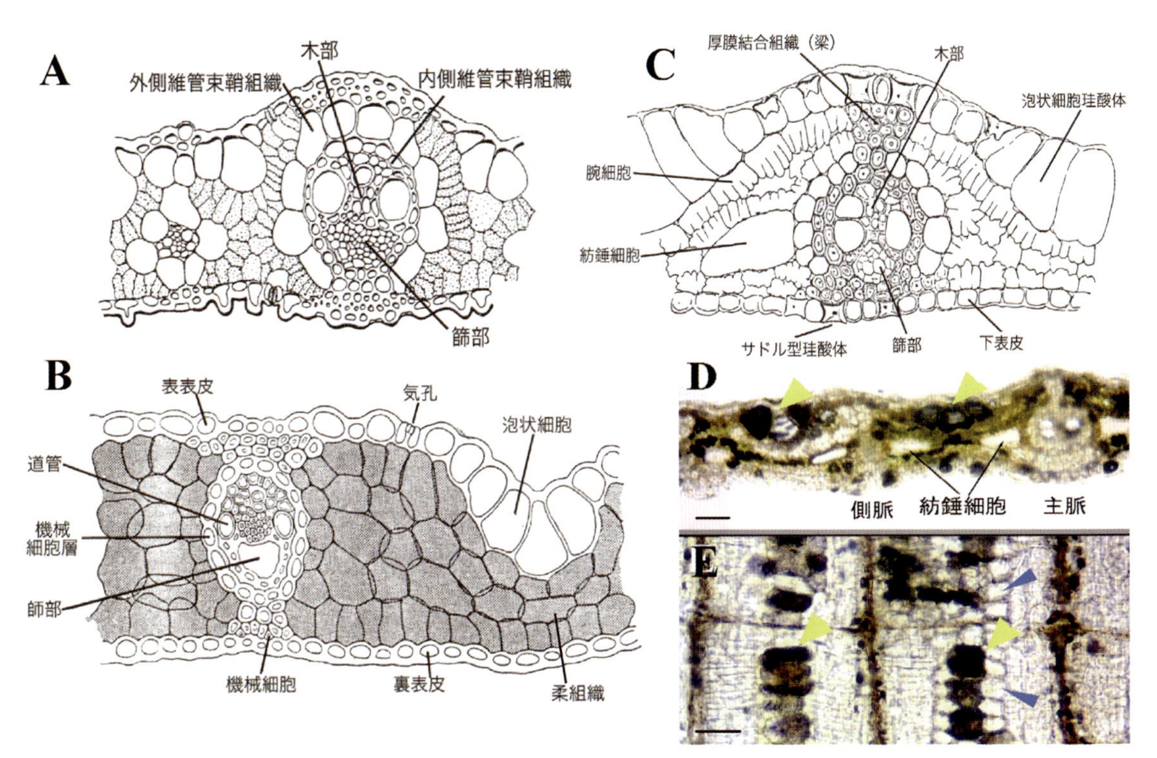

図10：イネ科の葉の断面構造。A: オヒゲシバの1種（オヒゲシバ亜科）（Jacques-Félix 1962）。；クランツ型（維管束鞘組織発達）。B: ホガエリガヤ（イチゴツナギ亜科）（Tateoka 1957）；非クランツ型。C: ディノクロア・アンダマニカ（タケ亜科）；非クランツ型でタケ亜科に特徴的な紡錘細胞、腕細胞を持ち、維管束は厚膜組織により表皮組織と結合された複合型となる（Brandis 1906）。D: ミヤコザサの葉の断面：黄矢頭は泡状細胞珪酸体を示す。E: ミヤコザサの葉の表面構造を示す灰像、青矢頭は泡状細胞の配列、黄矢頭は泡状細胞珪酸体を示す。D・E: 山上（2012）による。Fig. 10. Transvere sections of leaves. A: *Chloris gayana* (Chloridoideae), Kranz-type, mesophyll radiate (Jacques-Félix 1962). B: *Brylkinia caudata*, non-Kranz-type (Tateoka 1957). C: *Dinochloa andamanica* (Bambusoideae), non-Kranz-type (Brandis, 1906). D: *Sasa nipponica* (Bambusoideae), non-Kranz-type, with arm cells and fusoid cells (Yamayo 2012). E: spodogram of *S. nipponica* showing bulliform cells (blue arrowheads) and their silica bodies (yellow arrowheads) (Yamajyo 2012).

せる（図 6-9）。主として、葉の裏側の維管束の下方の表皮組織に葉脈に直交するように、水平にサドル状（もしくは枕状）の珪酸体が形成される（図 6-10）。図 11 に全イネ科植物を対象に、葉脈に裏打ちされるように形成される珪酸体の形状をリストアップした。図中の各学名の後の括弧中の数字は、米国スミソニアン研究所にある US ハーバリウム所蔵標本の登録番号を示す(図 11a)。アノモクロア・マラントイデアでは細かいヒトの爪のような形態、ストレプトカエタやプエリア亜科では細かいサドル型様（繭型）、そしてファルス亜科では縦ダンベル型である。初期分岐群とタケ亜科以外はすべて日本産イネ科植物の結果で示した。タケ亜科では（図 11b）、アルンディナリア連に属する東アジアの温帯性タケ類ではすべてサドル型、バンブーサ連のうち、熱帯アジアとアフリカのタケ類も同様にサドル型なのに対して、アンデスのタケ類ではサドル型のみならず、縦ダンベル型に近いものまで多様だった。また、オリラ連（草本性タケ類）は X 型もしくは十字型で共通する特異な形態を持っていた。このような形態はイネ亜科に共通しており（図 11c）、かつてのヨーロッパの研究者を中心としてイネやマコモを広義のタケ亜科に含める根拠の一つとなっていた。さらに、キビ亜科においても（図 11d）、トウモロコシやジュズダマでも同様な特徴を示し、適応収斂の結果を示唆している。ダンチク亜科には（図 11e）縦ダンベル型、横の短冊型など、アンデスに分布する木本性のタケ類に共通した形態を持つものがあり興味深い。

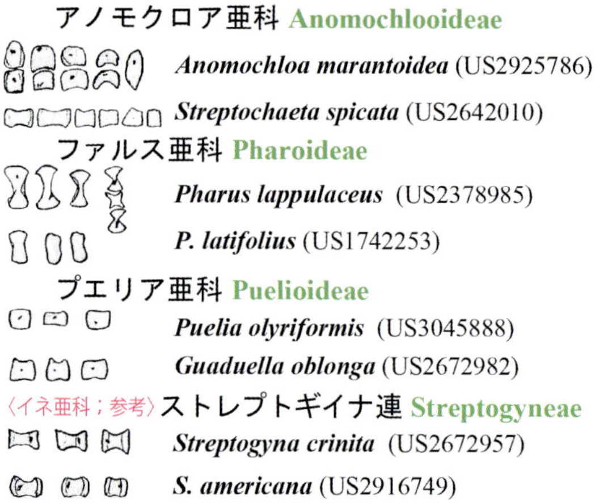

アノモクロア亜科 Anomochlooideae
Anomochloa marantoidea (US2925786)
Streptochaeta spicata (US2642010)
ファルス亜科 Pharoideae
Pharus lappulaceus (US2378985)
P. latifolius (US1742253)
プエリア亜科 Puelioideae
Puelia olyriformis (US3045888)
Guaduella oblonga (US2672982)
〈イネ亜科；参考〉ストレプトギイナ連 Streptogyneae
Streptogyna crinita (US2672957)
S. americana (US2916749)

図11a：代表的なイネ科植物における葉の裏面の葉脈に裏打ちするように形成される珪酸体の形状比較（詳細は 21 ページに。a については第２章の初期分岐群の紹介写真も参照）。

珪酸体は腐食に対する抵抗性があり、高層湿原や埋没火山灰土壌のような条件の良いところでは、地史的な長期間にわたりその形態的特徴が保存されることから、花粉分析同様に過去の植生史の変遷過程の解析に使用されている。また、その特性に基づいたイネの伝播経路の解析などの研究は著名である。

(5) 一斉開花枯死現象

タケ亜科植物における一斉開花枯死現象に関する認識は非常に古く、Gamble（1896）には、次のような記述が見られる：

> タケ類において開花が毎年起きるのはごく少数の例（*Arundinaria wightiana*、*Bambusa lineata*、*Ochlandra stridula* など）に過ぎず、大部分では、開花期は長い期間をおいてやってくる。ある種の特定の地域における全ての薮が周期的に開花を繰り返し、開花・結実とともに枯死する。しばしば部分開花の見られる種(*Dendrocalamus strictus* や *D. hamiltonii* など)においてすら、一斉開花が起き、これらの場合でも、結実はたいてい良好であるのに対して、たまに起きる部分開花では結実はほとんど起こらないか、あったとしてもごく少量である。大部分の種における一斉開花期を予測するためには、様々な種で起きた一斉開花においてこれまで収集された全ての情報は、なお不完全であることを明記せざるを得ないし、今後もさらに多くの観察を深め、結果を収集せねばならない。タケ類の花に関する我々の知識が不完全なのは、偏に長い開花周期がいつの間にか過ぎてしまうことによっている。花や果実の情報が得られないために、未だ分類学的な位置を知り得ないたくさんのタケ類が存在する。

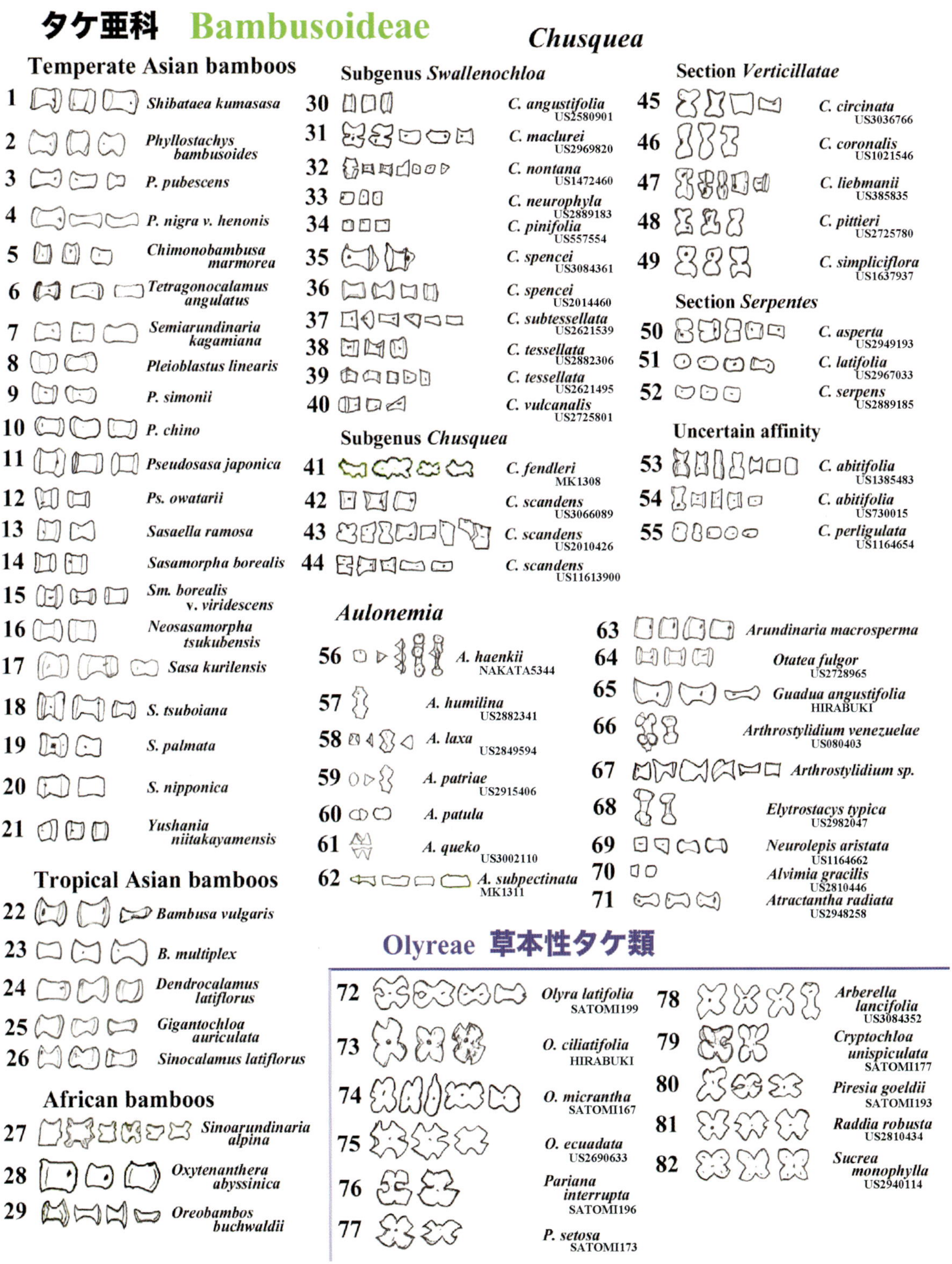

タケ亜科 Bambusoideae

Temperate Asian bamboos

1 *Shibataea kumasasa*
2 *Phyllostachys bambusoides*
3 *P. pubescens*
4 *P. nigra v. henonis*
5 *Chimonobambusa marmorea*
6 *Tetragonocalamus angulatus*
7 *Semiarundinaria kagamiana*
8 *Pleioblastus linearis*
9 *P. simonii*
10 *P. chino*
11 *Pseudosasa japonica*
12 *Ps. owatarii*
13 *Sasaella ramosa*
14 *Sasamorpha borealis*
15 *Sm. borealis v. viridescens*
16 *Neosasamorpha tsukubensis*
17 *Sasa kurilensis*
18 *S. tsuboiana*
19 *S. palmata*
20 *S. nipponica*
21 *Yushania niitakayamensis*

Tropical Asian bamboos

22 *Bambusa vulgaris*
23 *B. multiplex*
24 *Dendrocalamus latiflorus*
25 *Gigantochloa auriculata*
26 *Sinocalamus latiflorus*

African bamboos

27 *Sinoarundinaria alpina*
28 *Oxytenanthera abyssinica*
29 *Oreobambos buchwaldii*

Chusquea

Subgenus *Swallenochloa*

30 *C. angustifolia* US2580901
31 *C. maclurei* US2969820
32 *C. nontana* US1472460
33 *C. neurophyla* US2889183
34 *C. pinifolia* US557554
35 *C. spencei* US3084361
36 *C. spencei* US2014460
37 *C. subtessellata* US2621539
38 *C. tessellata* US2882306
39 *C. tessellata* US2621495
40 *C. vulcanalis* US2725801

Subgenus *Chusquea*

41 *C. fendleri* MK1308
42 *C. scandens* US3066089
43 *C. scandens* US2010426
44 *C. scandens* US11613900

Section *Verticillatae*

45 *C. circinata* US3036766
46 *C. coronalis* US1021546
47 *C. liebmanii* US385835
48 *C. pittieri* US2725780
49 *C. simpliciflora* US1637937

Section *Serpentes*

50 *C. asperta* US2949193
51 *C. latifolia* US2967033
52 *C. serpens* US2889185

Uncertain affinity

53 *C. abitifolia* US1385483
54 *C. abitifolia* US730015
55 *C. perligulata* US1164654

Aulonemia

56 *A. haenkii* NAKATA5344
57 *A. humilina* US2882341
58 *A. laxa* US2849594
59 *A. patriae* US2915406
60 *A. patula*
61 *A. queko* US3002110
62 *A. subpectinata* MK1311

63 *Arundinaria macrosperma*
64 *Otatea fulgor* US2728965
65 *Guadua angustifolia* HIRABUKI
66 *Arthrostylidium venezuelae* US080403
67 *Arthrostylidium sp.*
68 *Elytrostacys typica* US2982047
69 *Neurolepis aristata* US1164662
70 *Alvimia gracilis* US2810446
71 *Atractantha radiata* US2948258

Olyreae 草本性タケ類

72 *Olyra latifolia* SATOMI199
73 *O. ciliatifolia* HIRABUKI
74 *O. micrantha* SATOMI167
75 *O. ecuadata* US2690633
76 *Pariana interrupta* SATOMI196
77 *P. setosa* SATOMI173
78 *Arberella lancifolia* US3084352
79 *Cryptochloa unispiculata* SATOMI177
80 *Piresia goeldii* SATOMI193
81 *Raddia robusta* US2810434
82 *Sucrea monophylla* US2940114

図11b：代表的なイネ科植物における葉の裏面の葉脈に裏打ちするように形成される珪酸体の形状比較（詳細は21ページに）。

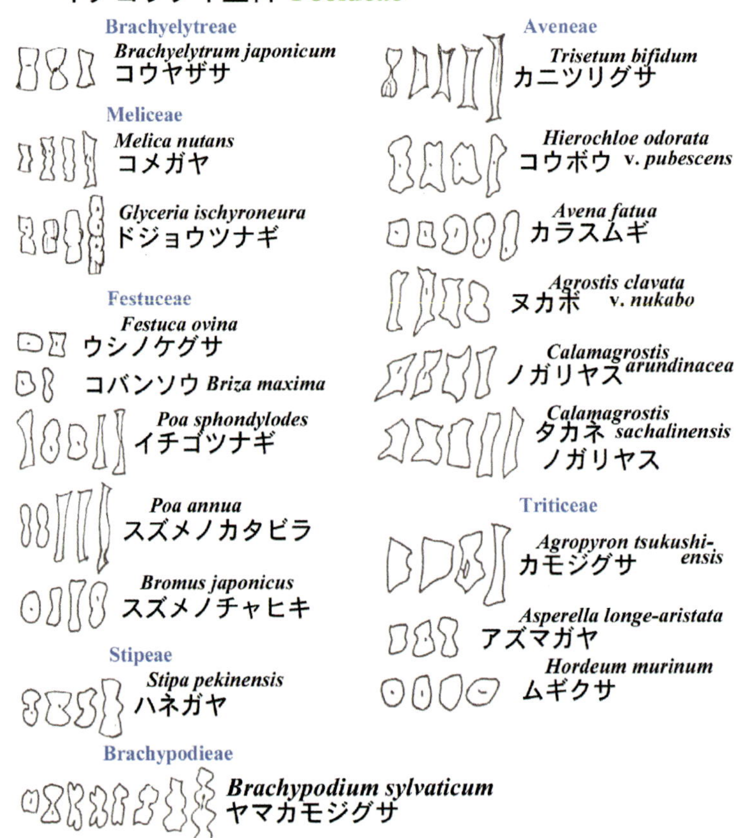

図11c：代表的なイネ科植物における葉の裏面の葉脈に裏打ちするように形成される珪酸体の形状比較（詳細は21ページに）。

このような問題提起に答えるかのように、Janzen（1976）は、世界のタケ類43分類群における72件の一斉開花記録を詳細に調べたうえで、捕食者—飽食説を提唱した。タケ類の開花によって結実した果実を餌とする捕食者はネズミなどの哺乳動物に限らず、ササノミモグリバエなど、ごく小さなハエの仲間で、開花時に花に卵を産みつけ、結実した穎果に孵化した幼虫が潜り込んで胚乳を捕食するという種子散布前捕食者まで多様である（Makita 1997）。上記のGambleの記述にあるような、時たまの部分開花で多少の結実穎果では、周囲の捕食者により果実は食べ尽くされ、有性繁殖の成功にはおぼつかない。しかし、何ヘクタールにもおよぶ一斉開花であれば、いかに多種多様な捕食者が集まろうとも、食べ尽くされることはなく、十分な量の実生を残すことが可能となる。タケ類に限らず、このような捕食者—飽食現象は、米国・ルイジアナ州における17年ゼミの例が良く知られている。

タケ類の一斉開花に関する最近の研究では、京都大学の柴田昌三博士による、インド・ミゾラム州における *Melocanna baccifera* の48年周期による一斉開花枯死・個体群の回復過程に関する研究が特筆に値する（柴田 2010）。柴田博士はバングラデシュからインド北東部、ミャンマーにかけて分布す

キビ亜科
Panicoideae
Arundinelleae
Arundinella hirta トダシバ
Isachneae
Isachne globosa チゴザサ
Coelachne japonica ヒナザサ
Paniceae
Setaria glauca キンエノコロ
Panicum bisulcatum ヌカキビ
Digitaria ciliaris メヒシバ
Echinochloa crus-galli イヌビエ
Maydeae
Coix lacryma-jobi ジュズダマ
Zea mays トウモロコシ
Andropogoneae
Miscanthus sinensis ススキ
Miscanthus sacchariflorus オギ
Imperata cylindrica チガヤ
Bothriochloa palviflora ヒメアブラススキ
Cymbopogon tortilis オガルカヤ
Phacelurus latifolius アイアシ
Andropogon brevifolius ウシクサ
Saccharum spontaneum ワセオバナ
Sorghum nitidum v. *majus* モロコシガヤ

図11d:代表的なイネ科植物における葉の裏面の葉脈に裏打ちするように形成される珪酸体の形状比較。

ダンチク亜科
Arundinoideae
Arundineae
Arundo donax ダンチク
Phragmites communis ヨシ
Hakonechloa macra ウラハグサ
Moliniopsis japonica ヌマガヤ
Phaenospermeae
Phaenosperma globosum タキキビ

ラッパグサ亜科
Centothecoideae
Centotheceae
Lophatherum gracile ササクサ

オヒゲシバ亜科
Chloridoideae
Eragrosteae
Eragrostis poaeoides コスズメガヤ
Eleusine indica オヒシバ
Cleistogenes hackelii チョウセンガリヤス
Tripogon longe-aristata v. *japonicus* フクロダガヤ
Muhlenbergia curviaristata コシノネズミガヤ
Chlorideae
Sporobolus japonicus ヒゲシバ
Cynodon dactylon ギョウギシバ
Zoysieae
シバ *Zoysia japonica*
オニシバ *Zoysia macrostachya*

図11e:代表的なイネ科植物における葉の裏面の葉脈に裏打ちするように形成される珪酸体の形状比較。

⬅図 11a〜e：代表的なイネ科植物における葉の裏面の葉脈に裏打ちするように形成される珪酸体の形状比較。ページの上下方向と平行に試料の葉の葉脈が配向するのを観察・スケッチした。たとえば、初期分岐群中のファルス亜科は葉脈に平行に縦亜鈴状に、現在ではイネ亜科に入れられているが、ストレプトギイナ Streptogyna 連では直交したサドル型（もしくは枕状)。同様に、タケ亜科中の温帯性タケ類や、アジア・アフリカの熱帯性タケ類はすべて直交するサドル型である。Fig. 11. List of silica bodies arranged on epidermis underneath of veins at abaxial leaf surface of grasses. The longitudinal axis of the leaf arranged to lie across the page, e.g., Pharoideae taxa have all transversely dumb-bell-shaped, Streptogyneae taxa have rectangular saddle-shaped. All temperate and tropical Asiatic and African woody bamboos have rectangular saddle-shaped.

るメロカンナの一斉開花情報を自ら数年間にわたり分布域を実地調査し、詳細に検討した結果、インド・ミゾラム州における開花を予測し、研究チームを編成して調査に臨んだ。その結果、予測どおり、2006年−2007年にかけ、大規模な一斉開花が前後各1年の小規模な走り咲き稈、咲き遅れ稈を伴って起こったことを確認した。その調査結果の一部は上記の『生態学雑誌』の特集論文に詳しいが、分子生態学の領域も含め、多くの研究者による総合的な調査結果のまとめが期待される。

本書では第5章においてミクラザサの一斉開花枯死・個体群の回復過程に関する調査結果を紹介する。また、第2章の末尾において、イネ科の第2の初期分岐群ファルス亜科の1種ファルス・ヴィレッセンス *Pharus virescens* において、5年毎に一斉開花枯死・個体群の回復を繰り返すという例を紹介し、イネ科の系統進化の初期段階で、既にタケ亜科に一般的に出現する現象が生起したことを示す。

2　タケ亜科における系統類縁関係

(1)葉緑体 DNA の RFLP 系統樹

図 12 はイネ葉緑体 DNA の約 4 割の領域をプローブとした RFLP（制限酵素切断片長多形）解析に基づく最節約系統樹である（Kobayashi 1997, 2015）。各枝のブーツストラップ確率は低く、統計的な信頼性に欠ける点はあるが、イネ亜科も含め、世界の代表的なタケ類を網羅しているので、比較的早

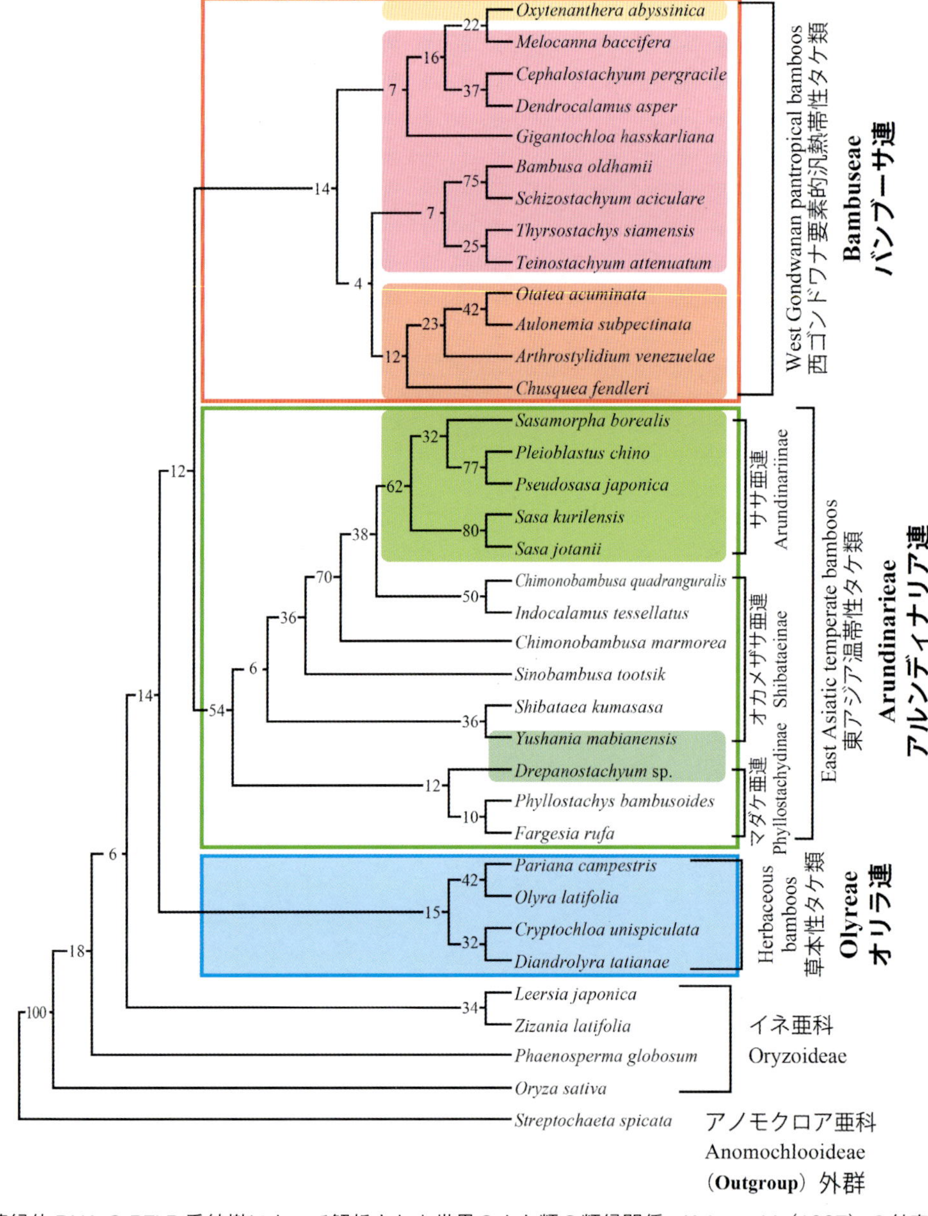

図12：葉緑体 DNA の RFLP 系統樹によって解析された世界のタケ類の類縁関係、Kobayashi（1997）の付表データを基に再構築した。アノモクロア亜科の一員 *Streptochaeta spicata* を外群とし、草本性タケ類 Olyreae、東アジアの温帯性タケ類と熱帯アジア・アフリカ・アンデスの木本性タケ類からなる西ゴンドワナ的汎熱帯性タケ類からなるバンブーサ連 tribe Bambuseae の２系統群を解明した（Kobayashi 2015）。Fig. 12. RFLP cptDNA-tree obtained from reanalysis of the appendix data in Kobayashi (1997); an extended majority rule consensus tree of 24 most parsimonious trees with tree length of 286 steps, CI=0.85, RI=0.67, 1000 replicate bootstrap support with 10 times of randomizing input order (Kobayashi 2015).

い時期にタケ亜科植物全体の構成を明らかにした点では意義がある。先に見たように、1997年当時は *Streptochaeta spicata* はタケ亜科の草本性タケ類の一員として、他方で、イネやマコモも広義のタケ亜科に含まれる、とみなされていたので、最節約法による解析のための外群としてトウツルモドキ *Flagellaria indica* L. を使用した。その後、アノモクロア亜科として独立して取り扱われるにおよび、改めてこの種を外群とし、最初に発表された時に付随した付表データを基に再構築した。その結果、世界のタケ類は3つの系統群で構成されることが分かった。第1は新熱帯を中心に分布する草本性タケ類 tribe Olyreae オリラ連（青のエリア）、ネパールヒマラヤ地域から東アジアを中心に分布する温帯性タケ類 tribe Arundinarieae アルンディナリア連（緑のエリア）、そして熱帯アジア・アフリカ・アンデスの木本性タケ類からなる汎熱帯性タケ類 tribe Bambuseae バンブーサ連（赤のエリア）である。ただし、初期には世界のタケ類に関する大容量の分子データ解析結果が少なく、世界のタケ類は木本性タケ類（バンブーサ連＝タケ連）および草本性タケ類（＝オリラ連）の2大系統群からなる、と位置づけられていた。上記の3系統群の認識は、第2章で紹介するBPG系統樹が明らかにされてからのことである（Kelchner & BPG 2013）。草本性タケ類では、大半が中南米に、オリラ・ラティフォリア *Olyra latifolia* L.1種がアフリカにも、そして、*Buergersiochloa bambusoides* が北部ニューギニアに分布する。アルンディナリア連では、ネパールヒマラヤ地域のタケが初期に分岐し、日本産ササ類は最も最近に系統分岐したことを示している。

(2)染色体構成

タケ亜科における染色体構成に関する包括的な考察は Soderstrom（1981）に詳しい（図13）。それによると、東アジアの温帯性タケ類では、2n = 48本、熱帯アジアのバンブー類では、2n = 70〜72本であるのに対して、アメリカ大陸のアンデス山脈を中心に分布するチュスケア属 *Chusquea* では 2n = 40〜42本、中南米固有の *Guadua* 属では 2n = 46本である。草本性タケ類のオリラ連では、2n = 18〜44本と多様である。アノモクロア亜科のアノモクロア・マラントイデアでは36本、ストレプトカエタでは22本、さらに、ファルス連、またプエリア亜科のプエリア属、そしてイネ亜科に含められる

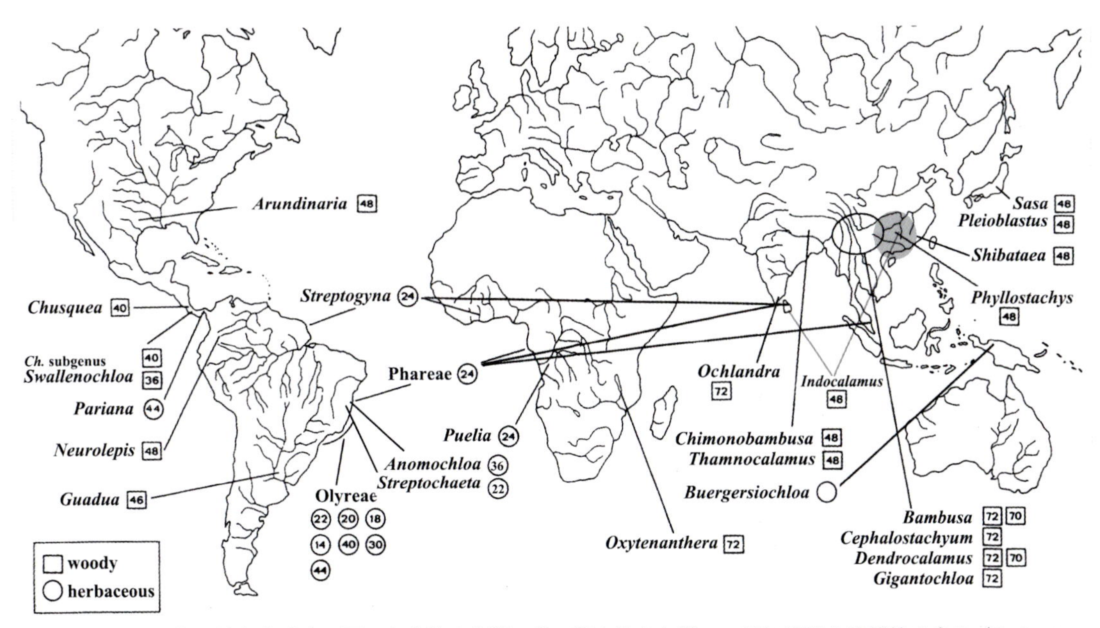

図13: 世界のタケ類の染色体分布。□：木本性タケ類、○：草本性タケ類、一部に初期分岐群等を含む（Soderstrom 1981 を一部改変）。Fig. 13. Somatic chromosome distribution in the world bamboos, □: wooy bamboos, ○: herbaceous bamboos and early diverging clade (partly altered after Soderstrom 1981).

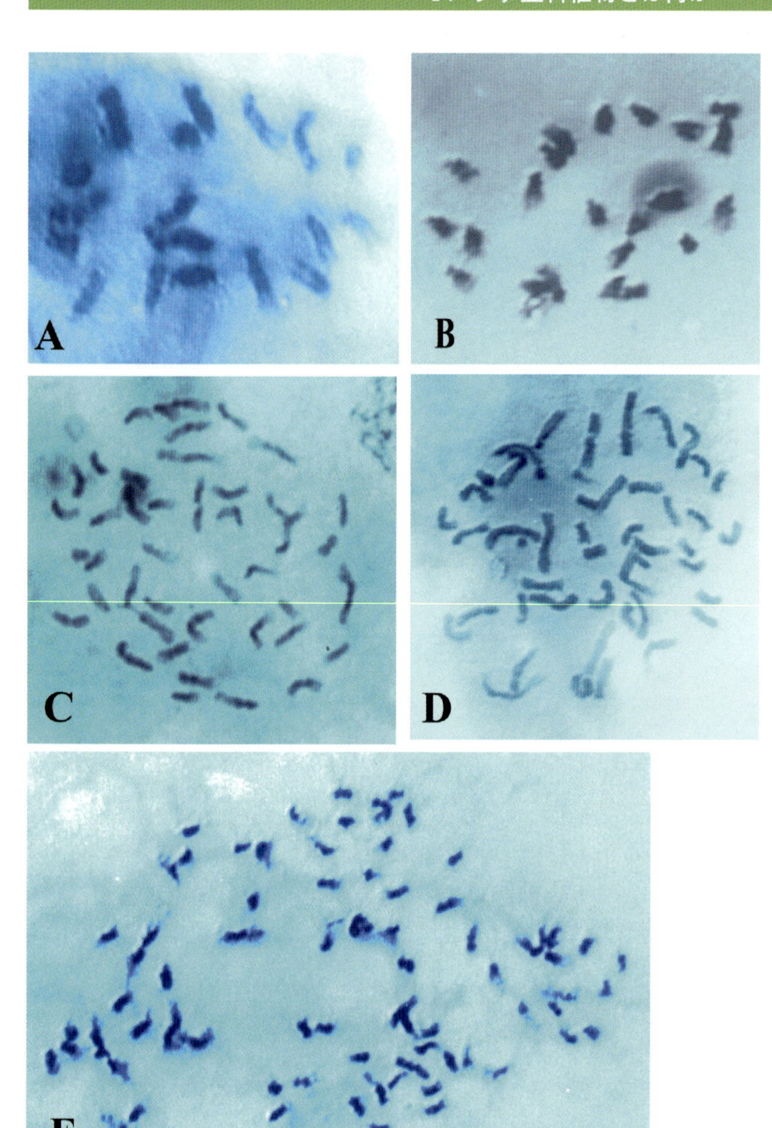

図14：数種のタケ亜科植物の体細胞染色体の光学顕微鏡写真（全て 2,000 倍）。A: ディアンドロリラ・ビコロル（2n=18）、B: オリラ・ラティフォリア（2n=22）、以上ブラジル・バイア州の CEPLAC・D 区画熱帯林、C: グアドゥア・アングスティフォリア（2n=46）、コロンビア・カリーの INCIVA/TULV、D: チシマザサ（エゾネマガリ）（2n=48）、北海道稚内市産、E: ダイサンチク（台湾由来・宇都宮大学農学部温室系統保存株）。Fig. 14. Somatic chromosomes of A: *Diandrolyra bicolor* (2n=18), B: *Olyra latifolia* (2n=22), C: *Guadua angustifolia* (2n=46), D: *Sasa kurilensis* (2n=48), E: *Bambusa vulgaris* (2n=72). All ×2,000 total magnification (Kobayashi 2015).

ことのあるストレプトギイナ属では、いずれも 2n = 24 本であった。このことから、タケ亜科の染色体の基本数は x = 12 と推定され、それを基に、東アジアの温帯性タケ類は 4 倍体、熱帯アジアのバンブー類は 6 倍体とみなされた。「より高次の倍数性を獲得する方向に系統進化は起こる」、という一般的な考えから、タケ亜科における大局的な進化は、草本性タケ類から東アジアの温帯性タケ類、そして、熱帯アジアのバンブー類へと進んだ、と見なされた。南米の *Guadua* 属やアンデスの *Chusquea* 属では、4 倍体を基本に、1 ～ 2 対の染色体の増減を伴う異数性を起こしている、とも考えられた。図 14 に、根端分裂組織を試料として観察された若干の種の体細胞染色体像を示す。A および B は、ブラジル・バイア州イタブナ市にある国立カカオ中央研究所 CEPLAC 構内に自生する草本性タケ類の *Diandrolyra bicolor* と *Olyra latifolia* である。C はコロンビア・ヴァジェカウカーノ県トゥルアにあるタケ類系統保存センター TULV における *Guadua angustifolia*、D および E は、宇都宮大学構内に植栽された那須茶臼岳由来のチシマザサ、および台湾由来のダイサンチクである。

上記のような系統進化に関する考えが真実であるためには、世界のタケ類は単系統群である、という大前提が必要であるが、これは RFLP 系統樹の解析結果からは、単純に説明できるものではない結果となった。草本性タケ類に次いで他の 2 系統が姉妹分岐群として出現したことを示し、アルンディナリア連とバンブーサ連は、別個の系統として分岐した、ということを示している。次章で示す BPG 系統樹ではさらに解釈の困難な結果が解析された。

３　日本産ササ類の系統類縁関係と種分化

(1) ササ類の系統類縁関係の解析

一般的に各種生物の分類学の関連書物では、しばしば「分類群」という言葉が登場する。これは自分が取り扱おうとしている生物群について、全てを種名まで突き止められなくても、数え上げて取り扱うことのできる大変に便利な言葉である。筆者が伊谷純一郎博士の推薦で神戸学院大学の寺嶋秀明教授の研究グループに加わり、カメルーンのバカ・ピグミーの住む森の植物調査に入った時のことである。まわりは自分が初めて遭遇する植物ばかりで、ほとんど取りつく島がなかった。とにかく採集した植物の採集日、生育地と生育状況をメモし、番号を記入した荷札を付け、ビニール袋に入れる。そして、キャンプ地に戻り、人々がたむろしている傍らでビニール袋から採集品を取り出し、番号順に並べはじめる。すると、たちまち人だかりができ、人々が盛んに何やら、口にし始める。ピグミーの人々はとにかく好奇心が強く人懐っこい。私は、一つ一つ採集品を手にとり、「ニェケ？（バカ語で、「これは何？」の意)、と尋ねる。すると、誰かが、例えば「リンベリンベ」と叫ぶ。それを、自分で繰り返して発音して相手に確認し、素早くカタカナやローマ字表記で野帳にメモする。その後、用意したエタノールを標本に噴霧し、新聞紙に挟む。1997年8月はこの作業の繰り返しだった。この日の採集標本は、双子葉類2、単子葉類1、アオギリ科4、ニレ科1、ニクズク科1、ジャケツイバラ科1、マメ科1、ネムノキ科1、ツユクサ科4、クズウコン科3、カヤツリグサ科3、イネ科4、ツユクサ属2、レプタスピス属 *Leptaspis* 1、オリラ・ラティフォリア *Olyra latifolia* L. 1種の計30分類群だった。「昨日採集した20分類群と比べ、ニレ科やニクズク科それに林床性のカヤツリグサ科が新たに加わった。」

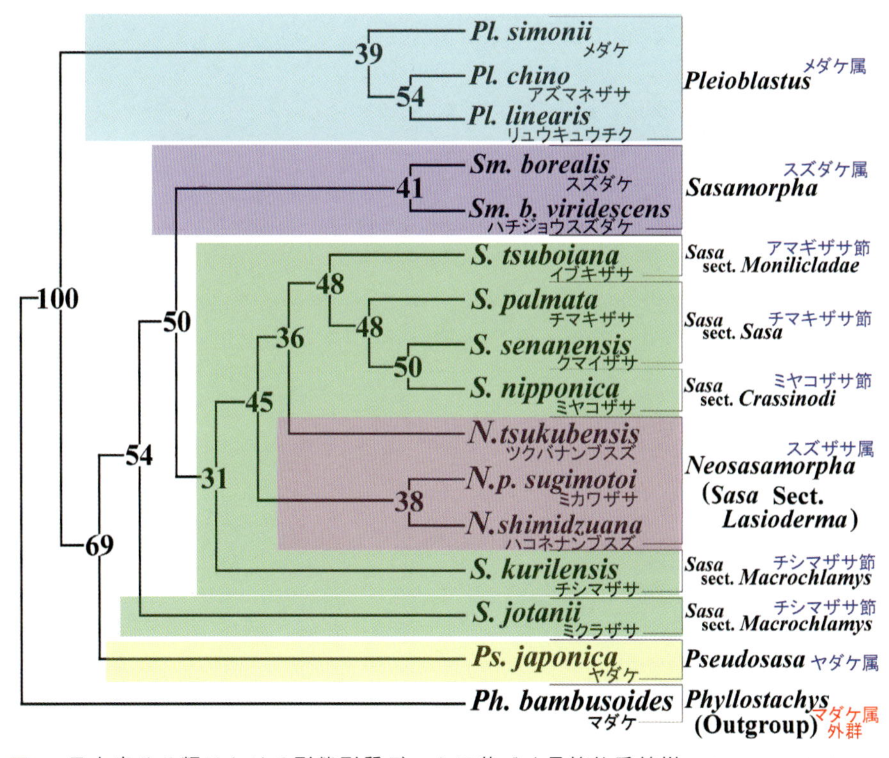

図15：日本産ササ類における形態形質データに基づく最節約系統樹。Fig. 15. A single most parsimonious tree of 35 morphological characters in 16 taxa rooted at *Phyllostachys bambusoides* with CI, RI, and tree length of 0.72, 0.47, and 82 steps, respectively. The numbers on each node indicate a 1,000 replicate-bootstrap confidence (Kobayashi & Furumoto 2004).

等、科、属、種などの分類階級に関わらず、同定し得た植物の点数を対等に数え上げ、比較することができる。本書で各種のタケ類を説明する時、さまざまな分類単位からなる一群を一括して分類群として指し示すことが多い。その後、必要に応じて、アルンディナリア連、ササ属、チシマザサ節、チシマザサ（種）、エゾネマガリ（変種）、亜種、雑種、チシマザサ−チマキザサ複合体（オクヤマザサ）など、特定の分類階級に対応する試料を参照することになる。

日本に出現するタケ亜科植物には二つの系統群がある。一つはバンブーサ連で、台湾、中国南部、もしくは熱帯アジア地域から導入されたホウライチク属 *Bambusa* およびマチク属 *Dendrocalamus* で、九州以南を中心に栽培され、あるいは逸出して野生化している。他の一つはアルンディナリア連で、タケ亜連 Shibataeinae とササ亜連 Arundinariinae に分類され、前者を含め、それぞれ室井（1937）の区分に従ってバンブー類、タケ類、そしてササ類と呼称されてきた。タケ類の大半は古い時代に中国から導入された分類群だが、在来のササ類との間で多数の推定雑種起原の分類群を生じ、日本のタケ類フロラの多様性を付与するのに貢献している。ここでは、日本列島で多様に種分化を遂げてきたササ類を中心として、系統類縁関係の解析結果や種分化の様相を示す端緒的な事例を提示したい。

図 15 は有性生殖器官や栄養器官の形態的特徴をもとにした日本産ササ類の最節約系統樹である。使用した有性生殖器官に関わる形態データを表 2 に、栄養器官の諸特徴に関する形質データをも追加して 0/1 データ化した結果を表 3 に示す。タケ類の開花は稀であるが、これまで多くの研究者による観察結果が報告されている。その中で、高木虎雄氏は特に精力的に花情報を収集し、記録する努力を傾注された（高木 1960；1963）。また、鈴木（1978）も、著者自らによって描かれた花序や花器官の解剖図が掲げられており、本書で示す解析には主としてこれらの著書から得られた情報を使用した。実際に解析するうえで、解析対象とする分類群間で、万遍なく同様のデータがそろっていることが必要だが、それはむしろ稀であり、不明なデータは「？」で穴埋めせざるを得ず、その数が多いほど曖昧な解析結果となる。断片的ではあっても、時たまに観察された花に関するデータは貴重である。ここでは 16 個の形態データを得るのがやっとだった。先に見た RFLP 系統樹において、マダケはオカメザサとともに、日本産タケ類の中では、より早い時期に系統分岐したことがわかっているので、そ

表2：ササ類花形態形質一覧。Table 2. Character states of reproductive organs of Japanese dwarf bamboos, the Sasa-group.

Floral part ╲ Species	Sku	Sjo	Spa	Sse	Sts	Sni	Nsu	Ntu	Nsh	Smb	Smv	Psi	Pch	Pli	Pse	Phy
Caryopsis length (mm) 穎果長	7.9*0.8	18.5*1.6	5.9	5.8	8	6.1	5.6	6.6	6.3	5.8	5.9	11.8	12	unknown	7	12
Stigma no. 柱頭数	3	3	3	3	3	3	3	3	3	3	3	3	3	3	3	3
Node at style 花柱関節	absent	absent	absent	absent	absent	absent	absent	absent	absent	absent	present	present	absent	absent	absent	present
Stamen no. 雄しべ数	6	6	6	6	6	6	1～6	6	6	6	6	3	3	3	3～4	3
Lodicules (mm) 鱗被長	2.4	3.8*0.4	2.0	2.2	2.1	1.9	2*0.1	1.7*0.08	1.9*0.3	2.2	2.8*0.3	5.0	4.7	3.7	3.0	4.6
Lodicule no. 鱗被数	3	3	3	3	3	3	3	3	3	3	3	3	3	3	3	3
Palea, interkeels nerve no. 内穎竜骨脈数	3	5	3	2	4	2	4	4	4	2	4	4	2	2	5	3
Palea (mm) 内穎長	9.5	17*0.2	8	8	8	9	9.2	7	8.2	8.2	9.5	12.5	12	12	11	25
Lemma nerve no. 外穎脈数	7	13	7	7	7	7	9	7	9～12	11～16	6～12	13	9	9	17	16
Lemma (mm) 外穎長	7.9	21.8*1.5	7.2	8.6	8.4	6.8	10.7*1.1	7.9*0.7	8.3*1.2	9.1*0.6	11.4*0.6	13.2	15.6	9.1	15	26.5
Floret no. 小花数	6～9	4	5～10	4～7	4～6	5～8	2～8	4～9	3～8	5～11	5～12	5～13	8～12	4～5	5～7	1～3
Glume ll (mm) 第 2 苞穎長	4.2	16.5*4.7	2.1	2.9	3.6	1.2	3.8*0.4	6.8*0.8	5.6*1.3	6.6*0.9	8.6*1.2	12.1	13.1	14.3	12.5	22
Glume l (mm) 第 1 苞穎長	1.6	8.7*2.8	0.8	2.2	0.7	0.6	2.2*0.7	3.1	2.4*0.6	3.4*0.7	4.7*0.8	9.2	19.4	9.6	10.5	0
Glume no. 苞穎数	2	2	2	2	2	2	2	2	2	2	2	2	2	2	2	0～2
Spikelet (mm) 小穂長	25～35	35.2*3.1	25～40	20～25	25～30	20～30	15～40	14～28	13～31	15～32	22～43	30～110	60～110	40～50	30～50	20～25
Spikelet; F, L 小穂紡錘形 : F, 線形 : L	F	F	L	L	L	L	F	F	F	F	F	L	L	L	L	F

Sku: *Sasa kurilensis* チシマザサ、Sjo: *S. jotanii* ミクラザサ、Spa: *S. palmata* チマキザサ、Sse: *S. senanensis* クマイザサ、Sts: *S. tsuboiana* イブキザサ、Sni: *S. nipponica* ミヤコザサ、Nsu: *Neosasamorpha pubiculmis* ssp. *sugimotoi* ミカワザサ、Ntu: *N. tsukubensis* ツクバナンブスズ、Nsh: *N. shimidzuana* ハコネナンブスズ、Smb: *Sasamorpha borealis* スズダケ、Smv: *Sm. borealis* var. *viridescens* ハチジョウスズダケ、Psi: *Pleioblastus simonii* メダケ、Pch: *P. chino* アズマネザサ、Pli: *P. linearis* リュウキュウチク、Pse: *Pseudosasa japonica* ヤダケ、Phy: *Phyllostachys bambusoides* マダケ。Majority of the data referred to Takagi (1963), Suzuki (1978), and Kobayashi (2000). *Presented arithmetic mean with only known standard deviation.

表3：ササ類形質データマトリックス（種名の略号は表２に同じ）。Table 3. Morphological data matrix of Japanese dwarf bamboos, the Sasa group. Abbreviations for species names are the same as in Table 2.

No.	Characters ＼ Species	Sku	Sjo	Spa	Sse	Sts	Sni	Nsu	Ntu	Nsh	Smb	Smv	Psi	Pch	Pli	Pse	Phy
1	caryopsis < 10 mm　穎果長さ 10 mm 以下	1	0	1	1	1	1	1	1	1	1	1	0	0	?	1	0
2	style-node present　柱頭に関節有り	0	0	0	0	0	0	0	0	0	0	1	1	0	0	0	1
3	stamen no. 6　雄しべ 6 本	1	1	1	1	1	1	0	1	1	1	1	0	0	0	0	0
4	lodicules ≦ 3 mm　鱗被 3 mm 以下	1	0	1	1	1	1	1	1	1	1	1	0	0	0	1	0
5	palea, interkeels nerve no. ≦ 3　内穎竜骨間脈数	1	0	1	1	0	1	0	0	0	1	0	0	1	1	0	1
6	palea, interkeels nerve no. 5 内穎竜骨間 5 脈	0	1	0	0	0	0	0	0	0	0	0	0	0	0	1	0
7	palea < 13 mm　内穎は 13 mm より短い	1	0	1	1	1	1	1	1	1	1	1	1	1	1	1	0
8	lemma nerve no. 7　外穎脈数 9 本	1	0	1	1	1	1	0	1	0	0	0	0	0	0	0	0
9	lemma nerve no. 9　外穎脈数 9 本	0	0	0	0	0	0	1	0	1	0	1	0	1	1	0	0
10	lemma nerve no. ≧ 10　外穎脈数 10 本以上	0	1	0	0	0	0	0	0	1	1	1	1	0	0	1	1
11	lemma length < 20 mm　外穎長さ 20 mm 以下	1	0	1	1	1	1	1	1	1	1	1	1	1	1	1	0
12	floret no. ≦ 4　小花数 4 個以下	0	1	0	0	0	0	0	0	0	0	0	0	0	0	0	1
13	g lume Ⅱ < 10 mm　第 2 苞穎 10 mm より短い	1	0	1	1	1	1	1	1	1	1	1	0	0	0	0	0
14	g lume Ⅰ < 5 mm　第 1 苞穎 5 mm より短い	1	0	1	1	1	1	1	1	1	1	1	0	0	0	0	1
15	spikelet length ≦ 40 mm　小穂長 40 mm 以下	1	1	1	1	1	1	1	1	1	1	1	0	0	0	0	1
16	spikelet shape fusiform　小穂は紡錘形	1	1	0	0	0	0	1	1	1	1	1	0	0	0	0	1
17	leaf albo-margin in winter　葉は冬季隈取る	0	0	1	1	1	1	1	1	1	1	0	0	0	0	0	0
18	leaf abaxial pubescent　葉裏有毛	0	0	0	1	0	1	1	0	1	0	0	0	1	0	0	0
19	leaf coreaceous　葉は革質	1	1	1	1	1	0	0	1	1	1	1	0	0	1	1	0
20	leaf apex rostratus　葉の先端は次第に鋭く尖る	1	1	0	0	0	0	1	0	0	1	1	0	0	1	1	0
21	leaf blade broad　葉身は広い	1	1	1	1	1	1	0	1	1	0	1	0	0	0	0	0
22	leaf no. per twig ≦ 3　葉は枝先に 3 枚以内	0	0	0	0	0	0	1	0	0	1	0	0	0	0	0	0
23	sheath-margin fimbriae present　葉鞘の縁に繊毛	0	0	1	1	1	0	1	1	0	1	1	1	1	0	0	1
24	oral setae radiate　肩毛は放射状	0	0	1	1	1	1	1	1	1	0	0	0	0	0	0	1
25	oral setae silky　肩毛は絹糸状	0	0	0	0	0	0	0	0	0	0	0	1	1	1	0	0
26	oral setae present　肩毛有り	0	0	1	1	1	1	1	1	1	0	0	1	1	1	0	1
27	culm-sheaths slitted fibrously　稈鞘は繊維状に細裂	1	1	0	0	0	0	0	0	0	0	0	0	0	0	0	0
28	transfer branching style 内鞘的分枝様式	0	0	0	0	0	0	1	1	1	1	1	0	0	0	0	0
29	culm-sheaths cover internode　稈鞘は節間を覆う	0	0	0	0	0	0	0	0	0	1	1	0	0	0	1	0
30	culm-sheaths persistent　稈鞘は宿存する	1	1	1	1	1	1	1	1	1	1	1	1	1	1	1	0
31	one branch at each node　1 節 1 枝分枝	1	1	1	1	1	1	1	1	1	1	1	0	0	0	1	0
32	branching upper node　稈上方で分枝	1	1	0	0	1	0	1	1	1	1	1	0	0	0	0	0
33	node prominent　節は膨出する	0	0	0	0	1	1	0	0	0	0	0	0	0	0	0	0
34	culm erect　稈は直立する	0	1	0	0	0	0	0	0	0	1	1	1	1	1	1	1
35	rhizome shallow　地下茎は浅い	1	1	0	0	0	0	1	0	0	1	1	0	0	0	0	0

れを外群としてササ類の系統樹を構築した。

ここで、系統樹の見方について概観しておきたい。一般に、多数の生物が集まった場合に、3 種類の系統群、単系統・多系統・側系統、が存在する可能性を持つ。単系統群とは、ある祖先とその全ての子孫を含む集合、多系統群は祖先を異にする子孫の集合、そして、側系統群とは単系統群の一部のみの集合で、偽系統とも呼ばれる。いずれであるかは、特定の形質（群）の保有関係によって決まる。今調べようとしている分類群を内群とする。外群とは、研究対象以外のすべての分類群が該当するが、分岐分類学的立場からは、系統発生の上で、内群よりも 1 段階だけ早く系統分岐した分類群であることが望まれる。この場合、内群と外群は姉妹群とみなされる。外群と内群に共通にみられる形質を相同形質、内群にだけ共通に見られる形質を共有派生形質、外群にのみ見られる形質を原始形質、そして、多系統群の間で、祖先を異にするにもかかわらず、似たような形質が現れる場合には同形形質（相似）とみなされる。「外群」とは、物体の重量を測る時の風袋のようなものであり、的確な指定によって、内群における共有派生形質を抽出し、その保有状態によって内群における類縁関係を正確に推定できる。系統樹の元になった祖先を「根 root」、樹木の節に相当する枝分かれの元の部分を「分岐点 node」、分岐点から先端の種までを「枝 branch」と呼ぶ。系統樹の各枝を「分岐群 clade クレード」と呼び、単系統群の末端で対を成して系統分岐した群を「姉妹分岐群」と呼んでいる。上述のように姉妹群は内群に最も近い外群のことだが、姉妹分岐群はお互いに最近に分岐した最も近縁な内群同士を指す。系統解析とは、これらを識別することに他ならない。本研究では系統解析用に、ワシントン大学の J. Felsenstein により開発され、インターネット上にフリーウエアで公開されているプログラムパッケージ・PHYLIP ver.3.57 中の SEQBOOT（ブーツストラップ確率計算用）、MIX（ワグナー最節約系統樹構築用）、および CONSENSE（合意樹作成用）を使用した。最節約法は解析に使用するデータの性質を選ばないので、DNA の解析データと形態形質データを自由に組み合わせて分析することが可能である。また、花成遺伝子 *FT* 系統樹構築用には、PAUP ver.4 β版を使用した。遺伝子の塩基配列デー

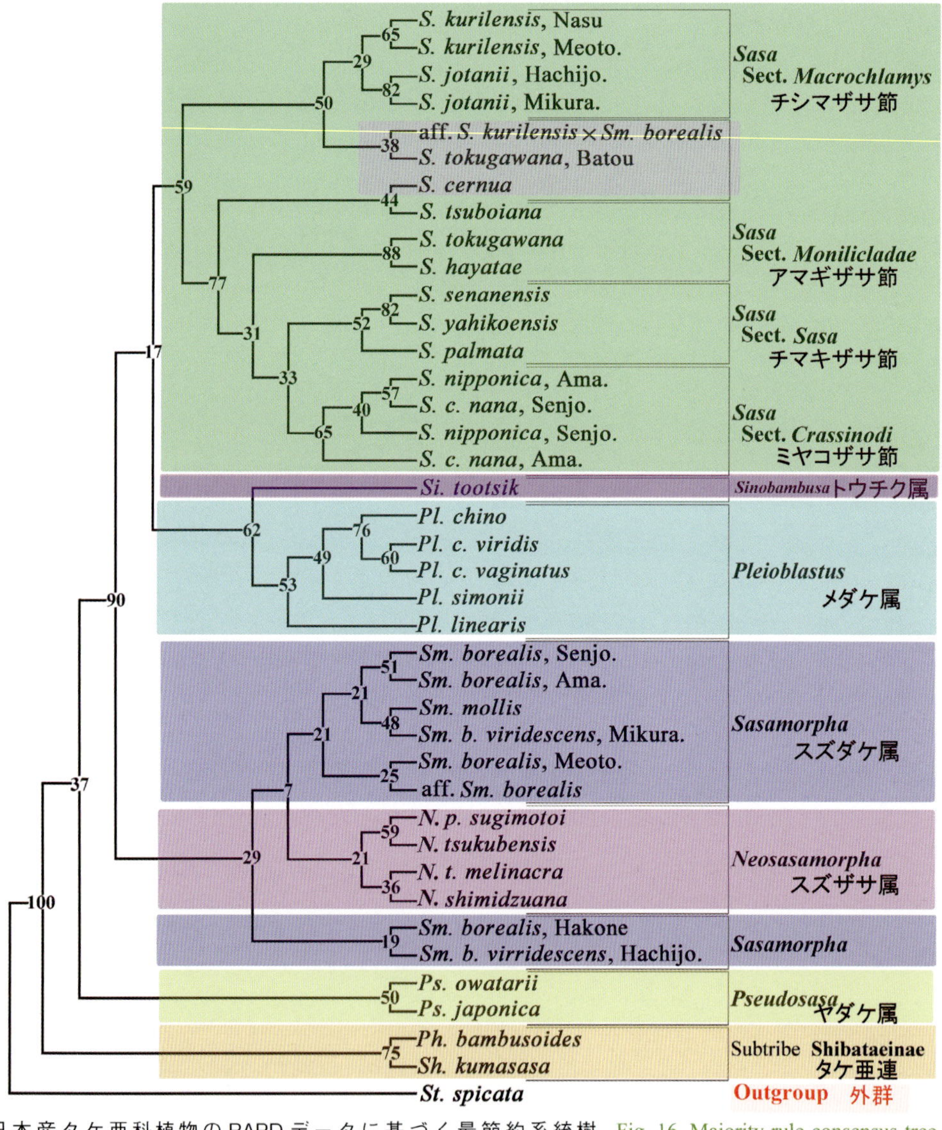

図16：日本産タケ亜科植物の RAPD データに基づく最節約系統樹。Fig. 16. Majority rule consensus tree of eight parsimonious trees based on 327 RAPD data in 39 Japanese bamboo taxa and an outgroup rooted at *Streptochaeta spicata* with CI, RI, and tree length of 0.86, 0.44 and 1,200 steps, respectively. Numbers on each node show a 1,000 replicate-bootstrap confidence (Kobayashi & Furumoto 2004).

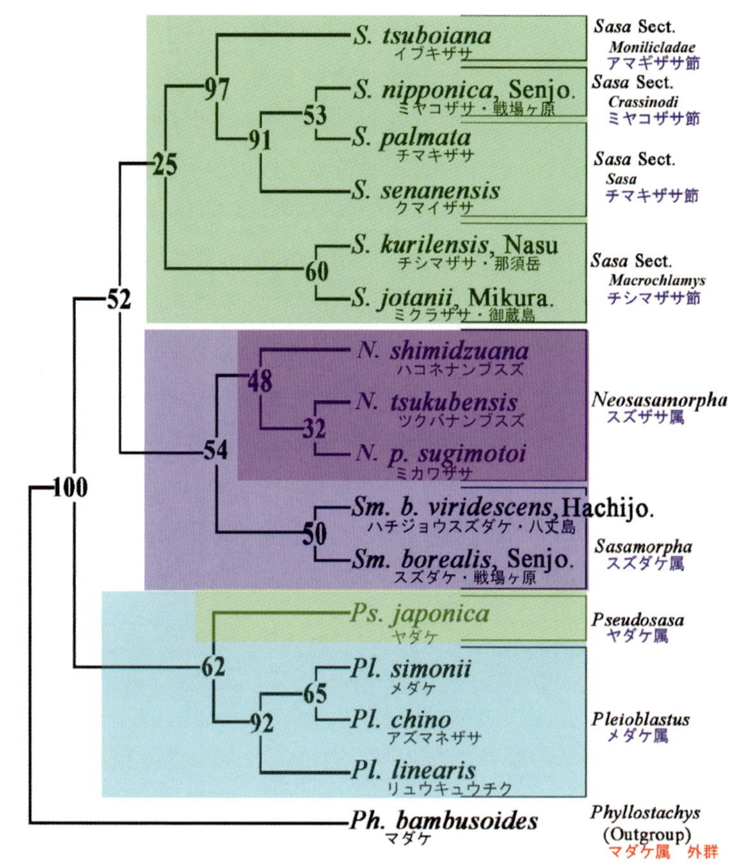

図17：日本産ササ類における形態形質・RAPD組み合わせデータに基づく最節約系統樹。Fig. 17. Majority rule consensus tree produced from five equally parsimonious trees of 298 combined RAPD / morphological data in which CI, RI, and tree length of o.83, 0.59, and 639 steps, respectively. Numbers on each node show a 1,000 replicate-bootstrap confidence (Kobayashi & Furumoto 2004).

タのみを対象とすれば、ベーズ法の分子時計機能を使用して、各分岐群の分岐年代を推定することが可能となる（第6章参照）。

表2に示すように、雌しべの柱頭数3本、あるいは鱗被数3枚などの形質は明確なデータではあっても、外群や内群の間で全て共通しているので、入力用のデータとしては意味をなさない。また、苞穎数のように、特異的に外群だけに現れる形質も役立たない。他に、内群において、たった1種だけに現れる形質は固有派生形質と呼ばれ、無いよりはまし、という扱いになる。表3に示すが、稈の直立か斜上かの形質状態の判断において、ミクラザサの場合に熟考を要した。実生期から幼若未成熟個体の間は、稈が斜上するように見える。マダケ属でも、発芽から数年間は、仮軸型地下茎からなる細い稈の斜上する株立ちの時期を過ごす。結局、第3章および第5章に示す、チシマザサおよびミクラザサの地下茎の特徴を判断の根拠とすることになった。写真を比較すると明確だが、チシマザサでは、両軸型地下茎のうちの仮軸型地下茎自体が、全て斜めになっているのに対して、ミクラザサでは稈基部から直立している。この点を考慮して、ミクラザサの稈を直立と判定した。全部で35項目しかない形質データのうちで、1項目でも判断を誤ると、結果は大きく異なってしまうので、確実な根拠をもった判断が求められる。

日本産ササ類の間では、まず最初にメダケ属 *Pleioblastus* Nakai が分岐した。メダケ属内で最初に分岐したのはメダケ *P. simonii* だった。次にヤダケ *Pseudosasa japonica* が分岐した。その後、ミクラザサ *Sasa jotanii* を介してササ属 *Sasa* Makino & Shibata とスズダケ属 *Sasamorpha* Nakai が姉妹分岐群を形成するように分岐した。ササ属内部では、チシマザサ *S. kurilensis*、その後に、かつてはササ属ナンブスズ節 *Sasa* sect. *Lasioderma* Nakai として認識され、現在ではスズザサ属 *Neosasamorpha* Tatewaki として位置づけられる分類群が分岐した。その後、アマギザサ節 *Sasa* sect. *Moniliciadae* Nakai、そして姉妹分岐群としてチマキザサ節 sect. *Sasa* とミヤコザサ節 sect. *Crassinodi* Nakai が分岐した。

次に、RAPD法を採用して系統樹を構築した（図17）。Williams *et al.*（1990）によって開発されたこの方法は、無作為に人工合成された10塩基からなるランダムプライマーを使用し、試料のDNAへのプライマーの付着部位をPCR増幅し、増幅断片に見られる多型性を形質として分類群間の変異に

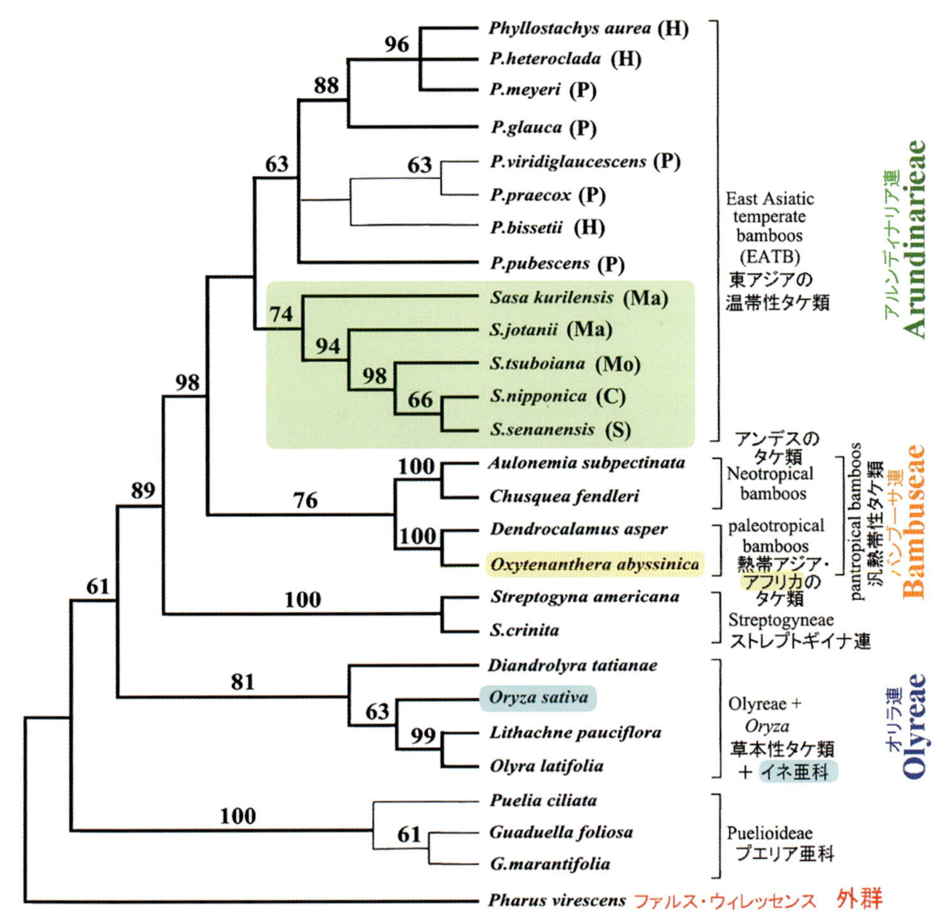

図18：花成遺伝子 *FT* の塩基配列データに基づく最節約系統樹。緑の網掛け部分はササ属のクレードを示す。各枝上の数字は 1,000 回のブーツストラップ確率を示し、太枝は厳密合意樹に維持されるクレードを示す。

Fig. 18. One of the six equally parsimonious trees inferred from the analysis of the *FT* homolog sequence data matrix by using a maximum parsimony analysis with PAUP ver. 4β. CI, RI, and tree length are 0.66, 0.71, and 1,12 steps, respectively (Hisamoto *et al*. 2008).

基づき、類縁関係を解析する方法である。手軽な方法ではあるが、再現性を確保するのが難しく、最近ではほとんど使用されなくなった。だが、大変遺憾なことに、多数の遺伝子の塩基配列が容易に調べられる今日になっても、日本産タケ亜科植物に関する最近の手法に基づく解析結果は未だに報告されていない。ともあれ、この研究では、39 分類群の日本産タケ亜科植物を内群とし、ストレプトカエタ・スピカータを外群として、9 種類のランダムプライマーを使用し、各プライマー平均 33 本、全体で 327 本の増幅バンドを検出した。先に見た形態形質データの 10 倍の量である。各試料間でバンドの有無を 0/1 データに置き換え、最節約法により系統解析を行った。

マダケとオカメザサが最も基部に位置し、ヤダケ属のヤダケとヤクシマヤダケを経て、スズダケ属＋スズザサ属とメダケ属＋ササ属に加え、トウチク *Sinobambusa tootsik* からなる分岐群が位置した。スズダケ属を含む分岐群では、八丈島産のハチジョウスズダケ *Sasamorpha borealis* var. *viridescens* と箱根産のスズダケからなる系統が基部に入った。他方、ササ属の系統では、最初にチシマザサ節、次いでアマギザサ節、そして末端に姉妹分岐群としてチマキザサ節とミヤコザサ節が位置した。トウチクはタケ亜連の構成員、とりわけ図 12 に示す RFLP 系統樹で解析されているように、カンチク属など、中国からネパールヒマラヤ地域に出現するタケ類に近縁な一員とみなされているが、今回の解析結果ではメダケ属と行動を伴にした。推定雑種分類群としてのスズザサ属は先にみた形態形質系統樹では、ササ属のクレードに入ったのに対して、RAPD系統樹ではスズダケ属のクレードに入り、スズダケ属とのより近縁な関係を示した。日本産ササ類の中で、アズマザサ属も北海道を除く日本列島各地に出現する群であるが、系統解析にあたっては、得られた結果の評価の煩雑さを回避するために解析の対象からは除外した。だが、ササ属のクレード内にあって、オクヤマザサや栃木県馬頭産のトクガワザサが判断のつかない位置に出た。オクヤマザサはチシマザサ−チマキザサ複合体の別称であり、複雑に浸透性交雑を繰り返して形成された個体群の試料としての性質がこのような系統樹上の挙動として現れたものとみなされる。痕跡的に分布する栃木県那珂川町（旧馬頭町）産のトクガワザサにも、その成因に同様な条件が関わっているのかもしれない。

以上のような結果をふまえ、表3に示す形態形質データと、RAPDデータを組み合わせて最節約法により、マダケを外群として代表的なササ類の解析を実施した（図17）。最も基部にはメダケ属＋ヤダケの分岐群が位置し、それを介して、スズダケ属＋スズザサ属の分岐群とササ属の分岐群が姉妹分岐群として配置した。ササ属内部では、最初の分岐群としてチシマザサ節、それに次いでアマギザサ節、そして末端でチマキザサ節とミヤコザサ節が姉妹分岐群を構成した。これが本研究を通じて最も統計的な信頼性の高い解析結果であるが、ミクラザサとチシマザサの間では、どちらが早く系統分岐したのか知りたいところである。タケ類の開花に関わる花成遺伝子*FT*の塩基配列情報を基に、イネ科第二の初期分岐群のファルス･ウィレッセンスを外群とした解析結果（図18）は、全体に極めて高いブーツストラップ確率でチシマザサを候補として示している。ファルス・ウィレッセンスは第2章で紹介するように、5年毎に一斉開花枯死を繰り返す生活史の持ち主であり、タケ類の開花習性に関わる系統解析の外群として最も相応しい分類群であろう。他方で、*FT*系統樹は草本性タケ類のオリラ連とイネを同一の分岐群として解析し、解釈の不確定な要素があることを示した。これまでに見た三つの系統樹（図16〜18）は、全体として、稈の枝の1節多数分枝型と1節1枝分枝、稈の直立と斜上性は、それぞれ前者が祖先的（原始的）、後者が派生的な形質としての特性を持つことを示唆している。これらの形質を併せて総合的に考察すると、稈が直立し穎果が非休眠な形質を持つミクラザサがチシマザサに対してより早い時期に系統分岐した可能性は否定できないだろう。

(2)泡状細胞珪酸体に見られる形態的特徴の比較

図10に見るように、葉の表面側の表皮の葉脈間を裏打ちするように泡状の細胞が配列し、葉の加齢とともに珪酸を蓄積し、珪酸体が形成される。これを泡状細胞珪酸体 bulliform cell phytoliths (silica bodies) と呼んでいる。古くは機動細胞珪酸体 motor cell silica body と呼ばれた。この細胞が植物体周囲の水分環境の変化に応じ膨圧を変えることにより、葉の巻き上

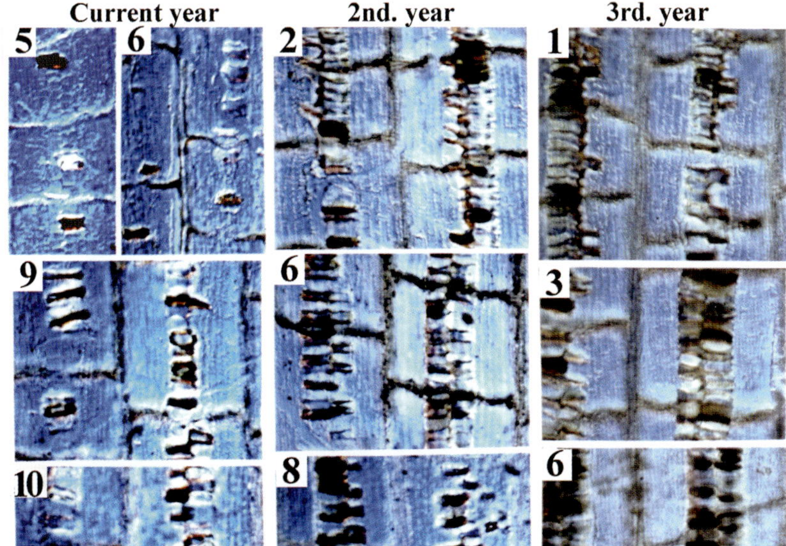

図19：ミヤコザサの葉における泡状細胞珪酸体の形成過程を示す灰像。宇都宮大学構内の植栽株より葉試料を採取した。Fig. 19. Spodograms of foliage leaf adaxial surfaces of *Sasa nipponica*, showing accumulation process of bulliform cell phytoliths. The specimen clump was inplanted in the campus of the Utsunomiya University. ➡

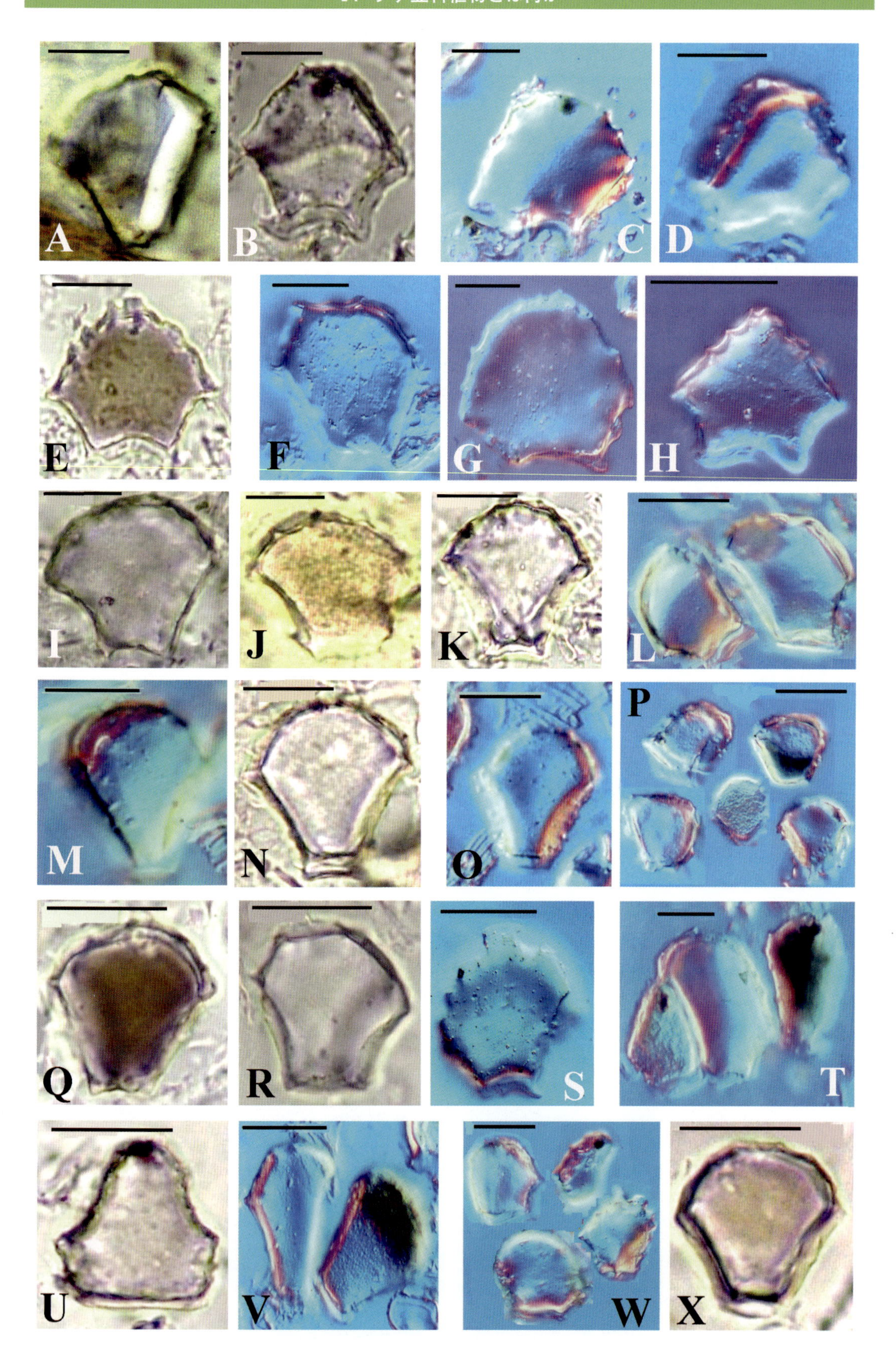
A
B
C
D
E
F
G
H
I
J
K
L
M
N
O
P
Q
R
S
T
U
V
W
X

図20：花日本産ササ類各種における泡状細胞珪酸体の断面形状比較。A: ミクラザサ（御蔵島御山）、B: チシマザサ（栃木県那須岳）、C: イブキザサ（三重県藤原岳）、D: ミヤマクマザサ（御蔵島御山）、E: オクヤマザサ（日光市女夫ヶ淵）、F: クマイザサ（金精沢）、G: チマキザサ（金精沢）、H: ヤヒコザサ（駒止湿原）、I: ミヤコザサ（雨巻山）、J: センダイザサ（八溝山）、K: ニッコウザサ（荒川）、L: ミヤコザサ－チマキザサ複合体（阿寒オンネトー）、M: メダケ（宇都宮市）、N: アズマネザサ（荒川）、O: ヤダケ（八王子市）、P: ヤクシマヤダケ（宮之浦岳）、Q: アズマザサ（荒川）、R: ヒシュウザサ（日光市）、S: カリワシノ（西山町）、T: インヨウチク（比婆山）、U: スズダケ（荒川）、V: ハチジョウスズダケ（八丈島三原山）、W: ツクバナンブスズ（戦場ヶ原）、X: ミカワザサ（雨巻山）。スケールは 30 μm。Fig. 20. Comparison of cross section morphology of bulliform cell phytoliths among Japanese Arundinariinae. A: *Sasa jotanii*, B: *S. kurilensis*, C: *S. tsuboiana*, D: *S. hayatae*, E: *S. kurilensis* - *S. senanensis* complex (*S. cernua*), F: *S. senanensis*, G: *S. palmata*, H: *S. yahikoensis*, I: *S. nipponica*, J: *S. chartacea*, K: *S. chartacea* v. *nana*, L: *S. nipponica* - *S. palmata* complex, M: *Pleioblastus simonii*, N: *Pl. chino*, O: *Pseudosasa japonica*, P: *Ps. owatarii*, Q: *Sasaella ramosa*, R: *Sa. hidaensis*, S: *Sa. ikegamii*, T: *Hibanobambusa tranquillans*, U: *Sasamorpha borealis*, V: *Sm. borealis* v. *viridescens*, W: *Neosasamorpha tsukubensis*, X: N. *pubiculmis* ssp. *sugimotoi*. Each scale shows 30 μm.

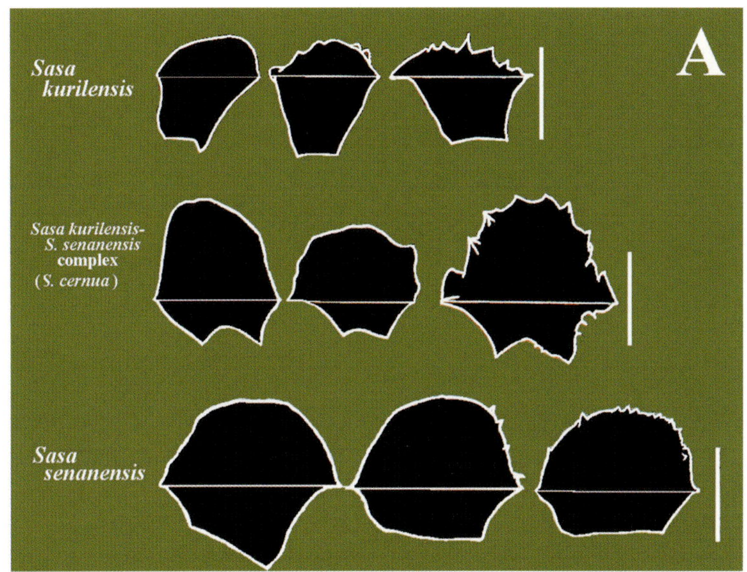

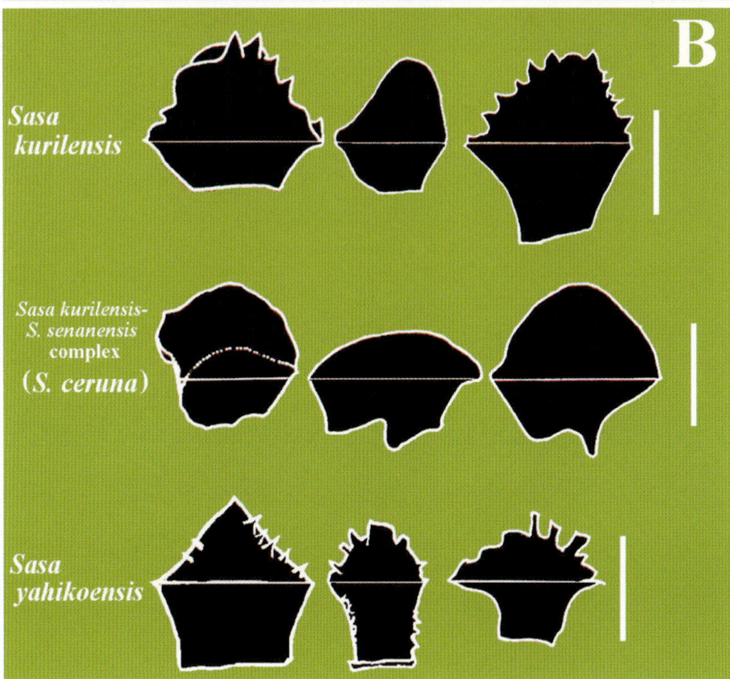

図21：チシマザサ－チマキザサ複合体（オクヤマザサ）に見られる泡状細胞珪酸体の特徴。A: 栃木県日光市湯元金精沢産、B: 福島県南会津町／昭和村・駒止湿原産。それぞれの上下の種は複合体の推定両親種を示す。スケールは 30 μm。Fig. 21. Cross shape of bulliform cell phytoliths of *Sasa kurilensis* - *S. senanensis* complex showing a characteristically concaved top in comparison with putative parental taxa occurred on the Konsei Valley, Nikko, Tochigi Pref (A) and the Komado Moor, Minamiaizu-cho/Showa-mura, Fukushima Pref. (B). Each neighboring taxa show the putative parental species for the complex population. Scales show 30 μm.

げ（第4章コンゴウダケ参照）や展開に関与する、とみなされたからである。また、珪酸体という用語も最近は phytoliths が充てられるようになった。図19にミヤコザサの葉の展開直後から3年目までの期間の泡状細胞珪酸体の形成の様子を灰像によって観察した結果を示す。一瞥して明らかなように、細脈間に横断的に格子目が存在する。これは “tessellation（碁盤目細工）” と呼ばれ、耐凍性の単位であることが実験的に確認されている（Ishikawa

1984)。耐凍性の無い熱帯アジアのバンブー類にはこのような格子目は見られない。葉の展開直後の5月には、1個の区画に1個の珪酸体の断片があるかないかの程度だが、10月にはほとんど一列に切れ目が無くなり、細胞が分裂して互い違いに二重に珪酸体の形成された列も見られる。2年目にはぎっしりと積み重なり、3年目の葉がボロボロになる頃には固く積み重なるように配列する。このミヤコザサの株は宇都宮大学構内に植栽されたものであり、3年目の葉は自生地ではほとんど稈もろとも枯損してリターの一部になるのが普通である。筆者は1982年7月19日～23日、当時宇都宮大学農学部林学科の薄井宏教授のお伴として、札幌から北海道太平洋岸伝いに野上峠を越えて小清水原生花園まで、さらに折り返して釧路までミヤコザサ節植物の探索・採集旅行に参加し、13地点・各10本以上の稈の標本を採集した。数年後に、泡状細胞珪酸体の形態変異の研究のため、灰化して検鏡した結果、どの標本でもまだほとんど形成されておらず、この研究目的のためには全く使い物にならなかった。2年目以降の古い葉の中ほどを約1 cm^2 切り取り、るつぼに入れて電気炉中で550℃・6時間かけて灰化した後、薬包紙に包み、押しつぶして粉末にし、さらに遠心管中で、蒸留水に浸し20KHz・50W・3分間の超音波破砕処理を施すと、珪酸体はバラバラに解離し、断面形状を観察できる。この解離処理が不十分だと、棍棒状に癒着した泡状細胞珪酸体はプレパラート上で横たわり、細長い、もしくはぶ厚い側面だけを見せ、断面は観察できなくなる。

本村ら (2010) は泡状細胞珪酸体に関する用語の統一を提案している。それに従えば、「表面→上面」、「背面→下面」、そして「断面→端面」となる。前二者の提案には異存はないが、後者に関しては理解し難い点がある。彼等は試料の調整において、上記に紹介したような解離処理を施していない。その結果、論文に提示された模式図は、泡状細胞珪酸体が分厚く連なって生じた、細長い構造として描かれている。実際には、ミヤコザサの例として図10Dに示すように、1個の厚さが十数µmの泡状細胞が葉脈に沿って配列し、これに図19に示すように、葉の加齢とともに珪酸が蓄積してゆく。彼等は泡状細胞珪酸体の棍棒状の塊を観察した結果に基づいているので、「端面」としか表現のしようがない、というのが真実だろう。したがって、本来なら、泡状細胞の顔にあたる“正面”、と表現すべきだが、珪酸体の塊を解離処理して得られた結果なので「断面」と呼ぶのが適切だろう。

図20はこのようにして得られた各種ササ類の泡状細胞珪酸体の一覧である。各図中のスケールはいずも30 µmである。図10に示すように、泡状細胞珪酸体の断面形状は、葉の表面側が袋状形態の口の側で、平坦な短い直線状を呈する。しかし、私たちの日常生活においては、扇子、団扇、それに食パンなど、いずれも末広がりの形状に慣れ親しんでおり、断面形状も見慣れた形状に合わせ、画像を上下逆転して表示した。下方が葉の表面側で珪酸体の上面top、上方が葉組織の内面側で、珪酸体の下面bottomに相当する。Aは御蔵島御山の登山道上で取得したクマネズミの胃内容物として菊田 (2002) により、また、灰色の写真 (B, E, I, J, K, N, Q, R, U, X) は山上 (2012) によって撮影記録された画像である。記して両氏に感謝したい。2～3種ずつ隣り合わせて順に、ササ属チシマザサ節 (A, B)、アマギザサ節 (C, D)、チシマザサ–チマキザサ複合体 (オクヤマザサ) (E)、チマキザサ節 (F, G, H)、ミヤコザサ節 (I, J, K)、ミヤコザサ–チマキザサ複合体 (L)、メダケ属 (M, N)、ヤダケ属 (O, P)、アズマザサ属 (Q, R, S)、インヨウチク (T)、スズダケ属 (U, V)、そしてスズザサ属 (W, X) である。全体の形状において、ササ属は扇形、メダケ属とヤダケ属では前者が下面側が丸みを帯び、後者では多少角ばった杓子形、そしてスズダケ属のスズダケでは背面側が突出する特異な形態を持つなど、それぞれに特徴がある。チシマザサ–チマキザサ複合体 (オクヤマザサ) では、上面がへこむ特徴が覗えたので、改めて産地の異なる試料について、同所的に生育する他種を比較参照した (図21)。Aは栃木県日光市湯元の金精沢で、オクヤマザサの基準産地である。推定両親種のチシマザサとクマイザサを参照した。Bは福島県南会津町と昭和村に隣接する駒止湿原産で、チシマザサとヤヒコザサを参照した。いずれの場合でも、それぞれの推定両親種と比較して上面側が内部に窪み、もしくは深く貫入する特徴を示した。

日光市戦場ヶ原南側は中禅寺湖に隣接し、ミズナラとカラマツの優占する山地林で、高山（たかやま）の痩せた尾根が入り組んだ複雑な地形が存在し、林床には7分類群のササ：ミヤコザサ、ニッコウザサ、クマイザサ、スズダケ、チシマザサ－チマキザサ複合体（オクヤマザサ）、ツクバナンブスズ、ミヤコザサ－チマキザサ複合体が複雑に入り組み、隣接して分布していた。栃木県日光地方でも、1990年代中頃よりニホンジカが激増し、貴重な植物群落が次々と消失し、植生の荒廃が目立ちはじめた（長谷川2000）。ササ群落においても、1986年当時には鬱蒼と繁茂していたミヤコザサ－チマキザサ複合体が真っ先に姿を消した（第4章参照）。戦場ヶ原から小田代原にかけた山地林約20 haについてササ類の分布図とシカによる食害マップを作成し、重ね合わせた結果、2番目に消滅しつつあった分類群の範囲が確定しない箇所が随所に出現した。そこで、裸地化した林床の表層土壌を採取し、検鏡した結果、上面側が貫入したオクヤマザサの特徴を示す泡状細胞珪酸体が大量に検出され、2番目に食害の著しいのはオクヤマザサであることが判明した（小林・濱道2001）。

(3) 泡状細胞珪酸体の断面形状に見られる変異の解析

八丈島にミクラザサの分布が発見され、その帰属をめぐり日本列島に分布するチシマザサの葉の厚さに注目し、東大総合研究博物館標本庫TIや金沢大学理学部標本庫KANAに収蔵された標本試料の葉の厚さをミクロメーターで計測していた時、葉の厚さと関わって泡状細胞珪酸体に形態的な変異が存在する可能性に気づき、数地点の試料間の比較を試みた（小林1986）。端緒的な結果だったが、ミクラザサが他地域のチシマザサに比し、最も葉の厚いことが分かった。この知見をきっかけとして、分布全域を対象としたチシマザサ＋ミクラザサならびにミヤコザサにおける泡状細胞珪酸体の断面形状の長さと幅に関する比に見られる変異を調べた。その結果を1990年8月23日～30日、横浜で開催された第5回国際生態学会議においてポスター発表した。この国際会議におけるバンブー・セッションの企画担当者は紺野康夫氏と高槻成紀氏だった。高槻博士からは、この時の発表をBamboo Journal誌に投稿するようたびたびお奨めいただいたが、筆者はちょうどその年の10月から南米コロンビア、ブラジルを中心とした10か月間の長期在外研究の出発の準備のために忙殺され、ついに果たせなかった。この研究における試料の調整法は上述のとおりである。解離した試料を100％エタノールに移し、それをスライドグラスに滴下し、ユーパラールで封入した。光学顕微鏡カラーテレビカメラ装置のモニター上に1,000倍の総合倍率で映し出し、トレーシングペーパーに最低50個を描き移した。図22に示すように、断面の側面と弧状の下面の両端部・境界に弦を引き、弦と、上面のそれぞれの中点を通る中線を引く。弦によって分割される中線の下面側長a / 上面側長b=Lを長さに関する形状比とする。さらに上面長e / 弦長d=Wを幅に関する形状比とする。このようにして得た全試料のデータを表4に示す。試料収集にあたっては、当時の東大総合研究資料館標本庫TIの管理者・大場秀章博士、金沢大学理学部標本庫KANAの里見信生教授、そして北海道大学標本庫SAPSの大原雅博士には大変お世話になったことを記して謝意を表したい。

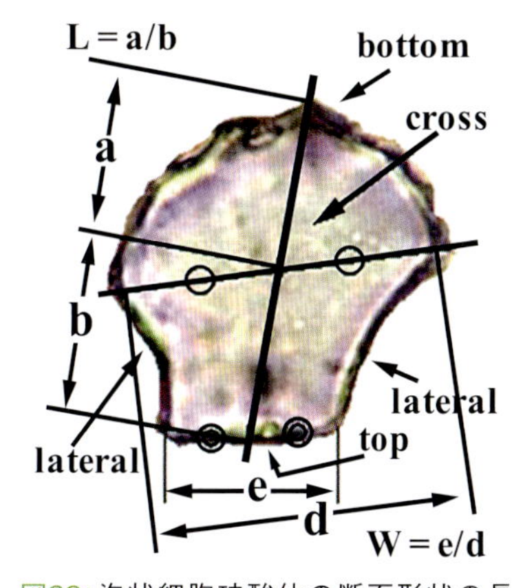

図22：泡状細胞珪酸体の断面形状の長さと幅に関する比の計測法。Fig. 22. Schematic representation of a bulliform cell phytolith showing the measured characters of (a) bottom-side length, (b) top-side length, (d) length across bottom arc, and (e) both-ends length of top-side, where L=a/b, W=e/d (Kobayashi 1986).

チシマザサ＋ミクラザサおよびミヤコザサのそれぞれのLとWの値を緯度に対してプロットしたグラフを図23に示す。チシマザサでは、Lに関しては、北緯35度30分～38度、および42度～44度にかけて顕著な変異のピークが現れた。さらにWに関しては、Lと同様の位置に二つのピークが現れたのに加え、北緯48度にもピークが出現した。他方、ミヤコザサでは、

表4(1)：ササ属チシマザサ節とミヤコザサにおける泡状細胞珪酸体の断面形状に見られる地理的変異度および珪酸体形状比。Table 4(1). Geographical variation in the cross section morphology among *Sasa* sect. *Macrochlamys* and *S. nipponica* over the whole distribution ranges.

	緯度	B	A	D	E	a/b	a/b(SD)	e/d	e/d(SD)
Sasa kurilensis (Rupr.) Makino & Shibata									
八丈島三原山	33.0917	28.99	16.87	46.11	15.75	0.615	0.2399	0.341	0.0649
御蔵島	33.8750	35.85	19.95	48.65	15.85	0.569	0.1548	0.326	0.0830
御蔵島	33.8750	31.76	17.30	48.63	17.64	0.582	0.2260	0.365	0.0813
八丁平	35.2333	21.25	20.45	50.80	18.95	1.084	0.5129	0.375	0.0603
大山	35.3722	19.25	20.00	47.70	18.70	1.146	0.5714	0.391	0.0437
丹波三岳山	35.4000	19.80	19.75	50.00	20.95	1.422	1.4386	0.421	0.0603
伊吹山	35.5000	16.25	14.25	34.00	17.90	1.012	0.6604	0.531	0.0705
氷ノ山	35.5000	18.59	20.17	44.05	20.20	1.262	0.7125	0.458	0.0645
西方岳	35.7000	18.90	22.30	48.10	19.75	1.351	0.7860	0.411	0.0724
入間群自然教育園	35.8333	24.50	21.70	49.00	22.50	0.912	0.2765	0.459	0.0517
荒島岳	35.9333	22.85	16.70	41.65	15.95	0.779	0.3255	0.386	0.1046
高崎山	36.1278	20.10	20.95	45.75	26.65	1.066	0.2783	0.583	0.0858
白山南竜	36.1667	17.00	14.44	36.48	18.09	0.980	0.7014	0.501	0.0899
小松市市ノ瀬	36.3333	19.84	13.24	33.79	16.33	0.881	0.8751	0.486	0.1193
白山市岩間	36.3333	19.16	15.77	38.77	15.67	0.894	0.3138	0.414	0.0771
天神峠	36.5000	19.60	22.25	53.40	22.25	1.591	1.5313	0.420	0.0777
打保	36.5000	16.12	31.98	51.50	21.21	2.395	1.2900	0.414	0.0856
八丈島→宇都宮大学移植	36.5500	22.65	14.25	36.40	13.75	0.649	0.2023	0.378	0.0688
倶利伽羅峠	36.6639	21.95	18.50	43.85	17.05	0.893	0.3417	0.389	0.0728
那須→宇都宮大学移植	36.6667	26.21	17.68	50.21	20.80	0.784	0.5731	0.417	0.0850
牛岳	36.6667	19.30	21.25	54.70	18.05	1.301	0.7334	0.332	0.0839
立山	36.6667	13.30	17.00	38.85	18.05	1.503	0.7806	0.467	0.1079
立山2	36.6667	19.75	24.30	46.90	19.55	1.483	0.7629	0.417	0.0808
宝達山	36.7806	22.71	16.94	44.42	17.86	0.813	0.4457	0.404	0.1058
利根郡金精沢	36.8333	19.40	12.79	37.36	15.35	0.716	0.3565	0.414	0.0735
尾瀬ヶ原	36.9333	14.20	16.75	40.55	19.15	1.313	0.5792	0.472	0.0747
石動山	36.9611	14.10	13.49	37.25	21.63	1.025	0.4406	0.581	0.0769
那須大丸	37.1194	22.34	18.67	46.54	19.56	0.941	0.5652	0.424	0.0660
那須中ノ大倉	37.1667	24.68	20.70	48.49	19.74	0.901	0.3849	0.410	0.0733
八箇峠	37.1667	22.83	22.49	53.93	20.72	1.059	0.4724	0.387	0.0639
南会津群大丸	37.1667	16.95	22.10	48.70	20.55	1.770	1.4944	0.423	0.0720
南会津群駒止	37.3333	20.03	18.07	39.48	16.21	1.261	1.9070	0.412	0.0754
天川山	37.3722	22.85	25.55	53.95	21.00	1.327	0.7375	0.395	0.0759
鉢伏山	37.3778	16.39	19.17	48.54	17.92	1.594	1.8520	0.370	0.0707
宝立山	37.4361	19.60	24.05	52.75	21.80	1.336	0.5035	0.415	0.0477
別山	37.4833	17.10	27.00	52.05	21.55	1.918	1.2253	0.414	0.0643
鬱陵島	37.5000	20.10	15.97	41.25	18.52	1.150	2.1370	0.452	0.1021
鬱陵島ルリラン	37.5000	19.40	16.55	38.55	15.90	0.892	0.3003	0.416	0.0728
鬱陵島上幸	37.5000	18.05	19.50	39.90	17.55	1.208	0.6073	0.443	0.0782
弥彦山	37.7056	19.29	17.05	41.62	17.65	0.936	0.2825	0.430	0.1002
亀岡山	37.8000	10.70	21.70	40.25	15.70	2.401	1.2780	0.391	0.0672
金北山	38.1667	18.35	17.76	43.24	16.65	1.022	0.4057	0.385	0.0962
苅田岳エコーライン	38.1667	21.01	18.20	45.00	18.88	0.975	0.6441	0.423	0.0875
雁戸山	38.3333	20.04	17.28	41.18	16.59	0.944	0.4838	0.404	0.0760
仁郷山	38.9806	20.30	16.80	39.05	13.00	0.859	0.2433	0.333	0.0691
栗駒山	39.0000	15.36	22.31	42.58	18.12	1.610	0.6947	0.428	0.0922
須川	39.0000	19.15	23.37	41.40	18.32	1.237	0.6320	0.445	0.0760
鳥海ブルーライン	39.1667	19.50	17.55	44.86	17.81	1.001	0.5272	0.404	0.1030
鳥海山	39.1667	27.30	18.50	44.15	14.90	0.728	0.3072	0.336	0.0752
新山	39.6667	18.59	20.57	46.35	20.43	1.236	0.6335	0.444	0.0814
早池峰山	39.6667	22.15	15.51	39.15	15.16	0.726	0.2286	0.390	0.0543
駒ケ岳	39.8333	20.50	15.80	39.25	16.00	0.835	0.3494	0.412	0.0732
岩木山	40.6500	16.80	19.70	45.50	16.85	1.303	0.6678	0.369	0.0633
八甲田山	40.6667	20.70	16.40	47.90	21.15	0.916	0.5863	0.448	0.0786
明川	41.1667	27.95	13.25	34.70	13.30	0.494	0.1769	0.386	0.0703
恐山	41.3167	23.30	18.55	52.70	21.00	0.877	0.3939	0.404	0.0891
福島町日出	41.5000	24.66	18.53	48.19	21.16	0.801	0.3052	0.443	0.0911
函館市東山町	41.8333	21.64	27.36	54.44	21.14	1.537	1.1491	0.387	0.0757
横津岳2	41.9167	25.23	22.89	52.31	20.14	1.131	0.7691	0.391	0.0958
奥尻島宮津（旧・茶津）	42.2111	2.53	1.38	3.41	1.38	0.554	0.0974	0.409	0.0660
日高楽古岳	42.3333	20.16	16.37	42.20	22.37	0.891	0.3889	0.538	0.3370

室蘭	42.4000	30.01	21.24	52.21	20.35	0.759	0.3009	0.385	0.1480
瀬棚群	42.4278	22.16	27.03	64.53	23.16	1.933	3.2278	0.363	0.0666
瀬棚群今金町美利河	42.4667	22.66	27.26	58.89	25.69	1.478	0.9674	0.438	0.0716
虻田町	42.6667	22.68	16.67	43.96	18.24	0.836	0.5176	0.416	0.0803
羊蹄山 1550 m	42.8167	20.00	18.05	37.20	15.45	0.989	0.4604	0.416	0.0760
羊蹄山 5 合目	42.8167	17.65	19.00	40.50	17.50	1.182	0.5938	0.432	0.0740
中山峠	42.8500	19.00	22.45	44.60	18.35	1.313	0.5699	0.410	0.0885
後志ニセコアン山	42.8750	2.02	1.85	3.99	1.56	0.949	0.2469	0.392	0.0501
北海道林業試験地 1	42.9833	15.70	18.90	45.35	17.20	1.295	0.4663	0.380	0.0496
北海道林業試験地 2	42.9833	15.75	21.45	43.75	19.35	1.631	0.9838	0.442	0.0646
空沼岳	43.0000	21.30	11.58	38.17	15.67	0.568	0.1924	0.411	0.0637
大雪山	43.0667	13.60	14.75	36.70	17.35	1.233	0.6561	0.470	0.0721
雲井平	43.0694	19.33	15.15	39.67	17.18	0.835	0.3345	0.442	0.0832
夕張岳北方湿原	43.1000	1.96	1.85	3.97	1.64	0.965	0.2511	0.412	0.0464
天狗山天塩側	43.1083	2.06	1.78	3.69	1.39	0.897	0.2642	0.380	0.0352
岩内盃温泉キャンプ場上	43.1167	27.20	20.55	51.55	18.05	0.814	0.3377	0.352	0.0552
後志古平町沢合	43.2667	1.93	1.67	3.58	1.45	0.896	0.2350	0.406	0.0422
定山渓豊平峡	43.5000	2.08	1.71	3.87	1.53	0.877	0.3549	0.398	0.0552
裾合平	43.6667	16.05	16.97	41.72	18.03	1.251	0.7670	0.432	0.0670
石狩川上流三国山西方尾根	43.6694	2.19	1.59	3.87	1.38	0.795	0.3236	0.403	0.2573
増毛群岩尾	43.7833	25.60	24.25	51.40	21.15	1.012	0.4129	0.413	0.0730
増毛群増毛町	43.8000	15.15	19.20	45.25	18.75	1.563	1.0239	0.413	0.0881
層雲峡	43.8333	12.44	17.49	36.46	18.53	1.677	0.9140	0.512	0.0790
色丹島	43.9222	24.00	12.00	40.00	23.33	0.519	0.3044	0.589	0.0887
色丹島	43.9222	17.15	18.28	45.58	16.37	2.275	3.7459	0.343	0.1673
知床峠	44.0500	19.70	18.30	43.30	17.95	0.992	0.3802	0.416	0.0982
斜里郡知床ウトロ	44.0667	18.15	13.45	38.15	15.90	0.795	0.3059	0.418	0.0920
知床峠羅臼町	44.0667	17.05	17.95	38.65	16.25	1.174	0.6587	0.422	0.0688
天塩郡誉平	44.8111	2.17	1.86	4.14	1.59	0.881	0.2267	0.384	0.0485
天塩研究林イソアンヌプリ山	44.9222	1.78	1.86	3.93	1.60	1.081	0.2646	0.407	0.0430
択捉島留別 - 年萌間	45.0583	2.16	1.77	3.95	1.45	0.833	0.1509	0.369	0.0517
利尻島利尻山	45.1806	2.33	1.68	4.12	1.53	0.729	0.1212	0.371	0.0384
利尻島北見	45.2222	1.91	1.79	3.85	1.49	0.967	0.2101	0.386	0.0508
礼文島宇遠内	45.3444	2.07	1.79	4.01	1.58	0.901	0.2338	0.394	0.0386
稚内緑 6 丁目	45.3833	23.20	19.75	48.55	18.25	0.908	0.3585	0.377	0.0748
宗谷公園 2	45.4833	20.75	21.40	43.05	16.15	1.069	0.2731	0.374	0.0708
宗谷公園 3	45.4833	19.90	22.30	44.65	17.90	1.290	0.7117	0.403	0.1038
計吐夷島	46.8417	1.81	1.48	3.76	1.42	0.888	0.4205	0.381	0.0599
得撫島床丹	47.1722	21.47	15.39	39.67	15.98	0.744	0.2720	0.408	0.1026
新知島武魯頓湾	47.5028	1.93	1.71	3.84	1.55	0.918	0.2299	0.404	0.0421
樺太春日峠	48.0139	18.11	17.81	38.27	17.75	1.056	0.4527	0.467	0.0808
樺太春日峠	48.0139	2.22	2.09	4.01	1.86	0.966	0.2355	0.503	0.3561
樺太豊原伊皿山	48.5111	20.10	15.90	37.70	15.60	0.856	0.3025	0.415	0.0921
樺太内淵川	49.8833	24.45	17.44	47.23	17.85	0.735	0.1835	0.380	0.0709
樺太突阻山	50.1667	20.51	17.72	42.33	15.93	0.896	0.2771	0.376	0.0791
樺太突阻山 2	50.1667	19.77	16.17	46.30	18.43	0.977	0.9172	0.397	0.0646
中央値		19.50	17.72	42.58	17.85	0.975	0.4457	0.411	0.0747

L に関しては北緯 34 度～37 度の間で 35 度 30 分付近にモードを持つ緩い変異の山と、37 度～42 度にかけ 39 度 10 分付近にモードを持つ緩い変異のピークが認められた。W については、北緯 33 度～35 度、35 度 50 分～40 度、41 度 30 分～43 度 40 分にかけ、それぞれ、33 度 40 分、38 度、そして 43 度にモードを持つ 3 つの変異の山が示された。

1990 年当時、これらの結果を統計的に評価する方法を筆者は知らなかった。だが、その後、データ解析環境 R システムの整備により、複雑な曲線の推定評価が可能となった（例：舟尾暢男 2005）。しかしながら、筆者にはそれを使用する能力が無いので、大学院修士課程在学中の山上達也氏に解析をお願いした。山上氏は第 6 次多項式近似により、R^2 値を算出した（得られた多項式は各図の右肩枠外に、R^2 値は図中に示す）。図中、○:各試料の測定値、●:実線に近い試料、エラーバー:標準偏差の幅、実線：LOWESS 局所重み付き散布図平滑化、もしくは局所重み付き回帰）、点線：回帰曲線、を示す。以下は山上氏の解説である：LOWESS は局所重み付け回帰関数を使用する非常によく使用されているスムージング法で、特定の位置のスムージングされた隣り合う値への影響がその位置によって減少

表4(2)：ササ属チシマザサ節とミヤコザサにおける泡状細胞珪酸体の断面形状に見られる地理的変異度及び珪酸体形状比。Table 4(2). Geographical variation in the cross section morphology among *Sasa* sect. *Macrochlamys* and *S. nipponica* over the whole distribution ranges.

	緯度	B	A	D	E	a/b	a/b(SD)	e/d	e/d(SD)
Sasa nipponica Makino & Shibata									
温泉岳	32.8333	15.15	14.40	34.94	15.38	1.127	0.8591	0.447	0.1294
阿蘇市	32.9339	18.68	16.68	36.90	15.06	1.008	0.6990	0.416	0.0755
皿ヶ峰	33.7167	15.60	13.35	33.15	15.15	0.885	0.2654	0.464	0.0807
大杉谷	34.3333	14.06	17.45	37.35	16.44	1.358	0.7065	0.440	0.0953
西谷	34.4250	13.15	19.95	43.20	18.90	1.978	1.4271	0.437	0.1038
鬼城山	34.7278	17.44	12.92	38.41	14.41	0.771	0.2764	0.375	0.0746
比叡山	35.0611	15.91	18.98	43.35	20.45	1.796	1.9707	0.475	0.0844
美山町	35.1667	19.44	14.88	38.77	16.04	0.846	0.4135	0.422	0.1087
田上山	35.5139	16.25	15.62	37.26	17.13	1.087	0.6999	0.462	0.0865
しらび平	35.7694	18.93	13.82	35.88	17.13	0.797	0.3596	0.485	0.1281
経ヶ岳	35.9194	17.24	15.69	36.85	14.71	1.055	0.7206	0.408	0.1022
八徳峠	36.0000	16.66	14.48	35.36	14.98	0.952	0.4136	0.433	0.0972
吉城群古川町	36.2389	18.13	17.53	42.67	18.07	1.042	0.4360	0.424	0.0733
霧ヶ峰八島高原	36.2472	10.98	16.84	33.35	13.34	2.702	2.8608	0.405	0.0962
古峰ヶ原	36.6667	17.41	14.27	42.75	20.45	1.167	1.3477	0.483	0.0818
細尾峠	36.7111	20.07	13.18	39.38	15.30	0.680	0.2171	0.389	0.0773
中宮祠	36.7417	22.51	17.35	39.69	17.27	0.815	0.3303	0.452	0.1358
男体山２合目	36.7694	14.14	13.66	38.59	16.59	1.128	0.7929	0.431	0.1333
男体山２合目	36.7694	15.59	13.19	29.21	13.77	0.902	0.3339	0.474	0.1104
男体山山頂	36.7694	19.17	12.67	35.33	16.95	0.675	0.2298	0.486	0.1108
男体山山頂	36.7694	18.23	12.13	34.21	16.51	0.674	0.2052	0.483	0.0832
戦場ヶ原	36.7778	14.22	15.89	35.16	15.70	1.320	0.8086	0.449	0.0981
鷲子山	36.8333	21.06	11.45	35.67	15.92	0.560	0.1620	0.446	0.0590
那須大丸	37.1194	15.27	19.08	37.67	18.93	1.359	0.5160	0.503	0.0930
那須	37.1222	18.84	12.39	33.76	15.03	0.698	0.2881	0.451	0.0988
郡山市	37.5000	19.67	16.10	43.63	19.80	0.850	0.2229	0.454	0.0625
青葉城址	38.3333	16.58	18.82	41.58	16.10	1.329	0.9362	0.391	0.0708
釜石市荒川	38.5167	22.58	15.00	41.79	21.05	0.795	0.5095	0.514	0.1191
遠野市赤羽根峠	39.1417	18.21	24.45	54.45	22.97	1.852	1.8176	0.424	0.0715
腹帯	39.1667	19.82	15.14	35.28	16.49	0.791	0.2902	0.470	0.0701
大間	41.4972	17.88	24.03	48.33	20.61	1.440	0.5580	0.428	0.0743
大間	41.4972	22.43	20.03	49.29	18.83	1.001	0.5096	0.386	0.0947
函館亀－旭	41.7667	20.30	18.09	43.39	18.00	0.999	0.5572	0.414	0.0811
アポイ山	42.1667	24.86	15.47	40.97	17.70	0.658	0.2702	0.437	0.0797
アポイ山	42.1667	23.36	16.58	48.48	20.33	0.738	0.2613	0.421	0.0693
鵡川－門別間	42.5750	19.90	21.84	47.77	21.52	1.269	0.7618	0.451	0.0860
沙流群平取町	42.6333	22.39	15.82	46.00	18.55	0.748	0.2940	0.405	0.0753
恵庭市	42.8694	22.91	16.68	44.79	18.79	0.804	0.3857	0.423	0.0919
空知郡追分町	42.8750	22.42	19.91	49.09	20.67	1.148	0.8830	0.421	0.0878
河西群芽室町	42.9222	18.73	19.17	44.87	24.93	1.134	0.5040	0.554	0.0734
河東郡士幌町	43.1694	18.85	15.97	41.55	21.55	0.880	0.2036	0.520	0.0848
足寄群足寄町	43.2583	20.39	18.03	44.48	19.90	1.035	0.6966	0.448	0.0709
足寄群足寄町乙	43.2583	21.39	19.71	45.39	19.87	1.032	0.6339	0.443	0.0675
雌阿寒岳	43.3861	21.83	20.23	47.66	20.83	1.163	1.0480	0.439	0.0755
川上群川湯	43.6389	20.59	13.09	38.04	17.08	0.673	0.2652	0.456	0.0968
津別町チミケップ湖付近	43.6472	19.67	15.40	39.30	15.97	0.866	0.4652	0.408	0.0855
中央値		18.84	15.93	39.54	17.20	1.000	0.5068	0.441	0.0851

する効果を伴う重み付け関数を使用する。外れ値は他の手法に比べ低めに重み付けされる。メインのパラメータはそれぞれのスムージングされる値に含められる隣り合う値の数を指定するスムージング幅。加えて、回帰重み付けとロバスト重み付けの２種類の重み付けが使用される。

ここに得られた結果の意味を考察するために、各分類群のＬとＷの変異の集中する緯度の位置関係を実線で示されたピークに注目し分布図上に描き出してみた（図24）。チシマザサにおける変異集中域は本州および北海道のいずれにおいても、最も幅広い地域にまたがる地域に該当する。特に本州の能登半島周辺から太平洋側に張り出す栃木県那須岳付近には、南砺市の縄が池や那須大川林道付近にみられるナガバネマガリダケ、能登半島から岐阜県・万波付近に出現するエゾネマガリという、チシマザサの２変種が集中し、この地域における多様性を再認識させられる（第４章参照）。また、チ

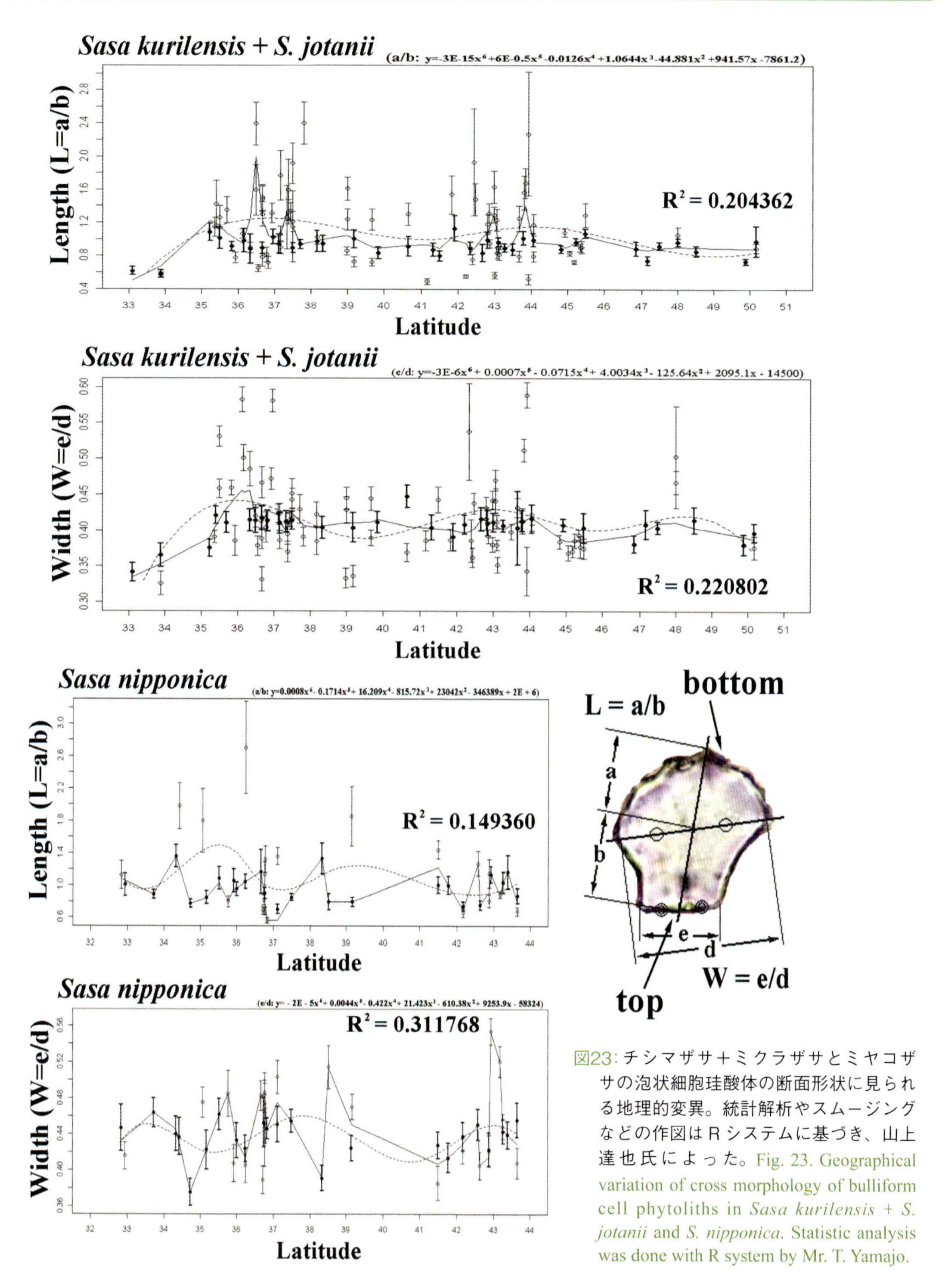

図23：チシマザサ＋ミクラザサとミヤコザサの泡状細胞珪酸体の断面形状に見られる地理的変異。統計解析やスムージングなどの作図はＲシステムに基づき、山上達也氏によった。Fig. 23. Geographical variation of cross morphology of bulliform cell phytoliths in *Sasa kurilensis* + *S. jotanii* and *S. nipponica*. Statistic analysis was done with R system by Mr. T. Yamajo.

シマザサの分布北限付近にも小規模であるが変異の集中域が存在するのは興味深い。ミヤコザサの変異パターンは本州では特にＬとＷのモードの位置がずれ、広い地域にまたがってところどころに実線のピークが現れるなど、複雑な様相を示している。第５回インテコルの講演要旨集における筆者の記述を改めて読み返してみると、我ながら驚くべき記述があった：「本州のミヤコザサでは、ミヤコザサ節の分布域というよりは、アマギザサ節の分布中心域と一致するという奇妙な分布モードを示し

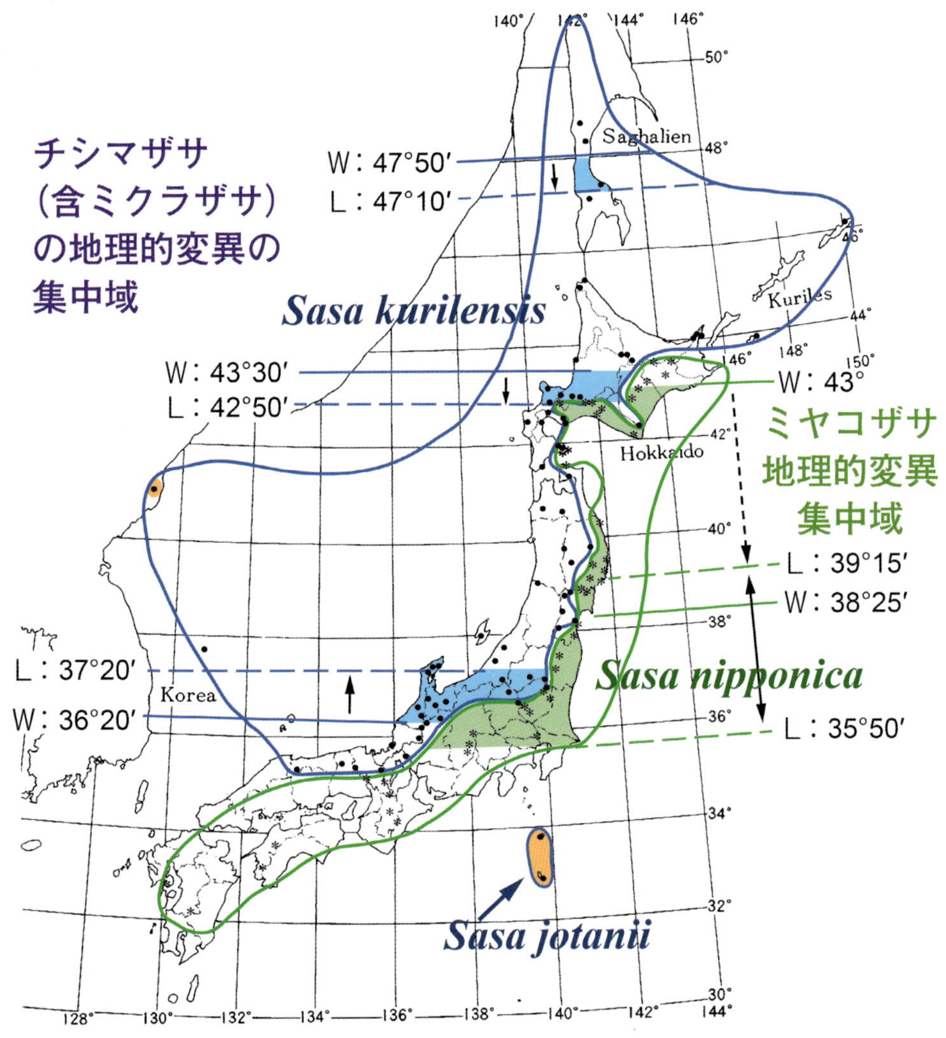

図24：チシマザサ＋ミクラザサおよびミヤコザサの地理的変異の集中域。Fig. 24. A map showing areas of morphological variation of bulliform cell phytoliths in *Sasa kurilensis* + *S. jotanii*, as well as *S. nipponica*.

た」。この時期には、先にみたように、ササ属植物内部における系統分岐の様相、すなわち、チシマザサ節が最も早く分岐し、次いでアマギザサ節が出現し、チマキザサ節とミヤコザサ節が末端で姉妹分岐群を構成する、という解析結果や考え方は存在しなかった。また、第4章に示すような、最近におけるアマギザサ節植物の広範囲な分布域は知られていなかった。第6章に、これまでに解析された系統分岐の概念をもとに、日本列島域におけるスズダケ属およびササ属の系統分岐と初期の分布拡大経路に関する仮説を提示した。そこでは、日本列島域全域に分布拡大したアマギザサ節を母体にして各地域で、日本海側にチマキザサ節、太平洋側にミヤコザサ節を分岐するように種分化を遂げた、と仮定している。泡状細胞珪酸体の断面形状に見られる形態変異の様相は、このような仮説を裏付けているのかもしれない。

(4)核型分析の試み

Avdulow (1931) によるイネ科植物における膨大な染色体研究は、葉の解剖学的研究とともに、過去100年におよぶ小穂の形態を中心としたイネ科分類学の流れに大きな変革をもたらした（小林 1993)。その流れを受けるかのように、日本でも、多様なイネ科植物の一環としてのタケ亜科を対象とした染色体研究が進展した。山浦（1933）、Uchikawa（1935）、そしてTateoka（1955）、岡村・近藤（1963）、近藤（1964・1965）等による多くの研究報告がある。表5は、日本人の研究者によって、基本的な日本産タケ類の染色体構成が解明されたことを示している。表中「n =」は減数分裂染色体の、「2n =」は体細胞染色体の観察結果である。岡村・近藤および近藤の研究は核型分析を主眼としており、そのあらましを筆者のもとで卒論研究に取り組んだ仁藤隆久および松下要介両氏の結果を参考に概観したい（図25、表6）。図中、A（ミクラザサ）、B（チシマザサ）は仁藤（1999）、その他は松下（2007）からの抜粋である。C: ミクラザサ、D: チシマザサ、E: アズマネザサ、F: マダケ、G: ホテイチク、そしてH: アオナリヒラを示す。根端分裂組織をヒドロオキシキノリンやコルヒチンで前処理し、塩酸で解離後、酢酸オルセイン染色した押しつぶし標本を光学顕微鏡で観察し、体細胞分裂中期染色体像を写真撮影のうえ、総合倍率4,000倍に引き伸ばし、焼き付け現像した画像について、似たサイズと形態から相同染色体を判別して1対ずつ組み合わせて配列し、イディオグラムを作成する。このような作業は（例：Dyer 1979）、まず染色体のサイズによって、大L ≧ 4 μm、中

表5：日本産タケ類の染色体数。Table 5. Chromosome numbers in Japanese bamboos.

種名	n	2n	研究者（年）
ホウライチク属 *Bambusa*			
ホウライチク *Bambusa multiplex*		72	内川勇（1935）
ホウオウチク *B. multiplex* v. *gracillima*		72	山浦篤（1933）
ホウオウチク *B. multiplex* v. *gracillima*		72	内川勇（1935）
マダケ属 *Phyllostachys*			
モウソウチク *Phy. pubescens*		48	近藤昭一郎（1968）
ホテイチク *Phy. aurea*		48	内川勇（1935）
マダケ（カシロダケ）*Phy. bambusoides*	24	48	内川勇（1943）
シボチク *Phy. bambusoides* v. *marliacea*		48	内川勇（1943）
マダケ *Phy. bambusoides*	24		近藤昭一郎（1966）
マダケ *Phy. bambusoides*		48	近藤昭一郎（1964）
タイワンマダケ *Phy. makinoi*		48	内川勇（1935）
ハチク *Phy. nigra* v. *henonis*		48	内川勇（1935）
ハチク *Phy. nigra* v. *henonis*		48	近藤昭一郎（1965）
オカメザサ属 *Shibataea*			
オカメザサ *Shibataea kumasasa*		48	岡村・近藤（1963）
カンチク属 *Chimonobambusa*			
カンチク *Chimonobambusa marmorea*		48	内川勇（1935）
チゴカンチク *Ch. marmorea* f. *variegata*		48	近藤昭一郎（1966）
シホウチク *Ch. quadrangularis*		48	内川勇（1935）
シホウチク *Ch. quadrangularis*		48	近藤昭一郎（1964）
トウチク属 *Sinobambusa*			
トウチク *Sinoarundinaria tootsik*		48	内川勇（1933）
トウチク *Si. tootsik*		48	近藤昭一郎（1965）
ナリヒラダケ属 *Semiarundinaria*			
ナリヒラダケ *Semiarundinaria fastuosa*		48	館岡亜緒（1955）
ヤシャダケ *Se. yashadake*		48	内川勇（1933）
メダケ属 *Pleioblastus*			
タイミンチク *Pleioblastus gramineus*		48	内川勇（1935）
タイミンチク *Pl. gramineus*	24	48	内川勇（1943）
カンザンチク *Pl. hindsii*		48	内川勇（1935）
メダケ *Pl. simonii*		48	内川勇（1933）
キボウシノ *Pl. kodzumae*	24	48	内川勇（1943）
ヨコハマダケ *Pl. matsunoi*		48	館岡亜緒（1955）
アズマネザサ *Pl. chino*	24	48	山浦篤（1933）
アズマネザサ（ヒメシマダケ）*Pl.chino*		48	館岡亜緒（1955）
ハコネダケ *Pl. chino* v. *vaginatus*		48	館岡亜緒（1955）
ネザサ（ゴキダケ）*Pl. chino* v. *viridis*	24	48	内川勇（1943）
オロシマチク *Pl. pygmaeus* v. *distichus*		48	近藤昭一郎（1966）
ヤダケ属 *Pseudosasa*			
ヤダケ *Pseudosasa japonica*		48	内川勇（1935）
ササ属 *Sasa*			
ナガバネマガリダケ *Sasa kurilensis* v. *uchidae*		48	山浦篤（1933）
オクヤマザサ *S. kurilensis - S. senanensis* complex		48	山浦篤（1933）
シャコタンチク *S. kurilensis - S. senanensis* complex		48	内川勇（1935）
チマキザサ *S. palmata*	24	48	山浦篤（1933）
ミヤコザサ *S. nipponica*		48	館岡亜緒（1955）
ミヤコザサ *S. nipponica*		48	岡村・近藤（1963）
センダイザサ *S. chartacea*	24	48	山浦篤（1933）
スズダケ属 *Sasamorpha*			
スズダケ *Sasamorpha borealis*	24	48	山浦篤（1933）
ケスズ *Sm. mollis*		48	館岡亜緒（1955）
アズマザサ属 *Sasaella*			
タンゴシノ *Sasaella leucorhoda*		48	館岡亜緒（1955）
ヒシュウザサ *Sa. hidaensis*		48	内川勇（1935）

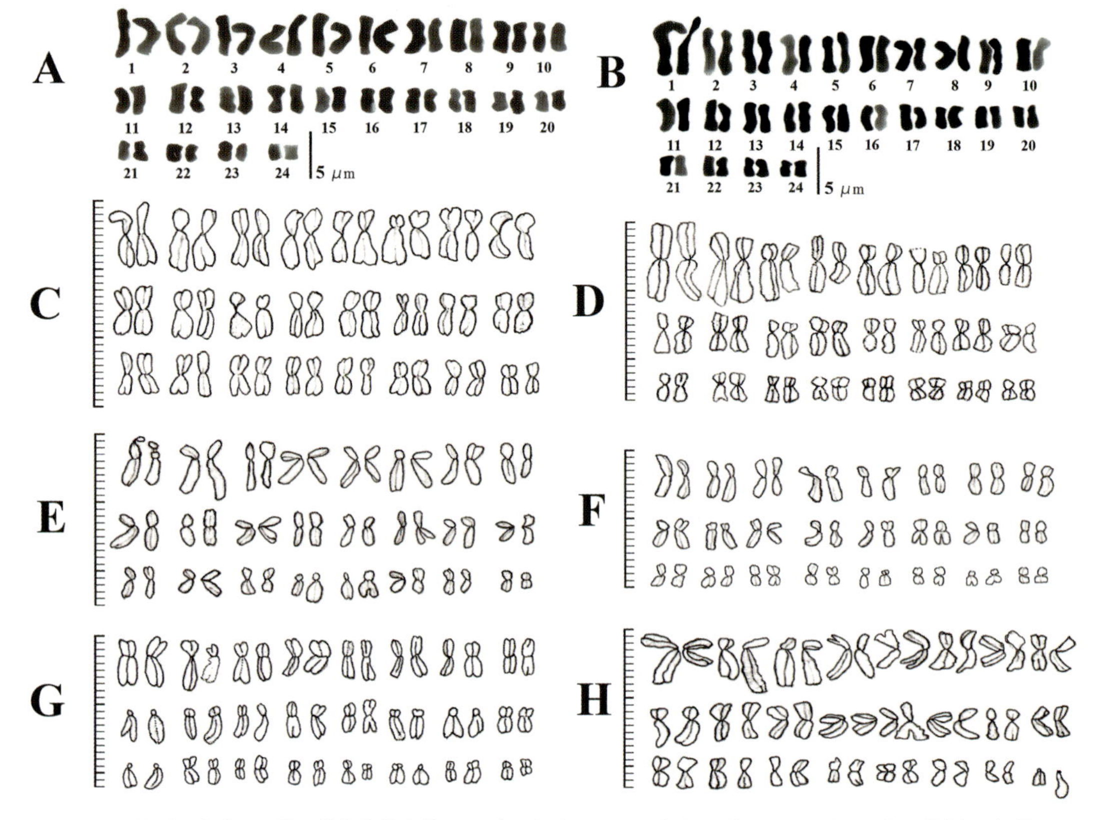

図25：数種日本産タケ類の体細胞染色体のイディオグラム。A: ミクラザサ、B: チシマザサ（以上、仁藤 1999）。C: ミクラザサ、D: チシマザサ、E: アズマネザサ、F: マダケ、G: ホテイチク、H: アオナリヒラ、各スケールの最小メモリは 0.5μm（以上、松下 2007）。Fig. 25. Idiograms of somatic chromosomes of Japanese Arundinariniae. A: *Sasa jotanii*, B: *S. kurilensis* (after Nitou, 1999), C: *S. jotanii*, D: *S. kurilensis*, E: *Pleioblastus chino*, F: *Phyllostachys bambusoides*, G: *Phy. aurea*, H: *Semiarundinaria fastuosa* v. *viridis*, minimum division of each scale shows 0.5μm. (after Matsushita, 2007).

4 μm < M ≧ 2.70 μm、小 S < 2.7 μm に区別する。さらに、染色体の動原体の位置により、動原体の状態に基づいて表現したり、染色体の形で表現したりして類別する。動原体の位置が染色体の真ん中 median（下と上の腕比は 1 : 1；中部動原体的 metacentric = *m*）、上方に偏る submedian（腕比は 3 : 1、次中部動原体的 submetacentric = *sm*）、端に近い subterminal; subtelocentric = *st*（腕比は 1 : 0 に近づく、acrocentric）、動原体は端 terminal（腕比は 0、端部動原体的 telocentric = t）。その他、動原体以外の部分でくびれ（狭窄）、その先が付随体となる二次狭窄 cs の存在も大きな特徴となる。染色体のサイズと形を組み合わせ、核型式として表す（表 6）。次に、全染色体の長さを測り、1 本あたりの染色体長平均、腕比平均、総染色体長平均（全長平均）、TF% ＝（短腕長合計 / 全長）× 100（田中 1980）を算出する。さらに、A1（染色体内非相称指数：値が 0 に近づくほど、中部動原体型が多い）を出す。さらに、A2（染色体間非相称指数：染色体長のバラつきを表す）を求める（Zarco 1986）。

染色体長平均では、チシマザサ節が最も大きい。また、TF% や A1 の値のいずれも、チシマザサ節において中部動原体的な形態が多く、より均一であることを示す。このことは、核型式においても、サイズは異なっても *m* が圧倒的に多いことと良く符合する。マダケでは染色体間のバラつきが特に少なかった。アズマネザサにおいて二次狭窄を持つ相同染色体対が存在、アオナリヒラにおける、端部動原体型の存在が目立った。同じメダケ属でも、オロシマチクには二次狭窄、もしくは付随体を持つ染色体が見られないのは興味深い。他方で、ミヤコザサの核型式を見ると、二次狭窄が出現し、また大、

表6: 数種の日本産タケ類における核型比較。Table 6. Chromosome complement of root tip cells in several Japanese Arundinarieae plants.

試料名種名 *	全長平均 ± SD	TF%	A1	A2	核型式
A ミクラザサ *Sasa jotanii***	154.84 ± 0.97	38.59	0.35	0.31	2n=4L*m*+8L*sm*+12M*m*+6M*sm*+18S*m*
C ミクラザサ *Sasa jotanii*	150.47 ± 3.80	43.4	0.22	0.21	2n=4L*m*+30M*m*+2M*sm*+12S*m*
B チシマザサ *S. kurilensis***	169.38 ± 1.08	38.53	0.35	0.31	2n=2L*m*+12L*sm*+8M*m*+12L*sm*+14S*m*
D チシマザサ *S. kurilensis*	148.91 ± 5.54	43.1	0.23	0.31	2n=8L*m*+22M*m*+18S*m*
ミヤコザサ *S. nipponica*（岡村・近藤 1963）					2n=2L*scsm*+2L*sm*+2L*m*+2L*st*+6M*sm*+14M*st*+6S*sm*+8S*st*+6S*m*
E アズマネザサ *Pleioblastus chino*	143.94 ± 3.50	38.5	0.35	0.27	2n=4L*m*+2csL*m*+18M*m*+12M*sm*+12S*m*+2S*sm*
オロシマチク *Pl. pygmaeus* f. *glabra*（近藤 1964）					2n=2M*m*+8M*sm*+2M*st*+10S*m*+10S*sm*+16S*st*
F マダケ *Phyllostachys bambusoides*	131.34 ± 3.89	39.04	0.35	0.17	2n=2L*sm*+16M*m*+6M*sm*+10S*m*+14S*sm*
マダケ *Phy. bambusoides*（近藤 1964）					2n=2L*m*+4L*sm*+2L*st*+6M*m*+4M*sm*+6M*st*+10S*m*+4S*sm*+10S*st*
G ホテイチク *Phy. aurea*	139.59 ± 2.52	42.26	0.26	0.26	2n=2L*m*+2L*sm*+16M*m*+8M*sm*+16S*m*+2S*sm*+2S*t*
H アオナリヒラ *Se. fastuosa* v. *viridis*	134.01 ± 6.86	41.16	0.3	0.3	2n=4L*m*+14M*m*+8M*sm*+14S*m*+8S*sm*

* 冒頭のアルファベットは図 25 に対応。** 仁藤（1999）に基づく。

中、小に万遍なく次端部動原体型が現れ、形態的な変異の大きなことを示している。同じササ属にあって、チシマザサ節では、ミヤコザサに比し、均一性が高いのは、系統樹上に示される位置関係と良く対応し、示唆的である。

(5) 減数分裂染色体の観察

本章を閉じるにあたり、筆者をササの研究へと誘った光景を紹介したい。表 7 はササ属およびその近縁 10 分類群の開花記録である。全て 1984 年 6 月の事象で、8 分類群までが栃木県日光市の奥日光と呼ばれる、中禅寺湖畔から戦場ヶ原～湯元にかけての狭い地域で起こった。このような一斉部分開花は 1979 年頃より 1987 年頃まで約 10 年間にわたって継続した。もしかしたら、という思いで、名古屋大学大学院時代に、毎春、スプリングエフェメラルに誘われて足しげく通った三重県の鈴鹿山系北部に立地する藤原岳に出かけた。まさに、頂上付近を覆うイブキザサの群落が一斉開花の始まりを迎えつつあった。折しも、その時期は、琵琶湖を挟んで伊吹山の対岸に立地する比良山系において、

表7: 日本産ササ類の花粉稔性。Table 7. Pollen stainability with acetic orcein in Japanese Arundinarinieae.

試料名	花粉稔性（平均値 +SD）	採集地	採集年月日	備考
チシマザサ *Sasa kurilensis*	66.63 ± 7.1	温泉岳	1984.6.15	栃木県日光市
イブキザサ *S. tsuboiana*	97.6 ± 1.63	藤原岳	1984.6.3	三重県
チマキザサ *S. palmata*	96.21 ± 4.17	金精沢	1984.6.13	栃木県日光市
チマキザサ *S. palmata*	97.39 ± 1.78	金精沢	1984.6.21	1983 年開花
クマイザサ *S. senanensis*	97.06 ± 2.22	金精沢	1984.6.21	栃木県日光市
クマイザサ *S. senanensis*	96.23 ± 1.09	金精沢	1984.6.21	沢入口
ミヤコザサ *S. nipponica*	98.82 ± 0.99	戦場ヶ原	1984.6.4	栃木県日光市
ミヤコザサ *S. nipponica*	98.63 ± 0.98	戦場ヶ原	1984.6.13	栃木県日光市
ミヤコザサ–チマキザサ複合体*	97.87 ± 2.25	男体山 3 合目	1984.6.21	栃木県日光市
オクヤマザサ *S. cernua***	64.45 ± 10.47	移植株	1984.6.4	宇都宮大学
オクヤマザサ *S. cernua***	79.91 ± 7.97	金精沢	1984.6.8	栃木県日光市
オクヤマザサ *S. cernua***	92.63 ± 11.79	金精沢	1984.6.8	小穂緑色
オクヤマザサ *S. cernua***	97.1 ± 1.38	金精沢	1984.6.13	栃木県日光市
オクヤマザサ *S. cernua***	78.33 ± 7.27	金精山登山口	1984.6.15	栃木県日光市
スズダケ *Sasamorpha borealis*	97.78 ± 1.47	中禅寺湖畔	1984.6.15	金谷ホテル前
ツクバナンブスズ *N. tsukubensis*+	90.1 ± 4.47	戦場ヶ原	1984.6.8	南側集団
ツクバナンブスズ *N. tsukubensis*+	82.45 ± 5.4	戦場ヶ原	1984.6.13	北側集団
アズマザサ *Sasaella ramosa*	36.41 ± 21.04	小来川	1984.6.17	栃木県鹿沼市

**Sasa nipponica - S. palmata* complex, ***Sasa kurilensis - S. senanensis* complex, +*Neosasamorpha*.

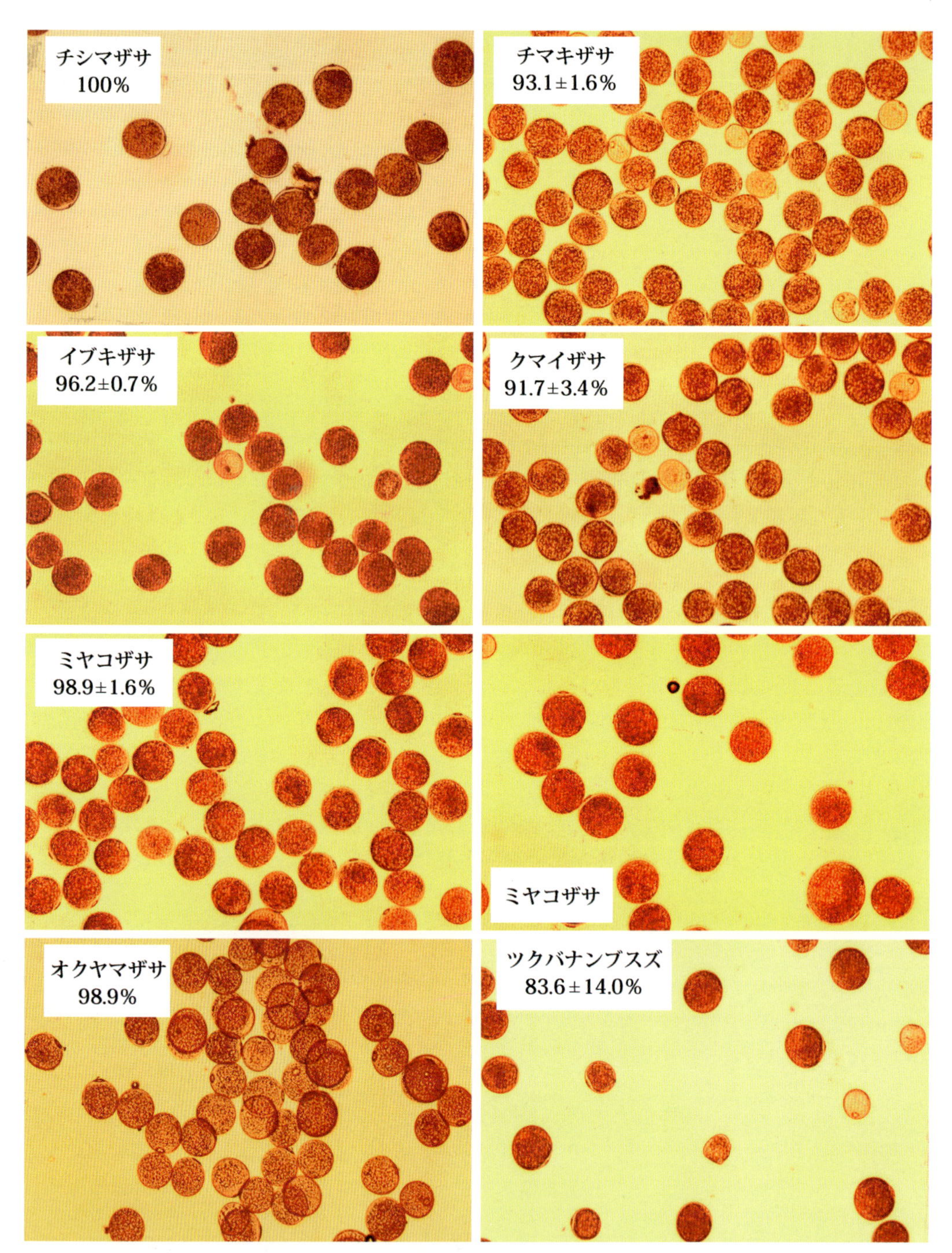

図26：数種ササ類の花粉の酢酸オルセイン染色性。Fig. 26. Pollen stainability with acetic orcein in several Sasa-group. Upper left to right: *Sasa kurilensis*, *S. palmata*, *S. tsuboiana*, *S. senanensis*, *S. nipponica*, *S. nipponica*, *S. kurilensis* - *S. senanensis* complex, *Neosasamorpha tsukubensis*.

1977年から始まったイブキザサの一斉開花枯死・個体群の回復過程について、蒔田明史博士のチームによる研究のさ中だった（蒔田ら 1993）。ともかく、初めの頃は、花穂を片っ端から採集し、新鮮な雄しべの葯をピンセットで摘み、スライドグラス上に花粉を大量に乗せ、酢酸オルセインを滴下してカバーグラスをかけ、検鏡し、その染色性から、稔実率を計測していた（図26）。当時は観察しなが

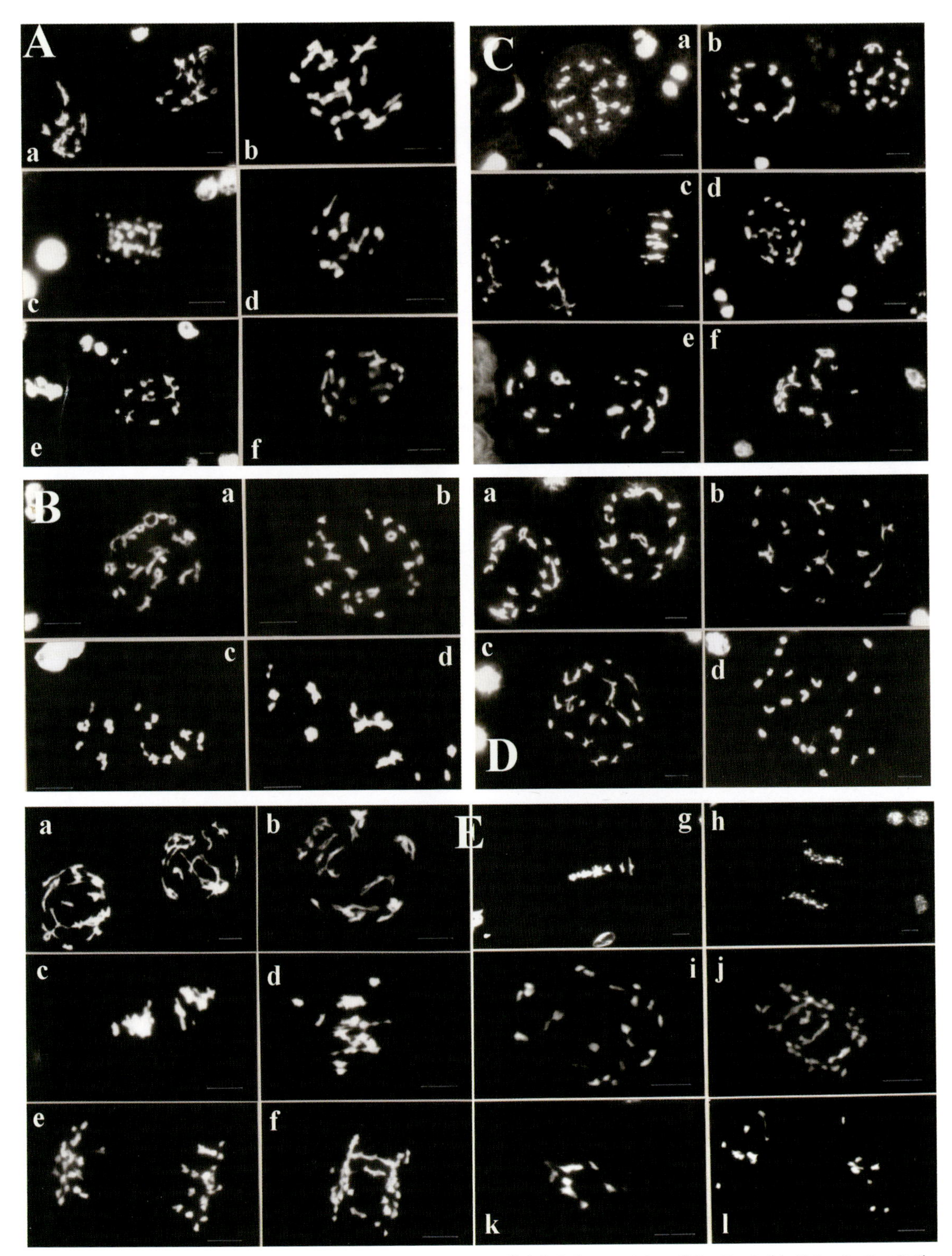

図 27（1）：数種ササ類における減数分裂染色体のフォイルゲン蛍光染色像。A: チシマザサ、B: イブキザサ、C: チマキザサ、D: クマイザサ、E: ミヤコザサ、F: オクヤマザサ、G: ツクバナンブスズ、スケールは 10μm（F・G は次ページ掲載）。Fig. 27(1). Epifluorescent photomicrographs of meiotic chromosomes of several Japanese Arundinariniae stained with Feulgen-pararosaniline. A: *Sasa kurilensis*, B: *S. tsuboiana*, C: *S. palmata*, D: *S. senanensis*, E: *S. nipponica*, F: *S. kurilensis - S. senanensis* complex, G: *Neosasamorpha tsukubensis*. Each scale shows 10μm.

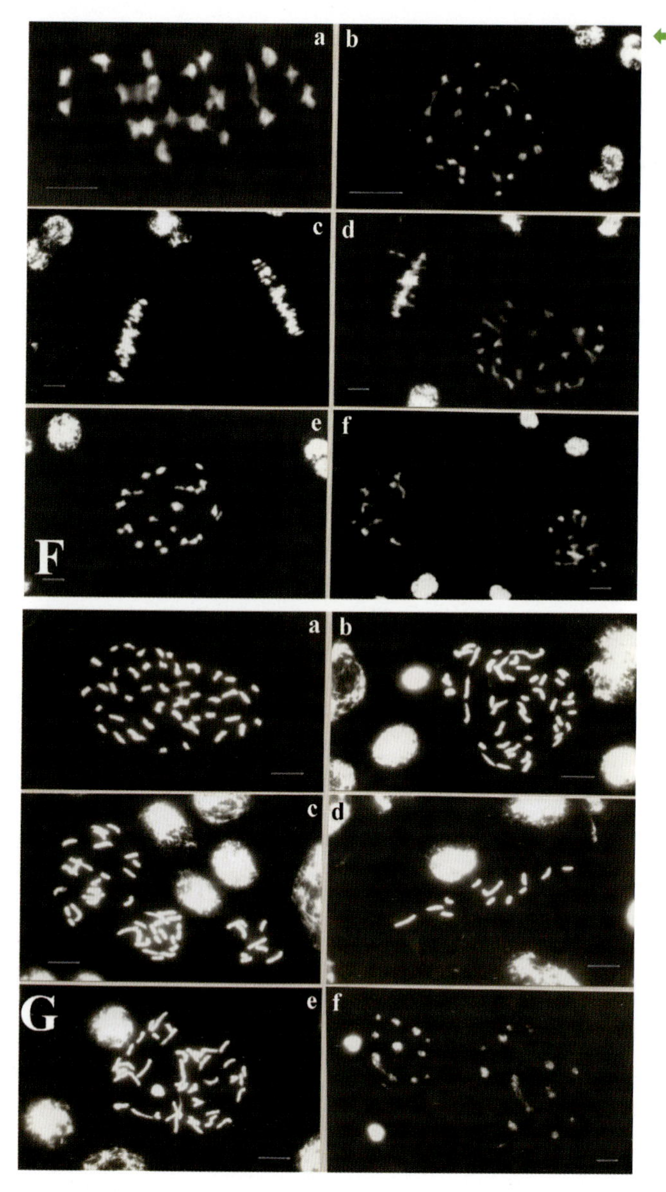

←図 27(2)：数種ササ類における減数分裂染色体のフォイルゲン蛍光染色像。F: オクヤマザサ、G: ツクバナンブスズ、スケールは 10μm。Fig. 27(2). Epifluorescent photomicrographs of meiotic chromosomes of several Japanese Arundinariniae stained with Feulgen-pararosaniline. F: *Sasa kurilensis - S. senanensis* complex, G: *Neosasamorpha tsukubensis*. Each scale shows 10μm.

ら名前を覚えるのが精一杯で、ましてや雑種分類群とか、複合体という見方もなかった。したがって、図中下方の 2 試料のミヤコザサ中、右側はサイズの異なる花粉が見られ、おそらくミヤコザサ－チマキザサ複合体に相当する試料と判断される。また、チシマザサの写真の試料では稔実率は 100% とみなされたが、表中の試料では 66% と低率だった。金精沢では、この部分開花を通じて、チシマザサの群落はほとんど衰退した。この時の各種の開花状況は第 4 章を参照されたい。また、花粉のサイズに関しては、第 2 章において、各種のタケ類と比較参照してモードを図示している。図 27 はこれらのササ類の減数分裂染色体の挙動を示したものである。花粉母細胞をフォイルゲン蛍光染色法で処理し、落射蛍光顕微鏡下で撮影した。染色体 DNA を塩酸で加水分解して生成するアプリン酸とシッフ試薬中のパラロザニリンが結合し、DNA の絶対量を反映した蛍光を発するので、画像は極めて鮮明である。だが、減数分裂前期から第一分裂中期での対合、ダイアキネシス、第二分裂の各期、というようにそれぞれに特徴的な染色体像が示されているはずであるが、筆者の眼が曇っていて、的確な判断が下せないのが残念である。

チシマザサ：n=24 本を基準とし、染色体数が少ない像が多く、各期の判別は困難。イブキザサ：第一分裂（Ⅰ）前期（a, b）と中期（c, d）。チマキザサ：Ⅰ前期（a, f）に加え、Ⅰと第二分裂（Ⅱ）の各期が混在する。また、染色体数が少なめ。クマイザサ：Ⅰ前期（a, d）および後期（b, c）。ミヤコザサ：Ⅰ前期（a, b, i）、中期（c, e, g, h）、後期（d, f, j）。k, l は染色体数が異常に少ない。オクヤマザサ: Ⅰ前期（b, e）、中期（c）、および後期（a）。染色体数が少なく、凝集が多い。ツクバナンブスズ: Ⅰ?（f）、Ⅱ中期（c）、およびⅡ後期（e）、それ以外は判断が困難。これらの判断には現宇都宮大学農学部育種学研究室のスタッフのご協力をいただいた。記して謝意を表したい。イブキザサ以外は互いに交雑を繰り返し、遺伝子浸透が進行中なことが示唆される。

第２章　多様な世界のタケ類

１　世界のタケ類の系統類縁関係

図1はBPG系統樹である（Kelchner & BPG 2013）。BPGとは、Bamboo Phylogeny Groupの略称で、米国アイダホ州立大学のS. Kelchner博士とアイオワ州立大学のL. G. Clark博士を代表者とする世界各国20名ほどのタケ類の研究グループで、APGⅢの趣旨に沿い、少量の対象種、限られた遺伝子や形態形質情報を基にして生ずるバイアスを可能な限り排除した正確・精密な系統樹を得ることを目標として結成された（久本・小林2009）。その結果、現在では1,400種以上にのぼる世界のタケ亜科植物が、東アジアを中心とする温帯性タケ類：アルンディナリア連tribe Arundinarieae、アジア・アフリカ・中南米の汎熱帯性タケ類：バンブーサ連tribe Bambuseae、および草本性タケ類：オリラ連tribe Olyreaeの3群からなることが解明された。この系統樹は、亜連以上の分類群における類縁関係を最大限正確に解析することを目的とし、合計33の内群と7の外群（エールハルタ亜科、ファルス亜科、イチゴツナギ亜科）について、葉緑体DNAの5領域：*ndhF*、第Ⅱイントロン（*rpl16*, *rps16*）、および遺伝子間スペーサー（*trnD-trnT*, *trnT-trnL*）において、単塩基繰り返し配列や挿入欠失などの塩基配列間の同形形質部位を全て除去のうえ、コード領域と非コード配列の合計6,700塩基と37の微細構造領域に

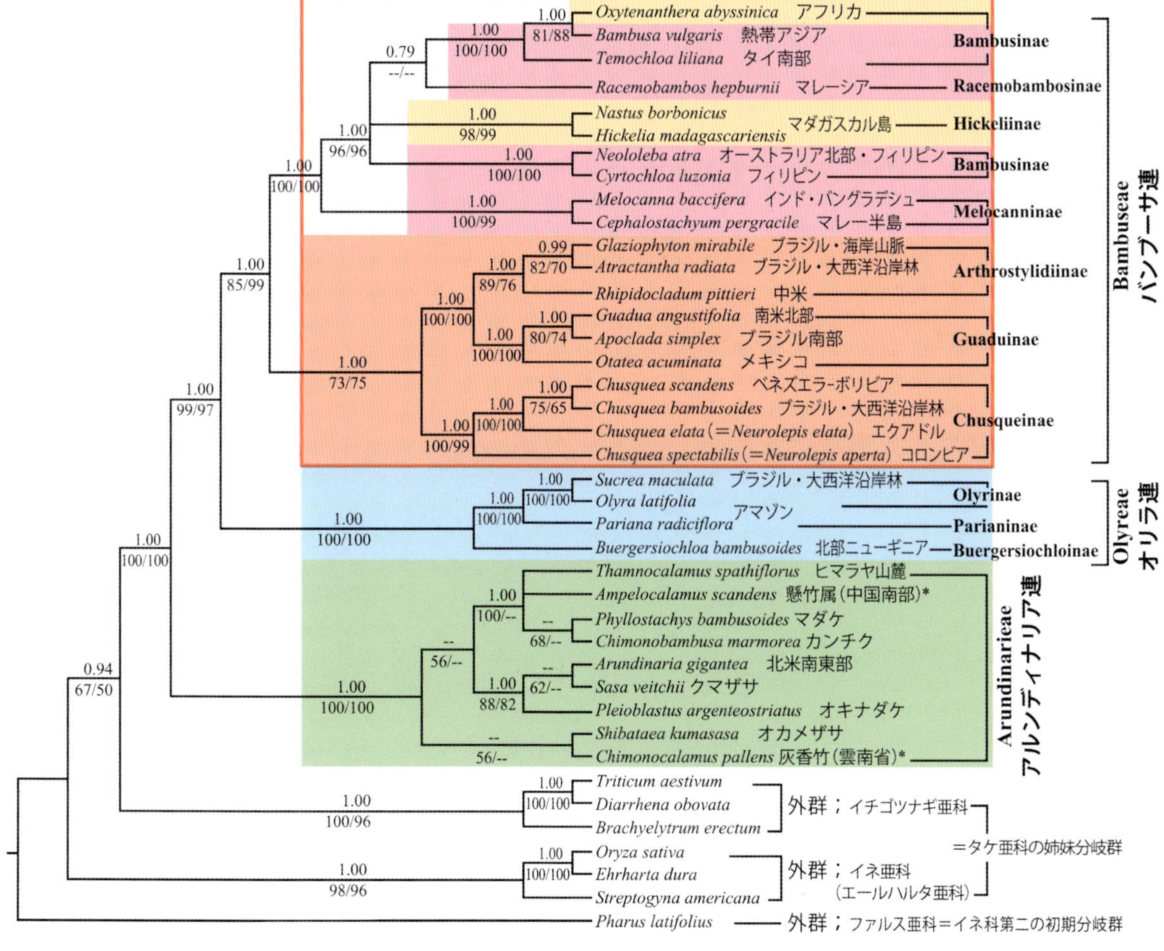

図1：BPG系統樹。詳細は本文参照（Kelchner & BPG 2013）。Fig. 1. BPG phylogenetic tree of major bamboo lineages based upon plastid DNA sequence of combined 6,700 significant nucleotides and 37 microstructures (Kelchner & BPG 2013)

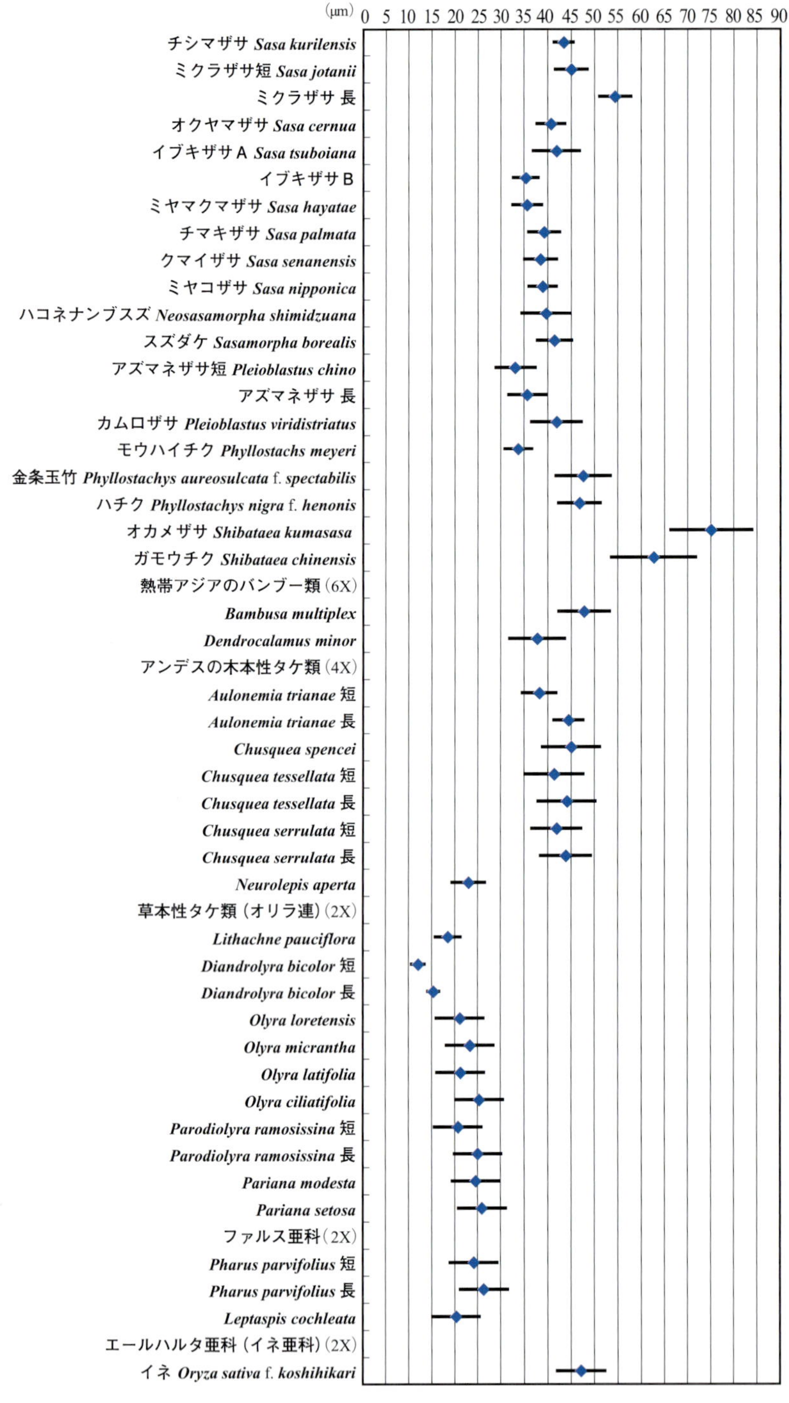

⬅図2:タケ亜科各種の花粉粒のサイズ比較。詳細は本文参照。

Fig. 2. Comparison of pollen grain size among major bamboos and early diverging taxa in grass family.

基づき、ベイズ法による解析で得られた。各枝の統計的信頼性は、枝の上に後出確率を示し、枝下に、同じデータを使用して同時に解析された最節約法(最初の数字%)と塩基配列情報のみに基づく最尤法(2番目の数字確率)によって示される。この系統樹の最大の特徴はアルンディナリア連の各分岐群における信頼性が軒並み50%以下(--)と低いことである。この結果は、Hodkinson *et al.*(2010)も言及しているが(第6章参照)、アルンディナリア連が最も新しく、急激に系統分岐して出現したことと関連する、と考察されている。久本・小林(2009)やKobayashi(2015)はこの結果に対して、葉緑体ゲノムは母性遺伝するので、系統解析にあたり、対象とする分類群から推定雑種起原の試料を厳密に見極め、除外する作業がなされていない結果だろう、と指摘した。雑種分類群の存在は早い時期から指摘され(村松1991、1996)、育種学的な交雑実験により繰り返し検証されてきた(村松2013)。小林(2011)も通覧したように、本書で取り上げる日本産アルンディナリア連12属のうち、ナリヒラダケ属、インヨウチク属、スズザサ属、そしてアズマザサ属の4属までが推定属間雑種起原である。さらに、ヤダケも雑種起原とみなす見解もある(Clark 1996 私信)。アルンディナリア連は染色体数2n = 48本で共通し、交雑親和性を持ち、互いに隣接して同時開花すれば容易に雑種が形成され、部分開花が長期にわたり継続すれば、局所個体群間で繰り返し浸透性交雑を起こし、複合体が形成される。日本列島からネパールヒマラヤ地域まで日華区系に分布するアルンディナリア連の間で、日本の現状と似たようなことが起こっていても不思議ではない。ここで示したBPG系統樹では、アルンディナリア連としてはごく限られた試料だが、それでもなお、このような雑種分類群が含まれる可能性の高いことを念頭に置いて解析対象を厳選し、解析結果を読み解かねばならない。

世界のタケ亜科植物における分類学的取扱いの現状、ある学名のタケが、どのような扱いや位置にあるかを簡単にチェックするうえでOhrnberger（1999）による『The Bamboos of the World』は大変便利である。だが、日本産ササ類としては、ササ属 *Sasa* とアズマザサ属 *Sasaella* しか出てこない。スズダケ属 *Sasamorpha* やスズザサ属 *Neosasamorpha* はササ属の一員として扱われている。さらに、1994年に1081ページの大著として第2版が出版されたWatson & Dallwitz（1994）による『The Grass Genera of the World』では、すべてがササ属として扱われている。日本におけるタケ亜科の研究の現状は、1901年に牧野富太郎と柴田圭太によりササ属 *Sasa* Makino & Shibata（1901）が新設された時のまま、ということだろうか。問題は、このような取扱いを無原則的に受け入れたかに見える「Y List」や「Green List」などが、環境省の自然環境基礎調査、ひいてはレッドリストの改訂作業のための基礎資料に使われていることである。例えば後者について、筆者は2015年の時点でイネ科に関するGreen Listのパブコメに応募し、本書の学名リストを参考にしたタケ亜科に関する改訂意見を提出したが、一顧だにされなかった。

さて、図2はタケ類各種における花粉のサイズ比較である。データ処理と作図を久本洋子博士にお願いした。時に、花粉は動物界における精子に例えられるが、間違いである。種子植物において、花粉は雄性配偶体世代の成体であり、受粉とともに花粉管が伸長しながら細胞分裂し、2回の核分裂を経て生殖核は2個の精核となり、これが配偶子に相当する。花粉は直径が数十µmで、微細な球形をしているため目立たず、タケ亜科植物における分類学的領域ではあまり注意が払われてこなかった。だが、改めてサイズをリストアップしてみると、驚くべき結果を示した。図中、1種につき「長・短」二通りのある場合は、楕円形を示す場合である。このこと自体も注目に値するが、基本的なサイズに、2倍体レベルの草本性タケ類と4倍体および6倍体レベルの木本性タケ類の間で、1.8倍程度の段差が見られた。また、アルンディナリア連とバンブーサ連との間では差は見られない。外群に相当する二群のうち、イネのコシヒカリは2n = 24の2倍体だが、木本性タケ類のレベルに対応し、他方で、初期分岐群はすべて草本性タケ類と同レベルだった。この他、ネウロレピス *Neurolepis aperta* は、図1に示すBPG系統樹上では、*Chusquea* と同一の分岐群に入り、分類学的取扱いも *Chusquea* 属のシノニム（異名）と位置づけられているが、花粉サイズでは、草本性タケ類と同レベルを示した。さらに、木本性タケ類の中で最もサイズの大きな分類群がオカメザサ属 *Shibataea* であることがわかった。オカメザサ *Sh. kumasasa* やガモウチク（トウオカメザサ）*Sh. chinensis* は、稈の高さ1.5 m、直径3 mm程度で、小型で華奢な姿にもかかわらず、配偶体世代の成体では最大であった。

以下に簡単に各種のタケ類の姿を紹介したい。本稿では特に、（株）エコパレ代表取締役の柏木治次氏には、氏が収集した多数の系統保存株の写真の提供を願った。また、竹文化振興協会の渡邊政俊博士、京都大学アフリカ地域研究資料センターの伊谷樹一博士、原子壮太博士、京都大学フィールド科学研究センターの柴田昌三博士、ならびに東京大学千葉演習林の久本洋子博士からは、フィールドワークで撮影された未発表も含む貴重な画像を提供いただいた。記して御礼を申し上げたい。

2　中国のタケ類

日本のタケ亜連の全属が中国からの導入種、もしくは強い関連性を持つ分類群である。『中国植物志』（耿伯介·王正平 1996）によれば、実に37属502種64変種（品種以下と疑問種は除く）を擁する。

←図3: 富士竹類植物園の風景；人物は右から左へコロンビア竹協会会長のヒメナ・ロンドーニョ女史、久本洋子博士、そして柏木治次・(株)エコパレ代表取締役。 Fig. 3. Fuji Bamboo Garden with persons right to left: Dr. Ximena Londoño, president of the Colombian Bamboo Society, Dr. Yoko Hisamoto, Tokyo University Chiba Forest, Mr. Harutsugu Kashiwagi, president of Ecopale Co. Ltd.

上位3属は *Fargesia* 76種、*Yushania* 57種、そしてマダケ属50種4変種である。本書で取り扱う日本産タケ亜科植物の14属131分類群に対して、たった3属で種数を凌駕することになる。このような中国のタケ類は、『中国竹类植物图志』（朱石麟ら 1993）および『四川竹类植物志』（易同培 1997）に多彩な写真をまじえて詳しく紹介されている。前者の末尾には代表的な参考文献のわかり易い紹介がある。また、英語による専門的でかつ簡明な書として『Bamboos of China』（Wang, D & Shen, S. 1987）がある。この本は、竹簡をはじめ随所に水墨画の挿絵や庭園の写真が配され、芸術性を兼ね備えている。

マダケ属の多くの種を中国から導入し、動態展示しているのは静岡県長泉町にある富士竹類植物園である。これは長く植物園の主任を務めた現（株）エコパレ代表取締役の柏木治次氏の功績である（図3）。この植物園には約500分類群におよぶタケ亜科植物が収集されているが、2016年4月より、長野県茅野市に蓼科笹類植物園（大泉高明理事長）が約120分類群のササ類を集めてオープンした（大泉 2015）。ここには種数は多くないが、中国産のササも展示されており、いかに日本のササ類と似て非なるものであるか、実感できる。本書では富士竹類植物園に展示された数種を簡単に紹介したい。図4はオカメザサ属ガモウチク（トウオカメザサ）*Shibataea chinensis* である。栄養器官では、オカメザサとの差は、稈鞘が無毛で葉裏が有毛となる点だけである。これまで十分な開花記録がなかったが、2007年の春から5年間にわたり開花が継続し、開花に関わる花成促進遺伝子 *FT* および抑制遺伝子 *CEN* の発現が詳しく解明された（Hisamoto & Kobayashi 2007; 2013）。その過程で、2種類の花が出現した（柏木・吉永 2009、Hisamoto *et al.* 2009）。開花は毎年3月頃に満開になり（A・B）、後年になると以前の開花稈は順次枯死し、徐々に稈高は低下した（C・D）。1種類は通常の頭状花序で、稈の各節に発生し、他は稈基部に形成された（E）。通常の花では（F）、3本の雄しべが小花の先端から抽出し垂れ下がる雄性先熟型だった（G・H）。開花後年になると、通常の花序に加え、地際に稈基部から地下茎の節毎にタケノコのように大型の小穂が現れ（I）、まず、赤紫色の長大な3本の雌しべの柱頭を伸ばし（J）、しばらくして3本の雄しべが抽出する雌性先熟型だった（K）。花粉稔性は比較的良いが（L）、稈の各節に付く花序はほとんど不稔だが、地上部の花は結実した（M）。だが、かなりの頻度で、ヒメササノミモグリバエ *Dicraeus nartshukae* Kamiya に子房を食害される散布前捕食が観察された（N）（Hisamoto 2010）。ガモウチクに先立ち、同園に展示されたモウハイチク *Phyllostachys meyeri* McClure が一斉に開花し、ほとんど翌年には開花を終結させたが、その間際に、満開時における頭状花序（図4）とは異なる穂状花序を付けた（P）（Hisamoto *et al.* 2005）。単一のクローンにおいて異なった花序を付けることが明らかとなり、花序は種差や属内の節単位の差とは無関係であること

図4a：中国のタケ類：ガモウチク（トウオカメザサ）の開花過程。詳細は本文参照（I・K：柏木）。Fig. 4a. Chinese bamboos. Flowering process of *Shibataea chinensis* during the spring of 2007 through 2011. A: March 2009, B: May 2009, C: March 2011, D: early flowered culms are withering, gradually the following-year culms lowered their culm height, E: two types of spikelet appeared, one borne on each culm node with androecium (F~H), another on culm base or monopodial rhizome with gynoecium (I: Kashiwagi)~K: Kashiwagi), L: pollen grains of culm-base flower, M: caryopses borne on culm-base flowers, N: pre-dispersal predation by larva of Diptera, *Dicraeus nartshukae* Kamiya which is identified by Dr. K.Kamiya of the Kurume University.

が示された。なお、ヒメササノミモグリバエの同定は幼虫の羽化を待って、宇都宮大学名誉教授・中村和夫博士、農水省・松村雄博士のご紹介を得て久留米大学医学部の上宮健吉博士に成虫標本を送り、同定を受けた。記して諸氏に御礼を申し上げたい。

図5A: ジャクチク（オオバヤダケ）*Indocalamus tessellatus* (Munro) Keng f. は、かつては鹿児島市吉野町内に植栽されたヤダケ属の特産種とみなされたが、現在では中国からの導入種と判断されている。

図4b：中国のタケ：モウハイチクの花序。O: 満開時の頭状花序（2004年4月18日）、P: 開花終期の穂状花序（2004年6月27日）。Fig. 4b. Chinese bamboos. Inflorescences of *Phyllostachys meyeri*, A: capitate inflorescence in full-bloom on April 18, 2004, B: spike inflorescence on June 27, 2004.

図5：中国のタケ類。A: ジャクチク（柏木）、B: カットウジャクチク（柏木）、C: ソロバンタケ、D: ソロバンタケ、稈高は低い、E: チャカンチク、F: チャカンチクの多数分枝。Fig. 5. Chinese bamboos. A: *Indocalamus tessellatus* (Kashiwagi), B: *I. latifolius* (Kashiwagi), C: *Qiongzhuea tumidinoda*, D: *Q. tumidinoda* with rather low culm height, E: *Arundinaria amabilis*, F: *A. amabilis* with multiple branching type.

稈の高さ5 m、直径1 cmほどにまで育ち、葉が長さ50 cm、幅10 cmと長大であり、ヤダケ同様に長い稈鞘が節間を覆うが、1節より複数の枝を出す。B: カットウジャクチク *I. latifolius* (Keng) McClure 稈高2 m、直径8 mm、中国で最も普通に分布する種で、毛筆や簾、編笠など、生活用具に多用される。インドカラムス属は属名とは異なり、大半が中国揚子江中流域に分布する。Ohrnberger（1999）の分布域には日本列島まで含まれるが、上述の鹿児島の例を算入した結果に違いない。図5C･Dはソロバンタケ（キョウチク）*Qiongzhuea tumidinoda* Hsueh & Yiである。中国の四川省、貴州省、雲南省北東部、湖南省西部の金沙江下流域周辺の山々の林床に出現し、四川省小涼山地域ではパンダの重要な餌となる（易1997）。庭園で管理する時には、たっぷり肥料をやらないと出筍しなくなる（柏木2010私信）。E・Fはチャカンチク *Arundinaria amabilis* McClureでMcClureが南京大学在職中に研究記載した種であるが、次項のタイワンヤダケに似た形態を持つ。柔軟で強靭な稈は釣竿に奨用される。

3　台湾のタケ

日本で栽培されるバンブーサ連は台湾を経由して日本に導入されたとみなされ、わずかだが第4章に紹介する。台湾のタケ類を知る本として、林維治（1961）『台湾竹科植物分类之研究』があり、タケ類の分類研究の手がかりを与える優れた解説書である。また、台湾の6大有用竹の形態から利用までわかり易く紹介した本として、南投縣により出版された『恆青如竹』(上)(柳昭薫ら 2004)：タイワンマダケ、モウソウチク、(下)(柳昭薫ら 2005)：リョクチク、マチク、シチク、チョウシチク、がある。筆者は2度訪れた南投縣の青竹文化園区で購入した。台湾省林業試験所の呂錦明博士の業績を数多く紹介している。

台北郊外の陽明山山頂（標高 820 m）周辺にはタイワンヤダケ *Arundinaria usawai* Hayata が出現する（図6）。稈高は2 m ほどでヤダケに似るが（A)、1節より多数の枝を内鞘的に分枝し（B)、地下茎は両軸型である（D)。1999年に一斉開花し（韓・黄 2000)、その名残が見られた（C)。雌しべの柱頭は3叉する。

図6：台湾のタケ。陽明山のタイワンヤダケ。A: 噴気口をバックにした生育環境、B: 内鞘的な多分枝型、C: 蕾を付けた枝、D: 単軸型地下茎。Fig. 6. Bamboo of Taiwan, *Arundinaria usawai* occurred on the summit of Mt. YouMei San, TaiPei. A: habitat view, B: multiple branching in intravaginal branching style, C: flower buds, D: monopodial rhizome.

4　ネパールヒマラヤのタケ類

ネパールヒマラヤ地域のタケ類はキュー植物園の C. M. A. Stapleton により詳しく研究され、バンブーサ連：*Bambusa*、*Dendrocalamus*、*Melocanna*、*Cephalostachyum*、*Teinostachyum*、*Pseudostachyum*（Stapleton 1994a)、アルンディナリア連：*Arundinaria*、*Thamnocalamus*、*Borinda*、*Yushania*（Stapleton 1994b)、そして新亜連として、*Drepanostachyum*、*Himalayacalamus*、*Ampelocalamus*、*Neomicrocalamus*、*Chimonobambusa*（Stapleton 1994c）がある。ネパールヒマラヤの高峰カンチェンジュンガの東南山麓からブータン、インド、中国、そしてミャンマー一帯の標高 2,200～4,800 m の高所には1万頭と推定されるレッサーパンダ *Ailurus fulgens* が森林地帯に分布し、林床性のタケ類 *Yushania maling*（図7）と *Drepanostachyum falcatum* を主な餌としている。ユーシャニア属とアルンディナリア属の最大の区別点は、地下茎の型にあり、前者が両軸型に対して、後者では仮軸型である。仮軸型であっても、ネックの部分が様々な程度に長くなり、地上部の稈の広がりとして表れる。図7は、ネパール・タプレジュング郡 Taplejung ファウアコラ地区 Phauwakhola の標高 2,820 m の、草食獣に食害され、葉が少なく小型になり矮性した群落（A）と林床に生育する株（B）を示す。図8A～D は *Himalayacalamus falconeri* (Munro) Keng f. で、A は標高 2,810 m のフルムブ地区 Phurumbu で、2016年5月時点における一斉開花の様子を示す。B～D は京都にある洛西竹林公園において、ネパール人より寄贈された系統保存株が 2015年12月～

図7：ネパール・タプレジュング地区に分布するユーシャニア・マリング、A: 獣に食害されて矮性した群落（久本）、B: 林床の群落（久本）。Fig. 7. Nepalese bamboos. *Yushania maling* occurred in Taplejung District, A: dwarf population predated by animals (Hisamoto), B: culm on forest understory (Hisamoto).

⬅図8a：ネパールのタケ類。ヒマラヤカラムス・ファルコネリ。A: タプレジュング地区標高2,800 m付近で一斉開花するファルコネリの群落、ビアカップ状の末広がりの株立ちに注意（久本）、B: 京都・洛西竹林公園の株でも同時に開花した花序（渡邊）、C: 雄しべを垂らして開花中の花序（渡邊）、D: 稈の節はやや膨れて赤褐色に呈色する（渡邊）。Fig. 8a. Nepalese bamboos: *Himalayacalamus falconeri*. A: mass flowering clump in Taplejung District at alt. 2,800 m (Hisamoto), B: simultaneous flowering of a clump maintained at the Rakusai Bamboo Park, Kyoto, Japan (Watanabe). C: anthesis (Watababe), D: culm nodes are prominent and reddish brown (Watababe).

2016年1月に開花した様子を示す。どことなくハヤブサに似て、縦縞のある小穂がカラスムギのように、長い小梗を介して房状に垂れ下がる特異な穂と（B・C）、稈や花茎の節が赤褐色を呈してやや膨らむ特徴を持つ（D）。図8E～Iはドレパノスタキウム属 *Drepanostachyum*

図8b：E: 富士竹類植物園のドレパノスタキウム sp.（柏木）、F: 各節より多数のほぼ等しく葉を付ける枝を出す（柏木）、G: 稈鞘の裏側の先端はざらつき、褐色毛が出る、H: 稈基部から先端まですべての節に腋芽を付ける、I: ドレパノスタキウム・ファルカーツムの花序、小穂、穎果（Kobayashi & Manandhar 2002）。Fig. 8b. E: *Drepanostachyum* sp. in the Fuji Bamboo Garden (Kashiwagi), F: each node borne many equally sized and leaved branches (Kashiwagi), G: upper region of culm-sheath interior adjacent to the ligule is scabrous and hairy, H: every nodes from base through top of the culm have axillary buds, I: inflorescence, spikelets, and caryopses of *D. falcatum* obtained from sample specimens flowered on 1999 on Mt. Phulchoki near Kathmandu (Kobayashi & Manandhar 2002).

の1種である。E～Hは富士竹類植物園の系統保存株で、当初より *Himalayacalamus intermedius* と同定されたものだが、改めて Stapleton（1994c）の記載と突き合わせてみると、各節からたくさんのほぼ均等に葉を付けた枝を出す(F)、稈鞘の裏側の先端部付近はザラザラしていて褐色の毛が生える(G)、稈の各節には基部から先端まで腋芽を生ずる(H)という、ヒマラヤ産の同属が持つ形態的特徴を全て備えていることが分かった。また、ドレパノスタキウム属の株立ちはジョッキーにビールをなみなみと注ぎ、泡が盛り上がったような姿態となるのに対して(E)、ヒマラヤカラムス属では、末広がりのビアカップ状になる(A)。図8-Iは *D. falcatum* で、カトマンズ南東20 kmに立地するプールチョオキ山(2,758 m)山頂付近において1996年～2000年にかけ、一斉開花した時の花序と小穂および穎果を示す。

図9A～Cはネオティフォディウム・エンドファイトの感染有無の検討結果を示し、宇都宮大学農学部森林科学科に在学した矢口慎氏により撮影された光学顕微鏡写真である。Aは対照としたマダケで、菌糸が途中分枝や宿主植物の細胞の配向とは無関係の方向に伸長し、ネオティフォディウム・エンドファイト以外の菌による感染を示す。Bは *Himalayacalamus asper* Stapleton で、エンドファイト特有の細胞の配向に沿い、ジグザグないしは螺旋を描きながら伸長する。Cは富士竹類植物園の *Drepanostachyum* sp. で、宿主の細胞の配向に沿い、ところどころで螺旋を描くうえに、菌糸のところどころに隔壁（矢頭）が見える。バッカクキン科 Clavicipitaceae のネオティフォディウム属 *Neotyphodium* は子座を形成せず一生を菌糸の状態で感染した植物体内に共生する。例えば *N. lolli* などのエンドファイトに感染したペレニアルライグラス *Lolium perrene*（イチゴツナギ亜科）は、耐虫性、耐病性、耐乾性など、多くの環境ストレス耐性が付与されることが知られている。感染の有無の検査法は Latch & Christensen（1985）に従い、生葉もしくは押し葉標本の乾燥葉の葉鞘裏面の表皮組織を剥ぎ取り、アニリンブルー染色法により、光学顕微鏡で検鏡した（矢口 2003）。調査試料は、鹿

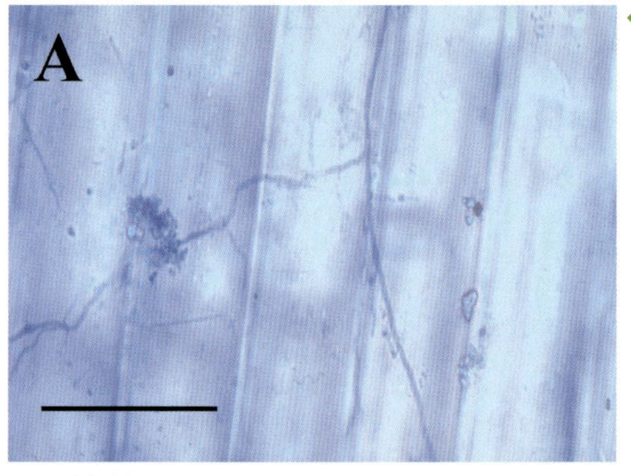

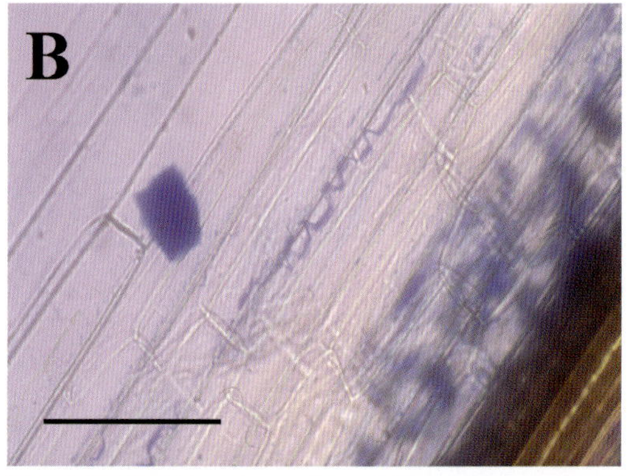

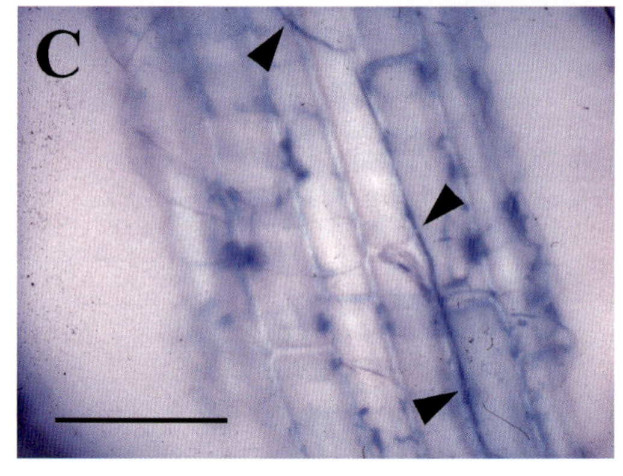

⬅図9：ネオティフォディウム・エンドファイトの検出。A: マダケ（対照）（矢口）、B: ヒマラヤカラムス・アスペル（矢口）、C: ドレパノスタキウム sp.、矢頭は特徴となる隔壁を示す（矢口）。詳細は本文参照。Fig. 9. Identifying *Neotyphodium* endophyte in bamboos, A: *Phyllostachys bambusoides* infected by other fungi to show as the control (Yaguchi), B: *Himalayacalamus asper* with *Neotyphodium* hyphae (Yaguchi), C: *Drepanostachyum* sp. infected by *Neotyphodium* hypha, arrows show diagnostic cell wall septa (Yaguchi).

児島から北海道、および伊豆諸島の全域から日本産タケ亜科植物 12 属 19 種・計 390 試料、外国産のバンブーサ連 6 属 7 種、アルンディナリア連 4 属 8 種、草本性タケ類 5 属 5 種・計 20 試料、そしてタケ亜科以外のイネ科では、初期分岐群 4 属 5 種、日本産のイネ亜科 4 属 8 種、ダンチク亜科 5 属 5 種、イチゴツナギ亜科 5 属 5 種、オヒゲシバ亜科 2 属 2 種、キビ亜科 3 属 3 種・計 28 試料とした。その結果、タケ亜科で感染の確認されたのは 2 種のみ（図 9）、他のイネ科ではイチゴツナギ亜科のトボシガラ *Festuca parvigluma* Steud. とスズメノカタビラ *Poa annua* L. のみだった。特にヒマラヤ産のアルンディナリア連試料で富士竹類植物園以外は、カトマンズ・トリブヴァン大学の Roshani Manandar 教授より提供されたシリカゲル乾燥標本で、同定は Stapleton によった：*Ampelocalamus scandens* (KewLCD1991-1157)、*Himalayacalamus asper* (1973-3470)、*D. sengteeanum*、*Thamnocalamus aristatus* Cams、*Th. spathiflorus* subsp.、*Th. spathiflorus* var. *crassinodius* (1996-2018)。エンドファイトの検出方法は前川製作所技術研究所・植物工学研究グループ課長の比留間直也氏、同係長の金まどか氏の御指導をいただいた。記して謝意を表したい。

5 熱帯アジアのタケ類

熱帯アジアのタケ類に関する古典的な名著として Gamble (1896)『Bambuseae of British India』を挙げねばならない。英領インド時代にインド亜大陸を中心に分布する広範な地域のタケ類（13 属 106 分類群）を豊富な線画とともに記述している。また、現代では、熱帯アジアの中心ともいえるマレー半島のタケ類を迫力あるカラー写真を交えて詳しく紹介した Wong (1995a)『The Bamboos of Peninsular Malaysia』がわかり易い。ほとんど同時に研究的側面を中心に解説された姉妹書（Wong 1995b）がある。また、マレーシア・サバ州を中心としたタケ類に関して、スヤトミ Soejatomi Dransfield (1992)『The Bamboos of SABAH』では、彼女の専門とするつる生で、ピンポン玉のような漿果を付けるタケ類としては特異な *Dinochloa* 属の紹介を中心としている。

図 10 の A はタイ南部ナラチワのダム付近の林縁に出現する *Schizostachyum grande* Ridl. で、タケノコの稈鞘が滑らかな灰白色の毛で覆われ、先端の葉片が艶のあるチョコレート色で擬宝珠のように膨

らみ、先端が槍のように尖った姿は、見間違えることはまずない（A1）。葉の長さは最大60 cmに及ぶ（A2）。属名はギリシャ語由来の二手に分かれて束になって配列する小穂（たとえば、掌の指を小指・薬指とその他の3本の指のように2群に分けて広げたような）の姿に由来する。この属は一般的に稈の高さは10 m程度でも（A3）、アーチ状に20 mほどにも伸び、他の植生をマントのように覆う（A4）。林内では半ばつる生に、林縁ではマント状の群落を形成する。

図10A: タイ・ナラチワに出現するスキツォスタキウム・グランデ。A1: タケノコ、A2: 枝葉、A3: 1節多分枝で、稈高10 m程度、A4: アーチ状に他の植生を覆う。Fig. 10A. *Schizostachyum grande* occurred around Narathiwat, southern Thailand. A1: young shoots, A2: downward twigs, A3: culm 10 m in height and branch complements, A4: downarched long culms over other vegetation.

Bはつる生の*Dinochloa robusta* S.Dransf.で、台湾の青竹文化園区に植栽された株である。短く楕円形の葉や太い稈、稈鞘が特徴である。高さ12 mほどだが、アーチ状に湾曲しているので、1本の稈の全長は25 m以上と推測される（B1）。ディノクロア属は稈の分枝に特徴があり、新大陸のチュスケア属でつる生の群と共通の、infravaginalな分枝様式を持つ。節に弾性のある帯があり、枝は稈鞘と帯の間から伸びる（B2）。1節より多数を分枝し、主枝がもとの稈よりも太くなってさらに長い枝を伸ばす（B3）。稈鞘は節間の半分程度の長さで、下方に褐色の毛が生え、葉片は基部の広い三角形で反転し、やがて脱落する（B4）。ディノクロアの1種は、マレーシアのフタバガキ科の森林地帯で、高さ50 mほどの下枝にまで達し、次々と枝分かれし、稈を伸ばす。

Cはナシダケ *Melocanna baccifera* (Roxb.) Kurzである。柴田らの研究グループによって（柴田2010）、インド・ミゾラム州を中心とした分布域において、48年周期をもって、前後1年の部分開花を挟み、2006年6月から開花が始まり11月頃にピークを迎え、2007年3月に終了し、開花後、順次結実・落下し、雨季を迎えて一斉に種子発芽するという一大イベントが詳細に解明された。ミゾラム州では、1万平方キロメートルを超える広大な地域毎に高標高地域（東）から低標高地域（西方）へと4年間にわたり開花結実が移動したことが明らかにされた。C1は一斉開花のピーク後に結実期に入り、一斉に落葉を始めたミゾラム州Serchip近郊における群落。仮軸型地下茎からなるが、散開した広大な薮を形成する。C2は開花後4年目の竹林を掘り上げ、ヘビのように長い仮軸型地下茎のネックを網の目のように伸ばして繋がった単一クローンの様子である。C3aは花序、bは受精後に肥大直前の雌しべ、cは雄しべを示す。雄しべは6本で

花粉散布とともに長さ約 5 mm の葯は脱落する。C4 はネパールにおける栽培株から日本に導入され、富士竹類植物園で開花結実し、肥大中の果実を示す。C5 はミゾラム州 Serchip 郊外で鈴なりの果実。この後落下し、5 月の雨季に入ると同時に発芽した。C6 は高知県立牧野植物園経由で富士竹類植物園に導入された株が結実し、発芽を始めた実生。宇都宮大学農学部の温室では、この後、1 か月間で 7 m に達した。C7 はミゾラム州 Sairang における一斉開花結実後に生じた 6 か月目の当年生実生である。メロカンナ・バッキフェラはタケノコが食用とされ、稈が通直・柔軟でセルロース繊維が長く生活資材や紙パルプ原料として優れた経済価値を有する。

⬅図10B: つる生のタケ・ディノクロア・ロブスタ。B1: 台湾南投縣の青竹文化園区に植栽され、アーチ状にしつらえられた株、葉は短い楕円状、B2: 稈鞘下分枝様式による多数分枝、B3: 主枝は元の稈よりも太くなり、さらに長く伸展を繰り返す、B4: 稈鞘は節間長の半分程度と短く、葉片は反転し、やがて脱落する。Fig. 10B. *Dinochloa robusta* cultivated in Nantou Prov., Taiwan. B1: making grand arch, foliage leaves short ellipsoidal, B2: infravaginal multiple branching, B3: main branch is more robust than mother culm and branch repetitively, B4: culm sheaths are half than the internodes with sheath blade reflect and deciduous.

図10C: ナシダケ（メロカンナ・バッキフェラ）。C1: 一斉開花後、葉の脱落した群落、散開した薮を作る、インド・ミゾラム州の Serchip 近郊、2007 年 3 月 5 日（柴田）、C2: 4 年生実生の単一クローン、ミゾラム州の Sairang 調査地、2011 年 11 月 29 日（柴田）、C3: ミゾラム州 Mamit での花序、2005 年 11 月 6 日（柴田）、a: 花序、b: 雌しべ、c: 雄しべ、C4: 成熟途中の果実、2010 年 8 月 22 日、富士竹類植物園、C5: 開花稈と果実、Serchip 近郊にて 2007 年 3 月 5 日（柴田）、C6: 芽生え、2010 年 7 月 15 日、富士竹類植物園、a: 果実の長さ 7 cm、稈高 38 cm、b: 次の芽が出始めている、c: 地下茎が伸び始めている、C7: 一斉開花後 6 か月目の当年生実生、Sairang 調査地にて、2007 年 11 月 25 日 (柴田)。Fig. 10C. *Melocanna baccifera*. C1: mass-flowered clumps falling foliage leaves in Serchip, Mizoram District, India on March 5, 2007 (Shibata), C2: digged one clone to show long-necked sympodial rhizome system of 4-years old seedling in Sairang research field, Mizoram on Nov. 29, 2011 (Shibata), C3: inflorescence emerged in Mamit, Mizoram on Nov. 6, 2005 (Shibata), a: inflorescence, b: gynoecium, c: androecium, C4: growing fruits at Fuji Bamboo Garden on Aug. 22, 2010, C5: flowering culms and fruits in Serchip, Mizoram on March 5, 2007 (Shibata), C6: Seedling in Fuji Bamboo Garden on July 15, 2010, a: fruit length 7 cm and culm 38 cm in height, b: emerging a new bud, c: emerging a new rhizome, C7: 6 months of current year-seedlings in Sairang on Nov. 25, 2007 (Shibata). ➡

C1
C2
a
C3
b
c
C4
C5
a
C6
b
c
C7

６　アフリカのタケ類（図 11）

アフリカのタケ類に関する網羅的な解説書はほとんど知られていない。筆者が自分の目で見て回ったのは、カメルーンとタンザニアだけだが、どこを歩いても、ダイサンチク *Bambusa vulgaris* の多いのには驚く。カメルーンではサバンナ地帯からコンゴ川流域の川辺、ピグミーしか行きかうことがないように思われる深い森の縁まで、大小の株を見ることが多かった。タンザニアでも、似たような状況で、ウドゥズンガ Udzungwa 国立公園内に巨大な株立ちが点々と出現する光景は異様だった。以下にタンザニアを中心に分布する 3 種を紹介する。

図 11A は世界で唯一、ウランジ ulanzi と呼ばれる竹の樹液からワインを採るオキシテナンテラ・アビシニカ *Oxytenanthera abyssinica* (A. Richar) Munro である。ウランジの詳しい紹介は伊谷 (1995) を参照されたい。タンザニア中南部のイリンガ州の高原を東西に走る国道沿いに 300 km にわたり、延々とキトゥラ（A1）と呼ばれる *Ox. abyssinica* の栽培畑が続く。A1 は、若くて勢いの良い株からなる畑で、分厚く茂った枝葉がおじぎをするように周囲に広がる。雨季に入ってタケノコが一斉に伸び始めると、先端をナイフで切り、ムベタ mbeta と呼ばれるタケ筒を切り口に取り付け、樹液を集める（A2）。*Ox. abyssinica* は稈が中実で（A3）、タケノコが 2 m ほどに伸びるまで、毎日 2 mm ほど先端をそぎ落とし、新しい切り口を出して樹液の採取を続ける。ウランジはムベタの中で自然発酵してワインになり、そのまま飲む（A4）。傘を開いたように丸い株立ちから、長く徒長した 2、3 本の稈が旗を立てたようになびく姿が街道沿いに続く（A5）。栽培農家で聞き取り調査を行う伊谷樹一氏が左手に持つのはムベタであるが（A6）、この地域の伝統的な栽培法が *Ox. abyssinica* の特性を十分に活かして維持されていることを知る。同一の畑や株内で、稈の形態に様々な変異が存在し、稈全体がほとんど中実なものから、中空の度合いの高いものまで存在し（A7）、稈鞘の葉片が反転するものから（A8）、直立のものまで（A9）多様性に富んでおり、同一の株内で、中空の度合いの高い稈を見分け、間引きせずに伸ばし、雨季のワインの収穫期に切り出してムベタとして利用する。稈が細く丈夫なものは農具、棚や柵などの生活資材として活用される。A8 では、腋芽が稈鞘を突き破って分枝する外鞘的分枝様式を持つことを示す。葉は皮質で表面に光沢が無く、基部が切形～心形な楕円状披針形である（A10）。Mbeya の近くの農道を通過中に古い株が花序を付けているのを発見した（A11）。花梗はジグザグで各節から直接多数の小穂をつける集散花序ないしは頭状花序だった（A12）。

図 11B はオレオバンボス・ブックワルティ *Oreobambos buchwaldii* K.Schumann である。ルアハ川 Ruaha の支流がウドゥズンガ山脈 Udzungwa の南東斜面に深く遡上し、幾筋もの短い沢が入り組むキロンベロ渓谷の町キロンベロ Kilombero にさしかかると、沢沿いには長いツクバネを広げたように林立するダイサンチクが目立った。その中で、沢沿いで水浴びをしている人々の近くに、輪郭のはっきりしないタケの株立ちを認め、調査した（B1～B5）。太く濃緑の節間に節の下の白帯がくっきりと目立ち、株立ちの中はつる植物が複雑に絡みついているような印象だった（B1）。稈鞘には黒褐色の脱落性の短毛が見られ、葉片は先端が針のように鋭く尖り、反転する。外鞘的に多数の枝を分枝する（B2）。枝には 1 本の太い枝と細く針金のようにしなやかな多数の枝がある（B3）。中くらいの太さの稈では節間がダイサンチクにみられるようにごく緩く湾曲するのが判る。細い枝は緩くカーブを描きながら下部では太い稈に絡みつくように回りながら上方に向かい、先端付近で縮節せずに紡錘形～楕円状披針形の細かい葉を間延びして二列互生する。分枝した節部を見ないと、まるで稈の太いタケの株に茎の細いつる植物が絡み付いているように見える（B4）。葉は皮紙質で光沢があり細長く先端が次第に鋭く尖る長披針形で、1 本の枝先に 20 枚以上を集める。一見した特徴は、葉身が洗濯板のように波打つことである。また、葉はやや水平に広がる。

図 11A の“竹の酒の街道”には南北に横切る幾筋もの“雨の通り道”があり、西の端に近いキトゥラの雨の通り道付近で、雨季には流水の見られる窪地付近に *O. buchwaldii* の株を発見した（B6～B12）。*Ox. abyssinica* の株立ちが傘を広げたような樹形になるのに対して、*O. buchwaldii* では全体が

図11A：オキシテナンテラ・アビシニカ。A1～A4：伊谷樹一博士提供。 説明は本文参照。Fig. 11A. *Oxytenanthera abyssinica* cultivated for wine collection in Iringa, Tanzania. A1: young clumps in a crop field (Itani), A2: wine collecting with a mbeta equipped at the cut-off tip of young shoot (Itani), A3: cutting solid cross section to accelerate sap water effusion (Itani), A4: collected sap water is fermented naturally in the mbeta to make wine called ulanzi (Itani), A5: an old grove with a few emerged culms, A6: interview with farmer family on the cultivation and usage of *Ox. abyssinica*, A7: various variation within a cultivating clumps, culm solid or hollow, A8: sheath-blade reflect, A9: sheath-blade erect, A10: foliage leaf surface lusterless, A11: an old clump borne inflorescene, A12: capitate synflorescence.

図11B：オレオバンボス・ブックワルティ。説明は本文参照。Fig. 11B. *Oreobambos buchwaldii*. B1: a clump occurred on a bank of rapid stream at Kilombero with green internode and white band under each node, B2: culm-sheath pubescent dark-brown hairs, sheath-blade reflect, extravaginal multiple branching, B3: dimorphic branches with main robust one and slender liana ones, B4: slender branches emerge clump top as elongating twigs, B5: over 20 foliage leaves per a twig, leaf blades wavy, B6: a clump occurred in Mafinga, B7: closed clump mixed with robust and slender branches, B8: green internode with white band, sheath-blade reflect, B9: extravaginal multiple branching, B10: Dr. Itani found mbetas around the clump that someone made with the internodes, B11~B12: branch borne on basal node elongate horizontally longer than 10 m.

図11C：ユーシャニア・アルピナ。説明は本文参照。Fig. 11C. *Yushania alpina* occurred on a slope of Mt. Rungwe, C1: cloud zone around the summit, C2: *Y. alpina* occurred in the understory of the cloud forest at alt.2,300 m, C3: smaller clumps, C4: dense clumps in 16~20 height, C5: canopy view, C6: foliage leaf small and narrow lanceolate, C7: multiple branching, C8: culm-sheath same length as internode with sheath blade reflect, C9~C10: green internodes with reddish prominent nodes, internode at most 80 cm in length, C11: supra nodal ridge surrounded by hard spines, C12: smaller clump has typical sympodial rhizome, C13: matured robust clump has elongated necks. ➡

寸胴で輪郭がはっきりしない（B16）。株立ちが密集して見えるのは、太い稈の間を埋め尽くすように稈の地際付近の節から多数の細い枝が太い稈に絡み付くように上方に伸びるからである（B7）。緑色の節間に節下の白線が目立ち、節間長は 50 cm、稈鞘長は 30 cm で、葉片は反転する（B8）。分枝は外鞘的で、1 本の太い主枝と多数の細い枝がでる（B9）。稈は中空で、誰かがこの稈から作製して置き忘れたと思われるムベタが見つかった（B10）。稈基部付近の節から分枝し（B11）、斜上・水平方向に伸びる枝は 10 m を越していた（B12）。熱帯アジアに見られるチョウシチク（第 4 章参照）のように、基部付近から長い枝が出る性質を持つことから、株立ちの樹形が朦朧とするものと考えられる。

図 11C はユーシャニア・アルピナ *Yushania alpina* (K.Schum) W.C.Lin である。タンザニアの西端、アフリカ大陸の大地溝帯の東縁を成すアーク山脈を構成する高地の一角に標高 2,952 m の Rungwe 山がある。この山域はマラウイ湖からの湿潤な風を受け、周年雲霧帯が形成されている（C1）。その南麓に立地する Tukuyu の町では年間 300 日の降雨日数と 3,000 mm の降雨量が記録される。標高 2,000

図11D：オリラ・ラティフォリア。D1: タンザニア・ウドゥズンガ国立公園内の林床優占種、D2: カメルーン・マバンの林縁（伊谷純一郎博士提供）。説明は本文参照。Fig. 11D. *Olyra latifolia*. D1: dense dominant thrive in the forest understory of the Udzungwa National Park, Tanzania, D2: flowered clump occurred on a forest margin of Mabam, Cameroon (photo by Dr. Junichiro Itani).

m付近まで *Ox. abyssinica* の栽培が見られ、乾季の最盛期にもかかわらず、他地域の黄緑色の株とは異なり、鬱蒼としたバナナ農園の間に散在し、濃緑色で成長良好だった。2,100 m地点から山手を眺めると（B2）、ところどころで青緑色をした林冠から槍の穂先のように抽出した黄緑色の稈の梢端が見えた（C2）。写真下方で次の写真の数字C3の左斜め上に僅かに黄色の葉の先端が見えるのは、エンセーテである。また、この山腹のさらに下方では、背の低い、これまでに見慣れた樹形とは異なった竹藪があった（C3）。上手の森林にJacksonという地元の自然環境保護委員をガイドとして調査に入った（C4）。稈高16m～20mと推測された群落内に入り、遠目に見ると数十本の巨大な稈が集まった株立ちを形成しているのが判る。林内は鬱蒼と暗いが、株と株の間には空隙があり空がみえる（C5）。葉は日本のアラゲネザサのように先端が次第に鋭く尖る披針形だった（C6）。1節より1本の主枝を含む多数の枝を分枝する（C7）。稈は基部から上方に行くに従い、順次節間が長くなり、稈鞘は節間とほぼ同長で、葉片は反転する（C8）。稈は濃緑色でやや粉白を帯び青緑色にみえることもある。節部が赤褐色で良く目立つ（C9）。節間は最長80 cmにおよび（C10）、その時の稈鞘の葉片長は30 cmに達する。*Y. alpina* の大きな特徴の一つとして節が二重に細く膨らみ、上の隆起線を取り巻くように鋭いスパイクが出ることである（C11）。また、地下茎は仮軸型で、株が小さい時には通常の仮軸型地下茎だが（C12）、稈高が高くなるとネックが伸長して稈の間が開く（C13）。アルンディナリア属 *Arundinaria* とユーシャニア属 *Yushania* の区別点の一つは地下茎が前者では両軸型であるのに対して、後者が仮軸型を持つところにある（林 1961）。

図11Dは草本性タケ類の1種オリラ・ラティフォリア *Olyra latifolia* L. である。D1はウドゥズンガ国立公園内の林床優占種となっている様子であり、D2はカメルーンのマバンに出現する開花稈である（小林 2002）。草本性タケ類の中で唯一アフリカ大陸にも自生分布する種である。この種が帰化種であるか自生種であるかは議論があり決着はつけられていない。Ruvuma州のイフィンガ村Ifingaでは、オリラ・ラティフォリアの生育する場所は動物の隠れ家になる、という意味を含んだ方名がある（原子氏私信）。

7　アメリカ大陸のタケ類

新世界のタケ類に関する先駆的な研究者による解説書は多いが、現在ではSoderstrom, T.R. の門弟たちによってまとめられたJudziewicz *et al.*（1999）『American Bamboos』をおいて他にはない。以下に紹介するタケ類は、この本において豊富なカラー写真とともに網羅されているので、説明を極力抑え、姿と特徴を画像で紹介するにとどめる。日本語の解説としては小林（1994）を参照されたい。また、

図12：新世界のタケ類 New world woody bamboos. A: *Arundinaria gigantea* complex、米国テネシー州サマータウンにて（photo by Sue & Adam Turtle）、B: *Arthrostylidium venezuelae*、C: *Aulonemia subpectinata*、D: *A. trianae*、E1: *A. bogotensis*、E2: 花序、F1: *Rhipidocladum geminatum* の翼のような枝、F2: 1つおきの縮節、F3: 稈、F4: 20 m ほどに伸びたタケノコ、G1: *Rh. ampliflorum*、1991 年 1 月、アビラ山国立公園、カラカス、G2: 一斉開花枯死、1995 年 3 月、G3: 結実した株、G4: 果実をつけた小穂。

図の英文説明も上記の書を参照し、割愛する。

(1)北アメリカの自生種

アルンディナリア・ギガンテア複合体 *Arundinaria gigantea* complex（図 12A）。米国南東部に分布する。アルンディナリア連に属し、日本のアズマネザサやメダケに酷似する。

(2)アンデスとアマゾン、大西洋沿岸林の木本性タケ類

いずれも熱帯アジア・アフリカのタケ類と共通の分岐群バンブーサ連に属するが、きわめて多様である。*Arthrostylidium venezuelae*（図 12B）はアンデス北部のカリブ海に面した地域のアンデス荒原（パラモス）以下の亜熱帯林の林床に出現し、タケノコが真っ直ぐに伸び、林冠に達すると枝に絡み付き、カーテンを下したように垂れ下がる。アウロネミア属 *Aulonemia* には 36 種が知られ、外見的には日本のササ類に似た葉を付けるものが多いが、葉身が葉柄の部分で鋭角に葉の先端を下に向けて曲がり、肩毛の付近にたくさんの毛が出るものが多い。*A. subpectinata*（図 12C）はチシマザサに似ている。*A. trianae*（図 12D）は急崖をジグザグによじ登り、斜面や植生を覆う。*A. bogotensis*（図 12E）はコロンビアの首都の郊外の道路沿いに出現する稈の高さが 40 cm 程度の小型である。リピドクラドゥム属 *Rhipidocladum* はギリシャ語由来の属名がその特徴をよく表し、鳥が翼を広げたように多数の細かい枝を分枝する（図 12F)。*R. geminatum* では、2 cm - 60 cm - 2 cm - 60 cm のように 1 節おきに縮節を繰り返し（図 12G)、脆い稈だが垂直に稈が伸びる。ベネズエラ・カラカス郊外にあるエル・アビラ国立公園に登った時に、*R. ampliflorum* の全面開花に遭遇した（図 12H)。

←図13：チュスケア属 *Chusquea*。（一般的性質）A: *Ch. fendleri*・外鞘的分枝様式 extrravaginal branching、B: *Ch. tessellata*・内鞘的分枝様式 intravaginal branching style、C: *Ch. serpens*・稈鞘下分枝様式 infravaginal branching style、D1: *Ch. longiprophylla*、D2: 長さ 10 cm の前出葉、E: *Ch. fendleri* の単軸型地下茎。

半ば枯死した稈を鉈で叩くと、ザーッと穎果が落下してきて、文字通り「seed rain 種子の雨」に遭った。
図 13・14 はチュスケア属 *Chusquea* の簡単な紹介である。チュスケア属は稈の中実・大小２形の多数分枝・退化的な１小穂１小花でまとまった分岐群で約 200 種を擁し、北緯 24 度〜南緯 45 度と、イネ科の中では最も広範囲な連続分布をする群とみなされる。チュスケア属は３種類の分枝様式：外

図14：チュスケア属 *Chusquea*。（様々な生活型）A1: *Ch. tessellata*、標高 4,000m のアンデス荒原（パラモス）、A2: 株毎に開花枯死する、A3: 花序と分厚い針状の葉、B: *Ch. spencei*、サブパラモ植生として出現、挿入部は開花枝、C1: *Ch. lehmmanii*、細長い葉が強風にあおられる、C2: アーチ状の樹冠の中は着生蘚苔類で覆われる、C3: 細長い花序、D1: *Ch. serrulata*、一斉開花中、D2: 花序、E1: *Ch. latifolia*、森林内でつる生、E2: 巨大な葉、分枝数は少数、F1: ナンキョクブナ林床に優占する *Ch.* sp.、チリ・ナウエルブータ国立公園、F2: *Ch. cleou*、ロス・アラウコの海岸。

←図15：ネウロレピス属 *Neurolepis*。A1: *N. mollis* の生育環境、断崖にへばりつくように群生する、A2: ロゼット状の巨大な株になる、A3: 葉の長さは３ｍを超える、スケールは２ｍ、B1: *N. aperta* の一斉開花、B2: 葉の長さは１ｍほどで小型、B3: 抽出した花穂。

鞘的 extravaginal、内鞘的 intravaginal、および稈鞘下 infravaginal な分枝様式を持つ。これら前二者は日本産ササ類の属や推定雑種分類群を識別する指標になることが明らかになった（第 3 章参照）。また、つる生の分類群 sect. Serpentes に見られる後者は、同じく熱帯アジアのつる生の *Dinochloa* 属と共通し、興味深い。さらに、稈鞘に包まれた腋芽を包む前出葉が 10 cm におよぶ一群もある。地下茎では、多くが仮軸型だが、時に両軸型を持つ群もある。図 14 に多様な生態的環境に生育する例を示す。標高 3,200 m から 4,000 m のアンデス荒原（パラモス）に出現するテッセラータ、雲霧林への移行帯（サブパラモ）から農耕地周辺、森林地帯、さらには海岸まで多様である。周年開花の見られる群もあれば、大規模な一斉開花枯死を起こす場合もある。

BPG 系統樹でも解析されているが、チュスケア属と同じ分岐群に属し、チュスケア属の異名とまでみなされることもあるネウロレピスは、次に示すブラジルのグラジオフィトンと同じく、タケ類とは思われないような特異な形態を持つ（図 15）。この分類群がチュスケア属の一群だとは到底信じられない結論である。葉緑体 DNA 系統樹を過大評価すると形態を総合的に判断する分類学的な立場と際限なく解離する好例ではなかろうか。

Alvimia gracilis（図 16A）はブラジル・バイア州の大西洋沿岸林に隣接する海岸の白砂土壌の上に成立したヘスティンガ（Restinga）と呼ばれる常緑林のマント群落として出現する。細い稈が密集し

図16: ブラジルのタケ類 Brazilian woody bamboos。A1: 白砂の Restinga に出現するつる生のタケ類、A2: *Alvimia gracilis*、B: *Atractantha radiata*、C1: *At. cardinalis*、C2: この属は稈が中実で、輪状に空隙が入る、D1: *Glaziophyton mirabile* の稈、D2: 花序（Burman & Soderstrom 1990）。

図17: グアドゥア・アングスティフォリア *Guadua angustifolia*。A1: モウソウチク林に似た薮、A2: 種小名は稈鞘の三角形に由来、A3: 各節に鋭い刺を持つ、A4: 稈の大枝も刺になる、A5: 仮軸型地下茎のネックが２ｍも伸びる、A6: マカレナ熱帯林に散在する薮、A7: 材は堅牢で建築資材として重用される、A8: 若葉を食べるフサオマキザル、A9: クマレ（小型のココヤシの１種）の実を割るフサオマキザル、A10: サルが割って捨てたクマレの実と殻。

←図18：グアドゥア属 *Guadua* sp.。A1: アマゾン川の支流に出現する新種、A2: 小穂、B1: アマゾン川の本流に面した林分に出現するウエッベルバウエリ種 *G. weberbaueerii*、B2: 長い稈は楽器を作るのに使われる、B3: タケノコにつくゾウムシの1種、C1: アマゾン川本流の中島ロレト島にある湿地帯に出現する *G. superba*、C2: 花序。

た株立ちとなり、他の植生を分厚く覆う。果実は指の頭ほどの漿果をつける。アトラクタンサ属 *Atractantha* の各種もつる生でマント群落を形成する（図 16B）。ラディアータ *At. radiata* やカルディナーリス *At. cardinalis* の稈は中実だが、輪状に空隙が入る。グラジオフィトン・ミラビレ *Glaziophyton mirabile* はリオデジャネイロ郊外のオルガン山に出現する「世界で最も奇妙な風貌の竹」として紹介された（図 13C）。

グアドゥア属 *Guadua* はアマゾン川本流域の標高 100 m 以下からアンデスの標高 1,500 m まで広い地域に分布するが、もっとも一般的で経済価値の高いのはアングスティフォリア *G. angustifolia* である。種小名の「三角形の葉」とは、稈鞘のことで、全体の形から由来している。コロンビア・キンディオ州ではグアドゥアーレスと呼ばれ、アングスティフォリアの竹藪が 10 km 以上も続く植生がある。その姿だけを見ると、モウソウチクの竹林に似ているが、まったく別物である。グアドゥアには各節に鋭い刺があり、仮軸型地下茎だが、2 m ほども地下茎のネックが伸び、散開した広大な薮をつくる。稈鞘には黒褐色の脱落性の短毛が密生し、肌に触れると赤く腫れ上がる。また、タケノコは湯がけば湯がくほどえぐくなって食べられない。葉の両面に気孔を持つ、など、特異な点が多数ある。腐食に対する耐久性が高く、優れた建築材として多用される。オリノコ川は南米第 3 の大河だが、上流はコロンビアを貫流する。マカレナ村付近ではグワジャベロ川と名前を変え、村の少し上流で支流を成すドゥダ川を 60 km 遡上したところに伊沢紘生・宮城教育大学教授を調査団長とする新世界ザルの研究基地があった。筆者はそのグループに参加し、10 年間通った。その調査地にはたくさんの草本性タケ類、初期分岐群とともに。アングスティフォリアが分布していた。乾季になると、竹藪のある方から、「カン、カン」という音がしきりに聞こえる。そっと近づくと、フサオマキザル *Cebus apella* がクマレ *Astrocaryum chambira* の実を割っているのを観察することができる。この地域のフサオマキザルにはグアドゥアと 3 つの関わりを持つ文化的習性があった。クマレ割り（Izawa 1977）、カエル採り（Izawa1978）、そして葉食いである。クマレは小型のココヤシの 1 種で、成熟の過程で液体からゼリー状、固体へと変化する。サルはその時期に応じて採食の仕方を変えるが、硬いヤシの実を割るのにグアドゥアの節を使う。尾で

図19a:草本性タケ類・オリラ亜連 Olyrinae。A1: 稈高 10 m ほどになるオリラ・ラティフォリア、A2: 枝先に花序をつける、B: キリアティフォリア種 *Olyra ciliatifolia* の花序、雌花は雌しべが良く目立ち、虫媒である、C1: クリプトクロア・ウニスピクラータ *Cryptochloa unispiculata*、稈高は 20 cm 程度、C2: 稈の先端に雌花と雄花が対をなして葉鞘から抽出し、小さな昆虫を呼び寄せる。よく見ると、細いクモの糸が張り巡らされている、D1: 薄暗い林床にへばりつくように枝葉を広げるピレシア・シンポディカ *Piresia symapodica*、D2: 花茎はリター中を四方に水平に伸ばし、昆虫によって受粉する。閉鎖果が発芽して芽生えができている。

図19b:草本性タケ類 Olyrinae（続き）。E1: ディアンドロリラ・タアチアナエ *Diandrolyra tatianae*、オリラ連は単性花をつけるが、ブラジルの大西洋沿岸林には両性花をつける本属が分布する、E2: 小型のササに似る、E3: 葉舌もササ属に似る、E4: 葉の間に隠れるように開花する、F: オリラ亜連は顕著な就眠運動をする。夜には枝葉を閉じ、昼間は枝葉を広げる。A: オリラ・キリアテフォリア *Olyra ciliatifolia*、B: リサクネ・パウシフロラ *Lithachne pauciflora*、C: ラッディア・ディスティコフィラ *Raddia disticchophylla*。

稈や枝にしっかり体を保定し、両腕でクマレを抱え、頭の上まで持ち上げて体全体の力を使い、節の部分にクマレを叩きつけて割り、中身を飲んだり、食べたりする。また、しばしば、若葉をわしづかみにして食べる。もう一つのカエル採りは、割れ目の入ったグアドゥアの節間にカエルが棲みつくことがあり、サルは、それを音で察知し、牙や手指を器用に使って節間を開き、カエルを捕まえ、節間の表面にカエルをこすり付けてぬめりを取り除いてから食べる。幸島のニホンザルの芋を洗う文化的習慣と似たような事実だろうが、フサオマキザルはクマレの実の成熟の違いで、割り方を変えるので、かなり高度な文化だと思われる。

図20：パリアナ亜連 Parianinae。A1～A2: パリアナ・セトーサ *Pariana setosa* の花粉を食べにくる小さなノミバエの1種によって授粉される（Soderstrom & Calderón 1971）、A3: 十数段の花序の分節構造、A4: 1個の分節花序、A5: 関節に1個の雌花がつき、その周囲を多数の雄しべを持った雄花が取り巻く、B1: アマゾン川本流沿いの森林林床に優占群落を作る *Pariana* sp.、B2: 枝葉を掻き分けると花が現れる、B3～B4: 花序は地下茎のように分枝して地中に伸び、所々で開花花序ができる、C1: エレミチス・モノタラミア *Eremitis monothalamia* の群落、C2: 花柄は地中を40 cm 以上も伸びる、C3: 花は地中で受粉し、落花生のように膨らむ。ブラジル・大西洋沿岸林の林床に出現する。

(3)草本性タケ類（図19・20）

オリラ連の3つの亜連：オリラ亜連、パリアナ亜連、およびバージェルシオクロア亜連のうち、前2群を紹介する。オリラ亜連は共通して枝葉に就眠運動が見られる。また、小穂構造の外穎と内穎が変態した堅い外皮のような構造が発達し、休眠性を持つものが多い。パリアナ属は風も吹かないアマゾンの熱帯雨林の林床にあって、黄色く目立つ多数のおしべによって虫を惹きつけ受粉する虫媒花、と、その存在を紹介されたことがある。だが、実際にアマゾンを歩いてみると、そのようなことは単なる憶測に過ぎないことを実感する。雨季には毎日旋風を伴う豪雨があり、乾季には絶えず風が舞う。

図21：アノモクロア属 *Anomochloa marantoidea*。A: バイア南部熱帯林の急斜面な林床に生育、B: 花序をつけた大株、葉は螺旋配列をする、C: 稈高約70 cm、D: 花序（*）は特定の枝に集中する、黄矢頭は熟した花序から零れ落ちた果実を示す、E: 稈基部は稈鞘のような少数の苞に包まれる、葉の基部は心形、F: 株の全体は仮軸型地下茎からなる、G: 花序を付ける枝（D）は各節に芽を持つ単軸型地下茎で構成される（黄矢頭）、H: 蕾を包む苞葉は格子目（tessellation）が入る、I: 開花中の小穂（ユージーウィッツ・小林1996を模式化）、J: 小穂は数枚の大型の苞に包まれる、K: 果実散布、L: 穎果、M: 枯死小穂。

(4)イネ科の初期分岐群

初期分岐群は、既に前章で詳しくみたように、分子系統学が植物学分野に流布される以前の1990年代中頃までは、すべて広義のタケ亜科植物に含められていた。

図22:ストレプトカエタ属 *Streptochaeta spicata*。A: かろうじて林冠からの木漏れ日が当たる薄暗い林床に出現、B: 葉は螺旋配列し、葉身は洗濯板のように波打ち、葉鞘は不完全、C〜D: 開花中の小穂、雄しべ6本、雌しべの柱頭は弓なりに湾曲した3本、基部付近の短い数枚の苞穎と細長い数枚の苞穎が雄しべ・雌しべを包む。外側の短い苞穎は成熟につれ鉤づめのようになり、先端の長い苞穎の1枚が細い釣り糸状に抽出し、先端の軸や小穂に絡み付くようになる、E: 穎果の登熟につれ花序は弓なりに湾曲し、下方の小穂基部の関節が外れる、F: 釣り糸を垂らしたように数個の小穂が釣り針のように群がって垂れ下がり、動物の通過を待機する。

1）アノモクロア亜科

（図21・22）

いずれも南米固有のアノモクロア属 *Anomochloa* とストレプトカエタ属 *Streptochaeta* の2属からなるイネ科の祖先的な位置を占める最初の分岐群である。アノモクロア・マラントイデア *Anomochloa marantoidea* ただ1種がブラジル・バイア州のウナに約50個体ほどで分布する。命名や分布地の再発見を巡るドラマチックな逸話がある（小林 1993）。一見したところ、日本でなじみ深いユリ科のハランのような広い葉を螺旋状に配列する。長い葉柄を持ち、葉鞘は無い。図21に示すように、アノモクロア・マラントイデアにおいて、年齢依存的に花を付ける稈を中心に単軸型地下茎が生ずる可能性が示唆された。イネ科の中でタケ亜科は地上部の稈や枝葉を発達させるとともに、地下茎を発達

図23：ファルス亜科一覧 Pharoideae。全て葉は葉柄の部分で180度反転し、表裏が逆転する。また、雄花と雌花が対を成すように配置する A～B: ファルス・ラティフォリウス *Pharus latifolius*、葉が広く、株立ちになる、C～F: ファルス・パルヴィフォリウス *Ph. parvifolius*、手指を広げたように細い葉がつく、株立ちが基本だが、長い稈に伏条性があり、散開した大クローンを形成する、F: 棍棒状の白い穎果が目立つ、G～H: レプタスピス・コクレアータ *Leptaspis cochleata*、不稔個体（G）と開花個体（H）、ピンク色のカタツムリ状に巻いた穎果をつける。➡

させた高度な体制を持つクローナル植物としての特性が注目される。そのような特性の萌芽的形態が、既に最初の初期分岐群に備わっていることはタケ亜科の系統進化の傾向を把握するうえで注目に値する。ストレプトカエタ属は中米から南米北部およびブラジル東南海岸部の乾季と雨季を明確に持つ熱帯林を中心に3種が分布する。葉は螺旋配列し、葉鞘は不完全で稈を抱かない。雄しべ6本、雌しべの柱頭は3叉する。受粉し登熟につれ、10枚ほどの苞穎の1枚の先端が糸状に数センチの長さに伸び、他の苞穎とともに絡み合い、小穂基部の節から外れ、釣り糸を垂れたように湾曲して張出した稈から垂れ下がり、その下を通る動物の毛に付着して穎果が散布されるエピズーコリー（動物体表付着散布型）である。

2）ファルス亜科（図23・24）

中米から南米にかけてファルス属 *Pharus*、アフリカからスリランカ、マレー半島にかけてレプタスピス属 *Leptaspis*、マレー半島部にスクロトクロア属 *Scrotochloa* が分布する。葉は葉柄の部分

図24：コロンビア・マカレナ熱帯林の林床で5年毎に繰り返されるファルス一斉開花。Monocarpic mass flowering of *Pharus virescens*. A: 3種が混生する生育地、l（ピンク色）: *latifolius*、p（黄色）: *parvifolius*、v（青色）: *virescens*、ヴィレッセンスだけが枯死している、B: 1990～1991、C: 1992、D: 1993、E: 1994～1995、F: 1996、一斉開花枯死個体群。G: 片足で3,000個の穎果が付着した（地域住民からは“バルバ チグレ（ジャガーの顎鬚）”と呼称され、林内ではヒトも猟犬も歩行困難になり、一斉開花時には休猟を余儀なくされるほどだった）。H: 1991～1996の5年間の器官乾物分配比の推移と全乾物重で示された成長曲線。

図25: プエリア亜科 Puelioideae。A1: グワドゥエラ・フォリオサ *Guaduella foliosa*（カメルーン・コラップ国立公園にて松井映樹氏提供）、A2: フォリオサの花序、A3: マランティフォリア *G. marantifolia*, Nko'elon、B1: プエリア・キリアータ *Puelia ciliata*（コラップ国立公園にて松井映樹氏提供）、B2: キリアータの花序、B3: *P. ciliata*, Nko'elon。

で180度捻れ、裏面を表側に向ける。葉脈が葉の付け根から放射状に入る、など栄養生長器官の形態は3属に共通性が高い。花は単性花を付け、雄しべ6本、雌しべの柱頭は3叉する。3属は穎果の形態が異なり、それぞれ、こん棒状、渦巻き状、そして壷状となり、いずれも外穎に相当する部分が固い鉤状の剛毛で覆われ、エピズーコリーである。ファルス・ヴィレッセンスでは、5年毎の一斉開花現象が知られ（図24）、その範囲は718 km^2におよび、哺乳類26種、鳥類12種の種子散布者が確認された（Izawa & Kobayashi 1997）。一斉開花の前年には、ごく一部の個体が部分開花をする“はしり咲き稈”も存在することが確認された。既にみたように、古い時代から、数十年毎の一斉開花周期がタケ類のきわだった特性として位置づけられている。このような生活史上の特性が、既に第二の初期分岐群の段階で出現していたことも生活史戦略（遺伝的形質群）の一般性という観点から興味深い。ファルス属の雌花の花托に相当する部分に長さ3 mm程度の3枚の始原的な鱗被が出現する。

3）プエリア亜科（図25）

コンゴ川河口付近を中心とした西アフリカ沿岸部の湿潤熱帯林の林床にプエリア属 *Puelia* とグワドゥエラ属 *Guaduella* が分布する（図25）。グワドゥエラ属は、花が南米固有のグアドゥア属のように無限花序に似た形態となることから命名された。イネ科の小穂構造をすべて備え、それ以後に分岐したイネ科の2大系統群の原型となったと考えられる。

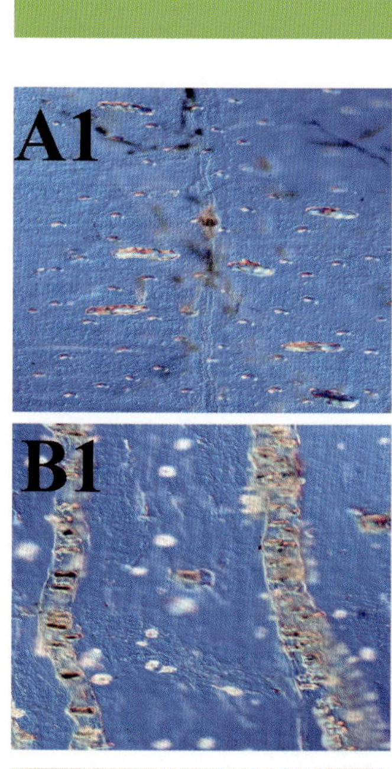

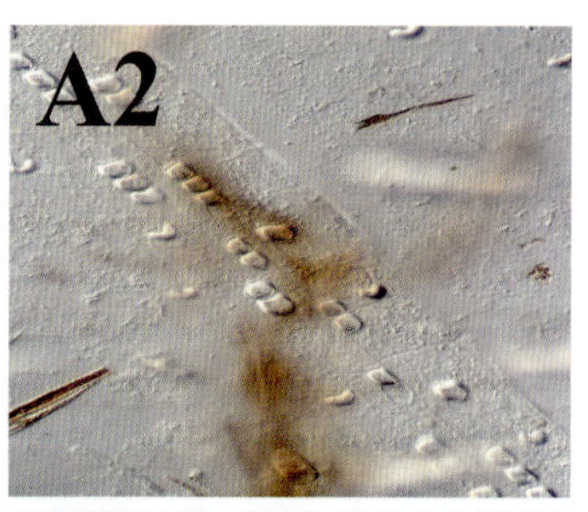

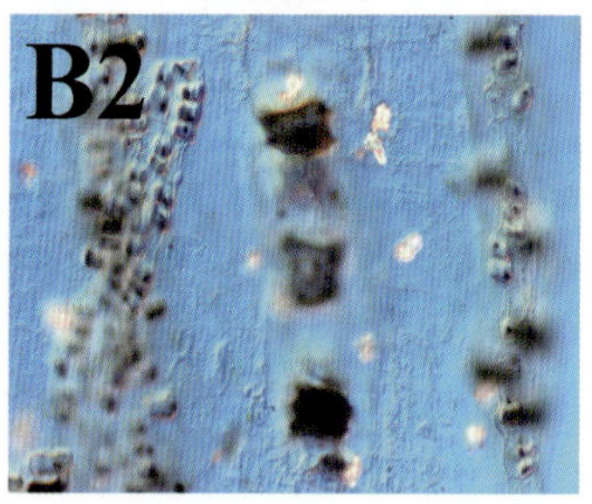

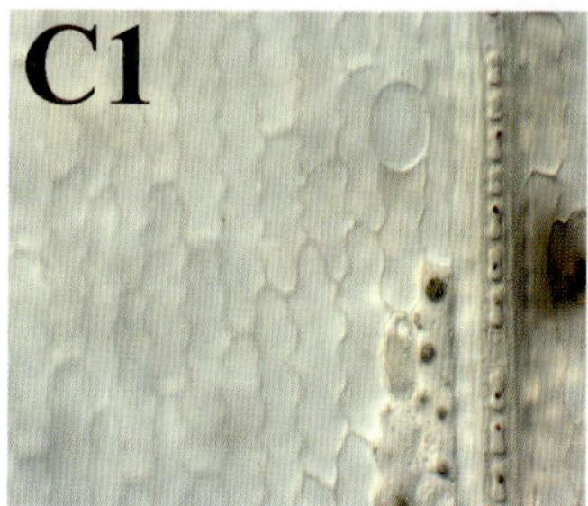

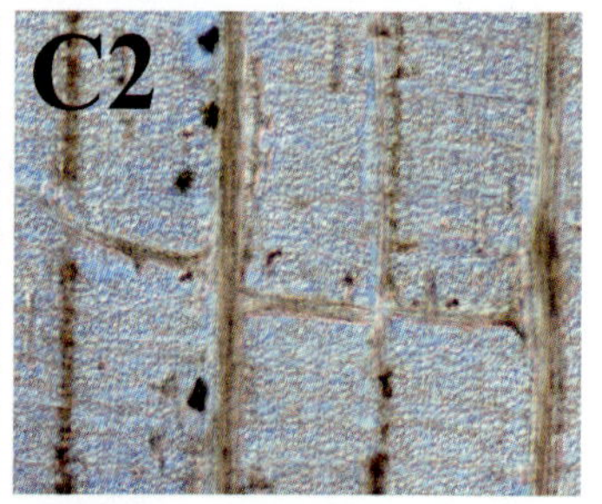

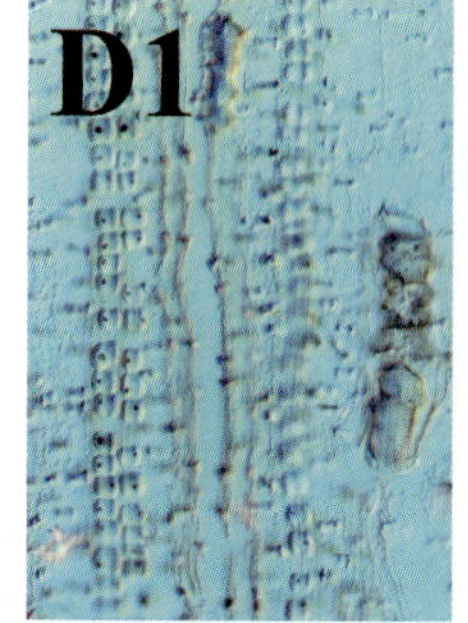

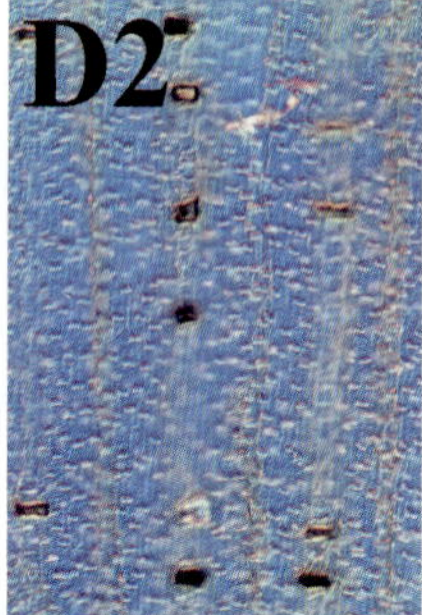

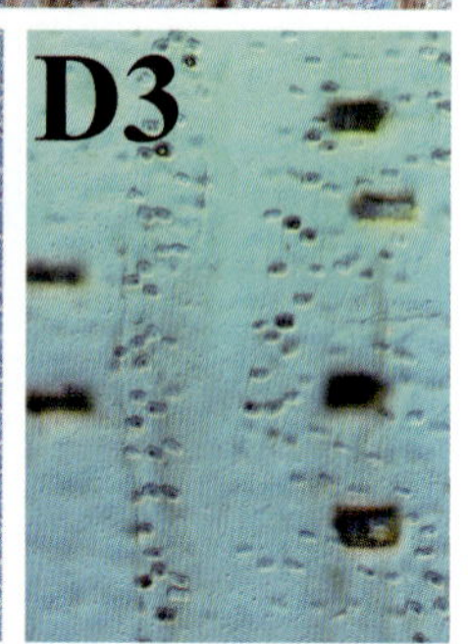

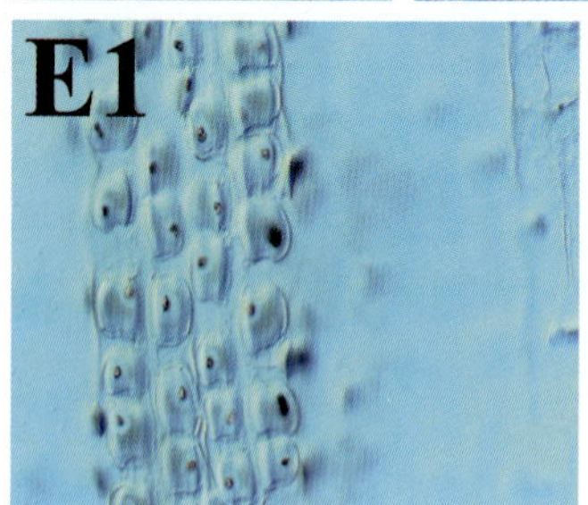

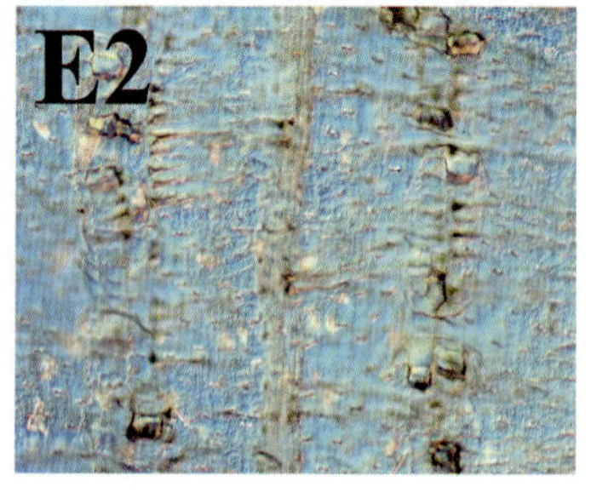

←図26：初期分岐群における灰像の比較。Spodogram comparison among early diverging clades. A1～A2: *Anomochloa marantoidea*、B1～B2: *Streptochaeta spicata*、C1～C2: *Pharus lappulaceus*、D1～D3: *Puelia olyriformis*、E1～E2: *Guaduella oblonga*。

4）葉の灰像の比較（図26）

一見して明らかな特徴は、ファルスにおいて、葉の細脈方向（本書の上下の方向）と直交するように、ちょうど“あみだくじ”のように、格子目が入っていることである。これはうっすらとプエリア亜科の2種においても認められる。このような格子目は”tessellation”と呼ばれ、これが凹凸を持つほどに顕著なことから命名された*Chusquea tessellata*はアンデスのパラモスに優占し、高い耐凍性を持つことが推察される。反面、アノモクロア・マラントイデアでは、苞に格子目の凹凸が存在するにもかかわらず、葉の灰像標本には明確に現れなかった。小穂構造に現れる格子目はもっと別の意義があるのかもしれない。

Ⅱ．日本のタケ亜科植物の図鑑

第３章　日本産タケ亜科植物に関する用語解説と検索

１　形態的特徴のまとめと用語解説

本章では、まず、各種の検索に使用するキーワードとなる栄養器官に関する主要な術語や文言について、特徴的な項目ごとに写真説明という形式で解説する。なお、本章で使用する写真は次章における画像を再構成したものであり、個々の画像のクレジットはそこに明示する。また、図１中、Cの試料は中田（2006）を参照した。記して謝意を表したい。

(1) 地下茎の型 rhizome system（図 1/1 図）

仮軸型（太形態型）sympodial (pachymorph)／単軸型（細形態型）monopodial (leptomorph)
両軸型（両形態型）amphipodial (amphimorph)：ササ属型 *Sasa* type、メダケ属型 *Pleioblastus* type（分げつ型 tillering leptomorph type）、年齢依存的発達 age specific (dependent) rhizome development

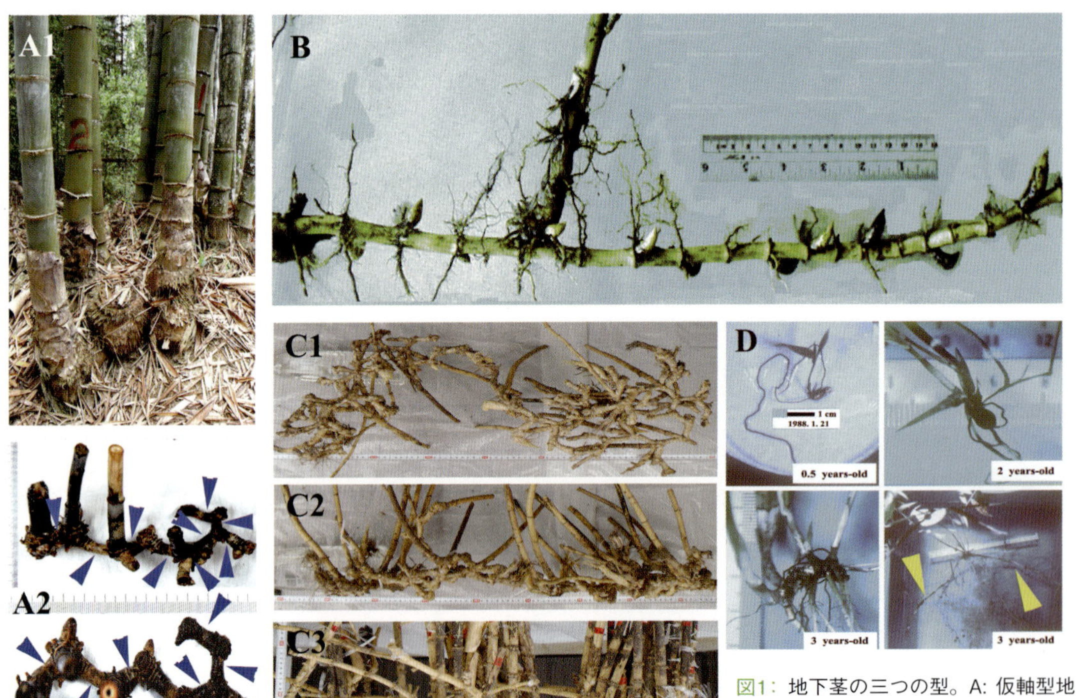

図1：地下茎の三つの型。A: 仮軸型地下茎、A1: キョチク（ゾウタケ）*Dendrocalamus giganteus* の株立ち。稈の基部の皺のある球状の構造が仮軸型地下茎。各皺は節に相当し、節間の長さが、球の断面直径よりも短いので、太形態型地下茎とも呼ばれる。A2: *Gigantochloa* sp. の地下茎で、側面（上図）と真上からの図（下図）、青矢頭は球形の仮軸型地下茎をつなぐネックを示す。B: ホテイチクの単軸型地下茎、各節に互生して芽（将来タケノコになる）ができる。節間の長さが断面直径よりも長いので、細形態型地下茎とも呼ばれる。C: 両軸型地下茎、C1: チシマザサの株の真下から見た図、ネックにより、緩い蜂の巣状のネットワークが形成される。C2: 同、側面図、仮軸型地下茎自体が斜上し、その延長線上に斜上する稈ができるのがわかる。C3: アズマネザサの株、仮軸型地下茎は球状に膨らむことなく、直立し、密集した株立ちを形成することがわかる。この地下茎に対して、分げつ型と呼ぶ場合もあり、メダケ属全体の特徴である。D: ヤヒコザサにおける発芽後の地下茎の発達過程。発芽後 0.5 年：芽生え期の不定根のみ、２年〜３年：針金状の稈の基部が膨らんだ仮軸型地下茎を増やす。３年目後期：単軸型地下茎（黄矢頭）を伸ばし、両軸型地下茎が出現する。このような年齢依存的な地下茎の発達のタイミングは同じササ属でも種ごとに異なる。A: Sympodial rhizome system in *Dendrocalamus giganteus* (A1) and *Gigantochloa* sp. (A2), in which each internode is shorter than its diameter that called as pachymorphic rhizome. Blue arrowheads show rhizome necks. B: Monopodial rhizome system in *Phyllostachys aurea* with alternate bud at each node, in which each internode is longer than the diameter that called the leptomorphic one. C: Amphipodial (or amphimorphic) rhizome system in *Sasa kurilensis* (C1, C2) and *Pleioblastus chino* (C3). Note that the latter sympodial rhizomes are not prominent to make dense upright clumps, which is called as tillering leptomorh. D: Age dependent development of amphipodial rhizome system in *Sasa yahikoensis*.

（2）稈鞘 culm-sheath (culm leaf)（図 2/3 図）

稈鞘の本体 culm-sheath proper ／葉片 sheath-blade ／葉耳 auricle ／肩毛 oral setae
鞘舌 inner ligule ／稈鞘の脱落 deciduous・宿存 persistent

図2a：稈鞘各部の名称。稈鞘は英語圏では“culm leaf”＝稈葉と呼ばれることが多く、普通葉 foliage leaf と相同な器官であることを表現している。本書では“稈鞘”を使用するが、英語圏の慣習を意識し、葉に関する英文説明では“foliage leaf”の用語を充てる。A: リョクチクのタケノコ、黄矢頭は直立する葉片。B: キョチクのタケノコ、葉片は成長につれ反転する（黄矢頭）。C: ダイサンチクの稈鞘、大きく開いた稈鞘の本体の先端部に付着する三角形の葉片（黄矢頭）と肩の部分に付着する葉耳（白矢頭）。D: クロチクのタケノコ、葉片（オレンジ矢頭）は斜めに開出するが、反転まではいかない。白色の肩毛（*）が顕著に広がる。開き出した葉片の内側基部にわずかに鞘舌（青矢頭）が見える。鞘舌は稈鞘の本体と葉片とのつなぎの部分の内側にできる襟状の仕切りで、葉鞘の葉舌と相同。Sheath-blade behavior. A: young shoot of *Bambusa oldhamii* with sheath-blades erect (yellow arrowheads), B: sheath-blades reflexed (yellow arrowheads) in *Dendrocalamus giganteus*, C: open culm-sheath of *B. vulgaris* with triangular sheath-blade (yellow arrowhead) and auricle (white arrowhead). D: *Phyllostachys nigra* with open but not reflexed sheath-blade (orange arrowheads), curly thread oral setae (*), and a part of inner ligule at a glance (blue arrowhead).

図2b：稈鞘の挙動。A: タケノコが成長しつつ稈鞘を脱ぐように脱落させ、同時枝を展開するマダケ。B: タケノコが成長後も、稈鞘がしばらくの間、落ちそうで落ちない中途半端な状態にとどまるナリヒラダケ。C: 稈鞘はタケノコの成長後も、分枝後も宿存するアズマネザサ。Culm-sheath behavior. A: *Phy. bambusoides* falling culm-sheaths, as shoot grows. B: *Semiarundinaria fastuosa* shows intermediate state of culm-sheath between deciduous and persistent. C: *Pleioblastus chino* persists culm-sheaths.

⬅図2c：稈鞘の長さ。節間長に対する稈鞘の長さは、群落を前にした時、濃緑色の節間と白色の稈鞘の織りなす独特のパターンを形成し、直感的な同定の手がかりを与える。A: ゴザダケザサ、3 m を超える稈が林立し、長い節間の７割程度を覆う白色に成熟した稈鞘が目立つ。B: ヤダケ、節間よりも長い淡褐色の稈鞘で全体が覆われた通直な稈は遠くからでもすぐわかる。C: スズダケ、節間より長い稈鞘で針金のように細く直立した稈全体が覆われ、薄暗い林床でもよく目立つ。D: チシマザサ、稈基部から先端に向け、節間が伸びるにつれ、稈鞘も長くなる。２年目の稈鞘はところどころで繊維状に裂ける。E: サイゴクザサ、稈中部の節間では、稈鞘の長さが５割以下でササ属アマギザサ節の特徴をなす。F: ミヤマザサ、ササ属チマキザサ節では稈中部以上では節間長の５割以上を覆い、類似のアマギザサ節と区別する。 G: タンガザサ、ササ属ミヤコザサ節、稈高 50 cm 程度で約３個の節をつけ、細長い節間に白色の稈鞘が目立つ。Culm-sheath length as to internode is a key for identification. A: *Pleioblastus gozadakensis* with long internode and ca. 70% of culm-sheath coverage, B: *Pseudosasa japonica*, C: *Sasamorpha borealis*, both species have longer culm-sheaths than the internodes to cover whole culm. D: *Sasa kurilensis* has gradually elongating culm-sheaths from base toward top, in which older ones slit fibrous. E: *S. occidentalis*, the section *Monilicladae* have shorter culm-sheath less than 50 % of middle internodes, F: *S. septentrionalis*, the section *Sasa* have longer culm-sheaths than 50% of the internodes. G: *S. elegantissima*, the section *Crassinodi* have a few internodes with longer culm-sheaths.

（3）枝条集合体 branch complement と分枝型 branching type（図 3/2 図）

１節１枝型 one-branching type (monoclade)

１節多枝（３枝）型 multiple-branching type (pleioclade)

稈の同一の節から生ずる枝の集まりを branch complement と呼ぶが、これに該当する日本語の用語は無いので、竹内（1932）に因み、本書では枝条集合体という言葉を充てることとする。第２章で紹介したように、中南米のタケ類には多様な枝条集合体が存在し、属名を与えるもの

図3a：枝条集合体。A: ホウライチク、B: シチク（ホウライチク属）、大小２型のたくさんの枝が、突出して出る。シチクでは多くの枝が長短の鋭い刺に変態する。C: オカメザサ（オカメザサ属）、３本の主要な枝が出て、向軸面の１本の両側からも、やや細い２本の枝が出る。D: ハチク（マダケ属）、太さの異なる２本の大枝が出る。E: カンチク、腋芽の集合体。F: カンチク（カンチク属）、３本の太い枝が出て、後から細い数本の枝が出る。G: アズマネザサ（メダケ属）、３～7 本の枝が出る。 H: ミヤマクマザサ（ササ属）、１本の枝のみが出る。Branch complement is a set of all branches from one culm-node. Majority of the Japanese *Arundinariinae* is divided into two branching types as the next figure legends. A: *Bambusa multiplex*, B: *B. blumeana*, C: *Shibataea kumasasa*, D: *Phyllostachys nigra* var. *henonis*, E: *Chimonobambusa marmorea*, a bud complement, F: *C. marmorea*, branch complement with three main branches, G: *Pleioblastus chino* with 3~7 branches, H: *Sasa hayatae* with one branch.

までであるが、日本産タケ類、特にササ類ではほとんど区別が無く、その代わりに、1節より1本の枝を出す1節1枝型と多数の枝を出す1節多枝型に類型化される。

図3b：二つの分枝型。A: 1節より1枝を分枝するスエコザサ・1節1枝型。B: アズマザサ・1節1枝型、B1: 1節より1枝を分枝する、B2: 1節より1枝を、短い節間（縮節）を介して分枝する場合、B3: 節の真上でほとんど節間が伸びずに1枝を分枝すると、1節から複数の枝を出しているように見える。 C: 1節より2本もしくはそれ以上の枝（おおむね3本）を分枝するハコネシノ・1節多枝（3枝）型。ただし、1節より1枝を分枝する部分を同一の稈に含む場合も多い。Branching type shows branch number per node as one-branching type for A~B, B2~B3: shorten internodes, and more than two branch as multiple-branching type as C.

（4）分枝様式 branching style（図4/10図）

腋芽側 axiliary bud-side、辺縁側 distal-side
内鞘的 intravaginal ／ 外鞘的 extravaginal
移譲的 transfer

（各図の一部は小林 2016 を参照）

図4a：稈鞘の位置関係。稈鞘の腋芽側・腋芽を包む側（矢頭）と辺縁側・稈を抱き、両端が重なる側（*）を示す。a: リュウキュウチク、b: ミクラザサ。Position of culm-sheath, showing axillary bud-side (arrowhead or arrows) and distal side (*).

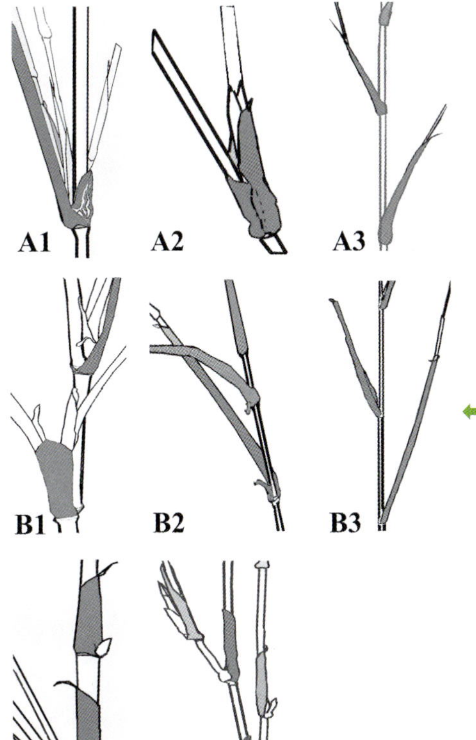

←図4b：分枝様式の模式図。A: 稈の分枝にあたり、枝は母稈の稈鞘に包まれるように分枝し成長する内鞘的分枝様式、B: 分枝に先立ち、もしくは分枝とともに、母稈の稈鞘が開き出し、枝を包むように母稈を離れる移譲的分枝様式、C: 枝は母稈の稈鞘を突き破って出る外鞘的分枝様式。A1, B1, C1: 1節多枝型、A2, B2, C2: 1節1枝型、A3, B3: 稈鞘が節間より長いかまたは等しく、外見的に似る場合。Schematic representation of branching style by accompanied with culm-sheath behavior. A: intravaginal style, B: transfer style, and C: extravaginal style, where 1: multiple branching type, 2: one-branching type, while 3: taxa with longer culm-sheaths than their internodes. Screened area shows each mother culm-sheath.

図4c：内鞘的分枝様式で１節多枝型。a: リュウキュウチク、b: メダケ、c: アズマネザサ。Intravaginal branching style with multiple-branching type. a: *Pleioblastus linearis*, b: *Pl. simonii*, c: *Pl. chino.*

図4d：内鞘的分枝様式·1節1枝型。a: チシマザサの古い稈、b: チシマザサの新稈、c: イブキザサ、d: クマザサ、e: ミヤコザサで、節上部が膨出し、稈鞘は薄く破れ、剥がれやすい。 Intravaginal branching style with one-branching type. a,b: *Sasa kurilensis*, c: *S. tsuboiana*, d: *S. veitchii*, e: *S. nipponica*.

図4e：ヤダケにおける内鞘的分枝様式。稈鞘が節間よりも長く、枝の開き角が大きいので、分枝の際、一見したところ、稈鞘が母稈を離れ、枝に移るように見える(a)。母稈鞘に包まれた状態で、中枝、小枝が相次いで分枝すると、その動きに耐え切れなくなって、稈鞘が途中で切断される場合がしばしばみられる（b)。稈が斜めに倒れかかった状態で、二列互生し、地面側に位置した腋芽が枝へと成長したケースに注目すると、稈鞘は枝の基部を包んだ状態で母稈にとどまり、枝は上空を目指す挙動を示す（c)。ヤクシマヤダケも、新しい稈（d)、古い稈（e)、いずれも内鞘的である。密集した株立ちのようになるラッキョウヤダケも内鞘的である（f)。ヤダケとメダケ属の１種との推定雑種で１節多枝型のメンヤダケも辺縁側が破れながら内鞘的分枝様式をとる（g)。Intravaginal branching style in *Pseudosasa japonica* (A3). a: first branch grows open in a large angle, b: second and third branches break open to grow within the mother culm-sheaths, c: mother culm-sheath remains at an accidentally slanted culm, while branch grows upward, d~ e: *Ps. owatarii*, f: *Ps. japonica* var. *tsutsumiana*, g: *Pseudosasa ×pleioblastoides*.

←図4f：移譲的分枝様式・１節多枝型。矢頭はいずれも辺縁側が離れ、母稈の一部が露出することを示す。a: ハコネシノ、b: タキナガワシノ、c: ミドウシノ、d: ヤマキタダケ、以上いずれもアズマザサ属。B1: transfer branching style with multiple branching type. a: *Sasaella sawadae*, b: *Sa. takinagawaensis*, c: *Sa. midoensis*, d: *Sa. yamakitensis*. Arrowheads show distal side appearing a portion of mother culm node.

図4g：移譲的分枝様式・１節１枝型。母稈鞘は枝全体を抱き、辺縁側の両端が離れ、もしくは破れて母稈の一部が露出する。a: スエコザサ、b: タンゴシノの稈が右端から左端方向にほぼ水平に倒れかかり、二列互生し、地面側に位置した腋芽が枝へと成長する場合（黄矢頭）、稈鞘は母稈を離れ、枝の基部を抱きつつ、上空に伸びる枝を包むことを示す。以上いずれもアズマザサ属。c: ツクバナンブスズの、手前と向こう側に二列互生して枝を出し、右方向に斜上する稈では、いずれの枝の基部も、稈鞘の一部が切れ、辺縁側では母稈の一部が露出して枝が伸びる（白矢頭）。d: 片親をミヤコザサ節の１種と推定され、節の上部がやや膨出するイナコスズも稈鞘が枝を抱くように移譲する。以上スズザサ属。B2: transfer style with one-branching type. a: *Sasaella ramosa* var. *swekoana*, b: *Sa. leucorhoda*, branch grown from underside to upper side in accompanied with the mother culm-sheath tightly, showing its distal side broken to expose (yellow arrowhead), c: *Neosasamorpha tsukubensis* subsp. *tsukubensis*, where arrow head shows an exposed nodal base at distal side, d: subsp. *pubifolia*.

図4h：稈鞘が節間よりも長いスズダケ属の移譲的分枝様式。a: やや斜めに倒れかかった稈の母稈鞘に包まれたままつぼみを付けたスズダケの枝。b: ハチジョウスズダケも全節の枝の基部の辺縁側が開き、母稈の一部が露出する（*）。B3: transfer branching style in *Sasamorpha borealis* var. *borealis* (a) and var. *viridescens* (b), in which each nodal distal side is exposed (*), these have longer culm-sheaths than the internodes.

図4i：外鞘的分枝様式。1: 多数の枝が母稈鞘を突き破ってでるトウゲダケでも（*）、１本だけ枝を出す節では移譲的に分枝する。2: オニグジョウシノでは、稈基部付近の節では外鞘的分枝様式を示し（黄矢頭）、上方の節では移譲的に分枝する。以上いずれもアズマザサ属。C: extravaginal branching style in *Sasaella sasakiana* (a) showing axillary bud-sides (*) and *Sa. caudiceps* where arrowheads show axillary bud-side with extravaginal branching.

⬅図4j：ミヤコザサーチマキザサ複合体（A・B）、アマギザサーミヤコザサ複合体（C・D）における外鞘的分枝様式。いずれも、外鞘的分枝様式が一般的で、ごく一部に内鞘的分枝様式が現れる。A: 標津湿原、a: 分枝稈、b: 外鞘的分枝様式を示す（黄矢頭）、B: 八溝山、a: 細い稈が次々に分枝する、b: 一斉に内鞘的に分枝。C: 東広島市大芝島、a: 崖の上の低木林の林床に出現する、b: 外鞘的分枝様式を繰り返す枝、D: 廿日市市、a: ウツクシザサのように見えるが分枝する、b: 内鞘的分枝様式を示す節。Extravaginaal branching style in *Sasa nipponica* - *S. palmata* complex (A,B) and *Sasa scytophylla* - *S. nipponica* complex (C,D), in which A, C: common case of extravaginal, while B, D: rare case of intravaginal branchin style, respectively.

(5) 稈 culm（図 5/4 図）

節と節間：稈鞘痕 culm-sheath scar、節 node、節線 nodal line、節上部の膨出部 prominent portion above node、隆起線 supranodal ridge、節間 internode、芽溝 sulcate

稈の直立・斜上：直立 upright (erect)、斜上 ascending

⬅図5a：稈・節・節間。稈とは、節がぐるりと茎を取り巻くように発達し、分節構造の顕著な茎のことである。節とは、稈鞘の付着していた痕・稈鞘痕によって示される一重の盛り上がった線、すなわち節線から、その上部の膨らみの稜の部分、節上部の隆起線までの構造を指す。節と節の間、もしくはその一部分を節間と呼ぶ（#）。マダケ属の、A: モウソウチクでは、枝の出ない稈基部から中部までの節は、ほとんど稈鞘痕のみで示される（黄矢頭）。B1: マダケのタケノコが急成長しながら稈鞘が次々に稈鞘痕を残しながら脱落すると（黄矢頭）、そのすぐ上の膨らみ（青矢頭）と、腋芽側の節間のへこみ（芽溝）(*) が現れる。節は両矢頭に挟まれた部分に該当する、以下同様。B2: マダケの節（稈鞘痕：黄矢頭）の上部は、それよりもやや高くリング状に膨らむ隆起線が形成され（青矢頭）、節の全体像が明確となる。大枝の第一節間の断面は中空である。C: ハチクも、節部が二重に膨らむが、隆起線（青矢頭）はマダケより尖り、稈鞘痕（黄矢頭）よりもやや低くなる傾向がある。大枝の第一節間は中実。Culm is a kind of stem that having a fragment structure of node-internode (#). Nodal region is a portion between culm-sheath scar, or the nodal line (yellow arrowhead) and supranodal ridge (blue arrowhead). Genus *Phyllostachys* have commonly intermodal sulcate (*) as in B1~C, while *Phy. pubescens* (A) has only nodal line without sulcate in base to mid-culm region. *Phy. bambusoides* is hollow at the first branch internode (B2) whereas solid in *Phy. nigra* var. *henonis* (C).

図5b：稈は直立。積雪の少ない地方に出現する稈の直立したササ類は密集した薮を形成する。A: ゴザダケザサ（西表島・御座岳）、B1: 密集したスズダケの群落（天城峠）、B2: スズダケは本来稈が脆く、冬季に雪のある地方に分布するスズダケは、相対的に積雪の少ない南向き斜面を選んで出現する。稈基部は僅かに湾曲する（奥日光・中禅寺湖北岸）、C: ヤダケ（伊豆半島・石廊崎）。Upright or erect culms are considered as a result of adaptation under warm or modest snow-less climate in winter season. *Sasamorpha borealis* with a fragile erect culm occurs at sunny south slope (B2) or on a steep slope to avoid heavy snow pressure in the snowy region.

図5c：稈は斜上。ササ類に見られる稈の斜上は、積雪に対する適応現象とみなされるが、その要因については不明な点が多い。A: ヒメカミザサ（スズザサ属）の当年生の稈（宮城県・白石蔵王）、B: ミクラザサ、稈高４ｍに達し、冬季にほとんど積雪を見ない温暖な場所に生育するが、緩やかに斜上する（八丈島・三原山）、C: エゾネマガリ、波打ち際に隣接し、冬季には強いブリザードに曝されるような場所に出現し、稈はほとんど直立に近いが、基部付近では湾曲する（黄矢頭）（北海道・瀬棚）、D: ミヤマクマザサ、風衝地の密集した群落では稈は立ち上がる傾向が強い（御蔵島・長滝山）、E1: イブキザサ、積雪はほとんどなく、湿潤な沢筋で稈が大型化した群落（栃木県・益子町）、E2: 積雪はほとんど無いにも関わらず２年生の稈は倒伏し、各節より当年枝を斜上する。F: クテガワザサ、２年生の稈は倒伏し、各節より一斉に当年枝を立ち上げる（能登半島・輪島市）。Ascending culms are considered as an adaptive strategy for heavy winter snow. However, genus *Sasa* plants, e.g. *S. jotanii* occasionally occurring on a warm, snowless area as a relic, even though only slightly curved at its base with slightly ascending culm (B).

図5d: 節の多様性。稈鞘を被ったままの節のたたずまいは、ある程度ササ類の同定の目安となる。A: ゴザダケザサ、B: メダケ（メダケ属）、腋芽側が膨らみ、やや下に傾く。C: ヤダケ、節はあまり高くならない（膨らまない）が、節が斜めになる。D~K: ササ属、D: ミクラザサ、E: チシマザサ（チシマザサ節）、腋芽側がやや膨らむ。F: イブキザサ、G: サイゴクザサ（アマギザサ節）、稈の太さに関わりなく節上部全体が膨出する。H: ケザサ、I: オオバザサ（チマキザサ節）、一旦やや膨らみ、なだらかに細まる。J: ウンゼンザサ、K: センダイザサ（ミヤコザサ節）、節上部が球状に膨らむ。L: オオシダザサ、M: カシダザサ（スズザサ属）、前者はほとんど膨らまず、後者では、やや球状に張り出す。N: コガシアズマザサ、O: タンゴシノ（アズマザサ属）、やや球状に膨出する。Nodal region covered with culm-sheath is to be a key for identification. A, B: genus *Pleioblastus* obliquely prominent and lowered axillary bud-side. C: *Pseudosasa japonica*, not prominent, but slightly slanted nodal line. D~K: genus *Sasa*, D, E: section *Macrochlamys* prominent. F, G: sect. *Monilicladae* very prominent. H, K: sect. *Sasa* slightly prominent. J, K: sect. *Crassinodi* extremely prominent. L, M: genus *Neosasamorpha*: slightly prominent or not prominent. N, O: genus *Sasaella*: slightly prominent or prominent.

(6) 前出葉 prophyll と腋芽の形態 axillary bud morphology（図 6/4 図）

前出葉（前葉）prophyll、閉合型 fused type、裂開 split type、芽翼 wing、各種の毛 hairs
ササ属型 *Sasa* type、スズダケ属型 *Sasamorpha* type、
メダケ属型 *Pleioblastus* type、ヤダケ属型 *Pseudosasa* type

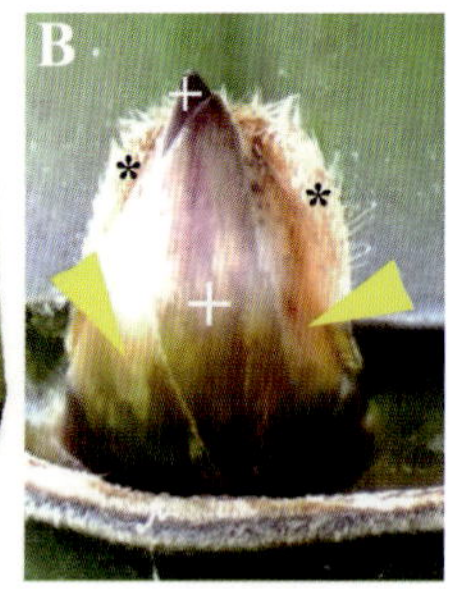

⇐図6a: 前出葉。腋芽は最外層を前出葉（もしくは前葉）と呼ばれる普通葉と相同な器官に包まれる。一見したところ、袋状に完全に閉じた閉合型（A: 黄矢頭、ササ属トクガワザサ）と割れ目ができて開き、芽の一部を覗かせる（＋）裂開型（B: 黄矢頭、ナリヒラダケ属ナリヒラダケ）の２形があるようだが、ササ属では、腋芽の付く位置により一定しない。さらに、芽翼と呼ばれる左右に竜骨を持ち突出した部分があり（★）、この発達の程度は最も顕著な特徴を与える。芽翼の上部両端には稜角状の突起のある場合もあり、通常、左右は不斉である。芽翼の縁には分類群によってほぼ一定の各種の毛が生え、芽翼の上にも羽毛状の毛が生えたりする。Prophyll covers an axillary bud up (yellow arrowhead) as A: *Sasa tokugawana* with wings at both margins (*) and ridge corners at upper end (pink arrowheads), or open as B: *Semiarundinaria fastuosa* (arrowheads) to see inner bud (+). Whole bud shape, prophyll wings, ridge corners, and hairs at margins or on the wings give keys for genus or section rank.

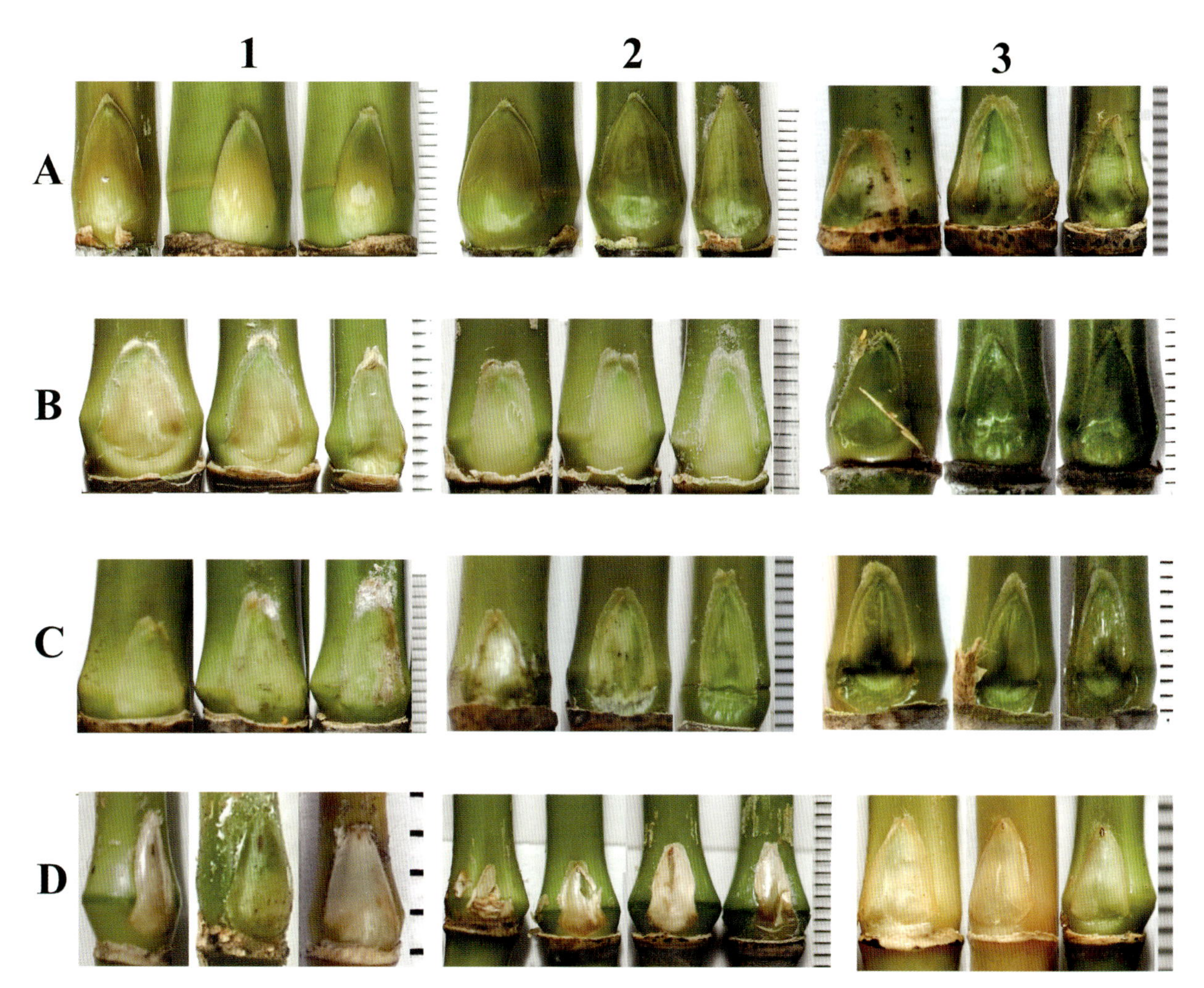

図6b：ササ属４節と複合体。全体として、基部で左右に広がり、節上部の膨出部で膨らみ、先端が尖る長菱形となる。A: チシマザサ節、1: ミクラザサ、2: チシマザサ、3: オクヤマザサ（チシマザサ－チマキザサ複合体）。前二者では、芽翼は上端部付近で僅かに皺状に出るのみで、また、縁の毛も疎らに細毛が出るだけであるが、後者は全く異質である。B: アマギザサ節、1: イブキザサ、2: トクガワザサ、3: マキヤマザサ（能登半島）で、芽翼は上半から出始め、上端付近で最大に広がり、稜角状突起が出て、その表面や縁に白毛を密生もしくは褐色毛を散生する。C: チマキザサ節、1: クマイザサ、2: イワテザサ、3: フゲシザサ（能登半島）で、いずれも、基部付近あるいは膨出部付近から上端にかけ一定幅の芽翼が発達し、上端で稜角状突起を経て左右が合わさる。A3 オクヤマザサでは、このタイプの特徴を示す。C1 クマイザサではワックスの分泌が顕著である。地域性を考慮し、場所は異なるがいずれも能登半島のアマギザサ節、チマキザサ節の試料を比較したが、それぞれの節の特徴を示した。D: ミヤコザサ節、1: ニッコウザサ、ミヤコザサ、ミヤコザサで、側面から見ても、芽翼はほとんど見えず、かろうじて上端付近でわずかに張り出す程度であり、毛もほとんど出ない。2: ミヤコザサ－チマキザサ複合体（戦場ヶ原）、3: ミヤコザサ－チマキザサ複合体（土呂部）。いずれも芽翼が基部付近から発達し、チマキザサ節の推定片親を裏付けている。土呂部の試料では上端の毛の発達も良い。Genus *Sasa* is trullatus, or rhomboid in whole shape, A1: *S. jotanii*, A2: *S. kurilensis*, sect. *Macrochlamys* have line-wings at upper margins. B1: *S. tsuboiana*, B2: *S. tokugawana*, B3: *S. maculata*, sect. *Monilicladae* have gradually broadened wings toward upper margins. C1: *S. senanensis*, C2: *S. yahikoensis* var. *oseana*, C3: *S. fugeshiensis*, sect. *Sasa* have even-width wings near the base toward top margins. D1: *S. chartacea* and *S. nipponica*, sect. *Crassinodi* have only slight wings at uppermost margins. A3: *S. cernua* distinct from sect. *Macrochlamys*, but similar to sect. *Sasa*., while D2, D3 are *S. nipponica* - *S. palmata* complex, showing wider wings at the margins from base toward upper margins

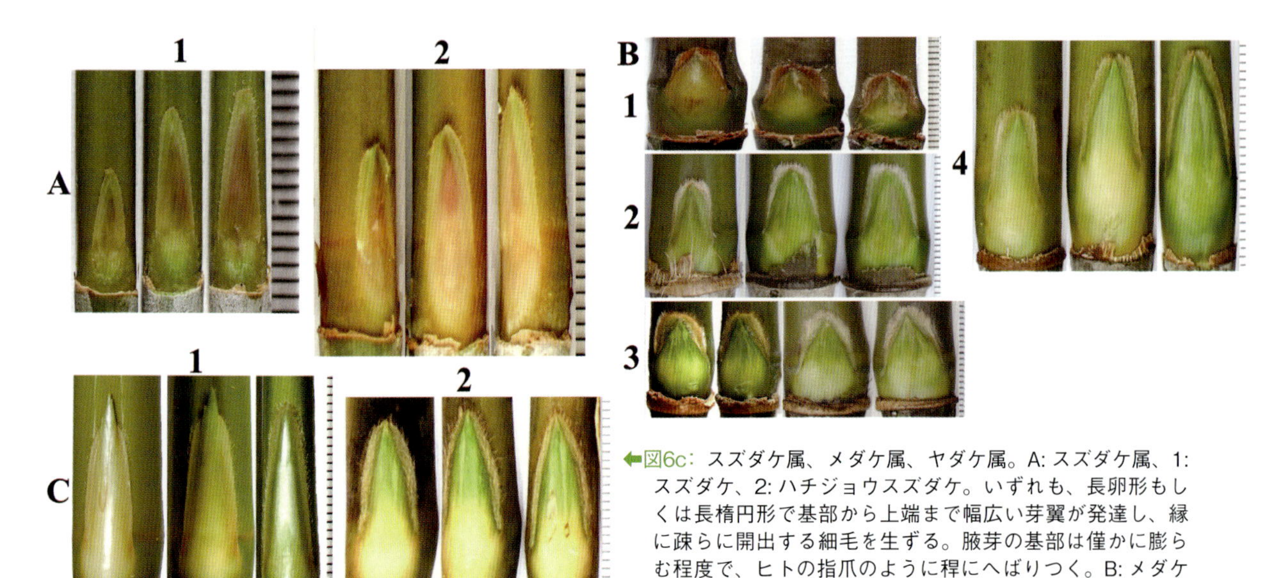

⬅図6c：スズダケ属、メダケ属、ヤダケ属。A: スズダケ属、1: スズダケ、2: ハチジョウスズダケ。いずれも、長卵形もしくは長楕円形で基部から上端まで幅広い芽翼が発達し、縁に疎らに開出する細毛を生ずる。腋芽の基部は僅かに膨らむ程度で、ヒトの指爪のように稈にへばりつく。B: メダケ属、1: ゴザダケザサ（リュウキュウチク節）、2: メダケ（メダケ節）、3: アズマネザサ（ネザサ節）、4: エチゴメダケ（メダケ節）。いずれも下半分は球形に近い円形で、上半分は三角形を呈する。芽翼は上半分の三角形を補うように弓状に左右に張り出し、その表面や縁に、動物の毛のように褐色や白色の上向密毛を生ずる。エチゴメダケは外部形態からメダケ属の１種とヤダケとの交雑種と推定されるが、上端部の芽翼の張出具合や上向細毛は、メダケ属に共通した性質とみなされる。アズマネザサは、別の個体群からの試料で毛並や色の差を示す。C: ヤダケ属、1: ヤダケ、2: メンヤダケ（ヤダケとメダケ属の１種との推定雑種）。ヤダケは円形の基部から錘状に細長く立ち上がり、錘形部分から上端にかけ、ほぼ均等な幅の芽翼が続き、縁に斜上する細毛が並び、上端付近で左右不斉な稜角を張り、先端部で開口し鋭く尖った芽を覗かせる。メンヤダケでは、ヤダケに類似した芽翼を張り出すが、全面に寝た毛を散生する点で、メダケ属の形質を示す。Comparison among genera *Sasamorpha* (A), *Pleioblastus* (B), and *Pseudosasa* (C). A1: *Sm. borealis* var. *borealis*, A2: var. *viridescens*, flat ovatus whole shape, even-width wings from base to uppermost margins with scattered ciliary hairs. B1: *Pl. gozadakensis*, B2: *Pl. simonii*, B3: *Pl. chino*, all water drop shaped, while B4: *Pl. pseudosasaoides* elongated one. Wings commonly arched upper half to top margin, in which surface and margins covered with fur. C1: *Ps. japonica*, acicular ovatus in shape, narrow band wings with spreading ciliary hairs at the margins. C2: *Pseudosasa* ×*pleioblastoides* more robust acicular ovatus in shape, wider wings covered with thin fur and ciliary margins.

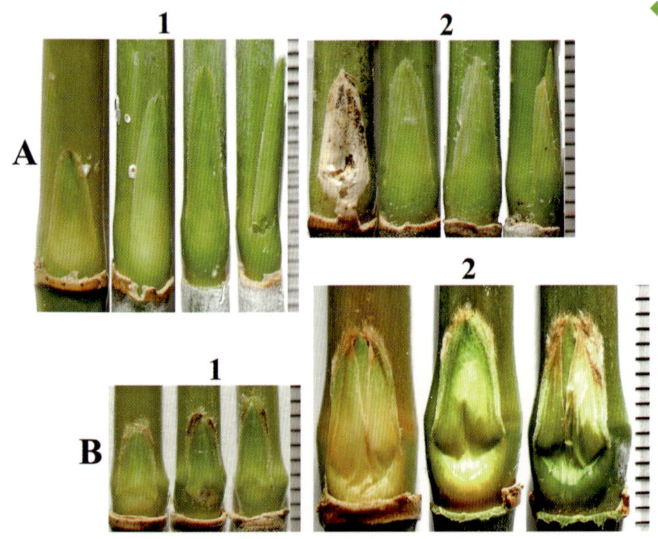

⬅図6d：推定属間雑種分類群。A: スズザサ属、1: ツクバナンブスズ、最下の腋芽の基部が左右斜めに伸びた菱形でササ属型に類似する。上方の節に移るにつれ、節間自体に見られる節上部の膨らみに対応し、基部のやや膨らんだ長卵形で同幅の芽翼を張り、縁の毛も細毛を斜上するスズダケ型を示す。2: スズダケ×チシマザサ（土呂部）、稈基部付近の節では菱形だが、中～上方では楕円形に近づき、幅の均等な芽翼で囲まれ、縁には微細な歯牙状の毛を散生する特異な形質を示す。B: アズマザサ属、1: ヒシュウザサ（1 枝型）、2: ハコネシノ（多枝型）。全体的に、稈基部付近では菱形のササ属型、上方は、三角形の葉面を補償するように上端付近の左右に弓状に芽翼を張り出すメダケ属型の折衷型となる。芽翼上面の毛は直上する細毛を密生し、メダケ属型を示す他方で、特異な長毛を束生する。Putative inter-generic hybrid taxa of A: *Neosasamorpha* (*Sasamorpha* × *Sasa*) and B: *Sasaella* (*Pleioblastus* × *Sasa*). A1: *N. tsukubensis*, A2: *Sm. borealis* × *S. kurilensis*, both show basal node is the *Sasa* type in shape, while upper nodes are *Sasamorpha* type with even-width wings from base to uppermost margins. B1: *Sa. hidaensis*, B2: *Sa. sawadae*, lower half of each bud resembles *Sasa* type, while upper margins with wings and hairs coincide with *Pleioblastus* type.

（7）腋芽の有無 presence/absence of axillary buds（図 7/3 図）

図7a：ササ属と近縁分類群。A: ミクラザサ、B: チシマザサ（チシマザサ節）、稈基部の2〜3節に腋芽を欠く以外は全節に出る。稈高を増すにつれ、腋芽を欠く節は下方より数節に増える。成長の良い当年生の稈では最上部の節から下方に向け、順次同時枝を出す。C: イブキザサ、D: トクガワザサ（アマギザサ節）、全節に腋芽を持つ。E: オクヤマザサ（チシマザサ－チマキザサ複合体）、最上部の節に腋芽を欠き、中部の腋芽が冬芽へと発達する。F: クマイザサ、G: イワテザサ（チマキザサ節）、最上部の1〜2節に芽を欠き、中位の節の腋芽が冬芽として発達しやすい。チマキザサ節の分布の至適生育地では、最上部まで腋芽が存在し、同時枝を発達させることがある。節の下部の節間や腋芽そのものにもワックスの分泌が著しい。H: ニッコウザサ（ミヤコザサ節）、最下の節にのみ腋芽が形成される。図中、左端は不定根を持ち、地下茎の最上部の節（0）とみなし、よく発達した冬芽を付ける。I: ミヤコザサ－チマキザサ複合体（奥日光戦場ヶ原）、J: ミヤコザサ－チマキザサ複合体（日光市土呂部）、ミヤコザサ節植物のように、各節の上部が球状に膨出するが、稈基部付近の数節に腋芽が形成される。冬芽として発達する腋芽の位置は不定である。Presence/absence of axillary bud on culm-nodes in *Sasa* and putative hybrid, where each node is numbered from the base to the top. Asterisk (*) shows the absence of axillary buds, while the node numbered as 0 is considered as the uppermost node of rhizome due to having roots. Sect. *Macrochlamys*, A: *S. jotanii* and B: *S. kurilensis* both have axillary bud-absent nodes near culm base. Sect. *Moniliclada*e, C: *S. tsuboiana* and D: *S. tokugawana* have buds at all nodes. E.: *S. cernua* is distinct from Sect. *Macrochlamys*. Sect. *Sasa*, F: *S. senanensis*, G: *S. yahikoensis* var. *oseana* uppermost few nodes are absent. Sect. *Crassinodi*, H: *S. chartacea* var. *nana* only basal most one is present. I, J: *S. nipponica* - *S. palmata* complex have buds on several basal nodes.

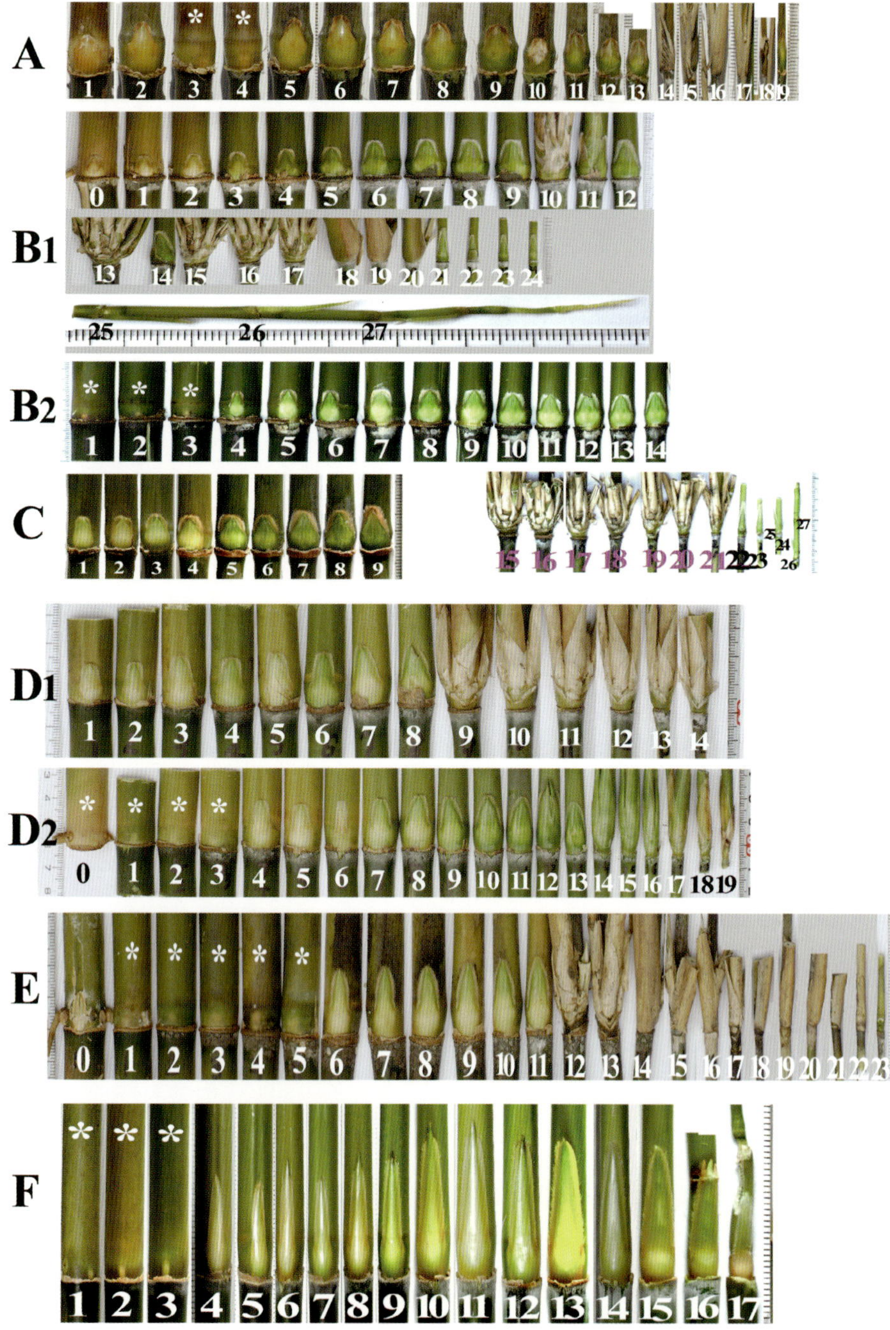

図7b: メダケ属・ヤダケ。A: ゴザダケザサ、ほとんどの分布地では全節に腋芽を持つが、石垣島・於茂登岳産では、基部から先端部まで、1〜2節で腋芽を欠く変異が顕著。B1・B2: メダケ、同一群落内に稈の全節に腋芽を持つ場合(B1)と、下方の数節に腋芽を欠く場合(B2)が存在するが、稈の最上部で葉鞘の節まで分布する数節を除く上方の腋芽がまず枝に展開するフェノロジーは共通する。B1: 図中左端は不定根を持ち、地下茎の最上部の節(0)とみなす。C: アズマネザサもほぼ同様。D1・D2: エチゴメダケ、外部形態からヤダケとメダケ属との雑種起原を推定させるが、腋芽の各先端は尖ることなく、腋芽の分布実態やフェノロジーはメダケ属の特徴を示す。E: メンヤダケ、フェノロジーはメダケ属に似るが、全節に芽を持つ変異は見られず、また各腋芽は錘形に近く、ヤダケ属とより近縁な位置を示す。F: ヤダケ、腋芽の形態はメダケ属と異なり、全体が細く鋭く尖る錘形で、下方の数節に腋芽を欠く。Genera *Pleioblastus* (A~D), *Pseudosasa* (F), and their putative hybrid (E). A: *Pl. gozadakensis*, B1, B2: *Pl. simonii* has the same phenology of branch development, whether several basal nodes have bud or not. C: *Pl. chino*, D1, D2: *Pl. pseudosasaoides* show variation in presence/absence of buds within a same population. In C, a culm that has no bud on several basal nodes is omitted. E and F show almost the same pattern of bud presence/absence.

図7c：スズダケ属、スズザサ属、アズマザサ属。A: スズダケ（稈高65 cm）、B: ハチジョウスズダケ（稈高２ｍ）（スズダケ属）、稈基部付近の数節に腋芽を欠き、上方にむかうにつれ良く発達する。腋芽を欠く節数は、稈高が増大するにつれ増える。変種レベルの差があるので単純比較はできないが、前者で２節に対し、後者では４節に増える。各節は高くならず、ほとんど下方の節間と同じ太さで、節の上の節間が細くなった分を、扁平な腋芽が補償するように基部に張り付く。C: ツクバナンブスズ、チマキザサ節の１種とスズダケとの雑種起原と推定されるが、稈の下方の節にはササ属型、上方にはスズダケ属型の腋芽をつけ、最上部の節に腋芽を欠く。D: イナコスズ、ミヤコザサ節の１種とスズダケとの雑種起原と推定されるが、写真の試料では既に枝にまで展開し、腋芽の形態は不明である。しかし、すべての節に腋芽が形成され、ミヤコザサ節やスズダケの特徴は見られない。E: チシマザサ×スズダケ（土呂部）、葉や稈鞘の形態的特徴から上記２群の雑種起原と推定されるが、両者の腋芽分布上の特徴である稈基部付近の節に腋芽を欠く特質は見られない（スズザサ属）。F: ハコネシノ（１節多枝型）、G: ヒシュウザサ（１節１枝型）（アズマザサ属）、両者ともに腋芽全体の形態はササ属型に似るが、基部付近の形態は円形で膨らみ、メダケ属の特徴を示し、腋芽の形態はササ属型とメダケ属型の中間形とみなされる。Genera *Sasamorpha* (A,B), *Neosasamorpha* (C~E), and *Sasaella* (F,G). Several basal nodes have no bud both in *Sm. borealis* var. *borealis* (A) and var. *viridescens* (B). All *Neosasamorpha* species i.e., C: *N. tsukubensis* subsp. *tsukubensis*, D: subsp. *pubifolia*, and E: *Sm. borealis* × *S. kurilensis* have buds on the basal nodes is distinct from *Sasamorpha*, one of the putative parental genus. The latter one has no basal buds in both putative parental taxa. Both in F: *Sa. sawadae* and G: *Sa. hidaensis* have bud in all nodes.

(8) 稈のプロフィール profile of whole culm（各図の一部は小林 2016 を参照）（図 8/2 図）

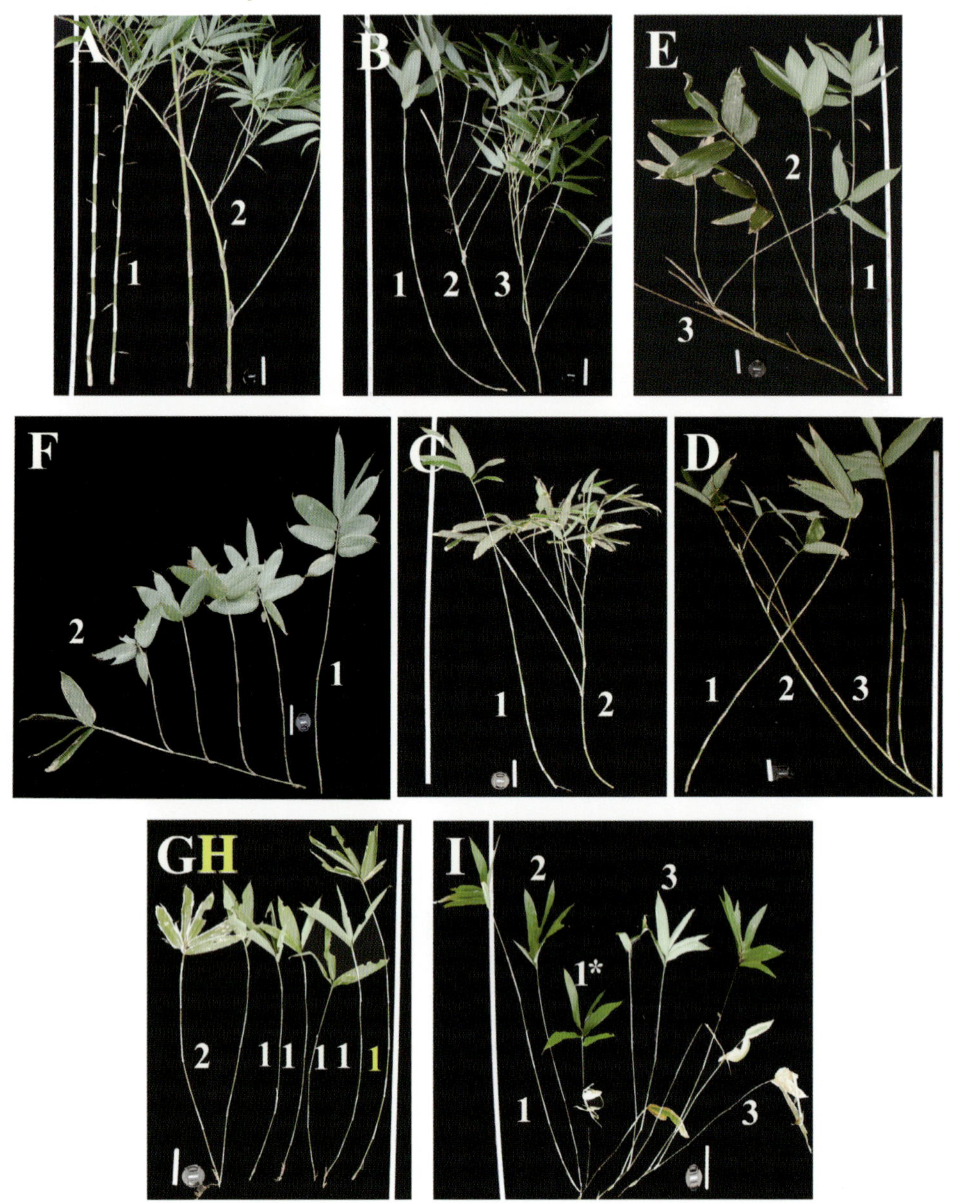

図8a: ササ属。A: ミクラザサ、1 年生稈は基部がほとんど直立し、最先端で同時枝を出す。2 年生稈では先端付近の節から分枝し湾曲する。B: チシマザサ、1 年生稈では基部付近で著しく湾曲し、年数を経るに従い、順次、上方から下方に向け分枝し、湾曲から直線的に斜上するように変化する（チシマザサ節）。C: イブキザサ、1 年生稈は基部がやや湾曲し斜上する。2 年生稈ではさらに基部が湾曲し、上方で盛んに分枝する。D: トクガワザサ、3 年生稈では、基部付近の節から大枝を立ち上げる。大枝は 2 年生稈で発生することもある（アマギザサ節）。E: クマイザサ、2 年生稈の中位から大枝を分枝し、3 年生稈は倒伏し、各節から一斉に分枝する。F: オオバザサ、2 年生稈が倒伏し、各節から一斉に枝を立ち上げる（チマキザサ節）。G: ニッコウザサ、稈は基部の節のみで分枝する。H(右端の稈): ミヤコザサーチマキザサ複合体（戦場ヶ原）、1 年生稈は無分枝だが、通常のミヤコザサと比べ、20 cm ほど高く、節数が多い。I: ミヤコザサーチマキザサ複合体（土呂部）、2 年生から 3 年生まで、1 年生の無分枝稈の 1 単位が、各節に増えるように分枝する。★印の 1 年生稈は、稈を折ることなく幾重にも 巻き上げることができるほど柔軟であることを示す。Culm profile in genus *Sasa*. 1: current year culm, 2: second-year culm, 3: third-year culm. Small scale shows 11 cm. Lens-cap shows 7 cm in diameter. A: *S. jotanii*, B: *S. kurilensis* (sect. *Macrochlamys*), C: *S. tsuboiana*, D: *S. tokugawana* (sect. *Monilicladae*), E: *S. senanensis*, F: *S. megalophylla* (sect. *Sasa*), G: *S. chartacea* var. *nana* (sect. *Crassinodi*), H(right end): *S. nipponica - S. palmata* complex in Senjyogahara, I: *S. nipponica - S. palmata* complex in Dorobu.

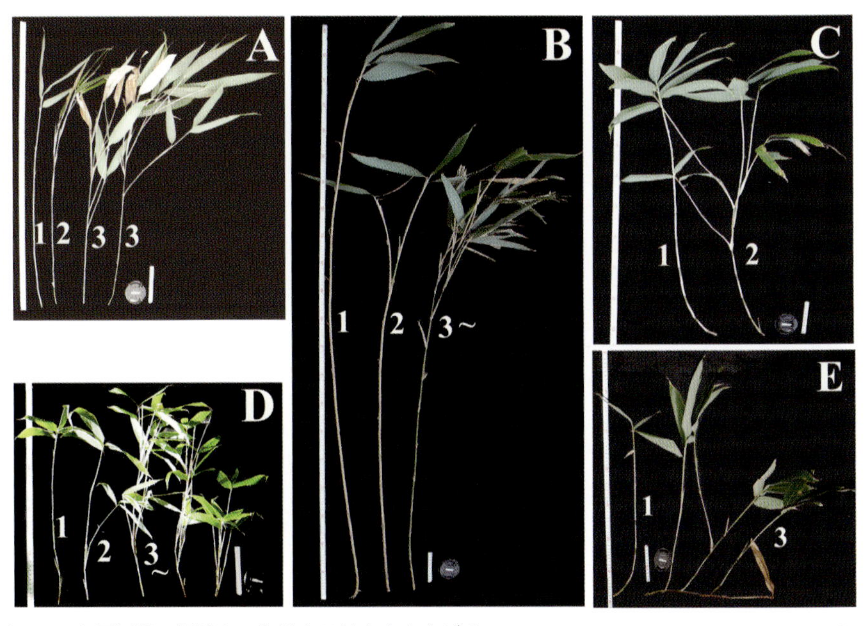

図8b：スズダケ属および同属とササ属との推定属間雑種分類群としてのスズザサ属。スズダケ属、A: スズダケ、B: ハチジョウスズダケ、いずれも稈の上方で年数を経るに従い、盛んに分枝する。前者では、葉は枝に直立し、上方に向く。スズザサ属、C: ツクバナンブスズ、稈基部は強く湾曲し、上方で比較的広い開角でゆったりと分枝する。D: イナコスズ、基部から上方まで各節で分枝し、枝は母稈に寄り添うように上方へと伸び、各葉は水平に伸び、先端が垂れ下がる。E: スズダケ×チシマザサ（土呂部）、当年生稈は基部で著しく湾曲する。２年目以降で倒伏し、各節より枝を立ち上げる。Culm profile in genera *Sasamorpha* and *Neosasamorpha*. A: *Sm. borealis* var. *borealis*, B: var. *viridescens*, C: *N. tsukubensis* subsp. *tsukubensis*, D: subsp. *pubifolia*, E: *Sm. borealis* × *S. kurilensis*.

（9）小枝 twig（図 9/1 図）

図9：各種の小枝。ごく少数の例外を除き、タケ亜科植物では稈や枝の先端に縮節が発達し、掌状に数枚〜十数枚の葉を付ける小枝が発達し単位構造を作る。A: メダケ、右下の拡大図はよく展開した小枝。群落中の円内は展開過程にある小枝。楕円（*）内は、タケノコの先端部付近で、稈鞘の葉片が垂れ下がった状態を示し、小枝とは異なる。B: マダケ、マダケ属では麦秋の頃、紅葉し（"竹の秋"）、落葉の後、新葉を展開する。下方の拡大図は、葉鞘の付け根に腋芽（*）を付けた状態を示す。C: ホウオウチク、枝の先端に十数枚の葉を鳥の翼、もしくはシダ類の羽片のように集める。D: サイゴクザサ、基部が重なるように掌状に葉を集める。E: アズマザサ、手のひらの指を広げたように葉の間に隙間ができる。Twigs have several to ten-several foliage leaves collecting on the top in rosette-like shortened internodes, which are sometimes provides key for identification. A: *Pleioblastus simonii* population with developing twigs (encircled ones), while yellow asterisks are growing young culms with culm-sheath blades. B: *Phyllostachys bambusoides* alters foliage leaves every year by the axillary buds at the base of leaf-sheaths as showing underside close-up. C: *Bambusa multiplex* var. *gracillima* looks like a wing of a bird. D: *Sasa occidentalis* in palmate. E: *Sasaella ramosa*, pinnate with slits open fingers.

(10) 葉質 leaf quality・葉身の形態 leaf-blade morphology（図 10/3 図）

⬅図10a：葉質の違いを見る。チシマザサ・皮質、ヤヒコザサ・皮紙質、ミヤコザサ・紙質の３種の枝を同時に採集し、空気の流動の無い部屋に置いて、時間を追って葉の変化を調べた。ミヤコザサでは採集後、５分で萎れはじめ、２時間後には、完全に巻き上がった。ヤヒコザサでは２時間経過して葉が多少巻き始めた。チシマザサでは４時間経過してもほとんど変化は見られなかった。野外では絶えず風や輻射熱もあり、気温の変化が激しく、もっと急激な変化を示すに違いないが、葉の萎れ方の違いは質の違いの指標になる。ミヤコザサ節やネザサ節植物など、紙質のササ類の採集には、あらかじめビニール袋などを用意し、採集後、素早く袋に入れて密閉する。いったん萎れて巻き上がった小枝は、バケツなどに水を張り、しばらく漬け、葉が開くのを待って押し葉標本にする。Leaf quality is confirmed with drooping time course after collection of a culm or twig of the plant. Chartaceus leaves droop immediately after collection within a few minutes, while leathery-chartaceus ones take one or two hours. Leathery leaves did not droop even after several hours.

図10b：メダケ属・ヤダケ属。A: リュウキュウチク、革質・線形、B: ゴザダケザサ、革質・先端が次第に鋭く尖る狭披針形、C: ネザサ、皮紙質～紙質・楕円状披針形、D: アズマネザサ、細長い披針形・紙質、E: メンヤダケ、皮質・先端が次第に鋭く尖る細長い披針形、F: ヤダケ、皮質：先端が次第に鋭く尖る長披針形。A: *Pleioblastus linearis*, coriaceous and linear, B: *Pl. gozadakensis*, coriaceous and narrow lanceolate with attenuatedly accuminatus, C: *Pl. chino* var. *viridis*, leathery chartaceus~chartaceus, ellipsoidal-lanceolate, D: *Pl. chino*, chartaceus, elongate lanceolate, E: *Pseudosasa* ×*pleioblastoides*, leathery, long and slender lanceolate with attenuatedly acuminatus, F: *Pseudosasa japonica*, leathery, elongate-lanceolate with acuminatus.

図10c：ササ属他。A: チシマザサ、皮質・披針形、B: ミクラザサ、皮質・先端が次第に鋭く尖る三角状披針形、C: エゾネマガリ、皮質・広披針形、D: スズダケ、皮質・先端が次第に鋭く尖る細長い披針形、E: ツクバナンブスズ、皮質・不斉な平行四辺形、F: マキヤマザサ、皮紙質・広楕円状披針形、G: ウスバザサ、紙質・広楕円状披針形、H: クマザサ、皮紙質・先端が急に尖る楕円形、I: チュウゴクザサ、皮紙質・先端が次第に鋭く尖る狭楕円形、J: センダイザサ、紙質・先端が急に尖る楕円形、K: オカメザサ、膜紙質・短い広披針形。A: *Sasa kurilensis*, leathery, lanceolate, B: *S. jotanii*, leathery, triangular-lanceolate with attenuatedly acuminatus, C: *S. kurilensis* var. *gigantea*, leathery, wide lanceolate, D: *Sasamorpha borealis*, leathery, long and slender lanceolate with attenuatedly acuminatus, E: *Neosasamorpha tsukubensis*, leathery, asymmetric parallelogram, F: *S. maculata*, leathery-chartaceus, wide ellipsoidal-lanceolate, G: *S. septentrionalis* var. *membranacea*, chartaceus, wide ellipsoidal lanceolate, H: *S. veitchii*, leathery-chartaceus, ellipsoid with terminating abruptly in a round end, I: *S. veitchii* var. *tyugokuensis*, leathery-chartaceus, narrow ellipdoid with attenuatedly acuminatus, J: *S. chartacea*, chartaeus, ellipsoid blunt with a point, K: *Shibataea kumasasa*, chartaceus-membranaceus, short and wide lanceolate.

（11）各種の毛 hairs（図 11/5 図）

葉裏 abaxial leaf surface, 稈鞘 culm-sheaths, 葉鞘 leaf-sheaths, 肩毛 oral setae
稈鞘の縁 culm-sheath margin

図11a：葉裏の毛。毛の有無は“all or none”で判断は容易なように思われるが、実際には厳密な判断は極めて難しく、葉の展開期から後熟期まで、様々な角度から多くの試料を見極める必要のある場合が多い。A: コガシザサ、無毛、B: ウツクシザサ、無毛、C: ミヤコザサ、軟毛密生、D: マキヤマザサ、葉の展開期で、裏面に張り付くように光沢を放つ毛、陽に斜めにかざし、かろうじて確認できる。E･F: ケスズ、ごく短い毛がビロード状に生じ、葉を折り曲げるようにしてズラしてゆくと、立ち上がる毛の存在を確認できる。G: ウスバザサ、ごく微細な毛が細脈に沿って規則正しく全面に密生し、接写用マクロレンズのズームを変えてゆくと、ところどころでモアレパターンが現れ、有毛を確認できる。Pubescence of abaxial leaf surface. To confirm presence of hairs is not so easy that it takes careful observation on various stages of leaf development from immediately after the unrolling to post maturity. A: *Sasa kogasensis*, glabrous, B: *S. pulcherrima*, glabrous, C: *S. nipponica*, dense soft hairs, D: *S. maculata*, immediately after the unrolling when fine and thin flat hairs prostrated tightly on the leaf surface, which are enable to confirm them by sunlight reflection, E and F: *Sasamorpha mollis*, fine and short hairs densely cover leaf surface to confirm them by folding up and sliding the folding portion, G: *S. septentrionalis* var. *membranacea*, leaf surface is regularly covered with very short hairs densely alongside nerves giving rise to appear moiré-pattern, as zooming in a lens.

←図11b：稈鞘の毛。A: ミヤコザサ、無毛、B: センダイザサ、逆向短毛密生、C: タキザワザサ、逆向細毛密生、節に長毛が出る。D: トクガワザサ、開出長毛密生、E: ハコネナンブスズ、垂直に開いた長毛を密生、F: アラゲネザサ、開出もしくは寝た長毛を生ずる、G: エチゴメダケ、鋭い刺状の寝た剛毛を生じ、素手で握ると痛い、H: アポイザサ、逆向細毛と垂直に開いた長毛を密生する。若い長毛は腺毛状。I: ケザサ、やや長い細毛と長毛が密生しベルベット状、J1: ミヤマザサ、短毛と開いた長毛を混生し、ワックスの分泌で区別が難しい、J2: ライターの炎を一瞬かけてワックスを溶かす、J3: ワックスが溶けて、毛の無い部分はツルツルになる（節下部の節間参照）、短毛があれば脈に沿ってゴツゴツした点が現れる、長毛は焦げ付いても残る。Pubescens of culm-sheaths. A: *Sasa nipponica*, glabrous, B: *S. chartacea*, dense retrorse short hairs, C: *Sasaella takinagawaensis*, dense retrorse fine hairs with nodal long hairs, D: *S. tokugawana*, spreading long hairs, E: *Neosasamorpha shimidzuana*, open long hairs, F: *Pleioblastus hattorianus*, spreading and/or prostrate long hairs, G: *Pl. pseudosasaoides*, spiny prostrate scabrous long hairs, painful when grip in bare hand, H: *S. samaniana*, mixed with retrorse fine hairs and open long hairs, I: *S. pubens*, mixed with slightly long fine hairs and long hairs to make velvet, J1: *S. septentrionalis*, waxy and hairy, J2: flaming in a flash to remove wax, J3: if no short hairs, the surface becomes luster as underside internode; or scabrous surface appears, long hairs remain.

図11c：葉鞘の毛。A: タンガザサ、無毛、B: アオバヤマザサ、細毛が密生し、寝た長毛が出る、C: センダイザサ、短毛が出る、D: シオバラザサ、開出もしくは寝た長毛が出る、E: ヨコハマダケ、細い開いた長毛が出る、F: アラゲネザサ、開出する長毛を密生する、G: タキナガワシノ、逆向短毛が密生しベルベット状、H: コガシアズマザサ、寝た細毛と長毛を混生する、I: アポイザサ、逆向細毛と開いた長毛を混生する。Leaf-sheath pubescens. A: *Sasa elegantissima*, glabrous, B: *Sasaella sawadae* var. *aobayamana*, dense fine hairs with sporadic long hairs, C: *S. chartacea*, short hairs, D: *Sa. shiobarensis*, spreading and/or prostrate long hairs, E: *Pleioblastus matsunoi*, open fine long hairs, F: *Pl. hattorianus*, dense spreading long hairs, G: *Sa. takinagawaensis*, velvety retrorse short hairs, H: *Sa. kogasensis*, mixed with prostrate fine and prostrate long hairs, I: *S. samaniana*, mixed with retrorse fine hairs and open long hairs.

図11d：肩毛。A: 絹糸状で軸に平行、1: ホウライチク、2: ゴザダケザサ、3: メダケ。B: ブラシ状で軸に直角〜広い角度で広がる、1: マダケ、2: ハチク、3: インヨウチク。C: ごく細く長い絹糸状で、軸に沿って束生する、1: アオナリヒラ、2: ナリヒラダケ、3: リクチュウチク、4: ヨコハマダケ。D: 粗渋（ごわごわ）で丸い葉耳のまわりに放射状に出る、1: イヌトクガワザサ、2: フゲシザサ、3: マキヤマザサ。E: 小さなクモが足を伸ばしたように次第に細く尖る白色糸状で、放射状に軸にほぼ垂直に広がる、1: ミヤコザサ、2: アポイザサ、3: タンガザサ。F: 基部付近は粗渋・中ほど〜先端部は細い絹糸状の折衷型でアズマザサ属を特徴づける。1: スエコザサ、2: ヒメシノ、3: ミドウシノ、4: コガシアズマザサ、5: タンゴシノ。Oral setae of foliage leaf-sheaths. A: silky and parallel to culm axis, 1: *Bambusa multiplex*, 2: *Pleioblastus gozadakensis*, 3: *Pl. simonii*. B: brushy long hairs, in right angle to spreading open widely to culm-axis, 1: *Phyllostachys bambusoides*, 2: *Phy. nigra* var. *henonis*, 3: *Hibanobambusa tranquillans*. C: very fine and long silky, spreading or bundle with axis, 1: *Semiarundinaria fastuosa* var. *viridis*, 2: *Se. fastuosa* var. *fastuosa*, 3: *Se. kagamiana*, 4: *Pl. matsunoi*. D: scabrous around auricles and radiates, 1: *S. scytophylla*, 2: *S. fugeshiensis*, 3: *S. maculata*. E: white thread attenuatedly acuminate like as a tiny spider extending its legs and radiate rectangular to axis, 1: *S. nipponica*, 2: *S. samaniana*, 3: *S. elegantissima*. F: scabrous base and fine silky from middle to apices, being diagnostic generic character of *Sasaella*.1: *Sasaella ramosa* var. *swekoana*, 2: *Sa. kogasensis* var. *gracillima*, 3: *Sa. midoensis*, 4: *Sa. kogasensis* var. *kogasensis*, 5: *Sa. leucorhoda*.

図11e：稈鞘の縁の毛。大半のタケ亜科植物において、両側もしくは片側に繊毛状の毛を生ずるが、ササ属チシマザサ節では例外的にほとんど無毛。A: ミクラザサ、無毛、B: チシマザサ、歯牙状の痕跡、C: ナリヒラダケ、中部に微細な毛、D: ビゼンナリヒラ、縁全体に繊毛状に湾曲し、密生する毛、E: クマザサ、辺縁側の両端を縫うように生える長毛、F: ジョウボウザサ、辺縁部から歯ブラシのように立ち上がる細い長毛。Ciliary hairs on culm-sheath margins exist commonly in the Japanese Arundinariinae, except for genus *Sasa* sect. *Macrochlamys*. A: *Sasa jotanii*, absent, B: *S. kurilensis*, only rudimentarily confirmed, C: *Semiarundinaria fastuosa*, scattering fine hairs, D: *Se. okuboi*, robust ciliary, E: *S. veitchii*, long fine hairs, F: *Sasaella bitchuensis*, tall teeth brush-like long hairs.

（12）葉鞘の上縁 upper margin of leaf-sheath、葉舌 ligule（図 12/2 図）

葉鞘の上縁の状態 upper margin state of leaf-sheath（円形、斜上、水平）：メダケ属の節sectionの特徴
葉舌の形態 inner ligule morphology（高い山形、低い山形、切形）、
外葉鞘 outer ligule、カルスの発達 callus：推定雑種分類群に顕著 characteristics in putative hybrid taxa.

図12a：メダケ属の節のランクを区別する葉鞘上縁の形態。A: リュウキュウチク、B: タイミンチク（リュウキュウチク節）、円形（*）。C: メダケ、D: エチゴメダケ（メダケ節）、斜上（斜めの矢頭）。E: ネザサ、F: エチゼンネザサ（ネザサ節）、水平（水平な矢頭）。Three states are known on upper margin of leaf-sheath in genus *Pleioblastus*, those which characterize section rank. A: *Pl. linearis*, B: *Pl. gramineus* (sect. *Pleioblastus*), round (*), C: *Pl. simonii*, D: *Pl. pseudosasaoides* (sect. *Medakea*), slanted upward, E: *Pl. chino* var. *viridis*, F: *Pl. nagashima* (sect. *Nezasa*), horizontal. ➡

図12b：葉舌の形態とカルス。葉舌は一般的には、葉鞘と葉身のつなぎ目の向軸面（稈に向き合った側・葉の表面側＝内側）に形成される場合を指すことが多く、英語では inner ligule と表記される。他方、雑種起原と推定される分類群では、背軸面である外側＝葉の裏側に当たる、に葉柄の付け根をカップ状に包むように外葉舌 outer ligule が形成されることが多い。また、外葉舌に囲まれるように、葉柄の基部の左右いずれかの側に偏って、いぼ状に膨らんだカルスが形成されることもしばしばである。すなわち、外葉舌やカルスの存在は、推定雑種分類群を識別する目安となる。A: 高い山形の葉舌、1: ゴザダケザサ、2: エゾネマガリ（+）、B: オクヤマザサ、凹凸を持つ葉舌と、長い葉柄を支えるかのように発達する外葉舌（黄矢頭）、C: 低い山形の葉舌、1: イブキザサ、2: タキナガワシノ、3: タンガザサ、4: ミヤコザサ。D: 切形でほとんど目立たない葉舌（チマキザサ節）、1: クテガワザサ、2: オオバザサ。E: 雑種分類群で、外葉舌や葉柄の基部にカルスが形成される、1: インヨウチク、葉柄の付け根にカルスが形成され膨らむ（*）、その部分をカップ状に外側から覆うように外葉舌が発達する（黄矢頭）、2: エチゴメダケ、葉柄の基部がいぼ状に膨らみ（*）、それを包むように外葉舌が発達する（黄矢頭）。3: ヒメカミザサ、長い葉柄を支えるかのようにカルスが発達する（*）。A, C, D: inner ligule. A: tall deltoid, 1: *Pleioblastus gozadakensis*, 2: *Sasa kurilensis* var. *gigantea* (+). B: *S. cernua* (*S. kurilensis - S. senanensis* complex): convex-concaved inner ligules, outer ligules (yellow arrowheads). C: low deltoid, 1: *S. tsuboiana*, 2: *Sasaella takinagawaensis*, 3: *S. elegantissima*, 4: *S. nipponica*. D: truncate (*Sasa* sect. *Sasa*), 1: *S. heterotricha*, 2: *S. megalophylla*. E: putative hybrid taxa.1: *Hibanobambusa tranquillans*, callus at each petiole base (*) and surrounding outer ligules (yellow arrowheads), 2: *Pl. pseudosasaoides*, callus at petiole base (*) and surrounding outer ligule (arrowhead), 3: *Neosasamorpha stenophylla* subsp. *tobagenzoana*, calli developed at the long petioles (*).

2　日本産タケ亜科植物の属の検索表 Key to the genera of Japanese bamboos

本項における属の配列は、南西諸島を中心として栽培され、もしくは一部逸出野生化するバンブーサ連を筆頭に、順次、アルンディナリア連のタケ亜連、そしてササ亜連と続き、次章の配列に対応する。タケ亜連についても、マダケ属を筆頭に、主として栽培される分類群が中心となるので、これらの大半は、属の検索から、そのまま第4章の各論に進むように構成した。ただし、マダケ属を片親とし、本州以南に自然分布する推定属間雑種分類群としてのナリヒラダケ属とインヨウチク属については、本項の末尾に種の検索表を掲げることとした。また、検索結果を直ちに第4章の記載と対応づけられるように、それぞれの種の検索表の左端に第4章と共通の一連の分類群番号を付した。

日本産ササ類の検索一覧表を含め、個別の検索表では、限られたスペースで特徴を表現する必要から、本章第1項で解説した用語や特徴を示す文言とは異なる言葉が使用されることがしばしばあることを断らねばならない。英文の形容詞表現に際しては Stearn (1980)『Botanical Laatin』を主として参照した。

1a 地下茎は仮軸型で株立ちを形成する ……………… **バンブーサ連**
　a 節間は基部から中部までほぼ等長で、稈鞘の葉片は直立のまま ……………… **ホウライチク属**
　b 節間は基部から中部にかけ次第に長くなり、稈鞘の葉片は成長につれ反転する …… **マチク属**
1b 地下茎は両軸型もしくは単軸型で散開した薮を形成する ……………… **アルンディナリア連**
　2a 稈鞘は成長につれ脱落する ……………… **タケ亜連**
　　a 稈高 10〜20 m で 1 節より 2 枝を出し、節間に芽溝が発達する ……………… **マダケ属**
　　b 稈高 3〜7 m で 1 節より 3〜7 枝よりなる短い枝を出し、晩秋に出筍し、宿存する種を含み、稈鞘の葉片は 2 mm 程度で短小、稈基部から中位の各節に刺状気根を持つ ……… **カンチク属**
　　c 稈高 3〜10 m で 1 節より短く斜上する数枝を出し、芽溝は無い ……………… **トウチク属**
　　d 稈高 1m、直径 2 mm で、1 節より長さ 1.5 cm ほどの 3〜5 枝を出し、各枝の先端に硬く鞘状に変化した葉鞘を伴う 1 枚の短い広披針形の葉を付ける。稈の断面は半月状 ……………… **オカメザサ属**
　　e 稈高 6〜12m で稈鞘は成長後もしばらくの間、付かず離れず、1 節より短く斜上する数枝を出し、芽溝はやや発達する。肩毛はやや長い白色絹糸状で束生 ……… **ナリヒラダケ属**
　　f 稈高 3〜4m で稈鞘は枝を残して脱落、1 節より 1〜2 枝を出し、芽溝はやや発達する。葉は広楕円状披針形、肩毛は長いブラシ状で放射状に開く ……………… **インヨウチク属**
　2b 稈鞘は成長後も宿存する ……………… **ササ亜連**
　　3a 内鞘的分枝様式をとる
　　　4a 1 節より多数枝を出し、稈は直立し、地下茎は分けつ的両軸型。腋芽は水滴形、肩毛は軸に平行で絹糸状 ……………… **メダケ属**
　　　4b 1 節より 1 枝を分枝し、稈は直立し、稈鞘は節間より長く、腋芽は錘形、肩毛は無い ……………… **ヤダケ属**
　　　4c 1 節より 1 枝を分枝し、稈は斜上し、腋芽は膨出した菱形、肩毛は葉耳の周囲に粗渋・放射状、もしくはクモが足を伸ばした形態に似る ……………… **ササ属**

3b 移譲的分枝様式をとる

4a1 節より 1 枝を分枝し、稈は直立し、稈鞘は節間よりも長く、腋芽は長卵形で扁平 …… **スズダケ属**

4b1 節より 1 枝を分枝し、稈は基部で湾曲・斜上し、葉は不斉な平行四辺形状、基部付近は菱形、上部は長卵形の腋芽を全節に持つ。稈の剛壮・矮小の 2 型がある …… **スズザサ属**

3c 移譲的分枝様式に加え、外鞘的分枝様式をとる。稈は直立または斜上し、1 節より 1 枝もしくは多数を分枝し、ほぼ全節に毛筆形の腋芽を持ち、肩毛は基部が粗渋・先端が絹糸状の折衷型 …… **アズマザサ属**

1a Rhizome sympodial to form cespitose clump …… tribe **Bambuseae**

a Internode even in length from base to mid-culm, sheath-blade erect …… ***Bambusa***

b Internode elongates from base toward mid-culm, sheath-blade reflexed …… ***Dendrocalamus***

1b Rhizome amphipodial or monopodial to form scattered extensive clump …… tribe **Arundinarieae**

2a Culm-sheaths deciduous …… subtribe **Shibataeinae**

a Culm-height 10~20m, 2-branches per node, internode sulcate …… ***Phyllostachys***

b Culm-height 3~7 m, 3~7-branches, young shoot emerges on late autumn, sheath-blade 2 mm long, base to mid-nodes bare spiny aerial roots, including culm-sheath persistent species …… ***Chimonobambusa***

c Culm-height 3~10 m, many short branches per node, no sulcate …… ***Sinobambusa***

d Culm-height 1 m, 2mm in diameter, 3~5 branches of 1.5 cm length per node with each one-foliage leaf at the apices, culm-section semicircle …… ***Shibataea***

e Culm-height 6~12 m, culm-sheaths incompletely persistent, foliage leaf elongate lanceolate, oral setae long silky and spreading …… ***Semiarundinaria***

f Culm-height 3~4 m, culm-sheath deciduous except for branches, foliage leaf broa ellipsoidal-lanceolate, oral setae brushy radiates …… ***Hibanobambusa***

2b Culm-sheath persistent …… subtribe **Arundinariinae**

3a intravaginal branching style (only a few complexes exclusive)

4a many-branching type, culm erect with tillering sympodial rhizome, oral seate silky and parallel to axis …… ***Pleioblastus***

4b one-branching type, culum erect and longer culm-sheath than internode, oral setaeabsent …… ***Pseudosasa***

4c one-branching type, culm ascending oral setae scabrous and radiate, axillary bud rhomboid …… ***Sasa***

3b transfer branching style

4a one-branching type, culm erect, longer culm-sheath than internode, axillary bud flat ovatous ……………… ***Sasamorpha***

4b one-branching type, culm ascending, foliage leaf asymmetric parallelogram, axillary buds rhomboid at basal while ovatus at upper nodes ……………… ***Neosasamorpha***

3c transfer as well as extravaginal branching style, culm erect or ascending, one- or meny-branching type, axillary bud brush form in all nodes, oral setae compromise between scabrous at base and silky distal end ……………… ***Sasaella***

ナリヒラダケ属検索表 ***Semiarundinaria***

＊和名 Japanese name	学名 scientific name	葉裏 ALS	稈鞘 CS	葉鞘 LS	稈色 color	葉形 Leaf form
20 **ナリヒラダケ**	*Se. fastuosa*	無 G／基有 P	無 G・基逆細 RF	無 G／基有 P	成熟時紫褐色 purple	披針形～広披針形 lanceolate
21 **アオナリヒラ**	*Se. fastuosa* v. *viridis*	無 G	無 G・基逆短 RS	無 G	緑色のまま green	狭披針形 narrow lanceolate
22 **ヤシャダケ**	*Se. yashadake*	無 G	無 G・基褐色長毛密 L	無 G	緑～黄褐色 yellow green	広～長楕円状披針形 elliptic lanceolate
23 **リクチュウダケ**	*Se. kagamiana*	細密 F	無 G／基長毛疎 L	細 F／無 G	緑・帯紫色 green purple	狭披針形 narrow lanceolate
24 **ビゼンナリヒラ**	*Se. okuboi*	軟密 sof	無 G	無 G	緑～黄褐色 yellow green	広披針形 broad lanceolate
25 **クマナリヒラ**	*Se. fortis*	基軟毛密 sof	逆細密 RS・基褐色長毛密 L	細密 F	緑 green	長楕円状披針形 long elliptic lanceolate

＊第４章における分類群通し番号 Serial numbers of taxa in chapter 4. ALS: abaxial leaf surface, CS: culm-sheath, LS: leaf-sheath. G: glabrus, P: pubescent./: または or,・および : and 各種の毛の性質：細（毛）fine hairs: F, 軟（毛）soft hairs：sof, 逆（向）短（毛）retrorse short hairs：Rshort, 長（毛）long hairs: L.

インヨウチク属検索表 ***Hibanobambusa***

＊和名 Japanese name	学名 scientific name	葉裏 ALS	稈鞘 CS	葉鞘 LS	葉鞘上縁 LS upper mar.	前出葉 prophyll
26 **インヨウチク**	*H. tranquillans*	無 G	逆長 RL・開長 SL	無 G	水平 horizontal	黒褐色毛 dark-brown hairs
27 **エチゼンインヨウ**	*H. kammitegensis*	無 G・基部短 base short	逆細 RS・開長 SL	長散生 L	斜上 slant	ほぼ無毛平滑 G・lusteer

＊第４章における分類群通し番号 Serial numbers of taxa in chapter 4. ALS: abaxial leaf surface, CS: culm-sheath, LS: leaf-sheath. G: glabrus, P: pubescent, /: または or,・および : and 各種の毛の性質：細（毛）fine hairs: F, 軟（毛）soft hairs：sof, 逆（向）短（毛）retrorse short hairs：Rshort, 長 (毛)long hairs: L., 開（出）長（毛）spreading long hairs: SL

図：薮のたたずまいの比較。A: インヨウチク、稈高４m で細く、密集した広楕円状披針形の葉が茂る、B: ナリヒラダケ、稈高 10 m、稈の高さの割に大枝は約 50 cm と短く、規則正しく斜上し、スリムな姿は遠くからでも目立つ、C: ハチク、稈高 12 m、大枝は長くゆったりと湾曲斜上し、稈の柔軟性に欠けるので、雨風の影響で斜めになると、元に戻らず傾いた稈が目立つ、D: モウソウチク、稈高 12 m、稈は丈夫で弾力があり直立するが、梢端や大枝が必ずうな垂れるので、遠方からでも識別できる。Comparison of clump habit among A: *Hibanobambusa tranquillans*, B: *Semiarundinaria fastuosa*, C: *Phyllostachys nigra* var. *henonis*, D: *Phy. pubescens*.

3　日本産ササ類の種の検索表　Key to the species of Sasa-group, subtribe Arundinariinae

日本産ササ類（ササ亜連）における属と節の検索表

該当項目：	分類群	①	②	③	④	⑤
	属		メダケ *Pleioblastus*		ヤダケ *Pseudosasa*	
	節/(種)	リュウキュウチク	メダケ	ネザサ	(ヤダケ)	チシマザサ
8	稈全体のプロフィール					
9	小枝					
	葉の隈取り					
	稈の高さ	1~5 m	1~5 m	0.3~2 m	1~4 m	1~3 m
	地下茎の深さ					浅い
4	分枝様式	内鞘的／稀に外鞘的	内鞘的	内鞘的	内鞘的	内鞘的
3	分枝型	数枝	数枝	数枝	1: 中部以上	1: 上方
5	稈の状態	直立湾曲	直立	直立	直立	斜上
2	稈鞘				節間を覆う	繊維状細裂
5	節（の上部）	膨出/平坦	やや膨出	やや膨出	平坦/斜め	やや膨らむ
6	腋芽の形態	水滴形（基部は円形・上方は三角形）			錘形	長菱形
6	前出葉の芽翼	上半分で左右に弓状に張り出す			帯状に等幅	上端付近皺状
6	芽翼の毛	翼表面・縁ともに上向柔毛密生			縁に繊毛状長毛	上端付近縁少
7	腋芽の有無	――全節有～無節の変異有り――			基部数節無し	基部数節無し
12	葉鞘の上縁	円形	斜上	水平		
11	葉舌	長い	山形	低い山形	高い山形	高い山形
12	肩毛	平行 絹糸状	軸に平行 絹糸状	平行 絹糸状	無し	無し
10	葉の形態と質	狭披針形/線形（革質／線形）	狭披針形～狭長方形（皮紙質）	（紙質）	長楕円状披針形（皮質）	披針形（皮質）
1	特異な点	――― 地下茎は分けつ的細形態型 ―――			葉脚が長三角状	稈鞘・葉鞘の縁に繊毛無し
	生育環境		海岸, 人里	寡雪地帯, 河川敷 オープンランド	人里, 沿岸部	高山帯に及ぶ 斜面: 高耐凍性
	分布	南西諸島		北限は道南		日本海側 多雪地帯

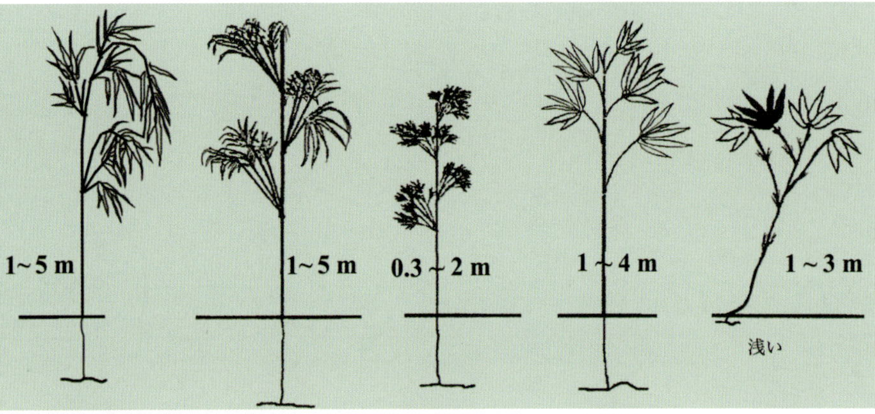

まず、日本産ササ類全６属と２属各節の検索表を一覧図にまとめ、全11分類群に番号を付し、108ページより順次種の検索表を示す。

⑥	⑦	⑧	⑨	⑩	⑪
	ササ *Sasa*		スズダケ *Sasamorpha*	スズザサ *Neosasamorpha*	アズマザサ *Sasaella*
アマギザサ	チマキザサ	ミヤコザサ	（スズダケ）	（ササ属×スズダケ）	（ササ属×メダケ属）
0.5～2 m	1～3 m	0.3～0.7 m	0.7～2 m 浅い	0.3～1.5 m	0.3～2 m
内鞘的	内鞘的	内鞘的/複合体は大部分 外鞘的	移譲的	移譲的	移譲/外鞘 混合型
1: 基部/上方	1: 各節	1：地際/地中	1: 上方	1: 中部以上	1枝型/3枝型
斜上	斜上	斜上	直立	斜上	直立/斜上
節間の1/2以下			節間を覆う		
球状に膨出	やや膨らむ	球状に膨出	膨出せず	目立たない	やや膨らむ
長菱形 上方で広がる	長菱形 帯状等幅	長菱形 上端部僅か	扁平な長卵形 帯状等幅	菱形＋長卵形 細帯状・上端付近幅広	毛筆形 細帯状・上端付近幅広
上端縁長毛	縁に細毛	上端縁細毛少	縁細繊毛	縁細毛上端長毛	上端長柔毛
全節に有り	上端1～2節無 （全節有り）	第1節のみ有り	基部数節無し	上方スズ型 基部ササ型	全節有り
低い山形	切形	低い山形	山形	低い山形	山形
放射状粗渋	放射状粗渋	放射状蜘蛛足状	無し	放射状粗渋/無し	基部: 放射状粗渋 先端: 絹糸状
広楕円状披針形 皮紙質	広長方～楕円形 皮紙質	長方～楕円形 紙質	長披針形 皮質	不斉平行四辺形 皮紙質	長楕円状披針形 皮紙質/紙質
稈を折った瞬間に異臭を放つ	節間に白色のワックス分泌顕著	稈の寿命約1.5年	葉は1枝に2枚程度	大小の２型：剛壮形/矮小形	外葉舌顕著 葉間に隙間有り
平野部～山地帯・風衝地	海岸に及ぶ平坦地を好む	冷温帯林床	林床・斜面 高耐凍性	南向き斜面	林縁
	年平均積雪深75 cm 以上	太平洋側少雪地帯 （積雪深 50 cm 以下）	太平洋側	太平洋側	北海道では未発見

Key to the genera and sections of Arundinariinae in Japan

Key words:	Taxa	①	②	③	④	⑤
	Genus		*Pleioblastus*		*Pseudosasa*	*Sasa*
	Section (Subordinate)	*Pleioblastus*	*Medakea*	*Nezasa*	(*Ps. japonica*)	*Macrochlamys*
8	Culm profile					
9	Twig					
	Albo-margination					
	Culm height	1~5 m	1~5 m	0.3~2 m	1~4 m	1~3 m
	Rhizome depth					Shallow
4	Branching style	intravaginal	intravaginal	intravaginal	intravaginal	intravaginal
3	Branching type	many	many	many	1:mid~upper	1: upper
5	Culm	erect	erect	erect	erect	ascending
2	Culm-sheath				longer than internodes	slit fibrously
5	Nodal region	prominent/flat	prominent	prominent	flat・slant	~prominent
6	Axillary bud	water drop or flask-shaped with acute apex			awl-shaped	rhomboid
6	Prophyll wing	arched upper half to top margin			narrow band	linear upper margins
6	Wing hairs	surface and margins covered with dense fur			margins long ciliary hairs	upper margins scanty hairs
7	Axillary bud presence	Present on all nodes/variation in absence at few ones			basal few nodes absent	basal several absent
12	Leaf-sheath upper margin	round	slant	horizontal		
11	Ligule (inner)	long deltoid	deltoid	low deltoid	tall deltoid	tall deltoid
12	Oral seate	parallel to axis and silky			absent	absent
10	Foliage leaf blade	narrow lanceolate (coriaceus; coriaceus; linear)	narrowly lanceolate ~ oblong (leathery-chartaceus)	(chartaceous)	elliptic lanceolate (leathery)	lanceolate (leathery)
1	Other remarks	rhizome system tillering leptomorph			wedge shaped leaf base	ciliary hairs absent on sheath margins
	Habitat	Forest understory, windy ridge	cliff, human habitation	open land, flood plain	human habitation, sea shore	toward alpine zone slope, hardy
	Distribution	Nansei Islands		Northern limit at Donan		Japan Sea-side heavy snow area

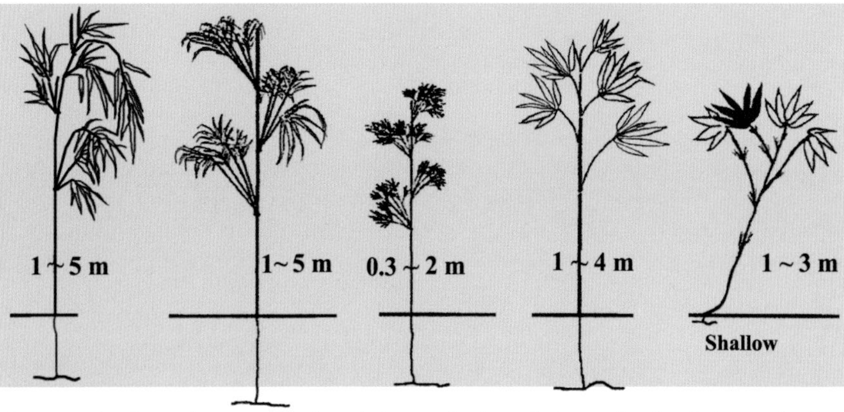

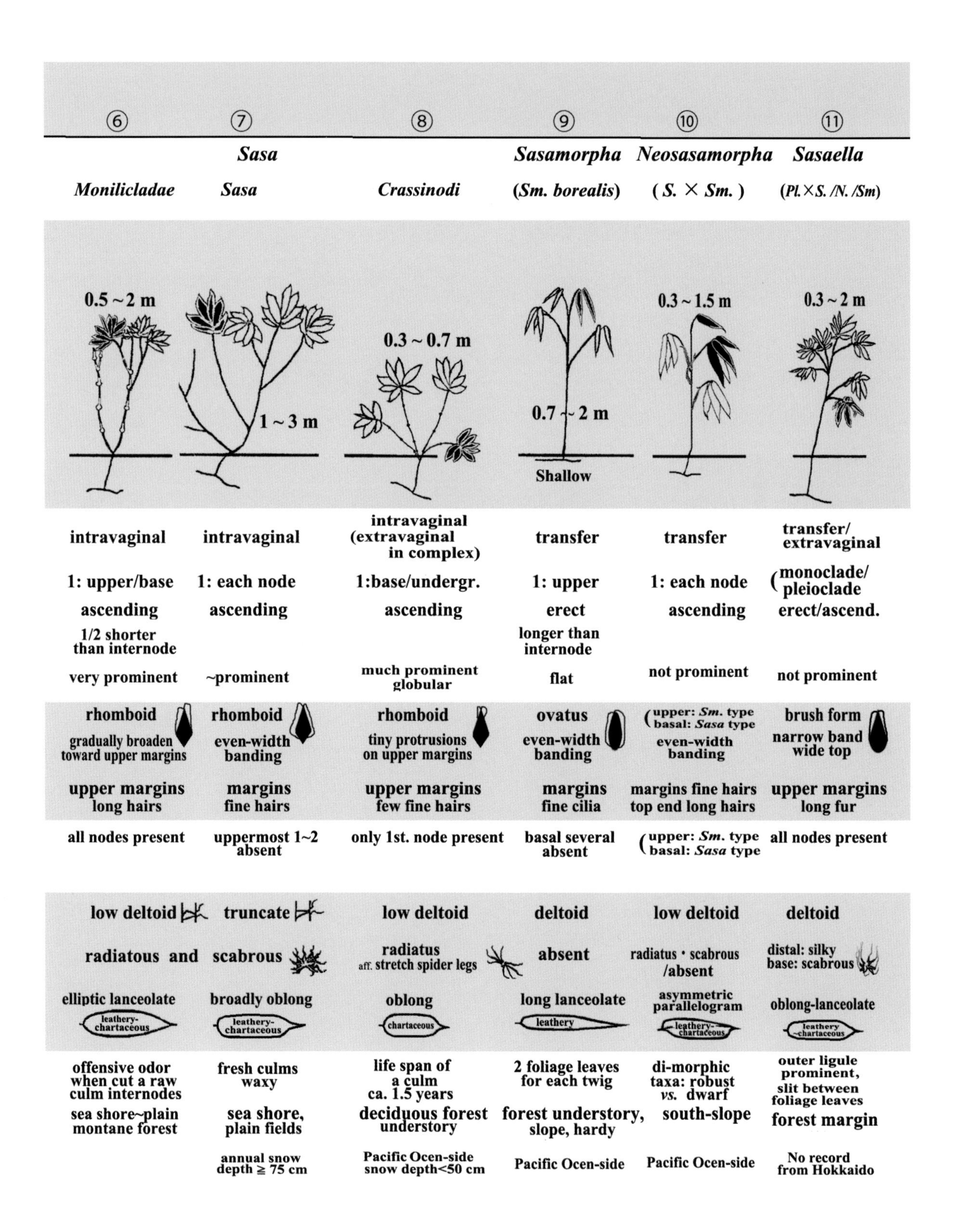
⑥
⑦
⑧
⑨
⑩
⑪
Sasa
Sasamorpha
Neosasamorpha
Sasaella
Monilicladae
Sasa
Crassinodi
(Sm. borealis)
(S. × Sm.)
(Pl.×S. /N. /Sm)
0.5 ~ 2 m
1 ~ 3 m
0.3 ~ 0.7 m
0.7 ~ 2 m
Shallow
0.3 ~ 1.5 m
0.3 ~ 2 m
intravaginal
intravaginal
intravaginal (extravaginal in complex)
transfer
transfer
transfer/ extravaginal
1: upper/base
1: each node
1:base/undergr.
1: upper
1: each node
(monoclade/ pleioclade
ascending
ascending
ascending
erect
ascending
erect/ascend.
1/2 shorter than internode
longer than internode
very prominent
~prominent
much prominent globular
flat
not prominent
not prominent
rhomboid
gradually broaden toward upper margins
rhomboid
even-width banding
rhomboid
tiny protrusions on upper margins
ovatus
even-width banding
(upper: Sm. type basal: Sasa type
even-width banding
brush form
narrow band wide top
upper margins long hairs
margins fine hairs
upper margins few fine hairs
margins fine cilia
margins fine hairs top end long hairs
upper margins long fur
all nodes present
uppermost 1~2 absent
only 1st. node present
basal several absent
(upper: Sm. type basal: Sasa type
all nodes present
low deltoid
truncate
low deltoid
deltoid
low deltoid
deltoid
radiatous and
scabrous
radiatus aff. stretch spider legs
absent
radiatus・scabrous /absent
distal: silky base: scabrous
elliptic lanceolate
leathery-chartaceous
broadly oblong
leathery-chartaceous
oblong
chartaceous
long lanceolate
leathery
asymmetric parallelogram
leathery-chartaceous
oblong-lanceolate
leathery ~chartaceous
offensive odor when cut a raw culm internodes
fresh culms waxy
life span of a culm ca. 1.5 years
2 foliage leaves for each twig
di-morphic taxa: robust vs. dwarf
outer ligule prominent, slit between foliage leaves
sea shore~plain montane forest
sea shore, plain fields
deciduous forest understory
forest understory, slope, hardy
south-slope
forest margin
annual snow depth ≧ 75 cm
Pacific Ocen-side snow depth<50 cm
Pacific Ocen-side
Pacific Ocen-side
No record from Hokkaido

①メダケ属リュウキュウチク節検索表；葉鞘の上縁は円形 ***Pleioblastus*** **sect.** ***Pleioblastus***: LS upper margin round.

* 和名 Japanese name	学名 scientific name	葉裏 ALS	稈鞘 CS	葉鞘 LS	肩毛 OS
28 **ゴザダケザサ**	*P. gozadakensis*	無 G	無 G/ 基微毛 M. at base	無 G	良 present
29 **リュウキュウチク**	*P. linearis*	無 G	長粗毛密 spiny L	無 G	稀 reare
30 **タイミンチク**	*P. gramineus*	無 G	無 G	無 G	欠 absent
31 **カンザンチク**	*P. hindsii*	無 G	無 G	無 G	良 present

*serial taxa nmbers in chapter 4, ALS: abaxial leaf surfae, CS: culm-sheath, LS: leaf-sheath, OS: oral seate, G: glabrous, M: minute hairs, L: long hairs./: or.

②メダケ属メダケ節検索表；葉鞘の上縁は斜上 ***Pleioblastus*** **sect.** ***Medakea***: LS upper margin slant.

* 和名 Japanese name	学名 scientific name	葉裏 ALS	稈鞘 CS	葉鞘 LS	葉形 l・質 eaf form
32 **メダケ**	*P. simonii*	無 G	無 G	無 G	狭長披針形 narrow ob-lanceolate
33 **キボウシノ**	*P. kodzumae*	無 G	無 G	無 G	広披針形 broad lanc.
34 **ヨコハマダケ**	*P. matsunoi*	無 G	無 G	長毛疎 L	長披針形 ob-lanceolate
35 **シラシマメダケ**	*P. nabeshimanus*	無 G	逆細・基部長毛 RF・basal L	細 F	皮質 leathery
35 **エチゴメダケ**	*P. pseudosasaoides*	無 G	長疎 scattered spiny L	無 G	紙質 chartaceus

*serial taxa nmbers in chapter 4, ALS: abaxial leaf surfae, CS: culm-sheath, LS: leaf-sheath, G: glabrous, ・：and, RF: retrorse fine hairs, M: minute hairs, L: long hairs ob: oblong, lanc: lanceolate.

③メダケ属ネザサ節検索表；葉鞘の上縁は水平 ***Pleioblastus*** **sect.** ***Nezasa***: LS upper margin horizontal.

* 和名 Japanese name	学名 scientific name	葉裏 ALS	稈鞘 CS	葉鞘 LS	備考 remarks
37 **アズマネザサ**	*P. chino* v. *chino*	無 G/ 時片側有 HMdr P	無 G	無 / 時細毛有	
38 **ハコネダケ**	*P. chino* v. *vaginatus*	無 G	無 G	無 G	
39 **ネザサ**	*P. chino* v. *viridis*	無 G	無 G	無 G	
40 **トヨオカザサ**	*P. humilis*	無 G/ 中肋細 Mdr F	無 G	長 L	
41 **ヒロウザサ**	*P. nagashima* v. *nagashima*	無 G	逆細 RF	細 F	
42 **エチゼンネザサ**	*P. nag.*v.*koidzumii*	無 G	逆細 RF	無 G	
43 **オキナダケ**	*P. argenteostriatus*	無 G	無 G	無 G	斑入り streaked
44 **アケボノザサ**	*P. akebono*	無 G	無 G	無 G	矮生・斑入り dwarf, streaked
45 **シブヤザサ**	*P. shibuyanus*	有 P	無 G	無 G	
46 **コンゴウダケ**	*P. kongosanensis*	有 P	逆細 RF	細 F/ 逆細 RF	
47 **アラゲネザサ**	*P. hattorianus*	中肋細 Mdr F/ 片細 HMdr F	開長 SL	開長 SL	狭長披針形 narrow ob-lanc.
48 **ケオロシマチク**	*P. pygmaeus*	片側有 HMdr P/ 無 G	無 G	細 F/ 時無 G	矮生 dwarf
49 **カムロザサ**	*P. viridistriatus*	有 P	逆細密ビ RF	開細密ビ SFV	斑入り streaked
50 **チゴザサ**	*P. fortunei*	有 P	無 G	無 G	矮生・斑入り dwarf, streaked

*serial taxa nmbers in chapter 4, ALS: abaxial leaf surfae, CS: culm-sheath, LS: leaf-sheath, G: glabrous, P: pubescent, Mdr: midrib, HMdr.: half side of midrib, /: or, ・: and, RF: retrorse fine hairs, SL: spreading long hairs, V: velvet.

④ヤダケ属検索表 ***Pseudosasa***

* 和名 Japanese name	学名 scientific name	葉裏 ALS	稈鞘 CS	葉鞘 LS
51 **ヤダケ**	*Ps. japonica*	無 G	開出剛毛 Sspiny	無 G
52 **ラッキョウヤダケ**	*Ps. jap.* v. *tsutsumiana*	無 G	開出剛毛 Sspiny	無 G
53 **ヤクシマヤダケ**	*Ps. owatarii*	無 G	無 G	無 G
54 **メンヤダケ**	*Ps.* × *pleioblastoides*	無 G	開出剛毛 Sspiny	薄毛 thin hairs

*serial taxa nmbers in chapter 4, ALS: abaxial leaf surfae, CS: culm-sheath, LS: leaf-sheath, G: glabrous, Sspiny: sprreading spiny hairs.

⑤ササ属チシマザサ節検索表 ***Sasa*** sect. ***Macrochlamys***

＊ 和名 Japanese name	学名 scientific name	葉裏 ALS	稈鞘 CS	葉鞘 LS	葉形 leaf form
55 **チシマザサ**	*S. kurilensis* v. *kurilensis*	無 G	無 G	無 G	披針形 lanceolate
56 **エゾネマガリ**	*S. kurilensis* v. *gigantea*	無 G	無 G	無 G	広披針形 broad lanceolate
57 **ナガバネマガリダケ**	*S. kurilensis* v. *uchidae*	無 G	無 G	無 G	長披針形 elongate lanceolate
58 **ミクラザサ**	*S. jotanii*	無 G	無 G	無 G	三角状披針形 triangular lanceolate
59 **チシマザサ－チマキザサ複合体** *S. kurilensis* - *S. senanensis* complex					
オクヤマザサ	*S. cernua*	無 G/ 薄毛 thin hairs	無 G	無 G	長方形 - 披針形 oblong-lanceolate
サヤゲチシマザサ	*S. kurilensis* v. *hirta*	無 G/ 薄毛 thin hairs	長 L	無 G	
エゾミヤマザサ	*S. tatewakiana*	無 G/ 薄毛 thin hairs	逆細 RF	開細 SF	
オオバネマガリ	*S. tatewakiana* v. *muroiana*	有 P	逆細 RF	開細 SF	
アサカネマガリ	*S. subvillosa*	無 G/ 薄短 thin short hairs	開長 SL・逆短 R short	長 L・細 F	
カワウチザサ	*S. suzukii*	有 P	開長 SL	無 G	

*serial taxa nmbers in chapter 4, ALS: abaxial leaf surfae, CS: culm-sheath, LS: leaf-sheath, G: glabrous, P: pubescent, /: or, ・: and, L: long hairs, RF: retrorse fine hairs, SL: spreading long hairs.

⑥ササ属アマギザサ節検索表 ***Sasa*** sect. ***Monilicladae***

＊ 和名 Japanese name	学名 scientific name	葉裏 ALS	稈鞘 CS	葉鞘 LS	備考 remarks
60 **イブキザサ**	*S. tsuboiana*	無 G	無 G	無 G	外穎 11 脈平滑 lemma G, 11nerves
61 **イヌトクガワザサ**	*S. scytophylla*	無 G	開いた長毛 OL	無 G	
62 **サイゴクザサ**	*S. occidentalis*	無 G	逆細 RF	無 G	
63 **ミアケザサ**	*S. miakeana*	無 G	開長 SL・逆細密 RF	長 L・後脱 deciduous	
64 **ミヤマクマザサ**	*S. hayatae*	有 P	無 G	無 G	外苑 9 脈平滑 lemma G, 9 nerves
65 **トクガワザサ**	*S. tokugawana*	有 P	開長密 SL	長 L・後脱 deciduous	
66 **マキヤマザサ**	*S. maculata*	有 P	逆細 RF	無 G/ 斜長 L・細 F	
67 **ミネザサ**	*S. minensis*	有 P	開長 SL・逆細密 RF	長 L・後脱 deci./ 細 F	
68 **アマギザサ－ミヤコザサ複合体** *S. scytophylla* - *S. nipponica* complex					

*serial taxa nmbers in chapter 4, ALS: abaxial leaf surfae, CS: culm-sheath, LS: leaf-sheath, G: glabrous, P: pubescent,/: or, ・: and, L: long hairs, OL: open long hairs, RF: retrorse fine hairs, SL: spreading long hairs.

⑦ササ属チマキザサ節検索表 ***Sasa*** sect. ***Sasa***

＊ 和名 Japanese name	学名 scientific name	葉裏 ALS	稈鞘 CS	葉鞘 LS	備考 remarks
69 **チマキザサ**	*S. palmata*	無 G	無 G	無 G	外穎 9 脈有毛 lemma P, 9neves
70 **ケザサ**	*S. pubens*	無 G	逆長 RL・短 short	短 short hairs・細 F	
71 **フゲシザサ**	*S. fugeshiensis*	無 G	逆細 RF	細 F/ 無 G	
72 **クマザサ**	*S. veitchii*	無 G	開いた長密 OL	無 G	
73 **チュウゴクザサ**	*S. veitchii* v. *tyugokuensis*	無 G	開いた長密 OL	無 G	
74 **クテガワザサ**	*S. heterotricha*	無 G/ 基部軟毛 soft hairs base	開長 SL・逆細密 RF	無 G/ 開細ＳＦ/ 開細ＳＦ・短 short	
75 **クマイザサ**	*S. senanensis*	有 P	無 G	無 G	外穎 7 脈無毛 lemma G, 7nerves
76 **ヤヒコザサ**	*S. yahikoensis*	有 P	逆短 Rshort・細 F/ 細 F	無 G/ 開短 Sshort・細 F/ 細 F	
77 **オゼザサ**	*S. yahikoensis* v. *oseana*	有 P	逆短 Rshort・細 F/ 細 F	無 G/ 開短 Sshort・細 F/ 細 F	節長毛密 nodal dense L
78 **オオバザサ**	*S. megalophylla*	有 P	長密 Ldense/ 疎 Lscatter	無 G/ 下長 L base	外穎 9 脈有毛 lemma P, 9neves
79 **ミヤマザサ**	*S. septentrionalis*	有 P	開長 SL・逆細 RF	開細 SF/ 無 G	外穎 11 脈有毛 lemma P, 11nerves
80 **ウスバザサ**	*S. septen.* v. *membranacea*	有 P	開長 SL・逆細 RF	開細 SF/ 無 G	紙質 chartaceus
81 **ミヤコザサ－チマキザサ複合体** *S. nipponica* - *S. palmata* complex					

*serial taxa nmbers in chapter 4, ALS: abaxial leaf surfae, CS: culm-sheath, LS: leaf-sheath, G: glabrous, P: pubescent, /: or, ・: and, RL: retrorse long hairs, RF: retrorse fine hairs, OL: open long hairs, SL: spreading long hairs.

⑧ササ属ミヤコザサ節検索表 ***Sasa*** **sect.** ***Crassinodi***

* 和名 Japanese name	学名 scientific name	葉裏 ALS	稈鞘 CS	葉鞘 LS	備考 remarks
82 **ウンゼンザサ**	*S. gracillima*	無 G	無 G	無 G	
83 **オヌカザサ**	*S. hibaconuca*	無 G	開長 SL・逆細密 RF	開細 SF	
84 **ウツクシザサ**	*S. pulcherrima*	無 G	開いた長毛 OL	無 G	
85 **コガシザサ**	*S. kogasensis*	無 G	逆細密 RF	開細 SF 密 / 無 G	
86 **ミヤコザサ**	*S. nipponica*	有 P	無 G	無 G	外穎 11 脈無毛 lemma G, 11 nerves
87 **センダイザサ**	*S. chartacea*	有 P	逆細 RF/ 逆短 Rshort・細密 F	開細密 SF/ 開短 Sshort・細 F	外穎 11 脈先端毛 lemma apex P, 11 nerves
88 **ニッコウザサ**	*S. chartacea* v. *nana*	有 P	逆細 RF/ 逆短 Rshort・細密 F	無 G	外穎 11-13 脈縁毛 lem. margin.P, 11-13 nerv.
89 **タンガザサ**	*S. elegantissima*	有 P	開稍長ＳＬ	無 G	
90 **アポイザサ**	*S. samaniana*	有 P	開いた長毛 OL・ 逆細 RF	開細 SF・長 L	
91 **ビッチュウミヤコザサ**	*S. samaniana* v. *yoshinoi*	有 P	開いた長毛 OL・ 逆細 RF	無 G	外穎 11 脈縁毛 lemma margin P, 11nerves

*serial taxa nmbers in chapter 4, ALS: abaxial leaf surfae, CS: culm-sheath, LS: leaf-sheath, G: glabrous, P: pubescent, /: or, ・: and, SL: spreading long hairs, RF: retrorse fine hairs, OL: open long hairs.

⑨スズダケ属検索表 ***Sasamorpha***

* 和名 Japanese name	学名 scientific name	葉裏 ALS.	稈鞘 CS	葉鞘 LS	備考 remarks
92 **スズダケ**	*Sm. borealis*	無 G/ 細毛疎 scatter F	粗長 scabrous L/ 長 L・逆細 RF	細 F/ 無 G	
93 **ハチジョウスズダケ**	*Sm. borealis* v. *viridescens*	無 G	粗長 scabrous L/ 長 L・逆細 RF	無 G	長大な数枚の葉 large several leaves
94 **ケスズ**	*Sm. mollis*	細密 F	粗長 scabrous L/ 長 L・逆細 RF	細密 F/ 無 G	

*serial taxa nmbers in chapter 4, ALS: abaxial leaf surfae, CS: culm-sheath, LS: leaf-sheath, G: glabrous, /: or, ・: and, L: long hairs, F: fine hairs, RF: retrorse fine hairs.

⑩スズザサ属検索表 ***Neosasamorpha***

* 和名 Japanese name	学名 scientific name	葉裏 ALS	稈鞘 CS	葉鞘 LS	株型 clump habit
95 **サイヨウザサ**	*N. stenophylla*	無 G	無 G	無 G	矮小 dwarf
96 **ヒメカミザサ**	*N. ste.* ssp. *tobagenzoana*	無 G	無 G	無 G	剛壮 robust
97 **オオシダザサ**	*N. oshidensis*	無 G	開長 SL	無 G	剛壮 robust
98 **ケナシカシダザサ**	*N. oshidensis* ssp. *glabra*	無 G	開いた長毛 OL	無 G	矮小 dwarf
99 **アキウネマガリ**	*N. akiuensis*	無 G	開出剛毛 Sscabrous hairs	無 G	剛壮 robust
100 **カガミナンブスズ**	*N. kagamiana*	無 G/ 基部長疎 base L	開長 SL・逆細 RF	細 F・長粗 L	剛壮 robust
101 **アリマコスズ**	*N. kagamiana* ssp. *yoshinoi*	無 G	開長 SL・逆細 RF	細密 F/ 無 G	矮小 dwarf
102 **イッショウチザサ**	*N. magnifica*	無 G	逆細ビ Rscabrous short hairs	細密ビ Fvelvet	剛壮 robust
103 **セトウチコスズ**	*N. magnifica* ssp. *fujitae*	無 G	逆細密 RF	細密 F	矮小 dwarf
104 **ツクバナンブスズ**	*N. tsukubensis*	有 P	無 G	無 G/ 細密 F	剛壮 robust
105 **イナコスズ**	*N. tsukub.* ssp. *pubifolia*	有 P	無 G	無 G	矮小 dwarf
106 **オモエザサ**	*N. pubiculmis*	有 P	逆細 RF	細密ビ F velvet/ 無 G	剛壮 robust
107 **ミカワザサ**	*N. pubi.* ssp. *sugimotoi*	有 P	逆細 RF	開細密ビ SF	矮小 dwarf
108 **ハコネナンブスズ**	*N. shimidzuana*	有 P	開いた長毛 OL	無 G/ 長 L	剛壮 robust
109 **カシダザサ**	*N. shimi.* ssp. *kashidensis*	有 P	開長 SL	無 G	矮小 dwarf
110 **タキザワザサ**	*N. takizawana*	有 P	開長 SL・逆細 RF	無 G/ 細密 F・長 L	剛壮 robust
111 **キリシマザサ**	*N. taki.* ssp. *nakashimana*	有 P	開長 SL・逆細 RF	細 F	矮小 dwarf

*serial taxa nmbers in chapter 4, ALS: abaxial leaf surfae, CS: culm-sheath, LS: leaf-sheath, G: glabrous, P: pubescent, /: or, ・: and, L: long hairs, SL: spreading long hairs, RF: retrorse fine hairs, OL: open long hairs.

⑪ a アズマザサ属移譲的分枝様式・1 節 3 枝系検索表 ***Sasaella***, transfer branching style, multiple branching type

* 和名 Japanese name	学名 scientific name	葉裏 ALS	稈鞘 CS	葉鞘 LS
112 ヤマキタダケ	*Sa. yamakitensis*	無 G	長疎 scattered L/ 無 G	細 F
113 ヒメスズダケ	*Sa. hisauchii*	無 G	開長 SL/ 基部長 base L	長 L
114 ハコネシノ	*Sa. sawadae*	有 P	無 G	無 G
115 アオバヤマザサ	*Sa. sawad.* v. *aobayamana*	有 P	無 G/ 脱落性長疎 deciduous L	細 F
116 タキナガワシノ	*Sa. takinagawaensis*	有 P	逆細 RF	逆細 RF
117 ミドウシノ	*Sa. midoensis*	有 P	開いた極長 OL・逆細 RF	開いた極長 OL・逆細 RF

*serial taxa nmbers in chapter 4, ALS: abaxial leaf surfae, CS: culm-sheath, LS: leaf-sheath, G: glabrous, P: pubescent, /: or, ・: and, L: long hairs: SL: spreading long hairs, RF: retrorse fine hairs, OL: open long hairs.

⑪ b アズマザサ属移譲的分枝様式・1 節 1 枝系検索表 ***Sasaella***, transfer style, one-branching type

* 和名 Japanese name	学名 scientific name	葉裏 ALS	稈鞘 CS	葉鞘 LS
118 ジョウボウザサ	*Sa. bitchuensis*	無 G	逆細 RF・基長 base L	無 G
119 カリワシノ	*Sa. ikegamii*	無 G	長 L	長 L/ 無 G
120 サドザサ	*Sa. sadoensis*	無 G	無 G	長粗 L
121 アズマザサ	*Sa. ramosa*	有 P	無 G	無 G/ 短 short
122 スエコザサ	*Sa. ramosa* v. *swekoana*	有 P	無 G	無 G
123 タンゴシノ	*Sa. leucorhoda*	有 P	開長 SL	無 G/ 最下長疎 base L
124 ケスエコザサ	*Sa. leucor.* v. *kanayamensis*	有 P	開長 SL	開長 SL
125 コガシアズマザサ	*Sa. kogasensis*	有 P	開長 SL・逆短 Rshort- 逆細 RF	開長 SL・細 F/ 無 G
126 ヒメシノ	*Sa. kogasensis* v. *gracillima*	有 P	開長 SL・逆細 RF	開長 SL・細 F/ 細 F
127 シオバラザサ	*Sa. shiobarensis*	有 P	無 G	長密 L/ 疎 / 長 L・逆細 RF

*serial taxa nmbers in chapter 4, ALS: abaxial leaf surfae, CS: culm-sheath, LS: leaf-sheath, G: glabrous, P: pubescent, /: or, ・: and, L: long hairs, RF: retrorse fine hairs, SL: spreading long hairs.

⑪ c アズマザサ属外鞘的〜移譲的分枝様式検索表 ***Sasaella***, extravaginal-transfer branching style.

* 和名 Japanese name	学名 scientific name	葉裏 ALS	稈鞘 CS	葉鞘 LS
128 トウゲダケ	*Sa. sasakiana*	無 G	無 G	無 G/ 細 F
129 クリオザサ	*Sa. masamuneana*	無 G	無 G	無 G/ 細 F
130 オニグジョウシノ	*Sa. caudiceps*	無 G	開長 SL・逆細 RF	細 F・長粗 L
131 ヒシュウザサ	*Sa. hidaensis*	有 P	逆細 RF	無 G/ 開長 SL・短 short

*serial taxa nmbers in chapter 4, ALS: abaxial leaf surfae, CS: culm-sheath, LS: leaf-sheath G: glabrous, P: pubescent, /: or, ・: and, SL: spreading long hairs, RF: retrorse fine hairs.

ササ類採集十ヶ条

1　クマや隣人の剪定鋏に要注意！

野外における危険な動植物に絶えず注意を払う。一緒に観察会に参加した隣人の剪定鋏も、危険な生物と同類だ。採集に夢中になっていると、自分の顔の前に他の人の剪定鋏があっても気付かないことすらある。猛毒のツタウルシには近寄らない。湿潤な場所では山ビルに注意。夏から秋にはエキストラクターやエピペンも携行を。

2　重複標本を採集する。

重複標本とは、1本の稈を複数の枝葉に切り分けた試料、あるいは、同一クローンと判断される群落から採集された複数の稈の標本のことで、標本のコピーである。1枚は自分の手元に置くと同時に、重複標本を公的な標本庫に寄贈し証拠標本としての価値を高めることが重要だ。公的標本庫としては、国際アクロニム（国際的に認証されたその標本庫のイニシャル、たとえば国立科学博物館標本庫はTNS、栃木県立博物館標本庫ではTOCHなど）を取得しているところが望ましい。かつて、筆者が1990年10月から1991年6月まで、南米コロンビア、ブラジル・バイア州において、タケ類の探索を行った時、自分自身、カウンターパートの標本庫、その国の国立機関の標本庫、さらに、USハーバリウムやキュー植物園など、タケ類の研究上、重要な位置にある標本庫への収蔵を念頭におき、1種につき最低5点の重複標本の作製を義務付けられたフィールドワークに従事したことがある。半日の探索で、チャーターした車の荷台に満杯になり、宿に帰れば、深夜まで押し葉標本の作製にかかり、翌朝一番に標本庫専属の職人に届けてから、その日の探索に向かう毎日だった。

3　純群落を見極める。

採集の前に、目の前のササ類の群落が複数の分類群の混生の可能性のないことを見極める。複数のササ類が隣接して出現するのは普通である。絶えず群落の境界を見極めて誤認を極力防ぐ。

4　花穂を探せ！

ある群落で、古い花柄を見かけた場合には、多くの場合、数年間にわたり部分開花が継続するので、その周囲を注意深く観察すると、今年の開花稈が見つかる可能性がある。その際、必ず、花穂と枝葉を付けた稈とが繋がった状態で採集するようにしたい。

5　新旧の枝葉を併せて採集する。

当年生稈と2年生以上の古い稈をできれば繋がった状態で採集したい。同定の手がかりになる各種の毛は葉の展開とともに脱落し始める。他方、古い稈には、隈取りの有無を示す葉や、古いがために特徴を現す稈鞘などがあり、見逃せない。

6　稈を丸ごと採集する。

あらかじめ稈基部から先端までの節につく腋芽の有無を確認する。地上部の全節を含むように、地際すれすれ、できれば地下茎の最上部で節に不定根を付けた状態の稈を採集する。そして、新聞紙半切大に収まるように幾重にも折り曲げてからビニール袋に収納する。

7　分枝様式の判る稈を選ぶ。

当年生の稈に加え、母稈の稈鞘が付着し、分枝様式が判るような分枝稈を探して採集する。

8　腋芽の判る稈を選ぶ。

採集した稈の稈鞘の一部を剥がし、腋芽の形態が判るように露出させてから収納する。

9　ビニール袋を用意してから採集する。

葉が紙質のササは、稈を切断するとほとんど同時に葉が丸まり始めるので、採集に先立ち、ビニール袋を用意し、稈を切断後、素早く袋に収納する。

10　採集時に臭いを確かめる。

ササ属アマギザサ節を疑う場合には、新鮮な稈を折った瞬間に発する異臭の有無を確認する。また、オクヤマザサでは、採集した稈や枝葉をしばらくビニール袋に入れておくと、サロメチール様の芳香で充満するので、臭いの変化は見逃せない。

第4章　日本産タケ亜科植物の分類と分布

131分類群（14属99種20変種8亜種1雑種3複合体）

〔本章の読み方〕———各分類群の冒頭の数字は写真番号に対応する。

本章では、日本産タケ亜科植物として、日本列島に自然分布する種に加え、古い時代以来の外国からの導入種で、圃場から逸出、帰化もしくは長期にわたり一定の地域で栽培利用の歴史のある属を含む14属を網羅し、各属の種内分類群として、種、変種もしくは亜種まで取扱った。各属毎に取り扱った種内分類群に一連の番号を付した。各項は、和名をカタカナおよびローマ字綴りで表記した。標準和名として広く使用される呼称が2件あるものは、一方をカッコ書きで併記した。次いで、学名、正式発表に記載された文献と年号を示した。正式発表とほぼ同等に、一般的に流布された学名のある場合には異名（syn.）を示した。異名（同物異名、シノニム *synonym, syn.*）とは、国際藻類・菌類・植物命名規約ICN（メルボルン規約）上の基準を満たさず、正式な学名＝正名とは見なされない植物名であり、分類学の歴史の中だけで生き続ける名のことである。

本書の体系は鈴木（1978, 1996）を基礎としているが、日本産ササ類において、若干の分類群に関して新たな分類学的取扱いを提案した。その際、メルボルン規約第29条；新学名の有効出版の条件（McNiell *et al.* 2012）、の見地から、概念の変更点に関する最小限の英語による記載を行った。

各種の冒頭の番号に付随した記号は；′：変種、″：亜種、+：複合体、×：雑種、○：葉裏無毛、C：栽培もしくは園芸植物として管理される、D：栽培植物だが、逸出して野生化している場合が見られる、を示す。

稈や葉のサイズは局所個体群（群落）の発達段階や各種の撹乱の有無により、クローン内、およびクローン間の変異が大きく、およその最大値を目安として示した。葉質について、一般にササ類には、多くの樹木に見られるのと同様に陰葉と陽葉の違いが存在し、同一のクローン内でも、陽射し（木漏れ日）の当たる枝葉表面の葉は陽葉として皮質であっても、薄暗い場所の枝葉では陰葉として紙質となることが多い。本書の記述は、表層に位置する葉の平均的なサイズや質を目安としたが、鈴木（1978）の記述を尊重し、前章の解説と若干異なる場合もある。また、節や節間には各種の毛が出る場合が多く、特に節の毛は品種レベルの特徴を示す場合が多いが、その有無は特に顕著な場合を除き言及しなかった。

花器官の説明は、このように解説文中に太字（緑色）で開始し、アルンディナリア連に関しては鈴木（1978）を基に、不足部分を高木（1960, 1963b）、岡村（2002）、関連文献ならびに筆者の収集した証拠標本（日付と場所のみの場合は筆者の採集標本に基づく；TNSに収蔵）に基づく観察計測データをもとに補足して記述し、10倍程度のルーペを使用した同定の手掛かりとなりやすい点程度にとどめた。第2章で詳しく見たように、イネ科の一員として、タケ類の小穂はそれ自体が小軸と呼ばれる短い柄を持った小花が基部から先端に向けて発達するように集まった総状花序である。その結果、複数の小穂が集まったものは複総状花序に相当する。本章では、小穂を1個の花＝偽花とみて、小梗の殆ど発達しない小穂が基部から先端に配列する場合を穂状花序、明らかに小梗を伴って配列する場合を総状花序、さらにこの仕組みが重複したものを複総状花序と見なす。花茎全体（穂）の形態から円錐花穂、と呼びなすこともある。

分布は鈴木（1978）を主として参考に、筆者の知見を加えて解説した。分布図は鈴木（1978）を改変し、加藤・海老原（2011）から鈴木の分布図における空白の地域をできるだけ網羅するように補足し、それ以外の文献上の分布情報、各地の採集者の押し葉標本ならびに著者による直接観察、分布確認の結果を追記した。これらの結果、特に広島・山口地方における2009年以来の数年間にわたる継続的な観察会による探索の結果、ササ属チマキザサ節植物がほとんど確認されなかった点、それに代わるようにこの海岸から中国山地の脊梁部にかけたほぼ全域にアマギザサ節植物が優占する実態が明らかになった。また、西南日本の太平洋側に偏って分布するとみなされていたササ属アマギザサ節が中国地方から東北地方にかけ、日本海側から相次いで報告され、分布が知られるようになった点を最大限網羅するように努めた。種の概念を拡張し変種を母種に合一した分類群は、母種の黒点の分布図中に、変種をシノニムとして赤点などで表示した。

タケ類には多様な斑入り品が存在し（岡村2002）、ほとんどのものが園芸的な価値を認められ、品種レベルで命名されている（Ohrnberger 1999）。その命名は現在では、国際藻類・菌類・植物命名規約とは異なった、国際栽培植物命名規約 ICNCP（国際園芸学会 2008）の原則に基づいて運用されている。そのような事情も考慮のうえ、斑入り品は、ごく一部のメダケ属に見られる種として記載された例外を除き、本章の記述対象から除外した。

各種の説明文の後に続く（　）中のカタカナ表記は和名の異名を示す。その後の数字は記載年（西暦 1900 年代の下二桁）、ならびに命名者名の略号を示す；m : 牧野富太郎、n : 中井猛之進、k : 小泉源一、t : 舘脇操、u : 内田繁太郎、s : 鈴木貞雄、mu : 牧野と内田、等。それ以外の命名者名は個別にローマ字綴りで示した。年号や命名者名の略記の無いものは、単なる別称である。特に、チマキザサ節各種のシノニムの多くは、上記のような分布に関する知見の歴史的制約を反映し、かなりアマギザサ節各種と混同誤認が含まれている可能性が高いと言わざるを得ない。

各写真説明の末尾の（　）中の名前は撮影者を姓名で示し、名前の無いものは筆者による。本書でご協力いただいた撮影者ならびに標本提供者は以下の方々であり、敬称略ながら記して厚く御礼申し上げたい。足立啓二・眞理子、稲永路子、上野雄規、柏木治次、北村系子、小峯洋一、齋藤隆登、数金真理子、杉田勇治、多賀直人、高嶋八千代、津山幾太郎、中村和夫、支倉千賀子、久藤広志、久本洋子、古本良、星直斗、眞崎久、三樹和博、柳田宏光、山口裕文、呂錦明、若杉孝生、渡邊政俊。

台湾における 2 度にわたるタケ類の探索にあたり、台湾工業技術院の陳文祈博士ならびに同国際交流係の鄭武輝氏には全面的な助力を賜った。また、元林業試験場の呂錦明博士には、写真に加え、台湾の竹事情に関する貴重な情報の提供をいただいた。記して厚く御礼申し上げたい。

バンブーサ連 Tribe Bambuseae Nees　熱帯アジアからの導入種

熱帯アジア、アフリカ、および中南米の木本性タケ類からなる汎熱帯性タケ類の分岐群である（Kelchner & BPG 2013）。熱帯アジア、アフリカのタケ類は仮軸型地下茎のみを基本とし、ナシダケ *Melocanna baccifera* のように、仮軸型地下茎だが、長いネックを持ち、散開した藪をつくるものもあるが、基本的には株立ちとなる点でまとまりがあり、染色体数は 6 倍体の 2n=6X=72 本を基本としている（Soderstrom 1981）。中南米では、仮軸型地下茎だが、2 m 以上にもなる長いネックを持って広大な藪を形成し、染色体数 2n=4X=46 本の *Guadua* 属をはじめ、北緯 24 度から南緯 45 度までほぼ連続分布し多様な生活型を持ち、140 種を擁する *Chusquea* 属、葉の長さ 2 m、幅 50 cm に及ぶ世界最大の葉を縮節した短い稈につける *Neurolepis* 属、つる生となる *Arthrostylidium* 属、*Atractantha* 属、つる性でかつ漿果をつける *Alvimia* 属など、きわめて多様性に富んでいる（Judziewicz *et al.* 1999）。日本では九州南部以南を中心に台湾、中国南部、東南アジアから導入された 2 属のみが植栽利用される。

室井（1959）は沖縄施政権返還前に、当時の琉球政府の全面的な援助の下に沖縄本島におけるタケ類の探索を行った。その結果、以下に示すホウライチク属 5 種 1 変種（+2 品種）、マチク属 1 種を報告した。また、大野（2013）は、これに加え、シャムタケ *Thyrsostachys siamensis* の存在も報告している。

ホウライチク属 *Bambusa* Schreb.（6 種 1 変種）

節間は地際から上方までほぼ同長、タケノコの葉片は直立する。節はあまり隆起せず、1 節より多数の枝を節より突出して発達した腋芽から分枝する。稈は中空肉厚で堅牢。**花序**は“擬小穂”pseudospikelet と呼ばれる無限花序の 1 種を単位とする。基部に集まる 2–3 枚の退化的な苞穎に続き、前出葉に包まれた芽を持った小花を含む数個の小花が無限花序様に円錐花序を構成する。菱形で扁平な鱗被 3 枚、雌しべの柱頭は羽毛状で、子房から短い花柱を介して 3 叉する。雄しべは 6 本で小花

表1　ホウライチク属４種の形態比較。Table 1. Morphological comparison among four main species of *Bambusa*.

	B. oldhamii リョクチク	*B.blumeana* シチク	*B.vulgaris* ダイサンチク	*B.dolichoclada* チョウシチク
葉片の固着性	離れ易い	離れ易い	離れにくい	離れにくい
形	小三角形	狭披針形	先の次第に尖る三角形	本体と同幅の三角形
毛の有無	無毛	無毛	毛は少ない	黒色粗毛多い
稈鞘本体の毛	無毛	暗紫色の長毛密生	脱落性の寝た黒毛	寝た黒色長毛を密生
先端部	切形	切形	緩い円形	緩い円形～山形
鞘舌	水平、小鋸歯縁	僅かに山形、長刺毛縁	緩い円形、短刺毛縁	緩い山形、長刺毛縁
葉耳	半円形、長い肩毛密生	ほとんど無;稀に半円形有褸	鎌形、硬い剛毛縁	半円形、長毛多数
葉(長×幅 cm)	20-25×2.5-4	8-12×1-1.2	15-25×1.7-4.2	9-18×1.3-2.3
葉裏の毛	軟毛密生ビロード状」	無毛	細毛密生ビロード状	細毛有り
枝　刺	刺状有り	各節の枝は刺になる	刺無し	刺無し
枝張り	短い	短い	短い	基部付近の枝が横長になる
筍	斜上	直立	直立	直立
稈（株立ち）	疎生	やや疎生	やや疎生	密生
稈　先端	直立	湾曲	湾曲	湾曲
節間	節の部位で僅かに曲がる	浅くジグザグとなる	節間そのものが湾曲する	通直、若い稈は青灰色

の先端から抽出する。このような擬小穂の構造は、イネ科タケ亜科の中で祖先型に近いと考えられた一群 *Streptochaeta* 属（現在はアノモクロア亜科に属し、イネ科の最初の初期分岐群の一員）と比較のうえ、系統的に原始的な形質をとどめたものと見なされ、数十年に一度という一斉開花習性により、変異を重ねることなく古い形質が温存された結果と説明する見解もある（Soderstrom 1981）。表１に代表的な４種の形態を比較参照する。

図1A　群落、熊本県球磨郡（三樹）。Clumps of *Bambusa multiplex* in Kuma Gun, Kumamoto Pref. (Miki).

1/1　ホウライチク Hourai-chiku

Bambusa multiplex (Lour.) Raeusch. ex Schult. & Schult. f. var. ***multiplex***, Syst. Veg., 7, 2 (1830); pro. syn. *B. nana* Munro (1868)

稈は高さ3–5 m、直径1–3cmで、多数の稈が束生斜上する株立ちとなる。稈鞘は初め緑色、後に黄白色で無毛、先端が次第に鋭く尖る長三角形の葉片と本体が切れ目なく接続するように見える。1節より多数の枝を出す。葉は各枝の先端に数枚を扇状につけ、線形～狭披針形で長さ

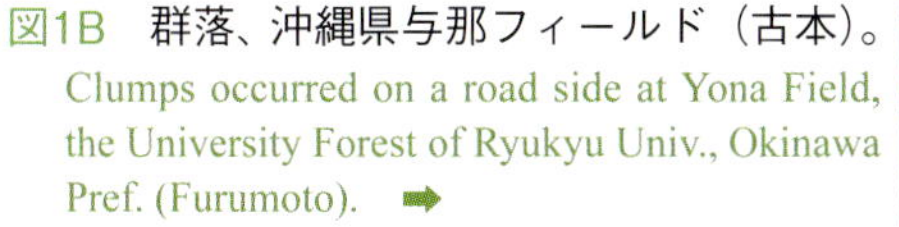

図1B　群落、沖縄県与那フィールド（古本）。Clumps occurred on a road side at Yona Field, the University Forest of Ryukyu Univ., Okinawa Pref. (Furumoto). ➡

図1C　稈はやや広がって出る。稈鞘は葉片が細長く鋭く尖る円錐形（古本）。A sympodial clump with slightly scattered culms each other (F).

図1D　分枝、多数の細かい枝を出す（古本）。Multiple branching with each evenly slender branch (F).

図1E　稈鞘は固く表面にも裏面にも光沢がある（三樹）。Culm-sheaths hard and both sides glabrous (M).

図1F　葉は細長い線形（古本）。Foliage leaves narrow and long linear (F).

図1G　肩毛は細い糸状（古本）。Oral setae long thread-like (F).

図1H　葉裏は灰白色の細かい毛で覆われる（三樹）。Abaxial leaf surface pubescent with silvery minute hairs (M).

15cm、幅 13 mm、皮紙質で、裏面に灰白色の微細な毛を密生する。葉鞘は無毛、葉耳は円形～鎌形で束生する細い褐色の肩毛が発達する。**総状花序**は 2,3 個の長さ 1.5–4 cm、幅 5 mm で披針形の擬小穂を疎らに集める。外穎は長さ 15 mm、19 脈で無毛。関東地方以西で植栽されるが、九州南部以南に野生化し、小規模な株の集合は一見、ネザサの群落のように見えることがある。

（オキナワダケ 16Hayata）

2/1′C　ホウオウチク Houou-chikku

Bambusa multiplex (Lour.) Raeusch var. ***gracillima*** (Makino ex Camus) Sad.Suzuki, J. Jpn. Bot. 69, 34(1994)

小枝の先端に十数枚の葉を鳥の翼もしくはシダ類の葉の羽片のように集めた園芸種で、温暖な地方に植栽される。

←図2A　十数枚の小さな披針形の葉を小枝の先に鳥の翼のように集めて付ける。写真は品種ベニホウオウで、京都・洛西竹林公園にて。*Bambusa multiplex* var. *gracillima* has bird-wing shaped branch complements with a ten-several distichous leaves. A forma *viridi-striata* (Makino) Muroi cultivated in the Rakusai Bamboo Garden in Kyoto City.

3/2C　ダイフクチク Daifuku-chiku

Bambusa ventricosa McClure, Lingnan Sci. J. 17 (1): 57 (1938)

稈は約 1.5m に矮生し、節間の通直な型、洋梨形もしくは大福餅状に膨らんだ型、節上部が膨出し、次第に細く

図3A　高さ約1.5 mで、節間が大福のように楕円形に膨らむ型、ラッキョウのように基部が膨らみ上部が次第に細くくびれる型、通直で細く長い型の３種類の稈の型が同一のクローン内に生ずる（柏木）。*Bambusa ventricosa* has three types of culms in a same clump, i.e., cylindrical long internodes, ventricose dwarf internodes, and intermediate club-shaped flexuose internodes (Kashiwagi). ➡

図3B　若いタケノコ、稈鞘の葉片は直立しホウライチク属の特徴を示す（柏木）。 A young shoot having diagnostic culm-sheaths with erect sheath-blades as genus *Bambusa* (K).

なるラッキョウ状の中間形の 3 型が知られ，庭園に植栽される。稈鞘は無毛、葉片は卵状披針形で鋭尖頭、葉耳は球形～鎌状で肩毛は良く発達し放射状に湾曲する。葉鞘は無毛、葉裏に細毛を密生。

4/3C　リョクチク Ryoku-chiku

Bambusa oldhamii Munro, Trans. Linn. Soc. London 26, 109 (1868); type Oldham 648

稈の高さ 15 m、直径 7 cm に達する。節間はややジグザグとなり、緑色で古くなると黄色となる。タケノコが斜上して出る特徴を反映し、稈の基部がやや斜上して開いた株立ちとなる。稈鞘は無毛、脱落時、放物線状の本体と正三角形～長三角形に突出した葉片が目立つ。葉鞘は寝た長毛を散生する。葉耳は半円形で長さ 1–2 cm の多数の肩毛を伸ばす。葉舌は 2–3 mm でやや高い。葉は広披針形—長楕円状披針形で長さ 25 cm、幅 5 cm、厚紙質で裏面に軟毛を密生する。**擬小穂**は長さ 2 cm 程度の膨らんだ紡錘形で、大小の 2、3 個ずつが枝の先端の各節につき、穂状花序となる。外穎は長さ 12 mm、20 脈前後で平滑、やや格子目状、奄美大島以南でタケノコを野菜として収穫するた

←図4A　奄美大島、奄美市作用地区におけるリョクチクの栽培畑。 *Bambusa oldhamii* is cultivated in Isl. Amami-oshima, Kagoshima Pref. to yield young shoots for vegetable.

←図4B　リョクチクの斜めに広がった株。稈が葉とともに濃緑色なことからこの名がある。左端は栽培主の柳瀬龍三氏、右手前は濵田甫氏。 A clump cared by Mr. R. Yanase (left) talking with Mr. H.Hamada. The bamboo has broad oblong-lanceolate and acuminated leaves with dark-green culms for the Japanese name, "Ryoku-chiku", i.e. green bamboo.

図4C　収穫期の稈壁の厚い出始めのタケノコ、斜めに出る。稈鞘の表面はほとんど無毛で緑色を呈し、葉片はやや開き出す。Young shoot for vegetable use with thickened culm-wall. Culm-sheaths green and glabrous with slightly open sheath-blades.

図4D　タケノコは甘味があって生食できる。Raw shoot edible in sweet taste.

図4E　時折、部分開花し、１～３個の先の尖った卵形の小穂からなる疎らな頭花序を葉枝の先につける。　Occasionally inflorescences emerge from apex of leafy branch in distant heads of 1 to 3 ovate-acuminate spikelets.

図4F　台湾・台南のリョクチク畑、斜上して出るタケノコの性質のため、稈基部は斜めに広がる。葉片が直立し、しばらくの間稈に付着している脱落途上の稈鞘に注意。Crops field for young shoots in Tainan County, Taiwan. Young shoots emerge slightly ascending to form spreading clump. Note deciding culm-sheaths with erect small triangular sheath-blades which are attaching to culm for a while.

めに栽培される。リョクチクよりも一回り稈が大きく、葉やタケノコの様子が類似した台湾固有で時に沖縄地方にも導入されるウキャクリョクチク（烏脚緑竹）*B. edulis* (Odashima) Keng f. はタケノコ全体に茶褐色の毛を生じ、葉片が先端までぴったりと張り付くのに対して、リョクチクでは全体が緑色で無毛、葉片が斜め上に立ち上がる点で区別される。

5/4ᶜ チョウシチク Choushi-chiku

Bambusa dolichoclada Hayata, Icon. Pl. Formosan. 6, 144 (1916)

稈は高さ 20 m, 直径 12 cm に達し、通直で密集した株立ちとなる。若い稈はワックスの分泌のため青灰色を呈する。1節から多数の小枝を叢生し、稈基部付近の枝が斜上もしくは水平に数メー

図5A　沖縄県知念城址の株（古本）*Bambusa dolichoclada* grove in ruins of the Chinen Castle, Okinawa Pref. (Furumoto).

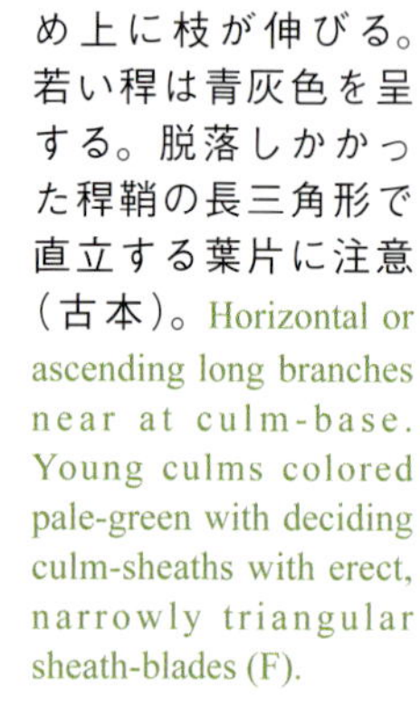

図5B　稈基部付近の節から水平もしくは斜め上に枝が伸びる。若い稈は青灰色を呈する。脱落しかかった稈鞘の長三角形で直立する葉片に注意（古本）。Horizontal or ascending long branches near at culm-base. Young culms colored pale-green with deciding culm-sheaths with erect, narrowly triangular sheath-blades (F).

図5C　皮紙質で長楕円状披針形の葉（古本）。Foliage leaves leathery-chartaceous, ellipsoid-lanceolate with white, short oral setae (F).

⬅図5D　白色で短く縮れた肩毛を持つ（古本）。White and short, curl oral setae (F).

⬅図5E　稈は真っ直ぐに伸びる（台湾）Upright culms, Taiwan.

⬅図5F　鬱蒼とした薮では、稈基部付近から水平もしくは斜上する長い枝のため、地際は隠れて見えないのが普通である（台湾）。Thick grove usually hides culm base with dense branches near at the base, Taiwan.

トル伸びることからこの名があり、薮全体を見ると、普通は、稈基部は枝葉に覆われ、目にすることはない。稈鞘は寝た黒毛で覆われ、葉片は三角形。葉鞘は無毛。葉耳は鎌形～半円形で周囲に平滑な肩毛が出る。葉舌はごく低く目立たない。葉は線状披針形で長さ 9–18 cm、幅 13–23 mm、紙質、裏面に軟毛を密生する。**擬小穂**は狭披針形で長さ 2–3 cm、外穎は 10 mm、13 脈で平滑、格子目がある。九州以南で生垣などに利用栽培される。

6/5C　ダイサンチク Daisan-chiku

Bambusa vulgaris Schrad. ex J.C.Wendland, Coll. Pl. 2 : 26, Pl. 47 (1810) ; *B. surinamensis* Ruprecht (1839), *B. madagascariensis* Hort. ex A. & C.Rivière (1878)

稈は高さ 20 m、直径 20 cm に達するが、完全に被陰されると高さ 1.5m、直径 5 mm 程度まで矮生する。節間が緩く湾曲し、節が多少なりとも斜めに入る点で容易に他種と区別できる。稈鞘は

図6A　高知市郊外の五台山・牧野植物園付近の林内に出現した株。節間が湾曲する特異な性質を持つ。新しい稈鞘は黄色地に黒褐色の毛で覆われる。Clump of *Bambusa vulgaris* occurred in a forest near at Godaiyama, the Makino Botanical Garden, Kochi City. Each bended-internode is the most remarkable characteristics of this species. New culm-sheaths yellowish covered with dark brownish hairs.

図6B　稈鞘の先端に直立してつく巨大な三角形の葉片に注意。Erect, large triangular sheath-blade.

図6C　腋芽が突出して少数の枝を出す、西表島、竹富町古見地区（古本）。Projected auxiliary bud grows into a few enlarged branches, Furumi District, Taketomi Cho, Iriomote Isl., Okinawa Pref. (Furumoto)

図6D　葉は紙質で、淡緑色、裏面に細毛を密生する（古本）。
Foliage leaves chartaceous, abaxial surface pubescent with fine hairs (F).

図6E　細い糸状の肩毛が束生するが、葉舌は低くほとんど見えない（古本）。Oral setae fine thread, ligule very short and hidden within upper margin of leaf-sheaths (F). ➡

黄緑色～褐色、脱落性で黒色の寝た毛で覆われる。葉鞘は長毛を散生、もしくは無毛、葉鞘の上縁に“二重顎”のように円形の葉耳があり、そこから多数の肩毛を出す。葉舌は低く、ほとんど見えない。葉は披針形—長楕円状披針形で長さ 20 cm、幅 4 cm、薄紙質で裏面に軟毛を密生しビロード状。**擬小穂**はやや不整に湾曲した披針形で長さ 2 cm、基部に 2、3 枚の鱗片が重なり、2,3 個の前出葉に包まれた芽、1–2 枚の移行的な苞穎に続き、5–10 個の完全小花と先端に退化的小花を備えている。外穎は長さ 1 cm で 10–12 脈、平滑。繁殖力は旺盛で、筏に組まれ、使用が放棄された場所で発根・活着し株を広げる事も知られる（Dransfield 1992）。台湾、マダガスカルやスリナム原産説もあるが、原産地不明のまま世界中の熱帯地方に分布する。

7/6C　シチク Shi-chiku

Bambusa blumeana J.H.Schultes, Syst. Veg. 7, 2 (1830) ; *B. spinosa* Blume ex Nees von Esenbeck (1825), *B. stenostacya* Hackel (1978)

稈はややアーチ状をなし、高さ 20m, 直径 15 cm に達し、節の部分で緩くジグザグを成す。各節に枝の変態した刺を持つ。仮軸型地下茎の節間が長く、緩い株立ちとなる。1

⬅図7A　シチクの薮、鹿児島大学郡元キャンパス内の植物園にて。
Grove of *Bambusa blumeana* in the Korimoto Campus of the Kagoshima University, Kagoshima City.

図7B　やや隙間のある株、稈は節の部分で緩くジグザグになる。Scattered clumps with slightly zig-zag shaped culms at each node.

図7C　各節から出る枝の多くは刺に変態する。Many branches change into long spines.

図7E　葉裏はベルベット状の短毛で覆われる。Abaxial leaf surface covered with velvet hairs.

図7D　線形で先端が次第に尖る長い葉と細い糸状の肩毛。Foliage leaves elongated linear with thready oral setae.

図7F　稈鞘は白色の短毛で覆われ、全体が三角形で、先端が次第に鋭く尖る大きな葉片を持つ。Culm-sheaths triangular with rostratus sheath-blades covered with short hairs.

図7G　稈基部付近の稈鞘には稀に縦皺のある耳たぶ形の葉耳が出る。Occasionally auricles with bristles attaches on one side of sheath-body.

図7H　西表島、竹富町古見地区の栽培畑（古本）。Grove in Furumi District, Taketomi Cho, Iriomote Isl., Okinawa Pref. (Furumoto).

図7I　稈鞘は黄色の地に黒褐色の長い毛で覆われていたのがわかる（古本）。Young culm-sheaths yellow, covered with deciduous dark-brown hairs (F).

図7J　稈鞘が剥がれると太さの異なる多数の枝が出ているのが分る。短い枝は刺と化している（古本）。Auxiliary buds grow into a few robust and many slender branches, where the latter short ones become spines (F).

図7K　若い稈は青灰色を呈し、剥がれ落ちかかった稈鞘が目立つ（台湾）。Young culms pale green with falling culm-sheaths, Taiwan.

←図7L　泥岩の稜線や谷間に優占する群落、稈が直立やや斜上する株（台湾台南縣月世界）。Clumps of *B. blumeana* on mudstone ridges and valleys in Getusekai, Tainan County, Taiwan.

節から数本の枝を水平に張出すように分枝し、細い枝は刺状となる。生長しつつある若い稈は節部を介したジグザグが顕著で、濃緑色。稈鞘はほぼ無毛で淡褐色、葉片は三角形、時として出る葉耳は三日月状で縦皺がある。葉鞘は無毛、上縁に赤褐色の葉耳が目立ち、肩毛が出る。葉は細長い披針形で、長さ 25 cm, 幅 2.5 cm、紙質、葉裏は短毛が密生しややベルベット状となる。**穂状花序**は数個の擬小穂が各節に頭状に集まり、連なる。擬小穂は針状で長さ 1.5–3.5 cm。外穎は長さ 8 mm、15–20 脈で平滑。インドネシアやマレー半島南部原産とされる。

マチク属 *Dendrocalamus* Nees（1 種）

稈の節間は地際から上方に向かうにつれ長くなる。基部付近の節にはスパイク状の不定根を生じ、節間ははじめ、ベルベット状の毛で覆われる事が多い。稈鞘の葉片はタケノコの生長につれ反転する。稈の太さの割に稈壁は薄く、生活用具に多用される。

8/1C　マチク Ma-chiku

Dendrocalamus latiflorus Munro, Trans. Linn. Soc. London 26, 152 (1868)

稈は高さ 20m, 直径 20 cm に達し、稈の下部は直立し、上方でアーチ状に湾曲する。枝は稈に直角に張る。稈鞘ははじめ黄緑色、後に暗褐色となり、黒色の短毛で覆われる。稈鞘の本体は先端付近で急にくびれ、ごく短い葉片が鋭角に反転する。葉鞘は無毛、肩毛はない。葉は長楕円状披針形で長さ 30 cm, 幅 8 cm におよび、厚紙質で裏面に薄く微毛を生ずる。**穂状花序**は枝の先端

←図8A　節間は基部から上方に向かうにつれ次第に長くなる・基部付近の数節に気根状のスパイクが出る・稈鞘の葉片は反転する、マチク属の特徴に加え、マチクは葉片が極小である。台湾南投縣竹山鎮青竹文化園区にて、タケノコの収穫風景（呂錦明）。Internodes gradually elongate from base toward upper ones, several basal nodes have ring of spiny aerial roots, and sheath-blades reflect are diagnostic characteristics of genus *Dendrocalamus*, plus tiny-most blade size in *D. latiflorus*, cropping shoot in Nantou County, Taiwan (Lu Chin-ming).

←図8B　1節より複数の大小2型の枝を出す。沖縄県琉球大学の与那フィールドで（古本）。Dimorphic branches, robust and slender from a node occurred in the Yona Field, Ryukyu Univ., Okinawa Pref. (Furumoto).

図8C　枝基部の稈鞘、褐色の細毛で覆われ、先端に刺状の小さな葉片を付ける（古本）。
Culm-sheaths near at culm base covered with brown short hairs with tiny triangular sheath-blades (F).

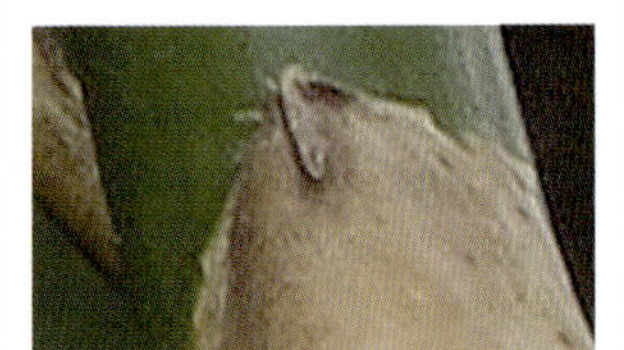

図8D　稈の上方の稈鞘の葉片は鋭く反転し、マチク属の特徴を示す（古本）。
Upper culm-sheaths with reflect tiny sheath-blades (F).

図8E　葉は広楕円状披針形で皮紙質、肩毛は無い（古本）。　Foliage leaves leathery-chartaceous, broad ellipsoidal-lanceolate, oral setae absent (F).

←図8F　満開のマチクの稈、拡大図は紡錘形で扁平な形態を示し、種小名の由来をなす。台湾雲林縣瑞里郷にて2009年6月15日（呂錦明）。
D. latiflorus in full-bloom on June 15, 2009 at Yunlin County, Taiwan, in which close-up is fusiform and flattened spikelets giving its epithet (Lu Chin-ming).

の各節に数個の擬小穂を集める。擬小穂は長さ2 cm程度の卵状楕円形で著しく扁平となり、種小名*latiflorus*の由来をなす。外穎は卵形で長さ13 mm、23–25脈、有毛、格子目あり。中国南部から台湾にかけて原産する。零下4℃付近まで耐寒性があり、標高1,000 m付近の亜熱帯地方にまで進出する。中国や台湾では麵媽（シナチク）の原料となるタケノコを採るために栽培され、稈や葉は様々な生活用具に利用される。

←図8G　台湾・台南縣のマチク栽培畑にけるタケモザイクウイルスの探索風景。白シャツの男性は台湾工業技術院の陳文祈博士（小林節子）。In searching of Bamboo Mosaic Virus at a culture field of *D. latiflorus* in Tainan County, Taiwan. White shirted person is Dr. Chen Wen-Chi of ITRI South (Setsuko Kobayashi).

アルンディナリア連 Tribe Arundinarieae Nees

北米東南部固有の *Arundinaria gigantea* 複合体を含む東アジアの温帯性タケ類を中心とした分岐群である。地下茎は *Yushania* 属のように仮軸型のみからなるもの、マダケ属のように実生期は仮軸型だが、後に単軸型のみに移行するもの、そして、日本産ササ類のように仮軸型と単軸型を併せ持つ両軸型のものまで、多様である。本分岐群の構成員はおしなべて葉の細脈間に格子目のように仕切りが入り、これらによって形成される方形の区画は寒冷な気候条件下における凍結の単位とみなされ（Ishikawa 1984）、耐凍性を持つことを意味している。

タケ亜連 Subtribe Shibataeinae (Nakai) Soderstrom & Ellis

中国からの導入帰化種とみなされ、稈鞘がタケノコの生長とともに脱落する；実生期は仮軸型地下茎だが、その後、単軸型地下茎に置き換わり、散開した広大な薮を形成するという特徴を持つ。在来のササ類との間で、交雑し、推定属間雑種分類群を形成し、日本列島固有の分類群を形成するのに寄与している。

マダケ属 *Phyllostachys* Siebold & Zucc.（5種2変種）

分枝した稈の節間には節上部に芽溝と呼ばれるへこみができる。種子の発芽から実生苗の時期は仮軸型地下茎により稈の斜上した株立ちとなるが、その後、単軸型地下茎にとって替わり、散開した広大な薮を形成する。**花序**は1–数個の小穂が、楕円形の鞘状構造で先端に鋭尖頭披針形の葉片をつけた苞に包まれた穂状花序を基本とする。なお、大野（2013）は、「沖縄にはモウソウチクやマダケはまったくといっていいほどない」、と記述している。しかし、室井（1959）は、マダケ（+2品種）、モウソウチクに加え、ホテイチク、タイワンマダケ、クロチクおよびハチクの存在を報告し、とりわけ、モウソウチクが稈の高さ2–3 m、直径1.5 cmほどに矮生するのに対して、マダケについて、今帰仁村、宜野座村の川沿いの竹林は本州のものと生育上、差が認められない、と述べた。

(1) マダケ節 Sect. *Phyllostachys*

稈鞘には褐色の斑点が生じ、葉片はタケノコの生長とともに反転する。花序は総状～複総状花序となる。

9/1　モウソウチク Mousou-chiku

Phyllostachys pubescens Mazel ex J.Houdzeau de Lehaie var. ***pubescens***, Bamb. 1, 7–14. 55. 97 (1906), type: McClure 21899, US (1956) ; pro. syn. *Phy. edulis* (Carrière) Houdzeau de Lehaie, Bamb. 1, 39 (1906), pro. syn. *Phy. heterocycla* (Carrière) Matsumura, Shokubutsu Mei-i, 213 (1895)

稈は高さ20 m, 直径20 cmに達する。稈や枝の先端は枝葉が拳を軽く握ったように丸くなりうな垂れる。タケノコの生長が終わったばかりの若い稈の節間は微細な毛に覆われて青灰色を呈し、種小名のもとになっている。枝の出ない稈基部から中部にかけての節は稈鞘痕由来の隆起線のみからなり、芽溝も発達しない。稈鞘は黒褐色の毛で覆われ、粗渋で大型の肩毛が顕著に発達し、長三角形の葉片は成長につれ反転する。稈鞘の脱落後しばらくの間、各節の稈鞘痕には、三角形·

図9A　モウソウチクの稈の先端は拳を握ったような形状でうな垂れるので、遠方からでもよく識別できる。福島県三春町で。Overview of *Phyllostachys pubescens* population on a river bank of Miharu Cho, Fukushima Pref. Fist-shaped crown, or drooping head-like culm is easy to identify to this species even a distant view.

図9B　栃木県宇都宮市街地に残存したモウソウチク林、稈の先端のみならず、各節からの大枝の先端も同様にうな垂れる。*Phy. pubescens* grove in Utsunomiya City. Every branch also drooping as well as the culm top.

歯牙状で水平な褐色の毛輪が残る。葉鞘は微細な毛が密生する。葉は狭披針形で長さ 10 cm、幅 1 cm、皮紙質で上面は無毛、裏面は基部にのみ毛がでる。肩毛はわずかに発達する。**複総状花序**は披針形で長さ 5–7cm、数個の穂状花序よりなる。1 個の穂状花序は、苞に包まれた 1 個の小穂に相当し、ただ 1 個の完全小花を含む。外穎は長さ 24 mm で 11 脈、平滑、殆ど格子目は目立たない。異名の *edulis* はタケノコが食用にされることに因む。また、*heterocycla* は母種としてのキッコウチクの亀甲形の節間に因む。湿潤な環境を好み、山間部の斜面では沢筋に沿って生育し、稈は先端部がうな垂れ、ゆるく湾曲する樹形となり遠方からも識別可能である。

モウソウチクの一斉開花周期（1 世代時間）は牧野富太郎博士由来を含む、異なったクローンにおける継続観察によって 67 年であることが確かめられている。1736 年に薩摩藩により琉球を経由して最初に日本に導入されたといわれる鹿児島県・磯庭園の株では一度も開花記録が無い。一斉開花時も、部分開花時もよく結実し、実生苗の枝葉は針金のような細い稈にマダケに似た長大な葉とブラシ状の肩毛を付け、実生期の数年間は仮軸型地下茎のみからなる斜上する稈からなる株を形成し、やがて単軸型地下茎のみの体制に置き換わる。だが、1 本の稈の寿命はどのくらいだろうか。この答えはまだ無いが、上田弘一郎博士の実験により実証されつつある。京都・洛西竹林公園の開園の翌年 1982 年に出筍したタケノコについて上田博士の発案により、いつまでも伐らずに生存の観察が続けられ、2015 年 4 月時点で、稈は灰黒色になっているものの、上方で通常と同様に枝葉を茂らせており、33 年間生き続けている。

図9D　葉裏、葉鞘は細毛が密生しビロード状、葉舌は低くやや尖り、肩毛は痕跡的で発達は悪い。 Abaxial leaf surface as well as leaf-sheaths pubescent with velvet hairs. Ligules are low and slightly acute. Only few oral setae emerge.

⬅図9C　葉は皮質の細い披針形で緩く裏面側にカーブする。枝先に十数枚の葉をつけて垂れ下がる。これらの小枝の形態が稈や大枝の特質に反映する。 Foliage leaves coriaceous narrow lanceolate and slightly vending toward abaxial surface side. A twig of branch complement attached with ten-several leaves hanging down to form characteristic crown and branch behavior.

図9E　京都・洛西竹林公園が1981年に開園した翌1982年春に出筍して成長した稈を、上田弘一郎博士の発案により、不伐とし稈の寿命が継続観察されている。駐車場に面した竹林内で、稈の色は先端まで黒褐色で、高さには変化は見られない。「この竹を切らないで」の貼り紙の上の稈に「昭五七」の文字が書かれてある（写真右）。In 1981, the Rakusai Bamboo Garden, Kyoto has opened, since then the next year-emerged bamboo shoot, i.e., born on the spring of 1982 a culm has been watching its longevity through nowadays after a proposal of Dr. Koichiro Ueda, an old emeritus professor of the Kyoto University. The black culm annotated “Don’t cut” standing on a parking side, on which culm written a words,”Sho(wa)57” meant 1982, the birth year (right photo).

図9F　2014年5月で32歳となった現在、稈の色は黒色だが、第18節目以上の各節に生じた枝に緑の葉を茂らせている。 A 32 year-old culm on May 2014 has been alive with the same amount of branches and leaves as other ordinary grown culms except for the black colored. ➡

図9G　宇都宮市内の若山農場で筍掘りを楽しむ母娘。母はＥ・Ｆの稈と同年齢だが、タケノコは３日間で４歳娘の背丈を凌駕する。タケノコの稈鞘は黒褐色の毛で覆われ、葉片は伸長につれ反転する。ブラシ状の肩毛を発達させる。最も一般的に食用に供せられることから、edulis の種小名が採用されることがある。A mother and her daughter looking at 3-day-old bamboo shoot, at the Wakayama Farm in Utsunomiya City. The mother aged 32-years old, while the daughter 4-years old. Culm-sheaths covered with blackish brown velvet hairs with reflecting sheath-blades.

←図9H　成長直後の若い稈は灰白色の産毛で覆われ、学名の種小名 *pubescens* の由来となる。各節は毛輪が際立つ。The epithet *pubescens* signifies new born culm covered with whitish downy hairs.Each node is prominent with hair ring.

図9I　モウソウチクの穂状花序、2002 年 12 月 31 日、宇都宮市新里町のろまんちっく村にて部分開花。Spike inflorescences of *Phy. pubescens* flowered partially at the Romantic Village park in Utsunomiya City in 2002.

図9J　一斉開花結実したモウソウチク林、宇都宮市若山農場にて。1930 年に横浜で部分開花結実して得られた実生由来のクローン、1997 年 9 月撮影 (柏木)。モウソウチクの一斉開花周期は 67 年が一般的だが、若山幸央氏により 25 年周期のクローンも発見されている。Gregarious monocarpic mass flowering cycle of *Phy. pubescens* is determined as 67 years, due to two distinct clones have exhibited the same duration time of 67 years repetitively. The one clone originated from Yokohama in 1930 flowered in the spring of 1997 at Wakayama Farm (Kashiwagi).

←図9K　1736 年に薩摩藩により中国から導入されて以来、一度も開花記録の無いクローン。鹿児島県の仙巌園（磯庭園）にて、1980 年 12 月撮影。 No flowering record has been known on a clone since 1736 when the clone was first introduced from China to Japan at the Senganen Garden (Iso Garden), old Shimadzu-Han, Kagoshima Pref. (photo taken on Dec. 1980).

10/1′ᶜ　キッコウチク Kikkou-chiku

Phyllostachys pubescens Mazel ex J.Houdz. var. ***heterocycla*** (Carrière) Horzeau., Bamb. 1, 39 (1906)

稈の高さ数 m、直径 10 cm 程度で、稈基部から中部にかけ、節が交互に不整に発達し、節間が亀甲状となり、ところどころで節の不整合により孔があく。上部では正常な節間となり枝が広がる。

図10A　キッコウチクのタケノコと成長した稈（左端）。宇都宮市・若山農場にて。Young shoot of *Phyllostachys pubescens* var. *heterocycla* and grown culms (left side) at Wakayama Farm, Utsunomiya City.

←図10B　節間が亀の甲状の奇形が稈基部付近の数節に生じ、通常の節間との移行部分に亀裂の穴を生ずる。静岡県・富士竹類植物園にて。Tortoise shell-shaped internodes near at culm-base and upper ordinal ones with crack holes at the transitional nodes, Fuji Bamboo Garden.

図10C　同一のキッコウチクのクローン内に、時に通常のモウソウチクの稈が発生する。このため、モウソウチクをキッコウチクの変種と位置づけ、その学名を採用する説もある。Occasionally ordinal type culms of var. *pubescens* emerge in a same clone of var. *heterocycla*, giving rise to a consideration that the former is an variety of the latter species. ➡

11/2[D] ホテイチク Hotei-chiku

Phyllostachys aurea Carrière ex Riviere & C.Rivière, Bull. Soc. Acclim. Ser. 3, 5 (1878)

稈の高さ数m、直径3 cmの中型のタケ。基部付近の数節では、節の下部1–2 cmが膨らみ、芽溝部が狭められ、その結果、布袋の腹のような畸形となるのでこの名がある。単軸型地下茎部から生ずる稈と稈の間隔が短く、密集した薮となる。また、年毎に稈の剪定を繰り返すことにより稈の高さが1.5 m程度に矮小化するので、公園や人家の生垣などに利用されることがある。稈鞘には細かい不規則な黒褐色の斑点が出て無毛、葉片は線形で非常に長く、所々で捻れながら反転

←図11A　稈の基部付近の数節で各節の下部1 cm程度が布袋のおなかのように膨らみ、また、1節おきに縮節し、やや亀甲状となるなどの変異がある。富士竹類植物園。*Phyllostachys aurea* has partially prominent internodes underneath each several lower nodes near culm base like potbelly of the Hotei, one of the Seven Deities of Good Fortune in Japanese religious tale. Fuji Bamboo Garden.

図11B　稈の高さは2-5m程度と低く、若い稈は青灰色を呈する。1節より2枝を出す。宇都宮市下栗町。Culm height 2–5 m. Young culms blue-gray, two branches per one node. Shimoguri Machi, Utsunomiya City.

図11C　タケノコははじめ全体が褐色を帯びるが、縁から白色に変化し、疎らに不規則な褐色斑点をなす。葉片は細長い線形で、波うち、垂れさがる。Young shoot colored brown at first, gradually turns into white at the margins with irregular brown spots. Sheath-blades elongated linear with waving and drooping. ➡

図11D　脱落直前の古い稈鞘、全体が白色でシミ状の褐色斑点が上部に出る。葉片は反転し紐状に縮れる。Deciding culm-sheath in creamy with tiny brown spots at upper portion. Sheath-blade linear and reflecting.

図11E　稈を年ごとに剪定すると高さが1.5 mほどに矮生し、単軸型地下茎から出る稈の間隔があたかも仮軸型地下茎で生ずる株立ちのように狭くなるので、生垣として利用されることがある。宇都宮市峰町の宇都宮大学構内で。Culms become dwarf as 1.5 m in height by pollarding every year with shortened monopodial rhizome internodes to form clump like as sympodial rhizome clump, being used for hedge material. Utsunomiya Univ.

図11F　葉は皮紙質で、春先に出る葉は全体に短毛で覆われ、基部はやや円形で短い広披針形。Spring-flashed leaves leathery-chartaceus, wide and short lanceolate with rounded at the base, covered with short hairs. ➡

←図11G 普通に出る葉は側脈に沿ってやや波打った長披針形、葉裏と葉鞘は短毛が有り、少数の肩毛が出る。Ordinal leaves long-lanceolate, slightly wave alongside veins with pubescent abaxial leaf surface and leaf-sheaths and short oral setae.

図11H 葉鞘、葉裏（未展開の葉）の細毛部拡大。Close-up of puberulus leaf-sheaths and rolling leaf-blade with minute oral setae.

する。葉鞘も無毛。葉は基部が切形で先端が次第に尖る披針形で、長さ 10 cm、幅 1 cm、紙質で上面無毛、裏面に短毛を密生もしくは散生する。肩毛は軸に沿って目立たない。中型のマダケ属植物で、葉に触って裏面有毛の感触を得る時には、稈基部付近の節間の特有の凹凸の有無を確かめる。**複総状花序**は花梗を持つ数個の穂状花序よりなる。穂状花序は披針形で長さ 4–5 cm、1–3 個の小穂を苞が包む。小穂は 1–2 個の両性小花からなり、外穎は長さ 18 mm、9–11 脈で平滑、格子目は目立たない。

12/3 マダケ Ma-dake

Phyllostachys bambusoides
Siebold & Zucc. Abh. Math- Phys. Cl. Akad. Wiss. München 3, 3, 746 (1843)

稈は高さ 20 m, 直径 15 cm に達し、基部から先端まで通直で、円錐形の樹形となる。節は稈鞘痕の隆起線とその上部が隆起し、二重の膨らみとなる。節上部の隆起線の方が稈鞘痕の高さよりやや高く、また稜部は丸みを帯びる。芽溝が顕著に発達する。稈鞘は褐色の斑点が出て無毛。葉鞘も無毛、葉は

図12A 水際で繁茂するマダケ林、稈は垂直で円錐形の樹形になる。愛知県豊田市矢作川。Vast clumps of *Phyllostachys bambusoides* on the banks of the Yahagi River, Toyoda City, Aichi Pref. Culms upright and cone with abundant leaves on branch complement.

図12B　タケノコ；稈鞘は褐色で黒褐色の斑点があり、無毛。葉片は線形で成長につれ反転する。葉耳は発達せず、肩毛はわずかに出る。A young shoot with glabrous dark-brown spotted culm-sheaths. Sheath-blades reflect during shoot growth.

図12C　タケノコは成長しながら稈鞘を脱ぎ、次々に同時枝を出す（宇都宮市江川）。Young shoots successively develop two branches at each node, as falling culm-sheaths during rapid growth. left bank of Egawa River, Utsunomiya City.

図12D　タケノコの稈鞘の先端につく葉片は成長につれ反転し、やや太さの異なる２本の大枝を出す。 Two primary branches emerge at each node, while sheath-blades reflect during growth.

⬅図12E　大枝の第一節間は中空となる。枝（腋芽）の上部の節間には芽溝と呼ばれる窪みが発達し、マダケ属の大きな特徴を示す。Internodes sulcatus above axillary bud side with first internode of primary branches hollow.

基部の円い広披針形で、長さ 12 cm、幅 2.5 cm、紙質、両面無毛だが、裏面の基部付近にのみ細毛が出る。肩毛はブラシ状に良く発達する。**穂状花序**は細長い披針形で長さ 4–6 cm、苞によって数個の小穂を包む。個々の小穂は数個の小花からなる。花時に小穂は軸から緩く開き出す。外穎は長さ 28 mm、15–18 脈で格子目が有り上半分に微毛がでる。雄しべ3本、雌しべは長い花柱の先端に 3 叉した柱頭をつける。分枝はほぼ同じ太さの枝が 1 節あたり二本 90 度に広がって出る。大枝の基部の第一節間は中空。稈は弾力に富み、タケノコの生長後、風雨など物理的な

図12F　長楕円状披針形の葉はやや波打って下垂し、葉裏は粉白で無毛だが、基部付近にのみ毛が出る。肩毛はブラシ状で枝に直角に広がる。Long ellipsoidal-lanceolate leaves slightly wave. Abaxial leaf surface glabrous and powder-white, while fine hairs exist at the base.

図12G　葉の表面は光沢があり、軸に直角～放射状に出るブラシ状の肩毛が目立つ。マダケは他の種（ハチクやモウソウチク）に比べ、葉のサイズが大きく、稈や枝全体の葉の茂り方が密な印象を与える。*Phy. bambusoides* has more abundant and larger foliage leaves per branch complement with adaxial surface lustrous, spreading brush-like long oral setae than other congeneric species.

力に曝されて撓んでも、すぐにもとに戻り、薮全体が直立した円錐形の樹形で構成される。一斉開花後結実せずに地上部は枯死するが、地下茎は残存し、枯死後ひこ生えが生じ、やがて元の竹林へと回復する。　（カラタケ）

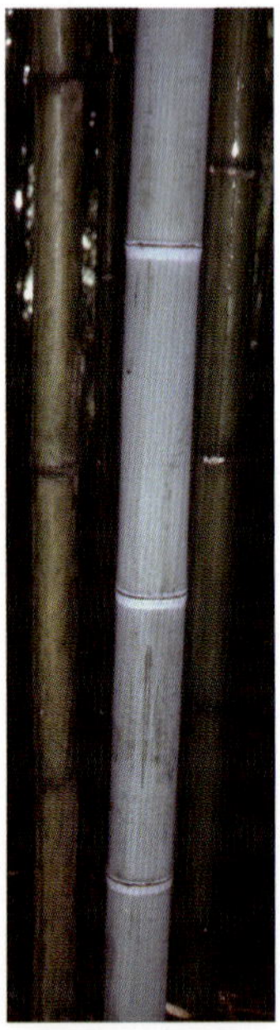

13/4C　タイワンマダケ Taiwan-madake

Phyllostachys makinoi Hayata, Icon. Pl. Formosan. 5, 250 (1915)

稈は高さ 18 m, 直径 10 cm に達する。若い時は青灰色を呈し、節間は長い。節は二重に膨出する。稈鞘には褐色の小斑点がほぼ全面に出て無毛。葉鞘は無毛。葉は裏面の基部のみに短毛を密生する。やや長い肩毛が発達する。**穂状花序**は披針形で長さ 3 cm、1–2 個の小穂を苞が包む。小穂は 1–2 小花からなり、外穎は長さ 20 mm、15–17 脈で無毛、格子目がある。

（ケイチク）

←図13B　若い稈は青灰色で、節も節上部の隆起線も高くならない。Young culms show powder blue and low nodal lines.

←図13A　タイワンマダケの稈鞘は黒褐色で全面に黒色の斑点があり、マダケよりも長く大きいので、竹皮として利用されることが多い。富士竹類植物園。*Phyllostachys makinoi* has longer and wider culm-sheaths than *Phy. bambusoides* that provides occasionally wrapping materials. Fuji Bamboo Garden.

(2) ヘテロクラーダ節 Sect. *Heterocladae* Z.P.Wang & G.H.Ye

稈鞘は肌色で斑点は無く、葉片はタケノコの生長過程でも直立のままである。花序は散形〜頭状花序となる。

14/5C　クロチク Kuro-chiku

Phyllostachys nigra (G.Lodd. ex Lidl.) Munro var. ***nigra***, Trans. Linn. Soc. London 26, 38 (1868)

稈は高さ 10 m, 直径 6 cm に達する。節は二重に膨出する。稈はタケノコの生長直後では黒緑色で次第に紫黒色に変化する。稈鞘は淡いピンク色でうっすらと毛がでるが、後に肌色となり、毛は脱落する。穂状花序は長さ 3 cm ほどの緩い散形に集まる。1 個の**穂状花序**は苞によって 1–3 個の小穂を包む。小穂は 2–3 小花からなり、外穎は長さ 15 mm、9–11 脈で毛に覆われる。

（ムラサキタケ、ゴマダケ（ニタグロチク）00m）

図14A　タケノコの稈鞘は肌色一色で斑点は無い。全面に柔らかい短毛で覆われ、葉片は緑色で直立する（宇都宮市下栗町）。*Phyllostachys nigra* has black mature culm and young shoots with light brown culm-sheaths covered with downy hairs.

←図14B　稈鞘の縁は白色の繊毛を生じ、頂部の葉片は縦皺が入り、その基部に皺のある赤褐色の葉耳が発達し、波打つ肩毛が発達する。葉片は反転せず直立〜斜上する。Culm-sheath margin has white ciliate hairs. Sheath-blades are wavy linear, erect to ascending. Reddish brown auricles attached to upper margins with spine-like hairs followed by oral setae.

図14C　成長中のタケノコの先端では、葉片が反転せず、線形に延びる。Elongate sheath-blades ascending at an apex of rapidly growing shoot. →

図14D　成長中の稈鞘も淡褐色の産毛で覆われ、縁には繊毛が出て、上端に鎌状の葉耳を付け、その周囲から湾曲しながら放射状に肩毛が伸びる。葉片は褐色に変わり波打ち、炎のような形状になる。Culm-sheath under growing still covered with downy brown hairs, ciliate at margin, upper-margin attached with sickle-auricles surrounded by curly oral setae. Sheath-blade turned brown and flame-shaped.

図14F　タケノコから成長したばかりの若い稈は暗緑色を呈し、白色のワックスで覆われる。脱落途上の稈鞘でも葉片は斜上したままである。Young culms dark-green covered with white wax, deciding culm-sheaths with erect or ascending sheath-blades. ➡

⬅図14G　稈が紫黒色に変化するタイミングには変異があるが、おおむね2年目に入ってからである。Culms normally turn purplish-black one-year after grown.

図14H　小枝の先端に3–4枚の葉をつける。葉は皮紙質、上面に光沢があり、細い楕円状披針形、短小な肩毛がやや放射状に開出するが、肩毛の無い枝葉も多い。葉鞘は無毛。A branch complement collect 3–4 leaves with spreading small oral setae. Foliage leaves leathery-chartaceous, narrow ellipsoidal-lanceolate, leaf-sheaths glabrous. Oral setae at branch complement occasionally absent.

⬅図14E　葉片は真横から見ても波打ち、炎の形状をとる。Side view of sheath-blade also a flame shaped.

図14I　葉の裏面は無毛。Rolled leaves show abxial leaf surface glabrous.

図15A　ハチク林、一部にモウソウチクを混交（うな垂れた枝葉の稈）、東広島市安芸津町。ハチクは稈の柔軟性に劣り、強風に遭って弓なりに撓むと元に戻らず、稈は湾曲しやすい。垂直の林分は生育地が周年温和な気候環境下にあることを示す。*Phyllostachys nigra* var. *henonis* clumps in Higashi-hiroshima City, Hiroshima Pref. Culms of this taxon are usually less elastic to arch-bend due to strong wind or rain fall. Straight culms show that the climatic environment of the habitat is mild.

図15B　稈はクロチクよりも大型になり、高さ 20 m、直径 10 cm に達することがある。年を経た稈は灰白色に変化し、節を介してややジグザグになる。節はマダケに比べて低く、節上部の隆起線は稈鞘痕より低く、稜は尖る。富士竹類植物園。　Culms of var. *henonis* larger than var. *nigra* in attaining at most 20 m in height and 10 cm in diameter. Nodal prominent line lower than sheath-scar and the ridge edged. Culms slightly zig-zag shaped at each node. Old culms become grayish white. Fuji Bamboo Garden.

15/5′ ハチク Ha-chiku

Phyllostachys nigra (G.Lodd. ex Lidl.) Munro var. ***henonis*** (Mitford) Stapf ex Rendle, J. Linn. Soc. 36, 443 (1904)

稈は高さ 20m, 直径 15 cm に達し、成熟すると灰緑色となる。節は二重に膨らむが、稈鞘痕の高さよりも上部の膨出部の方が低いか同等、稜が尖り、大枝の基部の第一節間は中実となる点でマダケと区別できる。稈鞘はクロチクと同様に肌色で、脱落性の薄い毛がでる。葉鞘は無毛。葉は披針形で長さ 13 cm、幅 1.7 cm、紙質、葉裏はやや粉白で無毛だが、基部付近にのみ短毛がでる。肩毛ははじめ放射状だが、次第に脱落して葉鞘の延長線上にわずかに残る。**穂状花序**は長さ約 3 cm で緩い散形花序様に集合し、基部からそれぞれ 1 枚ずつ小型の葉をつけた枝が左右に開出する。外穎は長さ 13 mm、11

←図15C　ハチクのタケノコ：稈鞘は肌色で赤褐色の短毛に覆われる。富士竹類植物園。　Culm-sheaths of young shoot are whitish brown covered with red-brown short hairs with sheath-blades opening.

図15D　急成長中のタケノコの稈鞘、葉片は水平に開く。栃木県栃木市・渡良瀬遊水地の水塚で。Sheath-blades of rapidly growing shoot horizontally open. At the Watarase Reservoir, Tochigi City, Tochigi Pref.

図15E　若い稈は淡緑色を呈する。太い枝と細い枝の２形に分かれる。若い枝葉の基部に顕著に１対の白いリボン様の前出葉が残る。輪島市。Young culms colored pale green. Robust and slender two branches emerge from each node where a couple of elongated prophylla attached on each base. Wajima City, Ishikawa Pref.

図15G　葉は皮紙質で小枝に数枚が集まり、基部が円形で幅の狭い披針形、肩毛は軸に沿って放射状に広がる。季節的に遅く出る葉では肩毛は少なくなる（柏木）。Foliage leaves leathery-chartaceous, narrow lanceolate with round base. Early developed foliage leaves spread oral setae alongside leaf axis, while absent in lately emerged ones. (Kashiwagi).

図15F　各節の大枝の第一節間は中実となる。First internode of each primary branch is solid.

図15H　葉裏は粉白で無毛だが、基部や葉柄から中肋基部にのみ毛が出る（柏木）。Abaxial leaf surface glabrous in powder-white except for leaf base and petiole partially covered with minute hairs. (K).

図15I　開花した穂状花序。2015年は120年に一度の全国的な開花の始まりとみなされる。2015年6月8日、神奈川県相模原市緑区（三樹）。 Spike inflorescence of var. henonis of which gregarious flowering cycle is considered as 120 years. Photo on June 8, 2015 at Midori-Ku, Sagamihara City, Kanagawa Pref. (Miki) ➡

脈で毛に覆われる。マダケに比べ、葉のサイズが小さく、量が少なく、樹冠が薄く見える。材は弾力性に乏しく、風雨に曝されて湾曲すると、もとに戻らず、マダケ林に比べ、弓なりに湾曲した稈の多い竹林となる。日本の3大有用竹として知られるモウソウチク、ハチク、マダケの順に出筍する。ハチクは正倉院の御物に多用されることから、最も早い時代に日本に導入されたものとみなされている（岡村 1996）。

鳥屋野の逆さ竹

新潟市中央区鳥屋野に国指定天然記念物の「鳥屋野の逆さ竹」がある。広さ1.2 haほどの東西に細長いハチク林である。逆さ竹とは、枝が地面に向かって垂直に伸びる、いわば枝垂れ竹という特異な性質を持つものである。竹林内に縦横に設けられた散策路を歩いてみると、逆さ竹のみならず、細い稈が地際で直角に曲がり、地面に沿って伸びる「這い竹」、稈がアー

図B　東西に細長い約1.2 haのハチク林で、逆ダケと呼ばれる枝が下垂する変異体のほか、稈や枝の性質の異なる数種類の変異が観察される貴重な文化財である。北側観察路の中ほどより東門方向を望む。ハチクはマダケよりも稈の弾性に乏しく、林縁では卓越風の影響を受け、稈が一様に斜めに傾いている。A 1.2-ha *Phy. nigra* var. *henonis* grove standing on Toyano.

図A　国指定天然記念物「鳥屋野逆ダケの薮」1922年10月12日に指定。新潟市中央区鳥屋野所在。東門の管理棟、地域の人々によって大切に保護管理されている。National natural monument of Toyano Sakasa-dake, drooping *henonis* bamboo, located at Niigata City, Chuo-ku, Toyano appointed on Oct. 12, 1922.

⬅図C　逆ダケ：大枝の基部が屈曲し、枝垂桜や枝垂柳のように真下に伸びる。 Sakasa-dake, drooping primary branches.

図D　縮タケ：大枝の節間がほとんど発達せず、短い枝に葉が集中する。Chijimi-dake, shortened branches.

図G　水平ダケ：枝が通常のように斜上せず、水平に張る。 Suihei-dake, horizontal branching.

チ状に曲がる「曲がり竹」、枝の第二節間以上がほとんど伸長しない短小な枝のみを持つ「縮み竹」、枝が水平に伸びる（ハチクは通常は斜上するが）「水平竹」、そして、稈の背が高く、先端付近の節に枝が集中する「傘竹」が散在するのを発見できる。入口付近の案内板やリーフレットには、もっぱら逆さ竹のみに注目して説明されているが、注意して観察すれば、上記以外にもっと多くの奇形が発見されるかもしれない。由来からすればもともとは単一のクローンから出発したとのことだが、遺伝子の解析など、最新の分析技術による、これらの奇形の成因の解明が期待される。

図E　曲がりダケ：稈がアーチ状に湾曲する。Magari-dake, arching culms.

図F　這いダケ：稈が地際で曲がり、地を這うように伸びる。Hai-dake, creeping culms.

図H　傘ダケ：枝が梢端に集まって傘を開いたように広がる。写真では上方のやや黄緑色の枝を広げた稈。Kasa-dake, umbrella branching.

カンチク属 *Chimonobambusa* Makino（2 種）

本属のカンチクは稈鞘が宿存し、しばしばササ類の一員として取り扱われる（鈴木 1978, 1996）。しかしながら、同属のシホウチクでは稈鞘は早落性を示し、かつ、この属がマダケ属と同一の分岐群であることが分子系統学的解析結果から明確であるので（Hodkinson *et al.* 2010）、本書ではタケ亜連の構成員とみなす。稈の基部から中位付近までの節に気根が変態したと考えられるスパイク状の刺を生ずる、稈鞘の葉片が 2 mm 程度に小さくなる、など共通した特徴を持つ。

16/1C　カンチク Kan-chiku

Chimonobambusa marmorea (Mitford) Makino, Bot. Mag. Tokyo 28, 154 (1914)

稈の高さ 3 m, 直径 1.5 cm ほどの中型のタケ。節間は赤褐色を呈し、光沢が有り美しい。稈鞘は紫褐色で白色水玉模様状の斑点がでて大理石のような美しさのあることから種小名が付けられた。気候の寒くなる 11 月頃に出筍するのでこの和名が付けられた。稈の上方の節から 1 節より、3 本で、左右がやや細く、それぞれが稈鞘に包まれた枝を内鞘的に分枝し、順次下方に及ぶ。節には、

図16A　カンチクの薮、稈鞘が宿存する、宇都宮市の若山農場にて。*Chimonobambusa marmorea* clumps in Wakayama Farm, Utsunomiya City.

図16B　多数の枝は内鞘的分枝様式をとる。チゴカンチクの例。Intravaginal multiple branching of *C. marmorea* f. *variegata*.

図16C　稈鞘の基部から中部付近は褐色～赤褐色（右）で、上方では白色（左）となり、その境界は大理石のような丸い斑点が並び、種小名の由来となる。節は平たんだが、腋芽側に顕著な光沢のある褐色の長毛が出る。Base to middle of culm-sheath colored red-brown, upward white with marble spots around interface. Nodes flat with glossy brown long hairs at the axillary bud-side.

図16D　稈鞘の上部は次の節を包んで膨らみ、時としてその部分から葉片のように反り返ることもある。黄矢頭は短小な葉片の位置を示す。 Upper portion of culm-sheath swollen by wrapping node that looks like apparently sheath-blade. Yellow arrow-heads show position of each sheath-blade.

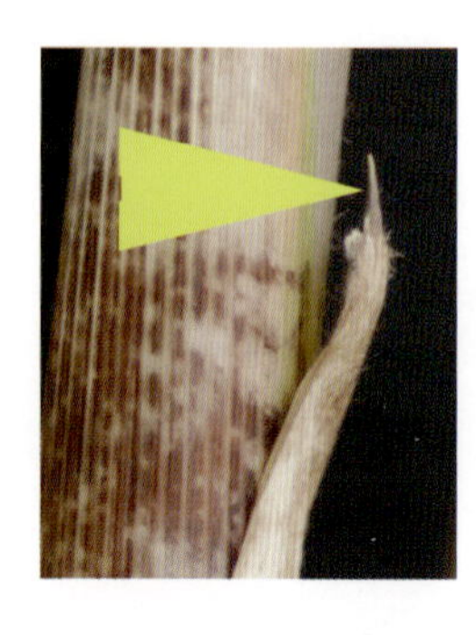

⬅図16E　葉片は直立し、先端が 1 mm ほどの小さな鉤爪のような構造である。Sheath-blade erect and very tiny spine ca. 1 mm in length (yellow arrow-head).

図16F　黒褐色の毛に包まれた節から不定根状のスパイク（爪）が生ずる。 Each node surrounded with several spikes.

図16G　葉は紙質で線形～長披針形、緩やかに下方に湾曲する。Foliage leaves chartaceous, linear or narrow elongated-lanceolate, slightly curved underside.

図16H　肩毛は白色の縮れた糸くずのようである。Oral setae look like white, curly threads.

図16K　小穂は８個ほどの小花からなり、雄しべ３本、雌しべの柱頭は羽毛状で三叉する。Spikelet composed of ca. 8 florets, stamen 3, 3 feathery stigmas.

図16I　タケノコは気候が寒くなる11月頃に出て属名の由来をなす。緑色の地に黒褐色の斑模様があり、針状の短い葉片は直立する。Young shoot appears toward November when cold climate comes, giving rise to its generic Japanese name. Tiny sheath-blades erect.

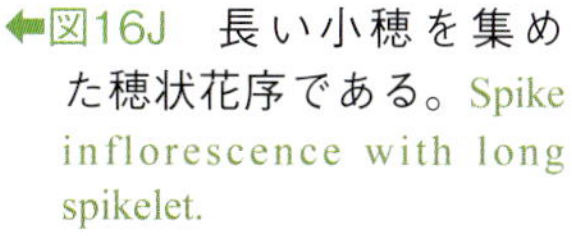

←図16J　長い小穂を集めた穂状花序である。Spike inflorescence with long spikelet.

図16L　稈は非常に柔軟で、密集した枝葉に大量の雨水を受けたり、積雪に遭うと倒伏する。Culms are so flexible that not to be broken by fall down with heavy snow fall.

短いスパイク状の刺が出るが、稈鞘の腋芽側を中心に黒褐色の長毛が密生し目立たない。葉片は 2 mm 程度で先端が鋭く尖る。葉鞘は無毛。葉は先端が次第に尖る狭披針形で長さ 15 cm、幅 12 mm、薄紙質で両面無毛、葉身が湾曲する。**小穂**は緑紫色で線形、長さ 2–4cm。数個の小花がやや小軸を見せて緩く連なる。外穎は長さ 7 mm、5–7 脈、平滑で格子目あり。雄しべ 3 本、雌しべの柱頭はごく短い花柱を介して羽毛状に 2 叉する。稈は極めて柔軟で、積雪に見舞われると雪面下に倒伏し、融雪後、時として、立ち上がることなく匍匐枝のように生育を続けることがある。

17/2C　シホウチク Shihou-chiku

Chimonobambusa quadranguralis (Fenzi) Makino, Bot. Mag. Tokyo, 28, 153 (1914), pro. syn. *Tetragonocalamus quadranguralis* (Fenzi) Nakai (1933)

稈の断面は四角形、高さ 7 m, 直径 4 cm に達する。稈鞘は上方に早落性の軟毛を散生し、紫色で格子状の細かい斑点があり、タケノコの生長とともに脱落する。葉片は 2 mm ほどの小さな爪状で目立たない。葉鞘は無毛。葉は基部が円く先端が次第に尖る狭披針形で長さ 20 cm、幅 2 cm におよび、薄紙質、裏面にはじめ細毛が密生し、後に無毛となる。葉舌はほとんど目立たず、肩毛は淡褐色で束生する。1 節より数本の枝を分枝する。節間には刺状の小突起が散生し、稈の基部から中位の各節は隆起し、スパイク状の気根を生ずる。このような形態から邪鬼を払う魔除けの意味合いから神社仏閣の庭園などに植栽されることがある。出筍は晩秋で、高知県など温暖な地方で筍を採るために栽培される。　　　（シカクダケ、イボダケ）

⬅図17A　シホウチクの藪、枝葉が規則正しく積み重なるように出る；右隣のマダケと比較のこと。益子町の西明寺境内にて。Grove of *Chimonobambusa quadrangularis* with short branches and long drooping leaves regularly stacked, Saimyoji Temple, Mashiko Cho, Tochigi Pref.

図17B　シホウチクの稈は四角形で、各節に鋭い刺を輪生し、節間にはゴツゴツした突起が散在する。Tetragonal culm with each node surrounded by several spikes and internode surface rugged with scattered fine protrubances.

図17C　1節より多数の短い枝を出す。枝は短く上方に伸び、葉を支える。枝の節上部は算盤玉のように膨出する。 Multiple short branches grow upward with long-lanceolate leaves drooping. Each branch node has prominent line above node.

図17D　葉は紙質、細い長披針形で先端が次第に鋭く尖り、下方に緩やかに湾曲する。 Foliage leaves chartaceous, narrow long-lanceolate with terminating gradually long, straight point.

図17E　稈鞘は逆向短毛を散生し、赤紫色の細かい格子状の横縞がある。上方はやや急に尖り白色の楔状となる。葉片は2 mm程度と短く目立たない。Culm-sheaths triangular scattered with purple fine points in white corniculatus apex. Yellow arrow head shows sheath-blade.

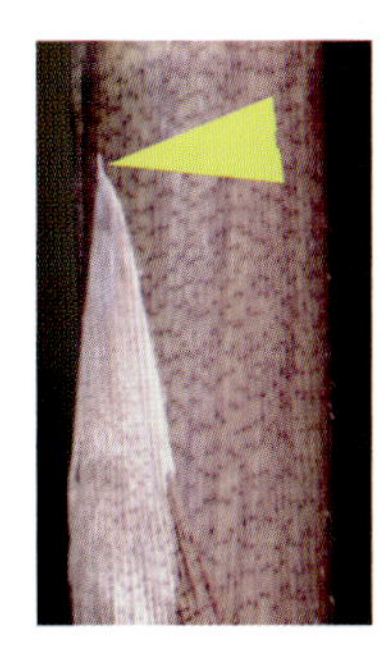

←図17F　稈鞘は硬い逆向短毛を散在し、稈鞘の本体のサイズに対して、葉片は先端2 mmほどで極端に短小である。 Culm-sheaths scattered with hard retrorse short hairs. Sheath-blades are extremely small ca. 2 mm in length (arrow head).

←図17H　タケノコは美味で季節野菜として高知県で生産される。Tetragonal young shoots are produced as a delicious seasonal vegetable in Kochi Pref.

図17G　タケノコは気候の寒くなる11月頃に出る。稈鞘の上方があたかも葉片のように三角形に尖り、褐色を呈する。先端に直立した短い葉片がつく。Young shoots emerge toward November when cold climate comes. Culm-sheaths pale brown, corniculatus apex with tiny erect sheath-blades.

トウチク属 *Sinobambusa* Makino（1 種）

18/1D　トウチク Tou-chiku

Sinobambusa tootsik (Makino ex Siebold) Makino, J. Jpn. Bot. 2, 8 (1918)

稈は高さ 8 m, 直径 4 cm、節間は長く 60 cm に達し、多数の筋が入る。黄褐色の稈鞘ははじめ長毛を散生するが後に脱落して平滑になる。葉片は長い披針形で反転し、タケノコの生長とともに脱落する。節は隆起し褐色の毛で覆われ、稈上方の節から 1 節につき多数の枝を出す。葉鞘は無毛。葉は基部がくさび形の長披針形で、長さ 18 cm、幅 17 mm、紙質、裏面に細毛を密生し、時に中肋付近のみに毛がでる。褐色で束生した長い肩毛を発達させる。円錐花

図18A　愛知県豊田市鞍ヶ池公園の山林に逸出し生育するトウチク林、稈高約 16 m。Escaped grove of *Sinobambusa tootsik* with culm-height ca. 16 m in a forest standing at the Kuragaike Park, Toyoda City, Aichi Pref.

図18B　上方から短い枝葉を広げる。Branches spread upper nodes.

←図18C　稈は通直で節は低く、節間には細い縦皺が走る。Culms upright, nodes low and vertical furrow lines on internodes.

図18D　節はやや斜めに入り、基部に黒褐色の毛が出る。節上部の膨出部は、稈鞘痕とほぼ同じ高さ。 Nodes slightly slanted, prominent line above sheath-scar is almost the same height.

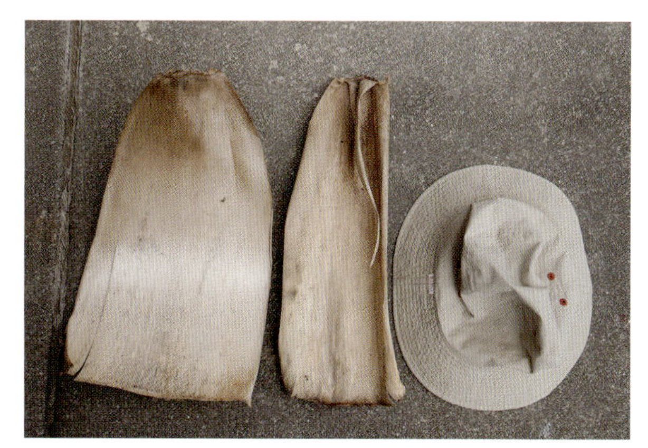

図18E　1節より数枝を出し、枝は短く葉裏は粉白。 Three or more short branches per node with abaxial leaf surface powder-white.

⬅図18G　稈鞘を付けた若い稈；稈鞘の肩毛は黒褐色・放射状、節基部の黒褐色の毛は長く目立つ。Young culms with culm-sheaths still persist, when dark-brown auricles with radiating oral setae. Node rounded by dark-brown long hairs.

図18F　稈鞘は褐色で、長大な葉片があり、成長につれ反転する。2003年8月13日。 Culm-sheaths brown with reflecting long lanceolate sheath-blades.

図18H　脱落した稈鞘、帽子の長径は33 cm。稈鞘の上部に褐色の毛が残存し、葉耳は低い山形。Sheath-proper (body) rectangular and reflect long lanceolate sheath-blade with truncate auricles. Hat 33 cm in diameter.

穂は各節に8本ほどの小穂を散形に集め、数節を連ねた枝となる。小穂は細長い線形で幅3 mm、長さ20 cmに及ぶものもあり、数十個もの小花をつける。外穎は長さ10 mm、10–13脈で無毛で平滑、格子目がある。家屋の外装や庭園に植栽されるが、時に逸出し、高さ16 m、直径7 cm、節間の長さ80 cmに達し、通直で円錐形の樹形よりなる散開した薮を形成する。

オカメザサ属 *Shibataea* Makino ex Nakai（1 種）

19/1D オカメザサ Okame-zasa

Shibataea kumasasa (Zoll.) Makino ex Nakai, J. Jpn. Bot. 9, 78 (1933); pro. syn. *Bambusa kumasasa* Zollinger, Syst. Verz. 1 (1854)

稈の高さ 1.5 m、直径約 3 mm で断面の形状は半円形～三角形。タケノコは初夏に出て扁平で緩く湾曲する。稈鞘は薄膜質で表面は赤紫色の縞模様が有りはじめ開出細毛を散生し、後に無毛、葉片は先端の尖る三角形。節は隆起し、3–5 本の短い枝を出し、1 枝に 1–2 枚の葉を付ける。前出葉に包まれた腋芽は、中心に 1 本、左右にそれぞれの前出葉に包まれた大小 2 本の枝からなる。これを反映するように、葉の展開した枝では、剥がれて脱落しかかった稈鞘を最外側につけ、ジグザグに開出する枝の左右に、白色の紐状にそれぞれの前出葉を托葉のように垂らして葉を広げ、その葉鞘に未展開の葉を包む。葉鞘は 5 mm 程度の革質鞘状から 1.5 cm 程度の膜質で無毛。葉は基部がくさび形、先端がやや急に尖る広楕円状披針形で、長さ 9 cm、幅 2.5 cm、紙質、裏面に軟毛を密生する。**複総状花序**は節間の短い総状花序が 2–3 個散形花序様に集合し、それぞれの単位に前出葉に包まれた芽が存在する無限花序を構成する。小穂は線状披針形で長さ 2 cm、基部に

図19A　公園や建物の外装としてよく利用されるオカメザサの群落。6 月中旬に一斉に出筍する；宇都宮市・宇都宮大学構内。*Shibataea kumasasa* is occasionally used as an exterior gardening plant. Shoots are simultaneously emerge in June (Utsunomiya Univ.).

図19B　新葉の展開した直後には、枝 1 本あたり 2 枚の白色で紐状の前出葉が付着しているのが目立つ。Foliage leaves chartaceous, broad-lanceolate. New leaf has a couple of well developed ribbon-like prophylla at their base.

図19C　稈鞘は白色の長く柔らかい毛で覆われる。葉片は針形でタケノコの成長につれ反転する。Culm-sheaths reddish-brown with white veins and tessellated, covered with white hairs. Sheath-blades linear and reflected as shoot grows.

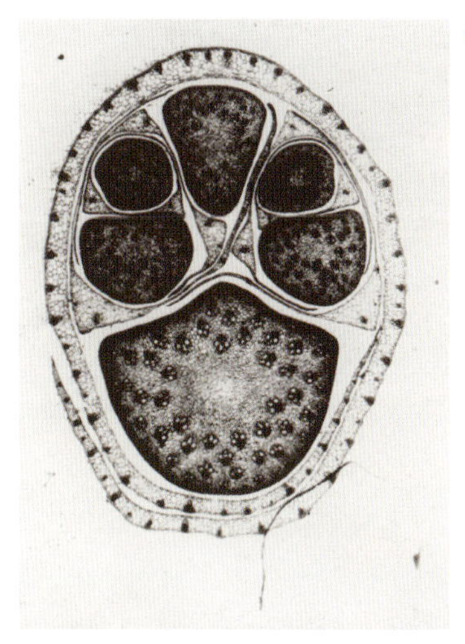

⬅図19D　腋芽の切片写真；全体を稈鞘が包み、下半分は稈、上半分は真ん中に1本の枝を挟んで左右それぞれ各2本の稜を持つ前出葉に包まれた大小2本の枝の原基が見える。中心と左側の大小2本の枝、そして右側を「の」の字に包む最外層の1枚の前出葉は、中心上部付近の一部が破断し、断片が右斜め下方に脱落している。故薄井宏博士提供。Light micrograph of a transverse section of axillary bud covered with culm-sheath, taken by Prof. Dr. Usui on Feb. 14, 1985. Upper side: five branch primodia are enveloped with each prophyllum, while under half is culm.

⬅図19E　新葉が次々と展開している様子の詳細。 Newly developing branch complements from an axillary bud related to the transverse section in D. Each prophyllum grown as a couple of white ribbons attached to branch base.

2、3枚の退化的な苞穎をつけ、2個の完全小花、先端に不完全小花をつける。外穎は長さ13 mm、7–11脈で、平滑、格子目がある。開花は不稔に終わる。稈は柔軟で農作業資材や篭を編んで利用する。日本国内での原産地は不明だが、中国から導入された可能性が高い。

種小名に « *kumasaca* » を充てる学名は、原記載のセディーユ記号“Ç”（ラテン語では柔らかい発音で、サ行の**s**に相当）を“c”（ラテン語では硬い発音で、カ行の**c**に相当）と取り違え、学名の正字法を誤った結果で、正しくは表記のように « *kumasasa* » である。

（ゴマイザサ、ブンゴザサ）

図19F　オカメザサは耐乾性が高く、乾燥度の強い狭い空間でも幾重にも単軸型地下茎を伸ばして生き続ける。 The species has high drought-tolerance, as stacking monopodial rhizomes several times over.

ナリヒラダケ属 *Semiarundinaria* Makino（*Pleioblastus* × *Phyllostachys*）（5種1変種）

メダケ属とマダケ属のいずれかの種を両親種とする推定属間雑種起原で、稈鞘が付かず離れず（落ちそうで落ちない）、多少なりとも節間に芽溝が形成される、等のマダケ属とササ類の中間の形質を現す特徴を持つ。花序はおおむね、マダケ属に共通の苞によって小穂が包まれる穂状花序を基本とする。

20/1C○ ナリヒラダケ Narihira-dake

Semiarundinaria fastuosa (Marliac ex Mitford) Makino ex Nakai var. ***fastuosa***, J. Arnold Arbor. 6, 151 (1925)

稈は高さ 8–10 m、直径 4 cm、節間は長さ最大 40 cm に達する中型のタケ。一節より 1–8 本の枝を出す。出筍は 6 月下旬で、稈鞘は初めうっすらと開出する細毛で覆われるが、すぐに脱落して無毛となる。縁も無毛。葉片は狭披針形で反転し、稈鞘の大部分は剥がれるが、いくらかは腋芽部分で節に密着し、ぶら下がった状態で宿存する。節はやや斜めに入り、節上部の膨出部はやや高く、稈は節を介して緩くジグザグとなる。枝の稈鞘は宿

図20A　ナリヒラダケの薮、稈の高さ約 9 m、直径 4 cm に達し、斜上する枝は 60 cm–1 m 程度で短い。稈鞘がところどころで付着したまま残るので、遠方からでも同属であることがわかる。宇都宮市石井町で。 *Semiarundinaria fastuosa* var. *fastuosa* clumps in Ishi Cho, Utsunomiya City. Culms 9 m in height, 4 cm in diameter, ascending branches short as 0.6–1 m in length. Several culm-sheaths remain drooping as halfway between persistent and deciduous shows diagnostic character of genus *Semiarundinaria*.

図20B　稈ははじめ淡緑色で、成熟するにつれ濃緑色となり、秋から冬にかけて赤褐色に変化し、翌春には黄褐色へと変化する。稈は節を介してややジグザグになる。稈鞘は卵円形。 Culm color pale-green at first, changes dark-green in mature, turns into reddish-brown in autumn through winter, then turns into yellowish-brown in next spring. Culms zig-zag shaped by each node. Culm sheaths parabolicus.

図20C　葉は皮紙質、細長く先端が次第に鋭く尖る披針形で、裏面は無毛。 Foliage leaves leathery-chartaceous, narrow, long lanceolate terminating gradually in a long, straight point. Abaxial leaf surface glabrous.

←図20D　肩毛は軸に平行で白色・やや粗渋、葉舌は低く目立たない。Oral setae develop well parallel to axis in white silky threads. Ligules low.

図20E　稈の基部は緩く湾曲する。 Culm base slightly curved.

図20F　稈鞘は初め、紫～赤褐色だが、やがて褪色する。葉片は披針形で成長につれ反転する。 Culm-sheaths purple to reddish-brown at first, soon bleaching. Sheath-blades reflect during growth.

図20G　稈鞘の縁に繊毛は出ず、はじめ、うっすらと産毛に包まれるが、すぐに脱落する。Culm-sheath margin without ciliate covered with downy hairs, but the hairs soon decided.

図20H　タケノコの先端の葉片は細長い線形でやや波打って反転する。 Sheath-blades elongated linear, waved and reflect at shoot apex.

↑

図20I　稈鞘は成長につれ次々に脱落するのではなく、しばらくは腋芽の付け根部分で固着し、“つかず・はなれず”、の状態にとどまる。All culm-sheaths at every node open to attach halfway hanging with sheath-blade gradually reflect as shoot growth.

図20J　節は腋芽側がやや高く、節間は弱い芽溝が入る。Nodal axillary bud-side slightly tall, whereas internode slightly sulcated.

図20K　分枝は稈鞘を押し広げるように内鞘的に起こる。Multiple branches intravaginally grow.

図20L　1節より1〜3本を分枝する。One to several branches emerge at each node.

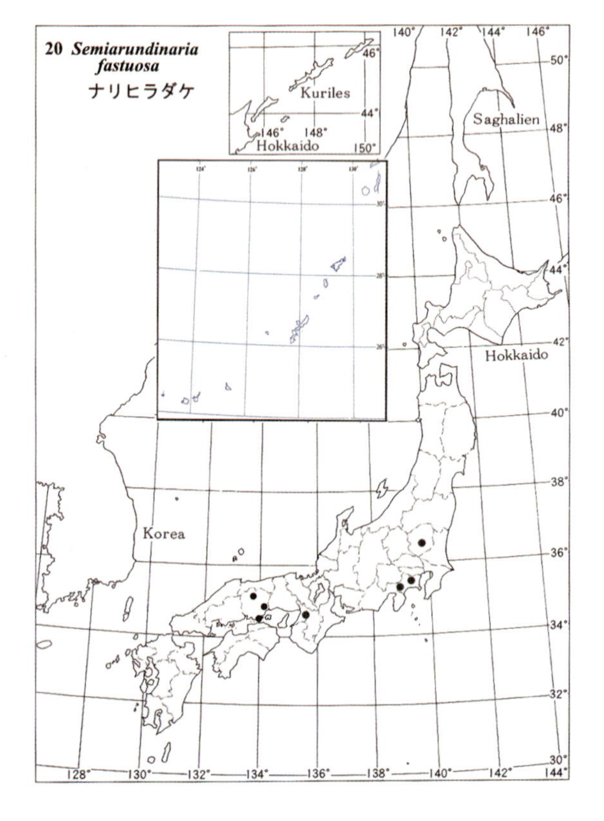

存する。稈は若い時期には黄緑色で成熟につれ濃緑色に変化し、冬季には紫褐色〜赤褐色に変化するが、翌春には再び黄褐色に戻る。葉鞘は無毛、葉は広披針形〜披針形で長さ20 cm, 幅2,5 cmに達し、皮紙質、両面無毛、もしくは裏面の基部にのみ毛が出る。肩毛は良く発達する。**複総状花序**は、長さ9 cmで1–2個の小穂を包む数個の穂状花序からなる。小穂は長さ4.5 cmで3–6個の小花をつける。外穎は長さ3 cm､約20脈で格子目があり、全体が微毛で覆われ粗渋。雄しべは3本、雌しべの柱頭は3叉する。

（ダイミョウチク）

21/1′C○　アオナリヒラ Ao-narihira

Semiarundinaria fastuosa (Marliac ex Mitford) Makino ex Nakai var. ***viridis*** Makino, J. Jpn. Bot. 2, 2 (1918)

稈は高さ8m、直径2.5 cmに達し、はじめ緑色、後に暗緑色で艶がある。稈鞘は褐色で無毛、葉片は濃緑色で基部付近の数節では短い三角形、中部以上では線形で反転する。生長につれ、タケノコの上方では20 cm以上に伸び、波打ち、反転する。時に数cmで白色糸状の肩毛を出す。稈基部から中程までは、数本の枝が外鞘的に分枝するが、稈上方では、稈鞘は脱落しながら分枝する。稈鞘ははじめ稈に密着するが、やがて付かず離れずの中途半端な状態となる。葉鞘は無毛。葉は基部が放物線状で先端が次第に尖る長楕円状披針形で長さ23 cm, 幅2 cm、時に3.5 cmにおよび、半ばから垂れ下がる。皮紙質で両面無毛、側脈に沿って

図21B　稈ははじめ緑色だが、加齢とともに深緑色に変化する。Culm green at first, dark green in mature.

図21A　アオナリヒラの株と成長中の稈、宇都宮市下栗町で。Grove of *Semiarundinaria fastuosa* var. *viridis*. Utsunomiya City.

図21C　葉は皮紙質で長披針形。Foliage leaves leathery-chartaceous, long lanceolate.

図21D　葉は側脈に沿って波打つ。Leaf-blades waved alongside leaf veins. ➡

⬅図21E　葉裏は無毛で葉脚部にわずかに毛の出ることがある。Abaxial leaf surface glabrous, except for leaf-base slightly puvescent.

図21F　肩毛は糸状で細長く軸に沿って出る。Oral setae white long thread alongside culm axis.

図21G　葉舌は尖った山形で膜質。Ligules are membranacous and acuminated.

図21H　タケノコの先端付近の稈鞘の葉片は細長い線形で反り返り、やや斜上する葉耳と長さ数センチの糸状の肩毛が出る。Sheah-blades near apex long-linear and reflect. Auricles slightly slanted with several cm-long spindles.

図21I　稈の中ほどの稈鞘では、葉耳は目立たず、肩毛も縮れた短い糸状となる。Culm-sheaths at middle nodes bear small auricles, ciliated margin and short curly oral setae.

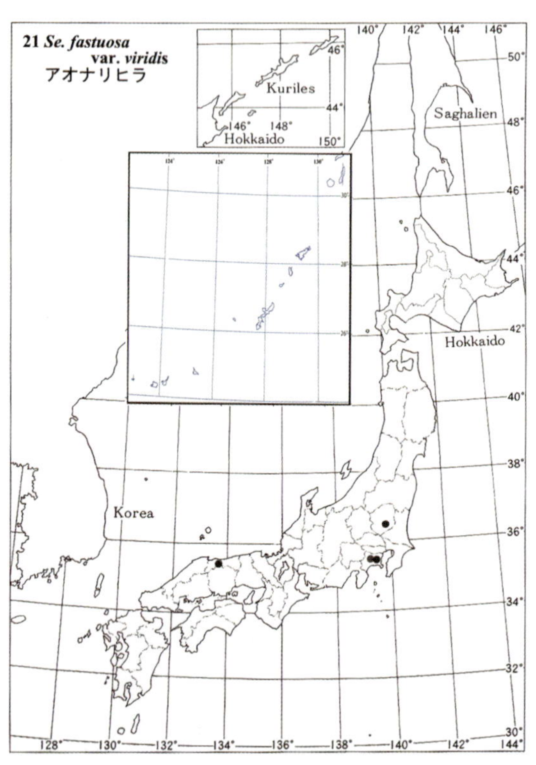

←図21J　稈基部付近の稈鞘では、葉片は短く直立する。稈鞘上縁に繊毛がでる。Culm-sheaths near at culm-base with short, erect sheath-blades, upper-margin ciliated.

図21K　付かず離れずの稈鞘を突き破り、外鞘的に数本の枝が出る。Several branches extravaginally emerge, breaking through halfway attaching culm-sheath.

図21L　外鞘的分枝様式の正面。Front view of extravaginal branching.

図21M　稈基部から数節まで、脱落しかかった稈鞘を突き破る外鞘的分枝様式が見られる。Back hand view of upper node under extravaginal branching.

図21N　成長末期のタケノコの先端では、葉片の反転が顕著。Shoot apex after growing with long, reflect sheath-blades.

皺が入る。肩毛は長く放射状。**複総状花序**は2–3個の穂状花序よりなる。穂状花序は1小穂で、3–4小花を含む。関東地方を中心に植栽される。

（アイハラダケ）

22/2○　ヤシャダケ Yasha-dake

Semiarundinaria yashadake (Makino) Makino, J. Jpn. Bot. 5, 3 (1928)

稈は高さ6 m、直径2 cmの中型のタケ。はじめ緑色で、後に褐色となる。節間は緩くジグザグを呈し、芽溝が僅かに発達する。葉は基部が円形、長楕円状披針形～広披針形で長さ20 cm、幅2.5 cm、紙質、両面無毛、肩毛は褐色で長く束生する。**複総状花序**

図22A　ヤシャダケの薮、葉は短い披針形で1枝に3–4枚をつける。福井県福井市（旧朝日町）池之河内。Grove of *Semiarundinaria yashadake* in Ikenokouchi, Fukui City, Fukui Pref. Foliage leaves chartaceous, short lanceolate, 3–4 leaves per branch complement. ➡

←図22B　稈は細く、節間は長く節を介してややジグザグとなり、分枝は1節より1本～数本。Slender, long internode, culms slightly zig-zag shaped by each node.

図22D　穂状花序をつける黄色に変化した古い稈、2005年8月、富士竹類植物園にて。Spike inflorescences borne on yellow old culms on Aug. 2005, Fuji Bamboo Garden.

図22C　筍は細く、稈鞘は緑色で披針形の葉片が斜めに広がる。Young shoot slender, covered with glabrous green culm-sheaths with broad-lanceolate sheath-blades.

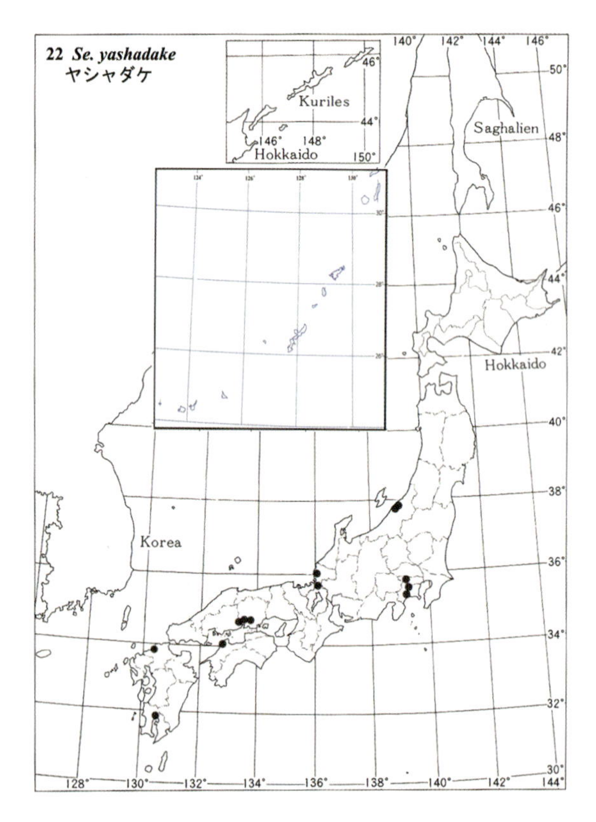

は披針形で長さ7 cmの1小穂よりなる穂状花序が2–3個集まる。小穂は狭披針形で長さ4 cm、3–4個の両性小花からなる。外穎は長さ1.5 cm、13脈で平滑、格子目が発達。雄しべは3本、雌しべは短い花柱の先に3叉する。基準産地は岐阜県の夜叉ケ池だが一部福井県にまたがる。

23/3　リクチュウダケ Rikuchu-dake

Semiarundinaria kagamiana Makino, J. Jpn. Bot. 5, 2 (1928)

稈は高さ 10 m、直径 4 cm に達し、一節より 3–7 本の枝を出す。はじめ黄緑色で、のちに褐色～紫褐色となる。稈鞘は無毛で、基部にだけ褐色の長毛が出る。葉鞘は逆向細毛が出る。葉は披針形で長さ 25cm、幅 3.5 cm、紙質、上面に毛を散生し、裏面は軟毛を密生する。肩毛は平滑でよく発達する。**複総状花序**は 1–2 個の小穂を包む数個の穂状花序よりなる。小穂は長さ 6 cm で

図23A　盛岡・浅岸川河畔に生育する大きな薮、観察者は畠山茂雄氏。Grove of *Semiarundinaria kagamiana* occurred on the left bank of Asagishi River, Morioka City, Iwate Pref., inspecting Mr. S. Hatakeyama.

図23B　盛岡・米内川上流河畔に出現する若い稈。 Young culms occurred on the right bank of upper stream of Yonai River, Morioka City.

図23C　内鞘的に多数の枝を分枝する。葉は短い披針形。Multiple branching in intravaginal branching style.

図23D　著しい芽溝が発達する。 Internodes are sulcated on the axillary bud-side. ➡

⬅図23E　短い披針形の葉。Foliage leaves chartaceous, short lanceolate.

図23F　葉裏は軟毛を密生する。 Abaxial leaf surface is pubescent with fine hairs.

図23G　葉鞘は無毛、白色で糸状の肩毛が放射状に広がる。 Leaf-sheaths pubescent, white thread oral setae spreading.

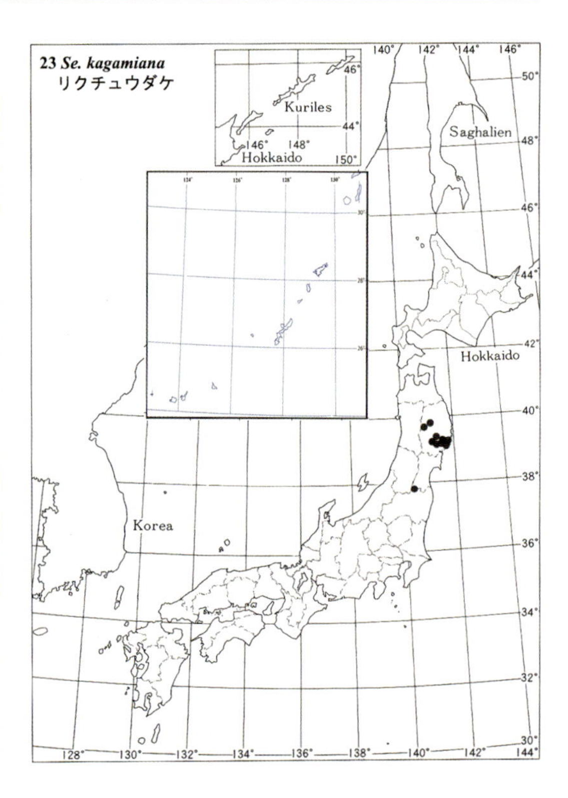

図23H　稈鞘は無毛で、細い楔状の葉片は反転する。Culm-sheath glabrous with reflect, linear to narrow lanceolate sheath-blades. ➡

数個の小花をつける。外穎は最下では長さ 2.5 cm、最上では 1,3 cm、やや格子目状、全面に微毛が有り粗渋。雄しべ 3 本、雌しべの柱頭は 3 叉する。基準産地は岩手県米内。岩手県盛岡周辺の小規模な河川の岸辺などに見られ、本属では最も耐寒性が高いとみなされる。

24/4　ビゼンナリヒラ Bizen-narihira

Semiarundinaria okuboi Makino, J. Jpn. Bot. 8, 45 (1933)

稈は高さ 4–6 m、直径 2 cm の中型のタケ。はじめ緑色で、後に黄褐色となる。稈鞘は淡褐色で無毛、縁に繊毛状の毛を密生し、長い放物線を描くように次第に細くなり、先端から褐色・線形で長い葉片を角のように突出斜上する。葉鞘は無毛で上縁は斜上し、肩毛は基部がやや幅広で白色・平滑で多数が束生する。葉は広披針形で長さ 18 cm、幅 3 cm、紙質、上面無毛、裏面に軟毛を密生する。**複総状花序**は 1–2 個の小穂を包む穂状花序が数個集まる。小穂は披針形で長さ 5 cm、4–5 個の小花からなる。外穎は長さ 1.5 cm、11 脈、

図24A　広島県北広島町荒神原の沿道のビゼンナリヒラの薮。 A patchy population of *Semiarundinaria okuboi* occurred along roadside at Kojinbara, Kitahiroshima Cho, Hiroshima Pref.

図24B　稈は初め緑色で、次第に黄褐色へと変化する。Culms colored green at first, gradually turns into yellowish-brown.

図24C　１節より３～７本を分枝する。 Three to seven branches per node.

図24D　葉は紙質で広披針形、葉裏は細毛を密生し、白色でやや長い肩毛を放射状に広げる。Foliage leaves chartaceous, broad-lanceolate, abaxial surface covered with fine hairs. White long oral setae spread radially. ➡

図24F　稈鞘の縁には褐色の繊毛が出る（齋藤）。Culm-sheaths margin is ciliated with brown hairs (Saito).

⬅図24E　稈鞘は無毛で放物線状に狭まり、先端に暗褐色の長く線形な葉片を斜上する。Culm-sheaths parabolic with ascending dark-brown, linear long sheath-blade.

平滑で格子目有り。雄しべ3本、雌しべの柱頭は3叉する。岡山県～広島県の田園地帯の沿道に散在する。

（ケナリヒラ 77s）

25/5^C^ クマナリヒラ Kuma-narihira

Semiarundinaria fortis Koidz., Acta Phytotax. Geobot. 10, 63 (1941)

稈は緑色で高さ8 m、直径4 cmに達する。節間には逆向短毛が密生する。稈鞘にも逆向短毛が密生し、基部には褐色長毛が出る。葉鞘は細毛が密生する。葉は長～広披針形、長さ25 cm、幅4.5 cmに達し、紙質で、両面とも基部に軟毛を密生する。肩毛は多数。**複総**

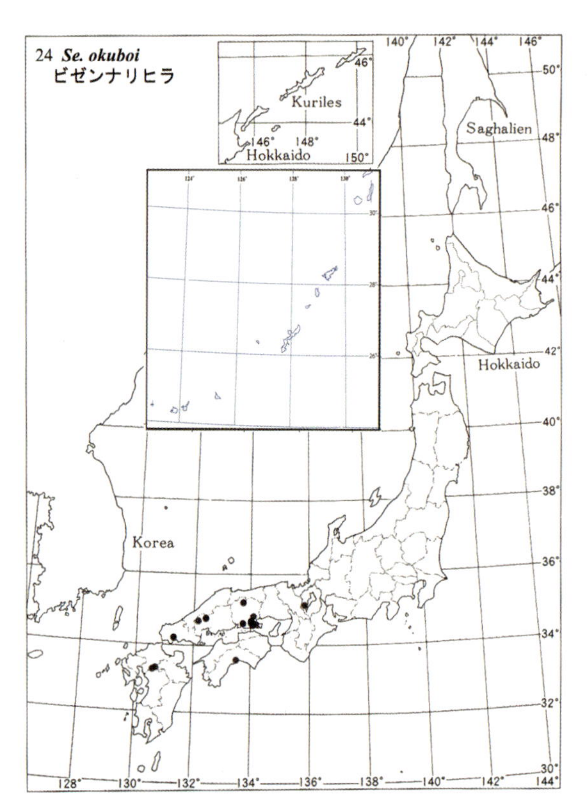

図25A　日南市飫肥城址にて。A clump of *Semiarundinaria fortis* occurred at ruin of the Obi Castle, Nitinan City, Miyazaki Pref.

⬅図25B　稈鞘に黒褐色の毛を密生する。 Culm-sheaths covered with dark brown hairs.

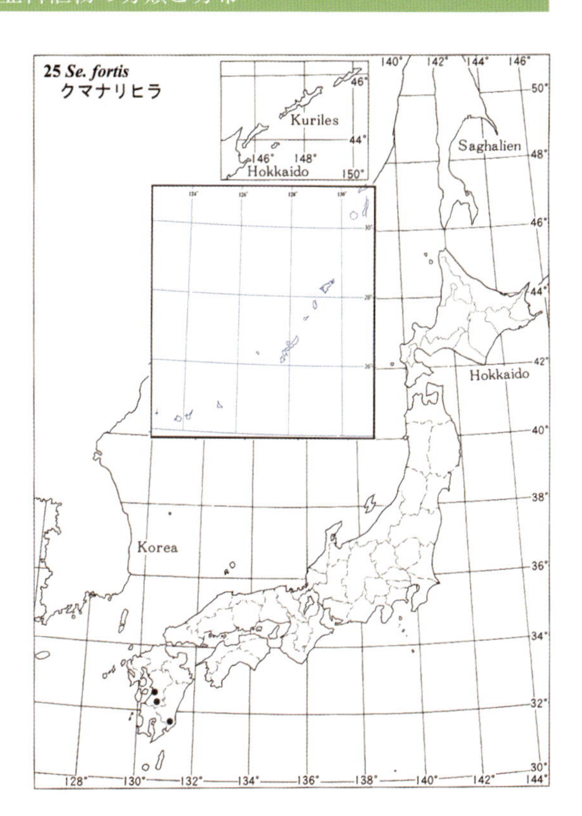

状花序は 1–3 個の小穂を包む数個の穂状花序よりなる。小穂は狭披針形で長さ 4 cm、2–3 個の小花からなる。外穎は 1.7 cm、13 脈で格子目状、全面を毛に覆われる。九州南部に稀に植栽される。

インヨウチク属 *Hibanobambusa* Maruyama, H.Okamura & Murata（*Sasa* × *Phyllostachys*）（2 種）

マダケ属とササ属の間の推定属間雑種分類群だが、村松（2013）の育種学的な交雑実験の結果から実証されている。主稈の稈鞘の脱落性、ブラシ状の長い肩毛、芽溝の発達といったマダケ属としての特徴と、広大な葉、枝における稈鞘の宿存、地際における稈基部の僅かな湾曲、などのササ属に見られる特徴を併せ持つことから陰と陽を表す和名が与えられた。

26/1 インヨウチク Inyoou-chiku

Hibanobambusa tranquillans (Koidz.) Maruyama & H.Okamura ex Maruyama, H.Okamura & Murata, Acta Phytotax. Geobot. 30, 152 (1979)

稈は高さ 4 m、直径 2 cm に達し、基部はやや湾曲し、節間には芽溝が発達する。1 節より 1–2 本の枝を出す。稈鞘は黄褐色で脱落性の開出長毛と逆向の長毛を混生する。葉片は狭披針形。葉鞘は無毛で上縁は水平となる。葉耳は楕円形で周囲に長さ 10

図26A　島根県比婆山産のインヨウチク、富士竹類植物園で（多賀）。 *Hibanobambusa tranquillans* clump in Fuji Bamboo Garden, originated from Mt. Hiba, Shimane Pref. (Taga).

図26B　新葉を展開しはじめた若い稈（多賀）。Young culm with new branch complements (T).

図26C　基部がやや円形で広楕円状披針形、先端が次第に鋭く尖る葉。Foliage leaves leathery-chartaceous, broad ellipsoidal-lanceolate, round at base and gradually acuminate at the apex.

図26D　葉耳は楕円形、葉鞘の上縁は水平。葉裏無毛、葉柄の一方がカルス状に膨らむ。Leaf-sheaths are auriclated ellipsoidal and upper margins horizontal. Abaxial leaf surface is glabrous. One side of petioles prominent forming callus.

図26E　葉鞘は開出長毛が疎らに出る。肩毛は基部の太いブラシ状。Leaf-sheath scattered long hairs, oral setae radial long brushy hairs.

図26H　葉鞘は無毛。Leaf-sheaths glabrous.

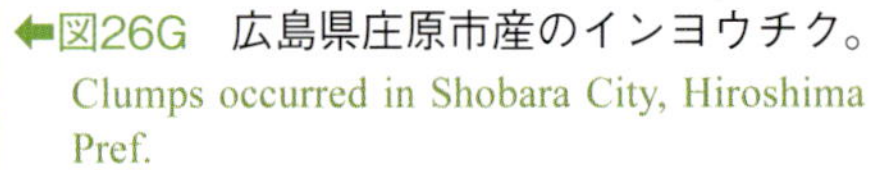

←図26G　広島県庄原市産のインヨウチク。Clumps occurred in Shobara City, Hiroshima Pref.

図26F　葉裏無毛、葉舌は低い山形。Abaxial leaf surface glabrous with low ligules.

mm 以上のブラシ状の肩毛を放射状に発達させる。葉は広楕円状披針形で先端は次第に尖り、長さ 28cm、幅 5 cm、皮紙質、裏面は無毛。葉柄は長さ 11 mm で基部の一方に肥厚したカルスができる。稈中部の節に付く芽を包む前出葉は暗褐色の短毛で覆われ、縁には繊毛が有る。**穂状花序**は広披針形で長さ 5–9 cm、苞によって 1–3 個の小穂を包む。小穂は披針形で長さ 1.9 cm、2–5 個の小花をつける。第一小花の外穎は長さ 20 mm で 13 脈、全面に毛を散生し、格子目がある。外穎の長さは先端にゆくにつれ、短くなる。雄しべは 4–6 本、雌しべは短い花柱の先に 3 叉する。島根県、広島県および岡山県に産する。

図26I　稈鞘の葉片は反転する。Sheath-blade reflected.

←図26J　稈鞘は刺状の開出毛が散在する。Culm-sheaths scattered with spiny spreading hairs.

図26K　腋芽を包む前出葉は上方に黒褐色短毛を密生し、縁に繊毛を密生する。Upper half of prophylla covered with black sort hairs with ciliate margin.

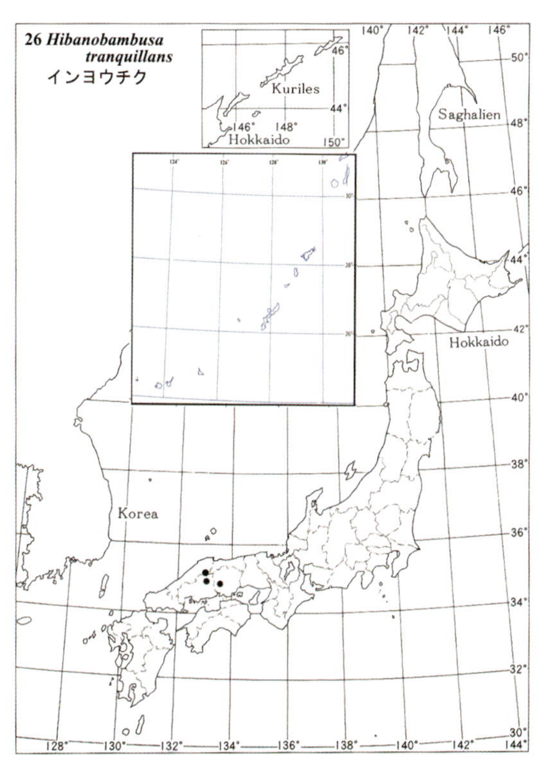

27/2 エチゼンインヨウ Echizen-inyou

Hibanobambusa kamitegensis M.Kobay. & T.Wakasugi, J. Jpn. Bot. 87, 229 (2012)

稈の高さ 4 m、直径 2 cm に達し、基部は地際で強く湾曲する。稈の節上部は僅かに隆起し、1 節より 1 枝を分枝し、わずかに芽溝を生ずる。枝の稈鞘は緩く宿存する。主稈の稈鞘は淡褐色で早落性、密に逆向する細毛と散生する長毛を混生する。葉片は緩く波打つ線形でタケノコの生長とともに反転する。葉耳は鎌状で粗渋で長

図27A　エチゼンインヨウの稈全体、稈は地際で湾曲し直立する。福井市の基準産地で。*Hibanobambusa kamitegensis* occurred at the type locarity at Fukui City, Fukui Pref. ➡

図27B　積雪期には大半の稈は倒伏する（若杉）。Prostrated culms during snow-fall season (Wakasugi).

図27C　横に張った枝から新梢が真っ直ぐに伸びる（若杉）。New branches emerge from horizontal primary branches (W).

図27F　１節より１枝を分枝する。One branch at each node. ➡

図27G　稈鞘は青紫色でビロード状の細毛で覆われ、寝た細長い毛が疎らに出る（若杉）。Young culm-sheaths purple-green, covered with velvety hairs and scattered long hairs (W).

図27E　腋芽を包む前出葉は無毛で光沢がある。Prophylla glabrous and lustrous.

⬅図27D　葉は葉柄がやや長く、葉脚が円形〜やや心形の広楕円状披針形（若杉）。Foliage leaves has longer petiole and broader than H. tranquillans, with round to cordetus base.

図27H　葉片は狭披針形で成長につれ反転する（若杉）。Sheath-blades narrow-lanceolate, reflect as growth (W).

図27I　稈鞘はタケノコの成長後、黄褐色に変化する。 Culm-sheaths change color into yellowish-brown during growth.

図27J　葉裏は全体に無毛で、葉脚部にだけ細かい毛が出る。Abaxial leaf surface glabrous with blade-base minute hairs.

く放射状の肩毛が発達する。葉鞘は脱落性の長毛を散生し、上縁が斜上する。葉柄は長さ約 12 mm で基部の一方にカルスを発達させ、様々な角度への葉の開出を助ける。葉はやや丸みを帯びた長楕円状披針形で、長さ 25 cm、幅 6 cm、皮紙質、裏面は無毛だが、基部から中肋付近に短毛を散生する。稈の節に付く芽を包む前出葉は平滑で縁に微細な繊毛がでる。地下茎は両軸型。花はまだ知られていない。基準産地は福井県越前市旧朝日町。

図27K　肩毛はブラシ状で鎌形の葉耳の周囲に放射状に出る。葉鞘の上縁は斜上する。Brushy, long oral setae spread from sickle-shaped auricles.

図27L　葉鞘は逆向細毛が密生し、寝た長毛が疎らに出る。Leaf-sheaths covered with retrorse fine hairs and scattered long hairs.

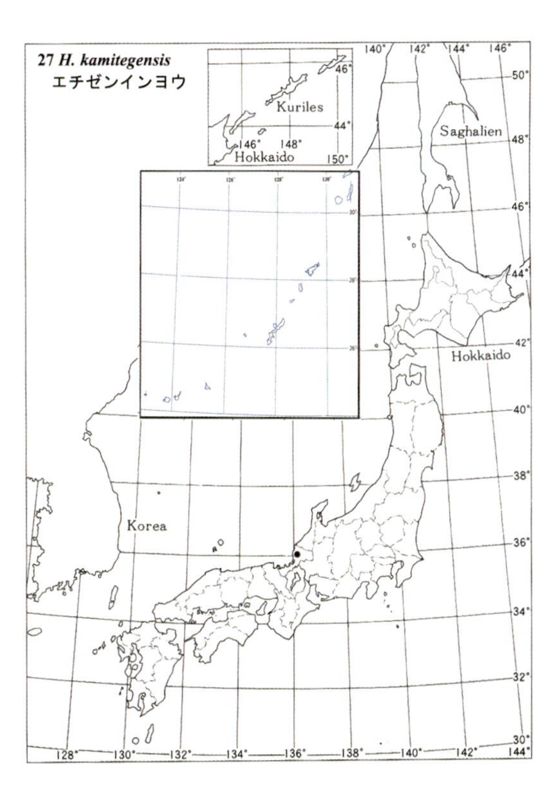

ササ亜連 Subtribe Arundinariinae Bentham

日本列島は北から南まで、亜寒帯、冷温帯、中間温帯、暖温帯、そして亜熱帯と、切れ目無く森林植生で覆われ、海岸から山麓までの平野部や河川敷では草原地帯が広がっている。多くの場合、それぞれの植生に応じたササ群落が優占し、植生の境界では異なったササ同士が隣接する。日本産タケ亜科植物はバンブーサ連の2属を除き、染色体数がすべて4倍体の2n=4X=48本で、しかも自家受粉も他家受粉も行い、生殖的隔離が無く、隣接した異種同士が同時に開花すれば、必ずといってよいほどに雑種が形成され、発芽・生長して永続的なクローンを形成する。一般に、ササ類には数十年に一度という一斉開花枯死現象が知られているので、仮に60年毎に一斉開花を繰返すと仮定すれば、少なくとも3,600年に一度ずつは同時に開花することになり、雑種の存在はごく自然な現象となる。種子が発芽した当初の1、2年から10年程度まで、種差はあるが、仮軸型地下茎により株を形成し、やがて横走する単軸型地下茎を伸ばし、両軸型地下茎からなる広大な群落を形成する。

前章で見たように、稈基部から先端までの各節における腋芽から枝が形成される時の、母稈の稈鞘の挙動に注目することにより4種類の分枝様式が識別され、これらが属の単位でまとまった特徴となることが明らかにされた。これらの点を同定の手掛かりとすることにより、日本産ササ類全体を対象として、より的確に同定することが可能となった。

かつて日本産ササ類のみで600種以上が記載された時代があった。それは、各地方に出現する、冒頭に述べたような様々な環境要因に対応したクローン内、ならびにクローン間の変異に注目し、それらの微細な特徴に基づき、特定の分類学者らが先を争って命名競争に没頭した所産と見なすことができる。本章で取り上げた日本産ササ類全体の正名は107件に対して、異名は605件におよび、合計712件となる。例えば、ササ属チマキザサ節では、チマキザサの正名に対して、27の異名が存在し、しかも、その7割が1935年から1943年までの8年間に同一の学者によって発表されている。これは広域に分布する他の種についても同様な傾向にあり、決して特殊な状況ではなかったことを示している。このような混乱した状況に大局的に終止符を打ったのが鈴木貞雄博士であり（鈴木1978）、その功績は偉大である。

大変残念なことに、最近でもなお、欧米の研究者が、かつての事実を引き合いに出し、日本におけるタケ亜科植物分類学の後進性を批判的に紹介しているのが実情である(Kobayashi, 2015)。本章では、そのような歴史的事実を念頭に置き、可能な限り、自然集団の変異の実態に適合するような分類体系の採用に心掛けた。

表2に、同一の種内分類群（種、変種、亜種）に対して10件以上の異名（和名）を持つ場合を列挙した。この表から、ササ属のチマキザサ節、ミヤコザサ節およびアズマザサ属で異名の存在が顕著なことが判る。このように大量の異名が、単純に学者間の命名競争の結果のみに起因すると考えるのは不自然であり、その要因を対象とするササ類自体に求めるのが妥当と判断される。日本産ササ類の間に著しい多様性をもたらす主要因として、既に述べたように、雑種形成による種分化が挙げられる（小林2011）。表2に登場した4属のうちの2属自体が属間雑種起原と推定される。それに加え、ササ属内部における複合体の形成がある。すなわち、ササ属にあっては、チシマザサ節とチマキザサ節、チマキザサ節とミヤコザサ節のそれぞれの間で形成される複合体が存在し、かつては、そのような限りない中間形の存在という認識の無いままに、逐一の中間形に対して命名したのに違いない。筆者がかつて、岩手県立博物館の依頼を受け、4,000点におよぶ笹村コレクションの同定作業に従事した折に、これら

表2　日本産ササ類における異名の分布(数字は件数で 10 件以上存在する分類群を列挙)。Table 2. Synonymic numbers in the Japanese Arundinariinae.

ササ属		チマキザサ節		スズザサ属		メダケ属	
チシマザサ節		チマキザサ	27	ハコネナンブスズ	14	アズマネザサ	11
オクヤマザサ*	29	クマイザサ	37			ネザサ	18
		オオバザサ	22	アズマザサ属		トヨオカザサ	11
アマギザサ節		ミヤマザサ	12	アズマザサ	29	コンゴウダケ	15
イブキザサ	15	ミヤコザサ節		ミヤギザサ	17		
ミヤマクマザサ	15	ミヤコザサ	24	クリオザサ	33		
		センダイザサ	15				
		ニッコウザサ	25				

* 便宜的にチシマザサ節として扱ったが、チシマザサ-チマキザサ複合体である.

の中間形に対して、牧野富太郎を含む著名な数名のタケ類の研究者の間を往復した経緯を窺わせるメモが台紙上に記された標本を閲覧したことがある（小林 2006）。同時に、筆者自身が最も同定の困難さ、形態学的特徴のみに基づく同定の限界を意識した標本は、アズマザサ属とスズザサ属の中間的な形態的特徴を持つものだった。表 2 に示された異名の多さは、その一端が反映されているのに相違ない。ただ、アズマザサ属には、複合体のような連続的な変異は稀で、ある程度局所個体群毎にまとまった不連続な形質群を示すのが普通である。屋久島を基準産地とするクリオザサが北海道を除く、日本列島の全域に出現しており、この分類群の異名の多さは、単純に、栄養体各部が無毛という特徴のみにより記載されている実体の再検討の必要性を示唆している。その点では、村田(1979)が、屋久島と種子島産のクリオザサと、他の地域産のものを区別する必要性に言及しているのは示唆的である。

以上のような状況を考慮し、本章では次の 3 点に着目して分類体系を採用した；

（1）ササ属では、3 種の複合体：チシマザサ−チマキザサ複合体＝オクヤマザサ、ミヤコザサ−チマキザサ複合体、ならびにアマギザサ−ミヤコザサ複合体を認め、幅広い範疇でとらえる。

（2）フィールドで両手を広げた範囲のような狭い範囲に分布する局所個体群内に、栄養体各部における毛の有無に一定の変異が見られる場合には、変種を含むように拡張した種の範囲 *emendavit* を採用する。

（3）広範囲に分布するが極めて変異の少ない種にもかかわらず、特定の地域に限って記載される変種は、変異の実体を反映する変種として評価する。

これらの検討の結果、変種を統合して種概念の拡張を行うなど、分類学的取扱いを実施した場合には、該当する事項を簡単な英文で示した。

高木虎雄氏は日本産ササ類において、開花が稀ではあるが、長期にわたり開花情報を集積し、花器官や実生の形態に着目して研究業績を重ねた代表的な研究者である（高木 1964, 1963a, 1963b, 1960, 1957 ; Tateoka & Takagi 1967）。ここでは、高木（1963b）による、ササ属、アズマザサ属、およびメダケ属 3 者の小穂の構成要素の形態比較をもとに、一部改変のうえ、スズザサ属とスズダケ属に関するデータを追加した比較対照表をまとめ表 3 に示す。

表中、ササ属の苞穎における「針状、三角形」とは、三角形の苞穎の中心に中肋のような軸が有り、先端がのぎ状に突出した形態を意味する。高木（1963b）では、アズマザサ属の諸形質が見事にササ属とメダケ属の中間に収まっており、小穂の形態から両者の属間雑種起原説を裏付けている。Watanabe *et al.*（1991）は、アズマザサ属のササ属とメダケ属との間の雑種説を花序から花粉稔性までに注目して比較検討した。検討に供せられた試料は、異なった 2 産地からのアズマザサとクリオザサの 3 試料

表3　ササ類における花器官の形態比較（高木（1963）を改変）。
Table 3. Comparison of floral organs in several Japanese Arundinariinae.

形質	ササ属 *Sasa*	スズザサ属*Neosasamorpha*	スズダケ属 *Sasamorpha*	アズマザサ属 *Sasaella*	メダケ属 *Pleioblastus*
第一苞穎の形	針状, 三角形, 披針形	披針形, 1 − 3 脈	披針形, 中肋顕著	広披針形, 3-5 脈	披針形, 3-5 脈
長さ (mm)	0.5 − 3.6	1.2 − 3.9	2 − 5	0.9 − 9.1	4.5 −18
第二苞穎の形	針状, 三角形, 披針形	長三角形, 卵形	広披針形, 7− 9 脈	広披針形, 3-5 脈	広披針形, 格子目
長さ (mm)	0.5 − 7.4	1.6 − 8	6 − 7.2	2.4 − 11.6	9.1 − 26
外穎の形	披針形, 格子目	卵形, 鋭尖頭	三角状卵形, 鋭尖頭	広披針形,格子目	広披針形, 格子目
長さ (mm)	6.6 − 12.5	7 − 10	8 − 11	8.5 − 13.7	9.4 − 16.3
鱗被の脈数	4 − 11 脈	3 − 5 脈	2 − 3 脈	6 − 9 脈	6 − 13 脈
長さ (mm)	1.5 − 2.2	2	2 − 2.5	1.9 − 3.3	3.8 − 4.1
雄しべ数 (本)	6	1 − 6	6	3 − 6*	3

* **Watanabe *et al.* (1991)** に基づく.

のみに限定されているが、雄しべの数はアズマザサでは3本から6本までバラつき、クリオザサではほぼ50%が4本、38%が5本、12%が6本だった。酢酸オルセインの染色性による花粉稔性の評価では、前者が52.3%に対して後者は2.6%と低かった。表3では、スズザサ属においても、ササ属とスズダケ属のほぼ中間に位置し、この分類群も両属間の交雑を起原とする可能性を示唆している。スズザサ属の雄しべは一般的には6本と見なされるが、奥日光におけるツクバナンブスズの開花時に、同一の花穂で抽出した雄しべの本数を数えると、クローン毎にかなりバラツキが存在するうえに、ミカワザサの場合には、ただ1本のみを持つ小花も見出され、雨巻山の個体群の開花終了時（登熟期）に集めた200小花中、たった1個の痕跡的に縮小した穎果が記録されただけだった。

メダケ属 *Pleioblastus* Nakai（20 種 3 変種）

稈は直立し、1節より内鞘的に多数の枝を出す。稈の高さ5 m、直径2.5 cmに達する。両軸型地下茎だが、仮軸型地下茎部分では、膨出・湾曲することなく直上する。葉は細長い披針形で肩毛は絹糸状で軸に平行する。

(1) リュウキュウチク節 Sect. *Pleioblastus*（4 種）

葉鞘の上縁は半円形。葉は細長い線形～狭披針形で皮～革質。鹿児島県大隅諸島以南に自生種が分

表4　リュウキュウチク節4種の形態比較 Section *Pleioblastus*。
Table 4. Comparison of morphology among sect. *Pleioblastus* species.

		P. linearis リュウキュウチク	*P. gozadakensis*ゴザダケザサ	*P.gramineus* タイミンチク	*P. hindsii* カンザンチク
稈の佇まい		上方が弓なりに湾曲	通直	通直	通直
節	高さ	低い	高い	低い	低い
	毛	無毛	筍時僅かに褐毛	無毛	筍時褐毛
節間長 (cm)		15−16	20−26	25前後	14−15
稈鞘	毛	刺状剛毛散生	無毛、基部に僅かに毛	無毛	無毛
	辺縁部	外縁有毛	両縁有毛	両縁無毛	外縁有毛
葉鞘		やや紫色	緑色	緑色	鮮緑色
葉数 (枚)		4 − 6	5 − 7	5 − 8	6 − 7
葉(長×幅 cm)		6−25×0.4−1.5	8−27×0.8−2.2	10−30×0.5−1.5	15−25×1−2
	付き方	直立	直立	横に張り、先端捻れる	直立
	形	線形一広披針形	狭披針形	狭披針形	先端が細長い披針形
	葉舌	高い山形	高い山形	高い	低い山形
	肩毛	稀に出る	よく発達	ほとんど欠如	よく発達
外穎		13脈で先端のみに毛が出る		13脈で無毛	

布し、中国からの導入植栽種を含む。室井（1959）によって沖縄本島のタケ類の探索に際して作成された比較対照表を一部改変して表４に示す。

28/1○ ゴザダケザサ Gozadake-zasa

Pleioblastus gozadakensis **Nakai, J. Jpn. Bot. 11, 4 (1935)**

稈は高さ 3.5 m、直径 12 mm に達し剛壮、通直。稈鞘は無毛もしくは基部にのみ細毛がでる。葉鞘は無毛。葉は直立する、すなわち、葉柄部で曲がることなく、葉鞘に沿って真っ直ぐに伸びる。基部は狭いくさび形の狭披針形で先端は次第に尖り、長さ 27 cm、幅 2.2 cm におよび、革質、両面無毛。肩毛は軸に平行で基部はやや太く次第に細くなり、白色平滑、長さ 12 mm、葉舌は白色で高く 8 mm 程度。節は鉄の棒に角ばったナットをはめたように急に高く膨らみ、腋芽側をやや斜め下方に突出させる。

図28A　沖縄県竹富町西表島・御座岳山頂の三角点（420.4 m）はゴザダケザサの群落に囲まれており、ヒリュウシダなどが茂る（古本）。The summit triangulation point of Mt, Gozadake alt. 420.4 m, Isl. Iriomote, Taketomi Cho, Okinawa Pref. is surrounded with dense population of *Pleioblastus gozadakensis*, in which large clumps of *Blechnum orientale*, a subtropical fern occurs (Furumoto).

図28B　稜線は風衝矮生群落となる（古本）。Ridges dominated with windy dwarf clumps (F).

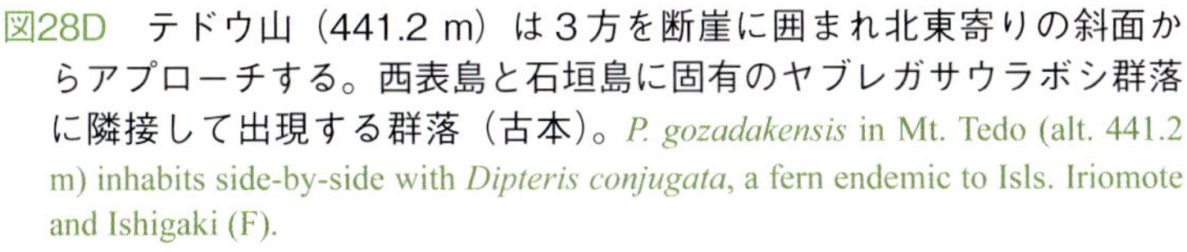

図28C　御座岳中腹の標高 300 m 付近からゴザダケザサが出現する。稈の高さ 3.5 m、太さ 12 mm に達する（古本）。*P. gozadakensis* occurs higher than alt. 300 m on Mt. Gozadake, where culms 3.5 m in height, 12 mm in diameter (F).

図28D　テドウ山（441.2 m）は３方を断崖に囲まれ北東寄りの斜面からアプローチする。西表島と石垣島に固有のヤブレガサウラボシ群落に隣接して出現する群落（古本）。*P. gozadakensis* in Mt. Tedo (alt. 441.2 m) inhabits side-by-side with *Dipteris conjugata*, a fern endemic to Isls. Iriomote and Ishigaki (F).

図28E　古見岳 (469.5 m) では、450 m 地点から山頂にかけてゴザダケザサが出現するが、薄暗い林床にはヤブレガサウラボシをはじめ、多様な植物が見られる（古本）。*P. gozadakensis* occurs on Mt. Furumi (alt. 469.5 m) higher than alt. 450 m, which provides habitat of diverse flora, e.g., *D. conjugata* (F).

図28F　石垣島・於茂登岳(525.5 m)は四方に広がった山容を持ち、標高350 m付近からゴザダケザサが出現し、山頂付近の稜線には花崗岩の露頭が散在し風衝矮生群落が発達する（古本）。Around the summit of Mt. Omoto alt. 525.5 m, Isl. Ishigaki dominated with *P. gozadakensis* population and exposed deposits of granite scatter (F).

図28G　林床にはヒリュウシダの群落が出現する（古本）。Understory of dense clumps of *P. gozadakensis*, x , a subtropical fern occurs (F).

図28H　葉は革質、基部がくさび形で先端が次第に針状に尖る狭披針形。Foliage leaves coriaceous, narrow-lanceolate with cuniform at the base and gradually acuminate terminated in needle.

←図28J　葉鞘の上縁は円形、葉舌は白色で長さ数ミリの舌状。ほぼ全葉に肩毛が出る。Upper margin of leaf-sheaths is round, ligules white and several mm in length.

図28K　多数の枝を内鞘的に分枝する（古本）。Multiple branching in intravaginal style (F).

図28I　葉裏、葉鞘は無毛、肩毛は長さ約8 mmで軸に沿いやや湾曲した糸状。Abaxial leaf surface, leaf-sheaths glabrous, oral setae slightly curly develops well ca. 8 mm in length.

稈鞘は初め赤褐色で光沢があり、後に上縁部から次第に白色となる。沖縄県竹富町・八重山群島の西表島御座岳(400 m)、テドウ山(442 m)、及び古見岳(470 m)、ならびに石垣島の於茂登岳（526 m）のそれぞれおよそ標高350 mから山頂部にかけてのみ分布する。

図28L　地下茎は両軸型で、仮軸型地下茎部は分枝の最初はやや膨らみ斜上する。 *P. gozadakensis* has amphipodial rhizome system in which primary sympodial rhizome slightly prominent and ascending at the base.

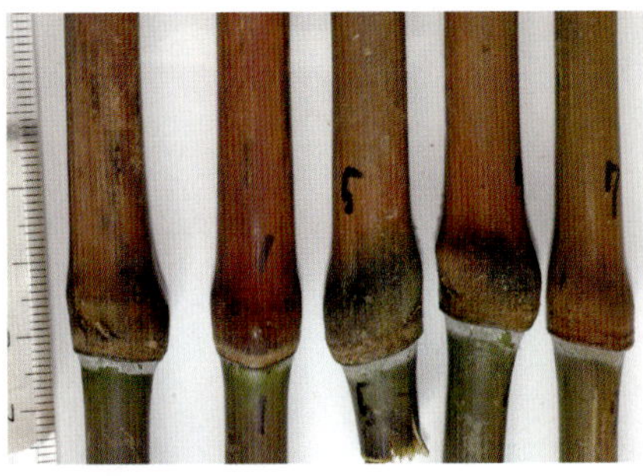

←図28O　節は止めナットのように膨らみ、次第に褐緑色に変化する。 Nodes prominent as lock nut in which axillary bud-side slightly slanted downward, gradually turn its color into brownish-green as culms grow.

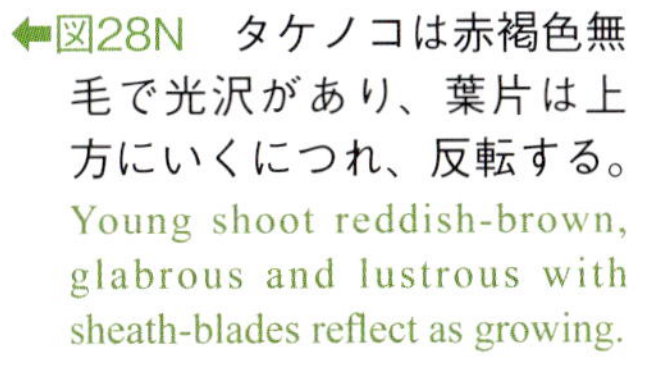

←図28N　タケノコは赤褐色無毛で光沢があり、葉片は上方にいくにつれ、反転する。 Young shoot reddish-brown, glabrous and lustrous with sheath-blades reflect as growing.

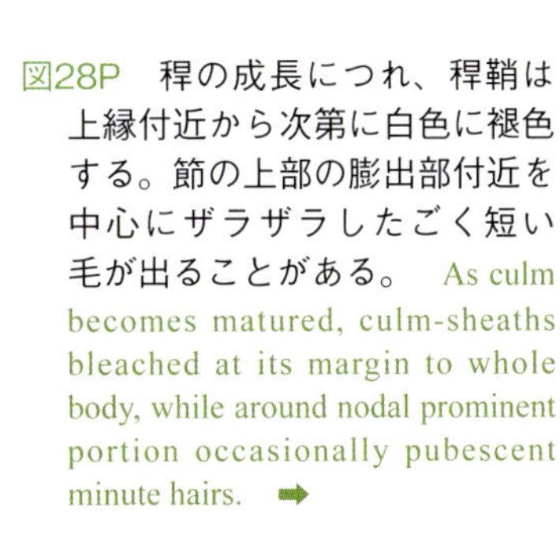

図28P　稈の成長につれ、稈鞘は上縁付近から次第に白色に褪色する。節の上部の膨出部付近を中心にザラザラしたごく短い毛が出ることがある。 As culm becomes matured, culm-sheaths bleached at its margin to whole body, while around nodal prominent portion occasionally pubescent minute hairs. ➡

図28M　仮軸型地下茎はほとんど膨らむことなく、ネックは伸びず、分岐直上し、密集した株立ちとなり、典型的なメダケ属型を示す。 Developed sympodial rhizome is hardly prominent with very short necks, showing typical *Pleioblastus* type to form dense clumps.

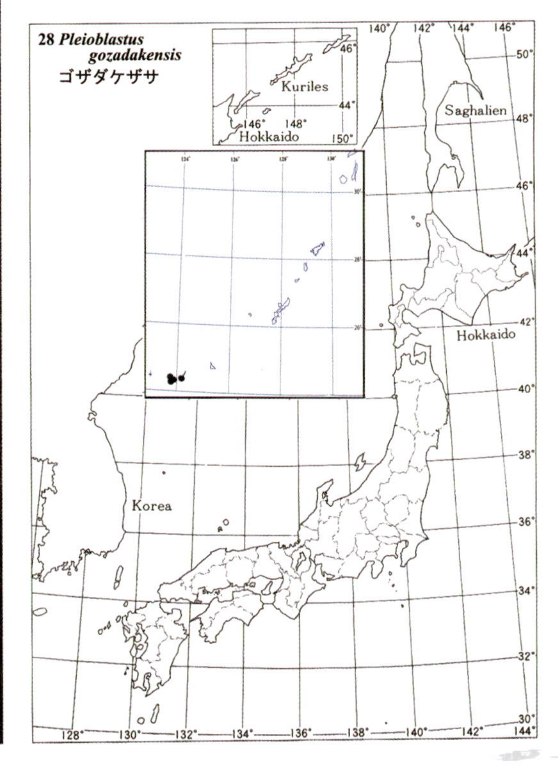

図29A　薄暗いリュウキュウマツと亜熱帯性常緑樹の混交林に出現する群落。稈は上方で盛んに分枝し、先端がアーチ状に湾曲する。赤褐色の稈の色が目立つ。沖縄県与那覇岳の琉球大学与那フィールドで。 *Pleioblastus linearis* dominated understory of mixed forest of *Pinus lutchuensis* and subtropical broad leaved evergreen trees on Mt. Yonahadake, Yona Field, university forest of Ryukyu Univ. Note red-brown culms and arch-bent upper branches.

29/2○　リュウキュウチク Ryukyu-chiku

Pleioblastus linearis (Hack.) Nakai, J. Arnold Arbor. 6, 146 (1925)

稈は高さ 4 m、直径 2 cm に達し、上方で盛んに分枝し、稈の高さに関わらず、弓なりに湾曲する。稈鞘は開出する粗い剛毛を散生し、葉鞘は無毛。葉は直立し革質で両面無毛、線状披針形で長さ 30 cm、幅 10 mm、葉舌は高い山形で 10 mm、肩毛は稀に出て軸に平行、平滑。小穂は緑色がかった扁平な広披針形で長さ 4-5 cm、4–5 個の小花からなる。外穎は鋭尖頭で長さ 20–22 mm、11–13 脈で全体平滑だが格子目は不鮮明で先端部の縁にのみ毛がでる。鹿児島県の薩南諸島以南に分布する。1993 年 4 月に黒島や硫黄島において部分開花が起こり、4月 1 日付『南日本新聞』紙上で、「リュウキュウチク半世紀ぶり開花」と報道された（浜

図29B　尾根筋の明るいリュウキュウマツ林床に生育するリュウキュウチク。稈が低くともアーチ状に湾曲する。Dwarf clumps occurred on understory of *P. lutchuensis* forest standing on light ridge.

図29C　湿潤な沢筋の群落（古本）。Clumps occurred on moist river side (Furumoto).

⬅図29D　葉は革質で湾曲した線形～狭披針形、全面無毛（古本）。Foliage leaves coriaceous, linear to narrow–lanceolate, glabrous (F).

図29E　葉鞘は無毛、肩毛がわずかに出ることがある。葉舌は高い山形となる（古本）。Leaf-sheaths glabrous, a few oral setae developed, ligules tall nail-shaped (F).

図29F　稈鞘は刺状の剛毛を密生し、粗渋（ごわごわ）。Culm-sheaths scabrous and pubescent with pilose long hairs. ➡

図29G　稈の高さ3 m、太さ1.5 cmに達し、節間は長く、稈鞘の葉片は披針形〜線形でほとんど直立する。節はゴザダケザサほどには高くない。富士竹類植物園。Culms 3.5 m in height, 1.5 cm in diameter, sheath-blades lanceolate to linear, almost erect. Nodes not so tall as *P. gozadakensis*, Fuji Bamboo Garden. ➡

図29H　1節より多数の枝を内鞘的に分枝する。稈鞘の辺縁側は網目状に裂けながらも枝の基部を包む。Multiple branching in intravaginal style.

⬅図29I　各枝の付け根では縮節が発達し、枝が縦横に湾曲するのを可能にしている。Each branch base at a node develops new nodes consecutively to enable growth any directions.

図29J　新潟県柏崎市にある史跡・椎谷陣屋跡の南隣に鬱蒼としたリュウキュウチク節植物の系統保存園があり、2015年9月17日に訪れた折に、部分開花した枝を観察した。小穂は全体に無毛、ごく小さく、1小穂あたり6–8個の小花からなる。Inflorescence of partially flowered clump cultivated at Kashiwazaki City, Niigata Pref. on Sept. 17, 2015.

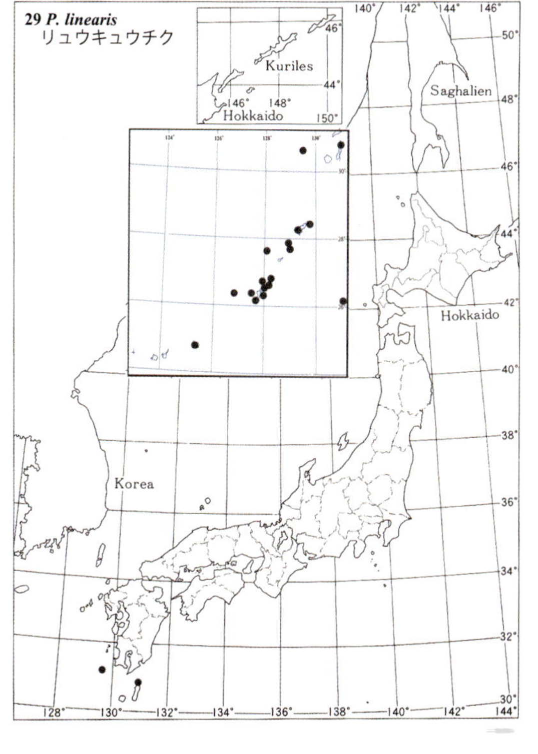

チャボリュウキュウ開花過程

図C　1小穂あたり6個から8個の小花を持つ。One spikelet has 6–8 florets.

図A　2014年5月18日、富士竹類植物園の系統保存品種チャボリュウキュウが開花。A grove of Chabo-ryukyu, a dwarf form of *P. linearis* cultivated in the Fuji Bamboo Garden flowered on May 18, 2014.

図D　小穂の基部付近の若い小花の先端に雌しべの３本の柱頭が現れ、雌性先熟を示唆する。Most basal youngest floret in a spikelet exhibits 3 stigmas suggests protogyny. ➡

図B　1小花につき3本の雄しべを垂らし、葯が裂開し始めた花序。Each floret has 3 stamens.

図E　基部の若い小花から雌しべ、成長の進んだ小花では外穎が開いて先端から３本の雄しべが抽出し始める。内穎の竜骨に沿って繊毛が生えている。Basal-most floret exhibits stigmas, while distal floret shows 3 stamens from apex.

田 1994）。富士竹類植物園において、鹿児島県林業試験場より分譲された稈の高さ 1.5 m ほどに矮性する品種・チャボリュウキュウ *Pleioblastus linearis* f. *nana* の系統保存株が 2014 年 5 月に開花した（上図参照）。この時の花序と、2015 年 9 月に新潟県柏崎市に植栽され、部分開花した花序を比較すると、サイズにはほとんど差は無かった。そこで、この開花習性を比較観察した結果、雌性先熟が示唆された。

（ギョウヨウチク）

図30A　鹿児島県屋久町長峯の林道沿いに出現する小規模な群落。*Pleioblastus gramineus* clumps occurred on a roadside of Nagamine, Isl. Yaku, Kagoshima Pref.

図30C　沖縄県竹富町西表島古見の海岸沿いの農地に植栽された薮。稈鞘の葉片は反転せず直立だが、脱落し易い。稈は脆いが生（なま）の状態でも良く燃えるので、薪として利用するために栽培される（古本）。Cultivated clumps for firewood at Furumi District, Isl. Iriomote. Culms fragile and even fresh materials burns well (Furumoto).

図30B　１節より多数の枝を内鞘的に分枝する。稈鞘は無毛、節はあまり高くならない。Multiple branching in intravaginal style. Culm-sheaths glabrous, nodes rather flat.

図30D　葉は全面無毛、皮質で基部がくさび形、先端が次第に鋭く尖る狭披針形で、先端が捻じれる特徴を持つ。Foliage leaves leathery, glabrous narrow-lanceolate, wedge-shaped base and attenuatedly acuminate and twisted tip.

図30E　葉鞘は無毛、肩毛は無く、葉舌が数ミリの高い山形となる。Leaf-sheaths are glabrous and oral setae absent. Ligules are tall in several mm long.

30/3○　タイミンチク Taimin-chiku

Pleioblastus gramineus (Bean) Nakai, J. Arnold Arbor. 6, 146 (1925)

稈は通直で高さ 5 m、直径 2 cm に達する。稈鞘、葉鞘いずれも無毛。葉はやや水平に曲がり、長披針形、長さ 30 cm、幅 15mm、先端は尾状に尖り、捻れなが

図30F　稈基部付近の節からは外鞘的に分枝する（古本）。Extravaginal branching style at basal nodes (F).

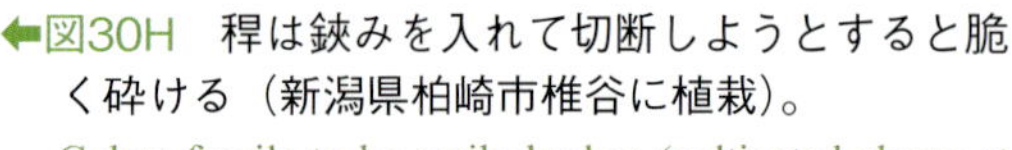

⬅図30H　稈は鋏みを入れて切断しようとすると脆く砕ける（新潟県柏崎市椎谷に植栽）。
Culms fragile to be easily broken (cultivated clump at Kashiwazaki City).

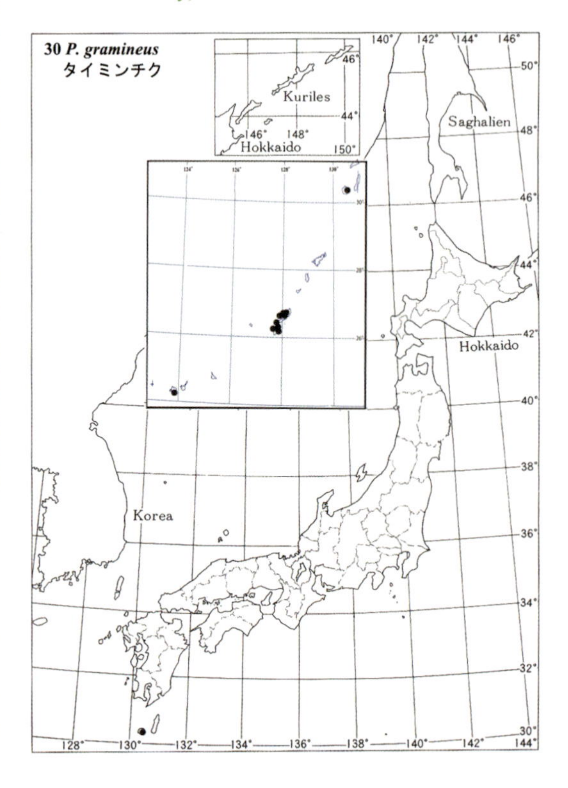

⬅図30G　中部以上の節では内鞘的に分枝する（古本）。At middle to upper nodes branches in intravaginal style (F).

ら垂れ下がる。皮質で両面無毛、葉舌は 3–5 mm、先端は円形。肩毛はほとんど発達しない。**小穂**は淡黄色、扁平な広披針形で長さ 25–4.5 cm、5 –8 個の小花からなる。外穎は卵形で先端が芒状に鋭く尖り、長さ 13–15 mm、11–13 脈で無毛、格子目は無い。林木育種センター西表分場（森林総研）の古本良氏によれば、竹富町古見で農業を営む住人の話として、稈は脆いが生（なま）でも良く燃えるので、地元では古くより薪として利用してきた、とのことである。薩南諸島以南の海岸付近を中心に分布するが、関東地方以西で稀に植栽される。　（ツウシチク）

31/4^{C}○　カンザンチク Kanzan-chiku

Pleioblastus hindsii (Munro) Nakai, J. Arnold Arbor. 6, 146 (1925)

稈は通直で高さ 8 m, 直径 4 cm に達し剛壮だが､節間長が 14.5 cm と短いのが特徴である（表 6）。稈ははじめ濃緑色で後に暗褐色に変化する。稈鞘、葉鞘ともに無毛。葉は直立し、基部が広いくさび形の狭披針形で、先端は次第に鋭く尾状に尖り、長さ 30 cm、幅 2 cm に達する。皮質、両面無毛、裏面に細脈が突出する。葉舌は長さ 4 mm で円頭、肩毛は白色平滑。中国南部原産で古い時代に導入され、関東地方以西に植栽される。

図31A　稈は通直で、太さの割に節間が短く、短い枝が斜上する。富士竹類植物園。 *Pleioblastus hindsii* occasionally cultivated for ornamental use. Culms upright, rather short internodes as to culm-height with short branches ascending. Fuji Bamboo Garden.

図31B　タケノコの成長過程で、上下に重なった稈鞘の上方が一部開くことにより、互いにラセンを描くような稈の包み方が現れる。As shoot grows, each upper-half stacked culm-sheaths partially open to exhibit spiral array of sheath margins.

図31C　葉は皮質で全面無毛、基部がくさび形、先端も次第に尖るくさび形の長披針形。Foliage leaves coriaceous, glabrous, long narrow-lanceolate to linear.

図31D　葉鞘は無毛、葉舌は高い山形、肩毛はわずかに発達する。Leaf-sheaths glabrous, ligule tall, a few oral setae emerge.

図31E　節はほとんど膨らまない。Nodes are hardly prominent.

図31F　１節より多数の細い枝を内鞘的に分枝する。Multiple slender branches branching in intravaginal style.

(2) メダケ節 Sect. *Medakea* Koidz.（5 種）

葉鞘の上縁は斜上する。本州の沿岸部を中心に分布し、一部は屋敷林などの構成種として人里に出現する。稈は高さ 5m, 直径 3 cm に達するものがある。

図32A　林縁路傍に出現するメダケ林、栃木県宇都宮市下栗町。稈の高さ 10 m、太さ 1.5 cm に達する。稈鞘の葉片は細長い線形で、成長につれ、反転し、よく目立つ。葉が細長く、中途から垂れ下がる特徴を持つ。*Pleioblastus simonii* clumps on a roadside forest margin, Utsunomiya City, Tochigi Pref. Culms 10 m in height, 1.5 cm in diameter. Sheath-blades long linear, reflecting as shoot grows. Foliage leaves leathery-chartaceous, long and slender, drooping at middle of the blades.

図32B　1 節より多数の枝を内鞘的に分枝する。Multiple branching in intravaginal style.

図32C　葉鞘は無毛で、上縁が斜上する。肩毛は白色絹糸状で軸に平行。葉裏は無毛。Leaf-sheaths are glabrous with upper margin oblique. Oral setae white silky, parallel to axis. Abaxial leaf surface glabrous.

32/1○　メダケ Me-dake

Pleioblastus simonii (Carrière) Nakai, J. Arnold Arbor. 6, 147 (1925)

稈は高さ 7 m、直径 3 cm に達する。稈鞘、葉鞘いずれも無毛。葉は細長い披針形で長さ 25 cm, 幅 2.5 cm におよび、中程から垂れ下がる。紙質、両面無毛、肩毛は白色平滑で軸に平行。**小穂**は黄緑色で線形、長さ 3–11 cm、5–13 個の小花からなる。外穎の先端は鋭く尖り、長さ 18–20 mm、13–15 脈、全面に短毛があり粗渋、格子目あり。関東地方以西の沿岸部を中心に広く分布し、

⬅図32D　節上部はやや膨らみ、稈鞘は無毛。Nodes are slightly prominent, culm-sheaths glabrous.

図32E　旧いフェニックスの栽培畑で開花したメダケ群落。八丈町堅立、1986 年３月 27 日。１節より多数の穂状花序が輪生状に出る。Flowering culms occurred on *Phoenix*-field in Isl. Hachijyojima on March 27, 1986. Many spike inflorescences born in whorled habit.

図32F　枝葉を茂らせた稈では、葉の脇から穂状花序を出す。Vegetative culms also bear whorled spike inflorescences.

図32G　若い蕾。１本の穂状花序は数個の小穂からなる。Young buds. One spike inflorescence composed of several spikelets.

図32H　小花梗が伸びながら開花する穂状花序。１個の小花から３本の雄しべが垂れさがる。Flowering proceeds in accordance with pedicel growth. One floret has 3 stamens.

図32I　宇都宮市下栗町にある農家の屋敷林を構成するメダケ林が全面開花し、稈が枯れ始める。1987 年４月 14 日。A whole clone flowered and died on April 14, 1987 at Shimoguri Cho, Utsunomiya City.

図32J　各節から多数の穂状花序が輪生状に出るが、多くの穂状花序の先端には葉が残る。Synflorescences in whorled habit with remaining ordinary foliage leaves at each longest branches.

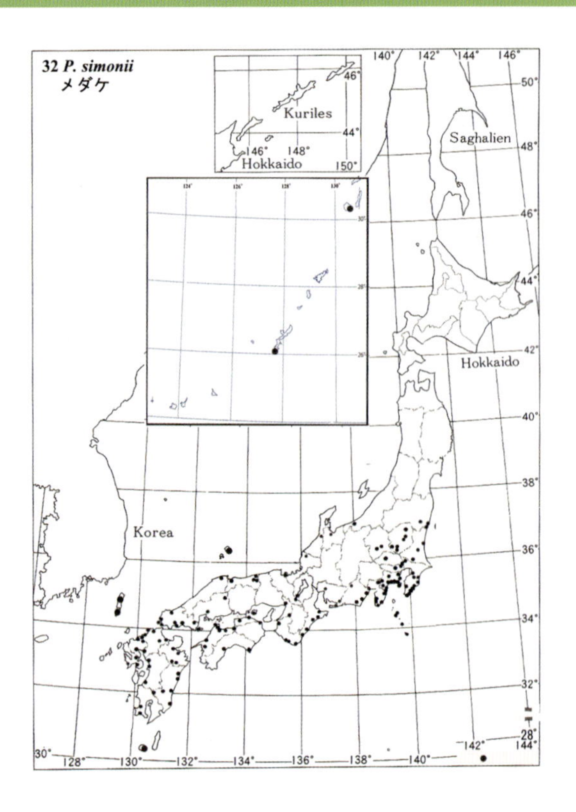

時として屋敷林などに植栽される。長崎県対馬からは、これまで、メダケ属の分布報告は無かったが、2016年7月28日～30日、ササ類の探索に訪れた齋藤隆登氏により、ほぼ全域にメダケが分布することが確認された。さらに、ほとんど同じ場所にヤダケが分布し、両者の雑種と推定されるメンヤダケに近い形態のヤダケの出現も確認されている。

（カワタケ、イセメダケ35n、キヨスミメダケ40k、ナガバナヨダケ41k、シロシマメダケ1890Hooker）

33/2○　キボウシノ Kibou-shino

Pleioblastus kodzumae Makino, J. Jpn. Bot. 5, 43 (1928)

メダケに似るが、枝葉全体が黄緑色となり、葉が広披針形で垂れ下がることはないので容易に区別できる。稈鞘、葉鞘、葉の両面全く無毛。葉は基部が円形で先端が次第に尖る披針形で長さ24

←図33A　伊豆半島最先端の石廊崎では灯台の周囲に鬱蒼とした群落を作る。The light house of Cape Irouzaki located at southernmost of Izu Peninsula surrounded by dense population of *Pleioblastus kodzumae.*

図33B　半島途中の断崖上部を埋める群落。
Majority cliffs of Izu Peninsula are dominated by *P. kodzumae* clumps.

図33C　海上から石廊崎灯台の周辺を見ると、海蝕崖の約半分の植生をキボウシノの群落がカバーしているのがわかる。
Half of vegetation on the cliffs occupied with *P. kodzumae* clumps.

図33D　葉は皮紙質で短い広披針形。旧い稈の立ち枯れが目立つ。
Foliage leaves leathery-chartaceous, broad and short lanceolate.

図33E　葉裏、葉鞘は無毛、葉鞘の上縁は斜上し、白色糸状の肩毛が発達する。 Abaxial leaf surface and leaf-sheaths glabrous. Upper margin of leaf-sheaths is oblique, oral setae white and silky.

図33F　稈鞘は赤褐色～黄褐色で無毛、葉片は線状。
Culm-sheaths are reddish to yellowish-brown, glabrous, sheath-blades linear and erect. ➡

図33G　１節より多数の枝を内鞘的に分枝する。
Multiple branches emerged in intravaginal style. ➡

cm、幅 28 mm におよぶ。関東地方以西の海岸沿いに分布し、稀に日本海側にも出現する。伊豆半島には特に多い。

（フシダカシノ 28m、ヒゴメダケ 28m、ヒロハシラシマメダケ 35k、フシゲメダケ 35k）

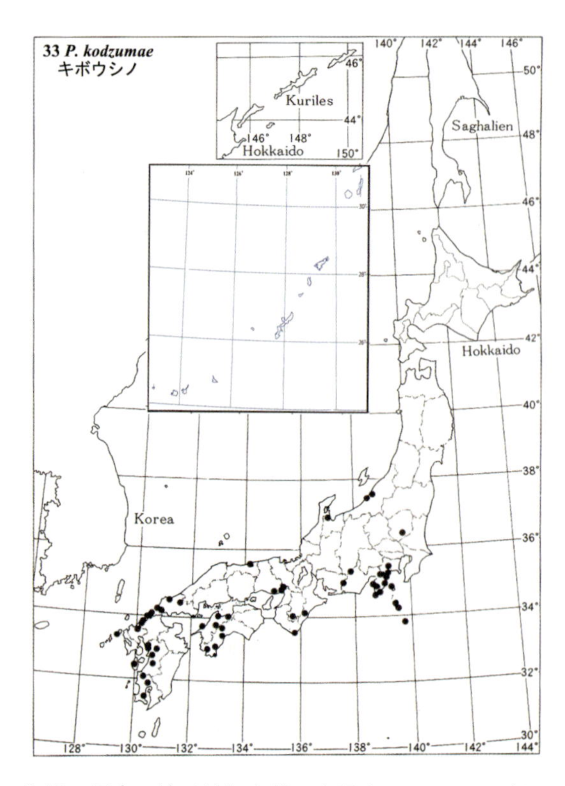

34/3○ ヨコハマダケ Yokohama-dake

Pleioblastus matsunoi Nakai, J. Arnold Arbor. 6, 146 (1925)

稈は高さ 2 m、直径 10 mm、稈鞘は無毛。葉鞘に開出する長い毛を散生する。葉は細長い披針形で長さ 12 cm、幅 17 mm、皮紙質、両面無毛。**花茎**は各節から 10 本前後の各 2–3 個の小穂をつけた複総状花序が稈鞘に包まれて輪生状に抽出する。小穂は 5–5.8 cm で 9 個の小花からなり、第一苞穎は長さ 9–11 mm、

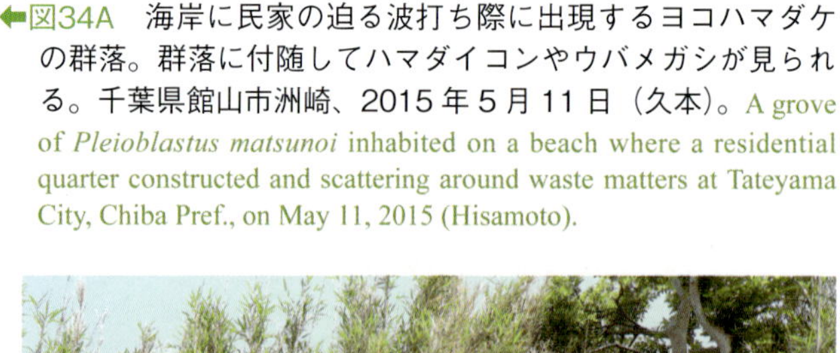

⬅図34A　海岸に民家の迫る波打ち際に出現するヨコハマダケの群落。群落に付随してハマダイコンやウバメガシが見られる。千葉県館山市洲崎、2015 年 5 月 11 日（久本）。A grove of *Pleioblastus matsunoi* inhabited on a beach where a residential quarter constructed and scattering around waste matters at Tateyama City, Chiba Pref., on May 11, 2015 (Hisamoto).

図34B　鬱蒼とした群落、稈の高さ約 3.5 m。右端はウバメガシ、その周囲にはハマダイコン他（久本）。Dense clumps in which culms 3.5 m in height, by accompanying with *Quercus phillyraeoides* tree and *Raphanus sativus* var. *raphanistroides* (H).

⬅図34C　成長の進んだ若い稈で、稈鞘は無毛、節間長は 20 cm、群落内にはトベラが出現（久本）。Dense clumps of young culms with culm-sheaths glabrous, internode 20 cm in length, occurring with *Pittosporum tobira* (H).

図34D　葉は皮紙質で先端が鋭く尖る長披針形、裏面はほとんど無毛（久本）。 Foliage leaves leathery-chartaceous, abaxial leaf surface almost glabrous, long lanceolate with attenuatedly acuminate apex (H).

←図34F　葉鞘は開出する長毛と疎らな寝た長毛が混生する。上縁は斜上する。肩毛はやや長く、白色糸状で放射状に広がる（久本）。 Leaf-sheaths pubescent with spreading long hairs mixed with prostrate long hairs. Upper margins are oblique. Oral setae long and white thread-like (H).

図34G　1節より多数の枝を内鞘的に分枝する（久本）。 Multiple branching in intravaginal style (H).

図34E　葉の基部付近や中肋を中心に短毛が出ることがある（久本）。Occasionally short hairs emerge around the base and midrib of leaf-blades (H).

第二苞穎は 13–14 mm、外穎は 16–17.5 mm で次第に鋭く尖り、先端は芒状となる。11 脈で平滑、格子目発達（里見信生 1943.6.7、平塚市）。関東地方南部の海岸に稀に産する。房総半島の太平洋岸の分布地では、海岸の波打ち際に出現し、ウバメガシ、シャリンバイ、ハマダイコンなど、在来野生植物の生育地を提供している

（テイフメダケ 41k）

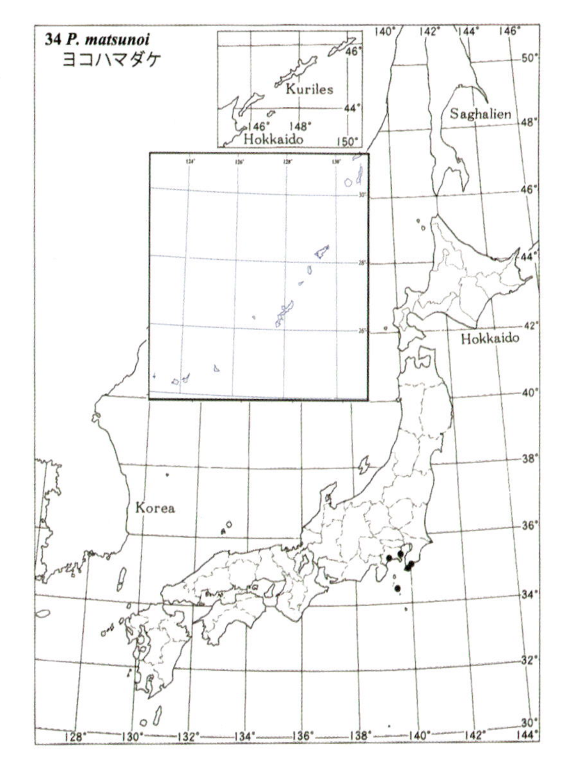

35/4○　シラシマメダケ Shirashima-medake

Pleioblastus nabeshimanus Koidz., Acta Phytotax. Geobot. 3, 15 (1934)

稈は高さ 3 m、直径 11 mm。稈鞘は逆向細毛が密生し、基部付近には長い毛がでる。葉鞘は細毛がでる。葉は長披針形で基部はくさび形、長さ 25 cm、幅 20 mm、皮紙質、両面無毛。基準産地は福岡県北九州市白島だが、熊本県の球磨川下流域に集中して産する。

図35A　熊本県球磨郡球磨村字大瀬、球磨川右岸、球泉洞付近に密集した群落を形成する（三樹）。 Dense population of *Pleioblastus nabeshimanus* on the right bank of Kuma River, near at Kyusendo, Ose, Kuma Village, Kumamoto Pref. (Miki).

図35B　葉は皮質、長披針形で先端が次第に鋭く尖り、縁が内側（裏側）に巻く（三樹）。Foliage leaves coriaceous, long lanceolate with gradually acuminate apex, margin bending inside toward abaxial side (M).

図35C　葉裏は無毛（三樹）。 Abaxial leaf surface glabrous (M).

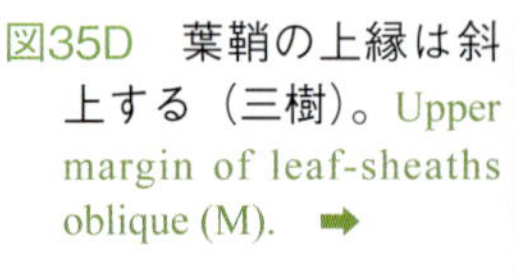

図35D　葉鞘の上縁は斜上する（三樹）。Upper margin of leaf-sheaths oblique (M). ➡

図35E　葉鞘は細毛が出る。肩毛は僅かに形成されることがある（三樹）。Leaf-sheaths pubescent with fine hairs. Oral setae a few develop (M).

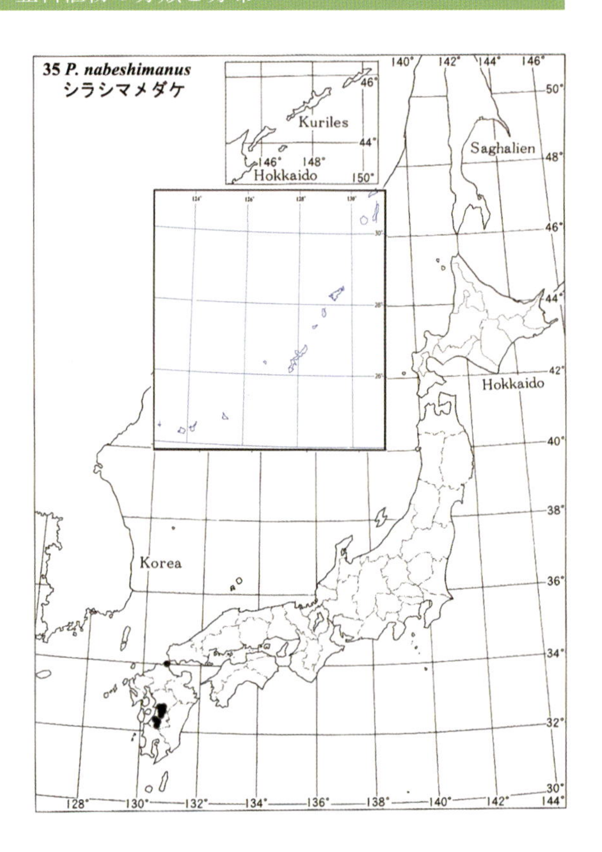

←図35F　稈鞘は細毛が生え、基部にのみ長毛が混生する（三樹）。Culm-sheaths are pubescent with fine hairs, mixing for the base with long hairs (M).

36/5○　エチゴメダケ Echigo-medake

Pleioblastus pseudosasaoides Sad.Suzuki, Hikobia 8, 64, (1977)

稈は高さ4 m、直径13 mmに達し、1節から内鞘的に数枝を分枝する。稈鞘は剛毛状の長毛が散生し、葉鞘は無毛、上縁は斜上する。肩毛は僅かに出て絹糸状。葉は紙質、両面無毛、細長い披針形で長さ30 cm、幅22 mmにおよび、先端が垂れ下がる傾向がある。小穂は線形で長さ4–7

図36A　新潟県・弥彦山直下の海岸に鬱蒼と茂るエチゴメダケの群落。水平線には佐渡島の島影がみえる。 Dense clumps of *Pleioblastus pseudosasaoides* on sea shore at the foothill of Mt. Yahiko, Niigata Pref., viewing over horizon Isl. Sado. ➡

図36B　海岸の崖の斜面に真っ直ぐに生える。節が膨らまず、ヤダケに似た印象をうける。Culms upright with nodes hardly prominent, slightly curved and spreading branches seemed like *Pseudosasa japonica*.

図36C　１節より多数の枝を内鞘的に分枝する。 Multiple branching in intravaginal style.

図36D　展開した葉はすぐに丸まって垂れ下がる。Unrolled foliage leaves drooping round like as *Ps. Japonica*.

図36E　葉は皮質で基部が円形～浅い心形となり、先端が次第に鋭く尖る披針形。Foliage leaves leathery, lanceolate round at the base and attenuatedly acuminate at the apex.

図36F　葉裏、葉鞘は無毛、葉鞘の上縁は斜上する。 Foliage leaves and leaf-sheaths glabrous, upper sheath margins oblique.

⬅図36G　ごくわずかに肩毛が出ることがある。 A few oral setae emerge.

図36H　稈鞘は白色、刺状の寝た毛で覆われる。節はほとんど膨出しない。 Culm-sheaths pale green, flat and prostrate long hairs scattered. Sheath-blades linear to lanceolate and rather reflect during growth. ➡

図36I　稈鞘の寝た毛は宿存する。 Prostrate long hairs scattered on culm-sheaths persistent. ➡

図36J　稈の上方で分枝を繰り返す。 Culms repetitively branch at upper nodes.

図36K　稈は肉厚で堅牢なため、地元の人々は生活用具や農作業用の資材に利用する。Culm-wall is thick and hard to provide material for various agricultural and daily lives.

cm、6–9 個の小花からなる。外穎は長さ 13–15 mm、13–15 脈、平滑無毛で格子目あり。新潟県と福島県西部に稀に産する。新潟県における新産地は三樹和博氏により発見された（三樹 2016）。佐渡島に面した新潟市西蒲区弥彦・角田山系西麓の砂浜から急崖にへばりつくように鬱蒼とした群落が発達し、国道 402 号線沿いにクロマツ林・砂丘植生が出現する付近まで 10 km ほどに続く。稈壁がやや肉厚で強靭なことから、地元では生活用具や農作業用の資材として利用される。ヤダケとメダケ属の 1 種（アズマネザサ）との形態比較に基づき、両属の交雑起原と推定される（三樹 2016）。各部位の形質よりも、1 節より数枝を分枝するが、稈の上方で分枝を繰り返し、節から緩く湾曲斜上したやや長い枝先に先端がゆったりと垂れ下がる数枚の葉をつける枝葉のプロフィルがヤダケに類似し、ヤダケとの強い類縁を推測させる。

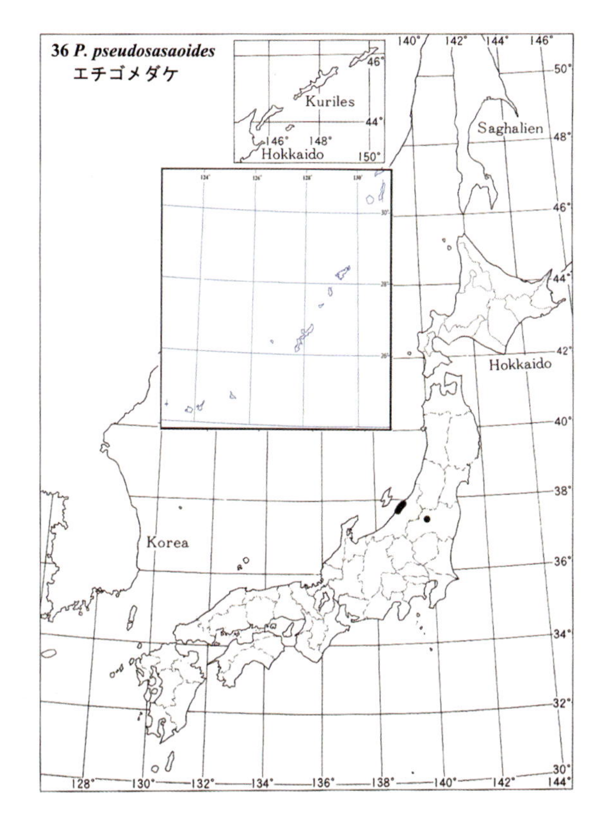

(3) ネザサ節 Sect. *Nezasa* Koidz.（11 種 3 変種）

葉鞘の上縁は水平。稈は高さ 3 m、直径 1.5 cm 程度。本州以南に分布する。北海道では、渡島半島や太平洋岸沿いに痕跡的に出現する。

37/1○ アズマネザサ Azuma-nezasa

Pleioblastus chino (Franch. & Sav.) Makino var. ***chino***, J. Jpn. Bot. 3, 23 (1926)

稈は高さ 3m、直径 10 mm に達する。稈鞘、葉鞘ともに無毛、葉は狭楕円状披針形で基部は円形で先端はやや急に尖り、長さ 20 cm、幅 2 cm、紙質、葉の裏面は無毛、もしくは中肋を境に片側だけに短毛を散生する。**小穂**は紫～緑褐色で扁平、披針形で、長さ 6–11 cm、8–12 個の小花からなる。外穎は広披針形で鋭尖頭、最下では長さ 18 mm, 次第に短くなり最上では 10 mm。11–18 脈で平滑無毛、格子目状をなす。本州のフォッサマグナの西縁を境に、東側、関東地方に特に多く分布し、北限は北海道の渡島半島から太平洋岸の新冠町付近の海岸線まで。河川敷や林縁などの開けた場所に

図37A 栃木県東部を貫流する鬼怒川の土手に繁茂する、太い稈を持つ古い群落。Dense population of *Pleioblastus chino* var. *chino* occurred on the right bank of Kinu River, Tochigi Pref. Established old population has robust culms.

図37C 1節から多数の枝を内鞘的に分枝する。葉裏、稈鞘は無毛。Branches are multiple branching in intravaginal style. Abaxial leaf surface and culm-sheaths are glabrous. ➡

⬆
図37B 宇都宮市の市街地内の耕作放棄地に出現するしばしば刈り取りが入る細い稈からなる群落。長楕円形の葉であっても、指をピンと張ったように広がり、メダケのように途中から垂れ下がることがほとんどないのに注目。Majority culms are slender in a population occurred on urban area under repetitive mowing. Foliage leaves do not droop as that of *P. simonii*.

図37D　葉鞘は無毛で、上縁は水平、肩毛は絹糸状でほとんど軸に平行する。Leaf-sheaths are glabrous with upper margin horizontal. Oral setae are silky and parallel to axis.

図37E　北海道・新冠町の国道235号線沿いの海岸のカシワ林とともに出現する群落（津山）。Dense population occurred on the understory and margin of *Quercus dentata* forest standing on sea shore at road-side of R235, Niikappu Cho, Hokkaido (Tsuyama).

図37F　カシワ林と混交したアズマネザサ群落内部にはミヤコザサ様植物が生育する（津山）。Within the dense clumps, aff. *Sasa nipponica* plant occurs (T).

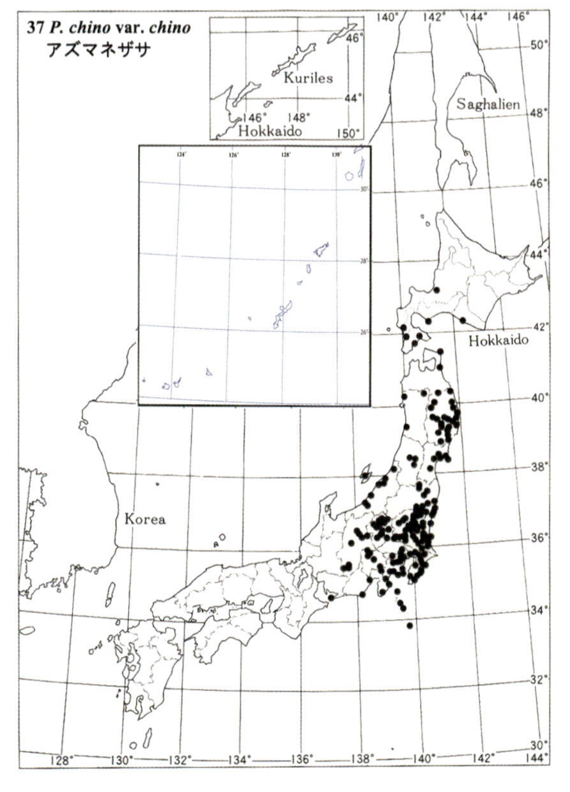

⬅図37G　伊豆諸島・御蔵島御山への登山口、鳥尾で部分開花した稈、2001年3月28日。Partial flowering of *P. chino* var. *chino* exhibited at Torinoo, Isl. Mikurajima, Tokyo on March 28, 2001.

優占群落を形成する。（シナガワザサ、ウセンチク26m、カタハダアズマネザサ33n、ムラサキシノ34n、ヒロハアズマネザサ35k、ウゼンネザサ35n、ボウシュウメダケ40k、フシゲアズマネザサ77s、ショウホウジダケ28m、キンジョウチク34n、ヒメシマダケ34n）

図38A　広大な尾根を埋め尽くすハコネダケ群落。神奈川県箱根十国峠。*Pleioblastus chino* var. *vaginatus* population extended vast near Jukkoku Toge Pass, Kanagawa Pref.

図38B　１節より多数の枝を内鞘的に分枝する。稈基部付近の節では、多数のうち１本は長く伸びる大枝となる。Multiple branching in intravaginal style. One robust and longest branch among several slender ones becomes primary branch.

38/1′○　ハコネダケ Hakone-dake

Pleioblastus chino (Franch. & Sav.) Makino var. ***vaginatus*** (Hack.) Sad.Suzuki, Hikobia 8, 65 (1977)

アズマネザサに比し、稈が細く、葉のサイズが小型となる変種で、稈の高さ 2 m、直径 9 mm、稈鞘、葉鞘いずれも無毛、葉は狭披針形、長さ 10 cm、幅 10 mm、紙質、両面無毛。箱根駒ヶ岳、芦ノ湖周辺

図38C　稈の上方の節では短い多数の枝が放射状に伸びる。Upper nodes borne many short branches radiated.

図38D　葉は紙質、葉裏、葉鞘は無毛、先端が針状に尖る披針形。Foliage leaves chartaceous, abaxial leaf surface, leaf-sheaths glabrous, lanceolate with cuspidatus apex.

図38E　狭楕円状披針形〜線形の葉は、中肋でV字状に折れる。Narrow lanceolate to linear leaves slightly folded at midrib into V-shaped transverse view.

図38F　箱根竹開花之碑：旧仙石原村唯一の産業資源だった全二百町歩におよぶハコネダケ群落が 1933 年春から開花結実を始め 1935 年に全面枯死し、野鼠の大発生により農林業に甚大な被害を受けた事件の記念碑。There is a monument at Sengokuhara, Hakone on a monocarpic mass flowering and death of *P. chino* var. *vaginatus* that exhibited on the spring of 1933 to 1935 over 200 ha in accompanied with mouse overabundance.

図38G　元箱根付近の株を栃木県宇都宮市にある宇都宮大学構内に移植して 25 年を経過した株。稈の太さ、葉のサイズに変化は見られない。A 25-year-old transplanted clump from Hakone to the campus of Utsunomiya Univ., Tochigi Pref., in which culm height and diameter, foliage leaf size have not been changed.

図38H　移植株の新葉。葉裏、葉鞘、稈鞘は無毛。Size of new leaves, glabrous abaxial leaf surface, leaf-sheaths, and culm-sheaths of transplant are the same as that of original place.

から十国峠には鬱蒼とした大規模な群落を形成する。栃木県の那須茶臼岳山麓や東北地方など周年冷涼な地域に限定的に出現する。元箱根付近から採取された株を栃木県宇都宮市にある宇都宮大学構内（標高 110 m）に移植して 25 年を経過しても稈の直径や葉のサイズに変化は見られず、アズマネザサの単なる生態型ではなく、固定的な変種と判断される。箱根町仙石原に、ハコネダケの一斉開花枯死を記念した碑『箱根竹開花之碑』が建立されている。日本全国広しといえども、このような碑は類まれではなかろうか。以下に碑文を紹介する（原文のまま）：「箱根全山に自然繁茂せる篠竹は擧村唯一

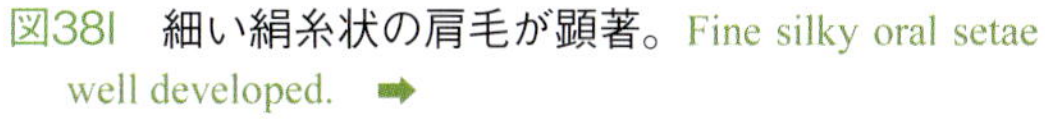

図38I　細い絹糸状の肩毛が顕著。Fine silky oral setae well developed. ➡

の産業資源たり然るに昭和八年春よ里開花結實し漸次其の範圍越廣め同十年秋に至里村内全面積約二百町歩悉久枯死す時偶野鼠の繁殖甚し久竹食い盡して植林及農作物に被害を及ぼし縣當局の援助を受け駆除に務む聊か録して之れ越傳ふ　昭和十一年十月廿日　仙石原村」。1933 年春～ 1935 年に一斉開花枯死を起こして以来 2016 年春時点で 83 年が経過した。近未来に次の一斉開花があるかもしれない。

（ナヨダケ 34n、ヤシバダケ 42n）

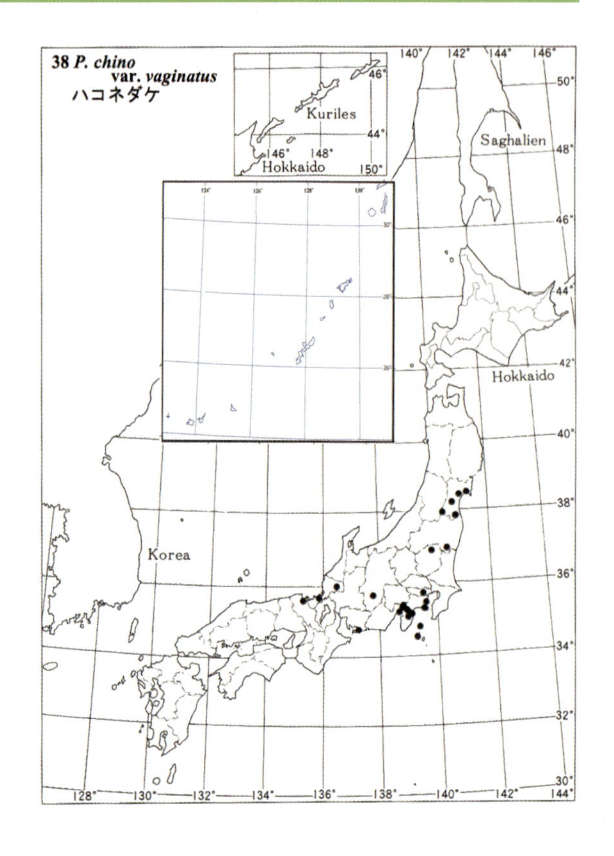

39/1′○　ネザサ Nezasa

Pleioblastus chino (Franch. & Sav.) Makino var. ***viridis*** (Makino) Sad. Suzuki, Hikobia 8, 66 (1977)

アズマネザサに比し、葉が一回り大きな型。稈は高さ 2 m、直径 12 mm、稈鞘、葉鞘いずれも無毛。葉はやや細長い披針形で基部は円形、長さ 25 cm、幅 2.4 cm。紙質、両面無毛だが、時に中肋を境に片側にだけ軟毛がでる。本州のフォッサマグナの西縁・糸魚川静岡構造線より西の地方、四国、九州にかけて広く分布する。関西本線の亀山から伊賀市にいたる山間部の沿線には鬱蒼とした群落が続くのが見られる。節または稈鞘の基部付近にのみ長毛を密生する型をスダレヨシ（ゴキダケ）f. *pumilis* (Mitford) Sad.Suzuki と呼ぶ。1970 年に各地で全面開花結実枯死が起こった（室井・藤本 1970）。大阪府立

図39A　関西本線沿線の山際にどこまでも続く群落を形成する。Vast population of *Pleioblastus chino* var. *viridis* continues alongside the JR Kansai-honsen Line, Sanagu, Iga City, Mie Pref.

図39B　人が諸手を挙げているような枝葉の群落。Branch complements stand looking like many people showing their hands.

図39C　葉は皮紙質で側脈に沿って波打つ披針形、葉鞘の上縁は水平。Foliage leaves leathery-chartaceous, wave parallel to veins, lanceolate with leaf-sheath upper margin horizontal.

図39D　葉裏は、中肋を境に半分だけ毛が出ることがある。葉鞘は無毛。肩毛は白色糸状。Half side of abaxial leaf surface sectored by midrib occasionally pubescent.

図39E　稈鞘無毛。Culm-shieaths glabrous.

図39F　１節より内鞘的に数本の枝を出す。Multiple branching in intravaginal style.

←図39G　鹿児島県大口市における葉が薄く、一回り広いネザサ群落。Thinner and wider leaf-blades in Oguchi City, Kagoshima Pref.

大学名誉教授の山口裕文博士は、当時、各地を調査活動中に、彼が目撃したネザサの開花を以下のようにフィールドノートに記録していた：琴平、香川県（6月10日、以下6/10）、佐川、高知県（6/12）、川之江、愛媛県（6/13）、島ヶ原、三重県（6/20）、橋本、和歌山県（6/22）、林野、岡山県（6/23）、温泉津、島根

図39H　1970年6月に結実し発芽したネザサの芽生え（山口）。Extensive simultaneous flowering of *P. chino* var. *viridis* had been reported in south-western Japan in 1970. Caryopses had no dormancy and germinated immediately after maturation (Yamaguchi).

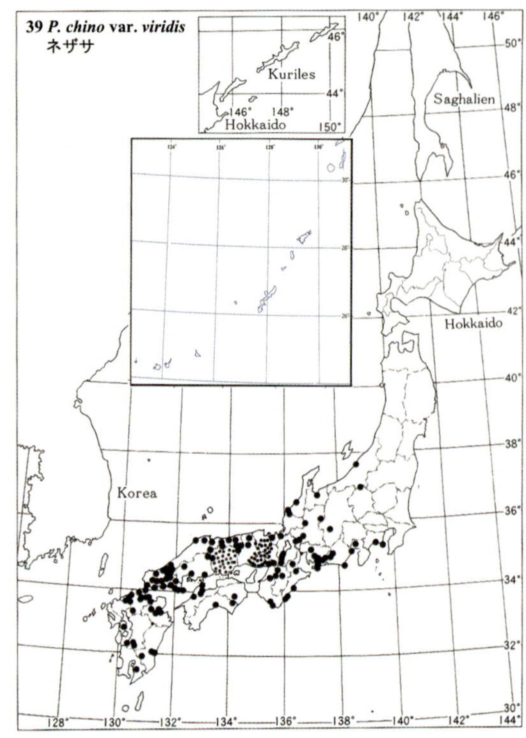

県（6/24）、米子、鳥取県（6/24）、敦賀、福井県（6/28）、岡崎、愛知県（7/9）。単なる開花記録だが、いかに広範囲に一斉に開花したかを覗い知ることができる。ネザサの穎果には休眠性がなく、登熟すると落下し、直ちに発芽する。

（ミミグロメダケ 35m、アカシネザサ 37k、オオチョウジャネザサ 37k、カンサイアズマネザサ 35k、スダレヨシ（イヨスダレ）33n、ゴキダケ 25n、ムラサキゴキダケ 33n、チョウジャザサ 33n、キンモウゴキダケ 35n、イトヨネザサ 35n、アイダザサ 35n、キブネシノ 35k、ウスバゴキダケ 35k、シノネザサ 37k、マユミネザサ 38k、イカルガネザサ 41k、ヤマトネザサ 42k、コチク 16m）

40/2○　トヨオカザサ Toyooka-zasa

Pleioblastus humilis (Mitford) Nakai emend. M.Kobay., J. Jpn. Bot. 11, 2 (1935), pro. syn. *P. virens* Makino アオネザサ Ao-nezasa, J. Jpn. Bot. 5, 9 (1928); pro. syn. *P. virens* Makino var. *tenuifolius* Makino アオシノ Ao-shino, l.c. 5, 48 (1928)

稈の高さ 3 m、直径 15 mm に達する。稈鞘は無毛、葉鞘は脱落性の細毛がでる。葉は基部が

←図40A　柔らかい長楕円状披針形の葉が目立つトヨオカザサの群落。植物体全体にアントシアニンをほとんど含まず、黄緑色を呈し、葉質や枝の開き角度に変異が大きい。神奈川県相模原市（三樹）。Soft and chartaceous ellipsoidal lanceolate leaf-blades are remarkable in *Pleioblastus humilis*, Sagamihara City, Kanagawa Pref. (Miki). Whole plant is almost anthocyanin-free yellow-green. Leaf quality and branching angle varies many.

図40B　葉鞘は長細毛が密生し、上縁は水平（三樹）。 Leaf-sheaths pubescent with long fine hairs, upper margins are short and horizontal (M).

図40C　葉裏は無毛だが、中肋にそってわずかに毛がでる（三樹）。
Abaxial leaf surface glabrous with minute hairs on midrib (M).

図40D　葉鞘は寝た長毛が密生する（三樹）。
Leaf-sheaths pubescent with prostrate long hairs (M).

←図40E　肩毛は絹糸状（三樹）。
Oral setae silky (M).

図40F　稈鞘は無毛（三樹）。
Culm-sheaths glabrous (M). ➡

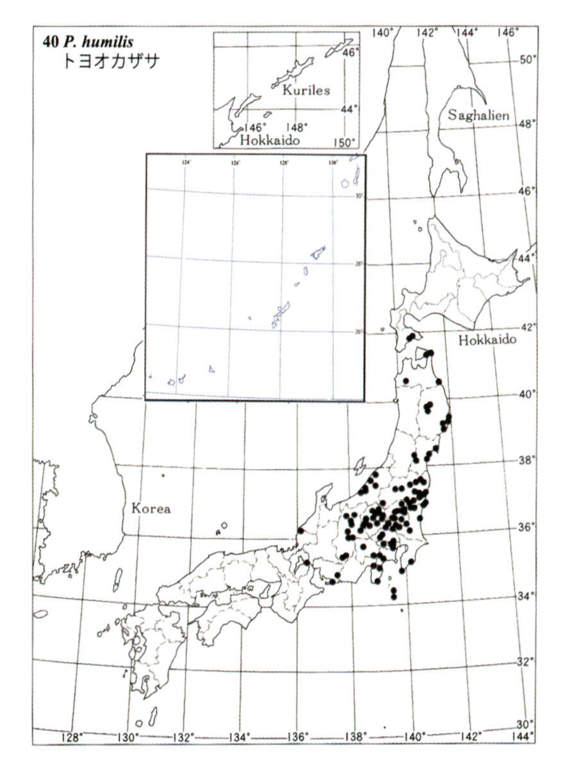

円形で先端が次第に鋭く尖る狭披針形で長さ25 cm、幅22 mm、紙質、裏面に中肋に沿ってのみ、軟毛がでる。関東地方を中心に北海道南部まで分布する。アントシアニンを含まず、黄緑色のものをアオネザサ、そのうえに葉質が特に薄いものをアオシノと呼ぶ場合があるが、いずれもトヨオカザサの示す変異のうちと判断される。（タカキムラザサ、アオネザサ（アオヤブシノ）28m、アオシノ 28m、ノビドメザサ 33n、サドネザサ 34m、リョウケネザサ 34k、ウスイザサ 35n、シラサカザサ 35n、ボウシュウネザサ 35n、コシメダケ 37k、カンザキネザサ 39k）

41/3○ ヒロウザサ Hirou-zasa

Pleioblastus nagashima Nakai var. ***nagashima***, J. Jpn. Bot. 9, 215 (1933)

稈は高さ 2 m、直径 5 mm。稈鞘は逆向細毛が密生し、葉鞘は開出細毛が密生する。葉は基部が円形で先端がやや急に尖る披針形で長さ 15 cm、幅 2.5 cm、上面に細毛が出る、もしくは無毛、裏面は無毛、紙質。中部地方以西の山陰、九州北部にかけて分布する。（ケザヤノゴキダケ 35k、キンキネザサ 35k、ツクシホウデンネザサ 37k、ツクシヒラオネザサ 37k、ヤスオカザサ 35n、ゼツナシネザサ 36k、ウワゲネザサ 37k、イリウワゲネザサ 40k、イヌナヨダケ 41k）

←図41A　葉は細長い披針形、福井県・東尋坊を望む海岸沿いの松林内に出現する群落。*Pleioblastus nagashima* var. *nagashima* in an understory of pine forest standing on the cliff of Tojinbo, Fukui Pref. Foliage leaves chartaceous, long-lanceolate.

図41B　葉裏は無毛、葉鞘には細毛が密生しビロード状。Abaxial leaf surface is glabrous. Leaf-sheaths velvet with fine hairs.

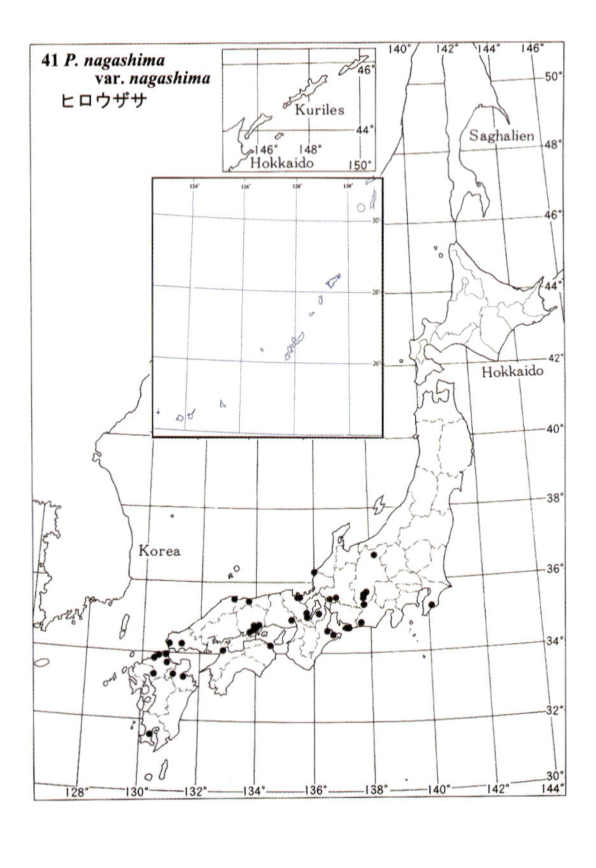

図41C　稈鞘は逆向細毛が出る。
Culm-sheaths are pubescent with retrorse fine hairs.

⬅図41D　2003 年 11 月 2 日、浅く隈取の入る葉。
Slightly albo-marginated leaves occurred on November 2nd. 2003.

42/3′○　エチゼンネザサ Echizen-nezasa

Pleioblastus nagashima (Mitford) Nakai var. ***koidzumii*** (Makino ex Koidz.) Sad.Suzuki, Hikobia 8, 67 (1977)

母種に比し、葉鞘に毛が無いことで区別される。稈は 1 m、直径 3 mm。稈鞘に逆向細毛を密生し、葉鞘は無毛、葉は両面無毛。基準産地の福井県三国町東尋坊では、岸壁から張出した岩上の草付きにエチゼンネザサ、その周囲の岸辺、松林の周囲にはヒロウザサというような生育地分化が観察される。中部地方から中国地方の日本海側を中心に分布する。

（ユゲネザサ 37k）

図42B　2003 年 11 月 2 日、先端から冬枯れを生ずるエチゼンネザサ、同じ撮影日のヒロウザサと比較参照。
Foliage leaves being whither at apex on November 2nd. 2003.

⬅図42A　福井県・東尋坊の岩棚に出現するエチゼンネザサの小群落。
Small local population of *Pleioblastus nagashima* var. *koidzumii* occurred on a rock table at Tojinbo sea cliff, Fukui Pref., showing micro-habitat segregation with var. *nagashima*.

⬅図42B　葉は皮紙質、ヒロウザサに比し、やや短い長楕円状披針形。
Foliage leaves leathery-chartaceous, shorter leaf-blade than var. *nagashima*.

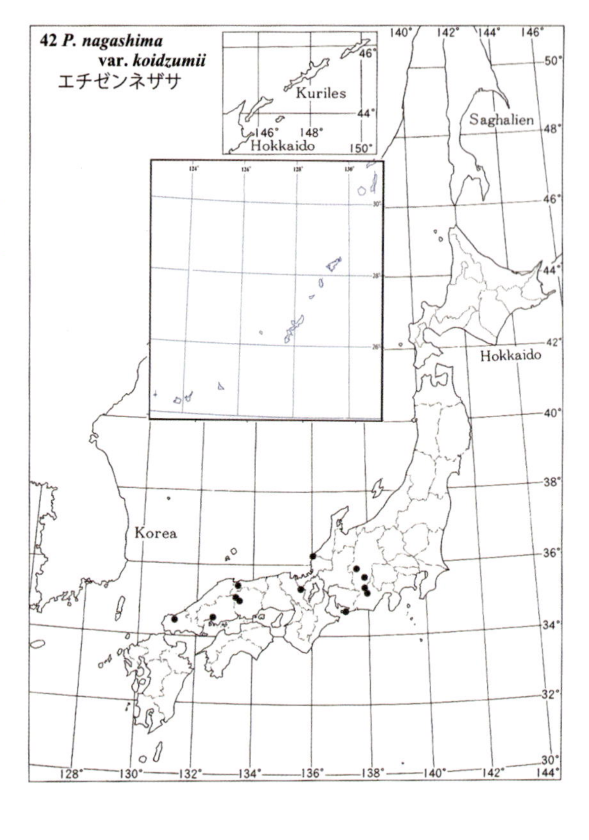

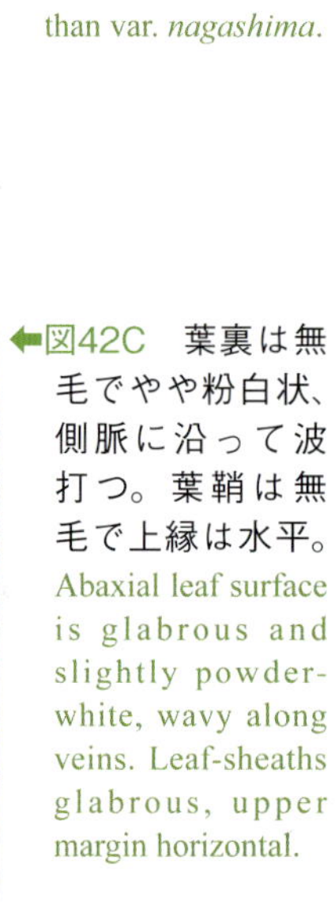

⬅図42C　葉裏は無毛でやや粉白状、側脈に沿って波打つ。葉鞘は無毛で上縁は水平。
Abaxial leaf surface is glabrous and slightly powder-white, wavy along veins. Leaf-sheaths glabrous, upper margin horizontal.

43/4C○　オキナダケ Okina-dake

Pleioblastus argenteostriatus (Regel) Nakai, J. Jpn. Bot. 9, 236 (1933)

稈は高さ 50 cm、直径 3 mm。稈鞘、葉鞘ともに無毛、葉は基部が円形で先端が次第に鋭く尖る披針形で長さ 14 cm、幅 2 cm、紙質。葉に白色、黄色、濃緑色、うぐいす色など、様々な幅の線状の斑が入る。これらの斑入り現象にはトランスポゾン（可動性遺伝因子）の関与が考えられる。

（シマメダケ 12m）

⬅図43　稈は高さ約 40 cm、太さ約 2 mm でほとんど分枝しない。葉裏、葉鞘、稈鞘いずれも無毛。葉は紙質、基部は円形～切形、先端がやや急に尖る披針形。白色または黄色の縦じまが入る（柏木）。*Pleioblastus argenteostriatus* is ornamentally cultivated. Culms 40 cm in height and 2 mm in diameter, seldom branch. Abaxial leaf surface, leaf-sheaths, culm-sheaths all glabrous. Foliage leaves chartaceous, lanceolate with round to truncate at the base, attenuatedly acuminate at the apex. White or yellow striate (Kashiwagi).

44/5C○　アケボノザサ Akebono-zasa

Pleioblastus akebono (Makino) Nakai, J. Jpn. Bot. 10, 204 (1933)

稈は低く 30 cm 程度。稈鞘、葉鞘、葉の両面いずれも無毛。葉は紙質で、基部の円形な披針形で 1 枝に 10 枚以上の葉を扇状に密集して付ける。春最初に出る葉は基部中肋付近だけ緑で全体が白色、夏に出る葉は緑色となる。最初に出る葉が白くて、後に出る葉は緑色となるアケボノ現象には、RNAi（アール・エヌ・エー・干渉）の機構の介在が考えられる。

図44A　稈の高さ 40 cm、太さ 2mm 程度の小型のササ。春先に出る葉は基部のみ緑色で全体が白色。2007 年 5 月 14 日、富士竹類植物園で。葉は紙質で披針形、葉裏、葉鞘、稈鞘いずれも無毛。枝先の葉は萌え出したばかりで、枚数が少ない。*Pleioblastus akebono* is cultivated ornamentally. Culms 40 cm in height, 2 mm in diameter. Foliage leaves chartaceous and lanceolate. Abaxial leaf surface, leaf-sheaths, culm-sheaths are all glabrous. Leaves emerge in early spring albino except for blade-base. Fuji Bamboo Garden, May 14, 2007. Japanese name “Akebono” means the dawn, called after the first-emerged leaf albino, whereas followings ordinary green.

図44B　夏に出る葉は全体が緑色となり、最初に出る葉が白色なことから、和名が付けられた。先端に十枚以上の葉を集めて扇状につける。2015 年 8 月 2 日（柏木）。Summer leaves ordinary green. August 2nd. 2015 (Kashiwagi).

45/6　シブヤザサ Shibuya-zasa

Pleioblastus shibuyanus Makino ex Nakai, J. Jpn. Bot. 10, 197 (1934)

稈は高さ 2 m、直径 5 mm。稈鞘、葉鞘は無毛、葉は基部の円い披針形で長さ 21 cm、幅 4 cm、紙質、上面に細毛

図45A　シブヤザサ基準産地の東京都目黒区青葉台西郷山公園（三樹）。Type locality of *Pleioblastus shibuyanus* is the Saigo-yama Prrk, Aoba-dai, Meguro Ku, Tokyo (Miki). ➡

図45B　葉は紙質、基部がくさび形の狭楕円状披針形（三樹）。Foliage leaves chartaceous, narrow ellipsoidal lanceolate round to cuneate at the base (M).

図45C　1節より多数の枝を内鞘的に分枝する（三樹）。Multiple branching in intravaginal style (M).

図45F　稈鞘は無毛（三樹）。Culm-sheaths glabrous (M) ➡.

図45D　葉裏は全面に軟毛を密生する（三樹）。Abaxial leaf surface pubescent with soft hairs (M).

もしくは短毛を密生し、もしくは無毛；裏面は軟毛を密生する。関東以西の太平洋側、九州北部に分布する。（ツクバザサ 34n、アワガネザサ 35k、ウエノネザサ 35n、イヌナヨネザサ 41k、ケネザサ 13m、ミヤコネザサ 35k、オニメダケ 35k、ムロネザサ（ヤスイザサ）38k）

図45E　葉鞘は無毛で上縁は水平。八王子市裏高尾町景信山(かげのぶやま)山頂(770 m)（三樹）。Leaf-sheaths glabrous, upper sheath-margin horizontal, occurred at the summit of Mt. Kagenobu, Uratakao, Hachioji City, Tokyo (M).

⬅図45G　勢いよく成長するタケノコの先端部。稈鞘の葉片は波打つ披針形で成長につれ反転する（三樹）。Sheath-blades at shoot apex long, waved lanceolate, reflect during growth (M).

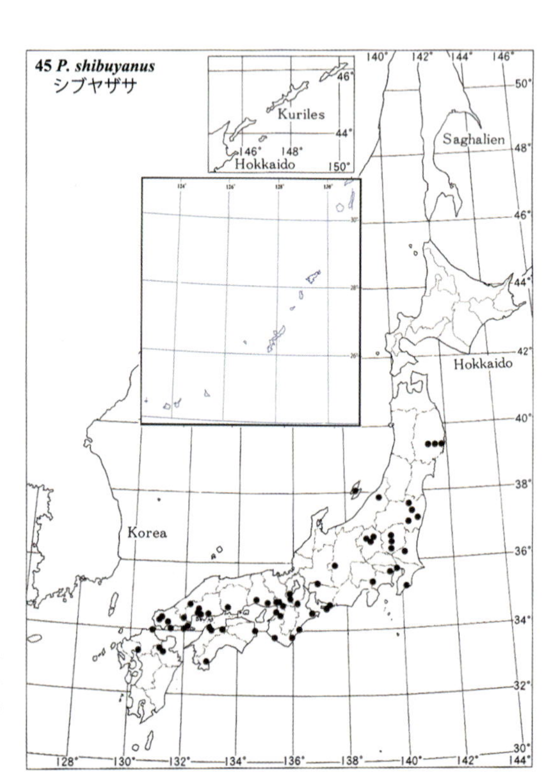

46/7　コンゴウダケ Kongou-dake

Pleioblastus kongosanensis Makino, J. Jpn. Bot. 5, 10 (1928)

稈は高さ 2 m、直径 8 mm。稈鞘は逆向の細毛を密生し、葉鞘は逆向もしくは上向の細毛を密生する。葉は基部が円く先端がやや急に尖る披針形～狭披針形で長さ 20 cm、幅 3 cm、紙質、上面に細毛を密生もしくは散生し、裏面に軟毛を密生する。暑く乾燥する時期には、葉は松葉のように固く巻き上がることがある。本州中部・近畿地方から九州北部にかけて分布し、瀬戸内海沿岸地方には特に多い。（カワムラザサ 33n、ホウデンザサ 34m、クマネザサ 35k、オニネザサ 35k、ケザヤノケネザサ

図46A　山口県防府市奈美桜ヶ峠県道沿いに出現する群落。Habitat view of *Pleioblastus kongousanensis* occurred on a roadside of Sakuragatoge Pass, Nami, Houfu City, Yamaguchi Pref.

図46B　1 節より多数の枝を内鞘的に分枝する。Multiple branching in intravaginal style.

図46C　葉は皮紙質、狭披針形で葉裏、葉鞘、稈鞘は細毛が密生する。葉の上面にはほとんど無毛。Foliage leaves are leathery-chartaceous, narrow-lanceolate. Abaxial surface, leaf-sheaths, culm-sheaths are all pubescent with fine hairs.

図46D　岡山県金甲山付近の海岸に出現する背の低い群落。Dwarf clumps occurred on the sea shore near Mt. Kinkou, Okayama City, Okayama Pref.

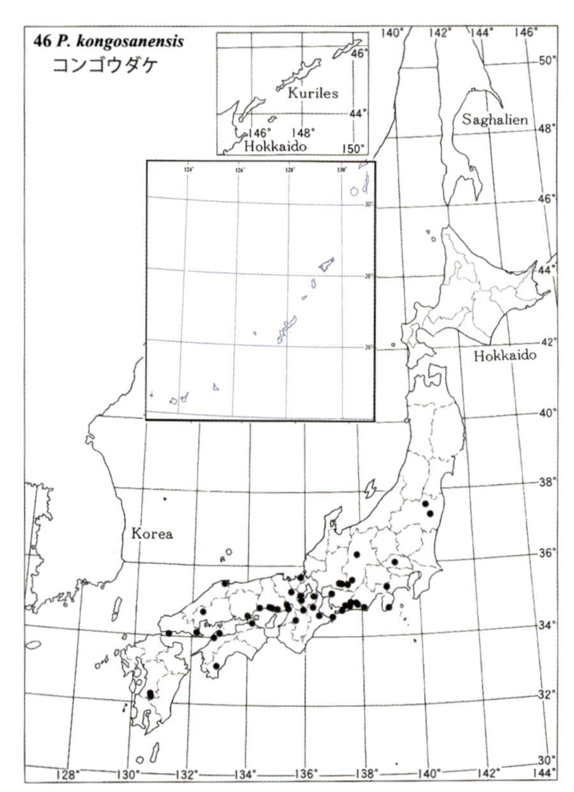

図46E　真夏の乾燥に適応し、葉が松葉のように丸まった枝葉。All leaves on branch complements rolled tightly like as needle leaves of pine tree in accommodating to hot and dry summer season.

35k、ムクゲネザサ 35n、アツゲネザサ 35n、バンシュウゴキダケ 36k、ニシヤワラネザサ 40k、イリトヨオカネザサ 40k、アキバザサ 32mn、イガネザサ 33n、ヤワラシノ 35k、タジミネザサ 35k、コウリヤマザサ 36n）

図47B　1節から多数の枝を内鞘的に分枝する。ホソバアズマネザサの別名のとおり、全体に葉が細い（三樹）。Multiple branching in intravaginal style. Foliage leaves are narrow ellipsoidal-lanceolate as called for another Japanese name "Hosoba-azumanezasa" (M).

47/8　アラゲネザサ Arage-nezasa

Pleioblastus hattorianus Koidz., Acta Phytotax. Geobot. 4, 22 (1935)

稈は 2 m、直径 8 mm。稈鞘と葉鞘は開出長毛を密生する。葉は基部が円形で先端は次第に尖る狭披針形もしくは披針形で、長さ 18 cm、幅 2.2 cm、紙質、上面は長毛と細毛を密生もしくは散生し、裏面は中肋に

図47A　群馬県館林市美園町野鳥の森に出現するアラゲネザサ（三樹）。Habitat view of *Pleioblastus hattorianus* occurred around the Yacho-no-mori Park, Misono Cho, Tatebayashi City, Gunma Pref. (Miki).

➡

沿ってのみ、もしくは片側にのみ毛がでる。本州中部にごく稀に産する。　　（ホソバアズマネザサ）

図47C　葉裏は中肋を境に片側だけに短毛が出る（三樹）。Abaxial leaf surface pubescent one half-side by midrib (M).

図47D　葉鞘は開出する長毛を密生し、上縁は水平、肩毛は絹糸状（三樹）。Leaf-sheaths are pubescent spreading long hairs with upper margin horizontal. Oral setae silky (M).

図47F　稈鞘は開出する長毛が出る（三樹）。Culm-sheaths pubescent spreading long hairs (M).

⬅図47E　節はやや膨出し、節間は長い（三樹）。Nodes prominent with long internodes (M).

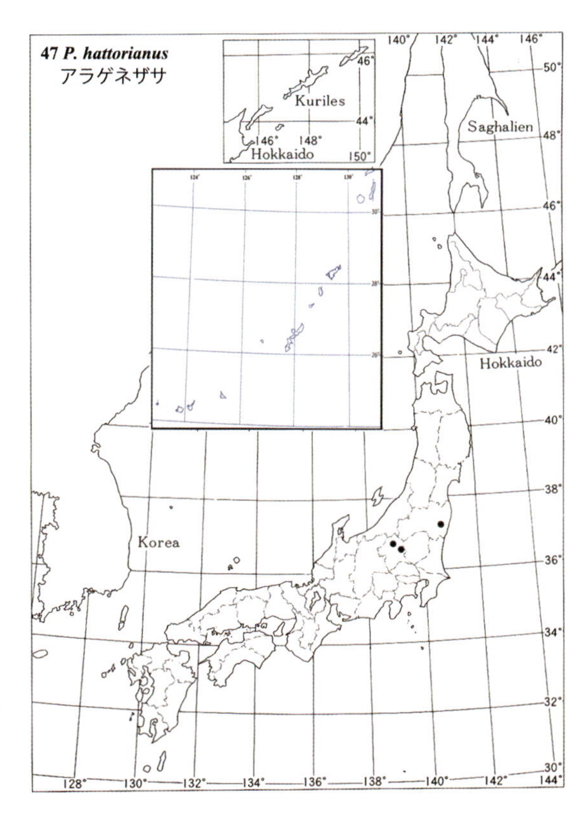

48/9C ケオロシマチク Ke-oroshimachiku

Pleioblastus pygmaeus (Miquel) Nakai, J. Jpn. Bot. 9, 234 (1933)

稈は高さ 40 cm、直径 2 mm。稈鞘は無毛、葉鞘は薄く細毛が出るか、もしくは無毛。葉は基部が円い狭披針形で、長さ 7 cm、幅 1 cm で密に二列に並ぶ。紙状皮質、上面に短毛を散生し、裏面は中肋を挟んで片側にだけ細毛が出る。花序は無分枝の花梗に 1 小穂を付け、小穂は薙刀状に湾曲し、平均 4.2 c m

図48A 稈の高さ 40 cm、太さ 2 mm ほどの小型のササで庭園、盆栽などに植栽される。葉は紙質、披針形で数枚を二列密集してつける。*Pleioblastus pygmaeus* ornamentally cultivated. Culms 40 cm in height, 2 mm in diameter. Foliage leaves chartaceous, linear-lanceolate, distichous dense.

図48B 稈鞘は無毛、葉鞘は細毛が出ることがある。葉の表面に疎らに細毛が出て、裏面は中肋を境に片側だけに細毛がでる。Culm-sheaths glabrous, leaf-sheaths occasionally thinly fine hairs. Adaxial leaf surface scattered fine hairs, while abaxial surface pubescent with fine hairs only half side by midrib.

図48C 全体にほとんど無毛のものをオロシマチクとして変種に位置づける場合もある。 Almost whole plant glabrous usually treated as a variety var. *distichus*.

⬅図48D 葉鞘に細毛が出る稈（矢頭）が混じることもしばしばである。 In a grove of var. *distichus*, occasionally occurs leaf-sheaths pubescent (arrow head).

図48E　３月下旬と５月中旬の２回、稈の刈り払いを行うと稈の高さが数 cm に矮生し、芝生にしつらえられる。富士竹類植物園の資料館の前庭に芝生として管理されたオロシマチク。Two times of mowing at late March and middle May provide culm height within several cm to maintain *P. pygmaeus* as lawn (Fuji Bamboo Garden, exterior of the museum house).

図48F　2016 年４月下旬に宇都宮市下栗町で開花したオロシマチクの株。花序は無分枝の花梗に１小穂を付け、６個の小花からなる。 Partial flowering exhibited on late April, 2016 at Shimoguri Machi, Utsunomiya City. Inflorescence has each one spikelet on a peduncle which ca 4.2 cm in average length with six florets.

図48G　小穂は、ほぼ同長の１対の苞穎と 4–9 個の小花からなり、外穎は長さ 15 mm で先端が禾状に尖り、全体に無毛で光沢があり、格子目がよく発達する。雄しべ３本。A spikelet composed of a couple of even-lengthen glumes, 4 to 9 florets. ➡

で 6 個の小花からなる。 長さ約 45 mmの小穂では、ほぼ同長の 1 対の苞穎と 4 ～ 9 個の小花からなり、外穎は長さ 15 mmで先端が禾状に尖り、全体に無毛で光沢があり、格子目がよく発達する。上方の縁には細い繊毛状の毛が出る。雄しべ 3 本。刈り込んで稈の高さ 2 cm、葉の長さ 2 cm 程度とし、芝生のようにグリーンカバーとして利用される。　（オロシマチク 34n、オオオロシマチク 35n）

49/10^C　カムロザサ Kamuro-zasa

Pleioblastus viridistriatus (Siebold ex André) Makino, J. Jpn. Bot. 3, 11 (1926)

稈の高さ 40 cm、直径 2 mm。稈鞘、葉鞘にそれぞれ逆向、および開出する細毛をビロード状に密生する。葉は基部の円い長披針

図49A　葉には白色～濃緑色の様々な縦縞が入る。しばしば庭園に植栽される。*Pleioblastus viridistriatus* is ornamentally cultivated, foliage leaves with white to dark green striate. ➡

図49D　稈鞘は逆向細毛が密生し、節のまわりに長い白色の毛が輪生する。Culm-sheaths pubescent retrorse fine hairs mixed with long white hairs surrounding each node.

図49C　葉鞘は短毛を密生する。Leaf-sheaths pubescent short hairs.

⬅図49B　葉裏は細毛を密生する。Abaxial leaf surface pubescent fine hairs.

形で、長さ 20 cm、幅 2.5 cm、薄紙質、上面および裏面に細毛と軟毛を密生する。展開直後には黄色に緑縞の斑入りとなるが、後に緑葉に変わる。

（オウゴンカムロザサ 26m、ヤマカムロザサ（アオカムロザサ）15Gamble）

図50A　稈の高さ 20 cm、太さ 2 mm 程度の小型のササで、全国で植栽される。葉には様々な縞模様が入り美しい。 *Pleioblastus fortunei* is ornamentally cultivated, culms 20 cm in height, 2 mm in diameter. Foliage leaves striated various width and colors.

50/11C　チゴザサ Chigo-zasa

Pleioblastus fortunei (Van Houtte) Nakai, J. Jpn. Bot. 9, 232 (1933)

稈は高さ 30 cm、直径 2 mm。稈鞘、葉鞘いずれも無毛。葉は基部の円い狭披針形で長さ 15 cm、幅 14 mm、紙質、上面および裏面にそれぞれ細毛および軟毛を密生する。白または黄色の多数の縞が入る。　（シマダケ）

図50B　葉裏に軟毛を密生し、葉鞘、稈鞘は無毛。Abaxial leaf surface is pubescent soft hairs, leaf-sheaths and culm-sheaths glabrous. ➡

ヤダケ属 *Pseudosasa* Makino ex Nakai（2 種 1 変種 1 雑種）

稈は直立し、1 節より内鞘的に 1 枝を分枝する。節はほとんど膨らまず、やや斜めに稈を取り巻き通直である。稈鞘は節間より長く、黄褐色で刺状の長い開出剛毛を生ずる。葉鞘は無毛。葉は両面無毛で葉脚部がくさび形の細長い披針形で皮質。肩毛は推定雑種を除き、発達しない。

51/1○　ヤダケ Ya-dake

Pseudosasa japonica (Siebold & Zucc. ex Studel) Makino ex Nakai var. ***japonica***, J. Jpn. Bot. 2, 15 (1925)

稈は高さ 5 m、直径 15 mm に達し剛壮。稈鞘は節間よりも長く、当年生の稈は稈鞘で覆われる。稈鞘は淡褐色で全面に開出する針状の剛毛で覆われ、粗渋。節は膨出せず、やや斜めに入る。1 本の枝に数枚の葉をゆったりと付ける。葉鞘は無毛。葉舌は高い山形で肩毛は発達しない。葉は長大な披針形で基部はくさび形、先端は尾状に次第に尖り、長さ 35 cm、幅 3.5 cm におよぶ。皮質で両面無毛、小穂は赤紫色で線形、長さ 3–5 cm で 5–7 個の小花からなる。外穎は長さ 15 mm、17 脈で平滑無毛、格子目発達。雄しべは 3–4 本で開花時、小花の先端より抽出する。雌しべの柱頭はやや長い花柱を介して羽毛状に 3 叉する。原産地は不明。沿岸部に多いが、人里や中世の山城遺構の周辺などに出現する。日本海側では西南部から新潟・山形県境付近に北限のある海岸沿いの暖温帯林林

図51A　ヤダケは矢に使われる竹の名に相応しく稈は真っ直ぐで節がほとんど膨出しない。若い稈は節間より長い稈鞘に包まれる。静岡県南伊豆町石廊崎の内湾を望む崖に出現する群落。*Pseudosasa japonica*, “Yadake” in Japanese meant arrow bamboo, being suitable to culm straight with hardly prominent nodes. Culm-sheaths longer than internodes. Long-lanceolate foliage leaves roundly droop at middle of the blade to give composed figure. At Cape Irouzaki, Minami-izu Cho, Shizuoka Pref.

図51B　稈は 1 節より 1 枝を内鞘的に分枝する。母稈鞘の基部は枝を包む。One branch at each node in intravaginal branching style. ➡

図51C　長い稈鞘が内鞘的に母稈や大枝の基部を包んだまま、さかんに分枝を繰り返すので、中枝や小枝の開き出しにより、しばしば稈鞘が途中から切れる。基部が広いくさび形で先端が次第に鋭く尖り、ゆったりと垂れ下がる長楕円状披針形の数枚の葉を枝先につける。 Long culm-sheaths occasionally broken at its mid-point due to strong movement of secondary or tertiary branch grow opening. Foliage leaves are long-lanceolate with broadly cuneate at the base and attenuatedly acuminate apex.

図51D　葉は皮質、表面には光沢があり、裏面は無毛、葉鞘も無毛、肩毛は無い。 Foliage leaves leathery, adaxial surface lustered, abaxial surface glabrous. Leaf-sheaths glabrous with oral setae absent.

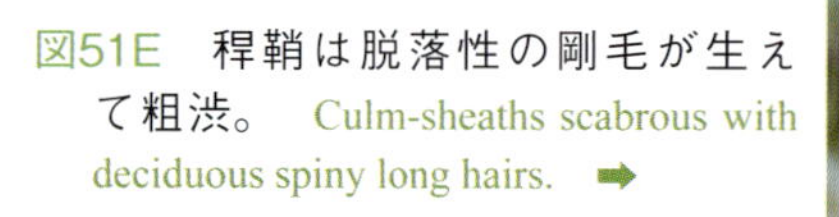

図51E　稈鞘は脱落性の剛毛が生えて粗渋。 Culm-sheaths scabrous with deciduous spiny long hairs. ➡

⬅図51F　稀に株全体で開花を起こすことがある。1985年2月10日、東京都八王子市・八王子セミナーハウス。 Partial flowering seldom occurred on Feb. 10, 1985 at the Hachioji Seminary House, Hachioji City, Tokyo.

⬅図51G　小穂は無毛で、基部をほぼ同長の苞穎で包まれ、7個前後の小花をつける。小軸が短くほとんど見えない。 Spikelet glabrous, a couple of same lengthen glumes at the base, followed by several florets with very short rachis.

床に群落が分布する。北海道では稀である。園芸用に世界中で植栽され、所々で逸出する。鈴木（1996）には、ヤダケについて、「1つの節から通常1本の、まれに2–3本の枝がでる。」、「肩毛は通常ないが、まれにでて、白色平滑。」と記述されている。これは後出54の推定雑種メンヤダケを含めた記述と判断される。一般に、鈴木（1978、1996）の体系では、雑種分類群という概念が無く、ヤダケの記述例は、これらの分類体系を使用する際には、そのことに留意すべきことを強く示唆している。

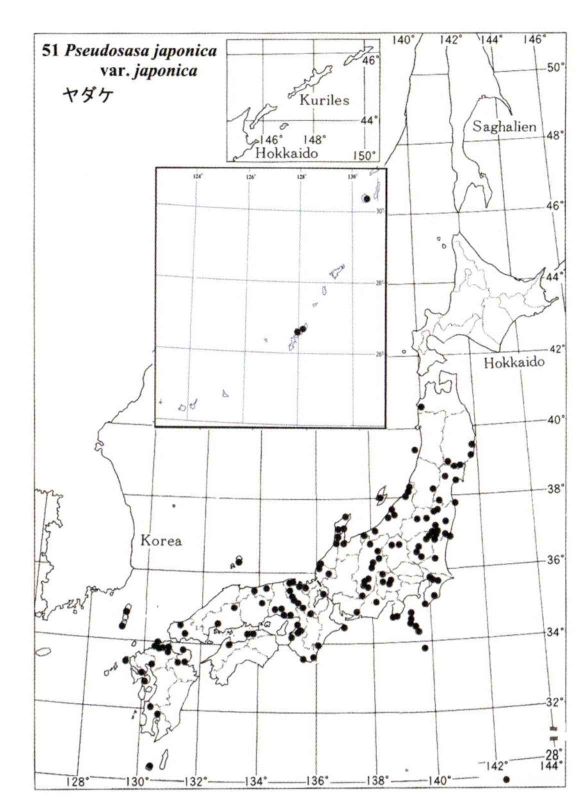

52/1′ᶜ○　ラッキョウヤダケ

Rakkyo-yadake

Pseudosasa japonica (Siebold & Zucc. ex Steud.) Makino var. ***tsutsumiana*** Yanagita, J. Jap. For. Soc. 16, 598 (1934)

稈は高さ3 m、直径15 mmに達する。稈鞘は粗い刺状の剛毛を散生し、葉鞘は無毛。葉の両面も無毛で母種と同様である。稈基部数節の節間が短く、腋芽の反対側（稈鞘の辺縁側に相当）が膨らみ、次節下部では狭まり、交互に節間がラッキョウのような形態となる。地下茎も単軸型地下茎部の節間が短く数珠のように膨出して連なるため稈の密集した株立ち状となる。

図52A　稈の上方で分枝し、よく手入れされ、稈が疎らに生える系統保存株、富士竹類植物園。Scattered culms of *Pseudosasa japonica* var. *tsutsumiana* grove suggests well management by thinning in Fuji Bamboo Garden. ➡

図52C　デンマーク・コペンハーゲンの家並の庭に植栽された株。単軸型地下茎部分の節間も数珠状に短縮して膨らみ、密集した株を形成する。 Dense grove of var. *tsutusmiana* occurred on a house garden at Copenhagen City, Denmark. Monopodial rhizome of var. *tsutsumiana* has shortened internodes like the beads of a rosary to form such a dense grove.

図52D　稈上方の節より内鞘的に１枝を分枝する。One branch at each node in intravaginal style. ➡

⬆
図52B　稈基部付近の数節の上部の腋芽の反対側が膨らみ、次第に次節にむけ細くなり、互い違いに節間がラッキョウ形に膨らむ。Distal side of several nodes near above culm base alternately prominent obliquely to form scallion-shaped internodes.

図53A　鹿児島県屋久島・宮之浦岳の山頂部尾根に生育する稈の高さ１m、太さ５mmにおよぶ群落（中村）。 *Pseudosasa owatarii* population with culms 1 m in height, 5 mm in diameter occurred on the summit ridge of Mt. Miyanouradake, Isl. Yaku, Kagoshima Pref. (Nakamura).

53/2○　ヤクシマヤダケ

Yakushima-yadake

Pseudosasa owatarii (Makino) Makino, J. Jpn. Bot. 2, 16 (1920)

稈の高さ 1m、直径 5 mm。風衝地や平地に植栽されると、稈の高さ 20 cm 以下、直径 2 mm 程度に矮生する。稈鞘、葉鞘いずれも無毛。葉は狭披針形ないし線形で長さ 12 cm、幅 12 mm、紙質、両面無毛、若い葉はやや丸く垂れ下がり、肩毛は無い。**花穂**は稈の上方から太さ 0.6 mm 程度で節間よりはるかに長い膜状で先端が紐状に裂けた稈鞘に包まれた花梗が抽出し、約 6 mm の湾曲した小梗を持つ数個の小穂を束生する。小穂は長さ約 6 mm（5.7 ± 0.68 mm, n=9）で、鋭く尖った細い三角形

図53B　屋久島固有のシャクナンガンピ（ジンチョウゲ科）とともに生育するヤクシマヤダケ（中村）。*Ps. owatarii* inhabited with *Daphnimorpha kudoi* endemic to Isl. Yaku occurring on windy shrubs margin (N).

図53C　葉は皮紙質で狭披針形～線形。葉裏、葉鞘、稈鞘いずれも無毛。肩毛も発達しない。（株）エコパレの圃場。Foliage leaves leathery-chartaceous, narrow lanceolate to linear. Abaxial leaf surface, leaf-sheaths, culm-sheaths are all glabrous. Oral setae absent, In the backyard of the Ecopale Co.Ltd.

図53D　１節より１枝を内鞘的に分枝する。One branch at each node in intravaginal style.

図53E　稈の下方の節からも内鞘的に分枝する。Intravaginal branching style also at lower nodes.

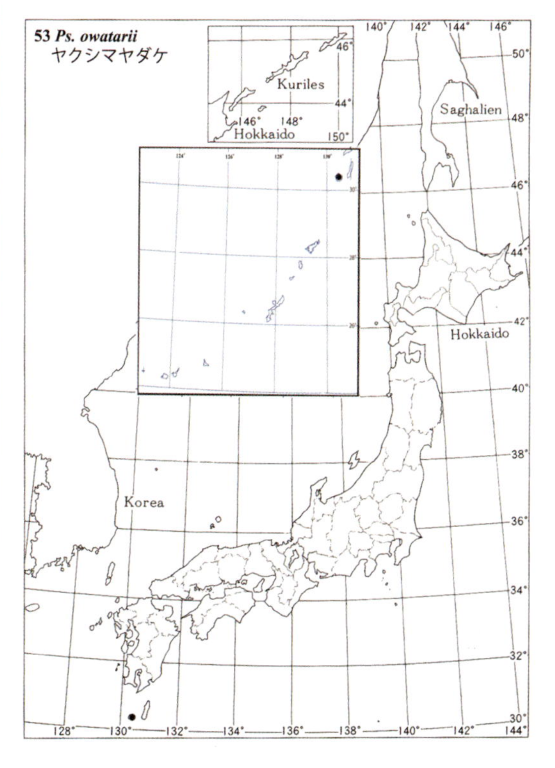

図53G　花穂は稈の上方から抽出し、1本の花梗に数個の小穂を直立して付ける。小穂は数ミリの湾曲した小梗の先に、ごく短い小軸で2個の小花を結ぶ（星）。Inflorescences emerge from upper node of a branching culm. One peduncle borne several spikelets (H).

図53F　稈の高さ約30 cm、太さ3mmで花穂を付けた押し葉標本：栃木県立博物館収蔵標本TOCH58748、屋久島宮之浦岳山頂1935mより土井美夫氏により、1936年8月5日に採集された。鈴木貞雄コレクション。花序は上方で分枝した各枝より抽出する（星）。Dry specimen of *Ps. owatarii* in flower collected by Y.Doi on Aug. 5, 1936 at the summit of Mt. Miyanoura provided for S.Suzuki Collection which is maintained in TOCH, the Tochigi Prefectural Museum, Utsunomiya City. Tochigi Pref. (Hoshi).

で長さ 2.9 mm の第一苞穎と楕円状披針形で長さ 4.3 mm の第二苞穎に続き、0.4 mm の短い小軸で結ばれた 2 個の小花からなる。小花の外穎は長さ 5.2 mm で細長い楕円状披針形、先端が急に芒状に尖る。内穎は長さ 4.8 mm で 2 本の竜骨の先端が、1 膳の箸の先端のように細く丸く突出する。屋久島宮之浦岳を中心とした稜線周辺に固有。

54/3 ×○　メンヤダケ Men-yadake

Pseudosasa* ×*pleioblastoides M.Kobay. & Kashiwagi ex Muroi; putative hybrid between *Ps. japonica* and *Pleioblastus* sp., having leathery long lanceolate leaves of *Ps. japonica* with silky oral setae pararell to axis and multiple branches for *Pleioblastus* sp. with intravaginal branching style. *Pseudosasa japonica* var. *pleioblastoides* Muroi, Takesasa no Hanashi, 108 (in Japanese) (1969), invalid.

稈は高さ 3 m、直径 15 mm に達し、1 節より数本の枝を内鞘的に分枝する。稈鞘は刺状の開出剛毛が散生し、葉鞘は脱落性の白色長毛が散生し、もしくは無毛。葉は基部が広いくさび形の長披針形で、長さ 35 cm、幅 3.5 cm、皮質、両面無毛、葉舌は高い山形、肩毛は白色平滑。新潟県

図54A　葉は基部がくさび形で著しく細長い、先端が次第に鋭く尖る披針形。富士竹類植物園。Foliage leaves elongate-lanceolate with cuneate at the base and attenuatedly acuminate at the apex, Fuji Bamboo Garden.

図54B　葉裏は無毛。Abaxial leaf surface glabrous, lustered half side by midrib.

図54C　稈鞘は脱落性の黄褐色剛毛を散生する。Culm-sheaths scattered deciduous long spiny hairs.

図54D　1節より3枝を内鞘的に分枝し、腋芽側では稈鞘が張り出す。Three or more branches at each upper node in intravaginal branching style.

佐渡島西部の真野町から佐和田町にかけて特に多産し、節の上部1 cmほどが帯状に黒色を呈することからメグロの地方名があり、材が柔軟なため、笊籠の縁巻き用に重用される（数馬 1983）。ヤダケとメダケ属の1種との属間雑種と推定され、ヤダケの分布域内に稀に出現する。

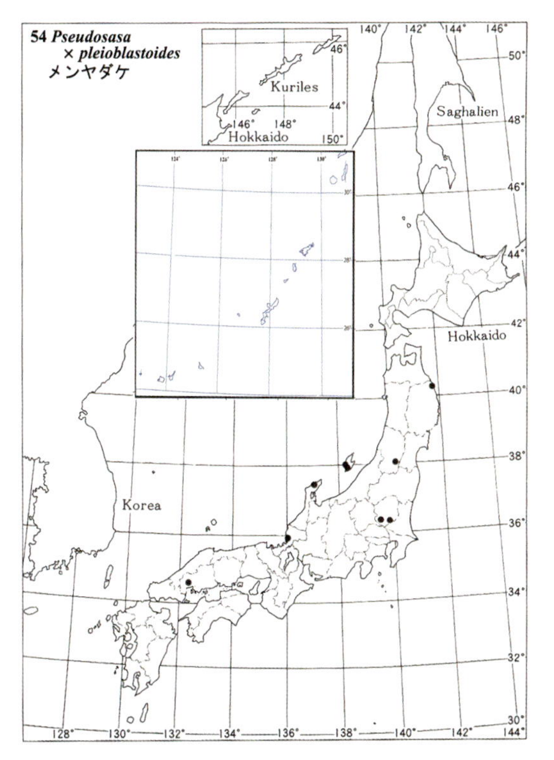

図54E　葉鞘に長軟毛が散生し、わずかに肩毛が出る。Leaf-sheaths pubescent with soft long hairs with minute oral setae.

図54F　節はやや斜めに入り、節上部はほとんど膨らまない。節上部に約1 cmほどの黒色の帯ができる。メグロという方名の由来をなす。Nodes slightly oblique and flat. A 1-cm wide black band appears in each node to give a vernacular name “Meguro” in widely spreading area of Isl. Sado, Niigata Pref.

ササ属 *Sasa* Makino & Shibata（28 種 9 変種 3 複合体）

稈は斜上し 1 節より 1 枝を分枝する。分枝はミヤコザサ–チマキザサ複合体ならびにアマギザサ–ミヤコザサ複合体の多くを除き内鞘的である。葉は広楕円状披針形。これらは降雪を効率よく葉で受け止めて雪面下に倒伏し、雪解けに際しては、いち早く融雪を跳ね上げて立ち上がることを可能とする積雪に適応した形態的特徴とみなされる。程度の差はあるが、節上部が膨らみ、前出葉に包まれた腋芽は菱形。稈基部から先端までの各節における腋芽の有無により 4 節に分類される。円錐花穂は、稈の上方の枝もしくは独立の花茎として、主茎が所々で分枝して長い小花梗を張り、先端に披針形～長線形でこん棒状の小穂をつける。小穂は短い小梗の先に短・長 1 対の苞穎、数個～十数個の両性小花をつけ、先端の不完全小花で終わる有限花序である。小花は先端が芒状に尖った外穎と背面の両端が竜骨状に膨らみ二重の突起で終わる内穎からなり、内穎には鱗被 3 枚、雄しべ 6 本、柱頭が 3 叉した 1 本の雌しべを収めている。地下茎は仮軸型地下茎と単軸型地下茎を併せ持つ両軸型地下茎で、株を単位として散開した広大な群落を形成する。生育環境は冷温帯林の林床優占種で、森林の途切れた風衝草原にも優占群落を形成する。稈の各節における腋芽の分布に着目すれば、ササ属 4 節を識別することが可能なことを手掛かりとして、特に、チマキザサ節ならびにアマギザサ節の分布域の再検討が西日本から東北地方にかけて進められつつあり、シノニムにおいても、節単位の帰属の再検討が必要だろう。

分布西限は韓国チェジュ島のハルラ山、南限は伊豆諸島八丈島三原山（東山）、東限は千島列島のケトイ島、北限はサハリンの北緯 51 度付近まで。大陸では沿海州南西端の北朝鮮・ミョンチョンに遺存する。

（1）チシマザサ節 Sect. *Macrochlamys* Nakai （2 種 2 変種 1 複合体）

稈は高さ 3m、時に 5m に及び、直径 1.5 cm から 3cm に達する。葉は披針形で皮質、両面無毛、冬季の隈取りはみられない。葉舌は高い山形となり、稈鞘、葉鞘のいずれも無毛のうえ、それぞれの縁に繊毛状の毛を持たない。肩毛は発達しない。稈鞘は古くなると繊維状に細裂する。腋芽は稈基部の数節を除き、各節に生じ、上方にいくにつれ、よく発達し、2 年目から上方で盛んに枝を出す、もしくは生長の良い条件下では、上方の節から同時枝を出す。1983 年に伊豆諸島・八丈島においてミクラ

表5　ミクラザサ、チシマザサ、イブキザサの花器官の形態比較（size in mm）。
Table 5. Comparison of floral organs among, *Sasa jotanii*, *S. kurilensis*, and *S. tsuboiana*.

	ミクラザサ *S. jotanii*	チシマザサ *S. kurilensis*	イブキザサ *S. tsuboiana*
小穂の形	紡錘形	紡錘形	線形
小梗	11	7.6	13
小穂の長さ×幅	30.9 × 9.3	14.3 × 5.1	27.7 × 4.2
小軸長	4.9	3	5
小花数	4	4 — 6	6 — 12
第一苞穎長	8.7	1.6	0.7
第二苞穎長	16.5	4.2	3.6
外穎長	21.8	7.9	8.4
外穎脈数	13	7	7
前方鱗被長	3.8	2.4	2.1
穎果長	18.5	7.9	8
穎果休眠性	無	有	有

ザサが発見されて以来、その帰属をめぐり論争が起こった。チシマザサの変種(井上･谷本 1985)、チシマザサそのもの(小林 1985)、そしてイブキザサ（鈴木 1996）とする諸説である。だが、1997 年に起きた御蔵島における一斉開花にともない、**花器官**の精密な比較検討が行われた結果、別種と結論された（Kobayashi 2000）。表 5 に 3 者の比較対照結果を示す。

図55A　雨飾山山頂付近でミヤマナラと混生する矮生チシマザサ群落。Dwarf population of *Sasa kurilensis* var. *kurilensis* occurred side-by-side with *Quercus mongolica* var. *undulatifolia* on the summit of Mt. Amakazari, Niigata Pref.

55/1○　チシマザサ（ネマガリダケ）
Chishima-zasa　(Nemagari-dake)

Sasa kurilensis (Rupr.) Makino & Shibata
var. ***kurilensis***, Bot. Mag. Tokyo 15, 27 (1901)

稈は高さ 3 m、直径 12 mm に達し剛壮。地際で強く湾曲して斜上し、上方で盛んに枝を分枝する。稈鞘、葉鞘、葉の両面いずれも無毛で、葉舌は高い山形となり、肩毛は発達しない。稈鞘は古くなると繊維状に細裂する。葉は披針形で長さ 20.3 cm、幅 3.8 cm、皮質、裏面の葉脈は光沢があり、陽に透かすと太い白線状になる。冬季にも隈取りはない。**総状花序**は稈の上方で分枝する。小穂は紡錘形で長さ 2.5–3.5 cm、赤紫色で扁平、6–9 個の小花をつける。外穎は長さ 1.3 cm、12–15 脈で全面に微細な毛がでる。稈は剛壮だが柔軟で、降雪に会うと、ただちに地面に臥す。地下茎は浅く地表すれすれに発達し、斜面の崩壊や表層土の剥離などの撹乱に弱い。日本産ササ類の中では最も耐凍性の高い種のひとつである。

葉の長さと幅にはどれほどの変異があるか、新潟県と長野県の県境に立地する雨飾山において、1988 年 8 月 20 日–21 日に調査した。糸魚川市郊外の麓の集落を過ぎた頃、標高 465 m から山頂の 1,963 m を経て、小谷村側の登山口 1,100 m まで、チシマザサが出現する位置で、標高差 50 m 間隔で同一稈の新旧の葉（枝葉

図55B　雨飾山中腹のチシマザサ、披針形の葉と高い山形の葉舌が特徴。*S. kurilensis* var. *kurilensis* occurred on mountainside of Mt. Amakazari. Foliage leaves lanceolate.

図55C　稈鞘は繊維状に細裂する。Culm-sheaths usually split like strings.

図55D　稈鞘の細裂は稈の高さに関わらず起きる。Even dwarfed clumps exhibit splitting.

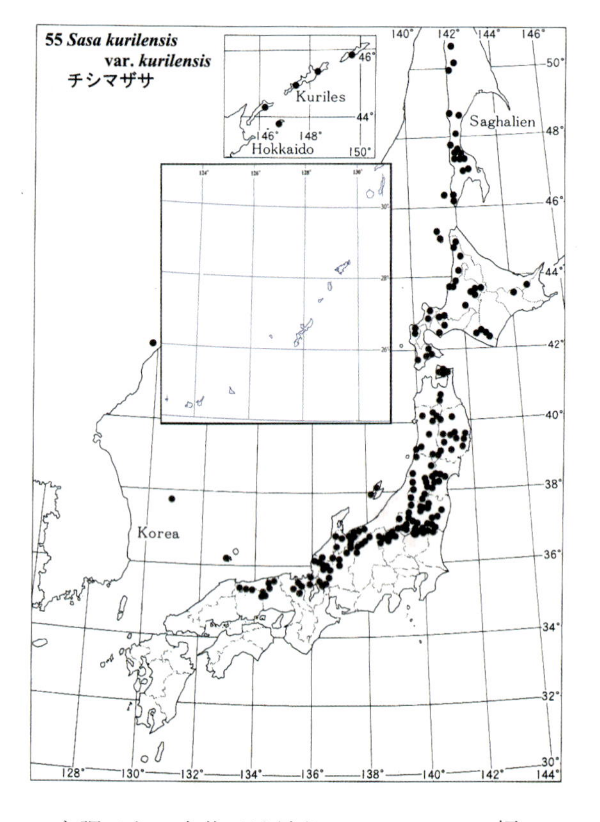

図55E　部分開花中のチシマザサの小穂、栃木県温泉ヶ岳にて、1984.6.15。Sporadic flowering observed on June 15, 1984 at Mt. Yuzengadake, Nikko City, Tochigi Pref.

図55F　花後の小穂。奥日光湯元、金精沢、1980.8.15。Spikelets after flowering on August 15, 1980, at Konsei Valley, Nikko City.

の先端から2番目の位置）を採集し、長さと幅を計測した。全体で47地点、変異の目立つ地点では数サンプルを採集し、全99試料を対象に長さと幅の平均値と標準偏差値を調べた。全体では長さ20.3 ± 6.3 cm、幅3.8 ± 1.5 cmだった。頂上の風衝地では長さ8.2 cm、幅1.5 cmに矮生するので、これを除き、登りでは長さ20.0 ± 6.0 cm、幅3.7 ± 1.5 cm、長野県側の下りでは、長さ21.4 ± 6.0 cm、幅4.2 ± 1.5 cmとなった。小谷の登山口の標高は1,100 mなので、糸魚川側では、標高465–1,040 mと1,100–1,890 mの2区間に分けて計算した；その結果、麓における長さ24.9 ± 5.9 cm、幅4.7 ± 1.6 cmに対して、高標高地では、長さ17.0 ± 4.2 cm、幅3.1 ± 0.9 cmとなった。全体を通じた最高値は、標高800 mの長さ36.6 cm、幅8.1 cmであった。これらの結果は、チシマザサの最も良好な生育地は日本海側の山地帯にあり、それ以上の高標高地では、脊梁を越えた内陸側の地域にあることを示唆している。

（エゾタカネザサ 40t、アサヒザサ 32n、ホクリクザサ 34m、コバノネマガリ 38k、テシオネマガリ 40t）

56/1′○　エゾネマガリ Ezo-nemagari

Sasa kurilensis (Rupr.) Makino & Shibata var. ***gigantea*** Tatew., Hokkaido Ringyo Kaiho 38, 249 (1940)

母種と同様な形態を持つが、葉が広楕円状披針形となることで区別され、北海道の日本海側を中心に分布する。葉は広楕円状披針形で長さ 30 cm、幅 9 cm におよぶ。皮質だが、やや薄く、2 年目以降には縦に幾重にも裂ける事が多い。3 項で紹介するオクヤマザサと紛らわしい形態となることがあるが、葉は隈取りをせず、葉舌が高い山形となる点などに注目して同定する。（ヒロハネマガリ）

図56A　石川県輪島市宝立山ブナ林床におけるエゾネマガリ。２年目の葉は大きく裂ける。 *Sasa kurilensis* var. *gigantea* occurred in the understory of *Fagus crenata* forest in Mt. Houryu, Wajima City, Ishikawa Pref. Foliage leaves broad-lanceolate, strip remarkably at 2-year-old culms.

図56B　北海道渡島半島盃温泉にて。Var. *gigantea* with broad-lanceolate and stripped foliage leaves occurred at the Sakazuki Spa, Oshima Peninsula, Hokkaido.

図56C　北海道島牧村賀老高原におけるブナ林床にて（数金・稲永）。Branched upper culms with stripped foliage leaves occurred understory of *Fagus crenata* forest at Garou Highland, Shimamaki Village, Hokkaido (Sugane & Inanaga.).

図56D　渡島半島瀬棚の海岸における群落、稈はほとんど直立している。Upright culm-bases standing on sea shore at Setana, Oshima Peninsula, Hokkaido.

図56E　幅 8 cm 以上にもなる広楕円状披針形の葉、石川県珠洲市。Broad-lanceolate foliage leaves ca. 8 cm in width, at Suzu City, Noto Peninsula, Ishikawa Pref.

図56F　チシマザサに典型的な高い山形の葉舌、葉鞘は無毛。*Sasa kurilensis* is leaf-sheaths glabrous with typical fang-shaped tall ligules.

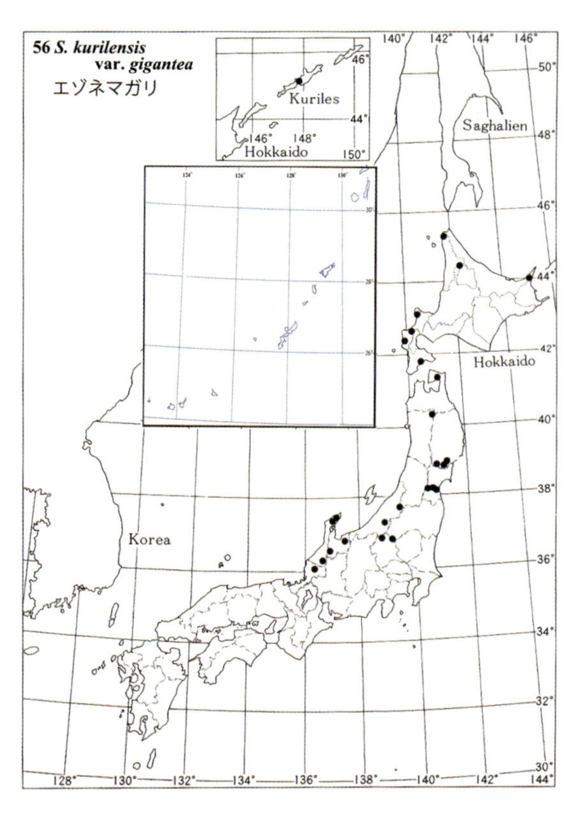

図56G　葉裏は無毛で葉脈は黒紫色で光沢がある。Abaxial leaf-surface glabrous with veins colored purple-brown and lustrous.

図56H　葉を陽に透かすと葉脈が白線状に見える。When hold leaf-blades against light, veins become transparent white.

図57C　葉舌も長く鋭く尖る（眞崎）。
Ligules look like tall nails(M). ➡

⬅図57B　長楕円状披針形で先端が長く鋭く尖るのが目立つ（眞崎）。
Apices of foliage leaf blades are subulatus (Masaki).

⬅図57A　富山県南砺市蓑谷北野入会字蓑谷山縄が池周囲のナガバネマガリダケ。長い葉が雨に濡れて光っている。*Sasa kurilensis* var. *uchidae* occurred at lake side of Nawagaike, Nanto City, Toyama Pref. Leaf surface is wet by rain with very long lanceolate leaves.

57/1′○　ナガバネマガリダケ

Nagaba-nemagaridake

Sasa kurilensis (Rupr.) Makino & Shibata var. ***uchidae*** (Makino) Makino, J. Jpn. Bot. 5, 41 (1928)

主な外部形態は母種と同様だが、葉が長披針形で長さ29.5 cm、幅4 cmと、長大になる点で区別される。小花の外穎は18.7 mmで11脈、平滑で縁の先端付近にのみ細毛が出る。格子目有り。分布は西限の大山東麓－若狭湾岸－富山県内陸部－栃木県那須地方など、地方的である。　（アオトウゲザサ）

図57D　那須・大川林道沿いブナ林床のナガバネマガリダケ、やや葉の幅が広い。 Long lanceolate leaves of *S. kurilensis* var. *uchidae* occurred on understory of *Fagus crenata* forest at Okawa Forestry Roadside, Nasu, Tochigi Pref. ➡

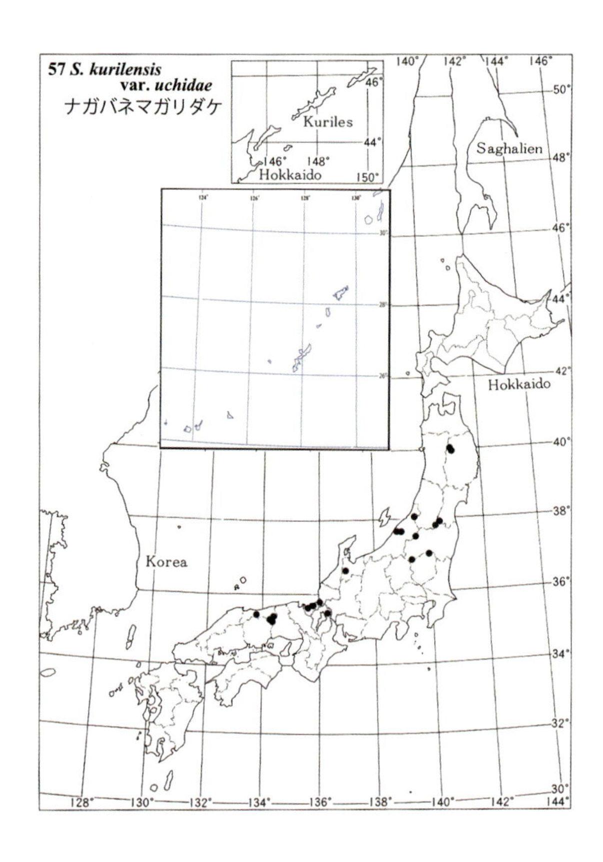

図57E　陽に透かすと鮮明な白線状の側脈が浮かび上がる。 Abaxial leaf surface shows remarkable white veins against light.

58/2○　ミクラザサ Mikura-zasa

Sasa jotanii (Ke.Inoue & Tanimoto) M.Kobay., J. Jpn. Bot. 75, 245 (2000)

稈は実生期を含む10年間ほどの間は斜上し、その後、地際が僅かに湾曲する程度でほとんど直立する。稈の高さ5 m、直径2 cmに達する。稈鞘、葉鞘いずれも無毛。葉は基部が円形～くさび形で先端が次第に尖るくさび形に近い披針形で長さ29.3 cm、幅4.5 cm、先端にゆくにつれ、垂れ下がり捻れる。皮質、両面無毛、葉舌は高い山形、肩毛は無い。出筍は初夏で、稈鞘の葉片が長い線形で生長につれ反転する。

←図58A　八丈島三原山山頂直下で発見されたミクラザサの株、枝葉の特徴から当初チシマザサそのもの、とみなされた。人物は八丈町文化財専門委員の葛西重雄氏（故人）。A sporadic *S. jotanii* clump discovered at first in 1983 distributed on Mt. Miharayama, Isl. Hachijojima, Izu Islands, Tokyo. The person standing near the clump is Mr. Sigeo Kasai.

図58B　御蔵島御山におけるミクラザサ群落、1984 年 12 月、バックは三宅島。八丈島三原山に出現したのと同じササが、既にミクラザサと呼称されていた。Dense thrive of *Sasa jotanii* population on Mt. Oyama, Isl. Mikurajima, Izu Islands, Tokyo. Behinds distant island is Isl. Miyakejima, at Dec. 24, 1984, 13 years before monocarpic mass flowering.

図58C　御山におけるミクラザサの成熟した薮、一斉開花の 13 年前。稈の上方で盛んに分枝し、葉はチシマザサに酷似する特徴を持つ。Clumps of S. *jotanii* in which culms 2.5 m in height and 1 cm in diameter standing on Mt. Oyama.

図58F　御山における一斉開花。1997 年 3 ～ 4 月。鈴原湿原より御山を望む。湿原には冬枯れした矮生のミヤマクマザサ群落が茂るのに対して、山肌は一斉開花枯死するミクラザサ群落。Monocarpic mass flowering of *Sasa jotanii* on Mt. Oyama, Isl. Mikurajima exhibited on the spring of 1997. Proximal field inhabited dwarf *S. hayatae* population just under winter die-back.

図58D　葉裏は無毛で多少粉白となり、側脈は細くわずかに紫褐色を呈する。Triangular and setosus leaf blades with twisting and waving. Abaxial surface slightly powder-white with veins purplish.

図58E　中肋や側脈は陽に透かすと白線状に浮き上がる。葉鞘は無毛、葉舌は山形となり、肩毛は無い。Midrib and veins turn white when hold against sunlight. Leaf-sheaths are glabrous, ligules nail-shaped, and oral setae absent.

図58G　全ての稈において、各節は縮節して分枝を繰り返し、多数の花序をつけ、葉は枯れはじめている。Every culms and branches bear inflorescences with withering leaves. ➡

図58I　1997 年 6 月には登熟した穎果は落下散布され、休眠することなく、一斉に発芽した。穎果は日本産タケ亜科の中では最大級の長径 20 mm に達する。Non-dormant caryopses germinated on June 1997 immediately after dispersal.

図58H　開花中の小穂、苞穎、外穎、内穎は紫色で白色の毛に覆われる。花序、花の構造の詳細な比較検討の結果、チシマザサの変種、チシマザサそのもの、イブキザサである、とする論争に終止符が打たれ、独立した種と結論された。There was a controversy that *S. jotanii* should be ascribed to which taxon of *S. kurilensis* var. *kurilensis*, var. *jotanii*, or *S. tsuboiana*. The incanus whitish purple large spikelet with various distinctive morphological features answered those questions to make a new species.

図58J　一斉開花枯死後、個体群が回復過程に入って 10 年目の群落表面、葉のサイズは成熟個体のレベルを回復している。葉はくさび型に近い披針形で、先端が次第に鋭く尖り、やや捻じれながら下方に湾曲する傾向が強い。稈鞘、葉鞘、葉の両面ともにまったく無毛。葉舌は高い山形になり、肩毛は発達しない。 Branch complements of *S. jotanii* 10 years after monocarpic mass flowering at Mt. Oyama, Foliage leaves, leaf-sheaths, culm-sheaths, all glabrous. Leaf-blade leathery, lanceolate with drooping blade apex. Abaxial leaf surface slightly powder-white.

当年生の稈はタケノコの生長後、同時枝を出し、稈の上方で盛んに分枝する。**小穂**は紡錘形で先端は不完全小花で終わる 5 小花からなり、外穎は赤紫色で先端が芒状に尖り、13 脈、格子目が入り、灰白色の寝た毛で覆われる。穎果は日本産タケ類の中では最大で、平均 18.5 mm（チシマザサでは 7.9 mm）で休眠性を持たない。1983 年に伊豆諸

図58K　御蔵島御山で一斉開花後 10 年目の回復過程にあるミクラザサの稈；節はやや膨らみ、節間は比較的短い。実生期を脱した稈はほとんど直立に近い。Recovering clones on Mt. Oyama, Isl. Mikurajima 10 years after monocarpic mass flowering, being mature sized culms almost upright near at culm base, while younger seedling clones ascending.

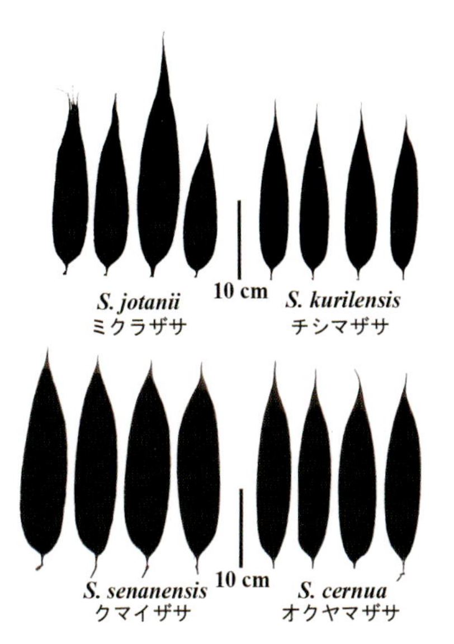

図58L　ミクラザサとチシマザサ、オクヤマザサ、およびクマイザサの葉のシルエットの比較。チシマザサに比し、全体に披針形の度合いが強く、葉柄が短い。オクヤマザサはチシマザサとクマイザサの中間形であることがうかがえる。 Comparison of leaf silhouettes among *S. jotanii*: triangular twisted-setosus, *S. kurilensis*: attenuatedly acuminatus, *S. senanensis*: ellipsoidal-acuminate, and *S. cernua*: ellipsoidal-lanceolate, where *S. cernua* is putative hybrid origin between the former two.

図58M　チシマザサのタケノコと稈、いずれも地際が強く湾曲する。 Culms and young shoot of *S. kurilensis* var. *kurilensis* that curved at base.

図58N　ミクラザサのタケノコと稈、いずれも地際付近から直立する。 Being upright culms and young shoot of *S. jotanii*.

島八丈島三原山山頂付近の尾根でミクラザサの痕跡的な群落が谷本により発見されたのをきっかけにその存在が再発見されて以来、その実体をめぐり論争があり、1997 年春に御蔵島御山の群落約 109 ha が一斉開花したのを機会に得られた花の試料をチシマザサ、イブキザサと比較され（表 5 参照）、新種と結論された。伊豆諸島南部の御蔵島と八丈島に固有。1997 年 4 月に御蔵島で一斉開花が観察され、村民に対する聞取り調査から、開花周期は 60 年と推定される。

←図58O　タケノコの稈鞘の比較：チシマザサの葉片は線形に近く短いのに対して、ミクラザサでは披針形で長い。Comparison of young culm-sheaths of *S. kurilensis* and *S. jotanii*, showing sheath-blade shape are distinct.

図58P　1997年3月に起こったハチジョウスズダケの一斉開花枯死を機会に、急激に群落を拡大させ、ハチジョウスズダケに取って代わったミクラザサ群落。約210 mにわたり単一クローンが広がることが核遺伝子のマイクロサテライト分析の結果から明らかにされた。白いビニール紐の束が置いてある位置（矢頭）が1983年に発見されたパッチ状の株（図58A参照）のあった位置。After a monocarpic mass flowering and death of *Sasamorpha borealis* var. *viridis* exhibited on March 1997, *S. jotanii* population expanded in replace of the dominated clumps of the former taxon. A 210 m-long clone of *S. jotanii* alongside a trail near the summit of Mt. Miharayama detected by an SSR analysis method. Yellow arrowhead shows the standing point of Mr. Kasai in (58A).

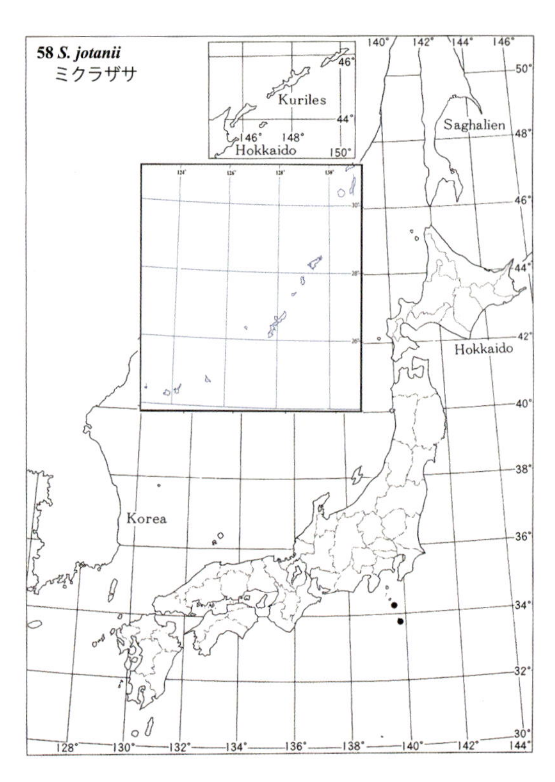

図58R　八丈島三原山のミクラザサ群落、葉柄が短く先端に詰まって数枚の皮質で捻じれた葉が騒がしい印象を与える。Compact branch complements due to short petioles and twisted blades give disorderly clump surface in Mt. Miharayama, Isl. Hachijyojima.

図58S　葉は裏面がやや粉白で先端が次第に長く尖る長三角形に近く、御蔵島のものよりも、より強く波うち、捩れる。Foliage leaves attenuated acuminate toward apices and more twisted than in Isl. Mikurajima.Abaxial surface powder-white.

⬅図58Q　パラボラアンテナの建設により撹乱された裸地に進出するミクラザサ、稈の高さは4 m、太さ17 mmに達し、地際で僅かに湾曲し、ほとんど直立に近く緩やかに斜上し、上方で分枝する。Expanded clone with culm 4 m in height, 17 mm in diameter occurred on a disturbed habitat by construction of parabola antennas.

59/3+ チシマザサ–チマキザサ複合体 Chishimazasa-Chimakizasa fukugoutai

Sasa kurilensis* – *S. senanensis complex, Bull. Bot. Soc. Tohoku 16, in Japanese (2011), introgressively hybridized population composed of plenty of intermediate microspecies in having oblong-ellipsoidal to lanceolate leaf blade, abaxial leaf surface glabrous to pubescent, culm- and leaf sheath both glabrous or pubescent, concaved ligule, and fibrously slitted old culm sheaths between *Sasa kurilensis* and a species of sect. *Sasa*, e.g. *Sasa senanensis* in the type locality of *Sasa cernua* Makino in Konsei Valley, Nikko City, Tochigi Pref. ; (= 広義オクヤマザサ *S. cenua* Makino s.l.) J. Jpn. Bot. 6, 12 (1929); サヤゲチシマザサ *S. kurilensis* (Rupr.) Makino & Shibata var. *hirta* (Koidz.) Sad.Suzuki, Jap. J. Bot. 18, 301 (1964) ; エゾミヤマザサ *S. tatewakiana* Makino, J. Jpn. Bot. 5, 41 (1928) ; カワウチザサ *S. suzukii* Nakai, J. Jpn. Bot. 11, 78 (1935) 、アサカネマガリ *S. subvillosa* Sad.Suzuki, J. Jpn. Bot. 18 :307 (1964)

チシマザサとチマキザサ節の1種を推定両親種として浸透性交雑を繰返して形成された限りない中間形である。稈は剛壮で高さ3 m、直径1.5 cmに達し、地際で強く湾曲するうえに、稈の下方の節より大枝を出し、上方で分枝を繰返す。1年目の葉は皮紙質で広楕円状披針形だが、2年目、3年目と分枝を繰返すうちに皮質で披針形のチシマザサに近い葉を出すようになる。稈鞘、葉鞘、ならびに葉の裏面は無毛もしくは軟毛があり、葉舌はソファーのように段差のある波打った、もしくは奥歯のように途中に凹みのある山形となる。葉の形態がチシマザサに酷似し、稈鞘が細裂しても、枝葉につく古い葉の一部に隈取りがでることで区別されることが多い。裏面の葉脈は鈍い光沢があり、陽にかざすと細い白線状となる。稈

図59A　北海道・増毛町山ノ神におけるオクヤマザサの群落、葉が皮質で披針形、稈の上方で盛んに枝を分枝し、チシマザサのように見えても、隈取りのある葉が存在することで区別できる。Robust clumps of *Sasa cernua* occurred at Yamanokami, Mashike Cho, Hokkaido. Foliage leaves leathery, lanceolate, repetitive branching at upper nodes suggest these clumps like as *S. kurilensis* var. *kurilensis*, except for attaching albo-marginated leaves.

図59B　北海道・宗谷丘陵における矮生した群落、チシマザサはさらに矮生し、林床に倒伏するように抑えられている。 Dwarf clumps of *S. cernua* on the Soya Hills, Hokkaido, where *S. kurilensis* var. *kurilensis* depressed more under the *S. cernua* clumps.

図59C　栃木県・奥日光湯元の金精沢における枝葉；同一のクローンで、当年生の若い稈は広い楕円状披針形で皮紙質だが、2年目、3年目と枝を出すにつれ、葉は皮質で披針形に近いものまで展開させる。Different leaf quality exhibits within a same clone or branch of *S. cernua*, where leathery-chartaceous ellipsoidal-lanceolate at one-year-culm, leathery ellipsoidal at two-year-old branches and leathery lanceolate at three-year-old branches occurred in the Konsei Valley, Oku-nikko, Tochigi Pref.

図59D　奥日光・小田代原の弓張峠におけるオクヤマザサとクマイザサの混生地で、12月下旬、根雪の積る頃、クマイザサは雪面下に隠れ、オクヤマザサだけが雪上に留まる。　When at late December falling lingering snow at the Yumihari Pass in Oku-nikko, only *S. cernua* clumps emerge on the snow-surface, while co-occurring *S. senanensis* already fallen down under the snows.

はチシマザサよりも固く、チシマザサやクマイザサ等との混生地帯では、より遅くまで稈や枝葉が雪面から出ている。チシマザサに比し、地下茎は腐植層の限界まで発達し､環境の撹乱に耐性が強い。北海道から本州西部の日本海側まで、チシマザサとチマキザサ節植物の分布が重なる地域の広い範囲に出現する。北朝鮮のミョンチョン（明川）からは､チシマザサとともに、2形（オクヤマザサ、コウライザサ *S. coreana* Nakai）が報告されている。分布図中、瀬戸内海沿岸部の山口市嘉川に分布点がある。嘉川・干見折神社境内の小規模な群落はアマギザサ節マキヤマザサに似るが、稈を折った際に発する異臭が無く、代わりにサロメチール様の芳香を発することが確認されたので、本分類群と同定した。特に稈に褐色の雲紋の生ずるものをシャコタンチクと呼び、竹細工や煙管などの材料とするために各地で栽培されることが知られる。嘉川の株もそのような栽培品と判断される。**総状花序**は稈の上方で分枝し、小穂は紡錘形～披針形。外穎は

図59F　稈鞘がチシマザサにみられるように細裂する。　Thread splitting culm-sheaths as in S. *kurilensis*.

図59E　オクヤマザサの特徴として葉舌がソファー、もしくは奥歯のように浪打つ、あるいは段差がつくような形態となる。One of the diagnostic characteristics of *S. cernua* is a depressed, or concaved ligules.

図59G　葉裏の側脈が紫黒色で鈍く光る。Veins on abaxial leaf surface darkish.

図59H　葉を陽にかざすと側脈が、やや細いが白線状に浮き出る。Veins against light look fine white lines.

図59I　小穂は紫色の紡錘形で、6-8個程度の小花から成る。Spikelets are purple fusiformis with 6–8 florets.

図59J　小穂は暗紫色で、雄しべも同様に暗紫色が一般的である。Spikelets and stamens are usually dark-purple.

図59K　小穂が褐緑色で全体にうっすらと白毛が出る変異。Greenish-brown spikelets covered with velvet white hairs.

長さ8–12 mmで、15–9脈、全面に細毛で覆われ、時に格子目がでる。成熟した穎果の形態は先端が鋭く尖る液滴状で、一定の休眠期間を経て良く発芽し、生育地の林床にもしばしば実生が観察される。

チシマザサもしくはチマキザサ節の1種と複合体との間で外部形態的に区別が難しいときには、葉の断片を柄の長いステンレス製の匙に載せ、ガスレンジの炎にかざして白色に灰化のうえ、スライドグラス上で粉末にし、水を滴下してカバーグラスをかけ、光学顕微鏡で葉の表面の細脈間を裏打ちするように形成される泡状細胞珪酸体の

図59L　花序は独立した花茎ではなく、枝葉の先端付近から抽出する場合が多い。細長い線形で黒紫色の小穂を付ける稈。Inflorescences usually borne on peduncles emerged at upper branches with elongate-linear blackish-purple spikelets.

図59M　開花稈の周囲には時々、実生を観察できる。Seedling occurred under a flowered culm.

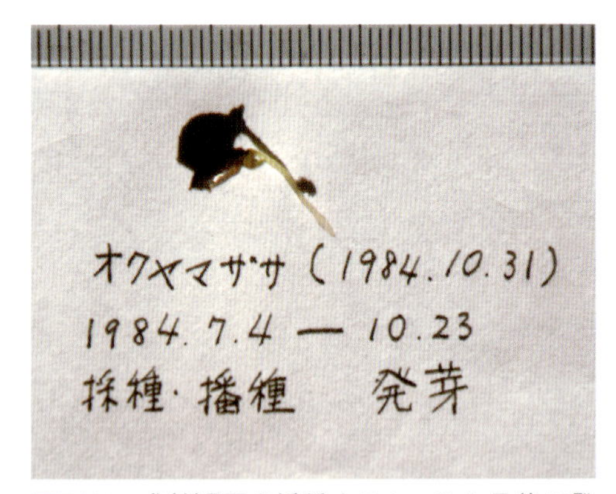

図59N　成熟穎果を播種すると、３か月後に発芽した。Matured caryopsis collected and sown on July 4th 1984, germinated on Oct. 23rd, 1984.

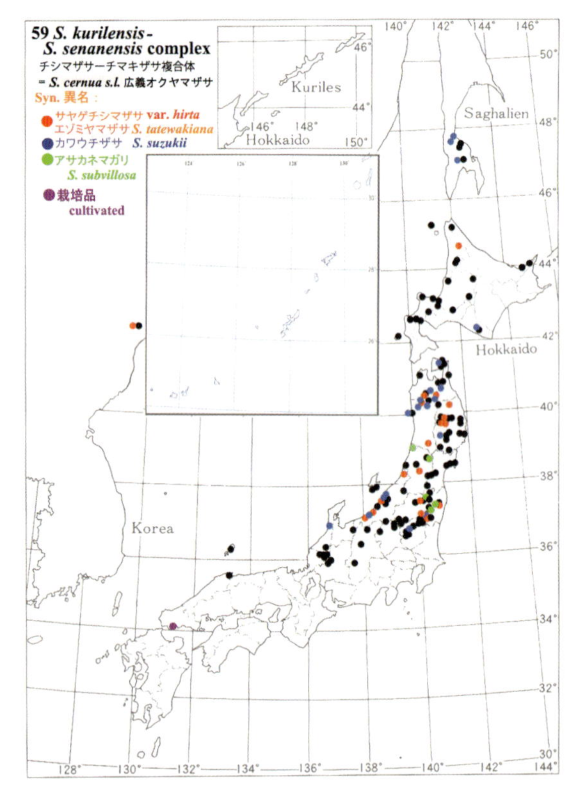

←図59O　山口県山口市嘉川の干見折神社境内に植栽された、稈に黒褐色の斑紋を生ずるオクヤマザサの品種シャコタンチク。*Sasa cernua* f. *nebulosa* cultivated at Himiori Shrine, Kagawa, Yamaguchi City, Yamaguchi Pref., having cloud-shaped dark-brown spots in culm.

断面形状を観察する。チシマザサやチマキザサ節植物の上面は扁平な直線であるのに対して、複合体の場合には、内部に貫入するように湾曲することから、識別できる。（コウライザサ 33n、チョウカイチマキ 34m、サヤゲチシマザサ（サヤゲネマガリ）40k、オニネマガリ 35k、ニシゴウザサ 35n、クモイザサ 35n、マツダザサ 35n、コンセイザサ 35n、キタヤマザサ 35n、ナンブネマガリ 36k、アオチシマザサ（アオネマガリ）38k、フシゲアオネマガリ 40k、ヒゲモチアオネマガリ 42k、ヒナタザサ 40k、ヤハズネマガリ 41u、シャコタンチク 40t、エゾミヤマザサ 28m、ケナシエゾミヤマザサ 28m、アカザワザサ 28mu、フタダザサ 35n; オオバネマガリ 37k、ホソバフタダザサ 37k、デワノフタダザサ 40k、カワウチザサ 35n、アラゲチシマザサ 35n、オオアラゲネマガリ 37k、デワネマガリ 37k、コサカザサ 36n、アサカネマガリ 64s）

図59P　次項のササ属アマギザサ節は、新鮮な稈を折った瞬間、鼻を衝く異臭を発する特異な性質を持つ。オクヤマザサの大株は、外見的にアマギザサ節に似るが、異臭は無く、ビニール袋にしばらく入れると、サロメチール様の芳香が充満するので同定できる。Next taxa of sect. *Moniliciadae* have distinctive feature to generate an offensive smelling for a second when fresh culm was cut broken. A robust clump of *S. cernua* has occasionally similar appearance with sect. *Monilicladae*, having a good salomethyl flavor instead of the ill-smelling to identify.

(2) アマギザサ節 Sect. *Monilicladae* Nakai（8種）

稈は高さ 2.5m、直径 1cm で剛壮、基部から最上部まで全節に腋芽を生じ、稈上方で盛んに枝を出すとともに、基部付近からも大枝を出す。稈を折ると、一瞬鼻を突く、プロピオン酸のような臭い異臭を放つ。節上部が球状に膨出し、稈中部の稈鞘は節間の長さの二分の一以下。葉は広楕円状披針形で表面には光沢がある。葉舌は低い山形となり、多くの場合、粗渋で放射状の肩毛が発達する。中国地方では、山地帯から太平洋沿岸部まで優占し、奈良・三重県境にいたる。西限の韓国チェジュ島ハルラ山に出現するタンナザサ *S. quelpartensis* Nakai から、日本列島の中央構造線、伊豆諸島の御蔵島までの島嶼、関東地方では美濃・足尾帯、東北地方では棚倉構造線沿いの古い地層の地域を中心に対馬、隠岐諸島～能登半島～新潟県佐渡島、柏崎市にかけての日本海側、蔵王山麓から礼文島まで分布する。

60/1○　イブキザサ Ibuki-zasa

Sasa tsuboiana Makino, Bot. Mag. Tokyo 26, 13 (1912)

稈は高さ 2.5 m、直径 8 mm に達し剛壮。稈鞘と葉鞘いずれも無毛。葉は広～長楕円状披針形で長さ 28 cm、幅 6 cm におよび、皮紙質、両面無毛、上面には光沢があり、裏面はやや粉白で側脈が突出する。葉舌は山形、肩毛は粗渋で放射状。円錐花穂は独立した花茎として、もしくは稈の各節より分枝する。小穂は線形で細長く、途中で“くの字”状によじれる。外穎は 11 脈で平滑。四国三嶺剣山系、中国地方沿岸部、日本海側では島根県隠岐諸島の島前高崎山（三樹）、近畿地方の比良山系から琵琶湖を挟んで鈴鹿山系北部、御岳山西麓、天城山系、神津島、栃木県、宮城蔵王山麓、仙台市、など、中央構造線の沿線の古い地層のある地域を中心に分布する。1984 年頃、三重県藤原岳をはじめ、比良山系で大規模な一斉開花枯死が起こった。（アマギザサ 31m、イガザサ 31m、アオスズ 32n、オオアオスズ 34n、イズハナザサ 34n、オモコザサ 34m、イシヅチザサ 34m、ウマザサ 34k、ハッチョウザサ 34n、オタギザサ 35k、クマトリオタギザサ 35k、ナガトザサ 36n、ウスバシャコハンザサ 37k、カザンザサ 39k、イヨイブキザサ 83s）

図60A　イブキザサ基準産地の伊吹山，山麓から山頂まで分布。葉は広楕円状披針形で表面に光沢があり、冬には隈取る。*Sasa tsuboiana* occurred on foot hills through the summit of Mt. Ibuki, Shiga Pref. Foliage leaves broad ellipsoidal-lanceolate with adaxial surface lustrous. Albo-marginated in winter.

図60B　琵琶湖西岸に立地する比良山系の全山を覆う群落。Dense thrive covered Hira Mountains located western side of Lake Biwa.

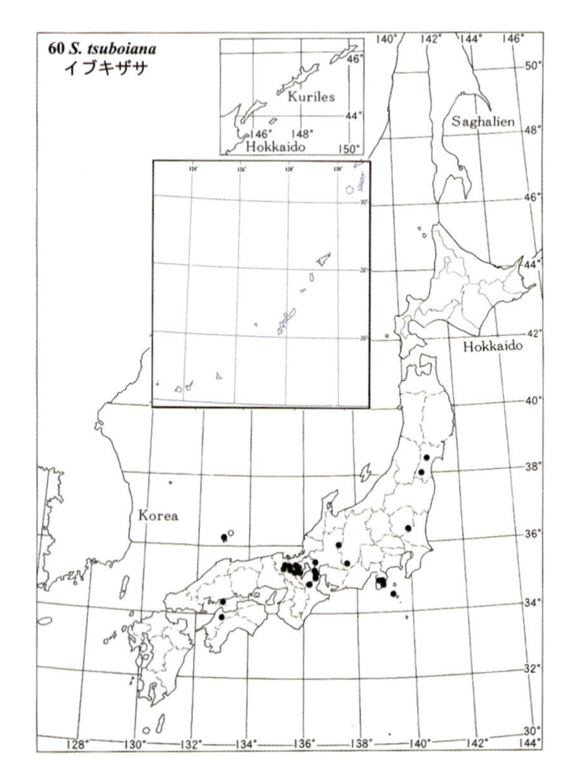

図60C　稈中位の稈鞘の長さは節間の半分以下で、群落を横から見ると規則正しい縞模様となる、栃木県益子町。Robust relic grove of S. tsuboiana occurred on a swamp side location at Mashiko Cho, Tochigi Pref. Prominent nodes and white culm-sheaths make regular patterns of clump side-view.

図60D　倒伏した2年目の稈の各節から枝を分枝し、密集した薮を作る。Prostrated culm borne upright branches on each node.

←図60E　節は膨出し、稈鞘は無毛で、時に繊維状に細裂する。Nodes are prominent with glabrous culm-sheaths, where mid culm-sheaths are shorter than half of internodes, splitting thread occasionally.

図60F　葉裏は無毛で粉白、葉鞘も無毛。Abaxial leaf surface is powder-white and glabrous. Leaf-sheaths glabrous.

図60G　側脈は陽に透かすと白い筋状に浮き出る。Veins white against light.

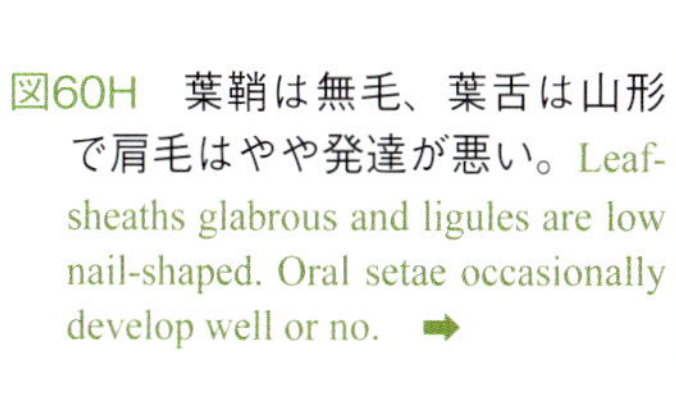

図60H　葉鞘は無毛、葉舌は山形で肩毛はやや発達が悪い。Leaf-sheaths glabrous and ligules are low nail-shaped. Oral setae occasionally develop well or no. ➡

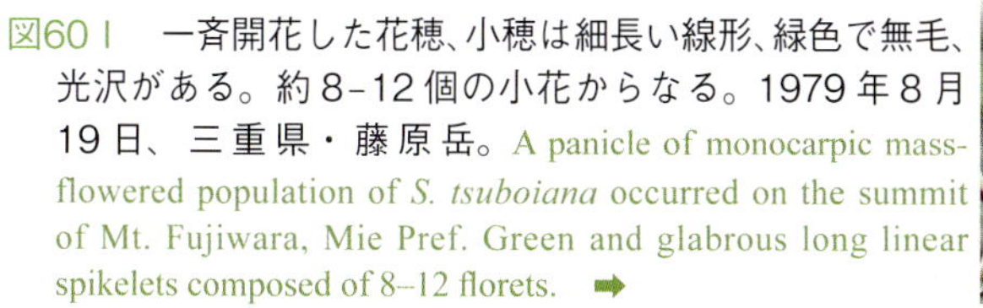

図60 I　一斉開花した花穂、小穂は細長い線形、緑色で無毛、光沢がある。約8-12個の小花からなる。1979年8月19日、三重県・藤原岳。A panicle of monocarpic mass-flowered population of *S. tsuboiana* occurred on the summit of Mt. Fujiwara, Mie Pref. Green and glabrous long linear spikelets composed of 8–12 florets. ➡

図60 J　花が終わると、小穂の中ほどから緩く曲がり、「へ」の字状に反り返る。When anthesis completed, spikelets curved slightly at the mid point.

図61A　広島県北広島町東八幡原尾崎沼入口のイヌトクガワザサ群落。*Sasa scytophylla* population occurred around the entrance to the Ozaki Swamp in Yawatabara, Kitahiroshima Cho, Hiroshima Pref. Foliage leaves leathery-chartaceous, broad ellipsoidal-lanceolate.

61/2○　イヌトクガワザサ Inutokugawa-zasa

Sasa scytophylla Koidz., Acta Phytotax. Geobot. 3, 26 (1934)

稈は高さ 1.5 m、直径 5 mm でやや剛壮。イブキザサに似るが、稈鞘は開出長毛と寝た長毛で覆われ、節に褐色の長毛を密生する。葉鞘は無毛。葉は両面無毛。**小穂**は長さ 4.5 cm で 7–9 個の小花よりなり、外穎は 8 mm で鈍頭、9 脈で平滑、格子目あり。中国地方の沿岸から山間部を中心に分

図61B　伸びたばかりの新稈で白色のワックスを分泌する。上方の節よりさかんに同時枝を出す。Current year-culms covered with white wax on whole culm, emerging simultaneous branches at upper nodes. ➡

図61D　葉鞘、葉裏は無毛、放射状で粗渋な肩毛を発達させる。Abaxial leaf surface and leaf-sheaths are glabrous, developing radial scabrous oral setae.

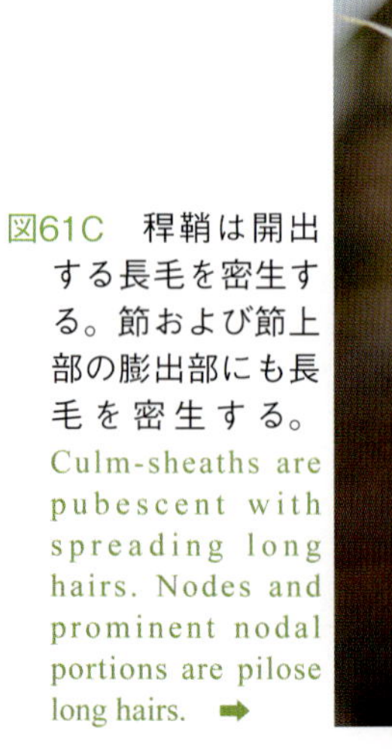

図61C　稈鞘は開出する長毛を密生する。節および節上部の膨出部にも長毛を密生する。Culm-sheaths are pubescent with spreading long hairs. Nodes and prominent nodal portions are pilose long hairs. ➡

図61E　花梗を四方に伸ばした円錐花穂。Panicles with long linear spikelets.

布し、近畿地方、宮城県仙台市、礼文島まで点々と分布地が知られている。
（フシゲイブキザサ、サヤゲウマザサ 42k、サヤゲオモコザサ 34k、フシゲイヌトクガワザサ 83s）

図61F　小穂は緑色で数個の小花からなり、小花とほぼ同長で細毛を生やした小軸により繋がる。外穎と内穎はほぼ同長であまり尖らない。Spikelets green, glabrous and linear connected with several florets by equally lengthen pubescent rachis. Lemma and palea almost same length.

図61G　北海道・礼文島の須古嶼における放棄ジャガイモ畑に侵入したイヌトクガワザサ群落（北村）。 *S. scytophylla* population extended into an abandoned potato field at Sukoton, Isl. Rebun, Hokkaido (Kitamura).

図61H　チシマザサ（黄色の枝葉）と混生するイヌトクガワザサ（濃緑色の枝葉）（北村）。*S. scytophylla*, dark-green leaved, co-existed with *S. kurilensis* var. *kurilensis*, yellowish-green leaved (K). ➡

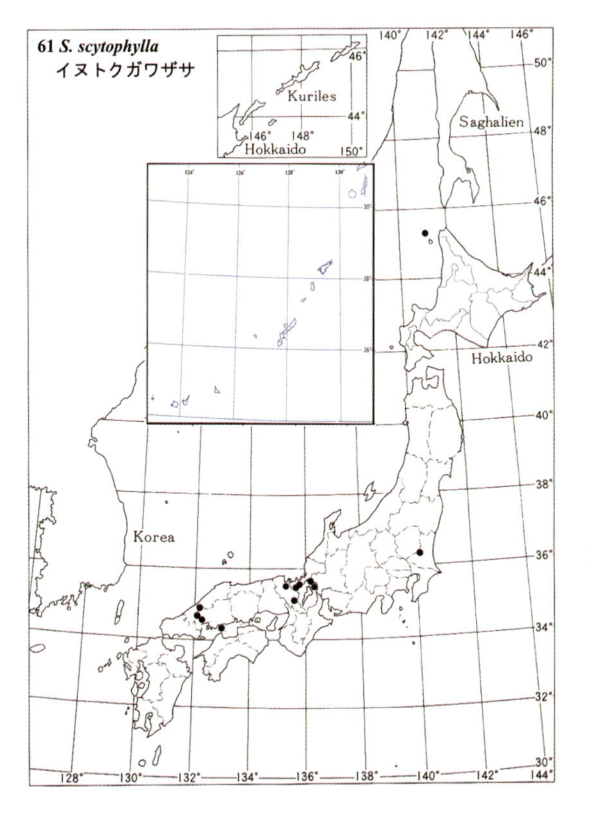

図61I　イヌトクガワザサの稈；真ん中にある未展開の葉をつけた稈の稈鞘に長毛が見える（北村）。New culm of *S. scytophylla* emerged showing pilose culm-sheaths (arrowhead) (K). ➡

図61J　開花初期の花穂、2008年6月（北村）。Glabrous panicles of *S. scytophylla* emerged on June 2008 (K). ➡

62/3○ サイゴクザサ Saigoku-zasa

Sasa occidentalis Sad.Suzuki, J. Jpn. Bot. 58, 358 (1983)

稈は高さ 1.5 m、直径 5 mm. 稈鞘は逆向細毛を密生し、葉鞘は無毛。葉は長楕円状披針形で長さ 25 cm、幅 5cm、皮紙質、両面無毛。**小穂**は長さ 4 cm で 8 個の小花よりなり、外穎は 8 mm で鈍頭､9 脈で微毛に覆われ､縁に白色長毛がある。格子目は目立たない。広島･山口地方を中心に分布するほか、岐阜県の御嶽山西麓（下呂市小坂町・赤沼田）などにも、他のアマギザサ節植物と混生して出現する。

図62A　広島県廿日市市、薄暗い林床で密集した群落を形成する。Dense thrive of *Sasa occidentalis* occurred on ruderal dark forest understory at a montane road-side in Hatsukaichi City, Hiroshima Pref.

図62B　広島県庄原市西城町、県民の森の成熟した群落（齋藤）Matured population at the Prefectural Forest Park of Hiroshima, Shobara City (Saito).

図62C　稈の上方で枝を出す（齋藤）。A culm branched at upper nodes (Saito).

図62D　広楕円状披針形で先端付近が垂れさがる。肩毛は放射状で粗渋（齋藤）。Palmate branch complement gathering broad ellipsoidal-lanceolate leaves with drooping each apex. Oral setae are scabrous and radiate with low nail-shaped ligules (Saito).

図62E　節は膨出し、稈鞘は逆向細毛が密生する。 Node prominent and culm-sheaths pubescent with short hairs.

図62F　葉鞘は無毛。Leaf-sheaths glabrous.

図62G　葉裏も無毛。Abaxial leaf surface glabrous.

図62H　円錐花序。花梗は長い、庄原市高野大鬼谷キャンプ場、2015 年 6 月 29 日。Panicles with long peduncle occurred at Ohgiya Camping Site, Shobara City, Hiroshima Pref. on June 29, 2015.

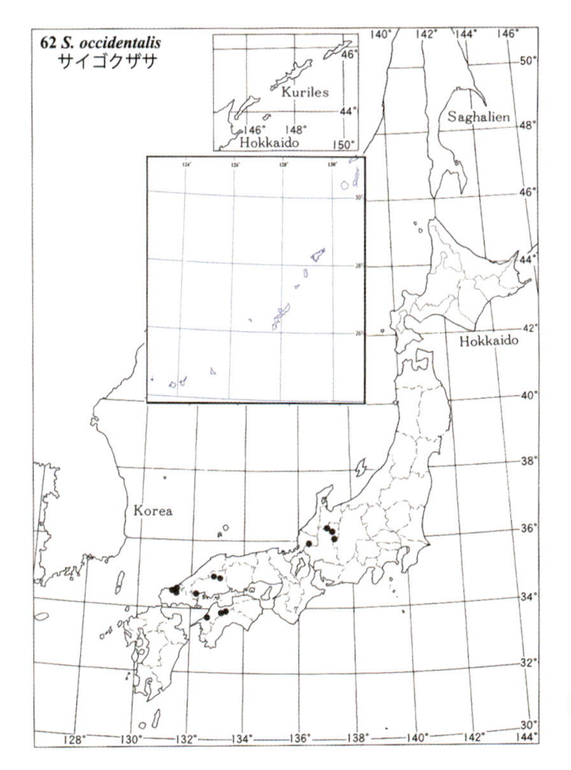

図62I　小穂は数個の小花からなり、短い。外穎の先端は次第に鋭く尖る。Spikelets are short with each several florets, in which lemma acuminatus.

図63A　他のササと混生するミアケザサ、広島県東城町小奴可。Mixed population of *Sasa miakeana* in Onuka, Tojyo Cho, Hiroshima Pref. ➡

63/4○　ミアケザサ Miake-zasa

Sasa miakeana Sad.Suzuki, J. Jpn. Bot. 67, 287 (1992)

稈は高さ 90 cm、直径 5 mm。稈鞘に開出長毛と逆向細毛が密生、葉鞘は長毛が出るが後に脱落する。葉は長楕円状披針形で、長さ 25 cm、幅 6 cm、皮紙質、両面無毛。広島地方に優占する。

図63B　黄緑色で光沢のある葉をしたミアケザサの群落。 Yellowish-green and lustrous leaves of *S. miakeana*.

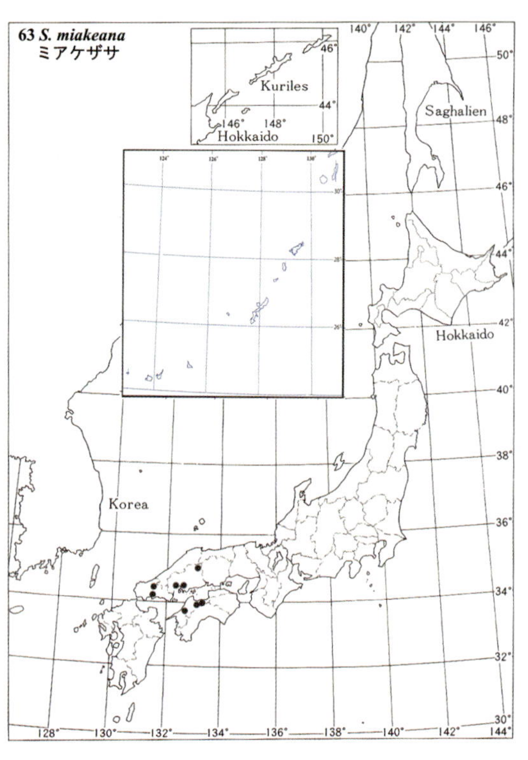

←図63C　稈鞘は逆向細毛と開出長毛を混生する。Culm-sheaths pubescent mixed with retrorse minute hairs and spreading long hairs.

図63D　葉裏は無毛。 Abaxial leaf surface glabrous.

図63E　葉鞘も無毛。Leaf-sheaths glabrous.

64/5　ミヤマクマザサ

Miyamakuma-zasa

Sasa hayatae Makino emend. M.Kobay., foliage leaf-sheaths glabrous, and/or pubescent with longer and minute hairs, or only minute hairs. J. Jpn. Bot. 3, 16 (1926), pro. syn. *S. hayatae* Makino var. *hirtella* (Nakai) Sad.Suzuki シコクザサ Shikoku-zasa, J. Jpn. Bot. 60, 339 (1985)

稈の高さ 1.5 m、直径 7 mm。稈鞘は無毛で、時に節にのみ長毛を密生する。葉鞘は無毛、もしくはやや長い毛と細毛を混生し、あるいは細毛のみを密生する。葉は広～長楕円状披針形で長さ 25 cm、幅 5 cm、皮紙質、表面に艶があり、裏面に軟毛を密生する。葉舌は山形、肩毛は放射状粗渋でよく発達する。冬季に幅狭く隈取る。**小穂**は線形で長さ 2.5–3.5 cm、6–7 個の小花からなる。第一

←図64A　やや細く隈取りしたミヤマクマザサの薮、静岡県西伊豆町風速峠、1986 年 5 月 10 日。Narrowly albo-marginated leaves of *Sasa hayatae* on May 10, 1986 occurred at Kazahaya Pass, Nishiizu Cho, Shizuoka Pref.

図64B　密集し、膨らんだ節と短く白い稈鞘の織りなす模様が目立つ群落；伊豆諸島御蔵島長滝 山。Dense thrive of *S. hayatae* checkered with prominent nodes and white and short culm-sheaths on Mt. Nagataki, Isl. Mikurajima, Izu Islands, Tokyo.

図64C　薄暗い林床で葉裏に軟毛を密生した新葉を展開する稈、岐阜県下呂市赤沼田(あかんた)。Current year-culms unrolling new leaves with abaxial leaf surface pubescent in dark forest understory at Akanta, Gero City, Gifu Pref.

図64D　葉裏はフェルト状に細毛が側脈を覆うほどに密生する。Abaxial leaf surface pubescent velvet hairs to hide veins.

図64E　部分開花した枝葉につく花序；1986年5月10日、天城山系・猫越岳(ねっこだけ)。Partially flowered culms occurred on Mt. Nekko, Amagi Mountains, Izu Peninsula, Shizuoka Pref.

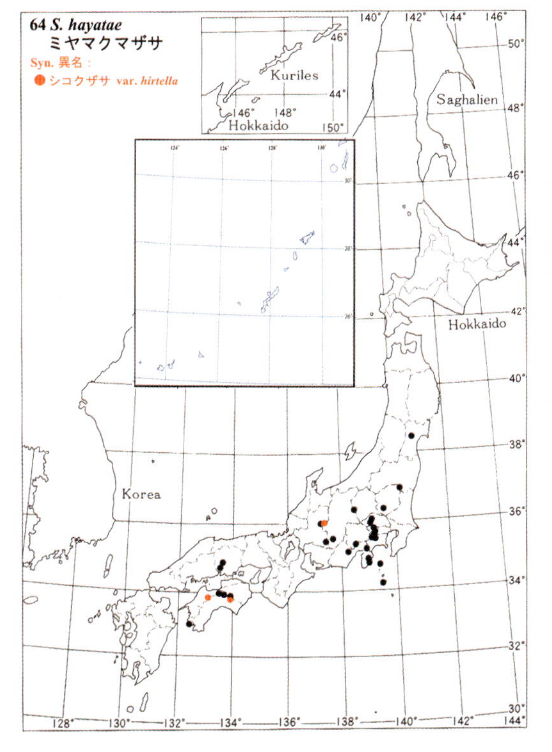

図64F　高知県・白髪山稜線でシカの食害により稈上方の葉が蝕まれている、2008年9月。Culm apices and upper branch complements are predated by sika-deer, *Cervus nippon* on a ridge of Mt. Shiraga, Kochi Pref.

⬅図64G　シカの食害により衰退した三嶺の稜線と山肌；ササ群落の主体はミヤマクマザサ（シコクザサ）とマキヤマザサ（ケマキヤマザサ）。Decayed vast population of *S. hayatae* and/or *S. maculata* on ridges of Mts. Sanrei-Tsurugi, Kochi Pref., due to over-abundant sika-deer predation.

苞穎は 1–2.5 mm、第二苞穎は 2–4.5 mm、外穎は長さ 7–9 mm、9–10 脈で平滑、格子目有り（天城・猫越岳 1986.5.10）。四国、中国地方、関東地方、伊豆半島の天城山脈、伊豆諸島・御蔵島、仙台まで広い範囲に分布する。（タンザワザサ 27m、オオミネザサ 42mk、イガミヤコザサ 34n、カンムリヤマザサ 34n、カリヨセザサ 34n、コアオスズ 34n、ケオモコザサ 34m、ミクラコザサ 41n、ノベオカザサ 35n、トモダザサ 35n、ウラジロザサ 35k、フシブトザサ 37k、チクゼンザサ 37k、フシゲアツバザサ（フシゲサエキザサ）37k、フシゲミヤマクマザサ 83s）

図65A　箱根山ブナ林床の群落。*Sasa tokugawana* in the understory of *Fagus crenata* forest on Mt. Hakone, Kanagawa Pref.

65/6　トクガワザサ Tokugawa-zasa

Sasa tokugawana Makino emend. M.Kobay., foliage leaf-sheaths pubescent with deciduous long hairs, and/or spreading long hairs mixed with minute ones, or only minute hairs. J. Jpn. Bot. 1, 6 (1916), pro. syn. *S. tokugawana* Makino var. *iyoensis* Sad.Suzuki イヨトクガワザ Iyo-tokugawa-zasa, J. Jpn. Bot. 58, 360 (1983)

稈の高さ 1.5 m、直径 7 mm。稈鞘に開出長毛を密生する。葉鞘には脱落性の長毛がでる、もしくは開出長毛と細毛を混生または細毛のみを生ずる。葉は長楕円状披針形で長さ 23 cm、幅 4.5 cm、皮紙質、裏面に軟毛を密生する。**複総状花序**は稈の下方の節より抽出し、それぞれ 1– 数個の小穂からなる小花梗を分枝する。小穂は赤みを帯

図65B　新葉を展開する稈、上方で盛んに内鞘的に分枝する（三樹）。Culms unrolling new leaves from upper branches in intravaginal branching style (Miki). ➡

⬅図65C　節上部は球状に膨出し、稈鞘に開出長毛を密生する（三樹）。Node is prominent and culm-sheaths pubescent with spreading long hairs (M).

びた緑色で披針形、長さ 3.2–4.2 cm、4–6 個の小花を付ける。第一苞穎は 2–4 mm、第二苞穎は 7–8 mm、外穎は 9 mm で先端がやや長い芒状に尖り、7–8 脈、無毛で平滑、格子目は無し（1986.5.10、猫越峠）。箱根駒ヶ岳周辺に特に多い。関東地方北部（栃木県那珂川町）まで分布する。

（マエバラザサ 35n、ヒロハクマソザサ 35k、イヨトクガワザサ 83s）

図65D　葉の隈取りは浅い（三樹）。Albo-margination is narrow (M).

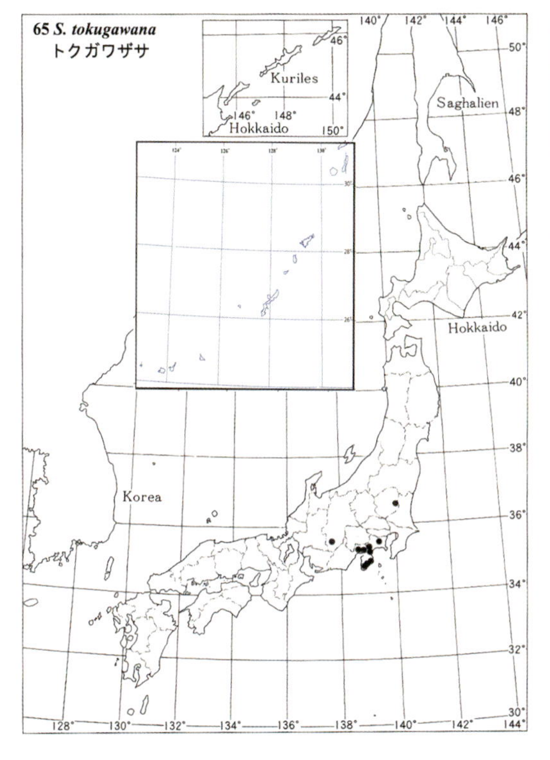

図65E　葉裏に軟毛を密生する（三樹）。Abaxial leaf surface pubescent with soft hairs (M).

図65G　タケノコの稈鞘の葉片は長い披針形で反転する。Culm-sheaths of young shoots are pubescent with spreading long hairs and waxy white with sheath-blades narrow-lanceolate and reflect as growth. ➡

図65F　葉鞘は無毛、肩毛は良く発達し、葉舌は山形（三樹）。Leaf-sheaths glabrous, oral setae develop radially well and ligules nail-shaped (M). ➡

66/7　マキヤマザサ Makiyama-zasa

Sasa maculata Nakai emend. M.Kobay., foliage leaf-sheaths glabrous, and/or pubescent with spreading long hairs and minute hairs, or only long hairs. J. Jpn. Bot. 11, 814 (1935), pro. syn. *S. maculata* Nakai var. *abei* Sad.Suzuki ケマキヤマザサ Ke-makiyamazasa, J. Jpn. Bot. 69, 34 (1994)

稈は高さ 2m、直径 10 mm に達する。稈鞘に逆向細毛が出る。葉鞘は無毛、もしくは開出長毛と細毛を混生または長毛のみを生ずる。葉は皮紙質な広楕円状披針形で長さ 25 cm、幅 5 cm、先端が

図66A　広島県庄原市、マキヤマザサの開花集団 Flowering population of *Sasa maculata* at Shobara City, Hiroshima Pref. ➡

図66B　石川県宝達山、マキヤマザサ開花集団。Flowering population at Mt. Hodatsu, Noto Peninsula, Ishikawa Pref.

図66C　新潟県柏崎市草生水(くそうず)、マキヤマザサ未開花集団。Sterile population at Kusozu, Kashiwazaki City, Niigata Pref.

図66D　新潟県佐渡市両津片野尾に出現するマキヤマザサ群落、葉は表面に光沢があり、広楕円状披針形で先端が次第に鋭く尖り、よじれる（柳田）。A first record of *S. maculata* from Katanoo, Ryotsu City, Isl. Sado, Niigata Pref. (Yanagita).

図66F　同時枝を出す当年生の稈（宝達山）。Current-year-culm with immediate branching in Mt. Hodatsu.

←図66E　2016年4月12日撮影。葉の隈取はごく浅い。稈基部付近の節から、膨らんだ腋芽が一斉に動き出す時期で、黄色の矢頭は内鞘的に分枝している節、赤色の矢頭は、母稈鞘が繊維状にめくれた部分を示す（柳田）。Winter buds near at culm-bases begin to grow simultaneously branches in intravaginal branching style (yellow arrowheads) in which some of culm-sheaths strip fibrously (red arrowheads) on April 12, 2016 (Y).

図66G　葉は広楕円状披針形で、大きく波打つ（庄原市西城町の湿潤な沢筋で生育の良い群落）。Foliage leaves broad ellipsoidal-lanceolate in waving (Saijo Cho, Shobara City).

図66H　葉裏の毛は葉の展開直後から成熟まで加齢により状態が変化し、若い葉では識別がかなり難しくなることが多い。寝た毛はうっすらと光る。Hairs at abaxial leaf surface change various morphological features with age, where at first very difficult to identify its presence, thus only thin lustrous images as this picture.

図66I　展開時の葉裏の毛は表面に密着し、うっすらと光る。Abaxial leaf surface on mature leaves pubescent with velvet minute hairs.

図66J　稈鞘は短毛が密生。Culm-sheaths pubescent with short hairs.

図66K　肩毛が発達し、葉鞘は無毛。Oral setae radiate with leaf-sheaths glabrous.

図66L　葉鞘にうっすらと毛の出る場合もある。Leaf-sheaths occasionally slightly pubescent with minute hairs.

やや急に細く尖る。裏面に細毛を密生するが、葉の展開直後から後熟、そして老齢へと加齢に伴って毛の状態が変化する。特に、展開直後における葉裏の毛の有無の判断はかなり難しい。臥した細毛を密生するが、明るい日射しの下で裏面を斜めにかざし、光の微妙な反射の仕方などに

図66M　庄原市の開花集団における円錐花序、小穂は比較的短い。Panicle of the Shobara City population as in A.

図66N　開花初期の小穂、苞穎は短く互生する。Spikelet at beginning of anthesis with alternate short glumes at the base (arrowheads).

図66O　満開時の小穂、小花：うっすらと短毛が生え、6本の雄しべを垂らし、大きく開いた外穎の先端は鋭く尖る（宝達山）。Spikelet in full bloom with each floret and rachis slightly pubescent, 6 stamens and acute lemma.

←図66P　雌しべの柱頭は羽毛状に３叉する。Stigmas are feathery three.

も注意を払って判断する必要がある。**小穂**は長さ 1.8–3 cm で 5–8 個の小花からなる。外穎は 8 mm、11 脈、表面はややくすみ、両端付近の 2–3 脈に沿って短毛が出る。格子目あり。山口県から奈良県・三重県の県境付近まで太平洋岸に沿うように分布する。他方、日本海側では、2016 年 7 月 30 日に、長崎県対馬をササ類の探索に訪れた齋藤隆登氏により、対馬市美津島町において痕跡的な分布が確認された。さらに、能登半島宝達山、新潟県佐渡島両津（柳田 31309）、柏崎市西山町草生水（くそうず）などにも分布する。天竜川右岸の中央アルプス山麓（長野県飯田市から蓼科山麓）にも出現する。

（ヒダノミヤマクマザサ 83s、ケミヤマクマザサ 83s、ケマキヤマザサ 94s）

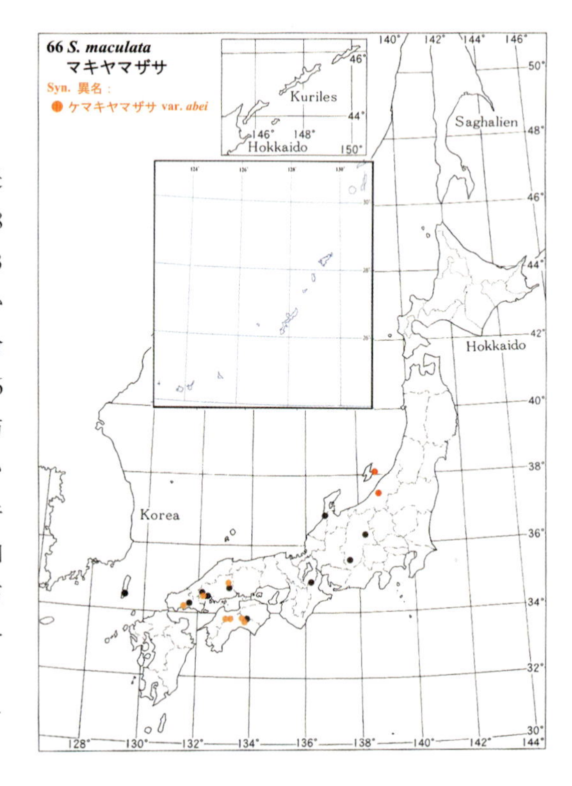

67/8　ミネザサ Mine-zasa

Sasa minensis Sad.Suzuki emend. M.Kobay., foliage leaf-sheaths pubescent with deciduous long hairs, and/or mixed with long and minute hairs. J. Jpn. Bot. 67, 286 (1992), pro. syn. *S. minensis* Sad.Suzuki var. *awaensis* Sad. Suzuki アワノミネザサ Awano-minezasa, J. Jpn. Bot. 69, 34 (1994)

稈鞘に開出長毛と逆向細毛を混生する。葉鞘に脱落性の長毛がでる、もしくは長毛と細毛を混生する。葉の裏面に軟毛を散生もしくは密生する。**小穂**は線形で長さ 6 cm、6–13 個の小花からなる。外穎は 20 mm に達し鋭尖頭、11 脈、平滑で格子目あり。四国・

図67A　表面に光沢があり広楕円状披針形で先端が次第に鋭く尖る葉を展開する稈の間から花茎を覗かせるミネザサの部分開花集団、広島県庄原市小奴可。Partially flowering *Sasa minensis* population in Onuka, Shobara City, Hiroshima Pref. Foliage leaves lustrous on adaxial surface, broad ellipsoidal-lanceolate with attenuatedly acuminate apex.

図67C　葉鞘は無毛だが、時として毛が出るタイプ（アワノミネザサ）と混生する。Leaf-sheaths glabrous, occurring occasionally mixed with pubescent type (var. *awaensis*). ➡

⬅図67D　稈鞘に細毛と開出長毛を混生する。Culm-sheaths pubescent with minute hairs mixed with spreading long hairs.

図67B　葉裏細毛密生。Abaxial leaf surface pubescent with fine hairs.

図67F　十数個の小花からなる小穂、全体に無毛で外穎は鋭く尖る。A spikelet composed of ten-several florets which are glabrous with acuminatus lemma.

図67E　長大な小穂をつける花序。Inflorescence with long spikelets.

⬅図67G　外穎は 11 脈で格子目が顕著。Lemma 11 nerves with remarkable tessellate.

図67H　高知県香美市・剣山系の白髪山、国指定の重要なササ群落。広大な山腹をミネザサ（アワノミネザサ）が覆い、パッチ状に枯れた部分が散在する。 Vast thicket of *S. minensis* var. *awaensis* which is national appointed important *Sasa* vegetation at Mt. Shiraga, Kami City, Kochi Pref. Patchy withered clumps scatted among them.

図67I　パッチの実体は葉鞘が無毛のミネザサで規模は、大きなもので11.5 m × 4 mになる。 Entity of the patch is *S. minensis* with leaf-sheaths glabrous, being at most ca. 11.5 m × 4m in width.

図67J　枯れた葉を多く含む稈では、アブラムシに浸食され、キンバエなどが寄生する。 Abaxial leaf surface and leaf-sheaths of withering culms are covered with many aphids with flies. ➡

⬅図67L　島根県隠岐諸島島前高崎山に出現するミネザサ（三樹）。 Rare record of *Sasa minensis* from Isl. Oki, Shimane Pref (Miki).

⬅図67K　健全なように見えるミネザサ（アワノミネザサ）の群落はよく見ると多数のシカの食痕があり（矢頭）、内部にはアサマリンドウなどが生育する。 Green leaved clumps have many predation scars of sika-deer (arrowheads), where *Gentiana sikokiana* occurred within the same habitat.

剣山系から山口・広島地方、そして日本海側の島根県隠岐島前（西ノ島）高崎山（三樹）から新潟県（柳田 30002, 30099, 31394）にかけて分布する。

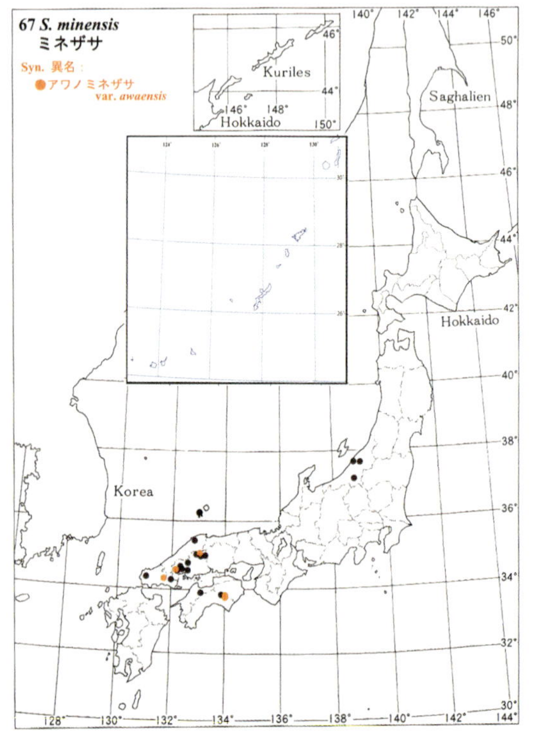

68/9^{+} アマギザサ–ミヤコザサ複合体

Amagizasa-Miyakozasa fukugoutai

Sasa scytophylla* – *S. nipponica complex, putative introgressively hybridized intermediate polymorphic clonal complex between a species of sect. *Moniliccladae*, eg. *S. scytophylla* Koidz. and a species of sect. *Crassinodi* eg. *S. nipponica* (Makino) Makino & Shibata, *S. samaniana* Nakai var. *yoshinoi* (Koidz.) Sad.Zuzuki, or *S. pulcherrima* Koidz

中国地方の瀬戸内海沿岸部を中心に、アマギザサ節とミヤコザサ節植物の分布が重なる地域に小規模な群落として出現する。群落の辺縁部には無分枝のミヤコザサ節型、中心部には分枝したアマギザサ節型の稈を生ずる。多くの場合、分枝様式は外鞘的だが、一部に内鞘的となる。

図68Aa　イヌトクガワザサとウツクシザサ間の複合体。広島県廿日市市大竹町。Supposed complex between *Sasa scytopylla* and *S. pulcherrima* at Otake Cho, Hatsukaichi City, Hiroshima Pref.

⬅図68Ab　ウツクシザサに酷似し、葉裏、葉鞘は無毛で、稈鞘に長毛が出る。Closely resembling *Sasa pulcherrima* culm, in which abaxial leaf surface and leaf-sheaths glabrous, and pubescent culm-sheaths with long hairs.

図68Ac　単一の稈から分枝した３年生の稈まで。Culms of no branched to 3-year-old branching.

図68Ad　分枝は内鞘的分枝様式をとる。Branched culm in intravaginal style.

⬅図68Ba　サイゴクザサとビッチュウミヤコザサ間の複合体、広島県東広島市西条町田口。Supposed complex between *Sasa occidentalis* and *S. samaniana* var. *yoshinoi* occurred at Taguchi, Saijyo Cho, Higashi-hiroshima City, Hiroshima Pref.

図68Bb　単一の稈はビッチュウミヤコザサに似る。 No branching culms resembled with *S. samaniana* var. *yoshinoi*.

図68Bc　各節より分枝した２年生の稈。外鞘的分枝様式が見られる。2-year-old culm borne branch at each node in extravaginal branching style, in which arrowhead shows a close up.

図68Ca　イヌトクガワザサとオヌカザサ間の複合体、東広島市西条町田口・国道375号線沿い。Supposed complex between *Sasa scytophylla* and *S. hibaconuca* occurred on a road-side of R375 at Taguchi, Saijo Cho, Higashi-hiroshima City.

図68Cb　分枝稈の様子。Dense thrive with branching culms.

図68Cc　単一稈と２年生分枝稈。稈鞘に開出長毛と細毛を混生する。外鞘的分枝様式（矢頭）が見られる。 No branching culm and branched culms in which culm-sheaths pubescent with spreading long hairs and minute hairs. Close-up showed extravaginal branching style (arrowhead). ➡

図68Da　イヌトクガワザサとコガシザサとの複合体、東広島市安芸津町風早・大芝島北向きの崖上の薄暗いコナラ林床。葉裏は無毛、葉鞘は脱落過程にあるが、長毛を散生する。Supposed complex between *Sasa scytophylla* and *S. kogasensis* occurred on a dark understory of *Quercus serrata* forest standing on a northern cliff of Isl. Oshibajima, Akitsu Cho, Higashi-hiroshima City. Close-up shows abaxial leaf-surface glabrous with pubescent leaf-sheaths.

図68Db　裸地に生育する背の低いコガシザサ様の稈。葉鞘は無毛。*Sasa kogasensis*-like clumps occurred on open space, being leaf-sheaths glabrous showing as a close-up.

図68Dc　林内の細く枝分かれした稈。外鞘的分枝様式を重ねた枝。Branched culms in extravaginal style, in which repetitive extravaginal branching emerged (arrowhead).

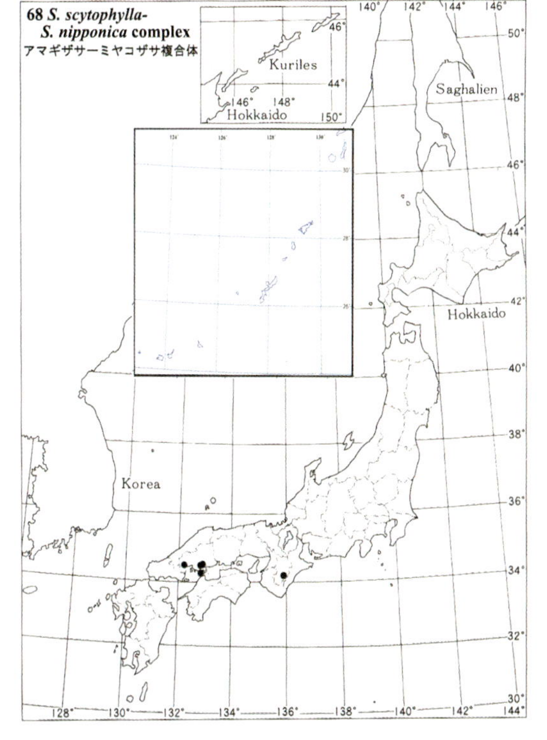

図68Ea　奈良県大峰山系天川村弥山狼谷の群落はシカの食害で林床は崩壊寸前（津山）。Forest understory is degraded by predation of over-abundance of sika-deer in Okami Valley, Mt. Misen, Omine Mountains, Tenkawa Village, Nara Pref. (Tsuyama).

図68Eb　分枝したビッチュウミヤコザサ様で、外鞘的分枝様式が至る所で見られる（矢頭）（津山）。Branched culms resembled *Sasa samaniana* var. *yoshinoi* in extravaginal branching style (arrowheads) (T).

（3）チマキザサ節 Sect. *Sasa*（9 種 4 変種 1 複合体）

稈は高さ 1–3 m、直径 0.5–1.5 cm で、1 年生の若い稈は白色のワックスで覆われ、年を経るごとに灰色から汚れた黒色に変化する。稈の最上部の 2,3 節を除き、各節に腋芽を生じ、各節から枝を出す。当年生の稈が同時枝を出すような地方では、時に全節に腋芽を生ずる。2 年目には強く斜上し、3 年目以降には地面に倒伏する。葉は広楕円状披針形で皮紙質、冬季に隈取りの出る種も多い。葉舌は切形で目立たない。肩毛は放射状で粗渋。日本海沿岸部から太平洋側内陸部にかけ、年平均積雪深 75 cm 以上（北海道では 100 cm 以上）の積雪のある地方に出現する。2009 年以降数年間にわたる広島・山口県地方におけるササ類の探索の結果、この地方におけるチマキザサ節植物の分布はほとんど確認されなかった。これらの結果は、四国、九州地方におけるチマキザサ節のこれまでの分布記録の再検討の必要性を示唆している。

図69A　白色のワックスを枝全体に分泌するチマキザサの新稈。枝葉にはアントシアニンをほとんど含まない。新稈が伸びる 6 月頃に群落内に入ると衣服はワックスで真っ白になる。栃木県日光市奥日光金精沢で。New culms of *Sasa palmata* grow simultaneously covered with white wax in early June, Konsei Valley, Okunikko, Nikko City, Tochigi Pref., when enter into the grove, wax attach to the clothes. The plant usually absent anthocyanin.

69/1○　チマキザサ Chimaki-zasa

Sasa palmata (Lat.-Marl.) Nakai emend. M.Kobay., foliage leaf blade varies 20–30 cm in length and 5–9 cm in width with 7–9 nerved, glabrous and/or slightly pubescent lemma, J. Jpn. Bot. 10, 561 (1934), pro. syn. *S. palmata* (Lat.-Marl.) Nakai var. *niijimae* (Tatew. ex Nakai) Sad.Suzuki ルベシベザサ Rubeshibe-zasa, Jap. J. Bot. 19, 108 (1965)

稈は高さ 2 m、直径 7 mm で剛壮、2 年生の稈の各節から分枝し、3 年目にはほぼ水平に地

図69B　葉は皮紙質、広楕円状披針形で、葉裏、葉鞘、稈鞘はいずれも無毛。肩毛は発達しないことが多い。山形県鶴岡市湯殿山皇壇スギにて。Foliage leaves leathery-chartaceous, broad ellipsoidal-lanceolate. Leaf surfaces, leaf-sheaths, culm-sheaths all glabrous. Oral setae usually absent. Mt. Yudonosan, Tsuruoka City, Yamagata Pref. ➡

図69C　葉舌は切形で目立たない。 Ligules are low and truncate.

図69D　オオシラビソ林床で一斉開花中の群落。花穂は緑色。栃木県日光市鬼怒沼山。Monocarpic mass flowering of *S. palmata* exhibited on the understory of *Abies mariesii* forest standing on Mt. Kinunuma, Nikko City. All pan icles are green without anthocyanin. ➡

図69E　花に群がるムギヒゲナガアブラムシ。 Florets are attacked by a kind of aphid, *Macrosiphum akebiae*.

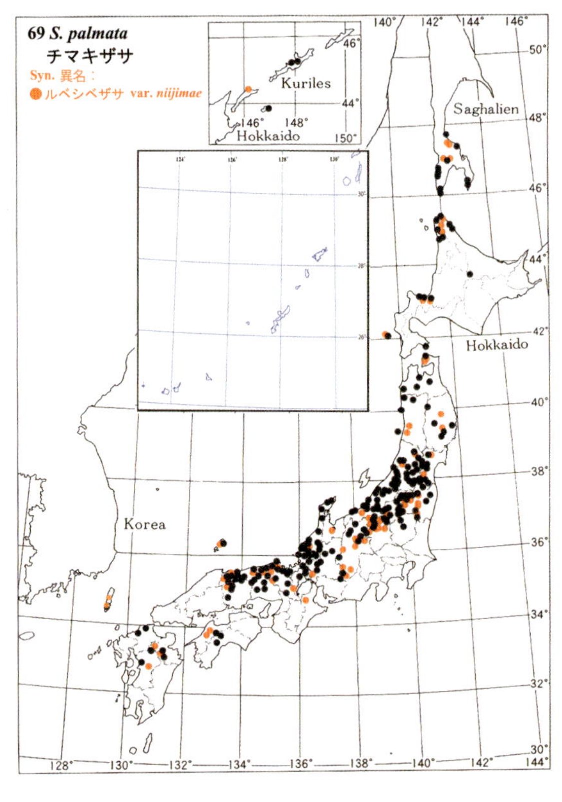

面に倒伏し、枝が立ち上がる。稈鞘、葉鞘いずれも無毛で、当年生の若い稈では、節の下部の節間を中心に白色のワックスを分泌し、この頃に薮に入ると、衣服に盛んに白い粉末が付着して目立つ。葉は広楕円状披針形で長さ20–30 cm、幅5–9 cmと変異し、皮紙質、両面無毛、葉舌は切形で、葉鞘の上縁とほぼ同じ高さで水平となり目立たない。肩毛は放射状で粗渋、よく発達する。アントシアニンを含まず、稈や時として生ずる花茎などは緑色の場合が多い。**小穂**は線形で長さ4 cm、外穎は長さ7 mm、7–9脈で全面に細毛があり、時に平滑。本州の日本海側から東北、北海道の日本海沿岸からサハリンまで広い範囲に出現するが、若狭湾岸の山地などに葉の細長いササとして出現する。（ヤネフキザサ34m、オオシコタンザサ34n、タテヤマザサ34n、デワノオオバザサ35k、シャケイチマキ35k、ノトチマキ35n、ホロノベザサ40n、ソウヤザサ35n、アイズオオバチマキ37k、アイズクマイザサ37k、ヤチザサ37k、ヒロハヤネフキザサ38k、オクエゾオタフクザサ40k、コシナイザサ40k、シレトコザサ40k、ナガバオクエゾザサ40k、オオバヤネフキザサ42k、サトチマキザサ28m、デワノヒロ

ハザサ 35k、ヒダザサ 37k、ウスバシャコハンザサ 37k、コバノチマキ 37k、フシゲシャケイチマキ 39k、フシゲコシナイザサ 40k、フシゲサトチマキ 43k、シャコハンザサ 01mShibata、ヨサチマキ 37k、イガザサ 31m、メクマイザサ 31n、クジュウザサ 37k、ナガハザサ 37k、チシマチマキ 37k、カザンザサ 39k、ウワゲヒメチマキ 41k、ホソバフシゲザサ 35k)

図70A ケザサ群落、新潟県柏崎市西山町妙法寺道路沿い。
Population of *Sasa pubens* occurred on a road side at Myohoji, Nishiyama Cho, Kashiwazaki City, Niigata Pref.

70/2○ ケザサ Ke-zasa

Sasa pubens Nakai, J. Jpn. Bot. 11, 83 (1935)

稈鞘は逆向のやや長い毛と細毛がビロード状に混生する。葉鞘は上向の短毛、または細毛がビロード状に密生する。節は開出する長毛または逆向の短毛が密生する。葉は基部の円い楕円状披針形で、長さ 24 cm、幅 5.7 cm におよび、両面無毛か、下面基部にのみ毛がでる。本州中部の日本海側に稀に産する。基準産地は新潟県柏崎市西山町別山。 (ゴンベエザサ 41k)

図70B 葉は皮紙質、長楕円状披針形で基部はくさび形となる。
Foliage leaves leathery-chartaceous, long ellipsoidal-lanceolate with cuneate at the base.

図70C 葉裏は無毛で、葉脚部にのみ疎らに毛が出る。 Abaxial leaf surface glabrous with scattered fine hairs only the base.

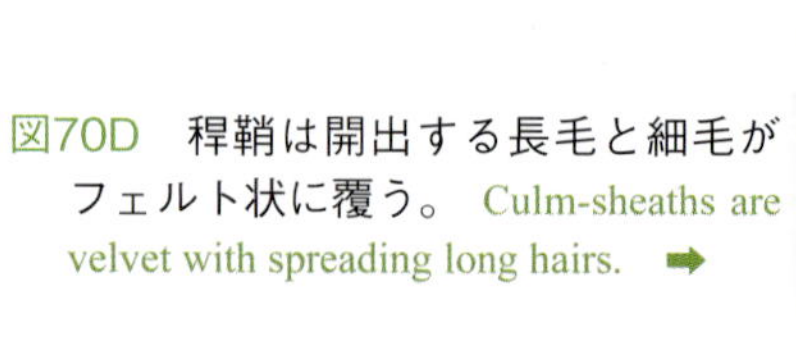

図70D 稈鞘は開出する長毛と細毛がフェルト状に覆う。 Culm-sheaths are velvet with spreading long hairs. ➡

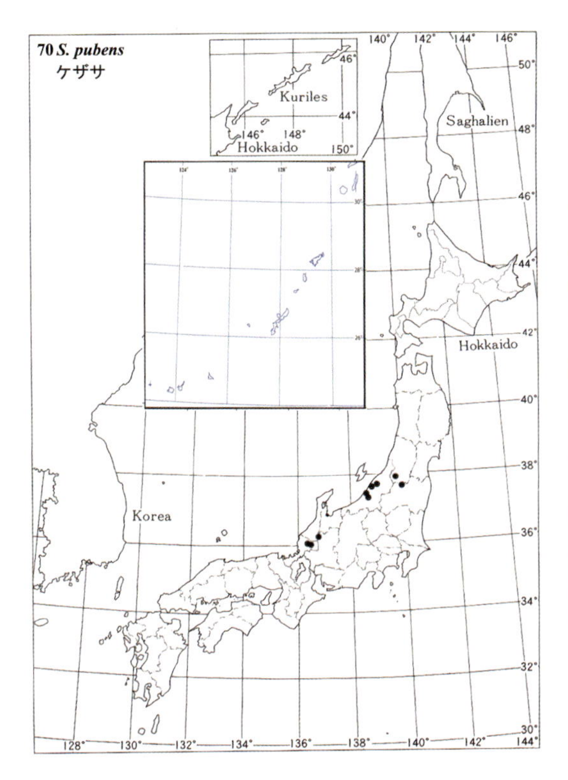

図70E　葉鞘は寝た毛が散生する。 Leaf-sheaths scattered long prostrate hairs.

図70F　脱落過程にある肩毛。Falling degraded oral setae.

71/3○　フゲシザサ Fugeshi-zasa

Sasa fugeshiensis Koidz., Acta Phytotax. Geobot. 4, 167 (1935)

稈鞘は逆向の細毛が出る。葉鞘は薄く細毛が出るかまたは無毛。葉は基部が円形～切形、もしくは浅心形で先端がやや急に尖る長楕円形で長さ 27 cm、幅 6.7 cm におよび、皮紙質、両面無毛で、時に裏面基部付近にのみ毛が出る。肩毛は放射状で粗渋。小花の外穎は 7

図71A　フゲシザサ群落、石川県輪島市久手川石休場。 *Sasa fugeshiensis* at the type locality of Ishikyuba, Kutegawa, Wajima City, Ishikawa Pref.

図71B　葉は皮紙質、長楕円状で先端が鋭く尖る。 Foliage leaves leather-chartaceous, long ellipsoidal at apex blunt with a point.

図71C　稈鞘は細毛を密生する。正面の一部にライターの炎をかけ、ワックスを溶かしている。Culm-sheaths pubescent with fine hairs, in which a portion was removed wax by flash-fire to confirm the hairs. ➡

図71D　葉裏は無毛。Abaxial leaf surface glabrous.

図71E　葉鞘はほとんど無毛。Leaf-sheaths almost glabrous.

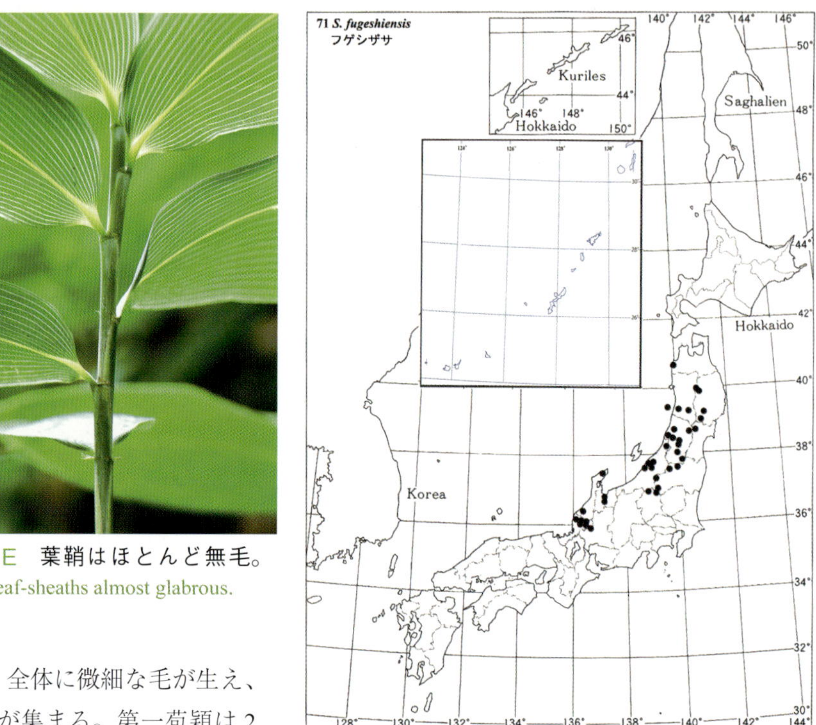

mm、7脈で格子目無し。全体に微細な毛が生え、先端付近にやや長い毛が集まる。第一苞穎は2 mm、第二苞穎は3.5 mm。北陸地方から本州中部の日本海側に稀に産する。基準産地は石川県鳳至郡石休場（輪島市）。　（クレハザサ35k、オタフクザサ35k、アサヒザサ40k）

72/4[D]○　クマザサ Kuma-zasa

Sasa veitchii (Carrière) Rehder var. ***veitchii***, J. Arnold Arbor. 1, 58 (1919)

稈は高さ1.5 m、直径3 mmで、各節から分枝し、2年目の稈は倒伏する。稈鞘は開出長毛を密生し、葉鞘は無毛。葉は基部が円く先端は急に尖り、広楕円形、長さ25 cm、幅5 cm、皮紙質で両面は無毛。冬季には幅広く隈取る。**小穂**は線形で長さ3.5 cm、外穎は長さ6 mm、9脈で全面に細毛がでる。京都府の琵琶湖西岸の山地に自生地があると言われている。全国に庭園などで植栽され、各地で野生化しており、原産地は不明。（コクマザサ01m、キンキザ

←図72A　和名の由来となっているように、冬季には葉の縁が白色に隈取る（くまどる）。宇都宮市・城山西小学校。*Sasa veitchii* is always albo-marginated well in winter season with long ellipsoidal leaf blades. An escaped grove at back yard hills of the Shiroyama-nishi grammar school, Utsunomiya City.

図72D　各節から分枝し、密集した薮をつくる。宇都宮市峰町・宇都宮大学構内。Dense clumps bear branch on each node. Utsunomiya University. ➡

図72B　葉裏、葉鞘は無毛、肩毛は粗渋で放射状、葉舌がチマキザサ節に典型的な切形。Abaxial leaf surface, leaf-sheaths glabrous. Oral setae develop well, scabrous and radiated. Ligules are typical of truncate as section *Sasa*.

図72C　稈鞘はブラシ状の長毛で覆われる。白色のワックスの分泌が顕著。Culm-sheaths are pubescent with long hairs and waxy white.

図72E　稈鞘に包まれた状態で分枝する内鞘的分枝様式。Intravaginal branching style. ➡

サ 34k、アタゴザサ 34m、コバノウツクシザサ 35k、ヒゴザサ 35n、クマトリホクエツザサ 38k）

73/4′○　チュウゴクザサ Chugoku-zasa

Sasa veitchii (Carrière) Rehder var. ***tyugokuensis*** (Makino) Sad.Suzuki emend. M.Kobay., foliage leaf-width varies within 5–8 cm., J. Jpn. Bot. 60, 340 (1985), pro. syn. *S. veitchii* (Carrière) Rehder var. *grandifolia* (Koidz.) Sad.Suzuki オオササ Oh-sasa, Jap. J. Bot. 19, 422 (1967)

稈の高さ 2m、直径 5 mm に達する。稈鞘は開出長毛を密生し、葉鞘は無毛。葉は基部が円形～切形、まれに心形となり、先端が次第に尖る長楕円状披針形で、長さ 28 cm、幅 5–8 cm、皮紙質、両面無毛。クマザサに比べ、細長い。また、冬季に隈取りの無い局所個体群が多く、隈取りの出る場合も、幅は狭い。**小穂**は線形で長さ 2.7–3.5 cm、6–8 小花からなる。第一苞穎は 1.4–2 mm、第二苞穎は 3 mm で小梗は 2.4–4 mm、外穎は長さ 8–10 mm で 7–13 脈、平滑で格子目無し（里

図73A　能登ブナ林床のチュウゴクザサ群落、石川県輪島市風立山。*Sasa veitchii* var *tyugokuensis* occurred on understory of *Fagus crenata* forest at Mt. Horyu, Wajima City, Ishikawa Pref.

図73B　全体に細長い長楕円形の葉、隈取はやや狭い。Foliage leaves elongate-ellipsoidal with shallow albo-margination.

図73C　葉裏、葉鞘は無毛、肩毛が発達し、葉舌は切形。Abaxial leaf surface, leaf-sheaths glabrous, oral setae develop well, ligules truncate.

図73D　稈鞘は長毛が密生する。Culm-sheaths are pubescent with upright long hairs.

図73E　部分開花中のクローン。Clumps exhibiting partial flowering.

見信生 1960.7.16, 輪島市高洲山；若杉孝生 2001.5.25 美浜町竹波 ,2015.7.12, 能登宝立山)。

1984 年 2 月に白山 2 号が妙高付近を通過中に、車内販売で笹団子を買い、自宅で笹の葉を開いたところ、葉脚部が著しく心形にくびれている葉で、驚き、早速、購入した販売会社に葉の仕入れ先を問い合わせたところ、新潟県村上市の業者を紹介された。そ

図73F　満開の円錐花序、ハムシやジガバチの１種など､いろいろな昆虫が集まる。Panicle in full bloom, visiting various insects.

図73G　小穂は７個程度の小花からなり、全体は無毛で、外穎が次第に細くなり、先端が禾状に尖る。Spikelet is composed of several florets and glabrous. Lemma acuminated.

の年の７月末に村上市の商店を訪ねたところ、ちょうど蒸篭でササの葉を蒸している最中だった。どの当りで葉を採集しているのか訊ねると、市内周辺の山一帯だと言う。市内の町外れの神社周辺には、チマキザサと

図73H　一斉開花中の富士竹類植物園の系統保存株（2008年５月）。2007年４月頃より、中国地方、北陸地方を中心とした分布域における一斉開花が報告されている。一斉開花最盛期の穂には細長い小穂を付けている。Flowered clumps of *S. veitchii* var. *tyugokuensis* on May, 2008 cultivated at Fuji Bamboo Garden, where original locality around Chugoku to Hokuriku Districts had been known to exhibit extensive mass flowering since April, 2007.

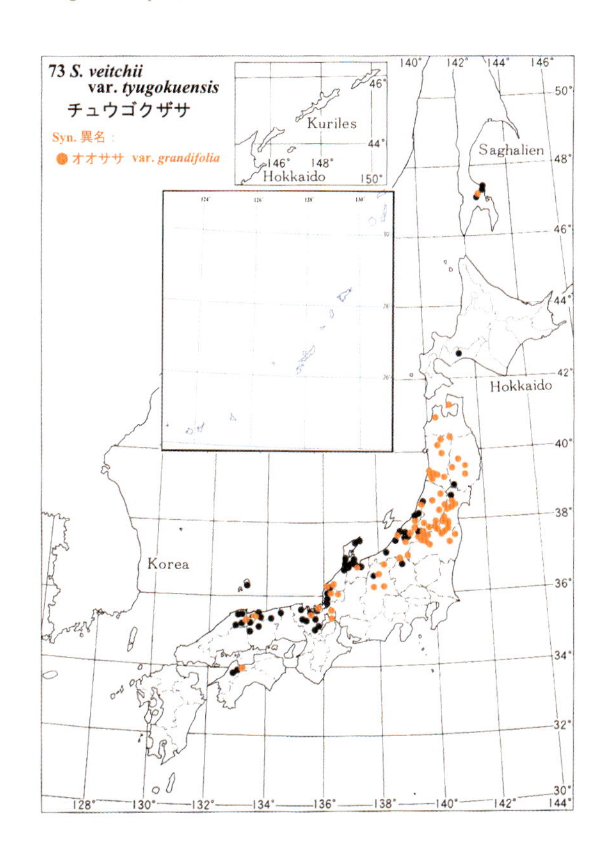

図73I　やや遅れて満開の花序。 Panicles in full-bloom with their lemma rounded apices.

←図73J　開花終了期の花序には、小花数が少なく、先端の尖らない外穎と内穎のほぼ同長の小花をつける。Late-flowered inflorescences had spikelets with a few florets and round-tipped, even-lengthen lemma and palea.

チュウゴクザサが見られ、そのうちのチュウゴクザサの方が、葉が狭く、葉脚部がくびれたものがあることを確認できた。本変種は山陰地方から新潟・山形県境の沿岸部に集中しているが、山陰・四国地方の分布は再確認が必要である。2008年を前後して一斉開花枯死が観察された。（カラフトザサ 31mn、ホクエツザサ 35k、ナリアイザサ 35n、コウノスザサ 35k、ヒミザサ 36k、アラクマザサ 37k、ナガバサエキザサ 38k、ニシノカグラザサ 40k、オクノオタフクザサ 41k、イチノキザサ 35n、フシゲオオササ（ケチュウゴクザサ、セイナンブスズ）37k）

74/5○　クテガワザサ Kutegawa-zasa

Sasa heterotricha Koidz. emend. M.Kobay., foliage leaf-sheaths pubescent with spreading minute hairs, and/or glabrous, or oftenly mixed with short hairs. Acta Phytotax. Geobot. 4, 168 (1935), pro. syn. *S. heterotricha* Koidz. var. *nagatoensis* Sad.Suzuki イヌクテガワザサ Inu-kutegawazasa, Hikobia 8, 59 (1977)

稈鞘は開出長毛と逆向する細毛が密生し、葉鞘は開出する細毛が密生し、もしくは無毛で時に短毛が混じる。葉は長楕円状披針形で長さ 25 cm、幅 6 cm、皮紙質、両面無毛で、時に裏面基部にのみ毛がでる。**複総状花序**は独立した花茎として花梗の先端付近に 1–4 個の小穂をつけた数枝の小花梗を分枝する。小穂は狭披針形～線形で、長さ 2,5–3.2 cm、5–7 個の小花からなる。第一苞穎は先端の尖った線形、第二苞

←図74A　クテガワザサの基準産地付近の群落、石川県輪島市久手川。Clumps occurred around the type locality of *Sasa heterotricha*, Kutegawa, Wajima City, Ishikawa Pref.

図74B　２年生稈は倒伏し、各節より枝を分枝する。Two-year-old culms are prostrated borne current year-branches on each node.

図74C　葉裏は無毛だが、基部にのみ脱落性の柔毛を生ずる。Abaxial leaf surface glabrous with deciduous minute hairs at the base.

←図74E　ワックスの落ちた古い稈鞘では短毛がわかり易い反面、長毛は脱落して少なくなる。Wax-less old culm-sheaths easy to detect fine hairs, whereas long hairs seldom due to fallen off.

図74D　稈鞘は細毛と長毛を混生するが、分厚いワックスに覆われて見えにくい場合が多い。Culm-sheaths pubescent mixed with fine and long hairs covered with thick wax. ➡

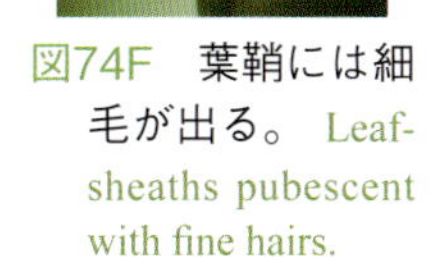

図74F　葉鞘には細毛が出る。Leaf-sheaths pubescent with fine hairs.

穎は披針形でいずれも殆ど3 mmで同長。外穎は8.5 mmで7脈、全体が微細な伏した毛で覆われ、縁に短毛が出る。格子目無し（2010.6.26, 仙台泉ヶ岳）。基準産地は輪島市久手川だが、新潟・山形県境と、その隣県の内陸部を中心に分布する。葉鞘が無毛のものをイヌクテガワザサとして区別する場合があるが、ほとんど同じ場所に近接して出現することも多く、クローン内もしくはクローン間の変異とみなす。

葉鞘に毛の無いタイプはチュウゴクザサと紛らわしいが、稈鞘に2種の毛が混生することで区別される。若い稈ではワックスが密に生じ、短毛の有無を判断するのが難しいことがあり、ライターなどの炎を近づけ、ワックスを溶かすと確認が容易である。長崎県対馬では、現在、

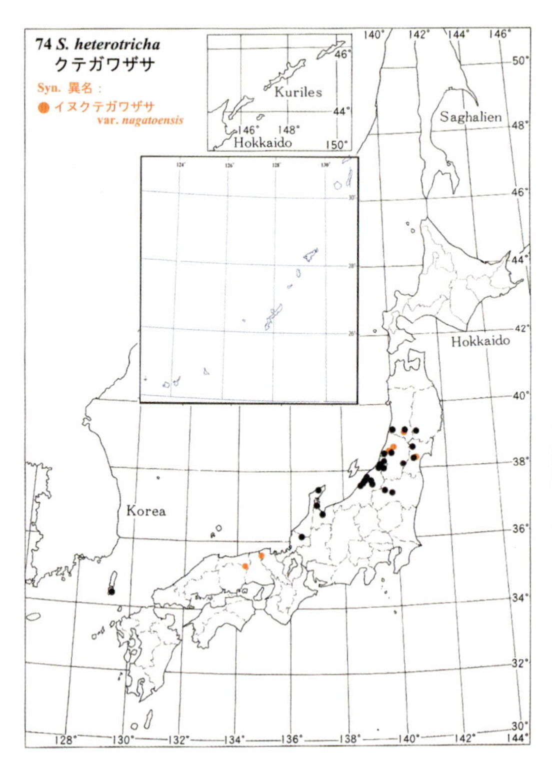

←図74G　葉鞘に毛の出るクテガワザサ（左側の背の高い２本）の群落において、出ない稈（右下の背の低い稈；イヌクテガワザサ）が混生もしくはパッチ状に隣接する場合が多くみられる。宮城県仙台市泉ヶ岳にて。Culms with leaf-sheaths pubescent (left side two, var. *heterotricha*) and glabrous (right side lower three, var. *nagatoensis*) are occasionally occur side-by-side, at Mr. Izumigatake, Sendai City, Miyagi Pref.

シカの食害で原植生を見極めるのが困難な状況にあるが、2016 年 7 月 30 日に齋藤隆登氏により、対馬市厳原町日吉において、クテガワザサの群落が確認された。

（タナハシザサ 36k、マシマザサ 41k、イヌクテガワザサ 77s）

75/6　クマイザサ（シナノザサ）

Kumai-zasa（Shinano-zasa）

Sasa senanensis (Franch. & Sav.) Rehder emend. M.Kobay., leaf blade-width varies within 4 cm – 8 cm. J. Arnold Arbor.1, 58 (1919), pro. syn. *S. senanensis* (Franch. & Sav.) Rehder var. *harai* (Nakai) Sad.Suzuki ミナカミザサ Minakami-zasa, Hikobia 7, 99 (1975)

稈鞘、葉鞘は無毛、葉は基部が円形～切形、もしくは浅い心形で先端はやや急に尖り、広楕円形で、長さ 25 cm、幅 5 cm、皮紙質、裏面に軟毛を密生する。チマキザサと異なり、アントシアニンを含み若

図75A　広楕円状披針形で皮紙質の葉を持つクマイザサ、隈取は浅い。栃木県日光市湯元。 *Sasa senanensis* population in Okunikko, Nikko City, Tochigi Pref. Foliage leaves leathery-chartaceous, broad ellipsoidal-lanceolate, abaxial surface pubescent. Narrowly albo-marginatied in winter. ➡

図75B　金精沢の入口付近でほとんど未開花な株。At the entrance of the Konsei Vally, almost sterile clumps.

図75C　高く抽出した赤褐色の円錐花穂を出して一斉開花中のクマイザサ、1984年6月4日、金精沢。Mass flowered population borne reddish panicles on emerged peduncles in the Konsei Vally on June 4, 1984.

い稈や花穂は赤褐色を呈する。肩毛は粗渋放射状でよく発達する。**小穂**は線形で長さ2.5 cm、外穎は7脈で平滑。日本列島の日本海側から千島列島、サハリン南部まで、チマキザサ節では、最も広範囲に分布する。長野県に多産し御岳が基準産地となっているが、中央アルプス以南の分布に関しては、アマギザサ節植物との混同の可能性が高く、再検討を要する。（タカヤマザサ26m、シラネザサ29m、カラフトコザサ31t、オクエゾザサ31n、ソウウンザサ31n、フシゲソウウンザサ34t、フシゲミ

図75D　赤褐色で艶のある小穂をつける花穂。A panicle has several pedicels each composed of 1~3 spikelets.

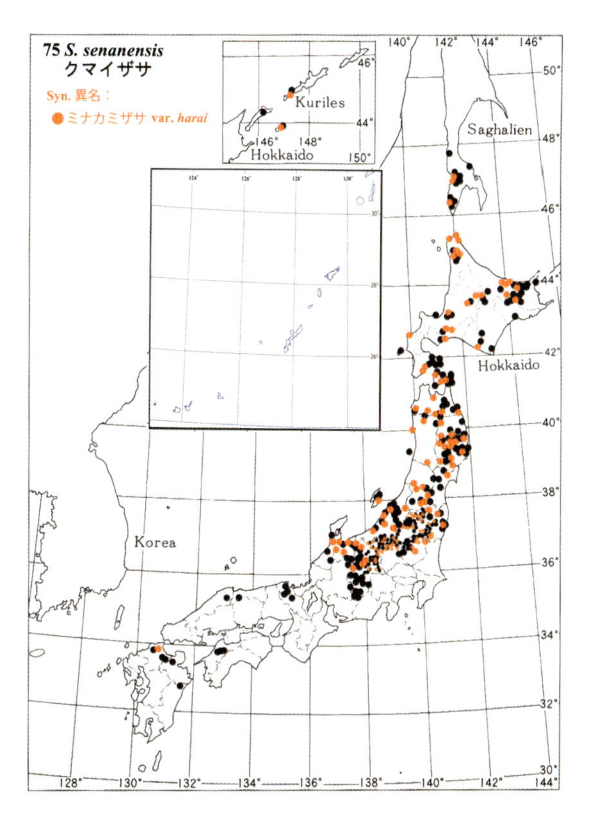

⬅図75E　１小穂に７個前後の赤褐色で外穎と内穎がほぼ等長の小花をつける。雄しべは暗紫色、ムギヒゲナガアブラムシが集まる。 A spikelet composed of several reddish and lustrous florets with even-lengthen lemma and palea. Many aphids of *Macrosiphum akebiae* were found on them.

ナカミザサ（フシゲウスバザサ）34k、フシゲアツバザサ（フシゲサエキザサ）37k、オソレヤマザサ 34n、フタアラザサ 34n、ユモトクマイザサ 34n、ヨツバザサ 35n、カシザサ 35k、リョウツザサ 35n、ヨサノオオバザサ 35k、クリヤマザサ 36n、コオンクマイザサ 36n、タンバコザサ 38k、フシゲクマイザサ 38k、ナガバミヤコザサ 39k、フシゲナガバミヤコザサ 39k、ナガバノウツクシザサ 40k、フシゲオクエゾコザサ 40k、オオオクエゾコザサ 40k、ムクゲザサ 40k、コハシノ 41k、ミナカミザサ 34n、キンタイザサ 28mu, オオバウエツチマキ（オタカチマキ）35k、カグラザサ 37k、ウラゲシャコハンザサ 37k、エゾウスバザサ 37k、クニミザサ 41k、ウラゲコハチマキ 41k、ケグキタカヤマザサ 43k、タンカツチマキ 43k）

図76A　一斉開花中のヤヒコザサ群落、福島県会津田島町・駒止峠、1985 年 6 月 10 日。Monocarpic mass flowering of *Sasa yahikoensis* exhibited at Komado Pass, Tajima Cho, Fukushima Pref. on June 10, 1985.

76/7 ヤヒコザサ Yahiko-zasa

Sasa yahikoensis Makino var. ***yahikoensis*** emend. M.Kobay., foliage leaf-sheaths pubescent with spreading short hairs or minute hairs, and/or only minute hairs, or glabrous. J. Jpn. Bot. 6, 14 (1929), pro. syn. *S. yahikoensis* Makino var. *depauperata* (Takeda) Sad. Suzuki シコタンザサ Shikotan-zasa, Jap. J. Bot. 19, 121 (1965)

稈鞘は逆向する短毛または細毛が密生し、時に開出する長毛を散生する。葉鞘は開出する短毛または細毛が混生、もしくは細毛だけが密生し、時に無毛。葉は長楕円状披針形～広楕円形で長さ 25 cm、幅 5 cm、皮紙質、上面には長毛が散生し、もしくは無毛、裏面は軟毛を密生する。節間や節にも逆向する短毛や細毛が密生し、枝葉全体がビロード状を呈する。肩毛は放射状。**小穂**は線形で長さ 4.5–6.5 cm、小梗の基部付近にほぼ等長（3–3.2 mm）の 1 対の苞穎を付け、長いもので 8 個の両性小花と頂端に 1 個の不完全小花を持つ。外穎は長さ 7–9 mm、9 脈で平滑、格子目有り。北陸から新潟・福島地方全域、岩手地方を中心に北海道オホーツク海沿岸部まで分布し、会津田島地方、駒止峠周辺に多産する。筆者が 1985 年 10 月に基準産地の新潟県弥彦山を訪れた時には、チュウゴクザサのみで、ヤヒコザサは見出せなかった。

1985 年 6 月 10 日に会津田島町西方にある駒止湿原～駒止峠のヤヒコザサの群落が一斉に出穂するのを観察した。少し離れた未開花な薮から株を採取し、宇都宮市峰町にある宇都宮大学構内

図76B　稈鞘、葉鞘、葉裏など、栄養器官は短毛、細毛をビロード状に密生し、全体が灰青色に見える。Culm-sheaths, leaf-sheaths, abaxial leaf surface all pubescent with retrorse short hairs and fine hairs, as well as internodes with short hairs, being blue-whitish appearance.

図76C　開花最盛期の円錐花穂。Panicle in full-bloom.

図76D　小穂は全体が細毛で覆われ、7個前後の小花からなり、外穎と内穎はほぼ等長。Spikelet covered with minute hairs, composed of several florets embraced at the base with even-lengthen lemma and palea.

←図76E　開花最盛期の小花、羽毛状の雌しべを水平からやや斜め上に張り出し、雄しべは真下に垂れ下がる。隣家（花）受粉を示す。Florets in full-bloom extend feathery stigmas horizontally or slightly ascending, whereas six stamens drop underneath showing neighboring pollination.

図76F　結実した穎果：長さ8 mm、直径4.5 mmの弾丸のような形態で、基部の小花は結実率がほぼ100%である。Mature caryopses with 8 mm in length, 4.5 mm in diameter. Each basal most floret attains 100 %-fertility.

のケヤキ並木の下に設けた圃場に移植した。その翌年から2年続けて同じ株が開花し、最後は地下茎が消し炭のように黒褐色に崩れて枯死した。1987年5月に全面開花し、7月に結実した400粒の穎果のうち、半数がササノミモグリバエの幼虫が寄生し、食害を受けた。残った健全な約200粒を、南向き建物3階の窓際の机の上にろ紙を敷いたシャーレを並べて播種し、時折水を与えて発芽過程を追跡した。最初の発芽は9月11日で、以後10月4日までに3個発芽した。その後、翌春の4月の菜種梅雨の頃、6月の梅雨、再び9月下旬の秋霖というように、2年間にわたり、季節変化の湿潤な時期に合わせるように少しずつ発芽した。この間、穎果全体がある日突然カビに覆われるのを穎果の死と判断して除去した。穎果が発芽力を持って生きているうちは、カビは発生しないようだった。最終的に得られた20個体ほどの実生のうち、3年目に両軸型地下茎を発達させた生長の良い10個体を圃場に移植した。このようにして得られた株の全てが、いわゆるシコタンザサ

図76G　発芽後27年を経たクローンの葉。葉裏は軟毛を密生する。Foliage leaves of a 27 year-old clump after germination showed pubescent abaxial surface.

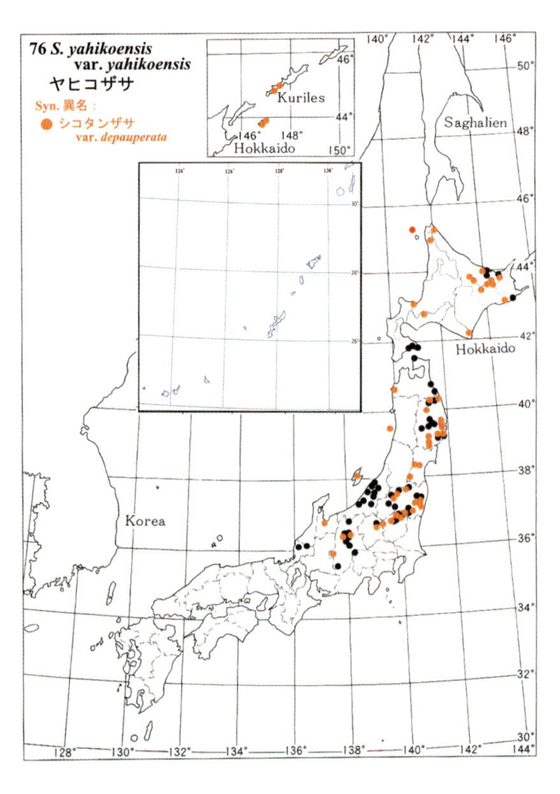

←図76H　稈鞘は逆向短毛、細毛と開出長毛を混生する。Culm-sheaths of the 27 year-old clump are pubescent mixed with retrorse short hairs, fine hairs, and spreading long hairs.

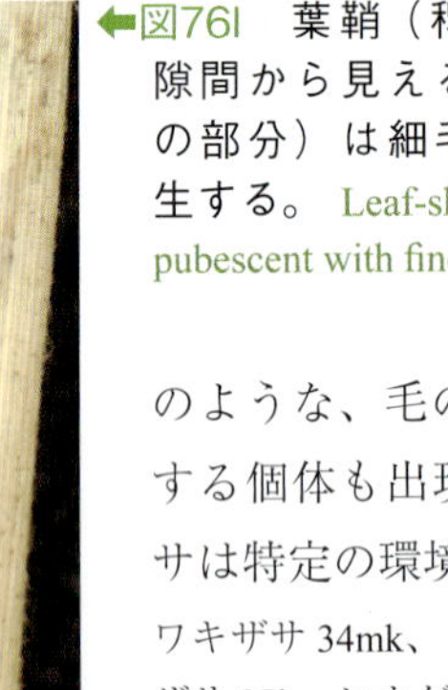

←図76I　葉鞘（稈鞘の隙間から見える緑色の部分）は細毛を密生する。Leaf-sheath is pubescent with fine hairs.

のような、毛の薄い個体だった。また、稈鞘に開出する長毛を混生する個体も出現した。ビロード状に毛に覆われた典型的なヤヒコザサは特定の環境条件下で発現する遺伝子による産物かもしれない。（イワキザサ 34mk、コシノヒシュウザサ 35k、エゾウツクシザサ 37k、フシゲイワキザサ 37k、ヒカゲウスバザサ 37k、ウワゲヤヒコザサ 38k、シコタンザサ 31n、クシロザサ 38n、メアカンザサ 34n、アイヌザサ 35k、トビシマザサ 35n、アイカワザサ 35n、エサシザサ 37k、クッチャロザサ 40k）

77/7′ オゼザサ Oze-zasa

Sasa yahikoensis Makino var. ***oseana*** (Makino) Sad.Suzuki emend. M.Kobay., foliage leaf-sheaths pubescent with minute hairs, and/or glabrous., Jap. J. Bot. 19, 123 (1965), pro. syn. *S. yahikoensis* Makino var. *rotundissima* (Makino & Uchida) Sad.Suzuki イワテザサ Iwate-zasa, Jap. J. Bot. 19, 125 (1965)

母種に比し、葉が著しく広い変種である。稈は高さ 1–2 m、直径 5 mm でやや剛壮。稈鞘には逆向する短毛または細毛が密生、もしくは散生する。葉鞘は細毛が薄く出る、もしくは無毛。葉は基部が円形からやや浅心形、先端は急に尖る広楕円形で、長さ 24 cm、幅 7 cm、皮紙質で裏面に軟毛を密生する。小花の外穎は長さ 6.6 mm で、7 脈。尾瀬ケ原周辺から岩手にかけて分布する。

図77B　盛岡市区界峠に出現するオゼザサで、全体に毛が薄く変異し、節に長毛をもたず、イワテザサと呼ばれる。葉は皮紙質で、基部は広いくさび形、浅心形〜円形で、先端は次第に尖る広い披針形。Hair-less variation called as var. *rotundissima* s. s. with nodal hairs absent, ellipsoidal-lanceolate leaf-blades occurred around the Kuzakai Pass, Iwate Pref.

図77A　ヤヒコザサの葉の広い変種。葉は皮紙質、広楕円形で葉裏に軟毛を密生する。稈鞘は逆向短毛と細毛を密生しビロード状、節に長毛が出て、節間にも短毛が出る。葉鞘は短毛と細毛を混生、もしくは細毛のみが出る。葉舌は切形でほとんど目立たない。肩毛は粗渋・放射状でよく発達する。若い稈では節の下部を中心に白色のワックスの分泌が著しい。冬季にはよく隈取る。図は、群馬県片品村尾瀬ヶ原山の鼻付近のダケカンバ林床に出現する稈を参考に描いた。Broad leaved variety of *Sasa yahikoensis* var. *ozeana*. Foliage leaves leathery-chartaceous, broad ellipsoidal. Abaxial leaf surface pubescent, culm-sheaths pubescent with retrorse short hairs mixed with fine hairs, leaf-sheaths covered with short hairs and/or fine hairs, and nodal long hairs. Ligules low truncate and oral setae scabrous radiated. Drawn for the motif of clumps occurred around understory of *Betula ermanii* forest on Yamanohana, Oze, Katashina Village, Gunma Pref.

図77C　稈の先端付近の各節から分枝する。Branching upper nodes.

図77D　葉裏に軟毛を密生する。Abaxial leaf surface pubescent with soft hairs. ➡

図77E　稈鞘に細毛を密生する。節に長毛は出ない。Culm-sheaths pubescent with fine hairs and nodal long hairs absent.

図77F　葉鞘に細毛を密生するか、もしくはほとんど無毛。肩毛は良く発達する。Leaf-sheaths pubescent with fine hairs and/or glabrous.

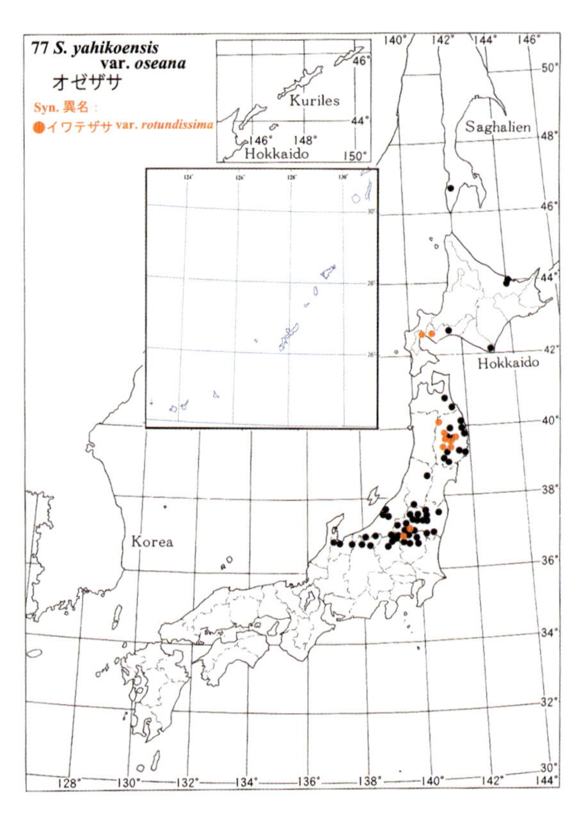

（イブリザサ 40n、オゼザサ 32m、モガミザサ 34n、コシジザサ 34n、ケショウザサ 35k、スヨシザサ 37k、トナミザサ 37k、イヌシャコハンザサ 37l、ヨビトザサ 40t&Tomooka.）

78/8　オオバザサ Ohba-zasa

Sasa megalophylla Makino & Uchida, J. Jpn. Bot. 6, 23 (1929)

稈鞘は上向する長い毛で覆われ、葉鞘は無毛、もしくは下方のものだけに長毛がでる。葉は長楕円状披針形で、長さ 28 cm、幅 8 cm におよび、皮紙質、裏面に軟毛を密生する。**小穂**は線形で長さ 2.5 cm、外穎は長さ 9.2 mm、9 脈で両側に微毛がでる。北陸・中部地方から東北・北海道にかけて分布する。

←図78A　オオバザサ群落、新潟県柏崎市西山町別山後谷。Dense thrive of *Sasa megalophylla* occurred on Betsuyama, Nishiyama Cho, Kashiwazaki City, Niigata Pref.

図78B　各節より分枝する。Culm branched at each node.

図78C　葉裏は細毛が出る。Abaxial leaf surface pubescent with fine hairs.

（ウリウザサ 32t、キタミコザサ 34n、ホロマンザサ 34n、ノトザサ 34n、フシゲオクヤマザサ 35k、アキタザサ 35m、ウラゲカラフトザサ 35n、タカネザサ 35n、ナスノミヤマスズ 36n、ヒミノオオバザサ 36k、ジゴクザサ 37k、ミチノクザサ 37k、シモキタザサ 37k、カリワザサ 37k、カミガモザサ 37k、ジゾウザサ 40k、ノトロザサ 40t、オオウラゲカラフトザサ 40k、ウワゲカラフトザサ 40k、オクエゾオオバザサ 40k、ホロザサ 40k、ナガバヤヒコザサ 48k、アカギザサ 48k）

図78D　稈鞘は長毛が密生する。Culm-sheaths pubescent with long hairs.

図78E　葉鞘は無毛；葉脚は円形から心形になる。Leaf-sheaths glabrous, leaf base round to cordatus.

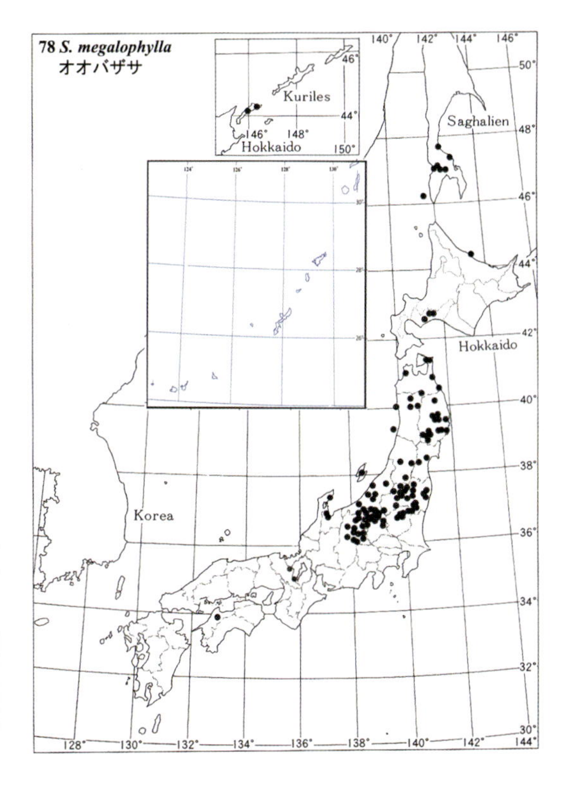

79/9 ミヤマザサ Miyama-zasa

Sasa septentrionalis Makino var. ***septentrionalis*** J. Jpn. Bot. 5, 6 (1928)

稈は高さ 120 cm、太さ 5.5 mm。稈鞘は開出する長毛と逆向する細毛が混生する。葉鞘は開出または逆向する細毛が出る。葉は長楕円状披針形で長さ24cm、幅6 cm、皮紙質で裏面に軟毛を密生する。**小穂**は線形で長さ 2.5 cm、外穎は長さ 7 mm、11 脈で両側に微毛がでる。ミヤコザサ−チマキザサ複合体の 1 形に類似するので、葉舌が切形である点、ならびに内鞘的分枝をとる点を確認する。基準産地は岩手県滝沢村。東北地方、北海道にかけ広い範囲に出現する。

図79A 山道のろばたで刈り取りの後に一斉に伸びた新稈、石川県輪島市久手川石休場。Synchronously growing new culms of *Sasa septentrionalis* on a trail-side at Kutegawa, Wajima City, Ishikawa Pref.

図79B 葉裏は軟毛を密生する。Abaxial leaf surface pubescent with soft hairs. ➡

⬅図79C 稈鞘は逆向短毛と開出長毛を混生する。Culm-sheaths pubescent with retrorse short hairs and spreading long hairs.

図79D 新稈でワックスの分泌の厚い時には、ライターの炎を一瞬かける。 When new culms covered with thick wax, snap on a lighter to melt and remove it.

図79E 長い毛は焼け焦げた状態で残り、短い毛は点状に残って確認できる。毛の無い部分はつるつるになる。Long hairs are scorching, where short hairs easy to confirm.

図79F 葉鞘は細毛を密生する。Leaf-sheaths pubescent with fine hairs. ➡

（オクミヤコザサ、アラゲタンバザサ 34m、トネザサ 34n、ナガバノウスバザサ 36k、クザカイザサ 37k、サヤゲカラフトザサ 40k、ネヒシノ 41k、カクダザサ 41k）

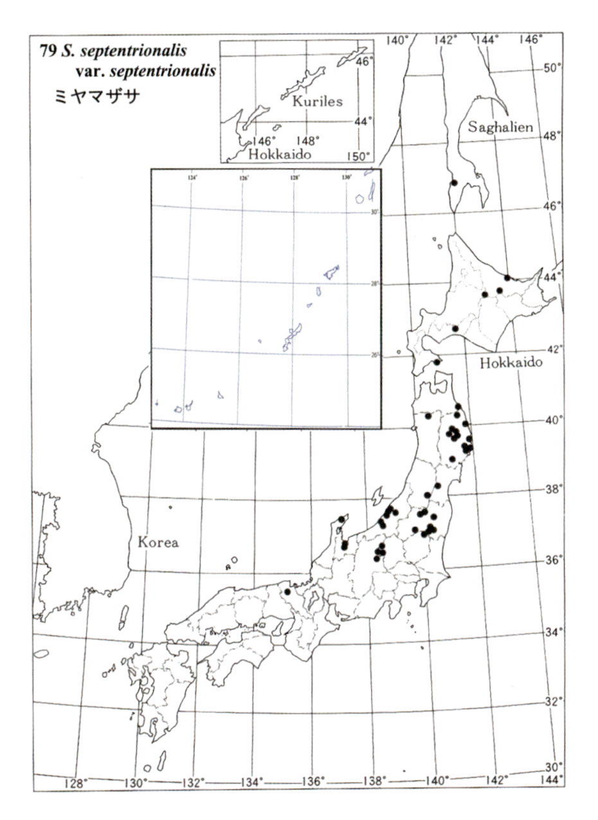

図79G　２年目の稈は倒伏し、各節より枝を立ち上げる。岩手県盛岡市区界峠付近。Two-year-old culms prostrated with upright branches on each node, at Kuzakai Pass, Iwate Pref.

図79H　区界峠のクザカイザサ（ミヤマザサの節に長毛を密生する品種）。人物は畠山茂雄氏。Forma *kuzakaina* with nodal long hairs occurred on the Kuzakai Pass, where Mr. Hatakeyama investigating them. ➡

80/9′　ウスバザサ Usuba-zasa

Sasa septentrionalis Makino var. ***membranacea*** (Makino & Uchida) Sad.Suzuki, Jap. J. Bot. 19, 430 (1967)

母種に比し、葉が一回り広大で薄い変種である。稈は高さ 1.3m、太さ 7 mm に達する。稈鞘はうっすらと開出する長毛と逆向する細毛が混生する。葉鞘は無毛もしくは開出または逆向する細毛が出る。葉は基部が円形で先端が次第に尖る長楕円形で長さ 30 cm、幅 9 cm におよび、薄紙質で全体に浅い凹凸を

図80A　ミヤマザサの群落の近傍に出現したウスバザサ、岩手県盛岡市区界峠付近。*Sasa septentrionalis* var. *membranacea* occurred vicinity to var. *septentrionalis* around the Kuzakai Pass, Iwate Pref. ➡

図80B　２年目の倒伏した稈の基部付近より分枝した稈、大きな葉がゆったりとつく。Current year culms emerged from basal nodes of prostrated 2-year-old culm with elongated leaves.

図80D　薄い紙質の葉で、ペラペラな質感があり、裏面は青灰色を呈する。Leaves chartaceous thin and blue-white on the abaxial surface.

図80C　広楕円状披針形で先端が急にくびれ、鋭くとがる。Foliage leaves broad ellipsoidal-lanceolate with acuminated apex.

図80E　葉の裏面は細毛を密生する。Abaxial leaf surface is pubescent with fine minute hairs.

⬅図80F　側脈間を細脈に沿って規則的に埋める細毛のため、ゆっくりズームをかけて観察するとモアレパターンが現れる。Abaxial leaf surface image appears moiré-patterns due to regular arrangement of nerves and fine hairs.

表6　ウスバザサと近縁分類群間における葉の厚さの比較*
Table 6. Comparison of leaf thickness among *S. septentrionalis* var. *membranacea* and closed allies.

分類群 Taxa		乾燥葉** (mm)	生葉 (mm)	葉の長さ	幅 (cm)	稈の高さ (cm)	直径 (mm)
ウスバザサ	***Sasa septentrionalis* var. *membranacea***	**0.11 ± 0.05** (n=18)	**1.74 ± 0.11** (n=42)	**30.0 ± 1.9**	8.8 ±1.1 (n=11)	**127.8 ± 17.6**	**7.1±0.3 (n=5)**
ミヤマザサ	***Sasa septentrionalis* var. *septentrionalis***	**0.16 ± 0.05** (n=18)	**1.83 ± 0.1** (n=42)	**24.2 ± 1.5**	**6.4 ± 0.4 (n= 8)**	**111.7 ± 20.7**	**5.5±0.6 (n=3)**
イワテザサ	***Sasa yahikoensis* var. *rotundissima***	**0.19 ± 0.05** (n=18)	**1.78 ± 0.03** (n=62)	**29.7 ± 1.3**	**8.2 ± 0.6 (n=10)**	**111.5 ± 11.1**	**7.0±0.6 (n=4)**

* 葉の厚さはミクロメーターで葉の中肋を挟んだ左右の基部・中部・先端部の6カ所を計測した平均値と標準偏差.
** 押し葉標本を65℃・48時間、乾熱処理.

←図80G　稈鞘は微細な短毛が密生し灰白色を呈する。長毛はほとんど見られない。Culm-sheaths are pubescent with short hairs, but few long hairs.

図80H　葉鞘はほとんど無毛。Leaf-sheaths are almost glabrous. ➡

80 *S. septentrionalis* var. *membranacea*
ウスバザサ

生じ、表面には艶が無く、裏面に軟毛が出る。岩手県を中心に東北地方に稀に産する。

岩手県盛岡市と宮古市の境界に位置する区界峠（標高 750 m）において、イワテザサ、ミヤマザサの混生する群落に隣接して出現するウスバザサについて、3 者の葉の厚さを比較した（表 6）。ウスバザサの葉は 2 者に比べ、一見したところ、また手触りも、ペラペラの薄い紙のような感触である。だが、実際にミクロメーターを使用して厚さを計測してみると、ミヤマザサに比べ、生葉では 0.1 mm（100 µm）、65℃・48 時間の乾熱処理した乾燥葉では僅か 0.05 mm の差しか無かった。

（カナヤマザサ 35n、ダイキチザサ 35k、ゲイビクマザサ 39k）

81/10⁺ ミヤコザサ–チマキザサ複合体

Miyakozasa-Chimakizasa fukugoutai

Sasa nipponica* – *S.palmata complex, Bull. Bot. Soc. Tohoku 16, 4, in Japanese (2011)

ミヤコザサ節とチマキザサ節のそれぞれにおけるいずれかの種を両親種とし、隣接する両局所個体群間で浸透性交雑を繰返して形成された、連続した限りない中間形を含む推定雑種個体群である。両節が隣接して分布する北海道道東地方の標津湿原から太平洋岸沿いに北海道・本州を南下し、途中アマギザサ節の優占する近畿・中国地方を除き、九州北部の

図81A 奥日光・小田代原ミズナラ林床に茂るミヤコザサ–チマキザサ複合体の群落、1986年6月26日。Dense thicket of *Sasa nipponica* – *S. palmata* complex in the understory of *Quercus crispula* forest around Odashirogahara, Okunikko, Tochigi Pref. on June 26, 1986.

⬅図81B 1993年頃より、ニホンジカの個体数が急増し、小田代原周辺に隣接生育する7分類群のササ類（ミヤコザサ、ニッコウザサ、クマイザサ、ミヤコザサ–チマキザサ複合体、オクヤマザサ、スズダケ、ツクバナンブスズ）中、食害により、ミヤコザサ–チマキザサ複合体が真っ先に消滅した。（1995年6月4日、Aと同じ場所の写真）。The complex had first disappeared among seven dwarf bamboo taxa inhabited on this area by selective predation of over-abundant sika-deer (photo on June 4, 1995 at the same stand as in A).

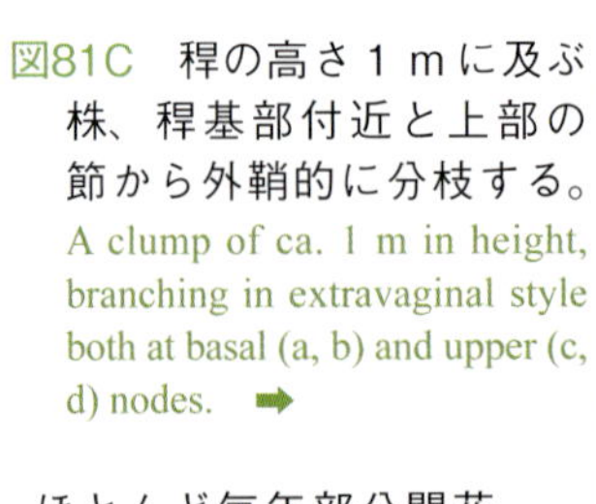

図81C 稈の高さ1 mに及ぶ株、稈基部付近と上部の節から外鞘的に分枝する。A clump of ca. 1 m in height, branching in extravaginal style both at basal (a, b) and upper (c, d) nodes. ➡

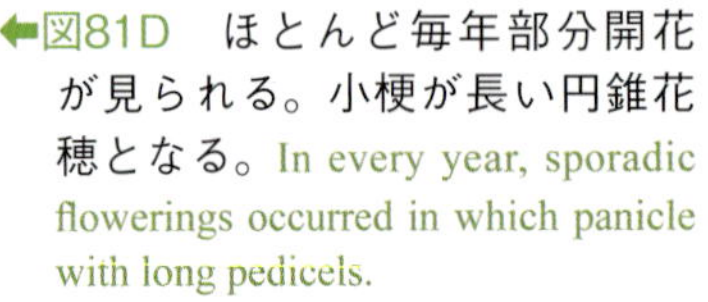

⬅図81D ほとんど毎年部分開花が見られる。小梗が長い円錐花穂となる。In every year, sporadic flowerings occurred in which panicle with long pedicels.

図81E　小穂は10個前後の小花からなり、穎は無毛で光沢がある。Spikelets glabrous and composed of ca. 10 florets.

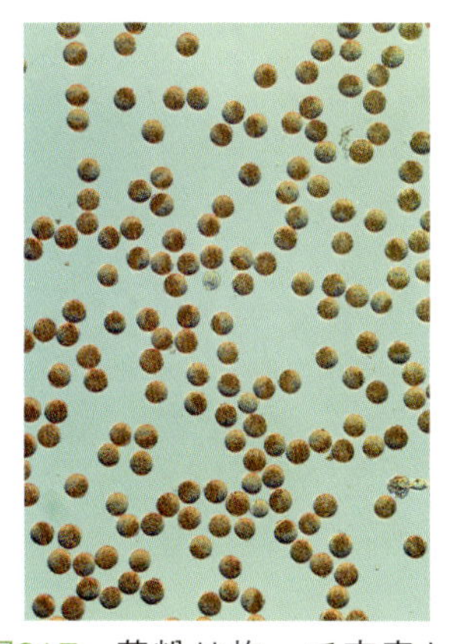

図81F　花粉は均一で充実し、きわめて稔性の高いことを示唆する。Pollen stainability suggests the complex have a high fertility.

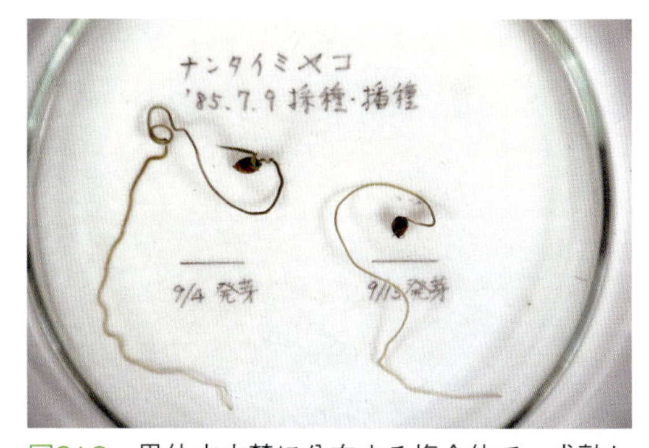

図81G　男体山山麓に分布する複合体で、成熟した穎果を採り播きすると、秋霖の時期に合わせるかのようによく発芽する。"ナンタイミヤコ"は仮名。Matured caryopses collected at a foothill of Mt. Nantai germinated two months after to coincide with the autumn rainy season.

図81H　北海道釧路市指定天然記念物・標津湿原内の木道沿いに進出したミヤコザサ−チマキザサ複合体。黄色の矢頭は複合体を特徴づける外鞘的分枝様式が確認できる節。2014年10月22日時点で、既に降雪があり、葉に隈取が生じている（高嶋）。A natural monument appointed by Kushiro City, Hokkaido, the Shibetsu Moor is the eastern most habitat of *Sasa nipponica – S. palmata* complex in the Japan Island. Albo-margination of leaves show the habitat has already several times of snow fall, in which arrowheads show the nodes in extravaginal branching style (Takashima).

図81I　湿原内に進出した複合体の分枝稈（A）黄色の矢頭は外鞘的分枝様式による分枝部分を示す、(B) 矢頭で示した部分のクローズアップ（高嶋）。(A) Branching culm with nodes in extravaginal style (arrowheads). (B) Close up (T).

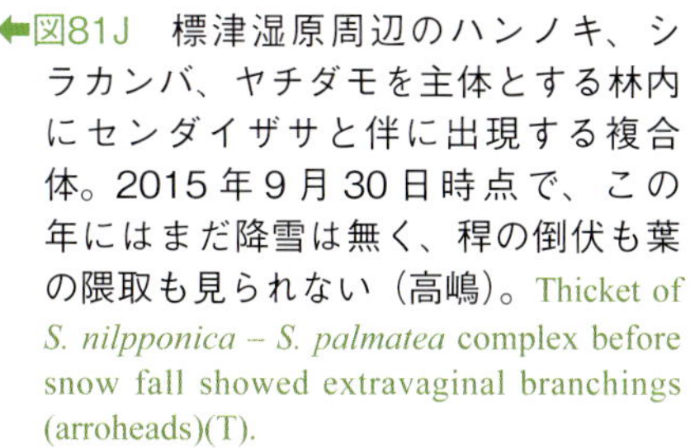

←図81J　標津湿原周辺のハンノキ、シラカンバ、ヤチダモを主体とする林内にセンダイザサと伴に出現する複合体。2015年9月30日時点で、この年にはまだ降雪は無く、稈の倒伏も葉の隈取も見られない（高嶋）。Thicket of *S. nilpponica – S. palmatea* complex before snow fall showed extravaginal branchings (arroheads)(T).

図81K　北海道・千歳泉郷の道路沿いに分布する複合体、倒伏した２年目の稈の各節から当年生の新稈が立ち上がる。Complex population occurred on a roadside of Chitose City, Hokkaido.

図81L　岩手県宮古市腹帯(はらたい)における複合体の群落。下方は閉伊川。Complex population occurred on a left bank of the Heii River, Haratai, Miyako City, Iwate Pref.

←図81M　ミヤコザサに近い単一稈のものから、節数が多く背の高い稈、そして外鞘的分枝様式をとる分枝稈。Culms with various node numbers in which right sided three are branches in extravaginal style.

図81N　栃木・茨城・福島県境に立地する八溝山南東斜面におけるブナ林床に茂る群落。群落内は稈が細いので歩き易い。South-eastern slope of Mt. Yamizo, standing on the prefectural border of Tochigi, Ibaraki and Fukushima is dominantly inhabited by *Sasa nipponica* – *S. palmata* complex. Although dense thrive, it is easy to pass through among them due to slender culms.

図81O　葉が紙質で薄いので、ミヤマザサあるいはウスバザサと誤認されることも多い。Foliage leaves so chartaceous that the plants are often took wrong with *S. septentrionalis* var. *membranacea*.

図81P　膨出した各節より入れ子状に分枝を繰り返す。Repetitive branching from each prominent nodes.

図81Q　節上部の膨出部を包む稈鞘に包まれた状態で内鞘的に一斉に各節より分枝する。稈鞘は薄く脆いのでたいていは分枝とともに破れる。Rare cases of intravaginal branching in the complex, where each prominent node on the 2-year-old culms embraces new branch base within slightly broken culm-sheaths.

阿蘇・久住山系まで、いたるところに出現する。外部形態は大型のミヤコザサ様の無分枝稈を持つものから、やや細めのチマキザサ様分枝型まで様々であるが、ミヤコザサ節とは、地上部の稈基部から中部まで数節に腋芽を形成する点、チマキザサ節とは、葉舌が山形となり、ササ属では例外的に大部分の局所個体群が外鞘的分枝様式をとる点などから区別される。いずれの場合でも、稈が非常に柔軟となる。ゴムのように柔軟な稈を噛んでみるとほのかな甘みがあり、この点から、葉のみならず稈丸ごとを対象としたシカの食害を受け、林床から最初に群落が消滅する。**複総状花序**は独立した花茎の先端に1–3小穂を持つ数本の小花梗からなる。小穂は線形で長さ2.5–3.5 cm、4–7小花を持つ。第一苞穎は1.5 mm、第二苞穎は3 mmで2 mmほどの小梗を持つ。外穎は9–9.2 mmで9脈、やや平滑で辺縁の基部付近に微細な毛が出る。格子目無し（1982.6, 小田代原）。

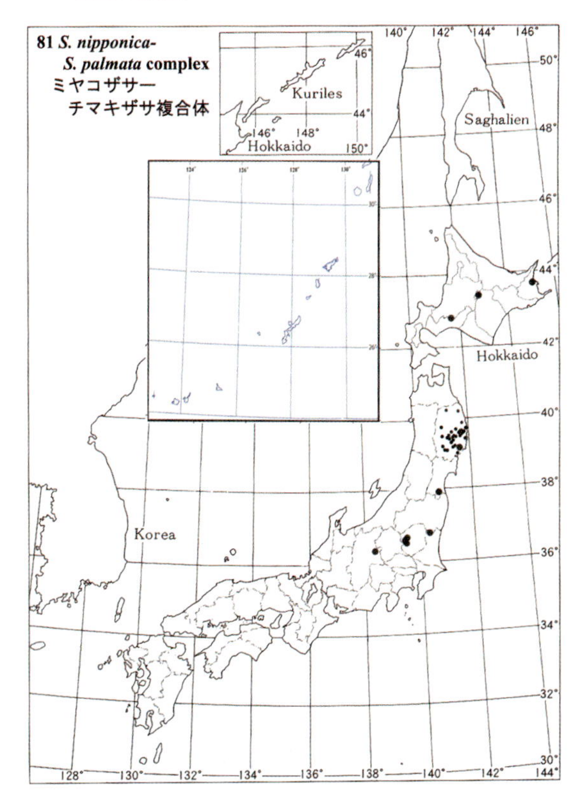

（4）ミヤコザサ節 Sect. *Crassinodi* Nakai（8 種 3 変種）

稈は高さ 50–70 cm、直径 2 mm 程度で、節上部は球状に膨出する。稈基部の地際の第 1 節にのみ腋芽を生ずる。多くは、地下茎の最上部の数節に冬芽を形成し、新稈を出し、地上部の節からは分枝しない。葉は広楕円状披針形で紙質、稈を切断するとたちまち萎れて巻き上がる。葉の表面には光沢がない。冬季には隈取りがみられる。葉舌は低い山形で、蜘蛛が足を伸ばしたような次第に細くなる放射状の肩毛を発達させる。太平洋側の年平均積雪深 50 cm の等深線をミヤコザサ線と呼び、本州の太平洋岸を北上し、北海道ではネオクラシノディ線と呼称され、100 cm の等深線となり道東地方に伸びる。この積雪深の相違は、本州の日本海側における降雪が、日本海を流れる対馬暖流とシベリア寒気団の吹き出しによる大気の大規模擾乱によってもたらされる重い湿雪であるのに対して、北海道における降雪が極地性の乾燥した粉雪に起因すると推察される（Kobayashi 2015）。季節にもよるが、採集時、稈を切断すると、たちまち葉が巻きあがり、萎れ始めるので、あらかじめビニール袋を用意する必要がある。

図82A　長野県茅野市北山におけるウンゼンザサ群落、10 月初旬で浅い隈取りができ始めている、標高 1405 m（三樹）。*Sasa gracillima* occurred at Kitayama at alt. 1405 m, Chino City, Nagano Pref. when beginning of October, leaves are narrowly albo-marginated (Miki).

82/1○　ウンゼンザサ Unzen-zasa

Sasa gracillima Nakai, Bot. Mag. Tokyo 46, 47 (1932)

稈は高さ 50cm、直径 1.8mm、稈鞘、葉鞘は無毛、葉は基部が円形～広いくさび形で先端が次第に尖る長楕円状披針形で、長さ 17 cm、幅 38 mm、両面無毛、もしくは裏面の基部付近にのみ毛がでる。基準産地は長崎県雲仙だが、本州中部、関東北部まで太平洋岸に分布が知られる。（ホソバザサ 34k、

図82B　稈は単一無分枝（三樹）。Culms with no branch (M).

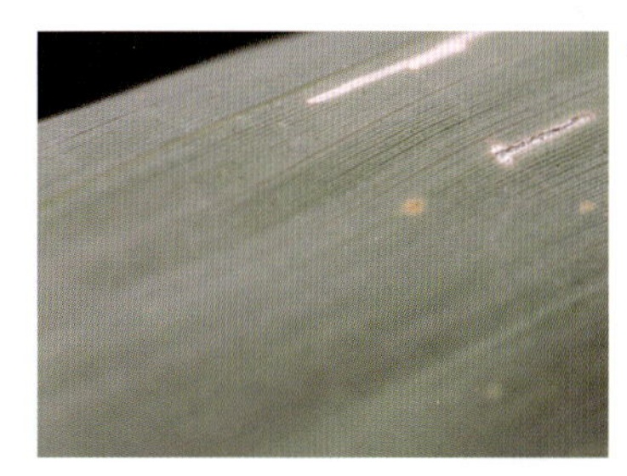

⬅図82C　葉裏は無毛、やや粉白（三樹）。Abaxial leaf surface is glabrous with slightly powder-white (M).

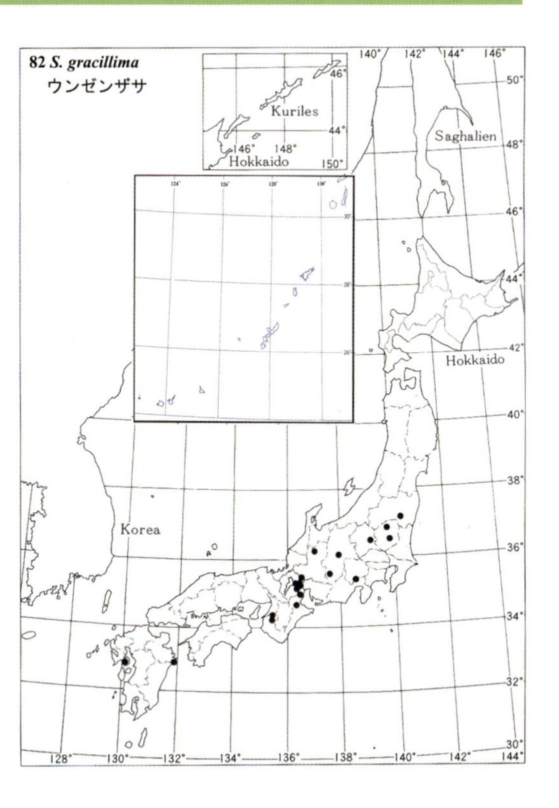

図82D　節上部が玉ねぎのように膨出し、稈鞘は無毛（三樹）。Above a node is prominent like as an onion with culm-sheaths glabrous (M).

図82E　葉鞘は無毛で、光沢があり、肩毛は粗渋で放射状によく発達する（三樹）。Leaf-sheaths glabrous and luster with oral setae scabrous and radiate (M).

オオイトザサ 35k、スルガザサ 35n、イヌタカクマザサ 35n、フクベザサ 36k、ヒメヨウノスケザサ 36k、キヌガワザサ 67s）

83/2○　オヌカザサ Onuka-zasa

Sasa hibaconuca Koidz., Acta Phytotax. Geobot. 8, 57 (1939)

稈は高さ 30 cm、直径 2 mm、稈鞘に開出長毛と逆向細毛を混生し、葉鞘には開出細毛が出る。葉は基部が円く先

図83B　稈は単一で隈取した２年目の稈は倒伏し、新稈が伸びる。Albo-marginaged branch complements are prostrated, while new culms emerged.

図83A　薄暗いスギ林床に出現するオヌカザサ、広島県東城町小奴可。*Sasa hibaconuca* occurred on a dark *Cryptomeria* forest understory at Onuka, Tojyo Cho, Hiroshima Pref.

←図83C　葉裏は無毛。Abaxial leaf surface glabrous.

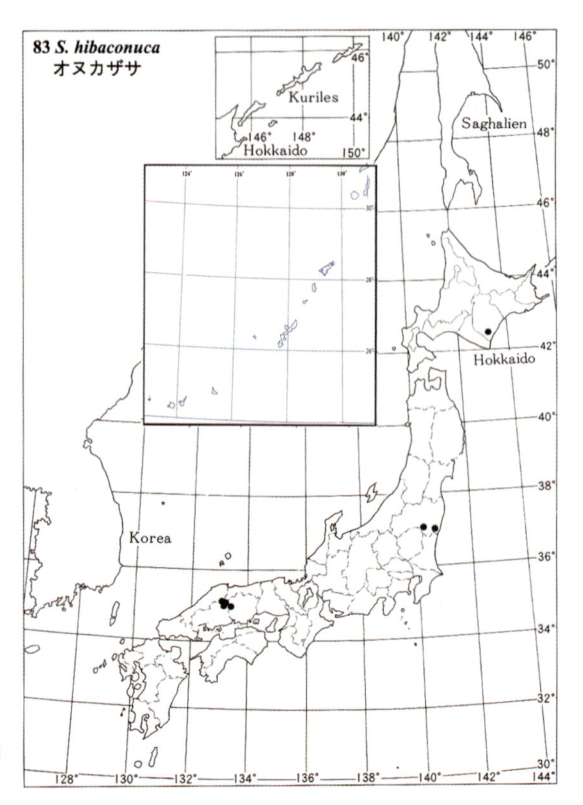

図83E　葉鞘は最下の葉鞘には細毛が散生するが、上方では無毛。肩毛は放射状でやや発達が悪い。Lowermost leaf-sheath scattered with fine hairs, other upper ones glabrous. Oral setae slightly develop.

図83D　稈鞘は逆向細毛と開出長毛を混生する。Culm-sheaths pubescent with retrorse fine hairs and spreading long hairs.

端がやや急に尖る楕円状披針形で、長さ22.5 cm、幅4.6 cm、薄紙質、両面無毛、肩毛は放射状。冬季に隈取る。分布は、基準産地の広島県東城町小奴可周辺に限られる。

（フシゲユカワザサ 39t&Yoshimura）

84/3○　ウツクシザサ Utsukushi-zasa

Sasa pulcherrima Koidz., Acta Phytotax. Geobot. 3, 155 (1934)

稈は高さ45 cm、直径2 mm、稈鞘に開出する長毛が出て、節の膨出部にのみ短毛が混じる。葉鞘は無毛。葉は基部が円形の長楕円形で長さ15–20 cm、幅22–36 mm、紙質、両面無毛。冬季に隈取る。基準産地の広島県広島市五日市町付近に稀に産する。

（クジュウザサ）

図84A　崖に生育するウツクシザサ群落、広島県江田島市大柿町（久藤）。*Sasa pulcherrima* occurred on a cliff at Oogaki Cho, Edajima City, Hiroshima Pref. (Hisatoh). ➡

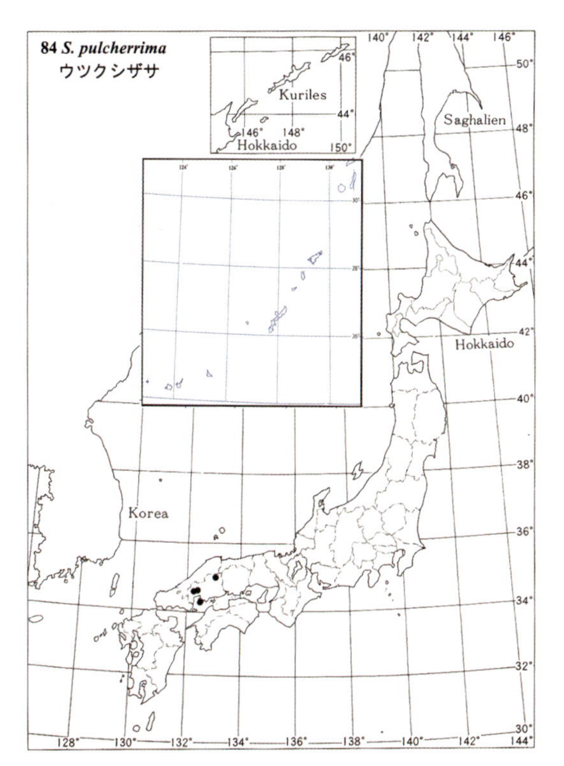

図84B　葉は浅く隈取り、広披針形で先端が急にくびれて鋭く尖る（久藤）。Foliage leaves narrowly albo-marginateed, broad lanceolate with acuminated apex (H).

図84C　葉裏、葉鞘は無毛（久藤）。Abaxial leaf surface and leaf-sheaths glabrous (H). ➡

図84D　稈鞘は開出長毛が密生する（久藤）。Culm-sheaths pubescent with spreading long hairs (H). ➡

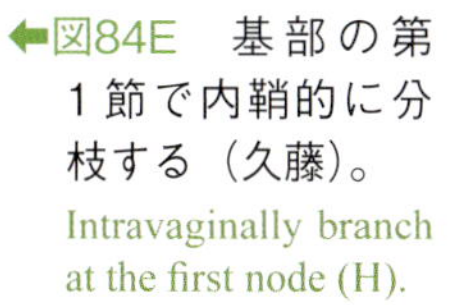

⬅図84E　基部の第1節で内鞘的に分枝する（久藤）。Intravaginally branch at the first node (H).

85/4○　コガシザサ Kogashi-zasa

Sasa kogasensis Nakai emend. M.Kobay., foliage leaf-sheaths glabrous, and/or pubescent with spreading minute hairs. Bot. Mag. Tokyo 46, 46 (1932), pro. syn. *S. kogasensis* Nakai var. *nasuensis* (Kimura & Sad.Suzuki) Sad.Suzuki ナスノユカワザサ Nasuno-yukawazasa, Hikobia 7, 108 (1975)

稈は高さ 50 cm、直径 3.5 mm、稈鞘に逆向細毛を密生する。葉鞘は

図85A　新葉を展開するコガシザサ（ナスノユカワザサ）、古い葉の隈取は狭い。栃木県鹿沼市。Old branch complement of *Sasa kogasensis* borne leaves narrowly albo-marginated occurred at Kanuma City, Tochigi Pref. ➡

図85B　葉裏は無毛。Abaxial leaf surface glabrous.

←図85C　稈鞘は逆向細毛が密生する。Culm-sheaths pubescent with retrorse fine hairs.

図85D　葉鞘は無毛、時に細毛が出る。Leaf-sheaths glabrous and/or scattered fine hairs.

図85E　独立した花茎からなる円錐花穂を出して開花中の薮。Partially flowering clumps. Panicles are each independent culm bearing several spikelets.

←図85F　長い線形の小穂は十数個の小花からなり、小花は暗褐色で全体に無毛で光沢がある。Long linear spikelets composed of ten-several florets which are dark-brown, glabrous and luster.

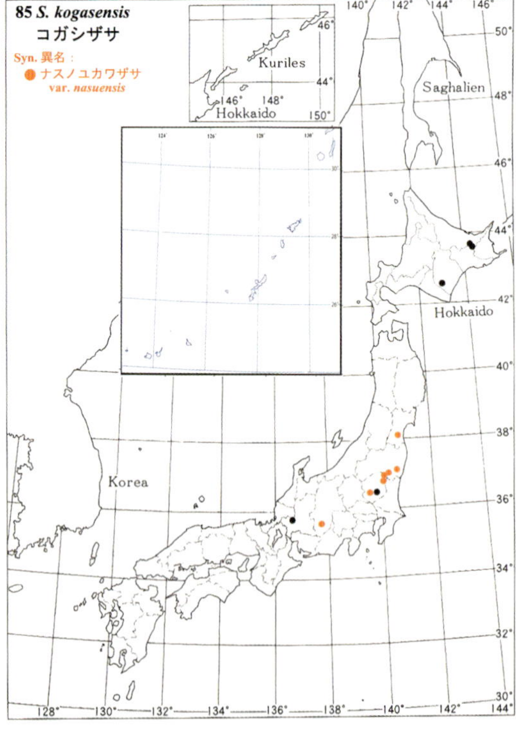

無毛、もしくは開出細毛が密生し、ビロード状。葉は基部が円形で先端がやや急に尖る楕円状披針形で長さ 20 cm、幅 4 cm、両面無毛。**総状花序**は暗緑色で、長さ 5–7.5 cm の線形でこん棒状の 5–6 個の小穂を多角形に張出す。小梗は 10.8 mm で、第一苞穎 2.4 mm、第二苞穎 6 mm が少しズレてつく。小花は 7–15 個で、先端は不完全小花となる。外穎は長さ 12 mm, 鋭尖頭、11 脈で平滑、格子目が発達する。2008 年 5 月に栃木県鹿沼市に出現する小規模な群落の一斉開花が観察されている。栃木県那須地方に稀に出現する。本州中部（岐阜県）、関東（栃木県）、および北海道（帯広、道東）に稀に産する。基準産地の栃木県宇都宮市古賀志山麓では、30 年以上にわたる探索にも関わらず、分布が確認されていない。

（ユカワザサ 34Miyabe&t、カワユザサ 34n）

86/5　ミヤコザサ Miyko-zasa

Sasa nipponica (Makino) Makino & Shibata, Bot. Mag. Tokyo 15, 24 (1901)

図86A　戦場ヶ原カラマツ林床のミヤコザサ群落、シカによる食痕が顕著。*Sasa nipponica* population occurred on the understory of *Larix kaempferi* forest at Senjogahara, Okunikko, Tochigi Pref.

稈の高さ30–80 cm, 直径2–3 mmで節間は長く、節の上部は著しく膨出する（節下部；2.9 mm/膨出部；4.7 mm／節上部；3.2 mm)。稈鞘、葉鞘は無毛で光沢がある。葉は長楕円状披針形で長さ25 cm、幅5 cm、紙質、表面はくすみ、裏面は軟毛を密生する。葉舌は低い山形、肩毛はよく発達し、放射状で蜘蛛が足を伸ばしたように、次第に細く伸びる。**小穂**は線形で長さ3 cm、5–8個の小花をつける。外穎は長さ9 mm、11脈で平滑、格子目は無く、先端も無毛。鹿児島県北部から福岡県、四国中部～瀬戸内海沿岸部、本州の太平洋沿岸から北海道の襟裳岬付

図86B　葉裏は軟毛を密生する。Abaxial leaf surface covered densely with fine hairs.

⬆ 図86C　稈鞘は無毛。Culm-sheaths glabrous.

図86D　葉鞘も無毛。Leaf-sheaths glabrous.

図86E　葉舌は低い山形。Ligules low nail-shaped.

図86F　肩毛はクモが足を延ばしたように歪みながら放射状に伸びる。Oral setae scabrous radiate as a spider stretching its legs.

図86G　12月中旬に本格的な積雪で雪面下に隠れる。In mid-December, the population is hidden by lingering snow fall. ➡

⬅図86I　稈基部付近の節で直角に近く曲がる。Portion of a clump in summer season showed that current year-culms upright, whereas 2-year-old culm curved right angle at basal nodes.

⬅図86H　積雪の前に自ら倒伏する局所個体群がある、那須・北温泉中の大倉尾根、11 月 3 日、後方はチシマザサ群落。A local population occurred on a ridge, Nakano-Ohkura-One, above the Kita Spa, Mt. Nasu completely prostrated before snow fall on early November. Behind clumps are *S. kurilensis*. White quadrat is 1×1 m.

図86J　一斉開花中の群落、林床は黒褐色の霞がかかったような状態だが、この後、寒冷な天候に見舞われ、花序は枯死し結実しなかった。Mass flowering population of *S. nipponica* on Senjyogahara on May 11, 1985.

図86K　霞に焦点を当てると、たくさんの花穂が現れる。Focus on the haze, many panicles appear.

図86L　1 本の花序に数個の小穂がつく。A panicle has several spikelets.

図86M　小穂は無毛の数個の小花からなり、外穎と内穎はほぼ同長。Spikelets are glabrous and have several florets with even-lengthen lemma and palea.

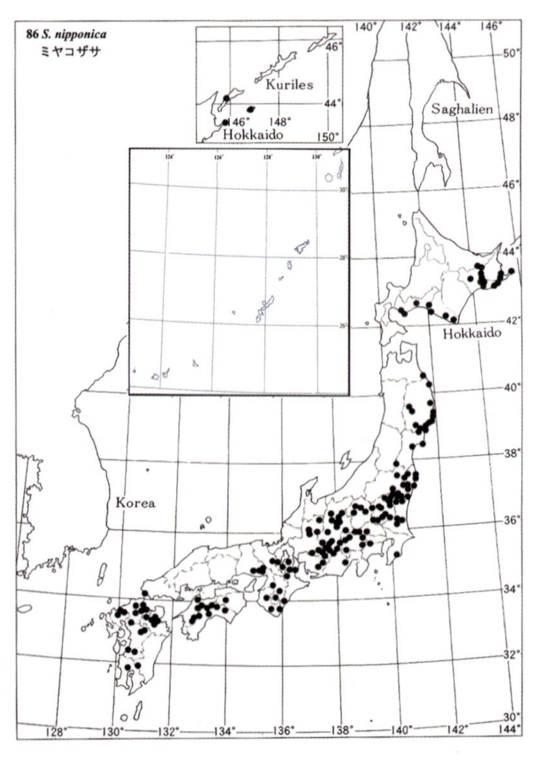

図86N　ミヤコザサとチシマザサの推定雑種、那須甲子道・余笹川右岸に生育。葉は紙質で楕円状披針形、稈鞘が繊維状に細裂する。Putative hybrid between *S. nipponica* and *S. kurilensis* occurred on the right bank of Yosasa River on the *Fagus crenata* forest understory. ➡

近まで広範囲に分布する。伊豆半島周辺には見られない。（タカクマチク 28m、イトザサ 32mn、イヨザサ 32n、ヒコサンザサ 34mk、タノカミザサ 34mk、シラカワザサ 34k、ミカワザサ 34k、ブンゴミヤコザサ 34n、アソザサ 35n、クマソザサ 35k、コウボウザサ 41n、コウツクシザサ 36k、ホソバヨウノスケザサ 36k、ナンダイミヤコザサ 37k、カンムラミヤコザサ 37k、ミノミヤコザサ 37k、ヌノビキザサ 38k、オオカミザサ 38k、ロッコウザサ 38k、ビゼンコザサ 38k、ヒゲナシタンガザサ 38k、ハテナシザサ 39k、フシゲミヤコザサ 39k、ヒカゲイトザサ 41k）

87/6　センダイザサ Sendai-zasa（オオクマザサ Oh-kumazasa）

Sasa chartacea (Makino) Makino & Shibata emend. M.Kobay., culm-sheaths, internodes, and nodes thinly or rather densely, and/or velutinously pubescent with retrose minute and short hairs, foliage leaf-sheaths pubescent with spreading short hairs. Bot. Mag. Tokyo 15, 27(1901), pro. syn., *S. chartacea* Makino var. *mollis* (Nakai) Sad.Suzuki　ビロードミヤコザサ Biroudo-miyakozasa. Hikobia 7,104 (1975)

図87A　新葉を展開し始めたセンダイザサ群落、栃木県日光市細尾。*Sasa chartacea* population replacing old albo-marginated culms with newly emerged ones at Hosoo, Nikko City, Tochigi Pref.

稈は高さ 60 cm、直径 2 mm、稈鞘、節間、節に逆向細毛を散生または密生し、もしくはビロード状に密生し、葉鞘は開出細毛を密生する。葉は長楕円状披針形で長さ 19.3 cm、幅 4 cm、裏面に軟毛を密生する。**小穂**は線形で長さ 1.5–3 cm。4–8 小花を付ける。外穎は長さ 7 mm、11 脈平滑で格子目が発達し、尖った先端付近にのみ毛がでる。中部～関東地方太平洋側内陸部、三陸沿岸～北海道太平洋岸から道東まで広範囲に分布する。（センダイザサ 28m、エゾミヤコザサ 30n、コザサ 31n、クロゲニッコウザサ 32n、クシロザサ（シソクシロザサ）34n、アイヌミヤコザサ 35k、コウガザサ 35n、ナンブミヤコザサ 36k、ユキムラザサ 36k、カイノウスバザサ 37k、セキジョウザサ 38k、オトキザサ 39k、ウラゲユカワザサ 48k、ビロードユカワザサ 48k、ウスバクマザサ 35k）

←図87B　葉裏は軟毛を密生する。Abaxial leaf surface pubescent with soft hairs.

←図87C　稈鞘は逆向細毛を密生する。Culm-sheaths pubescent with retrorse fine hairs.

図87D　肩毛はクモが足を広げたように放射状に広がる。Oral setae radiate like as a spider's stretching legs.

図87E　葉鞘は逆向細毛を密生する。Leaf-sheaths pubescent with retrorse fine hairs. ➡

←図87F　同一の群落内に、葉鞘は逆向細毛と寝た長い細毛を散生するものまで、変異が多い。There is wide variation in hair properties on leaf-sheaths within a same local population, thus, scattered retrorse minute hairs mixed with prostrate long hairs.

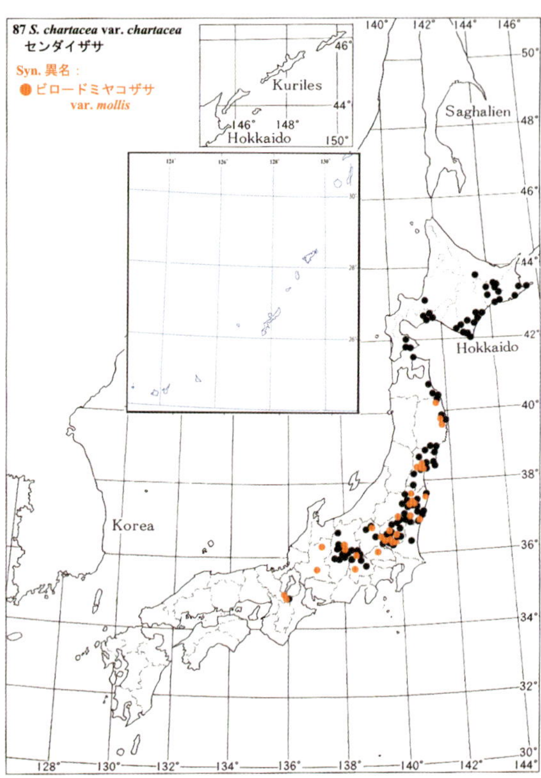

←図88A　栃木県日光市戦場ヶ原ミズナラ林床のニッコウザサ群落。Vast thicket of *Sasa chartacea* var. *nana* occurred in the understory of *Quercus crispula* forest on Senjogahara, Nikko City, Tochigi Pref.

88/7　ニッコウザサ Nikko-zasa

Sasa chartacea Makino var. ***nana*** Sad.Suzuki emend. M.Kobay., Hikobia 8, 60 (1977), pro. syn. *S. chartacea* Makino var. *shimotsukensis* Sad.Suzuki
アズマミヤコザサ Azuma-miyakozasa, Hikobia 7, 104 (1975)

センダイザサの葉鞘に毛の無い変種。**小花**の外穎

図88B　同定はいつも3点に注目する：葉裏有毛、稈鞘逆向短毛、葉鞘無毛。Three keys to identify: abaxial leaf surface pubescent, culm-sheaths pubescent with retrorse short hairs, and leaf-sheaths glabrous.

←図88C　稈鞘は逆向短毛に逆向細毛が混じることもある。Slight variation notified occasionally in mixing fine hairs on culm-sheaths.

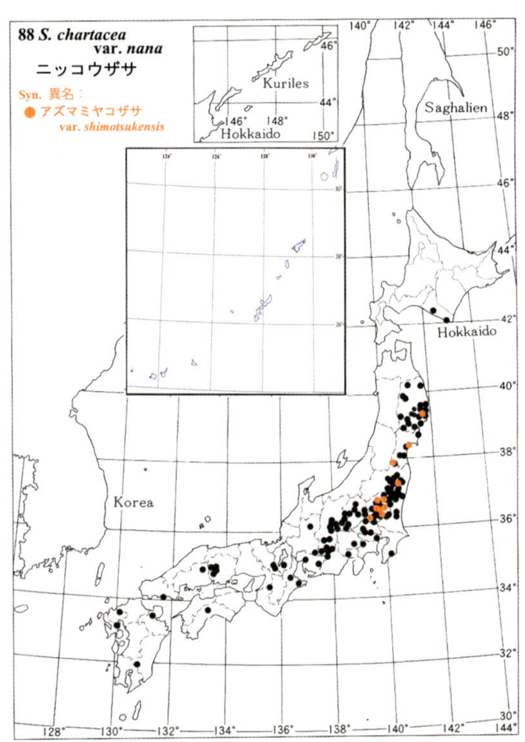

図88D　葉鞘は無毛。Leaf-sheaths glabrous.

は11脈で平滑、格子目が無く、縁と先端にのみ繊毛状の毛が出る。母種に比し、分布は、北海道には稀で、関東地方北部を中心に西南日本、四国、九州南部にかけて分布する。（ミヤマスズ、カンサイイザサ 29m、キヨズミザサ 32n、ヒロハミヤコザサ 34mn、オンタケザサ 34n、オウミコザサ 35k、ホソバミヤコザサ 35k、チヨムラザサ 35n、ホズエザサ 35n、ヒロハイトザサ 35mn、イトザサモドキ 35n、ミハルザサ 35k、ナンタイザサ 35n、イズガタケザサ 35n、ヒメオタフクザサ 36k、ホソバタカヤマザサ 36k、サクノミヤコザサ 36k、スワザサ 36k、イトキザサ 37k、ウレンミヤコザサ 37k、エナミヤコザサ 37k、タカネコザサ 38k、エナコザサ 38k、ミヤマチャボザサ 39k、ヒザオリザサ 40m）

89/8　タンガザサ Tanga-zasa

Sasa elegantissima Koidz., Acta Phytotax. Geobot. 4, 86 (1935)

稈は高さ70 cm、直径3 mm、稈鞘に開出するや

図89A　細く隈取したタンガザサ群落、群馬県榛名湖畔（三樹）。*Sasa elegantissima* with narrowly albo-marginated leaves occurred on a lake-side of Lake Haruna, Gunma Pref. (Miki). ➡

図89B 無分枝の稈に長い稈鞘が目立つ（三樹）。No branching culms with long white culm-sheaths (M).

図89C 葉裏は軟毛が密生する（三樹）。Abaxial leaf surface pubescent with soft hairs (M).

図89F 葉鞘は無毛（三樹）。Leaf-sheaths glabrous (M).

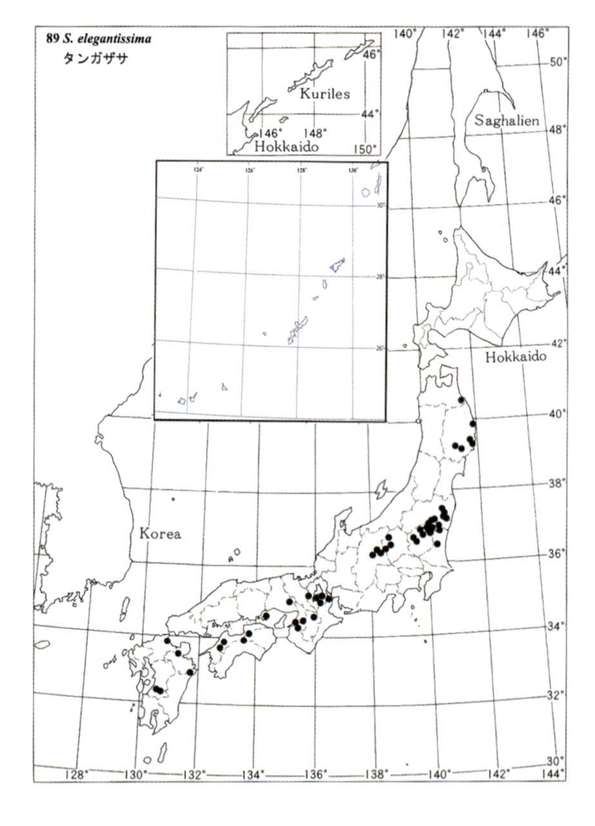

図89D 節上部は玉ねぎのように膨出し、長い毛がでる（三樹）。Above node prominent like as an onion and culm-sheaths pubescent with long hairs (M).

図89E 稈鞘は開出長毛が密生する（三樹）。Culm-sheaths pubescent with spreading long hairs (M).

や長い毛が出る。葉鞘は無毛。葉は長楕円状披針形で長さ 22 cm、幅 5 cm、紙質、裏面に軟毛を密生する。**小花**の外穎は 11 脈で平滑、格子目は無く、縁に満遍なく繊毛状の毛がでる。九州から三陸沿岸にかけて分布する。（ヒュウガコチク 35n、ムコザサ 38k、カツラギザサ 39k、スズカコザサ 39k、カモウコザサ 41k、カイガケコザサ 41k、イヨコザサ 42k、エイザンコザサ 42k、ムロブコザサ 43k）

90/9 アポイザサ Apoi-zasa

Sasa samaniana Nakai emend. M.Kobay., foliage leaf-sheaths pubescent with spreading long hairs, and/or mixed with long hairs and minute ones. Veget. Mt. Apoi, Hidaka 31 (1930), J. Fac. Agr. Hokkaido Imp. Univ. 26, 184 (1931), Index Jap. Bamb. 226, 357, pl. 79 (1978), pro. syn. *S. samaniana* Nakai var. *villosa* (Makino & Nakai) Sad.Suzuki ケミヤコザサ Ke-miyakozasa, Hikoia 7, 105 (1975)

図90A　栃木県日光市細尾峠に至る道路沿いの路肩から見通したアポイザサ群落。Side view showing all non-branching culms in a local population of *Sasa samaniana* occurred on a road-side to the Hosoo Pass, Nikko City, Tochigi Pref.

稈は高さ 73 cm、直径 2.2 mm、稈鞘は開出する長毛と逆向する短毛を混生し、葉鞘は開出する長毛があり、もしくは長毛と細毛が混生する。葉は基部が円形で先端がやや急に尖る長楕円状披針形で長さ 17.8 cm、幅 4.3 cm、紙質、裏面に軟毛を密生する。**小花**の外穎は長さ 9.4 mm、9 脈。

図90B　葉柄が際立って捻じれる性質がある。Remarkably distorted foliage leaves at the petioles.

図90C　急に尖った葉先がよじれる性質が強い。Leaf-blade apex acuminated and twisted.

図90D　稈鞘の毛が際立つので、離れた位置からも稈鞘は毛で覆われているのがわかる。*S. samaniana* is easy to identify due to remarkable culm-sheaths hairs at a glance. ➡

図90E　稈鞘は逆向細毛と開出する長毛が混生するが、冬芽（タケノコ）の時期の稈鞘はほとんど無毛にちかい。Culm-sheaths are pubescent with retrorse fine hairs and spreading long hairs. Whereas basal most few ones that played as a role of winter bud-coverage are usually glabrous. ➡

図90F　新鮮な長毛は先端に腺点があるように見える。 Each fresh long hair has secretion gland at its pointed end.

図90G　葉裏は軟毛が密生する。 Abaxial leaf surface pubescent with soft hairs.

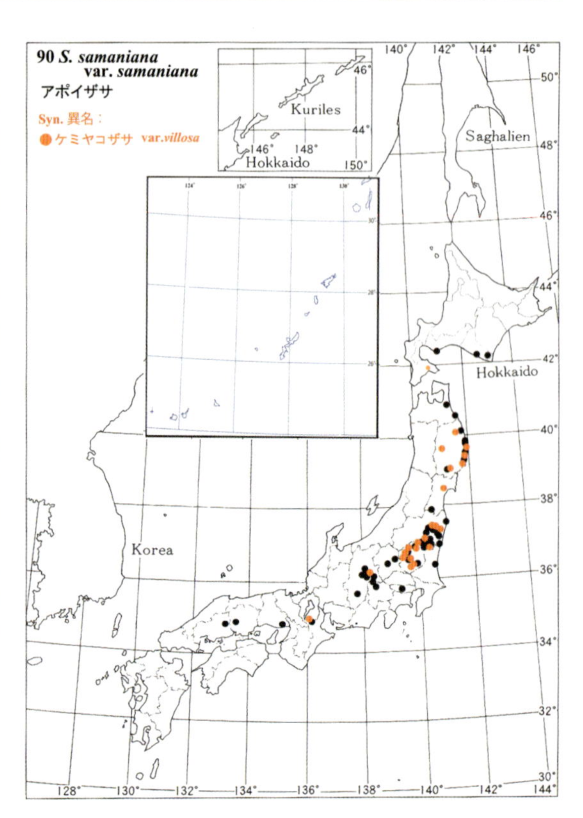

図90H　葉鞘も細毛と長毛が混生する。 Leaf-sheaths covered with mixed hairs of fine and long.

センダイザサやニッコウザサとは、稈鞘や葉鞘に長い毛の出ることで容易に区別できる。しかし、これらの毛が積雪や風雨の影響で脱落した場合には、他のミヤコザサ節植物に比し、葉柄が捻れ、葉の先端が急に尖り、よじれる特徴が有る点で見極める。本州の瀬戸内海沿岸地方から近畿地方、東海地方の内陸部を経て福島県中通り・浜通りから三陸海岸から北海道太平洋岸（日高まで）にかけて分布する。（ケミヤコザサ 32mn、コウスバザサ 34k、オニクマザサ 34k、オニミヤコザサ 35j、ケノコザサ 41k、オスワザサ 41k、フシゲアポイザサ 80s）

91/9′　ビッチュウミヤコザサ Bittyu-miyakozasa

Sasa samaniana Nakai var. ***yoshinoi*** (Koidz.) Sad.Zuzuki, Hikoia 7, 105 (1975)

稈の高さ 60 cm、直径 3.5 mm。稈鞘は開出長毛と逆向細毛が混生する。葉鞘は無毛。葉は長楕円状披針形で長さ 17–24 cm、幅 3–5 cm、紙質、裏面に軟毛を密生する。小穂は線形で長さ 3 cm

←図91A　宮城県仙台市・次郎太郎山におけるビッチュウミヤコザサ群落（上野）。*Sasa samaniana* var. *yoshinoi* occurred on Mt. Jiro-Taro, Sendai City, Miyagi Pref.(Ueno).

図91B　葉裏は軟毛を密生（上野）。　Abaxial leaf surface pubescent with fine hairs (U).

図91C　稈鞘は逆向細毛と開出長毛を混生する（上野）。Culm-sheaths pubescent mixed with retrorse fine hairs and spreading long hairs (U).　➡

で 5–8 個の小花をつける。外穎は長さ 8 mm、11 脈で平滑、格子目が発達し､縁全体に満遍なく繊毛がでる。関東地方を中心に、西は九州北部、四国、中国地方から、北は三陸海岸まで分布する。上野は 2015 年 7 月 29 日、丸森町小塚次郎太郎山の林道小塚線沿いに出現するビッチュウミヤコザサの個体群で、大小合計 10 か所の群落中より 230 本の稈を抽出し葉鞘の毛の有無を調べた結果、すべて無毛で、アポイザサとの混生は無かったことを確認した。　(ナスノミヤコザサ 35k、シダミコザサ 39k)

図91D　葉鞘は無毛（上野）。Leaf-sheaths glabrous (U).

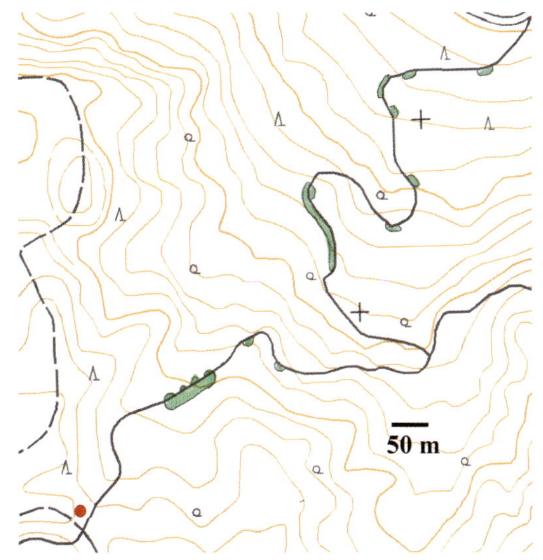

図91E　次郎太郎山におけるビッチュウミヤコザサ（薄緑色の網掛け）の分布調査；10 か所の群落中、全 230 本の稈につき葉鞘が無毛を確認（上野）。
Diagnostic character of var. *yoshinoi* that leaf-sheaths glabrous is confirmed no variation for in total of 230 culms out of 10 various sized discreet habitat (green screened areas) alongside a trail on Mt. Jiro-Taro by Ueno (U).

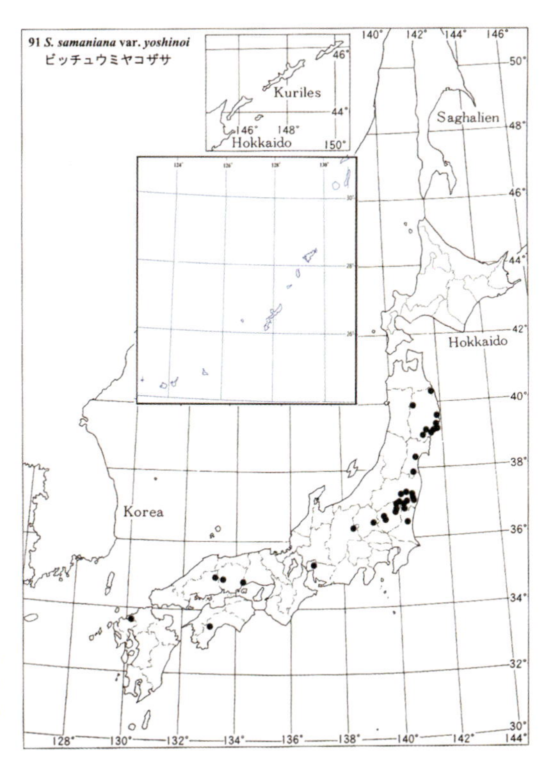

スズダケ属 *Sasamorpha* Nakai（2 種 1 変種）

稈は高さ 2 m、直径 5 mm に達し、地際で僅かに曲がるのみで通直である。節は膨らまず基部の数節を除き各節に長卵形の腋芽をつけ、上方にゆくにつれよく発達し、2 年目以降に上方でさかんに 1 節より 1 枝を分枝する。葉は皮質で基部は円形—切形で先端が次第に鋭く尖る長楕円状披針形、葉舌は高い山形となり、肩毛は発達しない。分枝は、母稈の稈鞘が分枝に伴って枝を抱くように離れる移譲的分枝様式をとる。稈鞘は節間よりも長く、上方では 2,3 枚が折重なる。稈は脆く、積雪を見る地方では、雪の積もらない急斜面や日当りのよい南向きの斜面を好んで生育する。地下茎は地表すれすれに伸び、異なったクローンの単軸型地下茎同士が寄り集まって稈を出し、あたかも株立ちのように密集する性質がある。生育環境は林床性で、森林の伐採により林冠が消滅すると群落は姿を消す。東北日本太平洋側では冷温帯の、西南日本太平洋側では暖温帯林の林床優占種となる。

図92A　スズダケは生粋の林床植物。太平洋岸に沿って冷温帯から暖温帯まで林内に出現する。地下茎が浅いので、岩盤の発達した斜面にも分厚い群落を形成する。茨城県筑波山の女体山。 *Sasamorpha borealis* is always inhabited forest understory alongside the Pacific coast line of the Japan Islands. Due to shallow rhizome system, steep rocky slopes are available to form vast thicket. At Peak Nyotai, Mt. Tsukuba, Ibaraki Pref.

92/1○ スズダケ Suzu-dake

Sasamorpha borealis (Hack.) Nakai var. ***borealis*** emend. M.Kobay., abaxial leaf surface glabrous, and/or pubescent with slightly scattered minute hairs. Leaf-blade size varies 15–30 cm in length and 1.5–4 cm in width. J. Fac. Agr. Hokkaido Imp. Univ. 26,181 (1931), pro. syn. *Sm. borealis* (Hack.) Nakai var. *pilosa* (Uchida) Sad.Suzuki ウラゲスズダケ Urage-suzudake J. Jpn. Bot. 50, 138 (1975) ; pro. syn. *Sm. borealis* (Hack.) Nakai var. *angustior* (Makino) Sad.Suzuki ホソバスズダケ Hosoba-suzudake, J. Jpn. Bot. 50, 137 (1975)

稈は地際で僅かに湾曲する他は直立し、高さ 2 m, 直径 6 mm に達する。稈鞘は節間よりも長く、上方で重なり、長毛が有り、時に短毛が混じる。葉鞘は細毛が密生するか、または無毛。稈の上方で盛んに分枝し、1 枝に 2–3 枚の葉を付ける。葉は基部が円形、細長い披針形で先端は次第に尖り、長さ 30 cm、幅 5 cm に達し、皮質で両面無毛 , もしくは裏面にうっすらと 0.5 mm ほどの短毛が出る。葉舌は高い山形となり、肩毛は無い。**小穂**は暗紫色、披針形で扁平、長さ 1.5–2.5 cm、5–8 小花からなる。外穎は長さ 8 mm、11–13 脈。各小花は密に二列に並び小軸は見えない。雄しべ 6 本、雌しべは短い花柱を介して柱頭が 3 叉する。日本産ササ類の中では､チシマザサとともに最も耐凍性が高いが､稈は脆く、積雪を見る地方では雪圧を避けるように急斜面や南向きの積雪の少ない場所を好んで出現する。

図92B　稈鞘は節間より長く、若い稈は全体が肌色の稈鞘で覆われる。１枝に２～３枚の長い狭披針形の葉をつけるが、稈の先端には未展開の長く湾曲した針状の葉が目立つ。Culm-sheaths longer than internodes that current year-culms look white, with a few long lanceolate leaves as well as rolled leaf needle emerged on the top.

図92C　稈が直立し、先端で盛んに分枝し、密集した薮を形成する。静岡県天城山系の向峠で 1986 年３月 17 日。かつて、天城峠周辺のブナ林床に鬱蒼と優占したスズダケ、ミヤマクマザサ群落はシカの食害により消滅した。Culms upright, repetitively branch at upper nodes to form dense thrive. At the Mukai Pass, Amagi Mountains, Shizuoka Pref., where *Sasamorpha borealis* and *Sasa hayatae* had formed vast dense thicket on the understory of *Fagus crenata* forest, while at present they have disappeared completely by the predation of over-abundant sika-deer.

⬅図92D　栃木県日光市弓張峠のスズダケ。雪の多い場所では、急斜面の雪圧の低い場所を選ぶように出現する。*Sasamorpha borealis* selectively occurred on a steep slope to avoid high snow pressure in heavy snowy region.

冬季に多くの場合隈取りが見られ、クマスズとして区別するまでもない。稈や葉の細いものをホソバスズダケという変種として扱われることがある。しかしながら、例えば、シカにより、長年にわたり繰返し食害され、生残した群落は矮生し、細い稈が分枝を繰返し、長さ 18 cm, 幅 2cm 程度の細い葉を付け、開花稈にあっては、3–4 小花に縮小した小穂を付けるように小型化する。本書では、特定の環境圧の下に出現する個体変異のうちと判断する。北海道の道東地方から本州の太平洋側、中部地方では長野と富山の県境（後立山

図92E　一斉開花するスズダケ群落、2013 年６月 24 日、鬼怒川最上流の女夫淵にて。Mass flowering population occurred around Meotobuchi, near the origin of the Kinu River, Nikko City, Tochigi Pref. on June 24, 2013. ➡

図92F　小穂は紡錘形で無毛、光沢のある紫黒色で10個前後の小花からなる。黄色い6本の雄しべはよく目立つ。中禅寺湖畔・中禅寺金谷ホテル前にて2009年6月21日。奥日光での最初の開花確認は同所にて1985年4月15日であった。Spikelets elongate-fusiform, glabrous and luster, purple-black composed of about 10 florets with yellow 6 stamens, observed at the Chuzenji-Kanaya Hotel, Lake Chuzenji on June 21, 2009, while the first record of flowering in Okunikko area was April 15, 1985 at the same place.

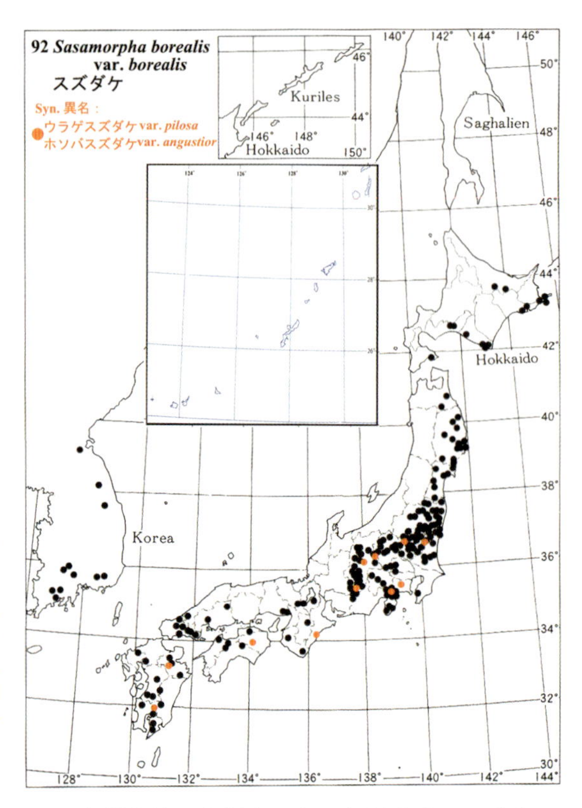

連峰山麓）内陸部にまで入り込み、西南日本、四国、九州南端へと続き、北は朝鮮半島の日本海側に分布する。（ジダケ、エゾスズダケ、ウラゲスズダケ（ウスゲスズ）32n、チトセスズ32n、ツクバスズ32n、クマスズダケ32n、コウライスズダケ32n、ヒダカスズ39t&Yoshimura、ホソバスズダケ28m、キシュウスズ32n）

93/1′○　ハチジョウスズダケ Hachijyo-suzudake

Sasamorpha borealis (Hack.) Nakai var. ***viridescens*** (Nakai) Sad.Suzuki, J. Jpn. Bot. 50, 139 (1975)

稈の高さ3 m, 直径7mm。稈鞘に開出する剛毛が散生し、時に逆向細毛が混じる。葉鞘は無毛。稈や枝の先に数枚の潤大な葉を付ける。葉は長大な披針形で長さ35 cm、幅5 cmにおよび、皮質、両面無毛。数枚の葉を付けるので、外見的にはスズザサ属を疑わせるが、稈基部の数節を除き上方の節に移るにつれてよく発達するスズダケ型の長卵形の腋芽を付けることからスズダケ属

⬅図93A　1985年5月7日当時、八丈島三原山尾根上部まで稈高2mに達するハチジョウスズダケの群落で覆われていた。その後、1997年3月～4月に起こった一斉開花枯死により薮が崩壊し、疎開した。葛西重雄氏（故人）の案内による。*Sasamorpha borealis* var. *viridescens* thrived densely toward right under the summit of Mt. Miharayama, Hachijyojima Isl. in May, 1985, while disappeared after a monocarpic mass flowering exhibited in the spring of 1997. Mr. Kasai had guided our search in the Island.

図93B　御蔵島・里における若い稈、1997年7月4日。
Sterile branch complements of var. *viridescens* at Sato District, Mikurajima Isl. on July 4, 1997.

図93C　伊豆半島中部の天城山脈東南山麓・静岡県東伊豆町奈良本で発見された群落。Newly discovered clumps of var. *viridescens* occurred on the Izu Peninsula, at south-eastern foothill of the Amagi Mountains, Naramoto, Higashi-Izu Cho, Shizuoka Pref.

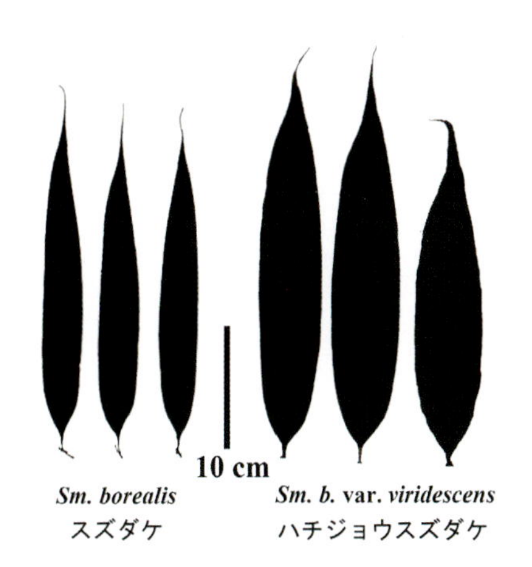

図93D　スズダケと変種ハチジョウスズダケの葉のシルエット。1枝あたりの葉の枚数は、後者では数枚に増える。
Comparison of leaf silhouettes between var. *borealis* and var. *viridescens* in which the former has only two to three leaves per branch complement, whereas the latter several ones.

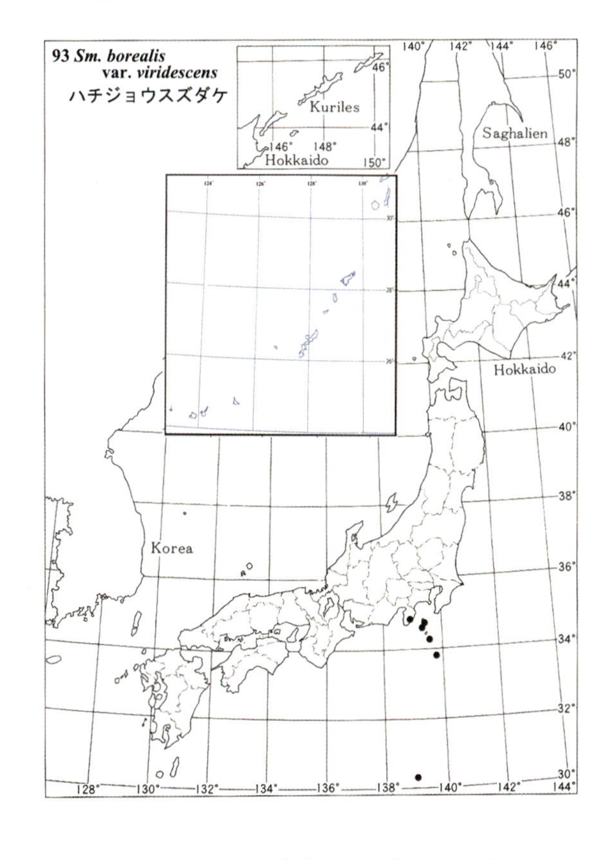

の一員であることは疑いない。**総状花序**は数個の小穂を付け、稈の上方の各節から抽出する。小穂は赤褐色—暗紫色、長披針形で扁平、長さ3.2–4.2 cmで8–10個の小花からなる。小梗は3 mm、第一苞穎は2–4mm、第二苞穎は7–10 mmで小花を包む。外穎は長さ10–11 mmで7–8脈、粗渋で縁にのみ細かい毛を生ずる。雄しべ6本で、葯は黄色で長さ4mm（1985.5.6 八丈島三原山）。1985年頃から八丈島三原山の群落で開花が始まり、1997年には一斉開花枯死を起こした。ほぼ時を同じくし

⬅図93F 満開の小穂。1小花に6本の黄色い雄しべを垂らし、白色羽毛状の柱頭を水平または上方に張る。黒色でワックスを分泌した外穎は鋭く尖る。 Spikelets in full-bloom with each 6 yellow stamens drooping, white stigmas stretch horizontally or ascending, and acuminatus black waxy lemma.

⬅図93E 八丈島三原山中腹における部分開花、1985年5月6日。 Partial flowering of var. *viridescens* at Mt. Miharayama, Hachijyojima Isl. occurred on May 6, 1985.Spikelets are black and fusiform composed of about 10 florets embraced each base with a couple of unequally lanceolate glumes.

図93H 御蔵島えびね公園における一斉開花後枯死した薮と実生。メジャースケールは1×1 m。Dead clumps after flowering and seedlings emerged at the Ebine Park, Isl. Mikurajima, scale showed 1×1 m.

⬅図93G 御蔵島御山登山口・鳥尾における部分開花、2001年3月28日。 Partial flowering exhibited at Torinoo, Isl. Mikurajima on March 28, 2001.

⬅図93I 発芽後2年目で高さ約7cmの実生苗。Cohort seedlings emerged within two years after partial flowering.

て、御蔵島における群落も部分開花が認められ、島の南側に立地する黒崎高尾山から島の北端に向い数年間にわたり部分開花が進行した。2007年5月には新島で開花結実が観察された。伊豆諸島の青ヶ島から新島ならびに天城山脈東南山麓の一部に分布する。

94/2　ケスズ Ke-suzu

Sasamorpha mollis Nakai, Bot. Mag. Tokyo 46, 39 (1932)

葉の裏面に短毛がベルベット状に密生する。**複総状花序**は稈の上方から抽出し、先端付近で 2–3 本の小花梗を分枝し、それぞれに 3–4 個の小穂を付ける。小穂は赤褐色、扁平な紡錘形で長さ 1.4 cm、4–7 個の小花をつける。第一苞穎はくさび形で 4 mm、第二苞穎は長さ 6 mm、卵形で先端がくびれ急に尖る。外穎は長さ 6.5 mm で 5–7 脈、全面に微細な毛で覆われ、縁に繊毛状の毛がでる。（2013.8.23 飯

図94A　宮城県太白山における薄暗い林床に出現するケスズ、2014 年８月３日。葉は皮質、全体に波打つ細長い披針形で先端は次第に鋭く尖る（上野）。 *Sasamorpha mollis* occurred in a forest understory at Mt. Taihakusan, Miyagi Pref., in which foliage leaves leathery, wavy, elongate lanceolate with attenuatedly acuminate apices (Ueno).

←図94B　葉裏は青灰色でフェルト状に細毛を密生する。Abaxial leaf surface velvet with short fine hairs.

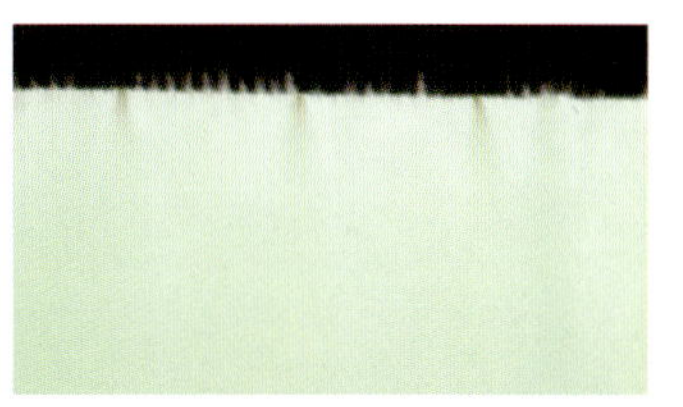

図94C　葉裏の毛は短く、識別するのに注意力がいる（上野）。Short hairs on abaxial leaf surface need concentrated attention to confirm (U).

図94D　岩手県盛岡市中米内桜台で一斉開花するケスズの群落。Mass flowering population occurred at Sakuradai, Nakayonai, Morioka City, Iwate Pref. on July 18, 2015.

図94E　旧い葉だが、葉裏は青灰色でフェルト状の短毛を密生する。 In spite of older leaves, abaxial surface is blue-grey and velvet with short and fine hairs.

図94F　円錐花穂は数個の小穂をつけた数本の小花梗からなる。 Panicles composed of several peduncles with each several spikelets.

図94G　小穂は黒赤色で、ビロード状の細かい毛で覆われる。外穎は禾状に尖る。Spikelets blackish orange-red covered with minute hairs and embraced at the base with a couple of brown hairy glumes. Lemma acuminatus.

図94H　中央アルプス宝剣岳中御所谷の若い稈、駒ケ根市、長野県、1986 年 8 月 16 日。 Sterile branch complements occurred at Nakagosho Valley, Mt. Houken, Komagane City, Nagano Pref. on Aug. 16, 1986.

図94J　雌しべの子房が登熟しつつある第一小花（矢頭）。 Ovaries of many first florets are prominent in mature (arrowheads).

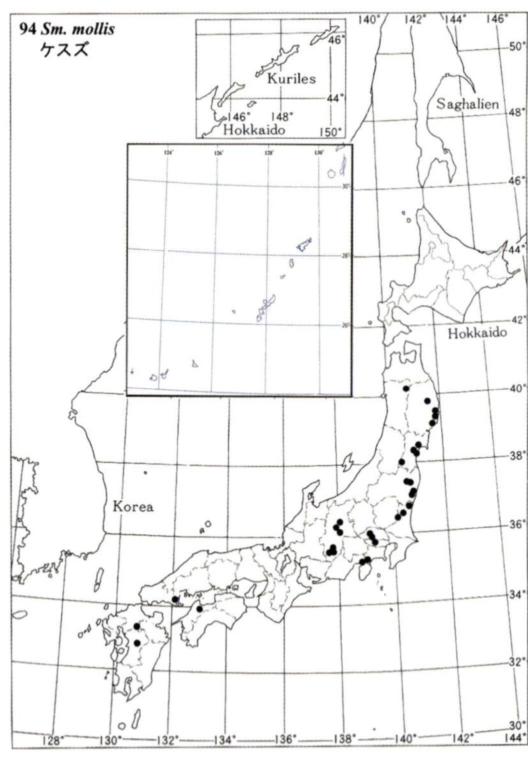

図94I　飯田市野底川左岸で開花終期の花穂、2013 年 8 月 30 日。 Flowered panicle of *Sasamorpha mollis* occurred on the left bank of the Nosoko River, Iida City, Nagano Pref. on Aug. 30, 2013.

田市野底川左岸）。東北地方太平洋沿岸、仙台、北関東の八溝山地、天竜川右岸、丹沢、伊豆半島など、各地域に集中して出現する。

（ケスズダケ、イシズチスズ 37k、クジナンブスズ 48k）

図94K　熊本県南阿蘇村・大矢野岳で一斉開花するケスズ、2016年5月15日。開花時に内穎や外穎がオレンジ色に色づき、目立つ（足立）。
Extensive mass flowering around the Aso Mountains exhibited, thus at Mt.Ooyano, Minamiaso Village, Kumamoto Pref. on May 15, 2016. Palea and lemma of spikelet of *Sasamorpha mollis* colored orange-red in anthesis (Adachi).

図94L　福岡・大分県境の御前岳～釈迦ヶ岳で一斉開花するケスズ、2016年5月31日。葉は北方の個体群に比べ幅広いが、葉裏は細毛を密生し、小穂全体にうっすらと毛をまとい、全体がオレンジ色を呈する（足立）。
Mass flowering of *Sasamorpha mollis* occurred around Mts. Gozendake~Shakagatake, border of Fukuoka and Ooita Pref. on May 31, 2016. Yet broader foliage leaves than northern habitat, abaxial surface pubescent with fine hairs, downy spikelets colored in orange-red are characteristics of this species (A).

スズザサ属 *Neosasamorpha* Tatew.（*Sasamorpha* × *Sasa*）（9種8亜種）

Hokkaido Ringyo Kaiho 38, 40 (1940) ; J. Phytogeogr. Taxon. 52, 1–24 (2004)

スズダケ属とササ属のいずれかの種を両親種とする推定属間雑種分類群。稈の高さ2 m、直径8 mmに達する剛壮な型と、高さ50 cm、直径3 mm以下の小型の2型が存在し、後者ではササ属ミヤコザサ節の1種が片親として推定される。稈の地際付近では僅かに湾曲し、上方では通直斜上し、1節より1枝を分枝する。分枝に伴って稈鞘が母稈を離れ、枝を抱くようになる移譲的分枝様式を基本とする。基部付近の節はササ属型の、上方ではスズダケ属型の腋芽を付ける。葉が紙質～皮質で中肋を挟んで左右不対称；片一方は葉脚部がくさび形で先端は次第に尖る；もう片方は葉脚部が円形で楕円状披針形の先端が急に尖る；その結果、葉身全体が平行四辺形状に歪む。生育は林床性だが、林冠が無くなっても生存は可能である。スズダケ属の分布に依存するかのように、分布は太平洋側に偏る。Ohrnberger（1999）では、*Neosasamorpha* Tatewaki（1940）を採用していない。Kobayashi & Furumoto（2004）は、外部形態およびDNAのRAPD変異データに基づく最節約法による系統解析の結果をもとに、ササ属とは異なった分類群としてのスズザサ属 *Neosasamorpha* Tatewaki を採用することが妥当と判断した。鈴木（1996）では、ササ属ナンブスズ節 *Sasa* sect. *Lasioderma* Nakai を棄却し、館脇の見解に従ったが、鈴木（1978）で記載された変種を、記載を改訂することなく一律に母種に組み入れ、混乱が生じているので、本書では、一般的に葉鞘に毛が出る変種のランクの位置づけを踏襲し、若干の整理を行った。鈴木（1996）に見られる混乱は、この属が、栄養体各部における各種の毛の有無において同様な組み合わせを保有しながら、稈が剛壮で大型と矮小で小型の 2 形が出現し、一方を他方の亜種とする観点にのみ拘泥したことに起因している。

95/1○ サイヨウザサ Saiyo-zasa

Neosasamorpha stenophylla (Koidz.) Sad.Suzuki subsp. ***stenophylla***, J. Jpn. Bot. 64, 43 (1989)

稈の高さ 50 cm, 直径 2.5 mm で稈基部付近と上方で分枝する。稈鞘、葉鞘いずれも無毛。枝の先に 2–3 枚の葉をつける。葉は基部が円形で先端が次第に尖る狭披針形で長さ 20 cm, 幅 2 cm、紙状膜質で両面無毛、肩毛は発達しない。**円錐花穂**は稈上方から太さ 1 mm ほどの細い花茎が抽出し、先端で疎らに 3–7 個の小穂を付けた小花梗を分枝する。小穂は黒褐色で扁平な線形～披針形で、長さ 2–3 cm で、8–10 個の小花からなる。第一苞穎は 2.5 mm、第二苞穎は 6.5 mm で 4 mm ほどズレて付く。外穎は長さ 9 mm

←図95A　一見背の低いスズダケのような群落、栃木県日光市女夫淵(めおとぶち)奥鬼怒スーパー林道起点付近。 *Neosasamorpha stenophylla* subsp. *stenophylla* occurred in flower at a road-side of Meotobuchi, near the origin of the Kinu River, Nikko City, Tochigi Pref.

図95B　1 枝に 1 ～ 3 枚ほどの細く先端が細長く尖る葉をつける。稈鞘、葉鞘、葉裏いずれも無毛。 Foliage leaves leathery~ leathery-chartaceous, narrow lanceolate with attenuatedly acuminatus apices. Leaf surface, culm-sheaths, leaf-sheaths all glabrous.

←図95C　一斉開花中の集団の株、花茎が高く抽出する。同じ株中に光沢のある赤黒色で短い小穂と白色の毛で覆われた長い小穂の 2 型があるようだ。 Panicle branches extended high, in which two types of spikelets were observed in the same clump, i.e. short fusiform luster one and long linear pubescent one.

図95D　数個の小花からなる短い小穂、穎は赤黒色で雄しべは6本。Short spikelets have six florets, glabrous or slightly hairy and partly colored orange-reddish.

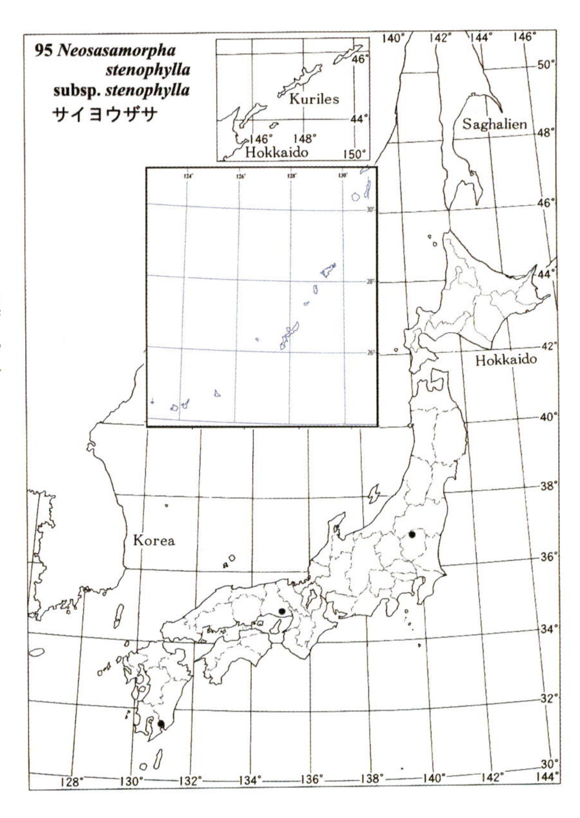

図95E　十数個の小花からなる長い小穂は穎が白い綿毛状の短毛で覆われている。Long linear spikelets covered with minute brown hairs composed of ten-several florets.

で先端がのぎ状に尖り、7–9脈、全体に褐色の微細な毛を散生し、縁に繊毛状の毛がでる。格子目無し（2013年6月24日、女夫渕奥鬼怒スーパー林道起点上部）。九州と西日本に稀に産する。

（セッツコスズ 42k）

96/1″○　ヒメカミザサ Himekami-zasa

Neosasamorpha stenophylla (Koidz.) Sad. Suzuki subsp. ***tobagenzoana*** (Koidz.) Sad.Suzuki, J. Jpn. Bot. 64, 44 (1989)

稈は高さ2 m, 直径6 mmに達し剛壮。稈鞘、葉鞘いずれも無毛。葉は広楕円状披針形で長さ25 cm, 幅7cm、皮質、両面無毛。小穂の第一苞穎は三角形で中央部がのぎ状に突出

図96A　ミズナラーカラマツ林床に鬱蒼と優占する群落、宮城県蔵王町・蔵王自然の家付近。Dominant dense thicket of *Neosasamorpha stenophylla* subsp. *tobagenzoana* in the understory of *Larix-Quercus* mixed forest around the Zao-Shizen-no-Ie, Zao-machi, Miyagi Pref. ➡

←図96C　葉は不斉な平行四辺形状の長楕円状披針形。ごく浅く隈取りが入る。Leaf blades elongate asymmetrical lanceolate like parallelogram with slightly albo-marginate in old leaves.

←図96B　稈は2ｍを超え、斜上し、上方で分枝する。白く長い稈鞘が目立つ。Culms attain higher than 2 m, ascending and branching upper nodes. Culm-sheaths are conspicuous white and long.

←図96D　葉は皮質でゆるく浪打、あまり垂れ下がらない。Foliage leaves leathery asymmetric elongate-lanceolate with attenuated acuminate at the apex, being wave and seldom drooping.

図96F　葉柄の付け根の片方に膨らんだカルスが発達する。Each one side of petiole-base is prominent to callus (arrowheads).

図96E　葉裏、葉鞘は無毛で、葉舌は低く、目立たない。葉柄と中肋の基部が太く、側脈が白線状に目立つ。Abaxial leaf surface, leaf-sheaths are glabrous, ligules low and not conspicuous. Petioles and midrib-base are robust with veins transparent white against sunlight.

←図96G　稈鞘は無毛で、移譲的分枝様式を繰り返す。Culm-sheaths are glabrous and repeat transfer branching style.

し、長さ 12.5 mm、全面に毛がある。第二苞穎は卵形で先端が急にのぎ状にくびれ、長さ 23.8 mm、粗渋、7 脈、格子目があり、縁に毛がでる。外穎は 11 脈、格子目があり、縁に毛がでる。本州北部太平洋側から西南日本にかけ分布する。伊豆大島からも確認されている。宮城蔵王山麓では、スズダケとイブキザサの隣接した地域に出現し、両種を両親種と推定させる。（ヒメカミナンブスズ）

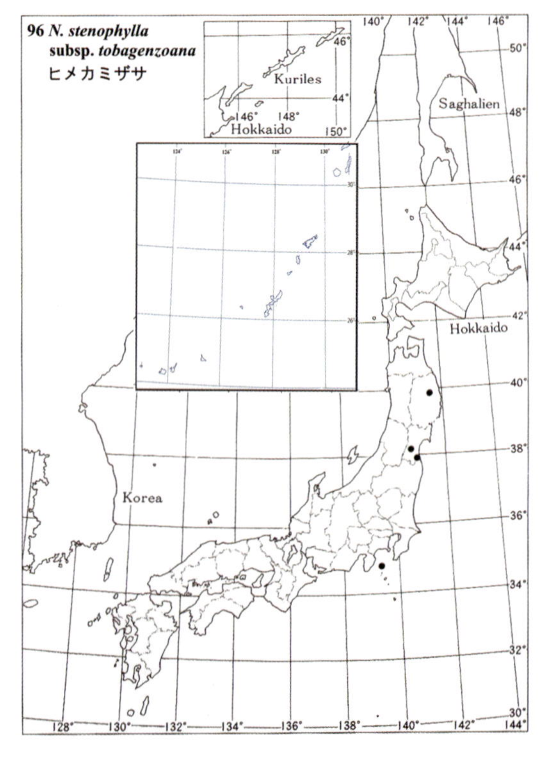

97/2○　オオシダザサ Ohshida-zasa

Neosasamorpha oshidensis (Makino & Uchida) Tatew. emend. M.Kobay. subsp. ***oshidensis***, foliage leaf-sheaths glabrous, and/or pubescent with antrorse minute hairs. Hokkaido Ringyo Kaiho 38, 48 (1940), pro. syn. *Sasa oshidensis* Makino & Uchida var. *shigaensis* (Koidz.) Sad. Suzuki シガザサ Shiga-zasa, Hikobia 8, 62 (1977)

稈は高さ2 m、直径7 mmで剛壮、上方で盛んに分枝する。稈鞘は寝た長い毛に覆われ、葉鞘は無毛、もしくは上向の細毛がある。葉は枝の先端に数枚をつけ、長楕円状披針形で、長さ30 cm、幅7 cm、皮質で両面無毛、肩毛は放射状。小穂は披針形で長さ2 cm、4–6小花をつける。外穎は長さ8mm、13脈、平滑で格子目があり、縁に細毛がでる。雌しべの花柱はほとんど目立たず柱頭は3叉する。本州の近畿地方以北

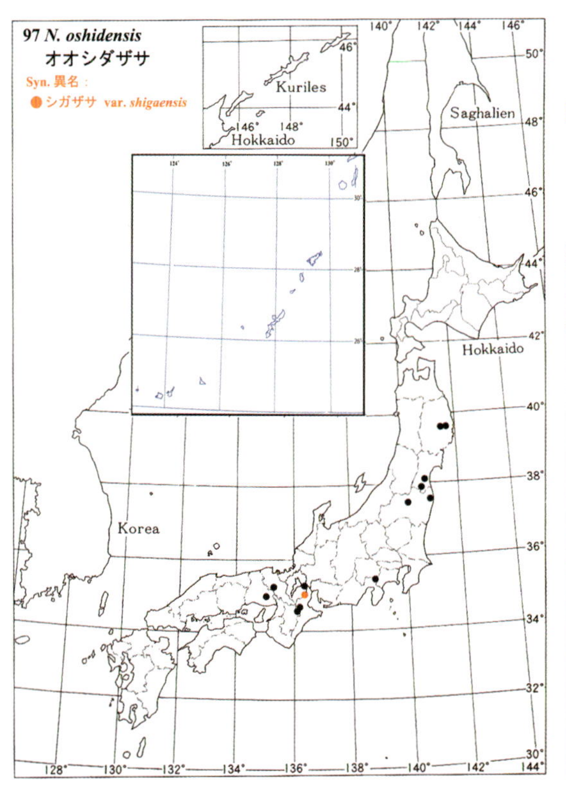

図97A　岩手県盛岡市米内川上流右岸、大志田の個体群（下方は米内川）。 *Neosasamorpha oshidensis* subsp. *oshidensis* occurred on the right bank of upper-stream of the Yonai River, Oshida, Morioka City, Iwate Pref.

図97B　移譲的分枝様式を示す稈鞘。Culm-sheaths in transfer branching style.

図97C　葉裏は粉白で無毛。Abaxial leaf surface glabrous with powder-white.

←図97D　稈鞘に開出長毛が出る。Culm-sheaths pubescent with spreading long hairs.

←図97E　葉鞘は無毛、肩毛がわずかに出る。Leaf-sheaths glabrous and slight oral setae.

の太平洋岸に稀に出現する。（イヌスズ 40t、フシゲヒメカミザサ 37k、サヤゲエダウチコザサ 38k、カオチザサ 38k、シガザサ 39k、アキウネマガリ 75s）

98/2″○ ケナシカシダザサ

Kenashi-kashidazasa

Neosasamorpha oshidensis (Makino & Uchida) Tatew. subsp. ***glabra*** (Koidz.) Sad.Suzuki emend. M.Kobay., foliage leaf-sheaths glabrous, and/or pubescent with minute hairs or mixed with minute hairs and long ones. J. Jpn. Bot. 64, 45 (1989), pro. syn. *Sasa oshidensis* Makino & Uchida subsp. *glabra* (Koidz.) Sad.Susuki var. *kobemontana* (Koidz.) Sad.Suzuki コウベコスズ Koube-kosuzu, Hikobia 8, 63 (1977)

稈は高さ 50cm, 直径 5 mm で、基部および上方で分枝する。稈鞘は上向の長毛もしくは逆向の短毛がある。葉鞘は無毛、もしくは細毛あるいは細毛と長毛を混生する。葉は枝の先に 2–3 枚をつけ、長

⇐図98A　山口県岩美町の山陰海岸・浦富海岸のケナシカシダザサの生育地。太平洋側のササ類が日本海側に張り出すようにここまで分布する（齋藤）。 Habitat view of *Neosasamorpha oshidensis* subsp. *glabra* at the Uradome coastline, the Sanin Coastline, Iwami Cho, Yamaguchi Pref. Pacific-side distributed dwarf bamboos enter into around here, the Japan Sea-side (Saito).

⇐図98B　リアス式の浦富海岸・鴨ヶ磯の海蝕崖上に成立する常緑広葉樹林林床に出現する群落（齋藤）。 *N. oshidensis* subsp. *glabra* occurred in the understory of broad-leaved evergreen forest standing on a cliff of the Sanin sawtooth ria coastline at Kamogaiso, Uradome coasline (S).

図98D　葉は皮質で楕円状披針形、葉裏は粉白で無毛、側脈に沿って洗濯板のように波打つ（齋藤）。 Foliage leaves leathery, ellipsoidal-lanceolate. Abaxial leaf-surface glabrous and powder white with waving alongside veins (S).

⇐図98C　林内の群落、移譲的分枝様式をとる（齋藤）。 Clumps in forest understory, in which culms branched in transfer style (S).

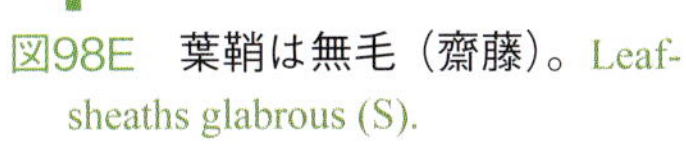

図98E　葉鞘は無毛（齋藤）。Leaf-sheaths glabrous (S).

図98F　稈鞘に長毛が密生する（齋藤）。Culm-sheaths pubescent with long hairs (S).

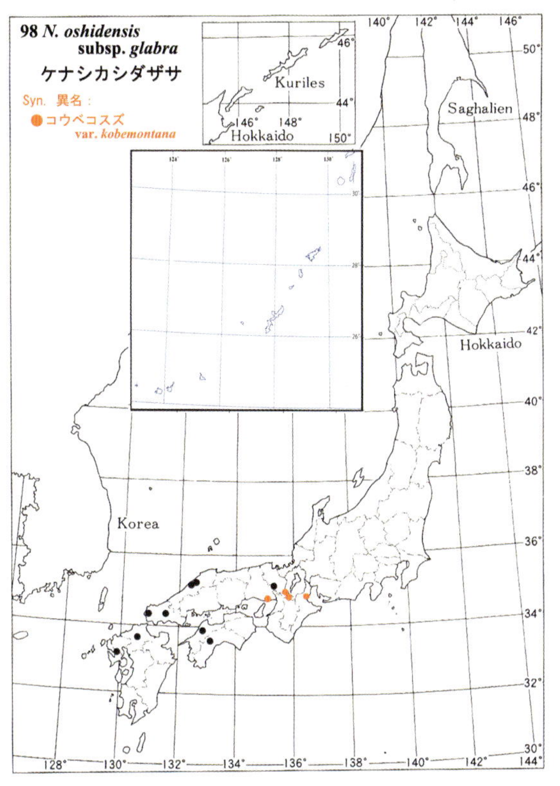

楕円状披針形で先端が次第に鋭く尖り、長さ 19.6 cm、幅 2.9 cm、紙状膜質で両面無毛、放射状の肩毛がある。九州北部から西南日本にかけて稀に出現する。（エダウチコザサ 37k、クシマザサ 37k、コウベコスズ 48k）

99/3○　アキウネマガリ Akiu-nemagari

Neosasamorpha akiuensis (Sad.Suzuki) M.Kobay. & Y.Ueno com. nov. Jpn. J. Bot. 18, 306 (1964), this species has typical transfer branching style to show an element of genus *Neosasamorpha*, but not *Sasa*.

稈は高さ 1.5 m、直径 6.3 mm に達し、剛壮、上方で分枝する。稈鞘は赤褐色の開出剛毛を密生し、葉鞘は無毛。葉は長楕円状披針形で、長さ 28cm、幅 5.7 cm におよび、皮紙質で両面無毛、肩毛は放射状で粗渋。稈鞘や葉鞘の一方の縁に繊毛状の毛を

図99A　稈は下方で緩やかに湾曲し、上方に真っ直ぐに伸びる、葉は皮質で楕円状披針形、宮城県仙台市青葉区青下。*Neosasamorpha akiuensis* occurred at Aoshita, Aoba District, Sendai City, Miyagi Pref. Culms slightly curved at the base and uprighted. Foliage leaves leathery, broad ellipsoidal-lanceolate. ➡

図99B　スズザサ属に特徴的な、移譲的分枝様式を示す。Branching in transfer style.

図99C　赤褐色の開出剛毛を密生する（上野）。Culm-sheaths pubescent with reddish-brown spiny hairs (Ueno).

99 *N. akiuensis*
アキウネマガリ

図99D　葉鞘は無毛（上野）。Leaf-sheaths glabrous (U).

←図99E　チシマザサ節には無い粗渋で放射状の肩毛とともに、葉鞘の縁に歯牙状の繊毛を持つ（上野）。Oral setae scabrous radiate and culm-sheath margins have tiny teeth-shaped ciliates (U).

生ずる。分枝にあたり母稈鞘が枝全体を包むように母稈を離れる移譲的分枝様式をとり、原記載におけるようなササ属チシマザサ節ではなく、スズザサ属の一員であることを示す。分布は宮城県に限られ、証拠標本は仙台市青葉区大倉青下産を参照。

100/4○　カガミナンブスズ Kagami-nanbusuzu

Neosasamorpha kagamiana (Makino & Uchida) Koidz. emend. M.Kobay. subsp. ***kagamiana***, foliage leaf-sheaths pubescent with antrorse minute hairs, and/or glabrous. J. Jpn. Bot. 64, 46 (1989), pro. syn. *Sasa kagamiana* Makino & Uchida var. *inukamiensis* (Koidz.) Sad.Suzuki オジハタコスズ Ojihata-kosuzu, Hikobia 8, 64 (1977), Acta Phytotax. Geobot. 9, 227 (1940)

稈は高さ2m、直径7 mmに達し剛壮で、上方でさかんに分枝し数枚の葉をつける。稈鞘は開出長毛と逆向細毛をビロード状に密生する。葉鞘は上向細毛を密生し、長毛がまばらに混生す

図100A　稈の上方で盛んに分枝し、鬱蒼と茂る群落、2015 年 7 月 15 日、宮城県仙台市大倉（上野）。Culms branched at upper nodes repetitively and densely thrived population of *Neosasamorpha kagamiana* subsp. *kagamiana* occurred at Ohkura, Sendai City, Miyagi Pref. (Ueno).

⬅図100B　移譲的分枝様式を示す稈鞘。旧い稈鞘は各種の毛が脱落する（上野）。
Transfer branching style, in which characteristic hairs on older culm-sheaths usually fallen (U).

図100C　葉裏は無毛（上野）。
Abaxial leaf surface glabrous (U).

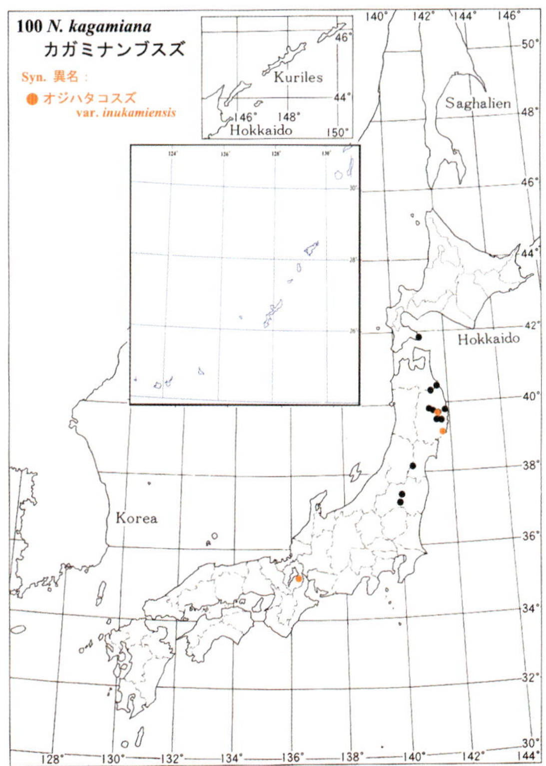

図100D　稈鞘は細毛と開出する長毛が密生する（上野）。Culm-sheaths pubescent mixed with fine and spreading long hairs (U).

図100E　葉鞘には細毛が密生し長毛がでる。肩毛は粗渋で放射状（上野）。Leaf-sheaths pubescent with fine hairs and long hairs. Oral setae scabrous and radiate (U).

る、もしくは無毛。葉は基部が円形で先端がやや急に尖る長楕円状披針形で長さ 30 cm、幅 6 cm におよび、両面無毛もしくは基部にだけ毛がでる。肩毛は放射状。**総状花序**は稈の下方の 1–2 節より抽出し、小花梗に 1–3 個の小穂をつける。小穂は線形—狭披針形で長さ 2.4–3.5 cm

⬅図100F　葉鞘における毛の出方には連続した変異が見られ、ほとんど無毛のものもある（オジハタコスズ）。肩毛は粗渋で放射状によく発達する（上野）。Leaf-sheaths almost glabrous. Presence/absence of each kind of hairs on leaf-sheaths varies continuously in a same local population (U).

で6–7小花からなり、先端は不完全小花で終わる。第一苞穎は1.5mm、第二苞穎は5–7 mm、外穎は長さ10 mmで5脈、全体に微細な毛で覆われ、基部と先端付近に細毛がでる（笹村1403,1954.8.8, 盛岡市大志田）。岩手県米内川流域ならびに近畿地方に稀に産する。（ヨナイザサ、ヒゲナシヨナイザサ36u、フクダザサ37k、オジハタスズ42k）

101/4″○　アリマコスズ Arima-kosuzu

Neosasamorpha kagamiana (Makino & Uchida) Koidz. subsp. ***yoshinoi*** (Koidz.) Sad.Suzuki

稈は高さ50cm、直径2 mm、基部および上方で枝を分枝する。稈鞘は開出長毛と逆向細毛が密生しビロード状、葉鞘は上向の細毛が密生する。葉は枝の先に2–3枚をつけ、長楕円状披針

図101A　小型で葉が細長く、移譲的分枝様式を示す、2015年8月3日、神奈川県相模原市緑区（三樹）。*Neosasamorpha kagamiana* subsp. *yoshinoi* with dwarf and slender culms in transfer branching style occurred at Midori District, Sagamihara City, Kanagawa Pref. (Miki).

図101B　葉裏は灰白色で無毛（三樹）。Abaxial leaf surface glabrous gray-white (M).

⬅図101C　稈鞘は長く、葉片はほぼ水平に開き出す（三樹）Culm-sheaths long with sheath-blades horizontally opening (M).

形で長さ 18 cm、幅 3 cm、両面無毛で紙質。**小花**の外穎は 19.3 mm、11 脈、先端が芒状に尖り、縁に繊毛状の毛が出る。格子目有り。西南日本に稀に産する。

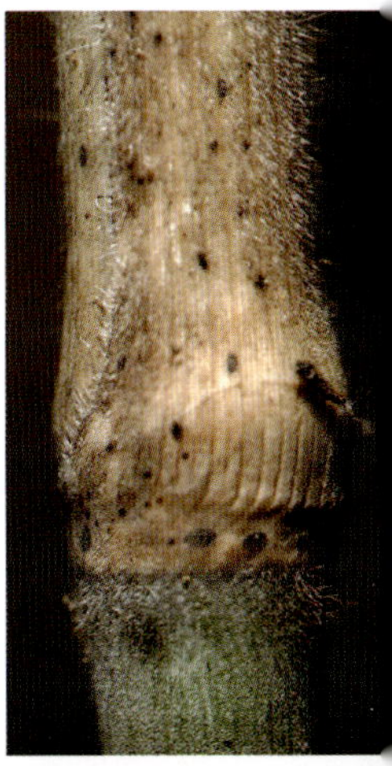

図101D　稈鞘の基部は膨出し逆向細毛を密生し、長毛が疎ら（三樹）。Base of culm-sheath is prominent, pubescent with retrorse fine hairs and scattered long hairs (M). ➡

101 *N. kagamiana* subsp. *yoshinoi* アリマコスズ

図101E　稈鞘全体に逆向細毛と開出長毛が密生する（三樹）。Culm-sheaths pilose wiith patent long haris mixed with retrorse short hairs (M). ➡

図101F　葉鞘には細かい毛と寝た長い毛が疎らに生える（三樹）。Leaf-sheaths pubescent with minute hairs and scattered prostrate long hairs (M). ➡

102/5○　イッショウチザサ Isshochi-zasa

Neosasamorpha magnifica (Nakai) Sad.Suzuki emend. M.Kobay. subsp. ***magnifica***, culm-sheaths pubescent with retrorse minute hairs, and/or nearer basalmost culm-sheath less hairy with deciduous sparse long hairs at lower portion. J. Jpn. Bot. 64, 44 (1989), pro. syn. *Sasa magnifica* (Nakai) Sad.Suzuki var. *igaensis* (Nakai) Sad.Suzuki アヤマナンブスズ Ayama-nanbusuzu, Hikobia 8, 62 (1977)

稈は高さ 1.5 m、直径 7 mm。上方で移譲的に分枝する。稈鞘は全体

図102A　皮紙質で細長い不斉な長披針形の葉と移譲的分枝様式を示す稈、熊本県球磨郡一勝地（三樹）。*Neosasamorpha magnifica* subsp. *magnifica* occurred at the type locality of Isshochi, Kumamoto Pref. Asymmetrical elongate-lanceolate leaves and transfer branching style show the generic diagnostic characteristics (Miki). ➡

図102B　皮紙質、葉裏は粉白で無毛だが、基部や中肋付近にうっすらと短毛が出ることがある（三樹）。Leathery-chartaceous, abaxial leaf surface glabrous powder-white, but occasionally has minute hairs alongside the midrib or younger leaves in the branch complement (M).

図102C　稈鞘や節間は逆向の硬質な短毛が密生する（三樹）。Culm-sheaths and internodes are pubescent with scabrous retrorse minute hairs (M).

図102D　葉鞘は粗い細毛が密生する。葉舌は切形（三樹）。Leaf-sheaths pilose with scabrous fine hairs. Ligules truncate (M).

図102E　京都市・洛西竹林公園で2015年5月に一斉開花した系統保存株（渡邊）。Culture collection of N. magnifica in the Rakusai Bamboo Garden, Kyoto City exhibited mass flowering in May 2015 (Watanabe).

図102F　開花真っ盛りの花穂（渡邊）。Panicles in full-bloom (W).

図102G　10個の小花からなる小穂。A spikelet of 7 cm in total length with 10 florets.

図102I　葉鞘は細毛が密生する。Leaf-sheaths pubescent with fine hairs. ➡

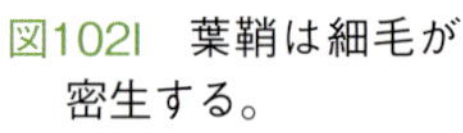

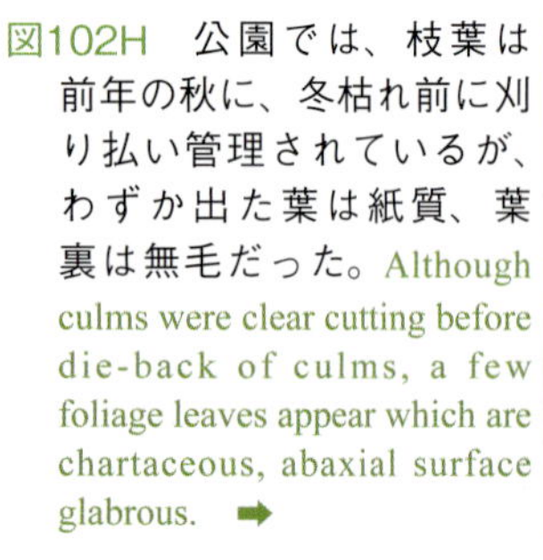

図102H　公園では、枝葉は前年の秋に、冬枯れ前に刈り払い管理されているが、わずか出た葉は紙質、葉裏は無毛だった。Although culms were clear cutting before die-back of culms, a few foliage leaves appear which are chartaceous, abaxial surface glabrous. ➡

図102J　肩毛は糸状に細く尖り長いもので7 mmにおよび、軸に沿って開出するメダケ属型。Oral setae silky fine thread-like in at most 7 mm in length parallel to axis showed *Pleioblastus* type. ➡

図102K　京都大学標本庫に収蔵された基準標本、枝葉の形態は三樹の撮影写真Aに一致する（支倉）。Culm with branch complement as in A coincided with the type specimen of *N. magnifica* maintained in KYO (Hasekura).

図102L　基準標本の示す肩毛の形態は洛西竹林公園の系統保存株のものに近似する（支倉）。Oral setae as in J resembled with the one of the type specimen (H).

図102M　岩手県紫波郡紫波町新山に出現する葉の広い型。稈の基部で湾曲し、上方で移譲的分枝様式により分枝する。*N. magnifica* varied in broad ellipsoidal-lanceolate leaves occurred in a forest understory at Mt. Niiyama, Shiwa Cho, Iwate Pref.

図102N　葉は皮質、広楕円状披針形で先端がやや急に尖る。Foliage leaves leathery, broad ellipsoidal-lanceolate with acuminated apices.

図102O　葉裏は粉白で無毛、葉脈はわずかに白く透けてみえる。Abaxial leaf surface glabrous powder-white.

に粗い短毛が、もしくはそれに加え基部付近にだけ逆向の細毛と脱落性の長毛がでる。節間、および葉鞘には粗い、もしくは細かい短毛を密生ないし散生する。葉は両面無毛で、基部が円形で先端が次第に尖る長楕円状披針形で、長さ30

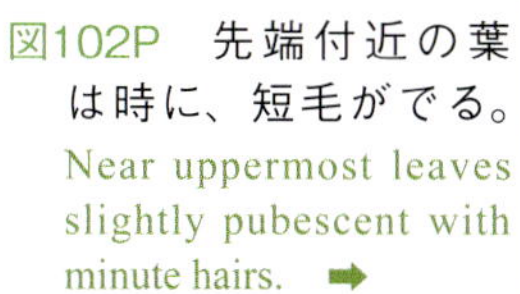

図102P　先端付近の葉は時に、短毛がでる。Near uppermost leaves slightly pubescent with minute hairs. ➡

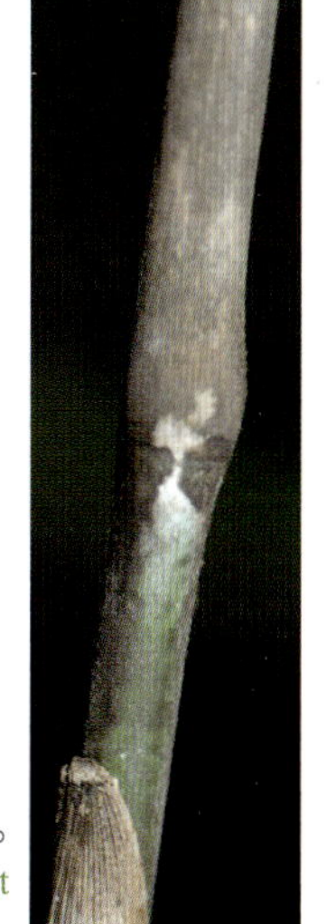

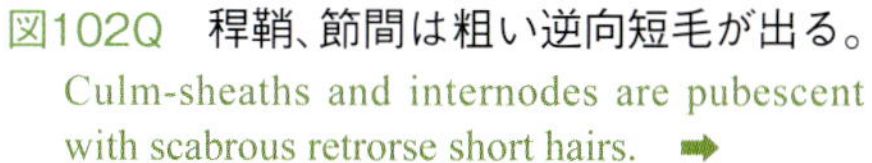

図102Q　稈鞘、節間は粗い逆向短毛が出る。Culm-sheaths and internodes are pubescent with scabrous retrorse short hairs. ➡

⬅図102R　葉鞘は細毛が密生し、ところどころにゴツゴツした短い突起物が出る。Leaf-sheaths pilose with minute hairs, scattering roughly protruded tiny points.

図102S　肩毛はわずかに発達するが、粗渋である。Scabrous oral setae very often come out.

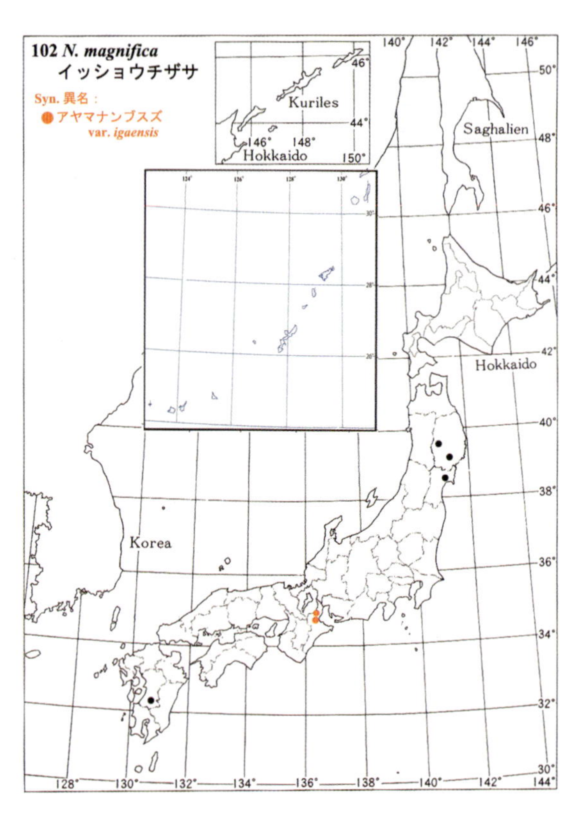

⬅図102T　稈鞘は繊維状に細裂する。地下茎は浅く、片親としてチシマザサの可能性を示唆する。Culm-sheaths split stringy and rhizomes shallow suggest that one of the parental species of this taxon is *Sasa kurilensis*.

cm、幅 6.5 cm におよび、紙質、肩毛は長さ 10 mm におよぶ線状で束生する（一勝地）。もしくは基部が円形で先端が鋭く尖る広披針形で長さ 27cm、幅 6.7 cm におよび、皮質、糸状の肩毛はわずかに出る（新山）。**小穂**は黄緑色、線形で長さ 6.5 cm、5–9 小花をつけ、先端は不完全小花で終わる。外穎は長さ 12.5 mm で 11 脈、平滑で格子目があり、先端の両側だけにやや長い毛がでる。雄しべ 6 本、柱頭は羽毛状で 3 叉する。2015 年 5 月上旬に京都・洛西竹林公園にて開花。基準産地の熊本県一勝地の群落と岩手県紫波町新山の個体群とでは、葉の形と質において相違があり、基準標本との比較では洛西竹林公園の系統保存株は一勝地のものとほぼ一致した。（アヤマスズ 34n、ハツロウザサ 41k、カドマナンブスズ 42k、アヤマナンブスズ 42k）

103/5″○　セトウチコスズ Setouchi-kosuzu

Neosasamorpha magnifica (Nakai) Sad.Suzuki subsp. ***fujitae*** Sad.Suzuki, J. Jpn. Bot. 64, 45 (1989)

⬅図103A　瀬戸内海に浮かぶ大崎上島（広島県豊田郡）東野の梶ヶ浜の崖に生育する群落。*Neosasamorpha magnifica* subsp. *fujitae* occurred on a cliff of Isl. Ohsaki-kamishima, Hiroshima Pref.

図103B　稈は細く、高さ 30 cm 程度、上方で移譲的分枝様式により分枝。Culms ca. 30 cm in height, 2 mm in diameter, branch at upper nodes in transfer style.

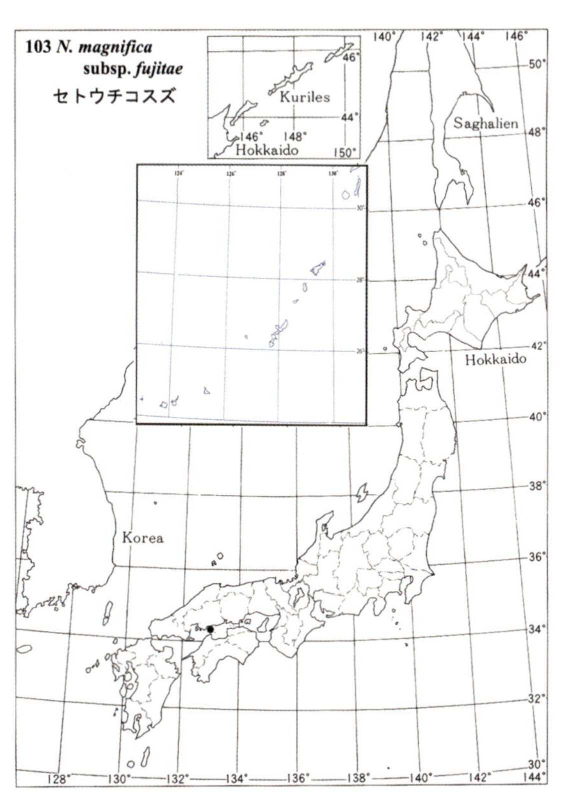

図103C　葉は皮紙質で葉裏は無毛。Foliage leaves leathery-chartaceous, abaxial surface glabrous. ➡

図103D　稈鞘は逆向細毛が密生する。Culm-sheaths pilose with retrorse fine hairs.

図103E　葉鞘は微細な毛で密に覆われる。Leaf-sheaths villous with minute hairs.

稈は高さ 50 cm、直径 3 mm で基部付近と上方で枝を分枝する。稈鞘は逆向細毛を密生し、葉鞘に細毛を密生する。葉は枝の先に 2–3 枚をつけ、線状披針形で先端は次第に尖り、長さ 21 cm、幅 4 cm、紙状膜質で両面無毛、肩毛は無い。山口県、広島県の瀬戸内海沿岸地方を中心に稀に出現する。

104/6 ツクバナンブスズ

Tshukuba-nanbusuzu

Neosasamorpha tsukubensis (Nakai) Sad.Suzuki emend. M.Kobay. subsp. ***tsukubensis***, foliage leaf-sheaths glabrous, and/or pubescent with minute hairs. J. Jpn. Bot. 64, 44 (1989), pro. syn. *Sasa tsukubensis* Nakai var. *melinacra* (Koidz.) Sad.Suzuki キンキナンブスズ Kinki-nanbusuzu, Hikobia 8, 61 (1977)

稈は高さ 1.5 m、直径 5 mm に達し剛壮。地際で湾曲し上方で枝を分枝する。稈鞘は無毛、葉鞘は無毛、もしくは細毛を密生する。枝の先に数枚の葉を付ける。葉は長披針形で、長さ 25 cm、幅 5 cm、皮紙質で上面に光沢があり、裏面に軟毛を密生する。肩毛は放射状で後に脱落する。**総状花序**は稈上方から分枝してほぼ水平に張出した数本の小花梗に 10–20 個の小穂をつ

図104A 栃木県奥日光小田代原の斜面、ミズナラ林床に生育する群落、梅雨時の雨に濡れて、稈や枝の先端に未展開の長い針のような葉が目立ち、部分開花の花穂が伸びる、2009 年 6 月 21 日。*Neosasamorpha tsukubensis* subsp. *tsukubensis* occurred on south-eastern hillside vicinity to the Odashirogahara Moor in Okunikko, Nikko City, Tochigi Pref. Partially flowered on June 21, 2009 with rolled leaves emerged on the sterile branch apices.

⬅図104B 茨城県・筑波山女体山の群落、多少葉の形に変異がある。Clumps with broader leaves on Peak Nyotai, Mt. Tsukuba, Ibaraki Pref.

図104D 葉裏は軟毛が密生する。規則正しい毛の配列により、モアレパターンを生ずる。Abaxial leaf surface pubescent with soft hairs which are regularly arranged giving rise to image of moiré -patterns.

⬅図104C 移譲的分枝様式を示す稈。Culm branched in transfer style.

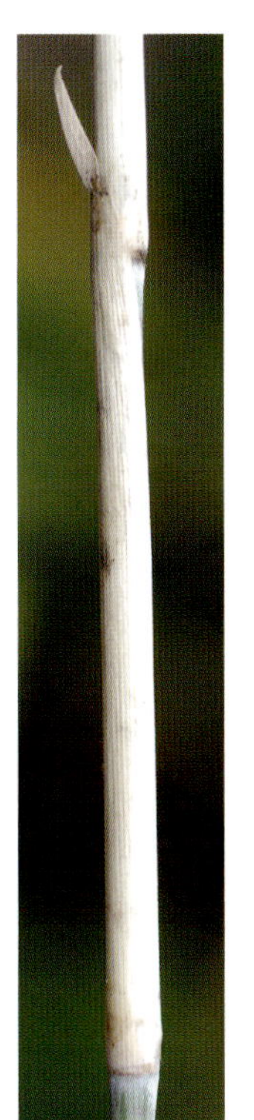

図104F　葉鞘は無毛だが、ワックスの分泌が著しい。 Leaf-sheaths glabrous and waxy.

図104G　暗紫色で、薙刀状に歪んだ紡錘形の小穂をつける。1 個の小穂は、穎はほとんど無毛の数個の小花からなる。1982 年 5 月 16 日に開花を確認して以後、2014 年まで、部分開花が継続している。 Spikelets are purplish dark-brown, distorted fusiform, glabrous, and composed of several florets. Since May 16, 1982 the first flowering was observed in the Odashirogahara, the population has been flowering partially.

図104E　稈鞘は通常無毛だが、年により、脱落性の長毛を生じるなど、個体変異がある。 Culm-sheaths are usually glabrous, varying yearly slightly scattered deciduous long hairs.

けた円錐花穂となる。小穂は紫黒色で扁平な紡錘形で、長さ 2–2.5 cm、5–8 個の小花からなる。第一苞穎は 2–3 mm、第二苞穎は 6–8 mm で小花に密着する。外穎は卵形で先端が急にくびれ鋭く尖り、長さ 11 mm、9–11 脈で粗渋、側方の脈に沿って細毛を生じ、上半分の縁に毛がでる)。雄しべは 2–6 本で黄色く開花すると良く目立つ (1986.6.20 奥日光小田代)。本州の近畿地方および中部以北の太平洋岸から北海道にかけて分布する。(ヨナイナンブスズ 37k、ヒロハケスズ 35n、キンキナンブスズ 39k、コンチナンブスズ 39k、ヒタチナンブスズ 42k、ヨシノナンブスズ 42k、カツラギイヌスズ 42k、ヒロハキタミスズ 48k)

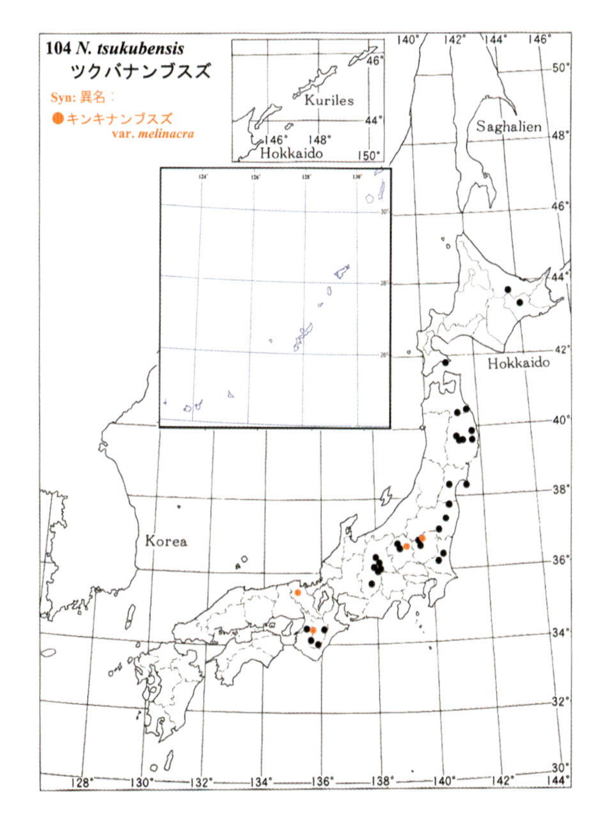

図105A　栃木県奥日光中禅寺湖畔北岸の群落。9月下旬になると浅く隈取が入る。*Neosasamorpha tsukubensis* subsp. *pubifolia* occurred on a north coast of the Lake Chuzenji, Nikko City, Tochigi Pref. After September, foliage leaves albo-marginated.

105/6″　イナコスズ Ina-kosuzu

Neosasamorpha tsukubensis (Nakai) Sad.Suzuki subsp. ***pubifolia*** (Koidz.) Sad.Suzuki emend. M.Kobay., foliage leaf-sheaths glabrous, and/or pubescent with minute hairs. J. Jpn. Bot. 64, 44 (1989), pro. syn. *Sasa tsukubensis* Nakai subsp. *pubifolia* (Koidz.) Sad.Suzuki var. *ashikagaensis* Sad.Suzuki アシカガコスズ Ashikaga-kosuzu, Hikobia 8, 61 (1977)

稈は高さ 50 cm、直径 3 mm で各節から分枝する。稈鞘は無毛、葉鞘は無毛、もしくは細毛を密生する。葉は枝の先に 2–3 枚をつけ、基部が円形な楕円状披針形で、長さ 18 cm、幅 2 cm、中程から先端部がやや垂れ下がり、紙質で上面に光沢があり、裏面は軟毛を密生しビロード状。肩毛は柔らかい放射状で、後に脱落する。冬季には隈取る。**円錐花穂**は独立して生じ、小梗が長く多角形に広がる、

図105B　移譲的分枝様式をとる分枝稈。Branched culms in transfer branching style.

図105C　葉は紙質で短い楕円状披針形、若葉は先端が垂れ下がる。葉裏は白色の細毛を密生する。脱落性で放射状の短い肩毛が展開期に出る。Foliage leaves chartaceous, short ellipsoidal-lanceolate. Abaxial leaf surface vellose with white fine hairs. Young leaves droop their apices with early decisive radiate oral setae.

図105E　小穂はやや長い薙刀状で、数個の小花からなる。Spikelets are distorted fusiform each composed of several glabrous florets.

⬅図105D　淡褐色の小穂をつけて部分開花中の花穂、2009 年 9 月28日。Partially flowered panicle with pedicellate each a few light-brown spikelets, observed on Sept. 28, 2009.

図105F　開花間際の花穂には、多くのクモが巣を張って待機している。 Before anthesis, many tiny spiders are waiting around the spikelets.

105 *N. tsukubensis* subsp. *pubifolia*
イナコスズ
Syn. 異名：
● アシカガコスズ subsp. *ashikagaensis*

Kuriles　Saghalien　Hokkaido　Korea

小穂は茶褐色で披針形～薙刀状、長さ 20–45 mm、第一苞穎は三角形で 4.4 mm、第二苞穎は披針形で長さ 10.6 mm、4–9 個の小花を付け、先端は不完全小花となる、外穎は長さ 9 mm、7 脈で格子目が有り、うっすらと毛がでる（2009.9.28, 奥日光中禅寺湖畔北岸）。（ケバノカシダザサ、オウミコスズ 42k、サイヨウイナコスズ 42k、フタタビコスズ 48k、アシカガコスズ 77s）

106/7　オモエザサ Omoe-zasa

Neosasamorpha pubiculmis (Makino) Sad.Suzuki emend. M.Kobay. subsp. ***pubiculmis***, foliage leaf-sheaths pubescent with antrorse minute hairs, and/or glabrous. J. Jpn. Bot. 64, 273 (1989), pro. syn. *Sasa pubiculmis* Makino var. *chitosensis* (Nakai) Sad.Suzuki イブリザサ Iburi-zasa, Hikobia 8, 62 (1977)

稈は高さ 2 m、直径 7 mm に達し、上方で分枝する。稈鞘は逆向細毛が密生する。葉鞘は上向の細毛が密生しビロード状、もしくは無毛。葉は長楕円状披針形で長さ 25cm、幅 4 cm、皮紙質

図106A　岩手県盛岡市・グランドホテル近隣の一斉開花群落、2015年7月28日。採集者は齋藤隆登氏。Monocarpic mass flowering population of *Neosasamorpha pubiculmis* subsp. *pubiculmis* occurred around the Morioka Grand Hotel at Morioka City, Iwate Pref. on July 28, 2015. Collector is Mt. T.Saito.

図106B　稈の上方で盛んに分枝し、花穂は枝先と、地上部の独立した花茎の双方がある。 Both independent panicles and branching peduncles were appeared.

↑図106C　移譲的分枝様式による分枝。Sterile culms branched in transfer style. Foliage leaves leathery, ellipsoidal-lanceolate.

←図106D　葉鞘にはうっすらと細毛がでて、脱落性の長毛が疎らに混じることもある。Leaf-sheaths hairy with short and fine hairs with scattered prostrate long hairs.

←図106E　若い稈鞘はワックスを分泌し、逆向細毛が密生する。Young culm-sheaths are waxy and pilose with retrorse short hairs.

図106F　花穂は数本の小花梗に分かれ、それぞれ少数の小穂をつけて広がる。A panicle composed of several pedicels with each a few spikelets.

図106G　長い小梗に続く小穂は10個前後の無毛で先端が鋭く尖る外穎を持つ小花からなる。A long peduncled spikelet composed of ca. 10 glabrous florets with rostratus lemma.

図106H　京都府立植物園に植栽された系統保存株（ホソバナンブスズ）もほとんど時を同じくして一斉開花した。2015年5月14日、京都府立植物園のご厚意による（渡邊）。A grove of culture collection in the Kyoto Botanical Garden, Kyoto City exhibited mass flowering on May 14, 2015. Photos are taken with courtesy of the Kyoto Botanical Garden (Watanabe).

図106I　満開の穂、雄しべ6本、雌しべの柱頭は羽毛状に2叉する（渡邊）。Panicle in full-bloom (W). ➡

図106J　盛岡の開花集団と同様に長い小梗に数個の小花からなる無毛の小穂をつける（渡邊）。The same spikelet structure as flowered in Morioka (W).

図106K　宮古市腹帯、閉伊川右岸に出現する未開花集団。Sterile population occurred on the right bank of Heii River at Haratai, Miyako City, Iwate Pref.

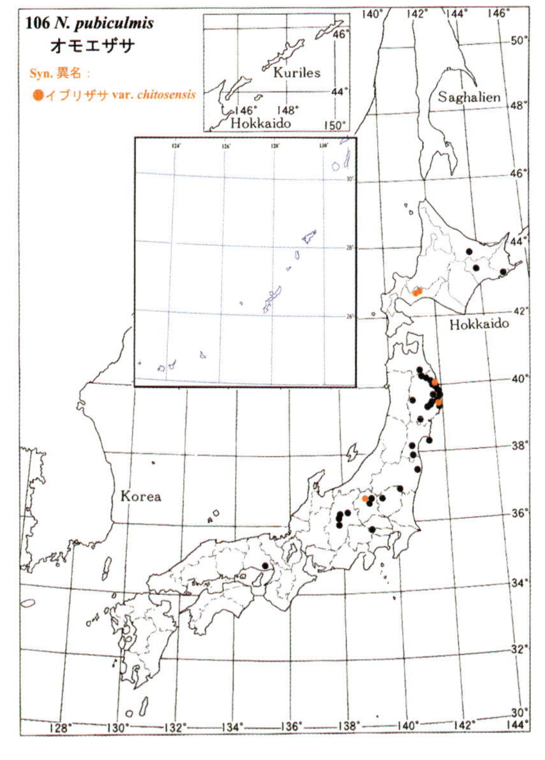

⬅図106L　葉鞘は無毛で、イブリザサと呼ばれる変種に相当する。Leaf-sheaths glabrous called var. *chitosensis*.

⬅図106M　稈鞘は逆向細毛を密生するが、脱落しやすい。 Culm-sheaths are pilose with retrorse fine hairs, but early deciduous.

で裏面は軟毛を密生する。**円錐花穂**は 1– 数個の小穂をつけた数本の小花梗からなる複総状花序で、独立した花茎もしくは稈の上方で分枝し抽出する。小穂は暗褐色の線形で長さ 3–8 cm で、5–14 個の小花をつける。第一苞穎、第二苞穎はそれぞれ、長さ 6.5 mm および 15 mm で基部の小花を包む。下方の小花の外穎は先端が次第に鋭く尖り、長さ 15 mm、14 脈で上方にゆくにつれ短くなる。基部から両脇にかけて微細な毛を生じ、芒状の先端の縁に毛が出る。全体はほぼ平滑でうっすらと格子目が出る（2015.7.29, 盛岡市愛宕山）。本州の中部から三陸沿岸にかけて分布する。（イブリザサ（エゾナンブスズ）34n、ホソバナンブスズ 35k、チャナイザサ 37t、キタミスズ 37t、オノエナンブスズ 41ku）

107/7″　ミカワザサ Mikawa-zasa

Neosasamorpha pubiculmis (Makino) Sad.Suzuki subsp. ***sugimotoi*** (Nakai) Sad.Suzuki, J. Jpn. Bot. 64, 273 (1989)

稈は高さ 35 cm、直径 2 mm で、上方で枝を出す。稈鞘に逆向細毛が、葉鞘には開出細毛がそれぞれ密生し、ビロード状。葉は紙状膜質で披針形、長さ 20 cm、幅 2 cm, 裏面に軟毛を密生する。肩毛は放射状。葉柄が短く、稈や枝の先端から通常 2 枚の葉が出る様子から、ツバメザサの名もある。**総状花序**は稈の基部付近から分枝抽出、もしくは独立した花穂となる。花梗の先端に 2–3 個の小穂を付ける。小穂は褐色でややこん棒状、薙刀状に湾曲した狭披針形—線形で、長さ 2.6–4 cm で、5–6 個の小花

図107A　栃木・茨城県境の焼森山の南西斜面に出現するミカワザサ群落。葉は紙質で細長い披針形、葉裏に軟毛を密生する。*Neosasamorpha pubiculmis* subsp. *sugimotoi* occurred on the south-western slope of Mt. Yakemori, on the border of Tochigi-Miyagi Pref. Foliage leaves chartaceous, narrow elongate-lanceolate with villose abaxial leaf surface.

⬅図107B　矮小な稈の先に狭披針形の葉を２枚つける様子をツバメの尾に見立て、ツバメザサの別称がある。Two leaves for each branch complement looks like a sparrow tail, giving rise to another Japanese name of Tsubame-zasa.

⬅図107C　同県境の雨巻山で開花した稈、1997年5月。Flowering culms emerged on May, 1997 on Mt. Amamaki on the same prefectural border ride.

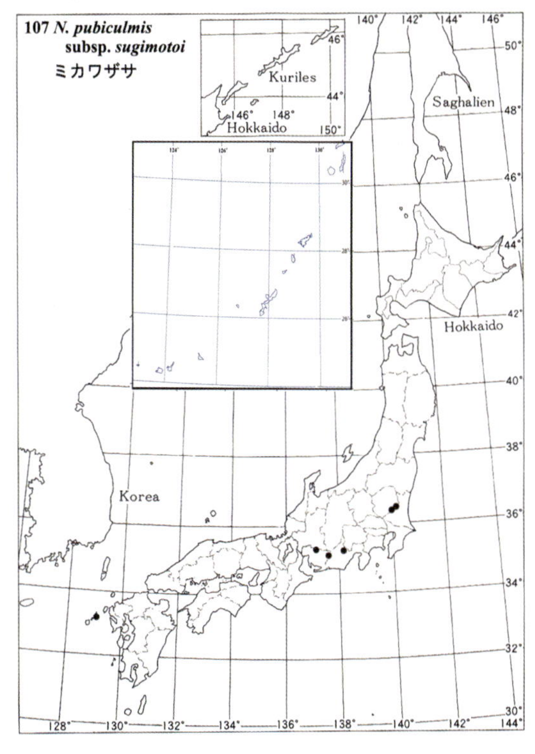

⬅図107D　小穂は紡錘形で、淡褐色の数個の小花からなる。雄しべは１本〜６本まで著しい変異があり、開花する小花の順序も無いようだ。Spikelets are fusiform pale-brown composed of several florets. Stamen number varies one through six.

からなる。第一苞穎は2–3 mm、第二苞穎は6–8 mm、外穎は長さ11 mm、9脈、平滑で格子目有り。雄しべは1–6本で、殆ど不稔である（1997.5.15, 雨巻山）。栃木県、愛知県、広島県などに稀に産する。

（ツバメザサ 38k）

108/8 ハコネナンブスズ Hakone-nanbusuzu

Neosasamorpha shimidzuana (Makino) Koidz. emend. M.Kobay. subsp. ***shimidzuana***, foliage leaf-sheaths glabrous, and/or pubescent with minute hairs. Acta Phytotax. Geobot. 9, 238 (1940), pro. syn. *Sasa shimidzuana* Koidz. var. *asagishiana* (Makino & Uchida) Sad.Suzuki アサギシザサ Asagishi-zasa, Hikobia 8, 63 (1977)

稈は高さ2 m、直径7 mmに達し剛壮、上方で枝を分枝する。稈鞘

図108A　箱根峠から県道20号線の十国峠よりに約1 kmの小田原側斜面、ハコネダケやトクガワザサの群落に隣接して出現する。長い光沢のある葉でスズザサ属では例外的に左右対称の長楕円状披針形の葉を持つ。*Neosasamorpha shimidzuana* subsp. *shimidzuana* occurred side-by-side with *Sasa tokugawana* and *Pleioblastus chino* var. *vaginatus* alongside the route 20 between Hakone Pass and Jikkoku Pass, Kanagawa Pref. Long ellipsoidal-lanceolate symmetrical leaves in spite of the genus element. ➡

図108B　稈の中ほどの節以上で盛んに移譲的に分枝する。Culms branched at middle to upper nodes in transfer style.

図108C　葉裏に細毛を密生する。Abaxial leaf surface pubescent with short hairs.

図108D　稈鞘には長毛を密生し、節のまわりに長毛が出る。Culm-sheaths pilose with spreading long hairs, as well as nodal long hairs.

図108E　葉鞘は無毛。Leaf-sheaths glabrous.

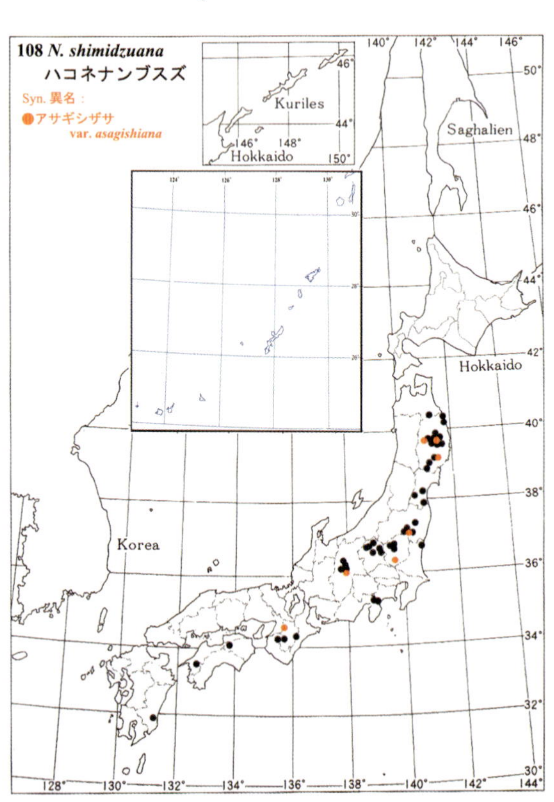

に長毛が密生し、葉鞘は無毛もしくは細毛を密生する。葉は皮紙質で長楕円状披針形、長さ 28 cm, 幅 5 cm、裏面に軟毛を密生し、肩毛は放射状。**円錐花穂**は稈の上方で分枝し抽出する。花梗の先端付近で 2 − 3 本の小梗を出し、それぞれに 2–3 個の小穂を付ける。小穂は紫褐色で扁平な紡錘形をなし、長さ 1.8–2.5 cm で、5–7 個の小花をつける。第一苞穎は 2–3 mm、第二苞穎は 5–7 mm。外穎は 7–7.2 mm で 10–11 脈、微細な毛が全面に散生し、縁には繊毛がでる（蒔田明史、天城 1980.5.28）。九州、四国から本州の岩手県まで、太平洋側の所々に分布する。神奈川県の箱根駒ヶ岳周辺では、スズダケとトクガワザサの群落が隣接した地域に出現し、これらが両親種と推定される。（ハ

図108F　葉鞘に細毛が密生するものをアサギシザサと呼び、変種として区別することもある。岩手県盛岡市浅岸で。日当たりの良い南向き斜面に出現する。 A population with the leaf-sheaths pilose with fine hairs inhabited on a sunny southern slope at Asagishi, Morioka City, Iwate Pref., where is the type locality in case leaf-sheaths pubescent is distinguished as a variety of var. *asagishiana*. ➡

コネスズ、ヤマクマザサ 27m、ナンブスズ 28m、アサギシザサ 29mu、タネイチザサ 31mu、ヤマトザサ 32n、ゴテンバザサ 34mn、キバナムラザサ 36n、ユタカザサ 36k、ウラゲイヌスズ 36u、シノギナンブスズ 36mu、シブタミザサ 36u、ヨシノイヌスズ 42k、コンゴウイヌスズ 42k）

109/8″　カシダザサ Kashida-zasa

Neosasamorpha shimidzuana (Makino) Koidz. subsp. ***kashidensis*** (Makino & Koidz.) Sad.Suzuki, J. Jpn. Bot. 64, 46 (1989)

稈は高さ 50 cm, 直径 3 mm で、基部および上方で枝を分枝する。稈鞘は開出長毛を密生し、葉鞘は無毛。葉は長楕円状披針形で、長さ 20 cm、幅 2.5 cm、皮紙質、裏面に軟毛を密生する。肩毛は放射状。九州、四国から関

図109A　稈は細く高さ 50 cm 程度の小型のササ、栃木県茂木町鮎田（杉田）。*Neosasamorpha shimidzuana* subsp. *kashidensis* occurred at Ayuta, Motegi Cho, Tochigi Pref. which culm height ca. 50 cm, 2 mm in diameter (Sugita).

図109B　葉は皮紙質、不斉な長披針形で、半ばから下方に撓む、移譲的分枝様式をとる（杉田）。Foliage leaves leathery-chartaceous, asymmetrical elongate-lanceolate with drooping distal half of the blades. Branching in transfer style (S).

⬅図109C　葉裏は細毛が出る（杉田）。Abaxial leaf surface pubescent with fine hairs (S).

図109D　稈鞘は開出する長毛が出る。栃木県栃木市太平山のカシダザサ（杉田）。Culm-sheaths pubescent with spreading long haris. Clump from Mt. Ohira, Tochigi City, Tochigi Pref. (S).

図109E　葉鞘は無毛、肩毛は粗渋で放射状（杉田）。Leaf-sheaths glabrous and oral setae scabrous radiate (S).

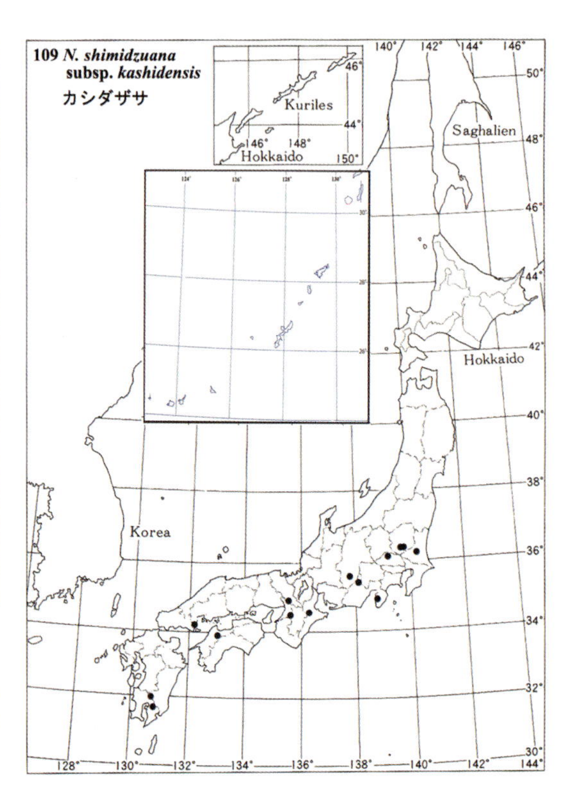

東地方の太平洋岸にかけ、稀に出現する。（オニカシダザサ 35k、キリシマコスズ（キリシマコザサ）38k、ホソバツクバスズ（ツクバコスズ）39k、シモイナコスズ 42k）

110/9　タキザワザサ Takizawa-zasa

Neosasamorpha takizawana (Makino & Uchida) Tatew. emend. M.Kobay. subsp. ***takizawana***, foliage leaf-sheaths glabrous, and/or pubescent with minute hairs or frequently mixed with long ones. Hokkaido Ringyo Kaiho 38, 48 (1940), pro. syn. *N. takizawana* (Makino & Uchida) Tatew. var. *lasioclada* (Makino & Nakai) Sad.Suzuki チトセナンブスズ Chitose-nanbusuzu, Hikobia 8, 64 (1977)

←図110A　岩手県盛岡市米内川中流域の上米内に出現する群落。葉は皮紙質で広楕円状披針形、やや丸く先端が垂れさがる。稈の中部以上の節から移譲的に盛んに分枝する。*Neosasamorpha takizawana* subsp. *takizawana* occurred at Kamiyonai, mid-stream of the Yonai River, Morioka City, Iwate Pref. Foliage leaves leathery-chartaceous, broad ellipsoidal-lanceolate with drooping apices. Branching at upper nodes in transfer style.

図110B　葉裏に細毛を密生する。Abaxial leaf-surface pilose with fine hairs.

図110C　稈鞘は逆向短毛がビロード状に密生するが、長毛はほとんど脱落し、わずかに黒色の毛が残り、やや寝て斜上する長毛が散生するのみとなる。Culm-sheaths villose with retrorse short hairs mixed with a few residuary long hairs. ➡

図110D　葉鞘は無毛。Leaf-sheaths glabrous.

図110E　葉鞘に細毛が出るものを変種チトセナンブスズとして区別する場合がある。古い葉は浅く隈取が入る。神奈川県相模原市緑区若柳（三樹）。Clumps with leaf-sheaths pubescent are occasionally distinguished as a variety, var. *lasioclada*, occurring at Wakayanagi, Midori District, Sagamihara City, Kanagawa Pref. (Miki).

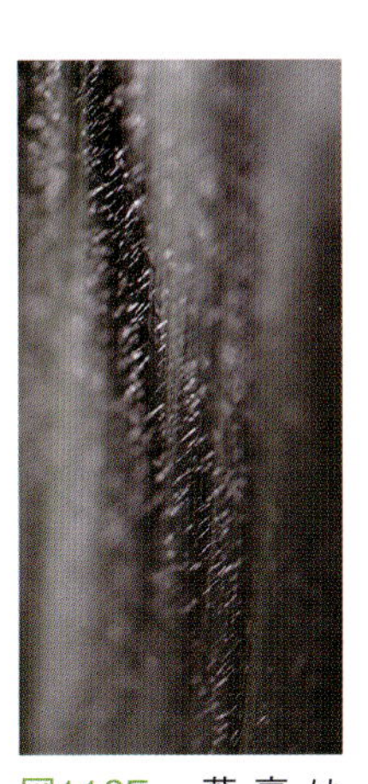

図110F　葉裏は細毛が密生する（三樹）。Abaxial leaf-surface pilose with fine hairs (M).

図110G　稈鞘は逆向細毛が密生し、長毛が混生する。節に長毛が出る（三樹）。Culm-sheaths pilose with retrorse fine hairs mixed with long hairs adding nodal long hairs (M).

図110H　葉鞘は短毛が出る（三樹）。Leaf-sheaths pubescent with short hairs (M).

図110J　小穂は外穎と内穎がほぼ同長で縁に細毛を持つ数個の小花からなる（三樹）。A spikelet with even-lengthen lemma and palea that have minute hairs on their margins, composed of several florets (M).

⬅図110I　中位および上方の節から花茎を伸ばした開花稈があり、花穂は花梗を八方に伸ばし、10個ほどの小穂をつける。2015年8月3日（三樹）。A culm branched panicle on upper node, extending about 10 pedicels, observed on Aug. 3, 2015 (M).

図110K　登実小花でほとんど熟した穎果を実らせる（三樹）。Fertile florets had almost matured caryopses (M).

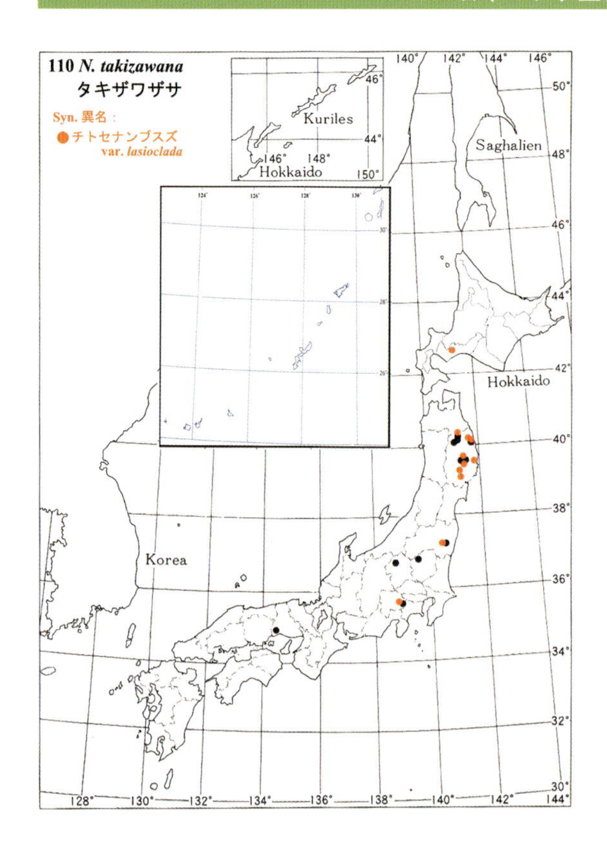

稈の高さ 2 m、直径 7 mm で剛壮、上方でさかんに分枝する。稈鞘は開出長毛と逆向細毛が混生し、葉鞘は無毛、もしくは、葉鞘に細毛が密生し、時に長毛がまじる。葉は長楕円状披針形で長さ 28 cm、幅 6 cm に及び、皮紙質で裏面に軟毛を密生し、肩毛は放射状。**小穂**は紫色を帯び、線形で長さ 3 cm、5–8 個の小花をつける。外穎は長さ 7–10 mm、13 脈、格子目状、全面に微毛があり、縁にも毛がある。雌しべは花柱がほとんど目立たず柱頭は 3 叉する。北日本の太平洋岸を中心に稀に産する。（ハリマスズモドキ 35k、ヒゲモチナンブスズ 36mu、オオサキザサ 36u、シオツザサ 38k、マサジザサ 39k、イチノヘナンブスズ 42k）

111/9″ キリシマザサ Kirishima-zasa

Neosasamorpha takizawana (Makino & Uchida) Tatew. subsp. ***nakashimana*** (Koidz.) Sad.Suzuki, J. Jpn. Bot. 64, 47 (1989)

稈は高さ 50 cm、直径 2 mm で、基部および上方で分枝する。稈鞘は開出長毛と逆向細毛が密生し、葉鞘は上向の細毛がある。葉は長楕円状披針形で長さ 20 cm、幅 2 cm、紙質で裏面に軟毛を密生し、肩毛は放射状。瀬戸内海沿岸地方と九州に稀に出現する。（キリシマスズ）

図111B　葉は皮質で上面に光沢があり、基部は円形〜切形、歪んだ短い披針形、２年目の葉は浅く隈取を生ずる（柏木）。Foliage leaves leathery, luster on upper surface, with blade-base round to truncate, asymmetrical short lanceolate. Two-year-old leaves narrowly albo-marginated (K).

⬅図111A　蓼科笹類植物園（長野県茅野市）に植栽されたキリシマザサ群落。稈の高さ約 40 cm（柏木）。*Neosasamorpha takizawana* subsp. *nakashimana* cultivated at the Tateshina Sasa-group Garden, Chino City, Nagano Pref. Culms ca. 40 cm in height (Kashiwagi).

図111C　稈は太さ約2mm、移譲的分枝様式を示す（柏木）。Culms ca. 2 mm in diameter, branch in transfer style (K).

←図111E　稈鞘は逆向細毛と脱落性の開出する長毛を混生する（柏木）。Culm-sheaths pubescent mixed with retrorse fine hairs and deciduous spreading long hairs (K).

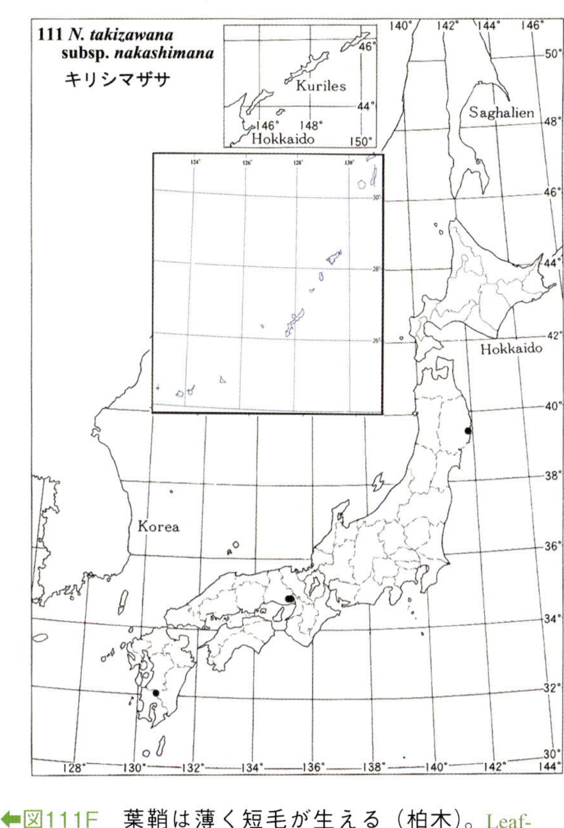

←図111F　葉鞘は薄く短毛が生える（柏木）。Leaf-sheaths slightly covered with short hairs (K).

←図111D　葉裏はビロード状に短毛を密生する（柏木）。Abaxial leaf-surface is villose with short hairs (K).

アズマザサ属 *Sasaella* Makino（*Pleioblastus* × *Sasa*, *Sasamorpha*, or *Neosasamorpha*）Bull. Bot. Soc. Tohoku 16, 2, 10, in Japanese (2011)（15種5変種）

稈は斜上もしくは直立し、幅の広い披針形もしくは長楕円状披針形の葉を付ける。一般的には、タケノコが生長したばかりの当年生の稈は直立し、年を経るにつれ、斜上する傾向が強い。1節から1枝もしくは3枝以上を分枝する。メダケ属のいずれかの種を片親とし、ササ属、スズダケ属、もしくはスズザサ属のいずれかの種をもう一方の親とする推定属間雑種分類群である。メダケ属がほとんど分布しない北海道からは分布の報告は無い。もう一方の親となる多くの場合、ササ属の可能性が高いと考えられるが、その根拠は、肩毛が、基部は粗渋で放射状のササ属タイプで、途中から稈に平行の細い絹糸状のメダケ属タイプという折衷型となることが挙げられる（前川1970）。鈴木（1996）では、1節からの枝の数を分類形質から除外したが、自然集団では、不連続で固定した形質として認められるので、鈴木（1978）に基づく分類体系を採用した。稈鞘の挙動による分枝様式により、移譲的、外鞘的、ならびに移譲・外鞘混合型の3群に分けられるが、本書では後二者をまとめて取り扱うこととした。アズマザサ属では、ササ属やメダケ属に共通の内鞘的分枝様式を持つものはまだ見つかっていない。花穂に関しては、今のところ、ヒメスズダケとスエコザサの2例のみだが、擬小穂構造（無限花序の1種）を持つ場合が見出されたことは特筆に値する。Hisamoto *et al.*（2005）は、マダケ属の1種モウハイチク *Phyllostachys meyeri* の単一クローン起原の藪が一斉開花した時、開花最盛期には頭状花序様の擬小穂からなる無限花序が出現するのに対して、開花終了期に出た再生稈には穂状花序を付けることを報告している。ヒメスズダケで2016年5月16日に観察された事例では、既にほとんど開花は終了し、ひこばえ的な小型の独立した花穂のみが開花中であった。そのうちの大半は擬小穂様の形態を示していた。モウハイチクの藪の開花で報告された事例とは逆に、最盛期にはササ類に一般的な小穂構造が出現し、終期には擬小穂が出現することを意味しているのかもしれない。

(1) 移譲的分枝様式を示す群

稈鞘は分枝に伴って母稈を離れ、1節あたりの枝の数に関わらず、枝を抱くように移動する。辺縁側の稈鞘の両端が重なる部分では、両端が節の下部で僅かに重なる程度でほとんど開き、時に稈鞘の一部が破れ、節および節上部の膨出部が露出するようになる。

【1節多枝系：1節より1本～数本を分枝する】

112/1○ ヤマキタダケ Yamakita-dake

Sasaella yamakitensis (Makino) M.Kobay. com. nov. *Arundinaria yamakitensis* Makino, J. Jpn. Bot. 3 :4 (1926), lectotype : JAPAN. Sagami[Kanagawa Pref.], (Makino s.n., 20 Feb. 1921, MAK 291809-2/2 in C.Hasekura and H.Ikeda, J. Jpn.Bot. 90: 204 (2015), original description shows culm sheath closely encricled the branchlet, namely this taxon has transfer branching style, suggesting to belong genus *Sasaella*, but not genra *Pleioblastus* or *Pseudosasa.*

稈は直立し、高さ2–3 m、太さ6 mmで節間はなめらかだが､古くなると線状に皺よる。稈鞘は淡褐色、ほとんど無毛で、稈鞘の中～上部を中心にごく疎らに白毛を生ずる。初め先端に細長い針状の毛を生じ、すぐに脱落する。葉片は狭披針形～線形で直立し、反転は稀である。節は僅かに隆起し、1節より1本から多数の枝を移譲的に分枝する。葉鞘には細毛が出る。葉舌は切形で短く、肩毛は基部が粗渋、先端が糸状で放射状に開出し、宿存する。2–6枚の葉が、

⬅図112A 薄暗いスギ林床の群落。枝先に3～4枚の皮質で細長く、先端が次第に鋭く尖る披針形の葉をつける。神奈川県小田原市入生田長興山。*Sasaella yamakitensis* occurred in an understory of dark *Cryptomeria* forest at Chokousan, Iryuda, Odawara City, Kanagawa Pref. Slender culms branch at upper nodes with each several leaved branch complements. The foliage leaves leathery, narrowly elongate-lanceolate with attenuated acuminated apices.

図112B　ブナ林床のヤマキタダケ群落。枝先の葉が２～３枚で広いスズダケ（白矢頭）と、細かい多数の葉を付けるハコネダケ（黄矢頭）と混生している。神奈川県箱根町宮城野。Mixed population of *Sasaella yamakitensis* with *Sasamorpha borealis* (broad, a few leaved culms: white arrowheads) and *Pleioblastus chino* var. *vaginatus* (many narrow and tiny leaved culms: yellow arrowheads) at Miyagino, Hakone Cho, Kanagawa Pref.

図112C　葉裏は太く突出する中肋を境に、緑色と粉白に分かれる。基部や中肋付近にのみ細かい毛を生ずる。Abaxial leaf surfaces are almost glabrous with only minute hairs alongside a midrib. The blade restricted one side is luster green and another side powder-white.

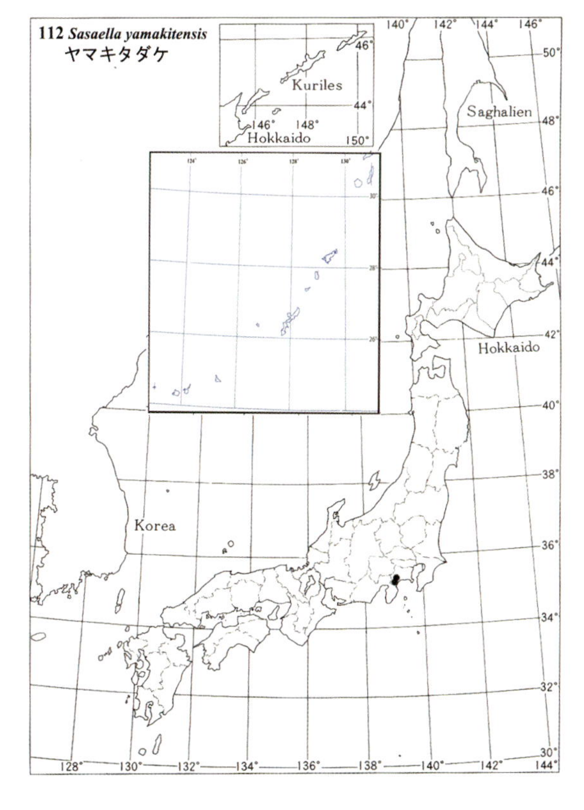

図112D　葉裏は無毛だが、時にうっすらと細毛が散生する。Abaxial leaf surface occasionally varies as pubescent with scattered fine hairs.

図112E　葉と葉の間に大きく隙間があり、葉鞘は無毛。A branch complement palmatus sinuses with leaf-sheaths glabrous.

←図112F　葉鞘には細毛と開出長毛を密生する変異がある。Leaf-sheaths varies pubescent with fine hairs mixed with spreading long hairs.

図112G　葉鞘では、白色で針状の肩毛は放射状に広がり宿存する。Leaf-sheaths with white needle type oral setae persistent.

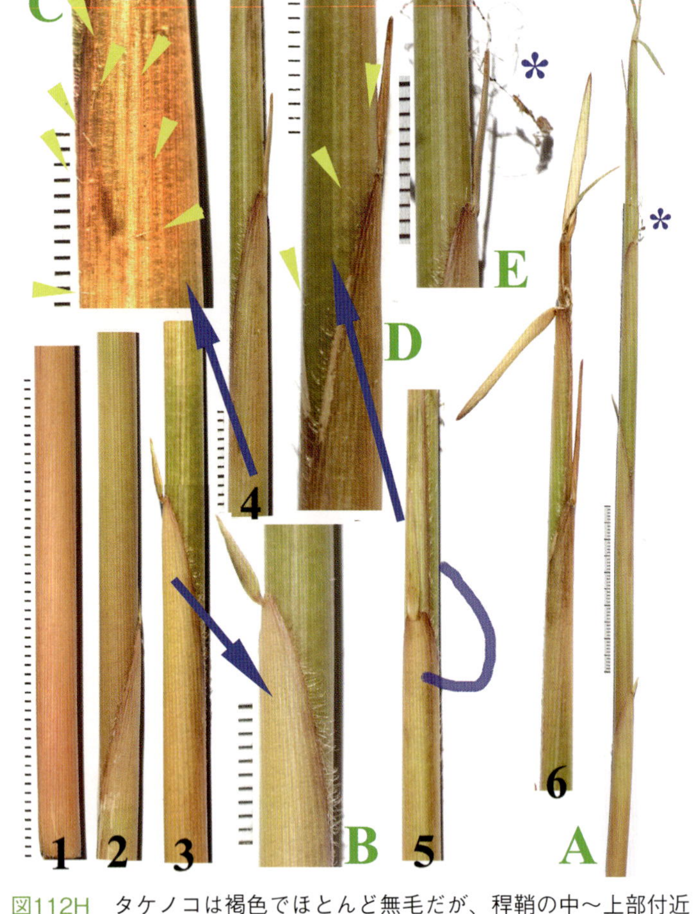

図112H　タケノコは褐色でほとんど無毛だが、稈鞘の中～上部付近に開出する白毛を散生する。葉片は狭披針形～線形で直立する。(A)全体像、(1)～(6)：拡大部分図、(B)稈鞘の縁の繊毛、(C)，(D)の矢頭：開出白毛。(E)タケノコ先端に出る細い絹糸状の長い肩毛は脱落し縺れる。(A) A whole young shoot brown with almost erect culm-sheath blades. Young shoots with ciliated margins (B) and almost glabrous with scattered short spreading white hairs around upper halves (C, D: yellow arrowheads). Thin silky long oral setae fallen to entangled (E).

←図112J　成長後の稈鞘は通常は無毛で、葉片は狭披針形で直立する。Culm-sheaths usually glabrous with sheath-blades erect.

←図112I　タケノコの時代の稈鞘には、先端付近のみ、基部がやや太く白色・針状で放射状に開出する肩毛の他に、淡褐色でごく細い絹糸状の長い肩毛（矢頭）の2型が出て、後者はしばらくして脱落する（三樹）。Culm-sheaths on young shoot borne two types of oral setae, one is thin silky thread type (arrowheads), another is white needle radiates type which are early deciduous (Miki).

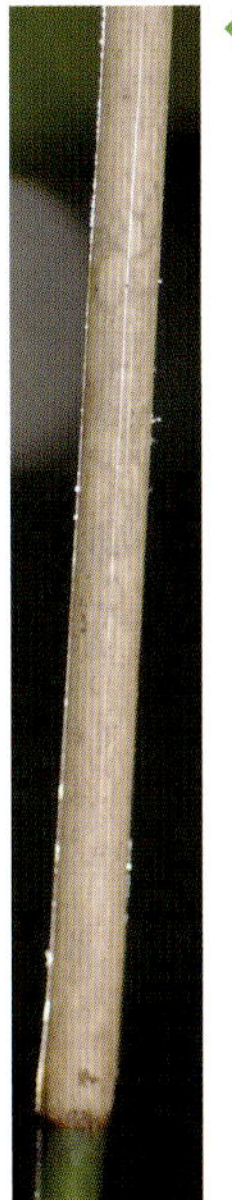

⇐図112K　稈鞘には時に、疎らに短毛が出る。
Culm-sheaths occasionally varies pubescent with short hairs.

⇐図112L　1節より多数の枝を移譲的に分枝する。旧い稈は節間に縦の皺がはいる（青矢頭）。Multiple branching in transfer style with old culms wrinkled (blue arrowhead).

二列互生に隙間を持ってやや掌状に枝先につく。葉は皮紙質で長さ11–31cm、幅1.5–4 cmで基部はくさび形〜円形の細長い狭披針形で、両面無毛か稀に裏面にうっすらと毛を生じ、中肋を境に片側だけに光沢がある。冬季には青白く隈取る。基準産地は神奈川県山北町だが、箱根周辺の林床のスズダケやハコネダケの群落に隣接して出現し、葉、葉鞘、稈鞘などに付随する各種の毛の有無、過多には変異が大きい。

113/2○ ヒメスズダケ Hime-suzudake

Sasaella hisauchii (Makino) Makino, J. Jpn. Bot. 6, 15 (1929),
Sasa hisauchi Makino, J. Jpn. Bot. 3, 22-23 (1926)

稈は高さ1.5 m、直径5.5 mm、1節から単一の枝、稀に複数の枝を移譲的に分枝し、広く開出する。ちなみに、原記載では、分枝の状態に関しては、単一分枝を匂わせる曖昧な表現がとられている。稈鞘は初め開出する長毛が密生するが、やがて基部の寝た毛を残して脱落する。若い稈鞘や稈の節の下部に著しく蝋質の白粉を生ずる。葉片は細長い披針形で先端が針状に尖り、タケノコの成長に

図113A　道路沿いの裸地に出現する群落、元箱根。
Sasaella hisauchii occurred on a road-side at Motohakone, Kanagawa Pref.

⇐図113B　タケノコは濃緑色で全体に白色のワックスで覆われ、スズダケに似て、赤紫色〜青い灰色の長毛を密生し（左）、稈鞘の肩毛は白色糸状でほぼ水平に広がり（中）、葉片は長い狭披針形となり、反転する（右）。Young shoots are green and waxy pubescent with short hairs and scattered spreading long hairs. Reddish-green covered with long hairs like *Sasamorpha borealis* (left). White oral setae of culm-sheaths radiate horizontally (center). Sheath-blades long lanceolate and reflect (right).

図113C　成長過程の１本のタケノコ。成長につれ、節間が現れ、節はやや膨らむ。全体に濃緑色で、短毛に覆われ、ところどころで開出する白色毛が混じる。葉片は基部から先端まで反転する。Growing a whole shoot, where internodes gradually appear, nodes slightly prominent, dark-green and pubescent with short hairs with scattered spreading white hairs. Sheaths blades reflect.

図113D　多くの場合、一節より１枝を移譲的に分枝し、葉裏は有毛、稈鞘の白色肩毛がほぼ水平に張るのが目立つ。Majority culms bear one branch for each node in transfer branching style. Abaxial leaf surfaces pubescent with obvious white thread oral setae open horizontal and radiate.

図113E　2016年５月16日、芦ノ湖スカイラインの路傍で全面開花がほぼ終了したばかりの集団を観察した。枝につく1-2枚の葉はすべて隈取り、先端が破れた古いものばかりで、新葉の展開はなく、各節に分枝を繰り返した花序を付けていた。Flowering grove was observed at a roadside of the Ashinoko Skyline on May 16, 2016. Mass flowering has almost completed with each branch a few albo-marginated old leaves attached and repetitively branched synflorescences.

つれ反転する。稈鞘は古くなると脱落する。葉鞘は長毛が出る。葉は皮紙質で両面無毛、基部が円形な披針形～狭披針形で先端が次第に鋭く尖る。長さ 7–26 cm、幅 0.8–3.2 cm、冬季には細く隈取る。葉舌はごく短く、切形ないし、中ほどがやや凹む。肩毛は長さ 6 mm の細い糸状で軸に対して直角で放射状に広がるが、しばらくすると脱落する。神奈川県箱根山周辺に稀産する。鈴木（1978; 1996）はヤマキタダケのシノニムとし、ヤマキタダケの呼称を採用しているが、原記載を読み比べると、ヒメスズダケでは節の上部はほとんど膨出せず、スズダケに似る

図113F　小穂は10個ほどの黒紫色で無毛の小花からなり、外穎は次第に鋭く尖り、10脈ほどで格子目が発達する。A spikelet composed of 10 florets, in which lemmas blackish purple and glabrous with ca. 10 nerved and tessellated.

図113G　第二小花の小軸が分岐し、途中で枝分かれしたもの（黄色矢頭）、基部付近の小軸が分岐し、伸長して分枝を繰り返したもの（水色矢頭）など、無限花序様の擬小穂が多数見られた。スエコザサの図説明も参照。Pseudospikelets were found, in which one was branched at the second rachis to form another spikelet (yellow arrowhead); another had extended rachis that successively branched (blue arrowhead). See also explanations on *Sasaella ramosa* var. *swekoana*.

⬅図113H　遅れて開花中の花序。雄しべ３本、雌しべの柱頭は３叉する。Delayed flower shows stamen three and three feathery stigmas.

⬅図113I　遅れて開花した花序の大半は擬小穂だった。A: 開花を終了したばかりで、萎れた雄しべを落下中の通常の小穂。B, C: 第２小花の小軸（青矢頭は付け根を示す）が小梗のように抽出した擬小穂、D: 小型の第２小花（矢印は拡大図）の小軸が分岐し、新たな小穂を抽出した擬小穂、E: 第３（黄矢印拡大図）および第４小花の小軸（黄矢頭）が分岐して二本になった状態の擬小穂。Majority of the delayed flowering inflorescences were pseudospikelets. A: early flowered and almost finished ordinal spikelet, B,C: extended rachis at the second florets (blue arrowheads) like as pedicels, D: Branched rachis at a vestigial second floret (blue arrow) to produce a new spikelet, E: Rachis at third (yellow arrow) and fourth floret (yellow arrowhead) branched to form double branching other spikelets.

のに対して、ヤマキタダケは節上部が多少なりとも膨らみ、1 節より多数を分枝し、ネザサ属に近い形態をとることが記述されており、両者は明らかに異なった分類群を示している。箱根芦ノ湖から駒ヶ岳周辺の林縁･道路沿いに出現するが、1 節よりの枝の数、節の膨出の程度、枝先の葉の枚数と形態などにおいてきわめて変異が多く、原記載に適合した植物体を見出すのは難しい。ヤマキタダケも同様に変異の多い状況だが、ヒメスズダケとしての共通した特徴は、稈鞘と肩毛の形質にある。2016 年 5 月 16 日、箱根・芦ノ湖スカイラインの道路沿いで開花群落を確認した。**円錐花穂**には通常の小穂（有限花序）からなる花梗と擬小穂からなる無限花序様の花梗の 2 種類を含む。小穂は全体に無毛で光沢があり、長さ約 5.5 cm の紡錘形で、それぞれ線形ならびに披針形の第一および第二苞穎を基部に、先端が禾状に尖り格子目の発達した外穎と、2 本の竜骨の背部に細く柔らかい長毛を生じ、先端が禾状に尖る内穎に包まれる数個の小花からなる。擬小穂の一例では、やや小型の第 2 小花の小軸が分岐し、そこから新たな小花をつける。また、小軸が伸長したと推察される小花梗を分枝した 2 次的な花梗を基部で長い苞葉が包む。

（ハコネヤダケ 41n）

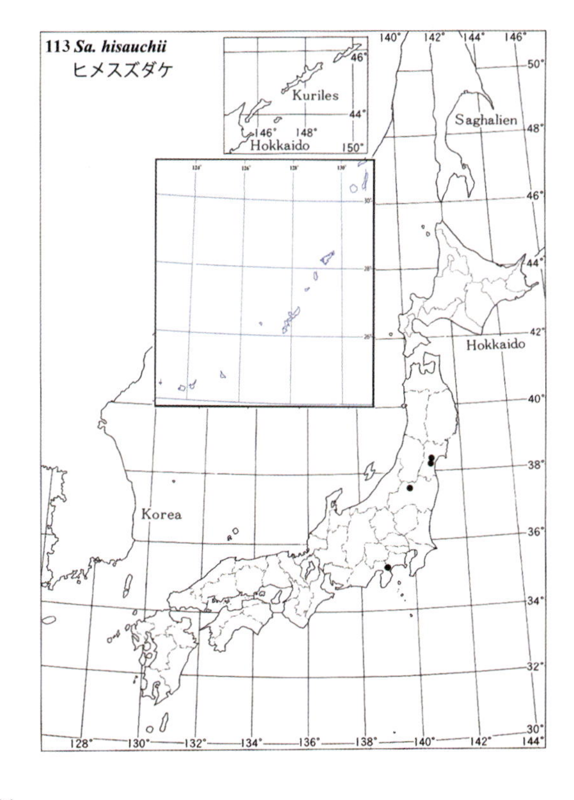

図114A　箱根峠から県道20号線沿いに出現する群落。*Sasaella sawadae* occurred at the road-side of prefectural route 20 near the Hakone Pass toward the Jukkoku Pass, Kanagawa pref.

114/3　ハコネシノ Hakone-shino

Sasaella sawadae (Makino) Makino ex Koidz. var. ***sawadae***, Acta Phytotax. Geobot. 10, 297 (1941)

稈は高さ 2m、直径 8 mm に達し剛壮、中部以上の各節から 3 本の枝を出し、先端付近では枝の数を減じて 1 本になる。稈鞘、葉鞘は無毛。葉は紙質で裏面に軟毛を密生し、やや広い披針形で長さ 25 cm、幅 3 cm。赤紫色で光沢のある節間と膨出した節を包む白色の稈鞘とのコントラストがよく目立つ。小花の外穎は 20 mm、9 脈でやや平滑、縁に長毛がでる。格子目有り。本州中部、関東地方にまれに出現する。神奈川県箱根町宮城野から箱根峠付近では、ハコネダケ（メダケ属）とトクガワザサ（ササ属）の群

図114B　葉は皮紙質で披針形、1 節から多数の枝を分枝する。Multiple branching at each node in transfer branching style. Foliage leaves leathery-chartaceous and lanceolate.

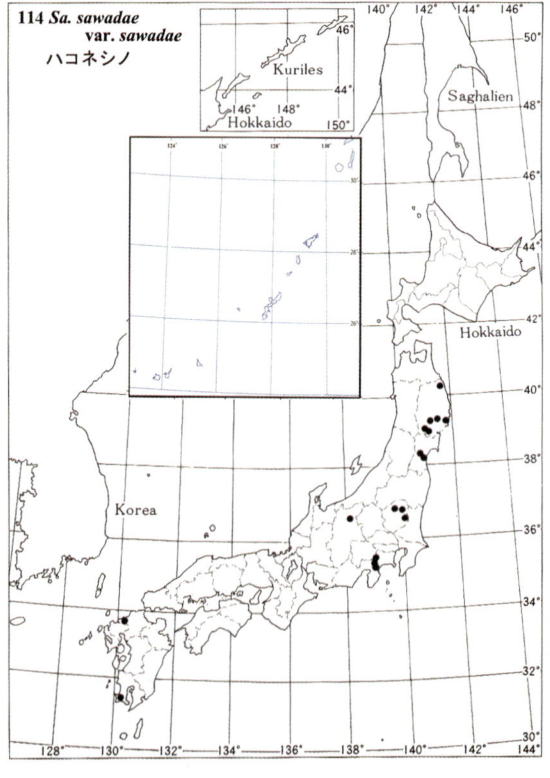

図114C　葉裏は細毛を密生する。Abaxial leaf surfaces are pubescent with fine hairs.

図114E　葉鞘は無毛。肩毛はほとんど発達しない個体群。Leaf-sheaths glabrous and oral setae absent.

←図114D　稈鞘は白色無毛でやや光沢がある。Culm-sheaths are white and glabrous luster.

←図114F　基部は粗渋で中ほどから先端にかけ、白色絹糸状の肩毛がよく発達する個体群（箱根町宮城野）。Presence/absence varies for local population to population, thus present in Miyagino, Hakone Cho, in which base of oral setae scabrous while upper half is silky.

落の隣接または混生する場所にしばしば出現し、両者が両親種と推定される。　（ハコネメダケ、マクラザキザサ 72Hatsushima）

115/3′ アオバヤマザサ Aobayama-zasa

Sasaella sawadae (Makino) Makino ex Koidz. var. ***aobayamana*** Sad.Suzuki, J. Jpn. Bot. 53, 61 (1978)

母種に比し、稈鞘に脱落性の毛がでることがあり、葉鞘に開出細毛を密生する点で異なる。本州に稀に産する。

図115A　海沿いの道路脇に出現するパッチ状の薮。石川県輪島市。*Sasaella sawadae* var. *aobayamana* occurred on a road-side near around the Japan Sea shore at Wajima City, Ishikawa Pref. ➡

図115B　葉は広披針形で、1節より多数の枝を出す。Foliage leaves leathery-chartaceous, broad lanceolate with multiple branching in transfer style.

図115C　葉裏は細毛を密生する。 Abaxial leaf surface pubescent with fine hairs.

図115D　稈鞘は淡褐色で時に脱落性の長毛が疎らに出る。Culm-sheaths pale brown and occasionally scattered with deciduous long hairs.

図115E　葉鞘は細毛を密生し、時に、寝た長毛が混じる。Leaf-sheaths are pubescent with fine hairs and occasionally mixed with prostrate long haris.

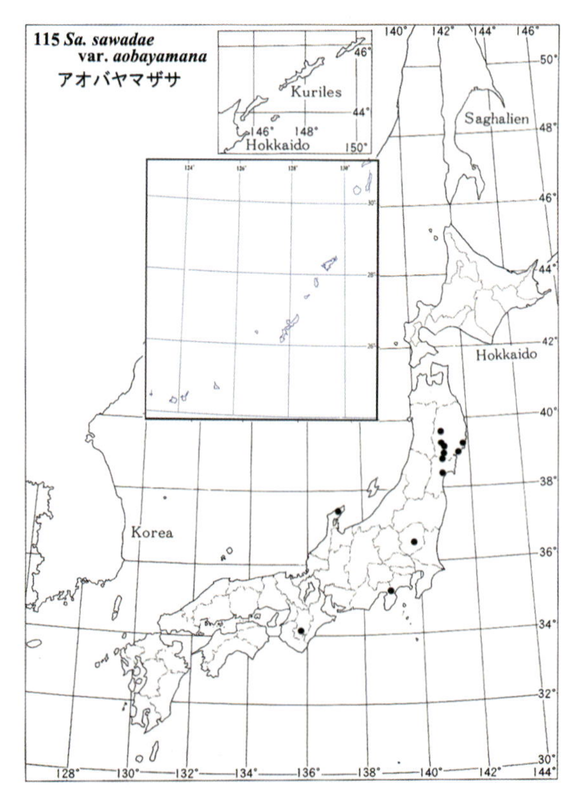

116/4　タキナガワシノ Takinagawa-shino

Sasaella takinagawaensis Hatakeyama, J. Phytogeo. Tax. 32, 106 (1984)

稈は高さ 3 m、直径 10 mm に達し剛壮、基部で強く湾曲、斜上もしくは直立し、上方で 1 節より多数を分枝する。地下茎は浅い。稈鞘および葉鞘は逆向細毛を密生する。稈鞘の黒褐色の細毛は葉の展開する頃には脱落する。稈鞘の葉片は反転する。葉は長楕円形もしくは長楕円状披針形で長さ 23 cm、幅 2.5 cm、上面に時に長毛を散生し、裏面に軟毛を密生し、紙質、肩毛はほとんど放射状。葉裏面の葉脈は光沢があり、陽にかざすと白線状となる。これらの形質は、雑種起原

図116A　基準産地・岩手県紫波町滝名川左岸における群落、バックは滝名川。*Sasaella takinagawaensis* occurred at the type locality of the left bank of the Takinagawa River, Shiwa Cho, Iwate Pref.

図116B　稈基部は強く湾曲し、地下茎は浅く、片親としてチシマザサの可能性を示唆する。Culm base strongly curved and shallow rhizomes suggest that one of the putative parental species is *Sasa kurilensis*.

図116C　1 節より移譲的に多数を分枝する。上方の節の辺縁側が裸出している（黄矢頭）。葉は楕円形。最下の母稈鞘は既に黒褐色の毛が脱落している。Multiple branching in transfer style. Upper branching node exposed its distal side of the culm-sheath (yellow arrowhead). Foliage leaves ellipsoidal. Lowermost white culm-sheath has already lost its brown short hairs.

図116D　稈鞘は白色糸状の肩毛が放射状につく。葉鞘も白色絹糸状の肩毛が出るが、発達は悪い。宮城県伊具郡丸森町ツボケ山にて（上野）。Culm-sheaths and leaf-sheaths both have white thread oral setae, but the latter rather a few at Mt. Tsuboke, Marumori Cho, Miyagi Pref (Ueno). ➡

図116E　葉裏は細毛が密生する（上野）。Abaxial leaf-surface pubescent with fine hairs (U).

図116F　葉の側脈は陽に透かすと白線状に浮かび上がる。Leaf veins turn white when hold against sun light.

図116G　葉鞘は短毛に覆われる（上野）。Leaf-sheaths covered with short hairs (U).

図116H　稈鞘は初め、黒褐色の微細な毛でビロード状に覆われる（上野）。Culm-sheaths at first pubescent with blackish brown minute hairs (U).

図116I　黒褐色ビロード状の毛に覆われた枝の稈鞘。Branch culm-sheaths also covered with black brown minute hairs.

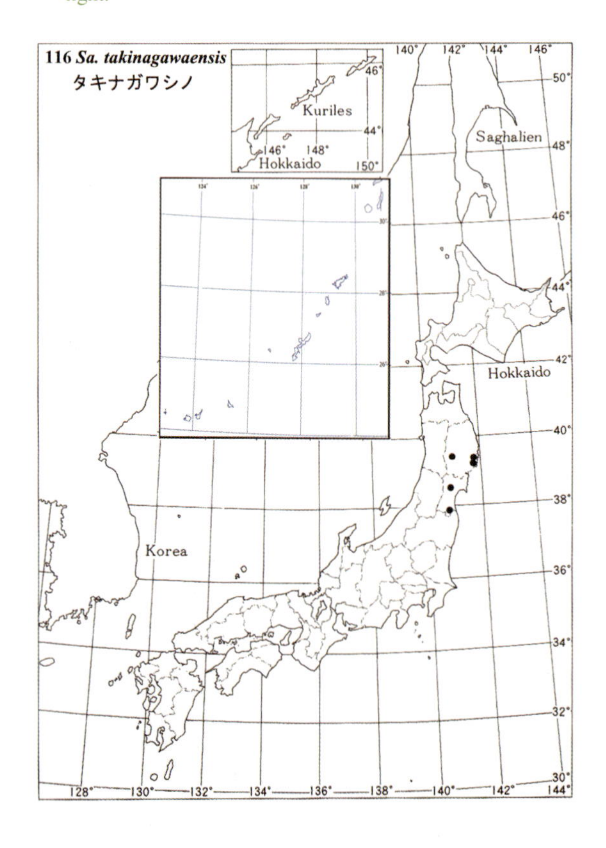

の片親がチシマザサである可能性を強く示唆する。**複総状花序**は数本が稈の上方で分枝した節より抽出し、各花序は1-数個の小穂からなる総状花序を含む。小穂は黄褐色で扁平な披針形で長さ2.5–3.5 cm、6–8小花からなる。第一苞穎は6–8 mm、第二苞穎は7–1mm。外穎は上方にゆくにつれ、短くなり、第1小花では13–18 mmにおよぶが、第4小花では12 mm、第7小花では5.5 mm、頂端は不完全小花となる。中位の小花では10脈で平滑、格子目有り（笹村13426・HIPM77704, 1958.5.17, 釜石市青ノ木）。基準産地は岩手県紫波町升沢、滝名川左岸。

117/5　ミドウシノ Midoh-shino

Sasaella midoensis Hatakeyama, J. Phytogeo. Tax. 32, 106 (1984)

稈は高さ 2 m、直径 8 mm に達し、1 節より多数を分枝する。稈鞘は開出長毛と逆向細毛が密生し、葉鞘は開出長毛と短毛が密生する。葉は披針形または長楕円状披針形で長さ 23 cm、幅 4 cm に

図117A　明るい林床に出現するミドウシノ群落、葉は細長い披針形、宮城県仙台市青葉区大倉。*Sasaella midoensis* occurred on a light forest understory at Ohkura, Aoba District, Sendai City, Miyagi Pref. Foliage leaves elongate-lanceolate.

図117B　稈基部で僅かに湾曲し、ほぼ直立する（上野）。Culm base slightly curved followed upright (Ueno).

図117C　1 節より多数の枝を移譲的に分枝する（上野）。Multiple branching in transfer style (U).

図117E　葉裏は細毛が密生する（上野）。Abaxial leaf surface is pubescent with fine hairs (U).

←図117D　移譲的分枝様式では母稈の辺縁側の一部が裸出する。Distal side of a mother culm node is exposed in the transfer branching style.

←図117F　稈鞘は節上部の膨出部に逆向細毛と長毛が密生する、仙台市青葉区上愛子（上野）。Culm-sheaths mainly on the prominent portion above node pubescent with retrorse fine hairs mixed with long ascending hairs, at Kamiayashi, Aoba District, Sendai City (Ueno).

←図117G　葉鞘は逆向細毛と長毛が混生する（上野）。Leaf-sheaths pubescent with retrorse fine hairs and long hairs (U).

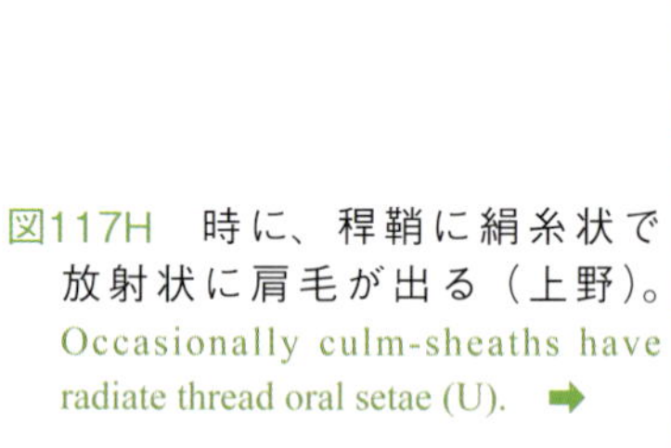

図117H　時に、稈鞘に絹糸状で放射状に肩毛が出る（上野）。Occasionally culm-sheaths have radiate thread oral setae (U). ➡

117 *Sa. midoensis*
ミドウシノ

Kuriles
Saghalien
Hokkaido
Korea

および、紙質、裏面に軟毛を密生し、肩毛は基部は粗渋滞、中ほどから先端は絹糸状で放射状に開くが、発達は悪い。東北地方の太平洋側を中心に分布する。

【1節1枝系：1節より1本を分枝する】

118/1○　ジョウボウザサ Jyoubou-zasa

Sasaella bitchuensis (Makino) Makino ex Koidz. emend. M.Kobay., culm-sheath-bases with long hairs, and/or absent, foliage leaf-sheaths glabrous, and/or pubescent with minute hairs. Acta Phytotax. Geobot. 10, 296 (1941); pro. syn. ***Sa. bitchuensis*** (Makino) Makino ex Koidz. var. ***tashirozentaroana*** (Koidz) Sad.Suzuki グジョウシノ Gujo-shino, J. Jpn. Bot. 51, 221 (1975)

稈は高さ3 m、直径11 mmに達する。稈鞘は逆向細毛が密生し、基部にのみ長毛がでる、もしくは長毛を欠く。

図118A　広楕円状披針形の葉をつけるジョウボウザサの群落、広島県東城町小奴可。Vast thicket of *Sasaella. bitchuensis* occurred on a forest margin at Onuka, Tojo Cho, Hiroshima Pref.

葉鞘は無毛、もしくは細毛が出る。葉は長楕円状披針形で長さ 33 cm、幅 7 cm におよび、皮紙質で両面無毛。広島県では、しばしばミネザサ（ササ属アマギザサ節）の群落に隣接して出現し、この種との強い関係を示唆する。本州の中国地方から北陸、中部、関東、東北南部と広い範囲に出現する。（イヌハナイシザサ 41n、オオバシノ 41k、オオエチゼンザサ 41k、タタラシノ 41k）

図118B　1節1枝を分枝。One branch on each node.

図118C　移譲的分枝様式を示す。Transfer branching style.

図118E　稈鞘は逆向細毛を密生し、基部に長毛がでる。Culm-sheaths pubescent with retrorse fine hairs and at the base mixed with long hairs.

図118D　葉裏、葉鞘ともに無毛。Abaxial leaf surface and leaf-sheaths are both glabrous.

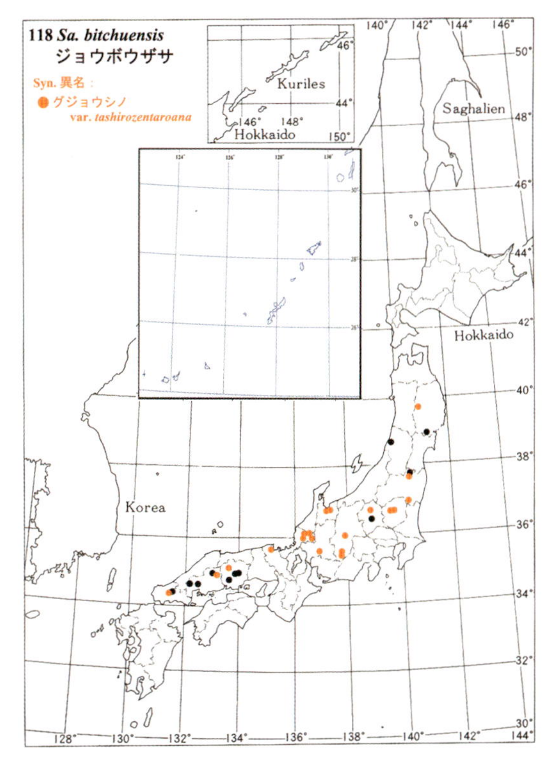

119/2○ カリワシノ Kariwa-shino

Sasaella ikegamii (Nakai) Sad.Suzuki, J. Jpn. Bot. 51, 223 (1976)

稈はほぼ直立し高さ 1.5 m、直径 7 mm。稈鞘は長い毛が密生し、葉鞘は長毛が出る、もしくは無毛。葉は長楕円状披針形で長さ 25 cm、幅 4 cm、紙質、両面無毛、肩毛は放射状。小穂は狭披針形で扁平、長さ 4–5 cm、5–9 個の小花からなる。外穎は先端は鋭く尖り、長さ 12 mm、9 脈で平滑、格子目があり、先端付近の縁に毛が出る。山口県から青森県まで、本州の日本海側に分布する。稈鞘の毛が完全に脱落したものはクリオザサ(シイヤザサ)と誤認される可能性が高く、同定に当たっては分枝様式も含め、慎重な検討が必要である。 （タジマシノ 41k）

図119A 新潟県指定史跡・椎谷陣屋跡（柏崎市椎谷）を垣根状に取り囲むカリワシノ群落。 *Sasaella ikegamii* occurred as a hedge surrounding an old manor house of Shiiya, at Shiiya, Kashiwazaki City, Niigata Pref.

←図119B 細い稈が密集して斜上し、分厚い生垣となる。 Slender ascending culms densely thrived to form a stable hedge.

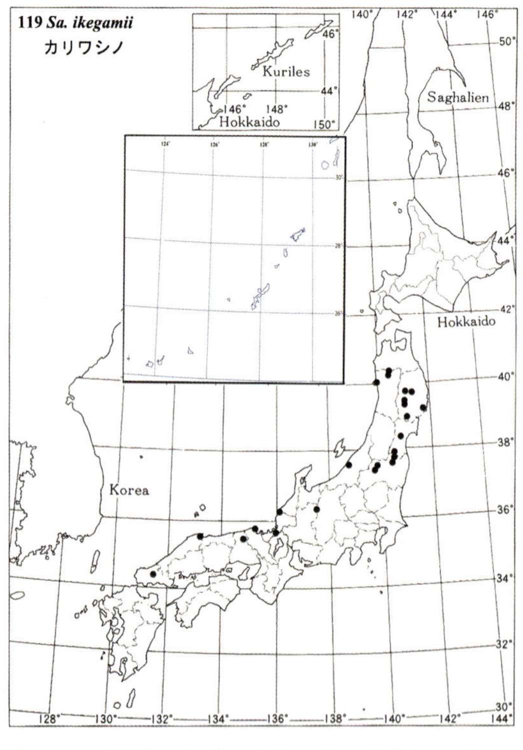

←図119E 葉鞘は無毛、葉脚（葉の基部）は心形に窪む。葉は側脈に沿って緩く波打つ。Leaf-sheaths are glabrous. Foliage leaf-blade is cordatus at its base and wavy alongside the veins.

←図119D 稈鞘は開出する長毛が散生する（撮影日の９月 17 日時点では大半の毛は脱落している）。Culm-sheaths pubescent with spreading long hairs, though majority have fallen in September.

↑図119C 1節より1枝を移譲的に分枝し、葉は皮紙質で長楕円状披針形、葉裏は粉白で無毛。One branch at each node in transfer style. Foliage leaves leathery-chartaceous, elongate ellipsoidal-lanceolate. Abaxial leaf-surface glabrous and powder-white.

120/3○　サドザサ Sado-zasa

Sasaella sadoensis (Nakai) Sad.Suzuki, J. Jpn. Bot. 51, 151 (1976)

稈は斜上し高さ 1.5 m、直径 5 mm。稈鞘は無毛、葉鞘に長毛がでる。葉は細長い楕円形で長さ 30 cm、幅 5.5 cm に達し、紙質、両面無毛、肩毛は放射状。**小穂**は披針形で扁平、長さ 3–4 cm、7–10 個の小花からなる。外穎は長さ 10 mm、平滑で先端付近だけ縁に毛があり、13 脈で格子目が発達。北緯 35 度付近に沿うように北陸から東北地方にかけて分布する。葉鞘に長毛は脱落しやすく、完全に脱落した植物体はクリオザサもしくは節に毛の出る変種に相当するヨモギダコチクと誤認される可能性が高い。同定にあたっては分枝様式も含め、慎重な検討が必要である。

図120A　富山市呉羽山の落葉樹林縁に出現するサドザサ群落。後方は富山県公文書館。*Sasaella sadoensis* occurred at a deciduous forest margin on the Kurehayama hill, Toyama City, Toyama Pref. Behind is the Toyama Prefecture Archives.

図120B　葉は紙質、細長い楕円形。Foliage leaves chartaceous, elongate-ellipsoid.

←図120D　葉鞘には黒褐色の長毛が密生するが、葉の展開につれ脱落し、夏の終わり頃には、ところどころに開出する長毛（黄矢頭）と、残存するワックスに纏わりつくように寝た長毛が残るのみとなる。Leaf-sheaths pubescent with prostrate and spreading long hairs. The hairs begin to fall, as developing the branch complements. In the late summer, only few spreading hairs (yellow arrowheads) and prostrate hairs commixed with white wax resided.

←図120C　葉裏はやや粉白で無毛。Abaxial leaf surface is glabrous and slightly powder-white.

図120E　肩毛の発達は不規則で、出ないこともある。葉舌は切形。Oral setae develop irregularly, or absent.

図120F　稈鞘は無毛で葉片は次第に反転する。Culm-sheaths glabrous, sheath-blades gradually reflect. →

← 図120H　1節より移譲的に1枝を分枝する。One-branch on each node in transfer branching style.

←図120G　稈鞘は無毛でうっすらと格子目が出て、しばしば節部にのみ柔らかい毛を有する。Culm-sheaths are glabrous except for nodal fine hairs and slightly tessellated.

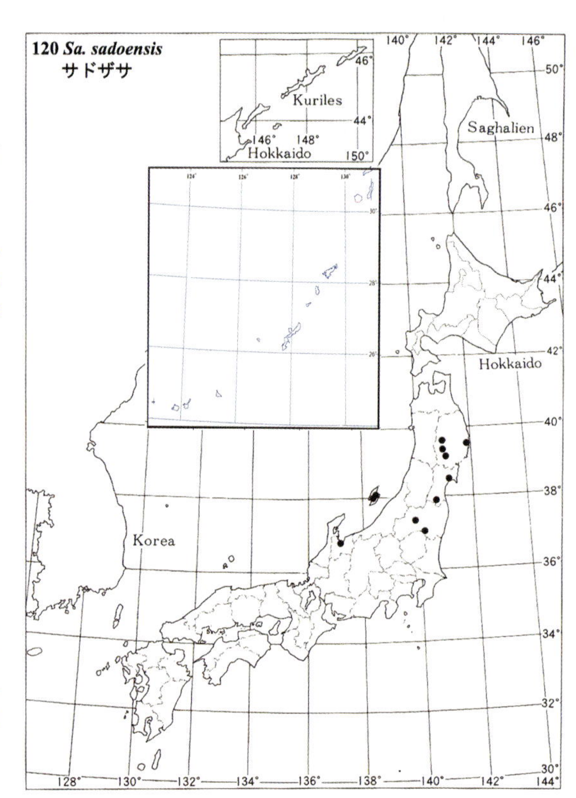

図121A　栃木県日光市清滝の路傍に出現するアズマザサ群落、下方は大谷川。*Sasaella ramosa* var. *ramosa* occurred on the left bank of the Daiya River at Kiyotaki, Nikko City, Tochigi Pref.

121/4　アズマザサ Azuma-zasa

Sasaella ramosa (Makino) Makino var. ***ramosa*** emend. M.Kobay., foliage leaf-sheaths glabrous, and/or pubescent with minute hairs. J. Jpn. Bot. 6, 15 (1929), pro. syn. *Sa. ramosa* (Makino) Makino var. *latifolia* (Nakai) Sad.Suzuki オオバアズマザサ Ohba-azumazasa, J. Jpn. Bot. 51, 156 (1976)

稈は斜上し高さ2 m、直径8mm。節間は赤紫色を呈し光沢がある、もしくはうっすらと毛がでる。稈鞘は無毛、葉鞘は無毛もしくは細毛を密生する。葉は披針形もしくは長楕円状披針形で長さ25 cm、幅3.5 cm、紙質、上面は無毛もしくはうっすらと毛を生じ、裏面に軟毛を密生する。肩毛は放射状。**小穂**は紫色を帯び、狭披針形で長さ4–5 cm、6–11個の小花からなる。外穎は先端が鋭く尖り、長さ12–14mm、13–15脈、全体に平滑で先端付近にだけ縁に毛が出る。格子目が発達する。雄しべは3–6本。九州北部から本州中部、東北地方の太平洋側にかけて分布し、東日本の太平洋側に特に多い。

（セイカアズマザサ34n、アオカムロザサ（タテバヤシザサ、タタラザサ）29m、ハンノウザサ29m、ヒロハアズマザサ29m、マツシマザサ29m、フジマエザサ29m、ムサシノザサ32mn、キリフリザサ32mn、トヨムラザサ41n、カムロコチク41k、シナノコザサ41n、イワキハマダケ41k、チケンザサ35k、オウミシノ41k、コウヤザサ41n、ヨウノスケザサ41n、マエザワザサ41mu、ハルナザサ41n、ナカハタザサ39n、イヌカムロザサ39n、キソシノ39k、ウセンアズマシノ41k、ヒタチシノ41k、クニミシノ41k、トミクサザサ34n、アサゲザサ34n、アサヒシノ35k、ハンダシノ41k、ツクバシノ41k、ベンテンザサ32mn、センカワザサ34mn、オニウラジロシノ35k）

図121B　1節より1枝を移譲的に交互に斜めに分枝する稈。One branch at each node alternately in transfer style.

図121C　葉裏は細毛を密生し、葉鞘は無毛、折衷型の肩毛を出す。Abaxial leaf surface pubescent with fine hairs, leaf-sheaths glabrous, and oral setae develop well.

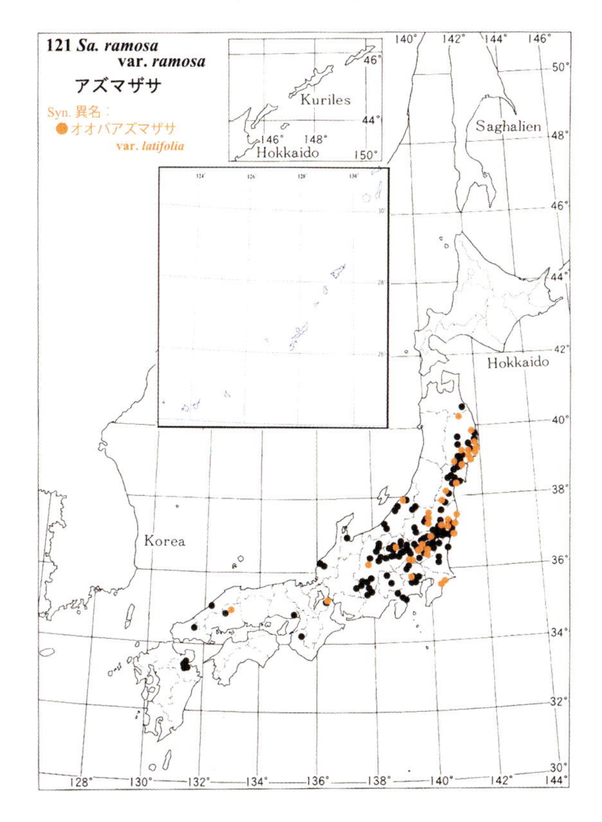

図121D　稈鞘は無毛。Culm-sheaths glabrous.

図121E　雨の中で開花するアズマザサ。1984年6月18日。Flowering panicle in rain fall on June 18, 1984.

図121F　1小穂は7個前後の小花からなる。A spikelet composed of several florets.

122/4′ スエコザサ Sueko-zasa

Sasaella ramosa (Makino) Makino var. ***swekoana*** (Makino) Sad.Suzuki, J. Jpn. Bot. 51, 157 (1976)

母種に比し、葉が洗濯板のように波打ち、縁が裏側に折れ曲がり、先端が浅く反り返り、次第に鋭く尖る。葉の上面に宿存性の白髪状長毛を散生する点で区別される。**円錐花穂**は稈の基部～中部付近の節から抽出し、先端に数個の小穂を付ける。小穂は長さ約 6.2 cm で 12–14

図122A 東京都練馬区立牧野庭園の銅像前に植栽されたスエコザサ。変種の形容詞は寿衛子夫人への献名。*Sasaella ramosa* var. *swekoana* cultivated around the monument of Dr. Tomitaro Makino in the Makino Memorial Garden located at Nerima District, Tokyo. The epithet *swekoana* is dedicated to his wife Sueko.

図122B 1節1枝を移譲的に分枝する。One branch at each node in transfer branching style.

図122C 葉裏は細毛を密生する。Abaxial leaf surface pubescent with fine hairs.

図122D 稈鞘は無毛。Culm-sheaths glabrous.

図122E 葉鞘も無毛で折衷型の肩毛を放射状に伸ばす。Leaf-sheaths glabrous. ➡

図122F 肩毛は基部が粗渋で、いぼ状、そこからさまざまな方向に白色絹糸状に広がる。基部だけで終わる場合も見られる。Oral setae is a compromise type between genus *Sasa* type of scabrous at its base and genus *Pleioblastus* type of silky one at its distal part, in having many variation on their shape. ➡

図122G　葉身の縁が内側に巻き込み、中部が凹み、先端が反り返り、一部に中肋に沿って波打つ。Leaf blade margins wind inside, concaving middle portion, apex wrapping and wavy.

図122J　葉の上面の白色長毛は長く宿存する。White long hairs scattered on adaxial surface persistent, yet aging.

個の小花からなる。小穂の基部を 5 mm ほどのほとんど針形の第一苞穎、長さ 7–10 mm の狭披針形の第二苞穎が互生して包む。小花の外穎は約 10.3 mm で先端が 1–2 mm の芒状に尖り、7–8 脈で格子目がでる。内穎は約 9.2 mm で竜骨の先端が鋭く尖る。小花を繋ぐ小軸は 5.5 mm–4 mm と先端にゆくにつれ短くなる。時として小穂のところどころで小軸突起を分枝し、無限花序様の擬小穂としての特徴を示す。本州の近畿地方から東北地方にかけ、稀に出現する。スエコザサの研

図122H　葉は皮紙質、細長く、次第に先端が鋭く尖る長披針形。Foliage leaves leathery-chartaceous, elongate lanceolate with acuminatus apex.

図122I　展開したばかりの若い葉の表面には白色長毛が散生する。Adaxial surface of a young unrolled leaf-blade covered with scattering white long hairs.

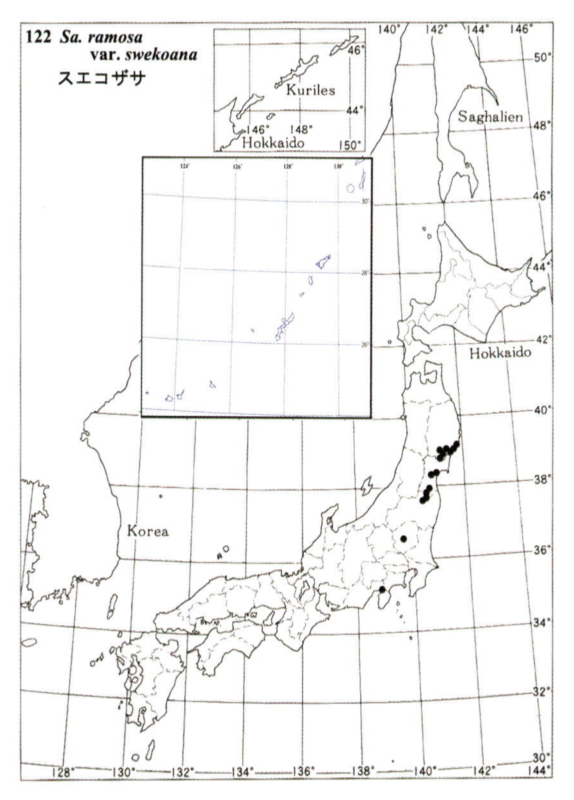

図122K　初のスエコザサの花付の標本 Y.Ueno36978 (TUS), 1994年6月28日、仙台市太白山。稈基部～中部の節から抽出した花茎の先端に数個の小穂をつける。First record of var *swekoana* with panicle collected by Ueno on June 28, 1994 from Mt. Taihaku, Sendai City (TUS). Panicles emerged on basal to middle nodes with several spikelets on their apices.

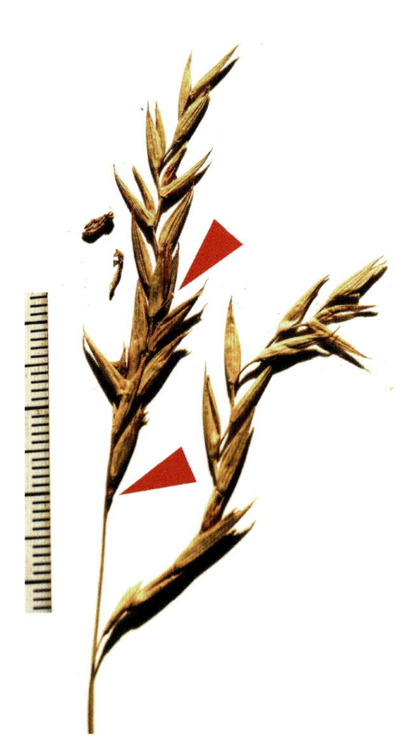

図122L　小穂の下部および中部付近に別の小軸（赤色の矢頭）を形成し、無限花序様の特性を示す。The inflorescences showed pseudospikelet, thus having secondary branches at each rachis (arroheads), namely a kind of indeterminate inflorescence called iterauctant.

究史については上野（2005）に詳しく、また、花付の標本は上野によって採集され、本書の記載はその証拠標本 Y.Ueno36978（TUS354018 の重複標本）によった。

123/5　タンゴシノ Tango-shino

Sasaella leucorhoda (Koidz.) Koidz. var. ***leucorhoda***, Acta Phytotax. Geobot. 10, 297 (1941)

稈は斜上し高さ 2 m、直径 7 mm。稈鞘に開出長毛

⬅図123A　栃木県那須烏山市の薄暗い林道沿いに出現する群落、葉は皮紙質で長楕円状披針形（小峯）。*Sasaella leucorhoda* var. *leucorhoda* occurred in a dark forest understory at Nasu-karasuyama City, Tochigi Pref. Foliage leaves leathery-chartaceous, elongate ellipsoidal-lanceolate (Komine).

を密生し、葉鞘は無毛もしくは下部の 1、2 枚にのみ長毛が出る。葉は披針形で長さ 24 cm、幅 4 cm、紙質、裏面に軟毛を密生する。西南日本から東北地方にかけて分布する。（アタミシノ（アタミネザサ）32m、コウヤアズマザサ 35n、サイジョシノ 37k）

図123C　葉裏はやや長い細毛が密生する（小峯）。Abaxial leaf surface pubescent with rather long hairs (K).

図123B　1 節より 1 枝を移譲的に分枝する長い節間を介して各節からゆったりと枝が斜上する（小峯）。One branch at each node in transfer style composedly with long internodes (K).

⬅図123D　稈鞘は開出する長毛が密生するが、脱落しやすい（小峯）。Culm-sheaths pilosus with deciduous long hairs (K).

図123E　葉鞘は最下にのみ長毛を生じ、無毛。葉脚部は円形～三角形（小峯）。Leaf-sheaths glabrous except for the lowermost one scattered with long hairs. Occasionally oral setae develop (K).

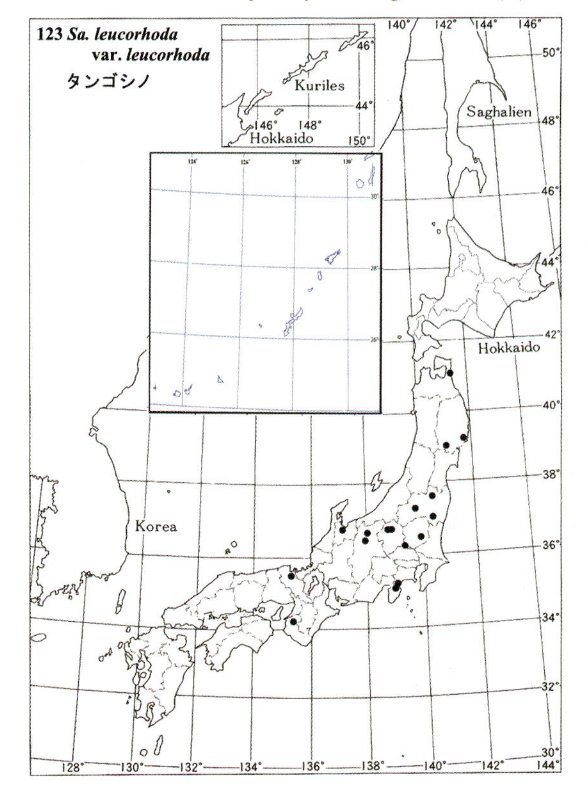

124/5′ ケスエコザサ Ke-suekozasa

Sasaella leucorhoda (Koidz.) Koidz. var. ***kanayamensis*** (Nakai) Sad.Suzuki, J. Jpn. Bot. 56, 218 (1981)

母種に比し、葉鞘にも長毛を密生し、葉の表面に長毛を散生し、スエコザサのように葉全体が波打つ点で区別される。**小穂**は狭披針形で扁平、長さ 4–5 cm、7–9 個の小花からなる。外穎は先端にやや長い突起があり、長さ 11 mm、11 脈、平滑で格子目が発達、先端付近の縁にのみ毛がある。中部・関東地方から東北地方太平洋岸にかけて分布する。（ヒメウスバクマザサ 35k、イワテシノ 36k、ナンブシノ 37k）

図124A　稈はゆったりと移譲的に 1 枝を分枝する。葉は皮紙質で細長い楕円状披針形。栃木県宇都宮市・古賀志林道。*Sasaella leucorhoda* var. *kanayamensis* occurred on a forest margin at the Kogashi Forest Road, Utsunomiya City, Tochigi Pref. Culms branch one-branch at each node in transfer style. Foliage leaves leathery-chartaceous, elongate ellipsoidal-lanceolate.

←図124C　葉裏は細毛を密生し、葉表面には白髪状の寝た白毛を散生する。縁を巻き込み、全体に波打つ。Abaxial leaf surface pubescent with fine hairs, while adaxial surface scattered white hairs. Leaf margins wind inside, wavy in whole blade.

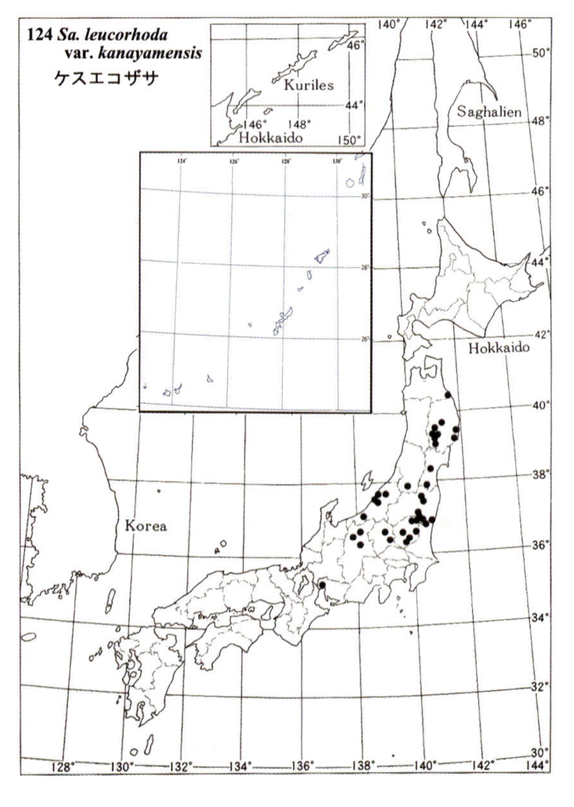

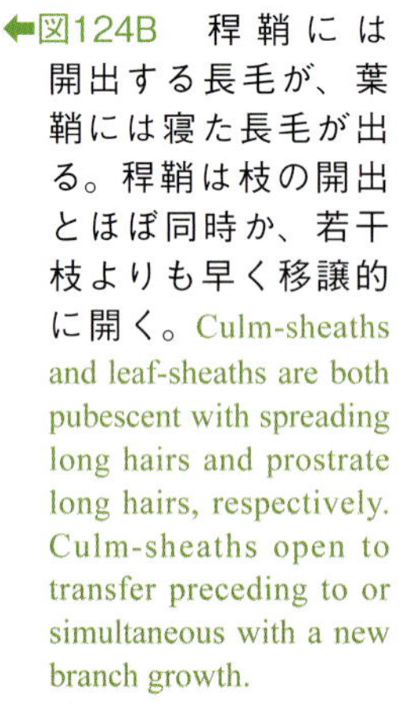

←図124B　稈鞘には開出する長毛が、葉鞘には寝た長毛が出る。稈鞘は枝の開出とほぼ同時か、若干枝よりも早く移譲的に開く。Culm-sheaths and leaf-sheaths are both pubescent with spreading long hairs and prostrate long hairs, respectively. Culm-sheaths open to transfer preceding to or simultaneous with a new branch growth.

125/6 コガシアズマザサ

Kogashi-azumazasa

Sasaella kogasensis (Nakai) Nakai ex Koidz. var. ***kogasensis*** emend. M.Kobay., foliage leaf-sheaths pubescent with spreading long hairs mixed with retroase minute hairs, and/or glabrous. Acta Phytotax. Geobot.10, 297 (1941), pro. syn. *Sa. kogasensis* (Nakai) Nakai ex Koidz. var. *yoshinoi* (Koidz.) Sad. Suzuki アリマシノ Arima-shino, J. Jpn. Bot. 51, 275 (1976)

稈は斜上もしくは直立し高さ 2 m、直径 8 mm。稈鞘は開出長毛と逆向細毛を密生しビロード状。葉鞘は開出長毛と細毛が密生する。葉は長楕円状披針形で長さ 24 cm、幅 6cm、紙質、上面にしばしば長毛を散生し、裏面に軟毛を密生し、肩毛は放射状。**総状**

図125A　栃木県宇都宮市西端に位置する古賀志山(バックの山)周辺に多産するコガシアズマザサ、1 節より 1 枝を移譲的に分枝する。*Sasaella kogasensis* var. *kogasensis* occurred forming vast thicket around the Kogashi Mountains standing on the western edge of Utsunomiya City (behind mountains). One-branch at each node in transfer branching style.

図125B　古賀志山麓の薄暗い林道に生育する群落。長楕円状披針形の葉が目立つ。Clumps growing on a dark road side on the foothill of Mt. Kogashi. Foliage leaves leathery-chartaceous, elongate ellipsoidal-lanceolate.

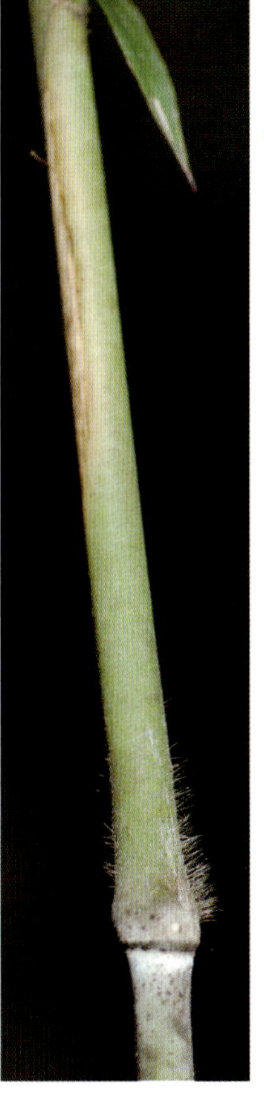

←図125C　稈鞘は逆向細毛と開出する長毛が密生する。Culm-sheaths pubescent with retrorse fine hairs mixed with spreading long hairs.

←図125D　葉鞘は細毛と長毛が密生しビロード状、やや小さめの肩毛が出る。葉裏は細毛が密生する。Leaf-sheaths are villous with fine and long hairs. Oral setae are rather small with pubescent abaxial leaf surface.

図125E 葉柄表面の脈が顕著である。
Veins on adaxial surface of petioles are distinct.

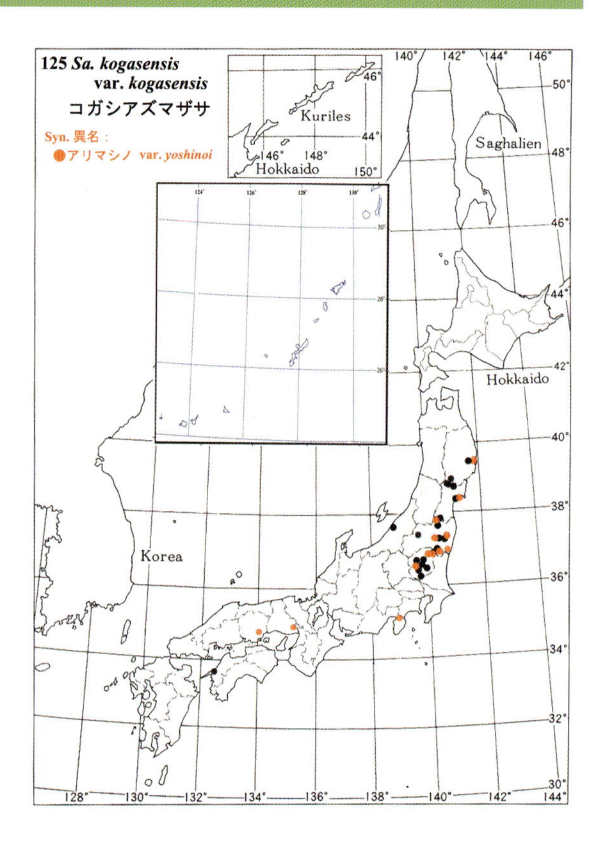

花序は稈基部付近の節から分枝・抽出し、先端に短い小梗を持った数個の小穂をつける。小穂は赤紫色で披針形、長さ 4–4.7 cm、8–10 小花をつける。第一苞穎は 2–4 mm、第二苞穎は 4–8 mm で、小梗を包む。外穎は 15 mm、8 脈で先端が芒状に次第に鋭く尖る。平滑で側面にごく疎らに白色開出毛が出る。格子目無し（2010.6.26, 松島海岸五大堂）。関東から東北地方南部の太平洋岸を中心に分布する。

（ナイゴウシノ 37k、ケムクザサ 36m、ケセンシノ 36k）

126/6′ᶜ ヒメシノ

Hime-shino

Sasaella kogasensis (Nakai) Nakai ex Koidz. var. ***gracillima*** Sad.Suzuki, J. Jpn. Bot. 55, 28 (1980)

母種に比し、全体に小型の変種で栽培される。稈は斜上し高

←図126B 稈の高さ 40 cm、太さ 2 mm、葉は紙質で密集した群落となる。 Culms 40 cm in height, 2 mm in diameter, foliage leaves chartaceous, forming dense thrive.

←図126A 公園・土手のグリーンカバーや土止めなどの緑化工植物として利用される。栃木県宇都宮市・御本丸公園にて。*Sasaella kogasensis* var. *gracillima* used as a green cover for the ruins of the Utsunomiya Castle located at Utsunomiya City.

←図126C　1 節より 1 枝を移譲的に分枝する。One branch at each node in transfer style.

図126D　葉裏は細毛を密生し、若い葉では上面にもやや長毛を散生する。Abaxial leaf surface is pubescent with fine hairs, while deciduous long hairs scattered on young adaxial surface.

←図126E　稈鞘は細毛と開出する長毛を混生する。Culm-sheaths pubescent with fine hairs mixed with long hairs.

図126F　葉鞘は細毛が密生し、時に疎らに長毛が出る。Leaf-sheaths pubescent with fine hairs and occasionally scattered long hairs.

図126G　しばしば折衷型の肩毛が出る。Oral setae often develop.

さ 40 cm、直径 2mm。稈鞘は開出長毛と逆向細毛が密生しビロード状、葉鞘は開出長毛と細毛、もしくは細毛だけが密生する。葉は基部の円い披針形～線状披針形で長さ 12 cm、幅 17 mm、紙状膜質、上面に時に長毛が散生し、裏面は軟毛を密生する。肩毛は放射状。関東地方を中心に、緑化工植物として公園や道路の法面、街路樹の植え込み被覆に多用される。

127/7　シオバラザサ Shiobara-zasa

Sasaella shiobarensis (Nakai) Nakai ex Koidz., Acta Phytotax. Geobot. 10, 297 (1941)

稈は斜上し、高さ 2 m, 直径 8 mm。稈鞘は無毛、葉鞘に開出長毛が出る、もしくは開出長毛と細毛を混生する。葉は披針形で長さ

図127A　福島県三春町の落葉樹林内で茂る群落。*Sasaella shiobarensis* thrived in a deciduous forest standing on Miharu Cho, Fukushima Pref. ➡

図127B　1節より1枝をゆったりとアーチ状に分枝し、紙質で長大な葉をつける。One branch arches at each node in transfer style in which branch complement attached chartaceous elongate ellipsoidal-lanceolate foliage leaves.

図127C　葉裏は軟毛を密生する。Abaxial leaf surface pubescent with soft hairs.

図127D　稈鞘は無毛。Culm-sheaths glabrous. ➡

図127E　葉鞘は長毛を密生し、折衷型の肩毛が多少発達する。Leaf-sheaths are pilose, hairy with distinct long ascending hairs. Oral setae appears a few.

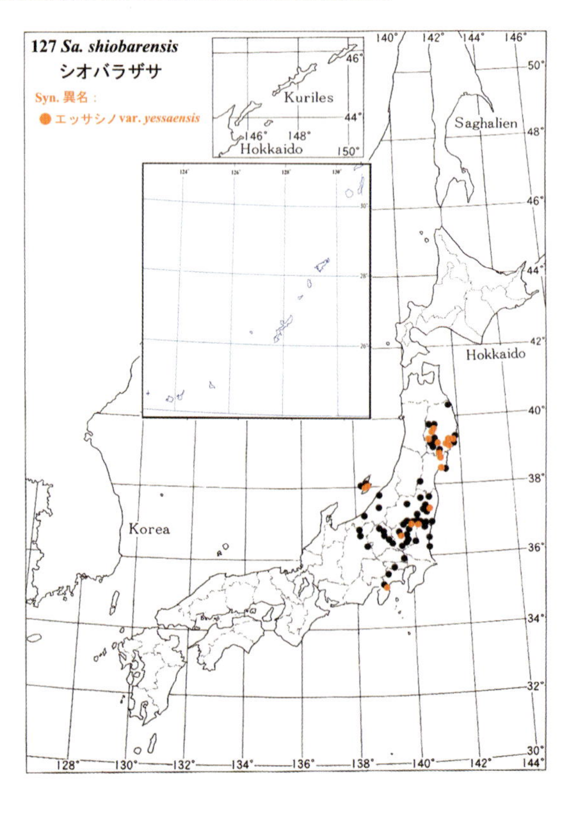

18 cm、幅 3 cm、紙質、上面に時に長毛を散生、裏面に軟毛を密生する。本州中部から東北南部太平洋側を中心に分布する。(アラゲサドザサ 35n、ミズサワシノ 37m、イヌシオバラザサ 40k、ウラゲサドザサ 40k、セデンシノ 40k、ジュアンシノ 40k、エッサシノ 37k、イナセシノ 41k)

(2) 外鞘・移譲混合型分枝様式を示す群

同一の稈の基部付近の節からは、母稈鞘の腋芽側を突き破って枝を出す外鞘的分枝様式を、上方の節では稈鞘が母稈を離れ、枝を抱く移譲的分枝様式を示すという異なった分枝様式を併せ持つ。もしくは、稈の基部から先端まで全節において外鞘的分枝様式をとる。ただし、同一の群落全体が外鞘的分枝様式のみで分枝する稈で占められる場合は稀である。

【1節多枝系】

128/1○　トウゲダケ Touge-dake

Sasaella sasakiana Makino & Uchida, J. Jpn. Bot. 6, 15 (1929)

稈ははじめ直立し、やがて斜上する。高さ4m、直径13 mmに達し剛壮。生長したばかりの若い稈は全体が青灰色を帯びる。稈は基部で湾曲し、中部の節では1節より多数の枝を外鞘的に、もしくは移譲的に分枝し、先端付近では1枝を移譲的に分枝する。稈鞘は無毛、葉鞘は無毛もしくは細毛が出る、もしくは時に細毛と長毛を混生する。葉は基部が円形～浅心形の細長い楕円状披針形で長さ22 cm、幅4.5 cmにおよび、皮質～皮紙質、両面無毛。裏面の側脈は光沢があり、陽に透かすと白線状にみえる。旧い葉は側脈に沿って裂けやすく、

図128A　宮城県仙台市泉ヶ岳のトウゲダケ。稈高4 mに達するが、稈の直立～斜上と変化に富む。Vast thicket of *Sasaella sasakiana* occurred on Mt. Izumigatake, Sendai City, Miyagi Pref.

←図128C　多数の枝を出す節では外鞘的に分枝する。Extravaginal branching style at multiple branching nodes.

←図128B　ほぼ直立し、様々な高さの稈からなる薮。Up-righted clumps in various culm hight.

図128D　稈は地際で緩く湾曲し斜上～直立し、チシマザサの薮に酷似する。 Culms curved at their bases and ascending profiles suggest closed affinity with *Sasa kurilensis*.

図128E　若い稈や枝は青灰色を呈し、葉片は披針形。 Young culms and branches colored blue-greyish with sheath-blades lanceolate and erect open.

図128F　葉は皮質で裏面は無毛、基部が円形、時に浅い心形の披針形で、側脈は白線状に透ける。葉鞘に細毛が出る（青矢頭）。 Foliage leaves leathery, abaxial surface glabrous, lanceolate with round to cordatus blade-base, and veins transparent white. Leaf-sheaths pubescent (blue arrowheads).

図128G　旧い葉は縦に裂ける。 Old leaves slitted.

図128H　新潟県柏崎市小丸山に出現する群落。 Dense grove occurred at Komaruyama, Kashiwazaki City, Niigata Pref.

図128I　稈は初め直立するが、上方で分枝すると斜上するようになる。 Culms up-right at first, ascending after branching upper nodes.

⬅図128J　葉は基部が三角形で狭楕円状披針形、先端が次第に鋭く尖る。葉鞘は無毛。 Foliage leaves narrow ellipsoidal-lanceolate with angustatus base and acuminate apex. Leaf-sheaths glabrous.

図128K　旧い葉は浅く隈取が入り、縦に裂ける。 Old leaves are slightly albo-marginated and slit.

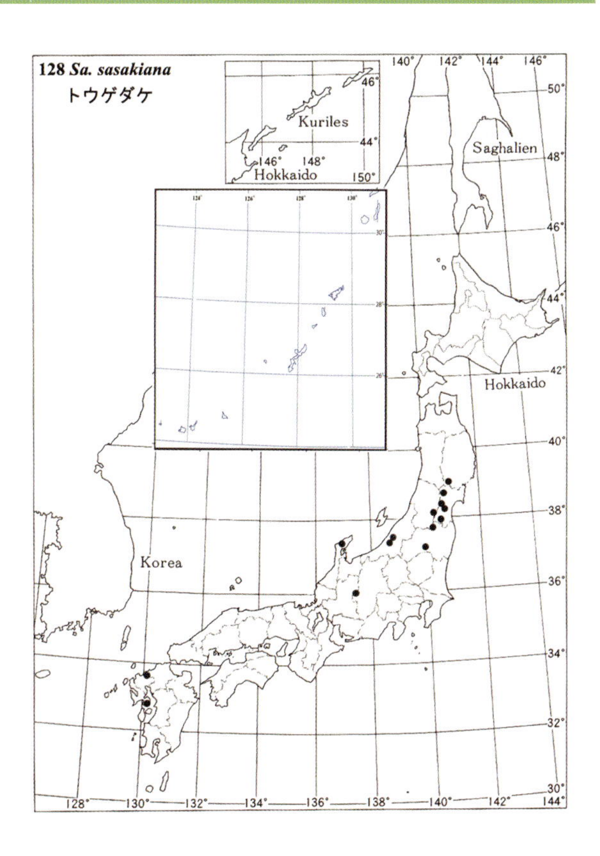

冬季には部分的に細く隈取る。稈鞘は古くなると繊維状に細裂する。多くの形質がチシマザサと類似し、両親種の一方の親としてチシマザサの可能性が示唆される。本州の北陸から東北地方にかけて稀に産する。

【1節1枝系】

129/1○　クリオザサ Kurio-zasa（ゲンケイチク Genkei-chiku）

Sasaella masamuneana (Makino) Hatus. & Muroi emend. M.Kobay., foliage leaf-sheaths glabrous, and/or pubescent with minute hairs. Sugimoto, New Keys Jap. Tr., 475 (1961), pro. syn. *Sa. masamuneana* (Makino) Hatus. & Muroi var. *amoena* (Nakai) Sad.Suzuki

⬅図129A　鹿児島県屋久町栗生の黒味川左岸で農作業をしていた男性に案内された、かつて枯死した場所・栗生神社境内には、わずかな群落が残存していた。後方は栗生小学校。旧い葉は隈取が見られ、濃緑色の葉は乾季のためか、縁を巻き込んでいる。2015年3月20日。Tiny grove of *Sasaella masamuneana* narrowly survived in the precincts of the Kurio Shrine, Kurio District, Yaku cho, Kagoshima Pref. after a monocarpic mass flowering and death exhibited on the spring of 1987. Behind is the Kurio elementary school. Old leaves are albo-marginated.

図129B　栗生地区の民家の生垣に植えられたクリオザサ。 *Sasaella masamuneana* cultivated on a hedge of a house.

図129C　葉は皮紙質で先端が次第に鋭く尖る長披針形。側脈に沿って波打つ。Foliage leaves leathery-chartaceous, elongate lanceolate with acuminated apex, waving alongside veins.

図129D　葉裏は粉白で無毛、葉鞘は無毛。Abaxial leaf surface is glabrous and powder-white. Leaf-sheaths are glabrous.

図129E　稈鞘はほとんどが無毛だが、時に節と節上部に毛を密生することがある Culm-sheaths glabrous. Occasionally nodes covered with hairs (under side) and leaf-sheath pubescent (upper side).

図129F　稈基部付近の節では外鞘的に1枝を分枝する。Nodes near culm-base branch one-branch in extravaginal style.

図129G　稈上方の節では移譲的に1枝を分枝する。 Upper nodes bear each one branch in transfer style.

ヨモギダコチク Yomogida-kochiku, J. Jpn. Bot. 51, 103 (1976)

稈は斜上し、高さ 70cm–1.5 m、直径 5 mm–8 mm で 1 節より 1 枝を基部付近の節からは外鞘的に分枝し、中部以上の節からは 1 枝を移譲的に分枝する。稈鞘は無毛、時に節上部付近にのみ短毛もしくは長毛が出る。葉鞘は無毛、もしくは細毛が出る。葉は長楕円状披針形で長さ 25 cm、幅 4 cm、皮紙質、両面無毛、葉の上面は側脈に沿って皺状に波打ち、裏面はやや粉白状をなす。肩毛は放射状。**総状花序**は稈の上方の節より分枝・抽出し、6–7 小穂を付ける。小穂は緑色で線形、長さ 6–8 cm、7–12 小花をつける。第一苞穎は 15–9.5 mm、第二苞穎は 9.5–13 mm、外穎は先端が次第に鋭く尖り、長さ 14–18 mm で 11 脈、平滑無毛、格子目有り（里見信生 ,1987.4.28, 金沢市尾山城趾）。基準産地の鹿児島県熊毛郡屋久町栗生だが、種子島をはじめ本州の所々で稀に産する。（タネガシマザサ 34mk、ウゴザサ 34mk、ミタケザサ 34m、ヒロシマザサ 34m、センダイムラサキシノ 32mn、ヒロハトヨオカザサ 32n、ク

⬅図129H　1本の稈（A）の基部付近の節からは母稈鞘の腋芽側を突き破って外鞘的に枝を出し（B）、上方の節では母稈鞘が枝を抱くように変化する移譲的な分枝（C）が見られる。Within a same culm (A), basal nodes branch in extravaginal style (B), while upper nodes in transfer style (C).

図129I　金沢大学理学部の正宗厳敬教授の名にちなむ別称ゲンケイチクのあるためか、旧金沢大学の所在した金沢城址に植栽されたクリオザサの群落が1987年3月頃に一斉開花し、その後枯死した。栗生地区で初老の男性から聞いた「かつて枯死した」時期は、この頃だったかもしれない。 As the epithet *masamuneana*, the species had been implanted into the campus of the Kanazawa University, Ishikawa Pref. where Old professor Dr. Genkei Masamune affiliated. In March 1987, the cultivated clumps in the campus flowered all at once and died. An informant's talk on March 20, 2015 at Kurio District that the dwarf bamboos in the Kurio Shrine vanished may coincide the year of mass flowering in the university campus. ➡

⬅図129J　クリオザサの花序。
Inflorescences of *Sasaella masamuneana* collected on March 28, 1987 at Kanazawa Castle.

マモトザサ 41n、シイヤザサ 34n、タンゴザサ 34k、オガミシノ 35k、オオバウラジロシノ 35k、モリオカシノ 37k、カンムラシノ 37k、ケシイヤザサ 37k、コシシノ 37k、アサクマシノ 38k、ケエダカンムラシノ 39k、ツクシムラサキシノ 40k、オタフクシノ 43k、ジフクザサ 35n、オオサカザサ 32m、ヤクシノ 34n、アキアズマザサ 34n、セキノヤダケ 35k、キタノザサ 35n、サンタンシノ 35k、カッパシノ 38k、ダイアンシノ 41k、ナガハシノ 41k、ヨモギダコチク 41n、タンバシノ 41k、ユリシノ 35k）

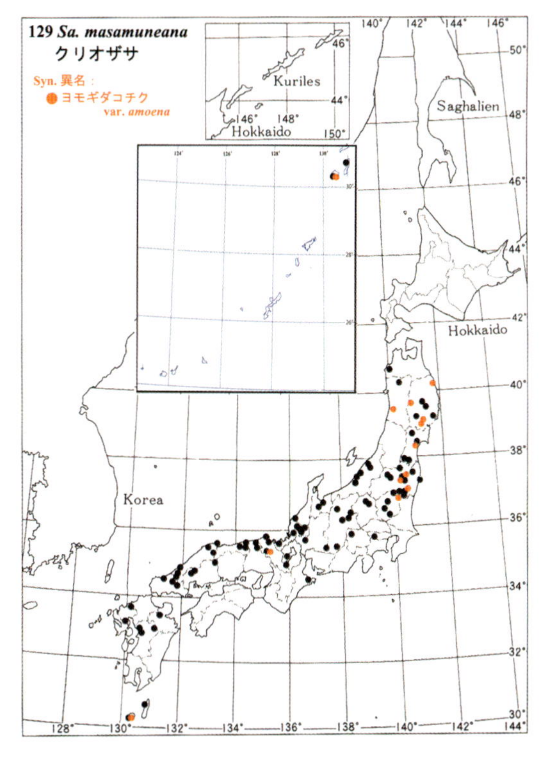

図130A　栃木県鹿沼市喜久沢神社社叢林内に出現する群落。葉は皮紙質、長楕円状披針形で表面に光沢があり、緩く反り返る。旧い葉は隈取が入る。*Sasaella caudiceps* occurred in a dark forest understory at the Kikuzawa Shrine, Kanuma City, Tochigi Pref. Foliage leaves leathery-chartaceous, elongate ellipsoidal-lanceolate. Adaxial leaf surface luster and apex is slightly warped. Old leaves are albo-marginate.

130/2○　オニグジョウシノ
Onigujyou-shino

Sasaella caudiceps (Koidz.) Koidz. emend. M.Kobay., foliage leaf-sheaths pubescent with minute hairs only or mixed with long hairs, and/or glabrous. Acta Phytotax. Geobot. 10, 296 (1941), pro. syn. *Sa. caudiceps* (Koidz.) Koidz. var. *psilovaginula* Sad.Suzuki メオニグジョウシノ Me-onigujyoushino, J. Jpn. Bot. 62, 278 (1987)

稈は斜上し、高さ 70 cm、直径 4 mm、基部付近の数節では 1 節より 1 枝を外鞘的に分枝し、上方の節からは 1 枝を移譲的に分枝する。稈鞘には開出長毛と逆向細毛を密生し、葉鞘は細毛が密生し、時に長毛を混生し、もしくは無毛。葉は基部が左右不整な円形〜広いくさび形で、先端がやや急に尖る広楕円状披針形で長さ

図130B　葉裏は無毛。
Abaxial leaf surface glabrous.

←図130C　稈鞘は逆向細毛と開出長毛が密生する。
Culm-sheaths pubescent with retrorse fine hairs mixed with spreading long hairs.

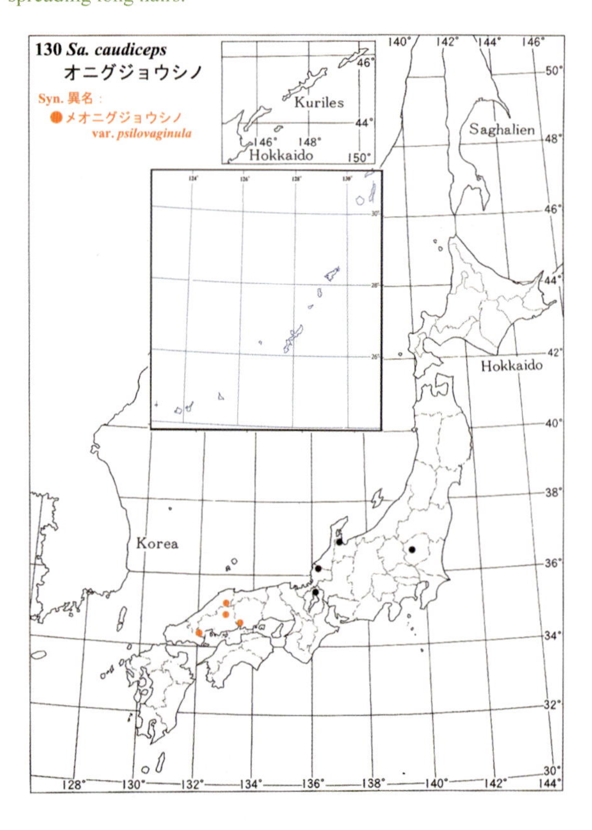

図130D　葉鞘は細毛を密生し、長毛を散生する。肩毛は粗渋で、クモが足を伸ばしたように放射状に広がる。 Leaf-sheaths are pubescent with fine hairs and scattered long hairs. Oral setae are scabrous and radiate as a tiny spider spreading its legs.

図130F　中位の節における移譲的分枝で、稈鞘の中ほどから垂れ下がっている。 Nodes on mid-culm branch in transfer style.

⬅図130E　稈基部付近の節からは外鞘的に1本を分枝する（黄矢頭）。Basal nodes bear one-branch in extravaginal style (yellow arrowheads).

23 cm、幅 6.1 cm におよび、皮紙質、両面無毛、肩毛は不規則な放射状。冬季には隈取る。本州に稀に産する。

（カモンシノ 38k、メオニグジョウシノ 87s）

肩毛に擬態するクモ

ササ類の中で、特にミヤコザサ節植物の肩毛は“小型のクモが足を伸ばしたような粗渋で放射状の肩毛”、という形容が適切な場合が多い。しばしば葉の基部付近にクモの糸が張り巡らされているのは、このようなササ類とある種のクモとの間の適応戦略的な機構の存在を示唆している。『日本のクモ』（新海 2006）には、チュウガタシロカネクモの分布について、「南方系のクモ。本州では千葉県以南の太平洋岸の各県に分布。平地～山地に生息。」と記述されている。本件の生息地・栃木県鹿沼市見野喜久澤神社は、内陸部の標高 200 m の山間部で、

図A　新しく伸びた稈には枝葉のどこかにクモが見つかる。葉の裏に待機するクモ。Newly emerged current-year culms always attached any waiting spiders at anywhere.

標準的な分布域からは遠く離れているし、オニグジョウシノの生育地自体が全国的にも極めて希少である。これらの条件を考慮すると、チュウガタシロカネクモとオニグジョウシノの、しかも擬態を演じての出会いは、単なる偶然の所産とは考えにくい。このような適応戦略が一般的に存在するか否かの検討は今後の興味ある課題である。

⇐図F　展開中の葉や肩毛の周囲まで糸が張り巡らされ、絶えずクモが巡回している様子がうかがえる。From unrolling leaf to spreading oral setae, fine threads netted to suggest spiders are patrolling.

⇐図B　大型の雌と小型のオス個体のペアが見られる。A couple of pair of large female and small male spiders inhabited on a culm.

図G　展開したばかりの肩毛は先端まで直線的に伸びるが、その間も糸が張られている。Yet straight oral setae that immediately after opening netted.

図D　オスはほとんど無地でメスの半分程度の大きさ。Male is pale yellow and light brown colored and one half of the female body size.

図C　メスは黄色の腹に５本の黒縦縞が入る。Female is yellow body colored with five black striped.

図H　肩毛は展開後、加齢とともにいろいろな方向に屈曲する。Oral setae bend various direction in age.

⇐図E　メスの腹部前端両側が高い（矢頭）。これらの特徴から、アシナガグモ科シロカネクモ属のチュウガタシロカネクモと同定される。Female foreheads of abdomen are tall (arrowhead). From these features, the spider is determined as *Leucauge blanda* L.Koch (Tetragnathidae).

図I　さらに時間が経つと肩毛は褐色に変化し、ところどころで斑模様が生ずる。More after age, oral setae become discolored in patchy brown.

図K　肩毛の位置に合わせて雌クモが張り付くと、クモの足があたかも肩毛のように見え、獲物の到来や通過を待機する擬態を示唆する。The spider hides with mimic legs as the discolored oral setae, waiting for visitors.

図J　クモが潜む位置はどこにでもあるように見えるが、一番下の葉の裏側に待機する。Although the waiting spot is anywhere else around a culm, female spider takes the undermost leaf underneath.

131/3 ヒシュウザサ Hishu-zasa

Sasaella hidaensis (Makino) Makino emend. M.Kobay., foliage leaf-sheaths glabrous, and/or pubescent with antrorse minute hairs or frequently minute hairs mixed with spreading long or short ones. J. Jpn. Bot. 6, 15 (1929), pro. syn. *Sa. hidaensis* (Makino) Makino var. *muraii* (Makino & Uchida) Sad.Suzuki ミヤギザサ Miyagi-zasa, J. Jpn. Bot. 56, 219 (1981)

外鞘・移譲混合型分枝様式、もしくは稈の基部から先端まで全節で外鞘的分枝様式を示す。稈は斜上し高さ 2m、直径 8 mm で 1 節より 1 本を分枝する。稈鞘は逆向細毛を密生し、葉鞘は無毛、もしくは、上向の細毛が密生、もしくは時として開出長毛または短毛が混生する。葉は基部が円形もしくは切形で先端がやや急に尖る披針形で長さ 23 cm、幅 3 cm、紙質、裏面に軟毛を密

図131A　住宅地のサツキの植え込み内に出現した群落。栃木県宇都宮市石井町。ヒシュウザサ（ミヤギザサ）は極めて撹乱耐性が強く、いったん定着すると、根絶が困難になる。*Sasaella hidaensis* occurred in a hedge of *Rhododendron indicum* at Ishi-machi, Utsunomiya City, Tochigi Pref. This species has high ruderal torelance. Once established, very difficult to remove.

図131B　紙質で長楕円状披針形の葉が一斉に展開しはじめた株で、白い稈が目立つ。Simultaneously unroll foliage leaves of chartaceous, elongate ellipsoidal-lanceolate.

図131C　葉裏は軟毛を密生する。葉鞘は細毛と開出する長毛を密生し、ミヤギザサと変種レベルで呼ばれる型。Abaxial leaf surface is pubescent with soft hairs. Leaf-sheaths pubescent with fine hairs mixed with spreading long hairs called as var. *muraii*.

図131D　稈鞘は白色の逆向短毛を密生する。Culm-sheaths pubescent with retrorse short hairs.

生する。中国・四国地方から東北地方南部にかけて分布する。(サバエシノ 37k、ミノコザサ 37k、キチゴシノ 39k、イワミシノ 35k、シコクシノ 41k；ヤブザサ 29mu、ノウビザサ 34k、ハナイシザサ 34n、コチク 34n、アシナガザサ 34n、テンシガダケザサ 34n、シロヤマザサ 35m、ダイキチシノ 35k、イワキシノ 35k、ムラサキヤシャシノ（ムラサキヤシャダケ）35k、カリガネザサ 36n、エナシノ 37k、イガシノ 38k、オトワシノ 38k、イワテダイキチシノ 40k、コシノコチク 41k、コウガシノ 43k)

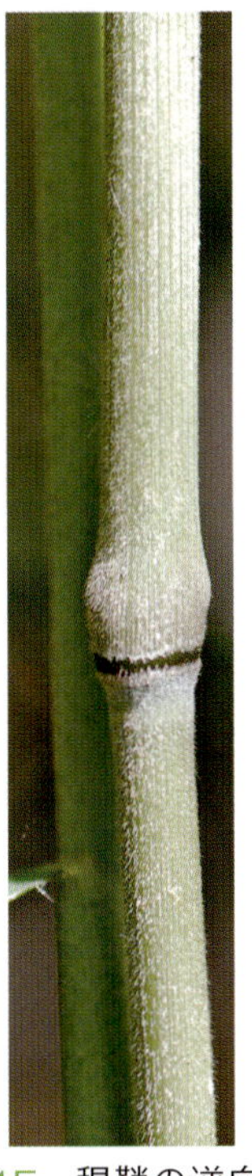

図131F　稈基部付近の節では外鞘的に1枝を分枝する。Several basal-most nodes branch each one branch in extravaginal style.

図131G　稈上方の節では移譲的に分枝するものがある。Upper nodes branch in transfer style.

図131E　稈鞘の逆向細毛に混じって寝た長毛が少量出現することがある。Occasionally prostrate long hairs scattered on the short hair-pubescent clum-sheaths.

←図131I　稈上方の節まで外鞘的分枝を示す稈。黄矢頭は腋芽側を示す。Culm branching toward upper nodes in extravaginal style (yellow arrowheads show axillary bud-side).

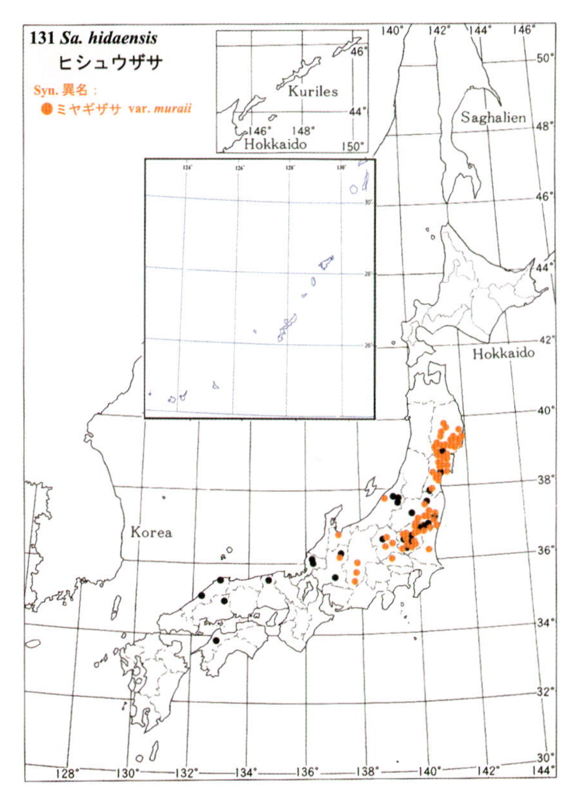

↑図131H　金沢城公園内に出現したヒシュウザサ（ミヤギザサ）。稈上方の節では移譲的分枝様式が目立つ。石川県金沢市。Clumps of *Sasaella hidaensis* var. *muraii* occurred in the Kanazawa Castle Park.

新種の保全を最優先させた大英断

図は植物分類学がラテン語を捨てた瞬間を報じた、第18回国際植物学会議IBC2011の会場で配られた“CongressNews”（2011年7月25日月曜日号）の記事の一部である。6年ごとに開催される国際植物学会議の命名規約部会で延々と議論された挙句の採決で否決され続けてきた案件が、ついにメルボルンで決着をみた。「1539年に英国教会はラテン語が理解の妨げにしかならないことを認め、聖書を英語で出版した。ローマカトリック教会は1960年代に布教活動においてラテン語以外の言語の使用を認証した。やっと、科学者—少なくとも植物学者—が追い付こうとしている！」、と書き出され、その意気込みが伝わってくる。命名規約部会（部会長・ロンドン自然史博物館のDr. Sandy Knapp）は、2012年1月1日をもって、新種の記載にあたり、学名の種名の2語だけを残してラテン語の使用、有効出版におけるハードコピーによる論文発表に関する原則を破棄することを決定し、30日に開催される総会に提案することを議決した。部会長は「今我々は、生育地崩壊、汚染、侵略的強害帰化動植物、そして気候変動により、種の大量絶滅の危機に瀕している。新種登録における出版のスピードアップや受け入れを一層容易にすることは種の保全の努力の手助けとなるに違いない。」、と強調している。同記事は、6年前のウイーン会議において試案された時の電子出版に関する懸念はコンピュータの普及や電子図書の整備により払拭された。特に発展途上国において、ラテン語が新種の記載の立ち遅れの要因になり、さらに、植物学者が前世紀の遺物、を無視するようになっていた、と結んでいる。

筆者は第2章（49ページ）において、日本産ササ類に関する世界や日本国内における一部の認識に見られる問題点を指摘した。世界にあってはアズマザサ属、スズダケ属、スズザサ属は無視、そして日本でも、後二者は無視、という状況は、上記に紹介した国際的な潮流に逆行しているのではなかろうか。

XVIII INTERNATIONAL BOTANICAL CONGRESS I 23-30 JULY 2011 I MELBOURNE AUSTRALIA CONGRESS NEWS MONDAY 25 JULY 2011

Science and religion agree – again…botany drops Latin

A rose by any other name would smell as sweet

In 1539 the Church of England recognised Latin was a barrier to understanding and published the Great Bible in English. The Roman Catholic Church authorised usage of languages other than Latin in its services in the 1960s. Now scientists—or at least botanists—are catching up.

By next year the technical descriptions accompanying the scientific names for new plant species will no longer have to be exclusively in Latin. English will be acceptable. And botanists proposing new species will no longer be required to publish a paper in hard copy—an electronic version will do. Latin, however, will still be used for the two-word, scientific species names.

After 25 years of wrangling, the Nomenclature Section of the International Botanical Congress (IBC), now meeting in Melbourne, has put forward these changes for ratification by the full Congress next Saturday (30 July). This is expected to be a formality, and the changes are likely to come into force on 1 January, 2012.

"This is a significant step for plant science at a time when the environment around plants is changing rapidly," says the President of the Nomenclature Section, Dr Sandy Knapp of the Natural History Museum, London.

"We are facing a mass extinction of species due to habitat destruction, pollution, invasive plants and animals and now climate change. Speeding the publication process for new species and making it more accessible should aid conservation efforts."

An attempt was made to update the system of registering new botanical names before the last botanical congress, in Vienna six years ago. At that time, though, there was concern that electronic documents could not be guaranteed as permanent.

The development of computer systems and of archival software since then seems to have allayed these fears. In addition, translation into Latin of the descriptions of researchers, particularly from the developing world was becoming increasingly difficult. And botanists were beginning to ignore what looked like rules from another era.

図　2011年の第18回国際植物学会議の会場で配布された“CongressNews”の記事の一部。筆者はこれを植物分類学がラテン語の呪縛から解き放たれ新しい潮流に乗った瞬間と考えている。これにならい、日本産ササ類の分類学的取扱いも生物多様性の保全に資する評価が望まれる。

Ⅲ．ササ属植物の研究紹介

第5章　ミクラザサの生活史の研究

図1：ミクラザサの生活史概要　A: 成熟不稔個体、B: 蕾を付けた稈、C: 開花稈、D: 部分開花稈、E: 未開花稈、F: 開花枯死した地下茎、G: 散布した穎果、H: 群落内で生息するクマネズミ、I: 発芽直後の芽生え、J: 古い穎果をつけた芽生え、K: 再生稈、L: 実生期を脱した幼若個体、M: 地下茎の発達過程、N タケノコ、O: 未成熟不稔個体。 Fig. 1. Life history outline of *Sasa jotanii*, A: matured sterile culm, B: reproductive culm in booting stage, C: flowering culm, D: partial flowering, E: non-flowering clone, F: matured and dead rhizome after flowering, G: dispersed caryopses, H: house rat inhabiting in clump, I: germinated seedling, J: older seedling attaching degenerate caryopsis, K: regenerated culm, L: juvenile clump with monopodial rhizome and mature-sized leaves, M: juvenile rhizome system development, N: young robust shoot with oblong-lanceolate sheath-blade, O: young sterile culm.

本章では筆者が約 20 年間にわたり継続してきたミクラザサの生活史に関する研究を紹介したい。ミクラザサは、伊豆諸島南部の御蔵島と八丈島のみに固有分布するササ属チシマザサ節の種である。最初に、生活史における基本的なイベントの概略を図に従って述べる。次に、各時期における調査研究の様子を紹介する。最後に、マイクロサテライトマーカー SSR と呼ばれる核遺伝子の変異を識別可能な DNA の標識を使用した遺伝子解析の結果、明らかにされたミクラザサの個体群構造と、ミクラザサ一斉開花枯死現象の本質的特徴について触れたい。

1　ミクラザサの生活史概要（図 1：以下に冒頭の集合図を分解して図示した）

御蔵島におけるミクラザサの生活史の概要を図 1 に示す。図の左端から正面、そして右端へと、ミクラザサ群落の成熟不稔個体（クローン）から一斉開花、結実、種子散布、発芽、実生の成長、幼若個体の成長、そして未成熟不稔個体群の成立に至る。この間に、それまで知られていなかった様々なイベントが生起した。

A　成熟不稔個体。 ＊部分を拡大して表示。稈の高さ 3 m、太さ 12 mm、節間長 20 cm、葉の長さ 28 cm、幅 4.6 cm。稈は 1 辺を 4.5 cm とする正六角形の仮軸型地下茎が蜂の巣状に配列し、整然とした薮を作る。一斉開花の 6 年前に筍の生産が減少し、開花前年にはゼロに落ちる。この間に、稈数が半減することが地下茎から立ち上がる稈基部の新旧の分布状態から推察された。

B　蕾の形成。 開花前年の 11 月には、まだ青々とした葉を茂らせた稈の全てに、一斉に蕾が形成され、膨らむ。薮を構成するほとんどすべての稈の先端は切断されており、各節は縮節した分枝を繰り返し、あたかもメダケ属のように 1 節より多数の蕾が形成される。

C　一斉開花。 1997 年 3 月～4 月の一か月間で御蔵島御山を中心とした約 109 ha の群落が一斉開花した。花穂は数個の小穂からなり、1 小穂は 4 個の小花からなる。小穂は全体が赤紫色で、白色の細毛で覆われる。雄しべ 6 本で葯は赤色、雌しべは羽毛状で 3 叉する。

D　部分開花。 一斉開花の前後 1 年に、ごく小規模な部分開花が見られた。特に、後年には、周囲の群落が茶褐色に枯死し、枝葉を落としているので、部分開花は観察が容易であった。

E　未開花稈。 開花後、一斉に枯れた葉や花序が脱落し、丸裸になった稈が針の山のように林立する中で、ごく低頻度で、青々とした葉を茂らせた数本の稈からなる未開花クローンの存在が一目瞭然になった。

F　地下茎の枯死。 開花直前まで黄褐色だった地下茎は、開花時には地下茎の約 3 割が黒褐色に変色し、1 年後の 7 月までに全体が黒褐色に変色し、消し炭のように枯死した。

G　登熟穎果の散布。穎果は6月には登熟し、散布した。穎果のサイズは長径2 cmにおよび、日本産ササ類の中では最大だった。林床の状況から、まず登熟した穎果が一斉に脱落し、その後、枯れた葉や、花序が細い枝ごと、穎果を覆うように脱落堆積したことが推察され、穎果はリターに埋もれた状態になった。

H　野鼠の発生。ササ類が一斉開花すると、その種子を捕食して野鼠が大発生することが古くより知られている。開花結実期に合わせ、生態研究グループが、大量のプラスチック製トラップ（パンチュートラップ）を仕掛けたが、空弾きばかりで、1匹も捕殺できなかった。だが、その後、ビクター社製の強力なラットトラップ（かまぼこ板に一瞬で反転捕殺する強力なばね仕掛けの罠）を仕掛けた結果、御蔵島における野鼠は、ハタネズミやアカネズミなどの小型のマウスではなく、大型のクマネズミ（ラット）であることが判明した。

I　発芽。散布された穎果は休眠することなく、7月上旬に直ちに一斉発芽し、個体群の回復が始まった。開花から発芽までのイベントは1997年（平成9年）の春から夏にかけて起こった。この時期に調査に入った研究者の誰かが、ちょうどその年に発行された1円硬貨をフィールドに落としていったのかもしれない。

J　芽生えの成長。発芽後のほぼ1年間は、古い穎果が付着した状態の芽生え期を示した。発芽1年後の1998年7月には、まだ66％の個体が古い穎果の果皮を付けていたが、同年9月には果皮はほとんど消失した。

K　再生稈の出現。枯れたまま立っていた稈が灰色に変色し、倒壊が始まった頃、回復実生個体群のところどころに、ごく少数だが、細かい緑の葉を付けた枝が存在するのが分った。種子散布後に脱落せずに残存した枝の付け根部分の稈に緑色の小さな斑点が出現し、枝全体に広がり、細かい披針形の葉が展開した。

L　幼若個体間の自己間引き競争。一斉開花の1年半後・1998年9月には、1 m^{2}あたり全543株の実生苗のうち、29％が枯死した。株当たりの平均稈高は50 cmだが、実生個体群の上層を覆うようにして伸びる70 cm以上の稈を持った個体は38個体で、全稈数にして56本を数え、平均78 cmに達した。これらの稈は、革質で広披針形の親植物と同質の葉を持つうえに、2株において、それぞれ1本（13.7 cm）および2本（15 cmおよび5.5 cm）の単軸型地下茎を発生させ、両軸型地下茎を備えていた。発芽後、わずか1年半の時点で、実生間の競争＝自己間引きを激化させながら、親と同じ形態の株、未成熟不稔個体への回復が始まったと見なされる。

M　地下茎の発達過程。年々大きな釣り針型の仮軸型地下茎を持つ背の高い稈を発生させる。地下茎は螺旋を描きながら下方へ、下方へと降下してゆく。より大型で背の高い稈を持つ株は自己間引き競争に勝ち、細く、背の低い少数の稈からなる株は上方に置き去りにされる状態で競争に負け、枯死してゆく。4年目あたりから、当年生の地下茎

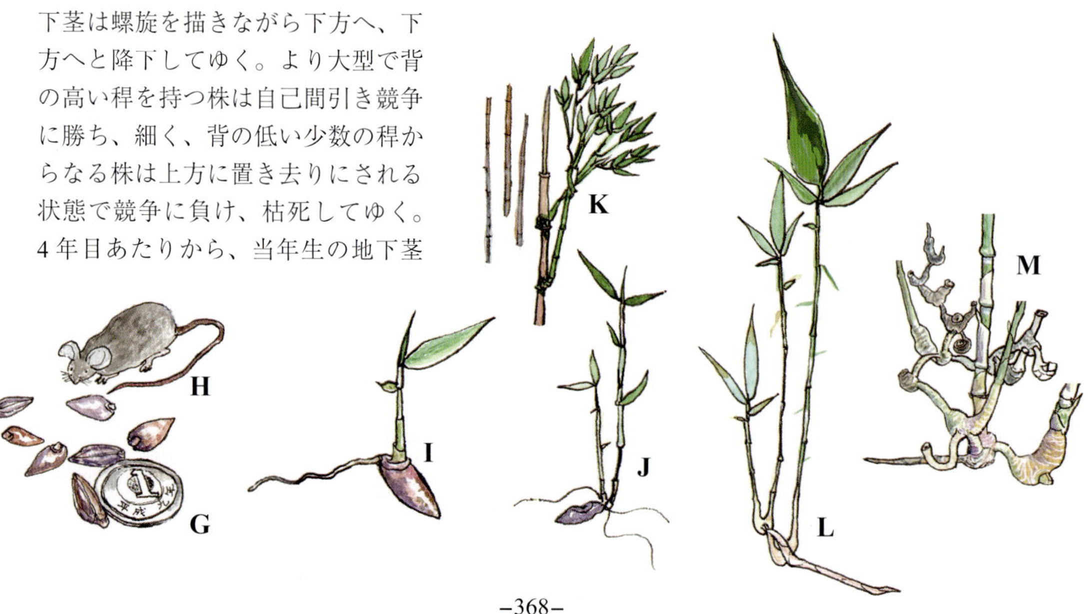

の両側に新しい地下茎が形成され始める。最初の芽生えの地下茎が 8 mm、翌年には 1 cm、3 年目には 2 cm、4 年目には 3〜3.5 cm（両側、以下同様）、5 年目には 4〜4.5 cm、6 年目には 5〜7.5 cm、7 年目には 8〜9.5 cm まで深くなり、当初、均一に分布していた実生が、互いに数株ずつ複雑に地下茎の入り組んだ塊(ノジュール)を形成するようになる。

N　タケノコ。まだまわりには細い稈が密集する株において、太く瑞々しいタケノコの成長が見られた。

O　成熟不稔個体へ。葉のサイズや形態、稈の高さや太さは一斉開花前の状態とほとんど変わらない稈が増加する。しかし、地下茎の構造はまだ不規則である。以後、長い年月をかけて、仮軸型地下茎のネック長 4.5 cm を 1 辺とする正六角形の網の目構造を水平方向に広げる強力な地下のネットワークシステムの構築に向かうだろう。

2　研究はいかに進められたか

(1) 問題の発端（図 2）

1983 年に当時森林総合研究所の谷本丈夫博士により、八丈島三原山の火口を成す山頂直下の尾根筋に（図 2A）、チシマザサに似たササの分布が発見され、植物地理学上のセンセーションを巻き起こした。東京湾から 300 km 南の太平洋上の孤島における、日本海側多雪地帯を中心に分布し、日本海要素として知られるチシマザサの分布はにわかには信じがたいものだった。筆者もさっそく翌年 12 月に現場を訪れ、そのササを確認した（図 2B）。当時の筆者の判断はチシマザサそのもの、すなわちチシマザサ *Sasa kurilensis* (Rupr.)Makino & Shibata var. *kurilensis* だった。東大博物館標本庫（TI）に収蔵されたチシマザサのほぼ全域からの採集標本を調べ、葉の厚さの変異に着目してミクロメーターで計測した結果、八丈島に分布するササは最も厚いことが分かり、寒冷な地域のチシマザサが温暖な気候条件化に順応し、葉が厚く、また稈が通直になったもの、と結論づけた（小林 1985）。谷本博士はその後、三原山に出現するのと同じ形態のササが御蔵島に広大な群落を形成して分布していることを突き止め、島全体を探索し詳細な分布図を作製した（図 2C）。御蔵島は三宅島の南南東 18 km に立地するお椀を伏せたような姿の小島である。三宅島のすぐそばだが、両島の間は水深 800 m もある。黒潮の流れは刻々と変動はするが、おおむね八丈島と大島の間を縫うように大きく蛇行して房総沖を北上し、三宅島以南の海域では真冬でも水温が 20℃前後と温暖である（図 2D、E）。御蔵島は、真夏でも午後になると強い上昇気流の発生のため島の標高 500 m 以上は雲に覆われ、雲霧帯が形成される（図 2F）。筆者は 1984 年 12 月に八丈島を後にしたその足で、御蔵島を訪れ、ミクラザサの分布する御山（標高 851 m）に登り、広大な群落をつぶさに観察して回り、剛壮な稈や枝葉がチシマザサに酷似するのを確認した（図 2G、H）。谷本博士は、そのササの存在が 1932 年に東京農業大学の常谷幸雄博士により調査され、当時の東大教授・中井猛之進博士に標本が送られたが、ミクラザサという和名だけが付けられた状態で分類学的取扱いが放置されているのをつきとめた。そして、常谷教授の学生で、当時、東京農大の図書館職員だった井上賢治氏と連名で、ミクラザサ *S. kurilensis* (Rupr.) Makino & Shibata var. *jotanii* Ke.Inoue & Tanimoto とチシマザサの変種として命名記載した（井上・谷本 1985）。だが、鈴木貞雄博士は、これらに対して、たとえ変種といえども、本州日本海側のチシマザサが伊豆諸島南部に分布することは有りえない、イブキザサ *S. tsuboiana* Makino の誤認に違いない、とする見解をとった（鈴木 1996）。最終的にミクラザサの帰属をめぐる論争に終止符を打ったのは 1997 年春に御蔵島御山で起こった一斉開花だった。

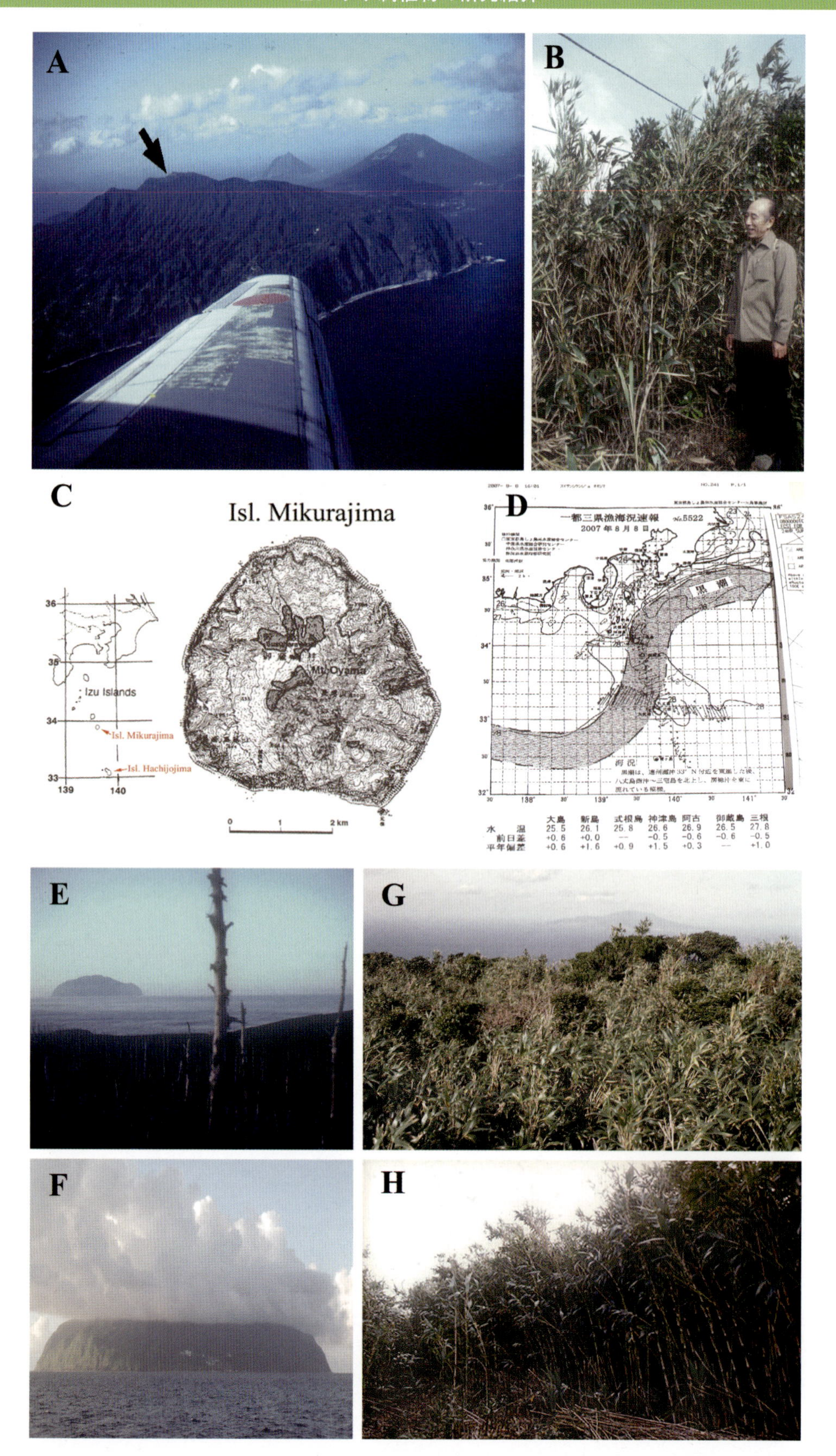
A
B
C
Isl. Mikurajima
Izu Islands
Isl. Mikurajima
Isl. Hachijojima
Mt. Oyama
D
一都三県漁海況速報
2007年8月8日
黒潮

←図2：ミクラザサの発見　A: 八丈島三原山の火口丘におけるミクラザサ出現位置（矢印）。B: 頂上直下の尾根で発見されたミクラザサ群落、人物は八丈町文化財専門委員の葛西重雄氏（故人）、1984年12月。C: 御蔵島地図。D: 黒潮の流れ。E: 三宅島の南東18 kmの洋上に浮かぶ御蔵島。F: 雲霧帯の形成。G: 御蔵島御山に鬱蒼と繁るミクラザサ。H: 不稔個体群落、1984年12月。Fig. 2. Discovery of *Sasa jotanii*. A: Mt. Miharayama, Hachijyojima Isl. arrow shows location of the discovered clump, B: first discovered clump of *S. jotanii* on Mt. Miharayama, with Mr. S. Kasai, Dec. 1984, C: map of Mikurajima Isl. where screened area shows the distribution of *S. jotanii*, D: black current passing through the location of Isl. Mikurajima upward to the pacific coast of Honshu, E: Isl. Mikurajima located at 18 km south-east to Miyakejima Isl., F: cloud zone is usually formed at afternoon around the mountain area of Isl. Mikurajima, G: vast thicket of *S. jotanii* on Mt. Oyama, Mikurajima Isl., H: robust sterile clump of *S. jotanii*, being almost upright culms with 3 m in height, Dec. 1984.

（2）一斉開花（図3）

2005年9月にイギリスの王立キュー植物園で、長年にわたり標本庫のイネ科植物部門の管理者（キュアレーター）を務めたS. A. Renvoize博士の退官を記念して『イネ科植物の祝福 Celebration of Grasses』が開催された。筆者も共同研究者の久本洋子博士とともにこのシンポジウムに参加し、ミクラザサの一斉開花枯死現象について報告した。その時、筆者は、講演の冒頭で以下のように前置きした：「名探偵シャーロック・ホームズは殺人現場をつぶさに観察し、そこで起こったすべてを読み取り、真犯人を突き止め、事件の全容を解明するでしょう。これから紹介する一斉開花現象も似たようなところがあって、一斉開花自体は春3月から4月にかけてのほんの1か月で終了してしまうものですが、その現場の一部始終を詳細に観察することにより、この現象の本質が見えてくるに違いありません」。居合わせたロンドンっ子たちはクスクス笑いながら拙い講演に聴き入ってくれた。

1996年11月上旬に、当時筆者の所属した森林科学科において、前年度末に定年退職した教員の記念旅行として三宅島行が決まった。せっかくなら、ということで、当年度の学科長だった筆者の学科長手当を充当し、漁船をチャーターして御蔵島訪問を企画し、実行した。11月9日、島に到着した時点で元気の良かった教員3名：谷本丈夫氏、横田信三氏、そして筆者は、御山（標高851 m）に向かった。ところが、ミクラザサの出現する標高590 mの尾根筋にさしかかったとたんにわが目を疑った。ミクラザサの分布下限から山頂まで、まだ青々と葉を茂らせたミクラザサの薮の全ての稈にびっしりと黄緑色の花の蕾をつけていたのである（図3A）。奇しくも一斉開花の始まる“前夜”の光景を眼前のものとした瞬間だった。翌1997年3月～4月の一ヶ月間に一斉開花が始まり、終了した（図3B～E）。花（小穂）は第1章で詳述したように、紫色にうっすらと白毛で覆われ、かつて報告されたことのない形態だった（B）。開花は各稈の節からのみならず、地上部からも直接たくさんの短い花穂を生じ、徹底したものだった（C）。図中右下にはマイヅルソウの葉が見える。御山におけるミクラザサの分布域内の林床には、テイカカズラに混じって北方系要素として知られるマイヅルソウが分布し、雲霧帯としての分布域を特徴づけている。各小穂中の小花の開花は花粉散布後雄しべが脱落して短時間で終了し、枝葉は黄褐色に褪色する（D）。ここで注目に値するのは、開花前年の11月上旬には、ほとんどの稈で先端が折れ、各節から生ずる蕾をつけた枝は、あたかもメダケ属のように多数が輪生様に付いていることである。しかし、真の1節多分枝ではなく、節から分枝した1本の枝の基部に縮節が発達し、短い節間を介して次々に分枝を繰り返すので、1節多分枝のように見える。ほとんどすべての稈で一斉にこのような短枝が形成され、多数の蕾を付けることから、一斉開花を前にして梢端が脆くなり、蕾の形成に先立つ台風シーズンに強風で一斉に梢端が飛ばされ、大量開花・結実をもたらす、何等かの制御機構の介在を示唆している。

御山の頂上の手前には鈴原湿原という高層湿原があり、その平坦地を中心にミヤマクマザサが分布するが、こちらは未開花で、群落は冬枯れもあってうっすらと緑色だが、それとは対照的に、尾根筋から山頂にかけて密生するミクラザサの群落全体が肌色を呈していた（E）。御蔵島における一斉開花個体群の分布域は御山を中心として109 haに及んだ（F）。御山の南東に深い谷を隔てて立地する長滝

図3：御蔵島御山におけるミクラザサ一斉開花。A: 一斉に蕾を付けた稈、ほとんど全ての稈で、梢端が折れ、各節から多数の蕾を出す、1996年11月。B: 開花した小穂。C: 地際から直接出た花穂。D: 花後、直ちに稈や葉が黄褐色に枯れ始める。E: 冬枯れの矮生したミヤマクマザサの繁る鈴原湿原からミクラザサの肌色一色に染まった御山山頂尾根を望む。F: 一斉開花4年目の春の鳥瞰図、ミクラザサ群落は黄白色でおよそ109 haにおよぶ。G: 一斉開花翌年に見られた小規模な部分開花、1998年3月。Fig. 3. Monocarpic mass flowering of *S. jotanii* in Mt. Oyama, Mikurajima Isl. at the spring of 1997. A: culms in booting stage, in which majority of culms are broken their apices to generate plenty of buds at each node with repetitive shortened internodes, B: spikelet anthesis, C: independent panicles, D: withering leaves and panicles soon after anthesis, E: overview of summit rides of Mt. Oyama covered with flowered *S. jotanii* population from the Suzuhara Moor covered with dwarf die-backing *S. hayatae* population, F: aerial view of Mt. Oyama at March 2001, where pale yellow areas show the flowered *S. jotanii* population, G: partial flowering culms at March 1998.

山では、頂上付近の岩稜を取り巻くように未開花個体群が認められた。筆者らが 1997 年 4 月上旬に島を訪れた時に宿泊した“しげを工房”の当主・広瀬重雄氏らによって島の古老に対する、これまでの一斉開花の知見に関する聞き取り調査が実施され、当年 80 歳の徳山義一氏が二十歳の時に御山のササが消えたことを記憶していることが判明した。この結果から、ミクラザサの開花から開花までの 1 世代時間は、60 年と推定された。島の村長・広瀬久雄氏（当時村役場総務課長）の話によると、毎年 7 月頃に出る筍を野菜として利用するための缶詰工場が設置されているが、一斉開花 6 年前から筍の生産量が減りはじめ、開花 1 年前にゼロになったという。また、1996 年にはごく部分的な開花が確認されている。そして、一斉開花翌年の 1998 年 3 月にも、ごくわずかだが部分開花が観察された（G）。

(3) 移植株の同時開花（図 4）

一斉開花のはるか以前に御山から他の場所に移植されたミクラザサのクローンの所在は、三宅島坪田地区（A）、宇都宮市の宇都宮大学構内（B）、つくば市の森林総合研究所（C）（谷本・小林 1998）、そして、京都府立植物園（村松 1998）が知られ、これらはことごとく御山における個体群の一斉開花とほぼ同時に開花し、一斉開花現象が、単純に環境条件に左右されるものではなく、内在的要因によって支配されることを実証した。

図4：移植株の同時開花。A: 三宅島坪田地区池吉、1997 年 3 月 31 日。B: 宇都宮市・宇都宮大学構内、1997 年 2 月 27 日。C: つくば市、森林総合研究所、1997 年 3 月 5 日。
Fig. 4. Simultaneous flowering of *S. jotanii* at various implanted locations. A: Tsubota District, Isl. Miyakejima, March 31, 1997, B: Utsunomiya University, Utsunomiya City, Feb. 27, 1997, C: Institute of Forestry and Forest Products Research Institute, Tsukuba City, March 5, 1997. ➡

(4) 花器官の比較（図 5）

一斉開花によってミクラザサの有性生殖器官の形態的特徴が明確となった。それまで論争の対象となったミクラザサ（図 5A）、チシマザサ（図 5B）、ならびにイブキザサ（図 5C）の花器官の詳細な比較結果は第 4 章に、また、ミクラザサの花器官各部位の形態の記述は第 1 章に譲り、ここでは直感的な 3 者の小穂の形態比較に止める。三者のうち、前 2 者は紡錘形、後者は線形であり、それぞれの小穂の長さ×幅のサイズ（単位：mm）は、30.9 × 9.3、14.3 × 5.1、そして 27.7 × 4.5、1 小穂あたりの小花数は：4 個、4〜6 個、そして 6〜12 個である。ミクラザサでは、長さも幅も、チシマザサのほぼ 2 倍の大きさで、また、イブキザサではたくさんの小型の小花が配列し、まったく異なることが明確である。このような検討結果に基づき、筆者はチシマザサの変種としてのランクを独立した種のランクに変更し、改めて、ミクラザサ *Sasa jotanii* (Ke.Inoue & Tanimoto) M.Kobay. と命名した（Kobayashi 2000）。

⬅図5：小穂の形態比較。A: ミクラザサ、B: チシマザサ、C: イブキザサ。Fig. 5. Comparison of spikelet structure. A: *Sasa jotanii*, B: *S. kurilensis*, C: *S. tsuboiana*.

(5) 発芽と親植物体の地下茎の枯死（図 6）

1997 年 4 月中旬の一斉開花終了から 7 月上旬までの 2 か月半の間に、穎果（種子）の登熟、そして散布がすべて終了し、その際に果序ごと脱落したものと推察された。7 月 3 日に御山を訪れた時には、既に大半の稈は果序、葉、そして枝が脱落し、黄褐色に変色した単一棒状の状態で林立していた（図 6A）。その中で、ごく僅かの稈がうっすらと緑色を呈するにすぎなかった（図 6A：黒矢印）。この調査時には、御蔵島村役場の全面的な協力を得て、3 名の職員の助力のもとに 2 台のチェーンソーを使用し、御山の標高 675 m 付近の分布中心地において、群落 1 m^2 あたりの地下茎から地上部の切り取り採取を実施した。稈の密集した群落の中に、1 m^2 のコドラートを設置し、まず、稈を刈り取った（図 6B）。地表部には、各花序の先端に付いていた葉、小穂の基部を成す小梗などが分厚く堆積し、落下したはずの大量の穎果は見えなかった。すなわち、種子散布は、まず穎果が脱粒し、それを完全に覆

図6：実生と親の地下茎 A: 1 m^2 コドラート設置場所、矢印はまだ緑色の残る稈、1997年7月3日、B: 稈を刈り取った後、発芽直後の芽生え。C: 芽生えの採取。D: チェーンソーによる地下茎の切り出し。E: 切り出した地下茎（50×50 cmの塊4個）。F: 根を除去した地下茎。G: 健全実生。H: 枯損実生、a: カビによる発芽不全、b: 根腐れ、c: アルビノ。I: 開花1年後の枯死地下茎、1998年7月。J: 真上。K: 1 m^2 あたりの単軸型地下茎総計：1,740 cm。Fig. 6. Collecting seedlings and rhizome system at July 3rd. 1997. A: 1m^2 quadrat view, arrow shows a green culm. B: seedlings immediately after germination, C: collecting seedlings, D: cutting and digging out of rhizomes by chain saw, E: four 50cm×50cm rhizome samples, F: half-dead rhizome, G: healthy seedlings, H: diseased seedlings by fugi affected (a), root degraded (b), albino (c), I: completely dead rhizome one year after seedling emergence at July 10, 1998, J: above view, K: in total of 1,740 cm monopodial rhizomes over 1m^2.

うように果序の残滓や葉が小枝ごと脱落したことを示唆した。次に、注意深く全実生苗を採取した（図6C）。そのうえで、深さ約30 cmまでチェーンソーにより50 cm四方の地下茎を4個切り出した（図6D、E）。これらの株塊を研究室に持ち帰り、注意深く泥を落とし、リター1 m^2 あたりの実生苗や未発芽種子の構成を調べた。一斉開花し、褐変した稈は62本、まだ緑色の生稈は31本で稈の生残率は50%だったが、黒変した地下茎の部分はまだ3割程度だった（図6F）。この時期の株には白色の細いタケノコ（花の蕾）を44本付けていたが、1年後の1998年7月に再度親株の地下茎を採取して調べた結果、花茎らしき構造はまったく見られなかったので、その年の秋までに開花し、枯死消滅したものと推察される。発芽直後から稈高20 cmまでに成長した健全な実生苗（図6G）は965本、菌類に侵され発芽停止したり（図6Ha）、根腐れしたり（図6Hb）、アルビノのもの（図6Hc）などが27本、そして不発芽種子（穎果）は266個であった。1年後1998年7月に同様の地下茎採取調査を実施した結果、一斉開花した親植物体の地下茎は完全に黒色に変化し、一部は既に消し炭のように崩れかけていた（図I～K）。2度にわたる地下茎の採取調査の結果、1 m^2 あたりの親植物体は4.5株で両軸型地下茎からなり（図6I）、稈数は127本、仮軸型地下茎数（図6J）は303個、仮軸型地下茎をつなぐネックの長さは36～45 mm、そして単軸型地下茎（図6K）は総延長1,740 cmだった。図6Aに見るように、密集した親の稈はかなり均一に分散して林立しているように見える。これは、1辺が最大4.5 cmの六角形が蜂の巣状にびっしりと並んだように稈基部を成す仮軸型地下茎が配列することに起因することが分かった。

(6) 一斉開花とネズミとの関わり（図 7、8）

古くより、タケ類は広大なクローンを形成し、数十年から 100 年に及ぶ長い世代時間をかけて一斉開花枯死を繰り返す開花習性があることが知られている。同時に、その一斉開花結実に合わせるかのようにノネズミが大発生することも周知の事実であり、日本の事例では、第 4 章に紹介するように、1933～1935 年に箱根・仙石原周辺で起こったハコネダケの大面積一斉開花と野鼠の大発生被害を記念する石碑まで建立されている。Janzen（1976）は『何故タケ類はそんなに長く開花を待ち続けるのか』と問いかけ、世界で知られたタケ類における一斉開花枯死現象に関する報告事例 43 種 72 件を精査し、捕食者飽食説を提唱した。タケ類の生育地には常に様々な捕食者がいて、小規模の開花・結実による種子散布では、次世代である穎果を散布しても瞬く間に食害され、世代を首尾よく交代できない。そこで、一斉開花・大量結実で散布すれば、どれほど多く捕食者に食害されても、有り余る穎果により、確実に世代を受け渡すことが可能となる。一斉開花はそのための適応戦略である、と説明する。このように長期にわたる時間間隔なので、それまで開花の知られていなかった種や群落では、事前に知られることは稀であり、一連の過程を科学的に調査分析することは困難だった。最近では柴田（2010）により、事前の詳細な文献調査により 48 年周期で一斉開花枯死を繰り返すインド・東ガーツ山脈の一角をなすミゾラム地方におけるナシダケ *Melocanna baccifera* の開花年を正確に予言し当てた例は先見性のある優れた研究事例であろう。ともあれ、ミクラザサでは、開花前年にその前段階が発見されたことが、ササ類の生態学研究者の間に流布された。その結果、複数の研究グループが、一斉開花時と、同年の秋に大量のネズミ取り器・パンチュートラップをミクラザサの群落内に仕掛け、ノネズミの動態を調べた。パンチュートラップというのは、ネズミより多少大型の細長いプラスチック製の浅い箱で、蓋の部分をアーチ状に曲げて隅に餌を挟んで仕掛け、ネズミが餌をくわえた瞬間に蓋

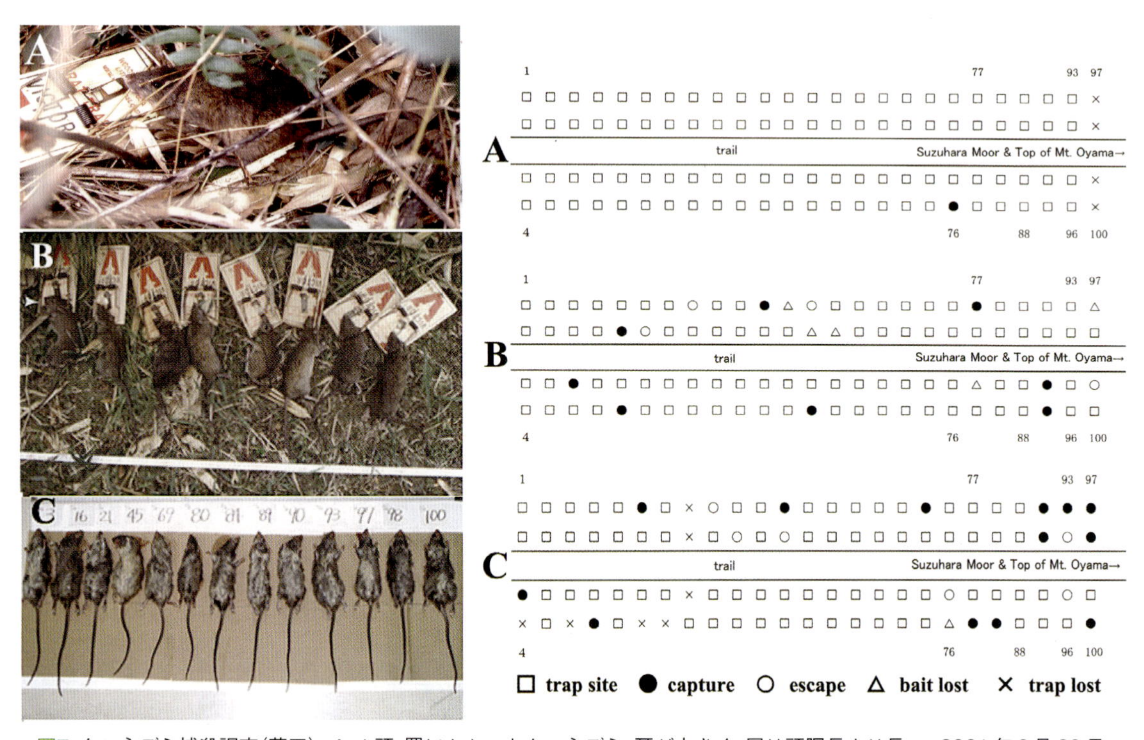

図7：クマネズミ捕殺調査（菊田）。A: 1 頭、罠にかかったクマネズミ、耳が大きく、尾は頭胴長より長い。2001 年 3 月 29 日。B: 10 頭、8 月 10 日。C: 13 頭、11 月 10 日。右図はトラップの設置位置（□）、捕殺（●）、空弾き（○）、餌失（△）、およびトラップ失（×）を示す。Fig. 7. Trap-night sampling for house rat in 2001 (Kikuta). A: one capture at March 29, B: 10 captures at Aug. 10, C: 13 captures at Nov. 10. Right schemes show the results of sampling alongside a trail at alt. 675 m.

図8：胃内容物と歯型。A: 胃内容物、ネズミキョダイセンチュウが目立つ。 B: たくさんの逆向するプリッケルヘアーに覆われたミクラザサのタケノコの稈鞘。C: ミクラザサの葉に特異的な泡状細胞珪酸体。D: 条線（黄色矢印の間）のあるタケノコの食痕。E: クマネズミの門歯間の隙間（黄矢印間）、食痕の条線サイズと一致する。（以上菊田）F: 1m² コドラートの群落調査、８月 10 日。Fig. 8. Rat stomach content. A: notable *Protospirura muris*, B: culm-sheath of *Sasa jotanii* shoot with abundant retrorse prickel hairs, C: bulliform cell silica body forming in foliage leaf of *S. jotanii*, D: predation scar of young shoot with an across line (inter-arrows), E: slit of incisors (inter-arrows) coincides with the across line in E (Kikuta), F: population in a quadrat 1×1 m at Aug. 10, 2001.

が跳ねてネズミを捕殺する罠である。結実期の６月と秋の２度にわたり、複数の研究グループが捕殺調査を実施した。特に６月には総計 200 個のトラップが仕掛けられた。だが、結果は、罠にはノネズミは全くかからず、「からはじき」だけに終わった（西脇・蒔田 1998)。彼らは「からはじき」自体も、地上性の昆虫の摂食によるもの、と推察した。この調査結果をもとに、彼らは以下のように結論づけた：「散布後の種子捕食がほとんど認められなかったことである。ノネズミの捕殺調査でもネズミが捕殺されなかったことと符合する。このことは伊豆諸島の生物相の成立と大きく関係しているのだろう。数百万年前に御蔵島が伊豆半島から分離したとされているが、その後、ノネズミが島に渡ってこられなかったのではないかと考えられる。ネズミの影響がないにも関わらず、ササは一斉開花、大量結実、枯死を繰り返してきたものと考えられる。つまり、散布後の種子捕食者の影響とは無関係にタケ・ササの生活史が進化してきた可能性も考えられる。以前からの私達の調査によると、ササ属では生産された種子の 99％以上が捕食される場合が多く、散布後のネズミなどによる種子捕食圧は極めて高く、タケ・ササの生活史進化に大きく関与したものと考えてきたが再考が必要なのかもしれない」。だが、この報告を伝え聞いた住民の間からはけげんそうな声があがった。一斉開花前の時期だが、タケノコを採りにミクラザサの藪の中に入ると、ネズミがそこらじゅうを飛び回っているのに、ということだった。さらに、筆者の 1999 年７月の調査時に、鈴原湿原方面への登山道を移動中、前方を「ピヤーッ」と鋭く啼き叫んで林内にとび去る小動物を目撃し、その場所に１頭の真新しいクマネズミの死体を発見した。このネズミを解剖し、胃内容物を分析した結果（小林・谷地森 2000)、ミクラザサの葉、タケノコ、そして単軸型地下茎の先端部の断片が大量に検出された。これらの情報や結果はミクラザサの群落内にクマネズミが生息することを示していた。そこで、一斉開花後4年目ではあるが、当時森林科学科4年生の菊田綾乃さんを中心として、改めてネズミの分布調査を実施した。

調査に先立ち、サイズの異なる2種類のパンチュートラップ、かまぼこ板を少し大きくしたような厚手の板に餌を挟んだ強力なばね仕掛けが仕組まれ、餌に触れた瞬間に反転してネズミを捕殺するビクター社製のラットトラップの作動の様子を調べ、後者を選んだ。御山の調査地の中心を通る登山道の100 mに沿って4メートル間隔で4列にトラップを配置した（図7)。角切りのサツマイモにピーナツホイップクリームをまぶして餌とし、午後に仕掛け、翌朝回収した。2001年3月29日、8月10日、そして11月10日には、それぞれ、1頭（図7A)、8頭（図7B)、13頭（図7C）が掛かり、全てがクマネズミだった。11月中旬に最多となったことから、12月～2月の厳冬期には、より低標高で温暖な樹林帯などへの季節的な移動が推定された。捕殺された全22頭の内訳を表1に示す。7割がメスで、8月には12%で乳頭がまだ4個の幼獣だった。11月には、13頭中77%がメスで、しかも全体の4割を占める幼獣の全てがメスで、これらの幼獣はいずれも乳頭を10個備え、ほぼ成熟に達している

表1：クマネズミ同定に用いた計測結果

標本番号	R－1	R－2	R－3	R－4	R－5	R－6	R－7	R－8	R－9	R－10	R－11
採取年月日	2001年	2001年	2001年	2001年	2001年	2001年	2001年	2001年	2001年	2001年	2001年
	3月29日	8月10日	8月10日	8月10日	8月10日	8月10日	8月10日	8月10日	8月10日	11月10日	11月10日
Trap No.	76	11	16	20	41	52	77	91	92	3	16
性別	♂	♀	♀	♂	♂	♀	♀	♂	♀	♀	♀
年齢区分	成獣	成獣	成獣	成獣	成獣	幼獣	成獣	成獣	成獣	成獣	成獣
体重(g)	204.7	173.9	218.4	159.8	146.8	145.2	167.4	128.2	177	149.2	194.6
全長(mm)	415	351	420	365	350	362	375	334	375	370	403
尾長(mm)	218	165	225	196	189	193	193	181	190	210	213
頭胴長(mm)	197	186	195	169	161	169	182	153	185	160	190
外側耳長(mm)	22.75	21.5	24.75	18	20	20.75	21	20.5	14	21.5	22.5
内側耳長(mm)	——	23.75	27.75	22.3	22.2	22.75	24	22.5	17.5	25	25.5
耳介幅(mm)	18	18	21	17	16.5	17.5	19	18	18	17.5	20
爪有後肢長(mm)	37.5	35	38.5	35	37.5	37	37	37	36	35	38.5
爪無後肢長(mm)	35	33	36	33	35.5	35	35	35	34	33	35.5
乳頭式	0+1+0=2	2+0+3=10	2+0+3=10	0+0+0=0	0+0+0=0	0+0+2=4	2+0+3=10	0+0+0=0	2+0+3=10	1+0+3=8	2+0+3=10

標本番号	R－12	R－13	R－14	R－15	R－16	R－17	R－18	R－19	R－20	R－21	R－22
採取年月日	2001年	2001年	2001年	2001年	2001年	2001年	2001年	2001年	2001年	2001年	2001年
	11月10日	11月10日	11月10日	11月10日	11月10日	11月10日	11月10日	11月10日	11月10日	11月10日	11月10日
Trap No.	21	45	69	80	84	89	90	93	97	98	100
性別	♀	♀	♀	♂	♀	♂	♀	♀	♀	♀	♂
年齢区分	幼獣	成獣	幼獣	成獣	成獣	成獣	成獣	成獣	幼獣	幼獣	成獣
体重(g)	152.5	154.1	135.6	115.6	161.8	130.7	163.9	170.5	127.8	135.4	175.8
全長(mm)	361	358.5	362	339	365.5	364.5	378	384	347	362	381
尾長(mm)	198	188	196	182.5	186.5	196	199	204	181	193	206
頭胴長(mm)	163	170.5	166	156.5	179	168.5	179	180	166	169	175
外側耳長(mm)	20.5	19.75	22.5	20	23	20.75	21	20.75	20	20.25	20.75
内側耳長(mm)	25.5	23.25	25	24	27	24	25	25.5	23	24.25	25.25
耳介幅(mm)	17.5	17	17	17	19	16.75	18	18.5	16.25	16.75	18.25
爪有後肢長(mm)	39	34.8	36	36	36.5	36.5	36.5	36.5	35	35	37
爪無後肢長(mm)	37	32.8	34	34	34.8	34.5	34.5	34.5	33	33	35
乳頭式	2+0+3=10	2+0+3=10	2+0+3=10	0+0+0=0	1+0+3=8	0+0+0=0	2+0+3=10	2+0+3=10	2+0+3=10	2+0+3=10	0+0+0=0

表2：捕殺ラットの胃内容物の分析結果（2001 年実施）

採集月日	3 月 29 日	8 月 10 日								11 月 10 日	
個体番号	R-1	R-2	R-3	R-4	R-5	R-6	R-7	R-8	R-9	R-10	R-11
胃内容物量（ml）	4	0.5	2.5	3.5	2	4	4	1.5	3.5	4	5
**Protospirura muris*（匹）	3	6	1	0	7	0	0	0	6	5	24
ミクラザサ	○	△	◎	○	◎	○	○	○	○	○	◎
オオシマカンスゲ	◎										
イヌツゲ											
昆虫片				△		◎	○	○	○	○	○

採集月日	11 月　10 日										
個体番号	R-12	R-13	R-14	R-15	R-16	R-17	R-18	R-19	R-20	R-21	R-22
胃内容物量（ml）	2	5.5	7	2	2.5	0.2	6.5	0.5	4	0.5	3
**Protospirura muris*（匹）	1	4	5	3	6	2	17	3	3	5	7
ミクラザサ	◎	○	△	○	○	△	○	△	○	△	○
オオシマカンスゲ											
イヌツゲ		○	◎	△	○		◎	△	◎	○	◎
昆虫片		◎	○	△	○				◎	○	○

* ネズミキョダイセンチュウ，◎：非常に多い，○：多い，△：少量

表3：ミクラザサの群落構造に関わる諸特性

指標／調査年月日	2001 年 3 月 29 日	2001 年 8 月 10 日
総個体数（株）	245	297
生存個体数（株）	182	188
枯死個体数（株）	63	109
自己間引き率（%）	25.75	36.7
平均稈高（cm）	71.43	83.09
平均稈高に用いた割合（%）	53.85	74.47
平均稈数（本）	7.87	8.6
総稈長（cm）	41170	62851.9
総タケノコ数（本）	157	69
株当たりタケノコ数（本）	0.86	0.37
総芽数（本）	108	269
1 株当たりタケノコ数（本）	0.86	0.37
1 株当たり芽・タケノコ数（本）	1.46	1.8
平均タケノコ高（cm）	6.42	2.76
単軸型地下茎発生率（%）	4.95	4.78
葉　長さ（mm）	129.54 ± 29.41	158.32 ± 39.17
葉　幅（mm）	22.03 ± 5.11	26.48 ± 6.70
稈　径（mm）	2.06 ± 0.71	2.18 ± 0.85
タケノコに対する食害率（%）	52.8	47.8
全稈・タケノコに対する食害率（%）	22.1	17.7
単軸型地下茎に対する食害率（%）	81.8	54.5

ことを示した。胃内容物の概略を図 8 に、分析結果を表 2 に示す。図 8A に示すように、*Protospirura muris* ネズミキョダイセンチュウと呼ばれる巨大なセンチュウの寄生が目を惹いた。8 月時点では雌雄や成幼の区別なく 5 割で見られないので、夏以降にゴキブリなどの中間宿主となる昆虫の摂食により感染する可能性が推察される。さらに、R-11、R-18 は、それぞれ 24 匹、17 匹と特に多く、いずれもメスで、2 年を超えてこの生息地に棲みついている可能性を示唆した。食物として特に注目されるのは、全ての個体から検出されたミクラザサである。そのタケノコの稈鞘にはこの地域に出現するミヤマクマザサには見られない、稈鞘にプリュッケルヘアーと呼ばれる珪酸体を蓄積する毛状突起を集める特異な性質を持つことからミクラザサと同定される残滓だった（図 8B）。また、ミクラザサの葉の表面の細脈間に形成される特有の縦長の扇形の断面形状を持つ泡状細胞珪酸体も検出され（図 8C）、ミクラザサの葉も捕食することを示した。

2001 年 3 月と 8 月における、ミクラザサの 1 m² あたりの群落構造を調べた（図 8F）。結果を表 3 に示す。生育期の 5 か月間で、タケノコがより丈の高く、大きな葉を展開した新しい稈へと成長し、自己間引きがさらに激化しているのが見て取れる。3 月期にはタケノコや単軸型地下茎が主食となっていたものが、8 月時点では多少減少するものの、依然としてタケノコの食害率が 5 割近くを占め、重要な食物資源となっていることを示した。この時期の株におけるタケノコの切断面と、クマネズミの門歯の幅には、良い対応関係が見られ（図 8D、E）、短径 4 mm ほどの切断面（図 8D: 白矢頭）の中心の上下に筋が見られ（黄矢印の間）、この位置関係は、クマネズミの 2 本の門歯の隙間に相当する（図 8E: 黄矢印）。標高 675 m の調査地の中心付近で、1998 年以後、数年間にわたり、1 m² のサンプリングの過程で、掘り取った株の単軸型地下茎が、しばしば鋭い刃物で切断されたように切れているのを観察した。単軸型地下茎に対する食害率の高さと見事に符合する。

以上の結果は、御山におけるミクラザサ群落内には、季節的な個体数変動はあるものの、周年クマネズミがミクラザサを主食とし、個々の株のクローン構造の拡大に抑制的な影響を及ぼしながら生息していることを示した。1997 年の一斉開花に続く 7 月上旬の種子発芽時に群落内に調査に入った時には、クマネズミが群落内を飛び回るような騒がしさ、気配はまったく感じなかった。しかし、今回の調査結果は、その年の繁殖シーズンの結果が晩秋の 11 月頃に現れる可能性のあることを示唆している。平年のメス 1 腹あたりの産仔数を知ることができれば、成熟メスの乳頭が通常は 10 個であることを考慮し、もし、散布した大量の穎果を捕食し、フルに増殖した場合に、どれほどの密度になるか予測可能かもしれない。

（7）同時出生個体群の初期成長（図 9）

異なった親植物から生じた種子が同一の生育地に散布し、同時に発芽した個体群を同時出生個体群（コホート）と呼び、回復個体群の成長の担い手となる。ミクラザサの実生個体群もコホートに相違ない。御山の標高 675 m 地点の広い尾根を定期的な調査地として定め、1 m² あたりのミクラザサ実生群落を全部根こそぎ採取し、研究室に持ち帰り、各種の計測データを得るという方法で、調査を継続した。穎果（種子）が発芽して間もなくの頃でも（表 4）、半ばリター中に埋もれて発芽した芽生えの間でも、稈高 2 cm から 20 cm まで、既に長さにして 10 倍の開きを生じている（小林・谷本 1999）。発芽 = 出生とみなすと、発芽直後から 2 か月ほどの間は、順次発芽し、芽生えの増加が認められた。芽生えの成長期は 7〜9 月の約 3 か月間と推察され、その結果は翌年の 3 月に示されている（表 5）。驚くべきことに、穎果の果皮をつけ

表4：1997 年 7 月 4 日の芽生えの構成

発芽直後（本）	488
第 1 葉展開（本）	432
第 2 葉展開、稈高 2-20cm（本）	38
枯死・発育不全・アルビノ（本）	27
不発芽穎果（個）	266
合計　不発芽穎果を除く	985
含む	1,251
稈高（cm）± SD	6.4 ± 3.2

表5：一斉開花1年後（1998年3月15日）の実生苗の稈数とタケノコの食害率

稈数/株	株数(稈数)	健全タケノコ数	欠損タケノコ数(%)*	稈高(cm)
1本稈	262			20
2本稈	610	400	210(34.4)	33.5
3本稈	360(428)	246	358(59.3)	41.5
4本稈	126(152)	124	228(64.8)	45.8
5本稈	72(92)	96	160(62.5)	46.3
6本稈	4	6	14(70)	43.5
7本稈	4	10	8(44.4)	47.5
合計	1,438(1,560)	882	978(52.6)	43 ± 7.5(n=20)

た芽生え期にもかかわらず、1本から7本までの多数の稈をつけた株が存在した。一般に、タケノコが成長して当年生の稈が生育しながら分枝する枝を“同時枝”と呼ぶが、ミクラザサの芽生え期には、稈基部の節から同時枝に匹敵する稈を最大7本発生させることが分かった。このうち、3本稈の株が最も多く、稈高は41.5 cmだった。稈数が増えるにつれ、稈高が増し、7本稈では47.5 cmに達している。ところが、全体で1,438株存在し、多数の稈を基部から分枝するにもかかわらず、総稈数は1,560本しかない。これは、相当数の稈が基部で切断されているためである。この切断はタケノコの時期にクマネズミによって食害された食痕を持ち、その捕食の結果と判断された。健全なタケノコが882本に対して、欠損タケノコ数は978本に上り、実に52.6%がクマネズミにより食害されていた。発芽翌年3月から10年後の2007年8月9日にかけての大雑把な計測記録を表6に示す。1998年における3

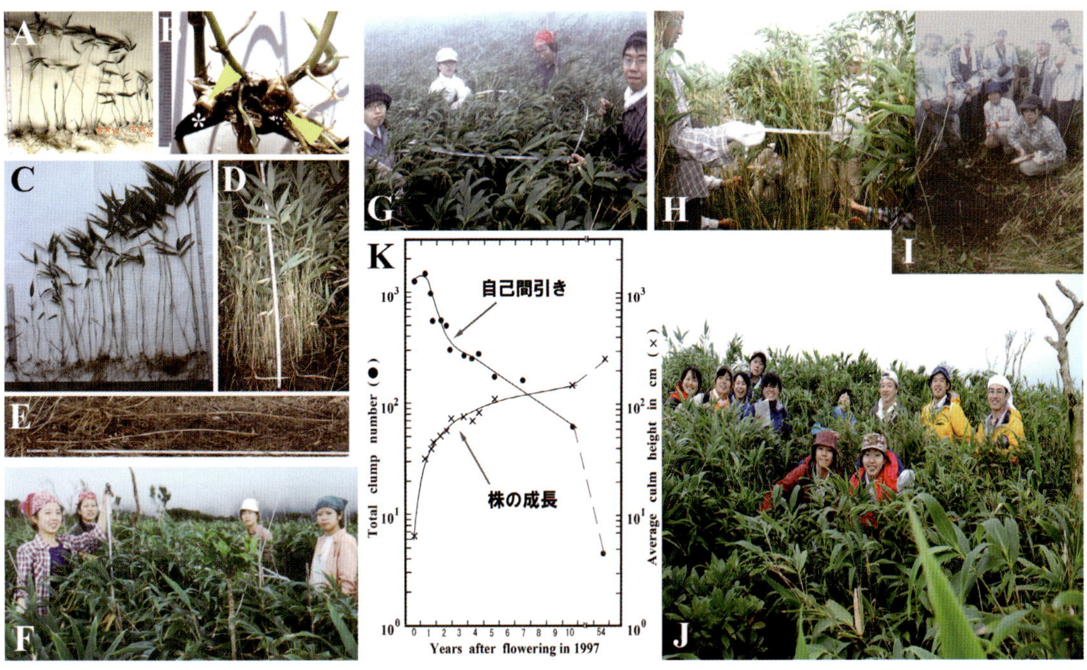

図9：個体群動態調査。A: 1998年3月の実生個体，B: 古い穎果（*）の果皮を付け、タケノコ（矢頭）が食害された個体。C: 1998年7月。D: 1998年9月、単軸型地下茎発生。E: 1999年3月、単軸型地下茎は50 cm以上。F: 2000年8月。G: 2004年9月。H: 2007年8月。I: 調査時にできた空白は数年間埋まらない。J: 2009年総合調査。写真右端の枯れ木の位置は1ha調査プロットの東辺の中点に一致。後列右より齋藤智之、陶山佳久、蒔田明史、松尾歩の各博士、および森林資源植物学研究室の学生・院生諸君。Fig. 9. Population recovery process. A: seedling clumps at March 1998, B: seedling with degrading caryopsis (*), or caryopsis coat and predation scar of young shoot (arrowheads), C: July 1998, D: clumps with monopodial rhizomes at Sept. 1998, E: clumps with elongated monopodial rhizomes at March 1999, F: Aug. 2000, G: Sept. 2004, H: Aug. 2007, I: disturbed stand takes several years in recovering, J: ecological inspection in Sept. 2009. Right-sided dead tree stands the mid-point of east side of the 1 ha plot. Persons, right to left; Drs. T. Saito, Y. Suyama, A. Makita and A. Matsuso, and others are students and post-graduate students of the laboratory.

表6：実生の初期成長比較

計測値	採集年	1998			1999			2001		2002	2007
	月日	3月15日	7月22日	9月11日	3月9日	7月6日	10月27日	3月29日	8月10日	8月8日	8月9日
総株数		1,438	959	543	392	351	217	245	297	104	62
枯死株率（%）		4	8	29	29.62	29.38	28.15	25.8	36.7	40	31.1
健全タケノコ保有株率（%）		56.3	8	26	1.27*	0.83*	1.31*	0.86*	0.37*		
果皮付着株率（%）		17-25	9	5	0	0					
20cm以上全稈数		1,560	1,280	832						230	79
平均稈高（cm）±SD		34 ± 12	41 ± 15	50 ± 14	51.26	56.55	74.34	71.4	83.1	107(135+)	144.8
総稈長（cm）		55,702	49,449	37,785				41,170	62,852		
葉幅± SD（mm）		11 ± 3	17 ± 6	19 ± 6	15.7 ± 0.2	23.3 ± 0.4	23.9 ± 0.4	22.0 ± 5.1	26.5 ± 6.7		
葉長±SD（mm）		91 ± 19	103 ± 32	120 ± 35	107.9 ± 1.4	138.3 ± 2.1	152.1 ± 2.7	129.5 ± 29.4	158.3 ± 39.2		
単軸型地下茎発生率(%)					0.77	1.14	4.61	4.95	4.78	16 (872**)	1,288**

* 全タケノコ数，** 総延長(cm)，＋最上層 10 株の稈高(cm).

表7：回復個体群の稈と地下茎の構成比較

調査項目	最大株 / 回復個体群		回復個体群		成熟群落
計測値 / 年月	2002 年 8 月	回復率(%)	2007 年 8 月	回復率(%)	1997 年 7 月
個体数(株)	10/104	45/4.3	62	7.3	4.5
稈数(本)	41/230	32/55	79	62	127(62)*
稈高(cm)	135/107	54/43	144.8	57,6	250
稈径(mm)	5.9/4.9	49/41	6.2	51.7	12
仮軸型地下茎(個)	103/756	34/40	579	52,3	303
ネック長(mm)	15-30	42-67	20.3	45	36-45
単軸型地下茎(cm)	872	50	1,288	74	1,740

* 稈が折れた後に仮軸型地下茎に残った地際稈の数より推定，( )内は開花稈数.

度の調査結果は、発芽翌年の 9 月までに大半の実生苗が果皮を脱落させ、芽生え期を脱することを示した。当初、1,438 株の芽生えは発芽翌年の 6 か月間で 3 分の 1 に個体数を減じ、最大自己間引き率（枯死率）を 40%まで増加させた後、10 年目の約 30%を経て、以後およそ 20%で緩やかに 40 年間を推移し、成熟個体へと移行するものと推察される（表 7、図 9K）。一斉開花時の親株の地下茎や稈のサイズ構成から、その時々の個体群の回復率を試算することが可能である（表 7）。幼若個体群は、より若い全体の個体数と稈数を減らしながら、個体群の最上層に絶えずより大型の稈を抽出するように変化するので、全体の回復幼若個体群と、その間での最大株の比率、ならびにそれぞれの稈高、稈径、単軸型地下茎の発達の程度、そして、仮軸型地下茎のネック長を主とした構成比率を調べて、どこまで回復したかを評価する必要がある。全体として、回復の程度は、数の上からは、自己間引きによる個体数の減少の程度を除き、50%～70%に達したように見える。しかし、単軸型地下茎を例にとると、地下茎の直径が大きく異なり、今後、長い年月の間に徐々に成長するものとみなされる。

（8）再生稈の出現と未開花クローンの存在（図 10）

一斉開花後、登熟した穎果は脱落散布され、休眠することなく 6 月下旬から 7 月上旬には発芽を開始した。その後、脱落した果実を覆い隠すかのように、枯れた葉や果序が枝ごと脱落して林床に堆積し、結果として、枝の無い単一の稈の林立する群落の景観に変容した。その頃になると、果軸が脱落せずに枝の残存する稈が目立つようになった（A: 矢頭）。さらに、7 月の実生個体群の成長期には（B）、再生稈は残存した枝に長さ 5 cm 程度の小型の葉を密生させていた(C)。個々の枝の変化に注目すると、

図10：再生稈・未開花クローン。A: 一度は枯れ、再び緑葉を展開した稈、すなわち再生稈の出現（矢頭）、1999 年３月。B: 勢いよく一斉に成長する実生個体群、1999 年７月。C: 長さ数 cm の細かい葉を密生する再生稈の枝。D: 褐変した稈の節の周辺に緑色の斑点が現れ（矢頭）拡大する。E: 多数の再生稈（矢頭）の集中斑が顕在化する。F: 数本の稈からなる未開花クローン。G: 長滝山山頂付近の岩稜には矮生の未開花稈が分布する。Fig. 10. Regenerated culms and un-flowered clone. A: once dead- and again green leaved-culm, i.e. regenerated culm emerged at March 1999, B: rapidly growing seedlings at July 1999, C: regenerated culm has a branch with many small leaves as ca.5 cm in length, D: a tiny green spot (arrowhead) appears to spread wider ones, E: aggregate of regenerated culms (arrowheads) appeared, as majority of dead culms prostrate, F: un-flowered clone with several sterile culms was recognized, G: un-flowered dwarf population occurred around the rocky summit of Mt. Nagataki, vicinity of Mt. Oyama.

褐変した節の枝の基部付近に小さな緑色の斑点が現れ（D 矢頭）、やがて、枝全体が黄緑色に変化し、枝先の各節から小型の緑葉が芽吹いた。1ha の調査地内をくまなく調べると、再生稈は全部で 27 本存在し、数本から十数本におよぶ再生稈の集中斑が散在することが分かった（E）。他方、6 本の未開花稈からなるクローンが見出され（F）、登山道に沿って約 4 m にわたり同一の地下茎から発生したと思われる背の低い数本の稈の列が存在した。この調査区内における 1 m^2 あたりの開花稈数は 62 本であったことから、1 ha あたりの開花稈はおよそ 62 万本と試算される。したがって、再生稈および未開花稈の出現頻度は、それぞれ 0.004％および 0.001％と推定される。一斉開花に伴う枯死が、致死遺伝子の正常な発現と考える時、再生稈の出現は、致死遺伝子の不完全な発現、すなわち漏出性（もしくは遺漏）*leaky* とみなすことができる（内藤 2002）。致死突然変異遺伝子の完全な発現は個体の死、という結果で現れるので、その発現機構の解明は困難である。この点から、再生稈の出現は個体群の一斉開花枯死現象の遺伝的メカニズム解明のための有力な手がかりになるかもしれない。他方、御山と深い谷を隔てて隣接する長滝山の山頂部はナイフリッジのように痩せた岩稜である。この岩峰を取り巻くミクラザサ群落は一斉開花枯死しているが、この尾根筋にのみ一斉開花時にも未開花だった矮生群落が分布している（G）。2009 年 9 月にこの状況を検分した陶山佳久博士は、ある種のボトルネック効果の現れではなかろうか、と推察した。

（9）地下茎の発達過程（図 11）

穎果が発芽した時、地下茎に代わる構造は穎果そのものであり、初生の芽生えには地下茎と呼べる構造は見当たらない。また、一斉開花した親株の地下茎は、地表からおよそ 20 cm の深さに仮軸型地下茎のネックが 1 辺 4.5 cm の六角形が水平に配列した蜂の巣状の構造を持っており、各頂点より稈が伸び、整然とした群落を作る。言うなれば、ゼロからスタートして、このような地下茎がどのような過程を経て形成されるのだろうか。一斉開花後、発芽して 10 年目にあたる 2007 年 7 月に 1 m^2 あたりの群落を抜き取って地下茎の構造を調べた。親植物体の地下茎の厚さは約 20 cm だったが、既に親の地下茎の残滓すら無く、その代わりに多数の実生個体株の地下茎と根が密集したマット状の根茎に置き換わっていた（A）。根気よく先端の鋭く尖った解剖鋏を使って根を切除し（B）、全体に軽く揺さぶりをかけて、2 群に引き離し（C）、大小の個々の株がどのように組み合わさっているか注意深く観察し、写真撮影やスケッチを交え記録しながら、株単位をバラバラに分解する（D）。それぞれの地下茎は、ちょうどヒトの掌の指を少し開き、両手指を互い違いに差し込んで組み合わせたように互いに複雑に入り組んでいた。その中で、針金のように細い 1、2 本の稈からなる小型の地下茎は最上層に位置し、太い稈を含み、単軸型地下茎を交えた仮軸型地下茎、すなわち、両軸型地下茎からなる株は、最下層に位置することが分かった。とりわけ、1 m^2 中、最大級の地下茎のうち、最上部から最下部まで繋がった株を選び（F）、その年次変化の様子を調べた（G、H）。2 年目の仮軸型地下茎（稈基部）は 1 年目の細い稈の基部付近から立ち上がるように出るため、位置は初生の稈基部よりやや高くなる。既に見たように（表 5）、芽生え期の苗（株）は発芽した約 3 ヶ月の間に、1 本から 7 本までの稈を出す。このうちの最も遅く、かつ、太い稈を形成した稈の地下茎から翌年･2 年目の地下茎を生じ、

図11：一斉開花 10 年後の地下茎発達段階。A: 2007 年 7 月に採取された地下茎塊。B: 根を除去する。C: 二つに引き離す。D: 各株を分離する、右上は最上層の小株、左上は中株、下段は最下層の大株。E: 大株を引き離す前の状態に配置して真上から見る。F: 1m^2 中の最大株の地下茎、矢印は 2 年目稈基部を示す。G: 2 年生稈基部以後の 10 年間の経年とネック長（mm）。H: 地下茎の年次（図中の数字）ごとの地表からの深さ（cm）。I: 枯死した親植物体（1998 年 7 月）の地下茎のスケッチ。J: 裏面図。Fig. 11. Rhizome structure at 10-years old recovery population in July 2007. A: a sample nodule of rhizomes with roots, B: removing roots, C: dividing two portions, D: separating each clump, in which upper right are smaller ones on the nodule surface, upper left are middle sized, while lower ones are the largest ones at the bottom of the nodule. E: re-organizing the largest clumps as in the sample nodule, F: the largest clump among the 1m^2-sample rhizomes, G: 10-years of change in neck length (mm), H: 10-years of change in rhizome depth from surface, I: schematic drawing of dead parental clump at July 1998, J: under side view.

➡

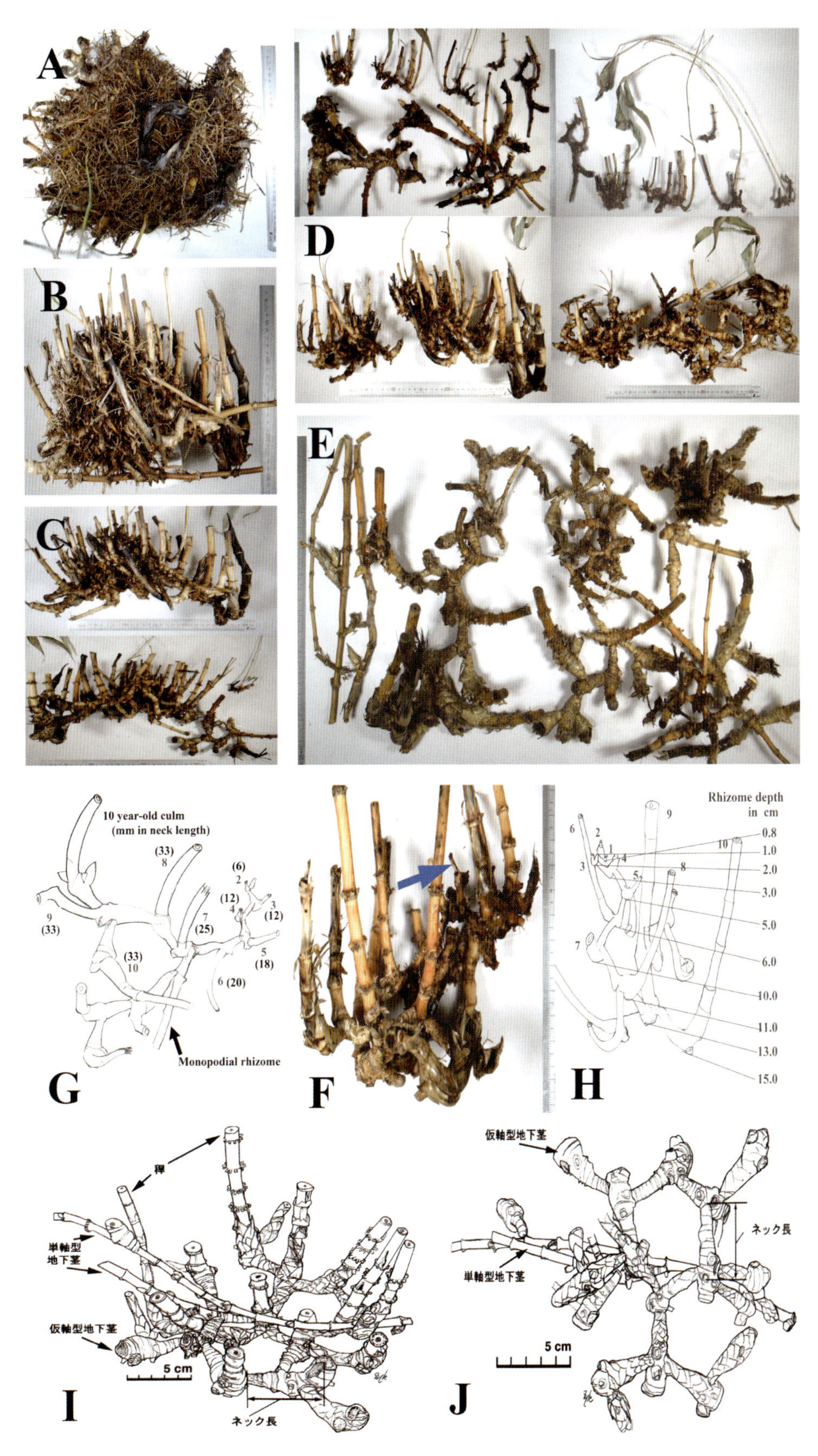
A
B
C
D
E
F
G
10 year-old culm
(mm in neck length)
(33)
8
(6)
2
(12)
4
3
(12)
9
(33)
7
(25)
(33)
10
5
(18)
6 (20)
Monopodial rhizome
H
Rhizome depth
in cm
9
6
2
1
4
10
3
8
5
7
0.8
1.0
2.0
3.0
5.0
6.0
10.0
11.0
13.0
15.0
I
稈
単軸型
地下茎
仮軸型地下茎
5 cm
ネック長
J
仮軸型地下茎
ネック長
単軸型地下茎
5 cm

それ以外の稈は、数年間のうちに枯死消滅するに違いない。その後、徐々にネックが長く下方に伸びて地下茎が立ち上がるので、年を追うごとに深層に向かうようになる。5年目にさしかかる頃から、1本の仮軸型地下茎から両側に開き気味に2本の地下茎を生ずるようになり、また、時にそのうちの1本は単軸型地下茎となり、より大規模なクローンの形成に向かう。2年目の、最初の地下茎のネック長が6 mmから出発したものが、6年目には20 mmに、10年目には33 mmに達する（G）。同時に、2年目には表層から0.8 mmの深さだったものが、6年後には6 cm、10年後には15 cmの深部に達するようになる（H）。年々ネック長を伸ばしなら螺旋を描くように下方に広がり、真上から見ると、少数の五角形のリングが配列するように見える。上層に取り残された株は、水分や養分の供給を制限されるとともに、地上部の稈が大株に被陰されて光の供給を断たれ自己間引き競争に敗れて枯死し、腐植となって消滅する。このように、いち早く最下層に到達した株だけが残され、かつての親株のあった深さ20 cmの最下層で安定し、螺旋構造が解消される。

（10）一斉開花模式図（図12）

一斉開花のあった1997年における御蔵島村住民に対する聞き取り調査の結果、その年に80歳の徳山義一氏が二十歳の時に、御山のササが枯れて無くなった事を記憶していたことから、ミクラザ

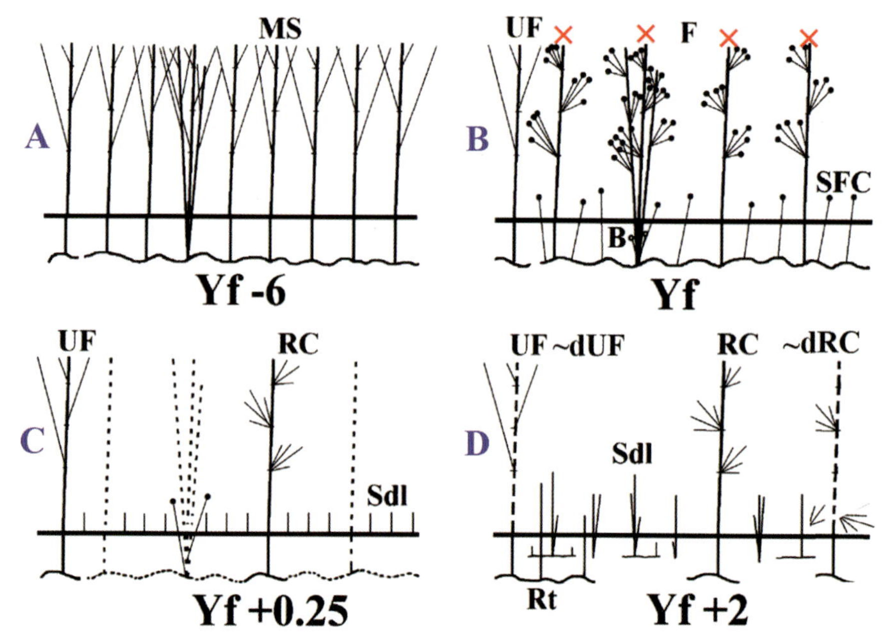

図12：一斉開花模式図。A: 一斉開花6年前の成熟不稔個体。B: 一斉開花年、梢端の飛んだ開花稈に混じって無傷な未開花稈がある。小型の独立花穂、潜伏花蕾が存在。C: 一斉開花3ヶ月後、実生出現。D: 開花2年後、枯死稈倒伏、再生稈・未開花稈の顕在化。Fig. 12. Schematic representation on monocarpic mass flowering and early recovery process of *Sasa jotanii* population in Mt. Oyama, Mikurajima Isl., in which life span is estimated as 60 years based on an 80 years-old dweller, Mr.Giichi Tokuyama's memory. A: six years before mass flowering at the spring of 1997, MS: matured sterile culms, B: the year of mass flowering. F: flowered culms of which majority are pollard their culm apices to produce pleioclade-like inflorescences at each node, UF: un-flowered culms with intact apices, SFC: short and slender flowering culm emerged directly from monopodial rhizome, B: cryptic flower buds on rhizome system, C: three months after mass flowering. RC: regenerated culms with unrestricted monoclade branch complements on each node originated from the once-dead flowered culms, Sdl: seedlings germinated synchronously from dispersed non-dormant caryopses, D: two years after the mass flowering where a few seedlings have developed amphipodial rhizome system under vigorous self-thinning, Rt: ramets emerged from monopodial rhizomes and/or unflowered clumps. –dRC: regenerated culms and ~dUF: un-flowered culms are degrading and disappeared in a few years.

サの一斉開花周期が60年と推定された。一斉開花時の親群落の稈は整然と均等に配置していた。これは、稈を生ずる仮軸型地下茎が1辺を4.5 cmとする正六角形が蜂の巣状に配列することに起因する。地上部の稈の寿命は数年であるが、稈が折れても地際稈として残存し、さらにその稈が消失しても仮軸型地下茎は残る。1997年春の御山における一斉開花の6年前に、タケノコの生産が減少しはじめ、開花前年にはゼロになった。一斉開花時の親の地際稈は127本だったのに対して、開花稈が62本だったのは、一斉開花の6年前に栄養繁殖器官へのエネルギー投資を打ち切り、クローン全体の維持エネルギーの五割を花茎生産に回したことを示唆している。また、その際、具体的な時期や直接原因は不明だが（最も可能性の高いのは梅雨時の風雨と秋季の台風）、開花に関わる稈の梢端はことごとく切断され、各節における1節1枝分枝を節間のほとんど伸びない縮節を繰り返すことによる多数の枝、したがって多数の花芽を形成することを可能としたに違いない。このようにして成熟不稔個体の最後の時期の開花準備が完了した。その際、ごく少数の部分開花稈が生じた（A）。一斉開花は3月中旬～4月中旬の1か月間で終了した。地中の単軸型地下茎からも多数の細く短い独立した花茎が生じ、開花した。雄しべを垂れ下げる小花の開花は短時間で終了し、すぐさま穎果は登熟に向かうとともに、花序や葉、稈は枯れはじめた（B）。約1か月間で登熟した穎果は脱落・散布し、それを追うように、葉や果序の残骸が脱落し、穎果を覆い隠した。穎果は休眠することなく6月下旬～7月上旬に一斉に発芽した。この頃には大半の親の稈は落枝し、褐変した枝の無い稈の林立が目立った（C）。一斉開花から2年後、枯死稈が倒伏し、実生個体群が青々と葉を茂らせて成長する頃、群落のところどころで再生稈の存在が目立つようになった。そのうえ、さらに低頻度で未開花クローンの存在も顕在化した。これらは、いずれも数年のうちに枯死・消滅した。実生個体の間では成長の良い、親の葉と同様な広く長い葉を付けた個体を中心に単軸型地下茎を持つものが現れ、自己間引き競争が激化した（D）。

（11）八丈島三原山個体群（図13）

八丈島三原山におけるミクラザサの発見の経緯は（1）に詳述したとおりである。図2Aの矢印で示した三原山山頂部の地図と写真を改めて図13 AおよびBに示す。1985年5月、三原山中腹・樫立地区標高300 m付近からハチジョウスズダケの部分開花が始まり、1997年には三原山山頂付近に鬱蒼と優占していた群落が全面開花枯死し、林分が疎開した。それまで山頂付近で痕跡的な存在だったミクラザサ（図2B）が急激に個体群を拡張し始めた（図13C）。2005年8月にこの群落を調査した結果（中田2006）、最も生育の良い株は頂上直下の分布起点から下方へ85 m付近に位置し、稈高3 m、稈径2.2 cmに達し、さらに仮軸型地下茎のネック長は最大8 cmに及んだ。だが、これらの地下茎は五角形状で、撹乱環境下で群落の変動の過程にあることを示した。八丈島および御蔵島における平均気温と年間降水量は、それぞれ18.3℃、3,126.9 mm、17.5℃、2,810.8 mmで、三原山山頂が標高700.9 mであるのに対して、御山は850.9 mである。御蔵島に比し、より温暖湿潤な環境条件下で、ミクラザサの稈や地下茎も肥大化している可能性が高く、各種の局所個体群の発達段階は、このような環境条件の違いを考慮する必要のあることを示唆している。ともあれ、一斉開花枯死によりハチジョウスズダケの群落が衰退した折しも、八丈町文化財専門委員の葛西重雄氏、写真家の石井正徳氏、そして大賀郷中学校教諭の川畑喜照氏らによるラン科植物ならびにシダ植物の全島調査が実施されていた。その過程で、三原山山頂周辺におけるミクラザサの新たな分布地が発見された。山頂直下の尾根から西に張り出した痩せた岩稜（図13D）、および山頂北斜面の深い谷・大川上流の断崖絶壁の上の“猫の額”ほど、たかだか20 m^{2}の斜度44°の急斜面である（E: N33° 05′ 53″ -E139° 48′ 49″、方位N10W）。1999年7月に初めて訪れた時には、稈高40 cmほどの矮生群落だったが（D1）、10年後の2009年9月時点では、痩せ尾根全体を鬱蒼と覆う群落に成長していた（D2）。大川上流の個体群の2005年8月調査（E2）では稈高平均60 cm、稈径4 mm、1 m^{2}当たり126本を

図13：八丈島におけるミクラザサ個体群調査。 A: 三原山山頂周辺地図、アルファベットは以下の写真に対応する。B: 三原山火口丘。C: 火口丘尾根筋のミクラザサ群落。D1: 火口丘派生尾根上の個体群、人物は発見者の一人、石井正徳氏、1999 年 10 月。D2: 派生尾根に鬱蒼と繁る群落、2009 年 9 月。E1: 大川上流の分布地（矢印）。E2: 約 20 m² ほどの群落だが、断崖絶壁上で、群落調査は慎重をきわめる、2005 年 8 月。E3: 総合調査、風衝矮生群落で稈高約 60 cm、葉は革質で内側に強く巻く、2009 年 9 月。E4: 隣接する低木林に進出した稈高 1.5 m の当年生稈は群落の拡大を示す。Fig. 13. Distribution of *S. jotanii* around the summit of Mt. Miharayama, Hachijojima Isl. A: map showing locations of *S. jotanii* around the summit where alphabets show the following photos, B: south view of the summit, C: *S. jotanii* population alongside a south-west trail from the summit, D1: small population standing on a derivative ridge from the summit discovered by Mr. M.Ishii and another person in 1999, D2: grown robust population on the same ridge at Sept. 2009, E1: another patchy population standing on a cliff in the Ohkawa Valley at alt. 460 m, E2: a 1m²-quadrat survey was carefully taken on the cliff on Aug. 2005, E3: ecological inspection on Sept. 2009 on the patchy grove of 60 cm height, E4: current year culm in 1.5 m culm height emerge spreading into vicinity forest.

数えた（中田 2006）。2009 年時点でも、稈高に変化は見られなかったが（E3）、尾根の山側に立地するタブノキなどの常緑低木林に侵入を始めた稈高 1.5 m ほどの当年生の稈が見られ（E4）、群落の拡大傾向を示した。

3　一斉開花枯死後の回復個体群の遺伝構造の解析

英単語 ‘population’ は、使用される領域によってさまざまな日本語が当てられる。ヒトの集まりに関する統計用語は ‘人口’ である。生態学では同一種の個体の集まりを ‘個体群’ と呼び、ある場所に現実に生育する植物群落は ‘局所（または地域）個体群’ と言う。他方、遺伝学では ‘集団’ という言葉が当てられ、推計学における母集団に匹敵するような抽象的な概念で使用されることが多い。したがって、本節では、ミクラザサ個体群の遺伝構造の解析を企図していることから、主として ‘集団’ という言葉で説明を試みることとする。

(1) 遺伝子解析用試料の収集（図14〜16）

御蔵島御山における回復個体群および八丈島三原山における不稔個体群のそれぞれの遺伝構造の解析のための試料採集地点を改めて図14に集約一覧する。長滝山の東斜面からの登山道沿いには、開花後の回復個体群と山頂部に続く未開花矮生個体群の移行帯が存在し、厳密な識別は困難だった。ともあれ、長滝山の南郷登山口より山頂を経て御山側に下る途上より、未開花と推定された株より6点の試料を収集した（図14b〜g）。八丈島三原山では、登山道沿いに200 mのメジャーを置き、5 m間隔でメッシュを切るように沿道より70点、派生岩稜尾根からは5 m間隔で5点、さらに大川上流個体群からは1 m間隔で10点を収集した（図14D〜F）。

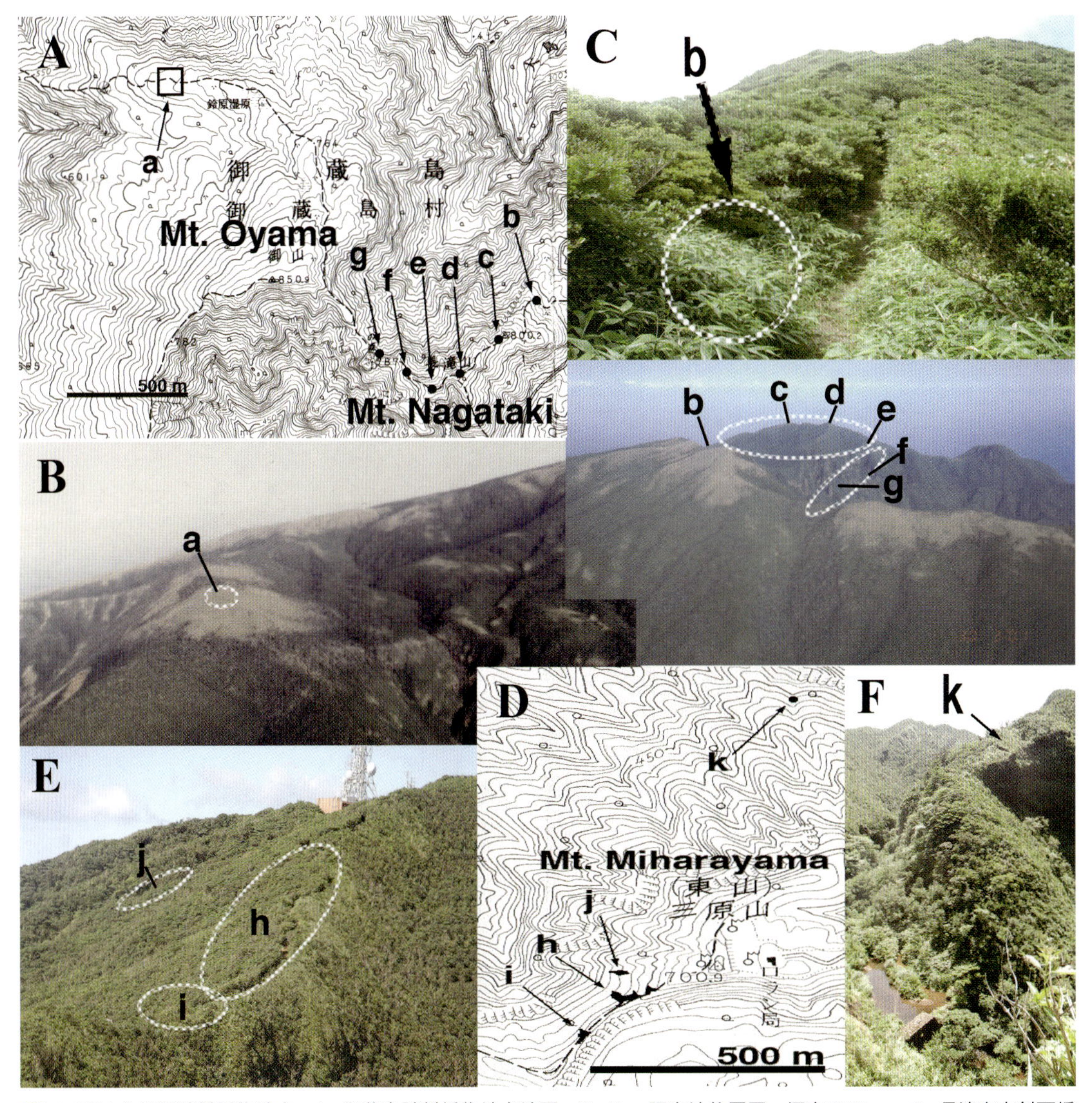

図14：SSR分析用試料採集地点。A: 御蔵島試料採集地点地図。B: 1ha 調査地位置図、標高675 m。C: 長滝山東斜面採集位置(b)。D: 八丈島三原山山頂周辺地図。E: 三原山南西斜面採集位置図。F: 大川上流採集位置図（矢印k）。Fig. 14. Sampling sites for SSR analysis of *S. jotanii* in Isls. Mikurajima and Hachijojima. A: Map of sampleing sites around Mts. Oyama and Nagataki in Isl. Mikurajima., B: Aerial view of a 1 ha-study plot at alt. 675 m (a) and around the summit of. Mt. Nagataki (b~g), C: eastern trail to the summit of Mt. Nagataki in which b shows a sampling site, D: map showing sampling sites around the summit of Mt. Miharayama, E: south-westrn aerial view of Mt. Miharayama, F: sampling site at upper cliff of the Ohkawa Valley (k).

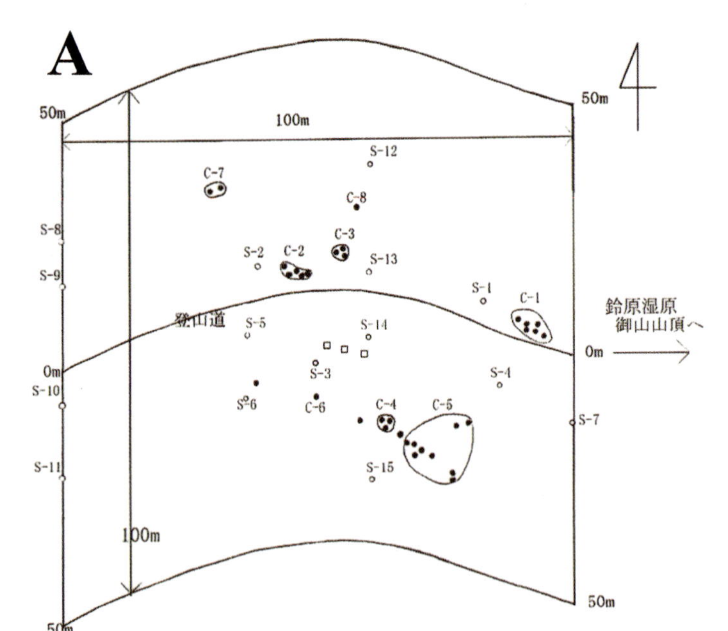

図15：再生稈出現時の 1 ha 試料採集位置図、1997 年 7 月。A: 標高 675 m 地点の尾根筋登山道 100 m に平行に南北各 50 m にわたり未開花クローン（C1）、再生稈（C2 ～ C8）、およびそれぞれの位置の中間、もしくは最も遠い位置にある実生個体(S)の位置を示す。B: 過去の実生サンプリング跡地､跡地は数年間埋まらない。S-14 付近の小四角は、過去の 1 m² コドラート調査地を示す。Fig. 15. A: 1 ha -sampling plot settled on July 1999 when regenerated culms appeared. Un-flowered clone (C1), regererated culms (C2~C7), distantly separating seedlings (S). Small quadrats denoting near S14 show past sampling traces. B: a past sampling trace of Sept. 2001. Sampling disturbance is not recovered for several years.

御蔵島御山におけるミクラザサの一斉開花群落の分布する尾根の中心地、標高 675 m 地点に 2 度にわたり 1 ha の調査プロットを設け、遺伝構造の解析のための試料採集を行った。1999 年 7 月、大半の開花枯死稈が倒伏し、再生稈の存在が明確になった時期に、登山道の 100 m 区間を起点とし、左右に奥行 50 m ずつ、100 m にわたり、全体で 1 ha のプロットを設けた（図 15A）。再生稈、再生稈に隣接した周囲の実生・近傍実生、異なった再生稈、もしくは再生稈の集中斑の中間に位置する遠隔実生、未開花クローンの各稈、各稈に隣接した近傍実生等から、新鮮な葉を採取し、エタノール消毒・蒸留水塗布洗浄・シリカゲル乾燥による DNA 抽出用試料を作製した。図中、登山道の南側、S-14 付近に小さな方形枠が記されているが、個体群の動態調査のために繰り返しサンプリングした跡で、図 15B に示すように、根こそぎ実生個体を掘り取った跡地は数年間、空白のままで、周囲からのラメットの侵入により空地が解消されることは無い。この時の収集試料は再生稈（C）19 点、再生稈に隣接する実生（V）40 点、再生稈からの影響が最も少ないと判断される遠隔実生（S）15 点とした。さらに、2002 年 8 月には、1999 年のプロットの東端の登山道を起点とした南北 100m を 1 辺とする 1ha プロットを設置し、その中に 5 m間隔のメッシュを張り、各横縦メッシュ交点から 377 点、再生稈より 24 点、各再生稈に近接した実生より 8 点、未開花クローンの各稈より 6 点を採集した（図 16）。これらの試料につき、同様の処理を施して DNA 抽出用試料を作製し、すべて CTAB 法により全 DNA を抽出・精製し、解析した。

以下に紹介する遺伝構造の解析は、全て、松尾歩博士および陶山佳久博士との共同研究によって得られた成果で、解析作業は主として松尾博士が担当した。陶山博士によりクマイザサ核ゲノム SSR の 8 遺伝子座（*BWSS-4, CS2, O3E, Sasa223, Sasa500, Sasa718, Sasa946, ST57*）用に開発された PCR 増幅用プライマー対につき、多重蛍光染色法により解析した。

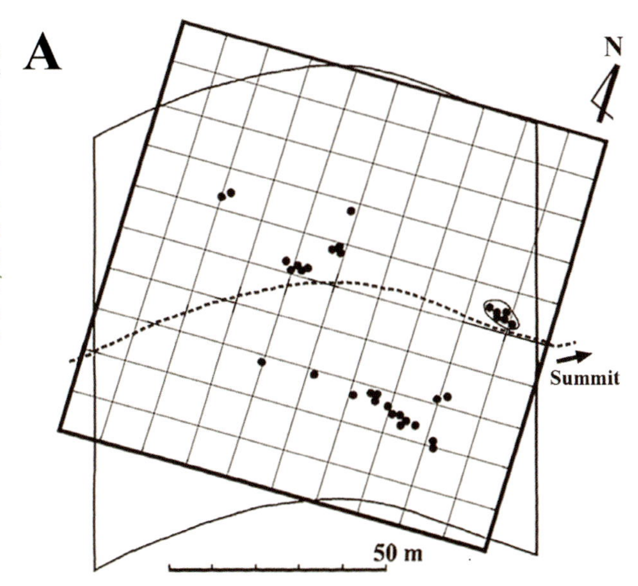

図16：2002年8月の1 ha メッシュプロット。A: 1999年7月のプロットの東辺中点を起点に東西南北の正方形で1 ha プロットを再び設置し、5 m 間隔で試料を採集した。B: 2002年の採集風景、数人が並び、一斉に採集しながら移動する。Fig. 16. 1 ha mesh-plot settled in Aug. 2002. A: 1 ha-mesh plot is re-settled on Aug. 2002 starting from east-side of the old plot and collected samples at every 5 m of cross point. B: Several persons line up in collecting samples and moving at once. ➡

(2) ジェネット識別（表8）

一般に、有性繁殖を経て生じた種子が発芽してできた個体をジェネットと呼ぶ。また、クローンとは分枝系のことである。ミクラザサは穎果の発芽後2年目には単軸型地下茎を伸ばし、ところどころで冬芽が発達してタケノコ、そして新たな稈を伸ばし、それを核にして新たな株ができる。そこからさらに単軸型地下茎を伸ばし、さらに別の株ができる。このようにして地下茎で繋がった全体をクローン（分枝系）と呼ぶ。このクローン全体は、種子から成長してできたものなので巨大なジェネットである。このジェネットはいくつかの株からなっており、その一つ一つをラメットと呼ぶ。ラメットは何らかの要因で地下茎から切り離されても独立した植物体として生活可能であり、やがて新しいラメットを形成する。異なったラメットであっても、もとのジェネットと同一の遺伝子組成を保持していれば、もとの株とひとまとめにして同一のジェネットと判定する。切り離されたラメットからどれだけ多くの新たなラメットが形成されようとも、別個のジェネットとはみなされない。表8は全試料に対する解析結果であるが、右端に同一遺伝子組成の試料を単一のジェネット由来のクローンと判定し、全部でクローンサイズの異なる8ジェネットが識別された。それ以外は全て1試料が互いに異なった1ジェネットとみなされる。ジェネット1の5試料中、C1～C3は未開花稈で単一の連結したクローンであることが分かった（図15）。だが、他の2試料（V1-1, V1-5）はいずれも近傍実生由来の試料である。ここに識別された未開花クローンに直結した側近の親クローンが開花・結実して散布された穎果から生じた、少なくとも8遺伝子座を親と共有する実生が検出されたもの、と判断される。ジェネット2は6試料からなり、再生稈C2-1～C2-6は連結した単一のクローン由来のジェネットであることを示した。V2-1はその近傍実生であり、再生稈の元となった同一の親の開花稈で開花・結実して生じた実生個体であると判断される。ジェネット3は再生稈C3-1～3で、3本の稈の連結した同一クローンを示す。ジェネット4のC-4とC5-1～2は近い位置にあるが、互いに異なった再生稈の集中

表8(1)：SSR 核ゲノム８遺伝子座によるミクラザサ集団のジェネット識別* その１

試料名	SSR 遺伝子座(bps) サンプル情報	BWSS 4a	BWSS 4b	CS 2a	CS 2b	Sasa 223a	Sasa 223b	Sasa 500a	Sasa 500b	Sasa 718a	Sasa 718b	Sasa 946a	Sasa 946b	ST 57a	ST 5b	03E a	03E b	ジェネット識別
81	NK5　長滝山下方	97	107	171	171	157	157	140	140	150	150	139	139	208	208	182	190	
64	S12	97	107	171	179	159	161	140	140	148	150	139	139	210	210	178	178	
21A	12-18 メッシュ	97	107	177	181	157	157	140	140	148	150	138	140	208	210	179	181	
18	C8	97	107	179	179	157	157	140	140	148	150	139	139	210	210	176	178	
4	C2-1：再生稈	97	111	181	181	155	157	140	140	148	150	139	141	208	210	178	178	2
5	C2-2	97	111	181	181	155	157	140	140	148	150	139	141	208	210	178	178	2
6	C2-3	97	111	181	181	155	157	140	140	148	150	139	141	208	210	178	178	2
7	C2-4	97	111	181	181	155	157	140	140	148	150	139	141	208	210	178	178	2
8	C2-5	97	111	181	181	155	157	140	140	148	150	139	141	208	210	178	178	2
24	V2-1　近傍実生	97	111	181	181	155	157	140	140	148	150	139	141	208	210	178	178	2
10A	4-14 メッシュ	99	107	171	179	157	159	140	140	150	156	138	138	208	208	181	181	
3A	2-6 メッシュ	107	107	167	167	157	157	140	140	150	152	138	138	208	208	177	179	
62	S9	107	107	169	171	155	159	140	140	150	152	139	139	210	210	178	182	
44	V6-3	107	107	169	171	159	159	140	140	148	152	139	143	208	208	178	178	
36	V4-5	107	107	169	177	155	157	140	140	148	150	139	139	208	210	178	178	
16	C7	107	107	169	177	157	159	140	140	148	150	139	139	208	210	178	182	
21	V1-3	107	107	169	179	143	155	140	140	150	150	139	139	208	210	178	188	
38	V5-2	107	107	169	179	155	155	140	140	148	148	139	139	210	230	176	178	
12	C4	107	107	169	179	155	157	140	140	148	156	139	139	208	208	178	178	4
13	C5-1	107	107	169	179	155	157	140	140	148	156	139	139	208	208	178	178	4
14	C5-2	107	107	169	179	155	157	140	140	148	156	139	139	208	208	178	178	4
57	S3	107	107	169	179	155	157	140	140	150	160	139	139	210	210	178	184	
1	C1-1：未開花稈	107	107	169	179	155	159	140	140	148	150	139	139	210	210	178	178	1
2	C1-2	107	107	169	179	155	159	140	140	148	150	139	139	210	210	178	178	1
3	C1-3	107	107	169	179	155	159	140	140	148	150	139	139	210	210	178	178	1
19	V1-1：近傍実生	107	107	169	179	155	159	140	140	148	150	139	139	210	210	178	178	1
23	V1-5	107	107	169	179	155	159	140	140	148	150	139	139	210	210	178	178	1
75	17-20.	107	107	169	179	157	157	140	140	148	162	139	139	208	210	178	182	
20	V1-2	107	107	169	179	157	159	140	140	148	156	139	139	210	210	178	178	
60	S7	107	107	169	179	157	159	140	140	150	156	139	139	208	210	178	178	
86	H225	107	107	171	177	155	157	140	140	148	148	139	139	206	208	182	182	
19A	12-6 メッシュ	107	107	171	179	143	157	140	140	150	158	138	140	208	210	179	181	
13A	9-14 メッシュ	107	107	171	179	155	157	140	140	148	148	138	138	208	210	179	179	
80	NK4 長滝山下方	107	107	171	179	155	157	140	140	152	154	139	141	208	210	182	182	
66	0-10.	107	107	171	179	155	159	140	140	150	158	139	139	208	210	178	178	
70	2-15.	107	107	171	179	155	159	140	140	152	158	139	139	208	208	178	184	
39	V5-3	107	107	171	179	159	159	140	140	148	148	139	139	208	210	182	182	
4A	2-8 メッシュ	107	107	171	181	159	161	140	140	150	150	138	138	208	210	179	179	
46	V6-5	107	107	173	177	157	157	140	140	150	150	139	139	208	210	178	182	
78	NK1：長滝山下り	107	107	173	177	157	157	140	140	150	152	139	139	208	214	182	182	6
79	NK2	107	107	173	177	157	157	140	140	150	152	139	139	208	214	182	182	6
47	V7-1	107	107	173	179	157	159	140	140	148	150	139	143	210	210	176	182	
71	2-20.	107	107	177	177	143	157	140	140	150	150	139	139	208	210	178	178	
2A	2-1 メッシュ	107	107	177	177	155	157	140	140	152	156	138	138	208	214	179	185	
32	V3-5	107	107	177	177	155	159	140	140	150	150	139	139	206	210	182	182	
74	15-15.	107	107	177	177			140	140	171	171			206	208	176	176	
14A	9-16 メッシュ	107	107	177	179	155	157	140	140	148	156	138	138	208	210	179	179	
15A	10-0 メッシュ	107	107	177	179	155	159	140	140	148	150	138	138	208	210	177	179	
7A	4-1 メッシュ	107	107	177	179	157	159	140	140	150	152	138	138	208	210	179	179	
61	S8	107	107	177	179	157	159	140	140	150	156	139	139	208	210	178	178	
24A	14-6 メッシュ	107	107	177	181	155	155	140	140	150	162	138	138	210	210	179	182	
29	V3-2	107	107	177	181	155	159	140	140	148	150	139	143	208	210	176	178	
31	V3-4	107	107	177	181	159	161	140	140	156	156	139	139	208	210	184	184	
73	14-20.	107	107	177	181	159	161	140	140	156	160	139	143	208	210	182	188	
28	V2-5	107	107	177	185	143	161	140	140	150	150	139	139	208	210	176	178	
65	0-0.：メッシュ	107	107	177	185	155	157	140	140	150	171	139	139	208	208	178	178	
33	V4-1	107	107	179	179	155	157	140	140	148	150	139	139	208	210	178	188	
37	V5-1	107	107	179	179	155	159	140	140	148	150	139	139	208	210	178	178	
41	V5-5	107	107	179	179	155	159	140	140	150	150	139	139	208	210	178	184	
15	C6	107	107	179	179	155	159	140	140	150	160	139	141	206	210	182	184	

*This result was obtained from a collaboration research with Drs. Ayumi Matsuo, Yoshihisa Suyama and M.Kobayashi.

表8(2)：SSR 核ゲノム８遺伝子座によるミクラザサ集団のジェネット識別* その２

試料名	SSR 遺伝子座(bps) サンプル情報	*BWSS 4a*	*BWSS 4b*	*CS 2a*	*CS 2b*	*Sasa 223a*	*Sasa 223b*	*Sasa 500a*	*Sasa 500b*	*Sasa 718a*	*Sasa 718b*	*Sasa 946a*	*Sasa 946b*	*ST 57a*	*ST 5b*	*03E a*	*03E b*	ジェネット識別
82	H0-2：八丈山頂	107	107	179	179	157	157	140	140	148	152	139	139	208	208	178	182	
27	V2-4	107	107	179	179	157	157	140	140	150	158	139	139	210	210	178	178	
54	V8-4	107	107	179	179	157	157	140	140	158	158	139	139	208	210	178	178	
26	V2-3	107	107	179	179	157	159	140	140	148	150	139	139	208	210	178	184	
22	V1-4	107	107	179	179	159	159	140	140	148	150	139	139	208	210	178	178	
69	2-10.	107	107	179	179	159	159	140	140	148	150	139	139	210	210	182	184	
58	S4	107	107	179	179	159	159	140	140	148	152	139	139	210	210	178	184	
34	V4-2	107	107	179	179	159	159	140	140	150	150	139	139	208	210	178	182	
42	V6-1	107	107	179	179	159	159	140	140	150	160	139	141	206	210	182	182	
8A	4-8	107	107	179	179	159	159	140	140	152	152	142	142	208	208	179	181	
9	C3-1	107	107	179	179	159	159	140	140	152	156	139	139	208	210	178	182	3
10	C3-2	107	107	179	179	159	159	140	140	152	156	139	139	208	210	178	182	3
11	C3-3	107	107	179	179	159	159	140	140	152	156	139	139	208	210	178	182	3
68	2-5.	107	107	179	179	159	161	140	140	156	168	139	139	208	208	182	184	
48	V7-2	107	107	179	183	157	159	140	140	152	152	139	139	208	210	178	178	
9A	4-12 メッシュ	107	107	179	185	155	157	140	140	148	152	138	142	210	210	179	181	
40	V5-4	107	107	179	185	157	159	140	140	150	150	139	139	208	210	178	178	
30	V3-3	107	107	179	185	157	159	140	140	150	168	139	139	208	230	176	178	
22A	14-2 メッシュ	107	107	179	185	157	161	140	140	148	150	142	142	210	214	179	179	
17	C7-4	107	107	181	181	143	159	140	140	148	150	139	143	208	210	178	178	
63	S11	107	107	181	181	159	159	140	140	152	171	139	139	208	210	181	188	
6A	2-16 メッシュ	107	107	181	185	155	155	140	140	150	150	138	138	208	208	177	179	
35	V4-3	107	107	181	185	157	159	140	140	150	160	139	139	210	210	176	178	
76	N-1：長滝山上り	107	109	171	173	157	161	140	140	150	160	139	139	208	208	178	184	
77	Sum：長滝山頂	107	109	171	173	157	161	140	140	150	160	139	139	208	214	182	182	
12A	8-19 メッシュ	107	109	171	185	157	157	140	140	150	158	138	138	208	210	179	187	
23A	14-4 メッシュ	107	109	177	177	143	155	140	140	152	156	138	138	208	210	182	182	
72	14-15.	107	109	177	177	159	159	159	140	150	152	139	139	208	210	182	182	
17A	10-7 メッシュ	107	109	177	179	155	157	140	140	152	152	138	138	208	210	179	182	
16A	10-4 メッシュ	107	109	177	181	143	155	140	140	150	152	138	138	210	210	181	182	
55	V8-5	107	109	179	179	143	157	140	140	148	152	139	139	208	208	178	186	
67	0-15.	107	109	179	179	155	159	140	140	148	156	139	139	208	210	178	182	
43	V6-2	107	109	179	179	155	161	140	140	150	150	139	139	208	210	178	184	
5A	2-12 メッシュ	107	109	179	179	155	161	140	140	150	158	138	138	208	208	179	182	
20A	12-8 メッシュ	107	109	179	179	157	159	140	140	148	150	138	138	208	208	182	185	
45	V6-4	107	109	179	185	157	159	140	140	150	150	139	141	208	210	182	184	
53	V8-2	107	109	181	181	143	155	140	140	148	152	139	139	208	208	176	178	
11A	4-18 メッシュ	107	111	167	171	159	159	140	140	148	160	138	138	210	210	179	179	
59	S5	107	111	169	181	155	159	140	140	148	160	139	139	210	210	178	178	
50	V7-4	107	111	173	177	157	157	140	140	148	152	139	139	208	210	178	182	5
51	V7-5	107	111	173	177	157	157	140	140	148	152	139	139	208	210	178	182	5
25	V2-2	107	111	177	181	155	157	140	140	148	150	143	143	210	210	178	178	
52	V8-1	107	111	179	179	155	155	140	140	148	150	139	139	210	210	176	182	
56	S1：隔離実生	107	111	179	179	157	159	140	140	148	152	139	139	210	210	178	182	
83	H15　八丈山頂	107	111	179	179	157	159	140	140	148	152	139	143	210	210	178	182	
18A	10-18 メッシュ	107	111	179	185	157	159	140	140	150	150	138	138	208	210	179	182	
1A	0-1 メッシュ	107	111	179	185	159	159	140	140	152	156	138	138	210	210	179	179	
84	H62　八丈山頂	109	109	179	179	155	157	140	140	148	154	139	139	208	210	178	182	7
85	H192　八丈山頂	109	109	179	179	155	157	140	140	148	154	139	139	208	210	178	182	7
87	S25：八丈派生	109	109	179	179	155	157	140	140	148	154	139	139	208	210	178	182	7
88	S35　八丈派生	109	109	179	179	155	157	140	140	148	154	139	139	208	210	178	182	7
89	S38　八丈派生	109	109	179	179	155	157	140	140	148	154	139	139	208	210	178	182	7
90	Oh1：八丈大川	109	109	179	179	155	157	140	140	148	154	139	139	208	210	182	182	8
91	Oh2	109	109	179	179	155	157	140	140	148	154	139	139	208	210	182	182	8
92	Oh3	109	109	179	179	155	157	140	140	148	154	139	139	208	210	182	182	8
93	Oh5	109	109	179	179	155	157	140	140	148	154	139	139	208	210	182	182	8
94	Oh6-1	109	109	179	179	155	157	140	140	148	154	139	139	208	210	182	182	8
95	Oh7	109	109	179	179	155	157	140	140	148	154	139	139	208	210	182	182	8
96	Oh9	109	109	179	179	155	157	140	140	148	154	139	139	208	210	182	182	8
49	V7-3	109	109	179	179	155	157	140	140	150	152	139	139	208	208	178	178	

*This result was obtained from a collaboration research with Drs. Ayumi Matsuo, Yoshihisa Suyama and M.Kobayashi.

斑とみなされたが（図 15）、同一のクローンであることを示した。ジェネット 5 の V7-4〜5 は再生稈 C7 の近傍実生だが、再生稈とは無縁な別の親由来の兄弟実生であることを示した。ジェネット 6 は長滝山の同一の未開花クローンであることが分かった。ジェネット 7 の H62 は八丈島三原山火口丘個体群で山頂付近の出現開始位置から下方に 62 m の位置に生育する稈、同じく H192 は 192m 位置に出現した稈、そして、S25〜S38 の 3 試料は山頂直下から西に派生した痩せ尾根上の 25〜38 m の位置を占める個体群である。火口丘の尾根から派生した痩せ尾根は、ミクラザサの群落のある尾根筋まで 50 m 以上離れて立地する。したがって、派生尾根の先端から火口丘の 192 m 地点まで、総延長 280m 以上の巨大なクローンを構成するジェネットが存在することが明らかになった。他方、ジェネット 8 の 7 試料は同一のジェネットに属し、大川上流の断崖絶壁上の小群落は単一のクローンであることを示した。Suyama *et al.*(2000) は、長野県菅平におけるクマイザサの不稔個体群において、AFLP 法によるクローン構造の解析を行った結果、一見したところ均一に見える広大な群落が、一方では 200m を超える長大なクローンを構成するのに対して、ほとんど地下茎を伸ばさず、株立ちのような小規模なクローンが碁盤の目のように配列する構造の存在を明らかにした。これと同様な群落構造の一端を八丈島のミクラザサ個体群が示すことが分かった。他方、御蔵島御山の 1ha プロットにおける解析結果に注目すると、未開花・再生稈、という一斉開花・枯死という形質に関して、対立的な形質を発現した稈を親に持つ実生個体がそれぞれの親の近傍に出現することを示している。これは一斉開花枯死という世代交代の断絶的なイベントに際して、世代を超えて、親の立地する地勢的位置関係を、世代を超えて次世代である回復個体群に受け渡すことを意味している。

表9：ミクラザサ集団における各島内の遺伝的多様性*

集団	遺伝子座	試料数	Na	*Ho*	*He*	F_{IS}	HWE
御蔵島	*SS4*	88	5	0.261	0.300	0.128	ns
	CS2	88	8	0.443	0.764	0.420	***
	223	88	5	0.693	0.713	0.027	ns
	718	88	10	0.727	0.759	0.042	ns
	946	88	3	0.125	0.178	0.299	***
	57	88	5	0.591	0.548	-0.078	ns
	3E	88	8	0.534	0.617	0.134	ns
	平均	88.000	6.286	0.482	0.554	0.139	
	SE	0.000	0.918	0.084	0.087	0.064	
八丈島	*SS4*	6	3	0.500	0.403	-0.241	ns
	CS2	6	5	0.667	0.736	0.094	ns
	223	6	5	0.667	0.722	0.077	ns
	718	6	6	1.000	0.736	-0.358	ns
	946	6	3	0.333	0.500	0.333	ns
	57	6	3	0.667	0.569	-0.171	ns
	3E	6	4	0.667	0.681	0.020	ns
	平均	6.000	4.143	0.643	0.621	-0.035	
	SE	0.000	0.459	0.077	0.050	0.089	
合計	平均	47.000	5.214	0.563	0.588	0.052	
	SE	11.371	0.576	0.059	0.049	0.058	

Na = 対立遺伝子数
Ho = ヘテロ接合度・観察値 = ヘテロ接合数 / N
He = ヘテロ接合度・期待値 = $1 - \sum x_i^2$
F_{IS} = 固定指数 = (He - Ho) / He = 1 - (Ho / He)
HWE　ハーディ・ワインベルグ平衡からの偏り
有意水準 : ns= 優位性無し , * P<0.05, ** P<0.01, *** P<0.001
*This result was obtained from a collaboration research with Drs. Ayumi Matsuo, Yoshihisa Suyama and M.Kobayashi.

表10：Nei の遺伝距離分析結果*

Pairwise Population Matrix of Nei Genetic Distance	Mikura	Hachijo	
	0.000		Mikura
	0.071	0.000	Hachijo

Pairwise Population Matrix of Nei Genetic Identity	Mikura	Hachijo	
	1.000		Mikura
	0.931	1.000	Hachijo

*This result was obtained from a collaboration research with Drs. Ayumi Matsuo, Yoshihisa Suyama and M.Kobayashi.

（3）集団の遺伝的多様性

（表 9、表 10）

筆者は集団遺伝学的な分析力に乏しく、表 9 および表 10 に示された解析結果を合理的に解釈できないので、得られた結果をありのままに提示するにとどめたい。表 9 では、御蔵島と八丈島においては標本の大きさ（試料数）が大きく異なるので、明確な特徴を把握することは難しいが、両島のミクラザサ集団間における遺伝子組成に基本的な差は見られない他方で、御蔵島において、2 つの遺伝子座において、通常のメンデル集団（自由交配集団）よりも遺伝子頻度が高いことが示された。御蔵島の御山と長滝山に分布するミクラザサ集団において、地勢（地形）的、もしくは、他の何等かの要因により、一斉開花時に自由交配が制約を受ける条件の存在が示唆された。

（4）主座標分析による遺伝構造の推定（図17）

前項で明らかにされた同一のジェネットを除く94試料について第一軸、第二軸からなる主座標分析を行った結果について、各試料を記号化して示す（図17A）。八丈島の6ジェネットは、第2、第3象限を中心に比較的均等にバラつき、しかも御蔵島の試料の範囲内に収まり、表9の結果を裏付けるように見える。だが、2度にわたる1 haプロットの設置における試料の配置図（B）と対比させると、試料間の遺伝距離によって決まる全体配置と、生育地における実際の地勢（地形）的な位置関係によって決まる出現位置図とが精妙に一致することが一目瞭然である。図17Aの第二座標軸（横軸）の位置と、図17Bの1 ha中の登山道の位置を基準に、右端付近の未開花稈とその近傍実生、南東から北西に1haプロットの対角線に沿って出現する再生稈の配置、ならびにそれぞれの近傍実生の位置は、主座標分析によって解析された配置とぴったりと符合する。さらに、2度目に設置した1 haメッシュプロットをもとに採取された追加試料も、個々の試料の採取位置はずれていても、主座標上の出現位置は、かなり精密に、全象限に万遍なく配置している。このことは、8遺伝子座に

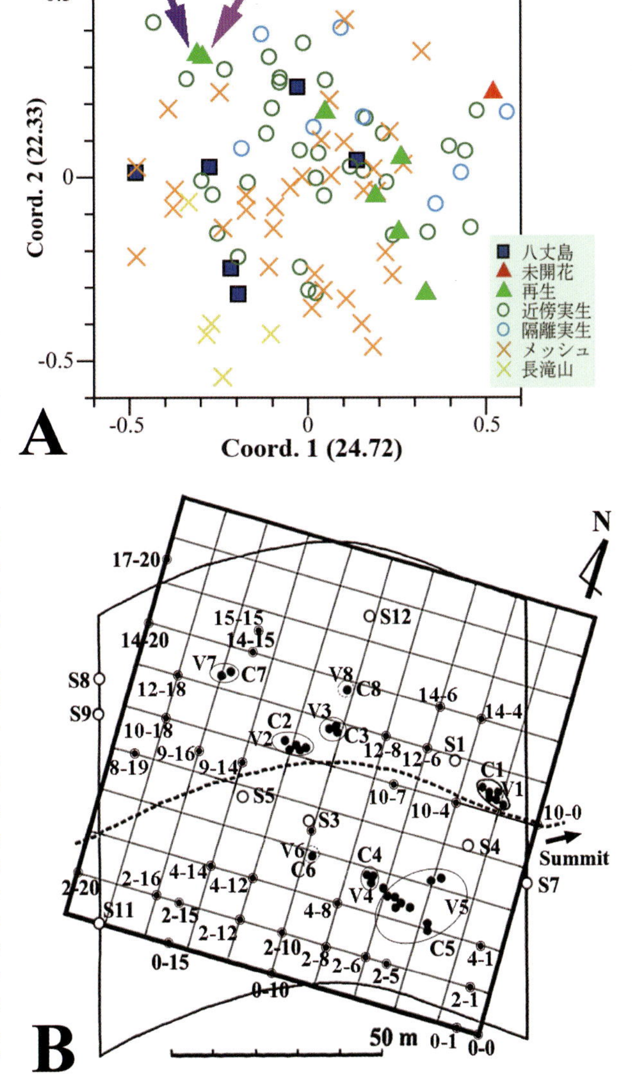

図17：主座標分析結果と採集地の対比。両者の面的な位置関係は極めて良い一致を示す。A: 94サンプルの主座標分析結果のまとめ表示。右端の赤三角は未開花稈、緑△は再生稈、左上の矢印はそれぞれ異なった家系由来の再生稈を示す。B: 二重プロット中の試料の配置。右端のC1は未開花稈、C5～C7はそれぞれ異なった再生稈を示す。メッシュ交点上の数字は横ー縦のメッシュ交点採集位置を示す。松尾歩・陶山佳久両博士と小林との共同研究結果。Fig. 17. Comparison between results of principle coordinate analysis with sample location map. Topographical arrangement between them coincides well. A: principle coordinate analysis among 94 sample genetic distances. Red triangle: unflowered culm, green triangles: regenerated culms in which upper left arrows show the two overlapped ones belong to different families. Red Xed are mesh-samples, yellow Xed are from Mt. Nagataki, black open circles are vicinity seedlings to regenerated culms, light-blue open circles are distant seedlings from regenerated culms, indigo squares are from Hachijojima Isl. B: Over lapping of two 1 ha-plots settled on July 1999 and Aug. 2002, where C1: unflowered culm, C2~C7: regenerated culms, V: vicinity seedlings to regenerated culms, S: distant seedlings from regenerated culms, paired numbers: horizontal-vertical mesh axes. This result was obtained from a collaboration research with Drs. Ayumi Matsuo, Yoshihisa Suyama and M.Kobayashi. ➡

よって規定される各ジェネット間の相互の遺伝距離が、実際の生育地の地勢（地形）的な配置によって支配されていることを意味している。一斉開花した親の開花稈の持つ遺伝子組成が、他の場所にほとんど流動することなく、その場所で子孫に伝えられ、受け継がれてゆき、これが何世代にもわたって繰り返され、定着することにより、遺伝子組成として固定化するのかもしれない。図 15B に示すように、いったん実生期に決まった各実生個体の配置関係は、株の除去など、多少の人為的撹乱があっても、直ちに崩されるものではない。だが、登山道沿いなど、ミクラザサ群落の辺縁部で撹乱の激しい場所では 200 m を超すような大きなジェネットを形成する能力を持つことは八丈島三原山の火口丘個体群の解析結果からも明らかである。これまでの実生個体群の初期の回復過程に関する調査結果から、各ジェネットの地下茎の拡大をクマネズミが食害により抑制していることが明らかにされた。各ジェネットがほとんど分散することなく出生した場所にとどまる要因の一つとしてクマネズミの関与があるに違いない。

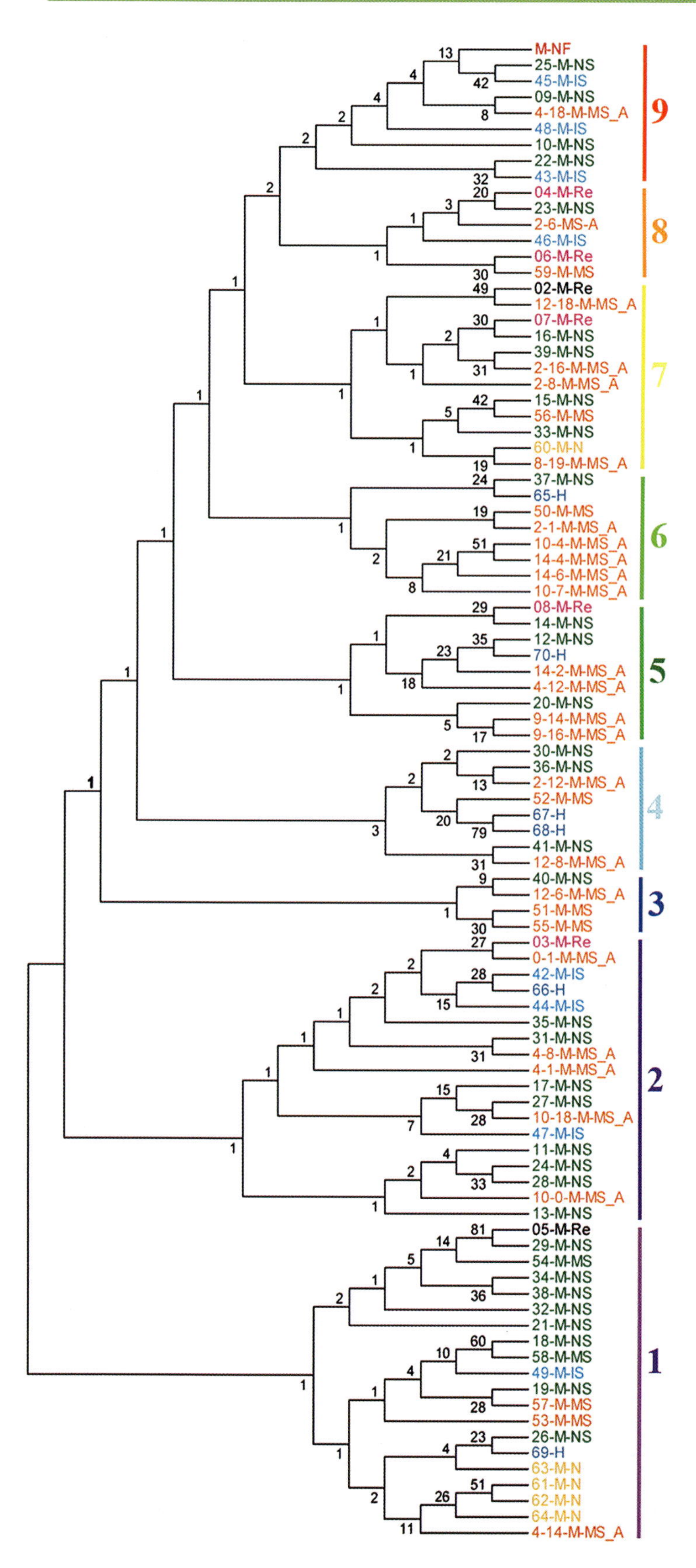

←図18：94 サンプルの 8 遺伝子座間の遺伝距離に基づく NJ 法（近隣結合法）による無根分岐図。9 組の家系と分岐順序が推定された。松尾歩・陶山佳久両博士と小林との共同研究結果。
Fig. 18. Neighbor Joining unrooted tree of genetic distances among 8 SSR genes for 94 genets of *S. jotanii*., in which 9 families and order of the topology is resolved. This result was obtained from a collaboration research with Drs. Ayumi Matsuo, Yoshihisa Suyama and M.Kobayashi.

(5) NJ分岐図による家系分岐の推定（図18）

松尾博士によるデータの解析では、94試料間の相互の関連性について二通りの手法・UPGMA法とNJ法による結果が示されていた。前者が限りなく一般のクラスター分析法に近いのに対して、後者、近隣結合法は、最短距離の試料同士を、節（ノッド）を介して次々に繋ぎ合わせてゆくアルゴリズムで、出来上がった結果は、限りなく系統樹に近い性質を持つ（Hall 2008）。そこで、本項ではNJ樹状図を採用した（図18）。試料の大半は一度の有性繁殖で生じたコホート集団だが、八丈島、長滝山、および御山の1 haプロット内に出現した未開花稈と再生稈という、親世代に相当する試料が含まれている。したがって、NJ樹状図で解析された各分岐群は、親と子の二世代で構成される家族もしくは親戚関係を含む家系に相当するものと判断される。ここに得られた樹状図は各枝の長さも、出発点に相当する根（root）も指定されておらず、特定の分岐群を抽出し、それがどのような順序で繋がっているかを明らかにすることを目的として構築された。各分岐群（家系）の右端に、家系の分岐した順番に従って番号を付した（1〜9）。なお、同一ジェネットとして識別された試料は冒頭のものを残して入力時に削除され、必ずしも全てが主座標中の試料名と表8中のものと対応しないもの（*）がある。最も基部の位置にくる家系1には、長滝山の未開花集団の大半と八丈島の試料に加え、この分岐群の末端の位置に再生稈（05-M-Re）が入った。表8の試料ナンバー（5）と説明欄を参照すると、この再生稈はC2の集中斑由来であることを示す。さらに、18、19以外は再生稈C2〜C5の近傍実生である。二番目の分岐群、家系2には、多くのメッシュ試料とともに、八丈島産の試料に加え、再生稈（*03-M-Re）が含まれた。3番目の分岐群、家系3は、試料数は4点と少ないものの、樹状図の全体的な配置からみて、家系1、2と、その他の家系群を繋ぐ位置にあるように見える。4番目の家系4は、八丈島産の2点を含む。5番目の家系5では、多くのメッシュ試料とともに、八丈島産の2試料と、再生稈試料08-M-Re（C2集中班）を含む。6番目の家系6では、大半のメッシュ試料に加え、八丈島産試料を含む。7番目の家系7では、多くのメッシュ試料に混じり、長滝山の未開花稈、再生稈（07-M-Re）および（*02-M-Re）を含む。8番目の家系8には、試料数が少ないが、C-2集中斑に属する二本の再生稈（04-M-Re）および（06-M-Re）を含む。最後の家系9には、未開花稈（M-NF）が含まれた。

(6) 空間配置はいかにして形成されたか（図19）

主座標分析に使用する各試料に名称を入れ、結果を打ち出し、座標上の試料の配置を特定する。その上に、NJ樹状図で解明された各家系を投影すると、家系の構成員の分布範囲が明らかになるとともに、各家系の展開の様子を推察できるだろう（図19）。家系1は第二・第三象限に幅広く横たわるように分布した。家系2は、原点から第一軸のプラス側〜第二象限の中心にむけて広がる。家系3は、原点を挟んで第一象限と第三象限の橋渡しをするように配置する。家系4は家系2と一部分入れ子状に隣接し、家系1の中心付近に第二・第三象限にまたがるように広がる。家系5は第一象限の原点寄りに、一方では第二軸に沿って腕を伸ばすように、他方では第四象限に伸びるように派生する。家系6は、原点を挟んで家系5と対称的に第三象限側に展開するうえに、第四象限側に第二軸に平行に派生する。家系7は第四象限を中心に分布し、一部は第一象限にさしかかり、他方では第三象限に派生する。家系8は第四象限内に収まり、直角三角形の長辺を第一軸に沿って置くように分布する。家系9は第一象限に正方形をやや斜めに置くように分布する。全体的な傾向として、第二・第三象限から第一・第四象限に向かい、原点を挟んで交互に対称的な方向に広がるように家系を分岐し拡散してきたように見える。家系8と9、家系9と2, 家系1と家系6・7のそれぞれの間に、間隙が存在する。図17に端的に示されるように、試料間の遺伝距離に基づく主座標分析の結果は、各試料の立地条件を強く反映していることをうかがわせる。これを手がかりとして、これらの間隙の意味を類推してみよう。これらの間隙のうち、一方では原点から第三象限を斜め下に向かい、他方では第二軸のプラス方向に沿うように広がる間隙は、1 haプロットを東西に貫通するように走る登山道の存在に関わる要

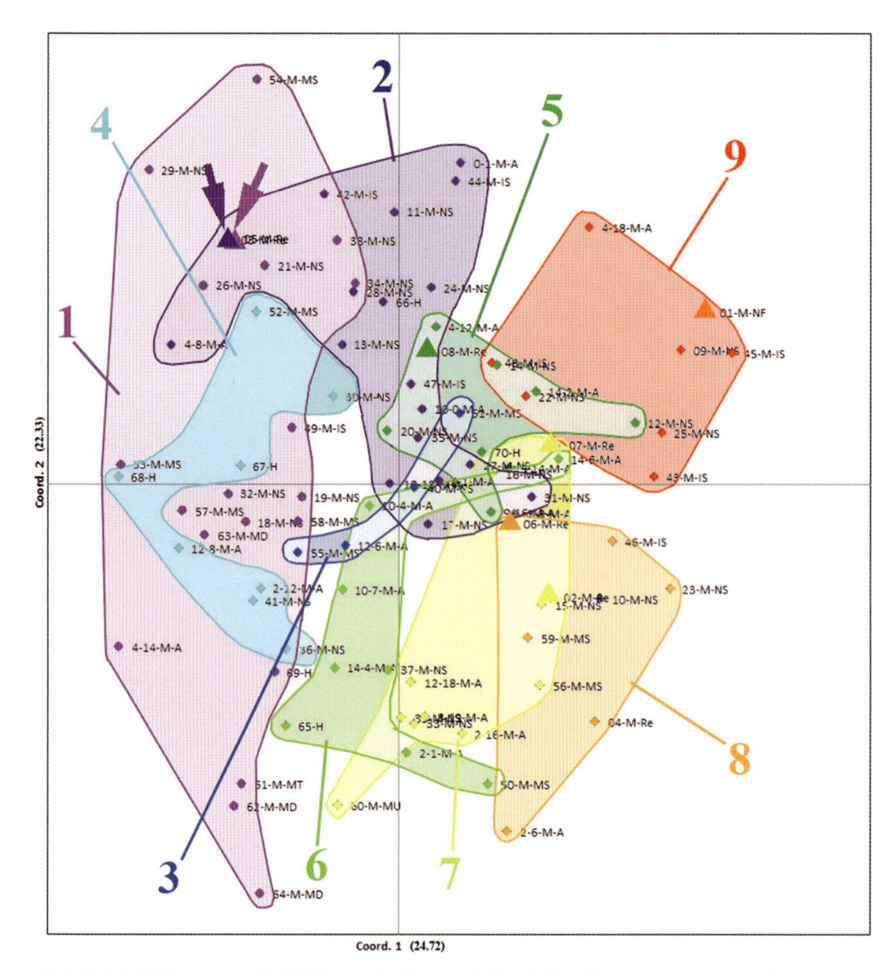

図19：主座標分析結果への NJ 家系分岐図の投影。94 試料の主座標軸間の配置に NJ 分岐図で解析された 9 家系を投影し、空間配座の過程を推定する。赤三角は未開花稈、その他の三角はそれぞれの色違いで記す家系由来の再生稈を示す。左上の矢印は近接するが、異なった家系由来の再生稈を示す。各家系番号は図５の NJ 家系分岐図中の番号と同一である。松尾歩・陶山佳久両博士と小林との共同研究結果。Fig. 19. Combination of principle coordinate analysis with NJ tree to estimate a topographical phylogenetic order of each family. Red triangle shows the un-flowered culm, other triangles show regenerated culms of related colored families. Left two arrows emphasize two distinct regenerated culms that tightly closed each other. Each family number is the same as in the NJ tree in Fig. 18. This result was obtained from a collaboration research with Drs. Ayumi Matsuo, Yoshihisa Suyama and M.Kobayashi.

因ではなかろうか。実際の登山道は、単純な直線ではなく、むしろこの間隙のように、S 字状に南西方向に曲がっている。第一象限から第三象限に至る間隙については、第三象限の下方端付近に長滝山由来の未開花試料が集中するので、御山と長滝山の間に存在する巨大なキレット（鞍部）とそれに続く長滝山の岩峰などの地形的な障壁に相当する要因かもしれない。

(7) おわりに（図 20）

図 17 で見たように、主座標上の各ジェネットの遺伝距離上の配置と、1 ha 中の各試料の出現位置は良い対応関係を示した。しかしながら、この関係は、一斉開花後間もないコホート集団を主とする試料間の配置に基づく解析によって明らかにされたものである。既に図 6 で見たように、生活史の最終段階である一斉開花時の親植物は、個体数は 1 m² あたり 4.5 株だが、単軸型地下茎が縦横に張り巡らされ、全長 17.4 m に及ぶ。実際に、八丈島三原山火口丘個体群中には全長 280 m に及ぶ巨大なジェ

図20：御蔵島御山の鈴原湿原付近の再生稈の集中斑に出現した斑入り実生・キンタイミクラザサ、2002年8月。再生稈近傍実生の遺伝的多様性を示す。様々な程度の黄色の色合いと幅の斑入り品種である。Fig. 20. A seedling of *Sasa jotanii* (Ke.Inoue & Tanimoto) M.Kobay. f. *arbostriata* M.Kobay. with various yellowish colored stripes on foliage leaves emerged at vicinity of a regenerated culm occurred near the Suzuhara Moor on Mt. Oyama, Mikurajima Isl. on Aug. 2002, suggesting the genetic diversity of the regenerated culms. ➡

ネットが見出されている。実生期から自己間引き競争を勝ち抜いて親植物にまで成熟した株の位置は不変であっても、各クローンは長い年月をかけて縦横に拡張し、1 ha を超すまでに成長するのは想像に難くない。メッシュサンプリングにより、1 ha 上の各試料の位置が明確な試料に着目し、主座標上に解析された各試料に相当する点の位置関係を付き合わせて確認してみると、必ずしも実際の試料名と 1 対 1 に対応しているとは限らないことがわかる。それぞれの再生稈の位置も同様なことが言える。これらの事実は、巨大なクローンに成長したジェネットの存在に依存するものと推察される。さらに、NJ 樹状図上では明確に区別される家系群を、主座標上に離散配置した各試料の位置を家系単位にくくってみると、互いに入れ子状に隣接する部分もあるが、互いにまったく重ならないように区切ることは不可能に近い部分も多い。言い換えれば、ここに得られた結果は、コホート集団の成長の出発点で得られたデータに基づくものであり、ある程度各ジェネットが巨大化した段階では解明し得ない事実であることを物語っている。

本節で解明された諸事実の追試には、次回の一斉開花枯死・個体群の回復の開始の年、すなわち 2057 年の春を待たねばならないだろう。その時に、この図鑑の記述が多少なりとも役立てば幸いである。ここでは、御蔵島御山の標高 675 m 地点における調査結果に焦点を当てて紹介したが、1 ha 内で生起した事柄は、同時に一斉開花を起こした他の区域でも同様に起こっているものと推察される。この調査地から御山の山頂に向かう途上で、再生稈が林立する“騒がしい場所”を何か所かで目撃した。そのうちの 1 か所は、鈴原湿原上部の、頂上に向かう分岐点付近で、やや北東に張り出した短い尾根上に存在した。多数の再生稈の集中斑の交錯した位置で二株の斑入り実生個体を発見した。そのうちの一株は様々な黄色の色調の縞模様が入り、目を見張るような美しさだった（図 20）。それを掘り起し、御蔵島村役場に管理を委ねた。貴重な島の自然遺産は、みだりに島外に持ち出さず、村で大切に育成管理すべき、と判断したためである。だが、惜しいかな、村内のえびね公園内において、管理中の事故に遭い、枯死消滅した。このような幻の“キンタイミクラザサ”にも、次期の一斉開花時に、再びお目にかかることができるかもしれない。

第6章　日本列島におけるササ属およびスズダケ属(アルンディナリア連:タケ亜科)の初期の系統分岐と分布域拡大に関する一仮説

イギリスの研究グループ Hodkinson *et al.*（2010）は、アルンディナリア連34種、バンブーサ連6種、オリラ連2種からなるタケ亜科の分岐年代を、葉緑体ゲノムの *trnL* イントロン、*trnL-F* 遺伝子間スペーサー（525形質）、核ゲノムのリボソームDNAのITS1、2および5.8S遺伝子（921形質）の塩基配列情報を基にしたベイズ法により推定した（図1）。それによると、タケ亜科が他のイネ科より分岐したのは31.40 (26.7～38.4) Ma（百万年前）で第三紀漸新世前期である。次いで汎熱帯の祖先的なバンブーサ連が中新世初期の頃17.50 (10.8～25.1) Maに分岐し、5Maまでにほぼ全てのメンバーの分岐が完了した。アルンディナリア連は、最も遅く、中新世末10.01 (5.7～15.8) Maに急速に適応放散したと推定された。前出のBPG系統樹において、この分岐群が他に比べ、枝の長さが長く、各枝の信

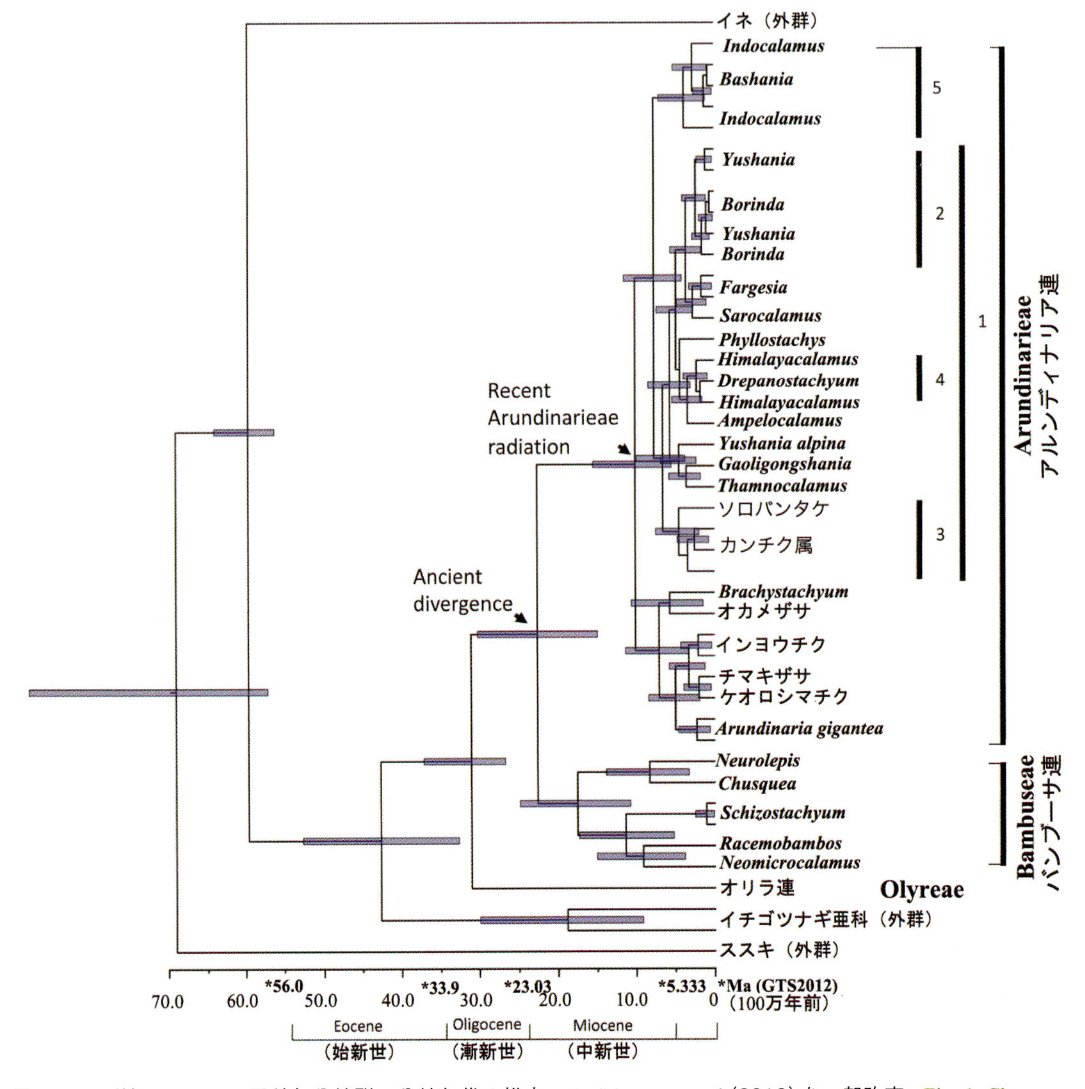

図1：ベイズ法によるタケ亜科各分岐群の分岐年代の推定、Hodkinson *et al.*（2010）を一部改変。Fig. 1. Chronogram based on a Bayesian tree resolved by Hodkinson *et al.* (2010), in which horizontal screened bars show 95 % confidence intervals of divergence times. Partly altered by the author.

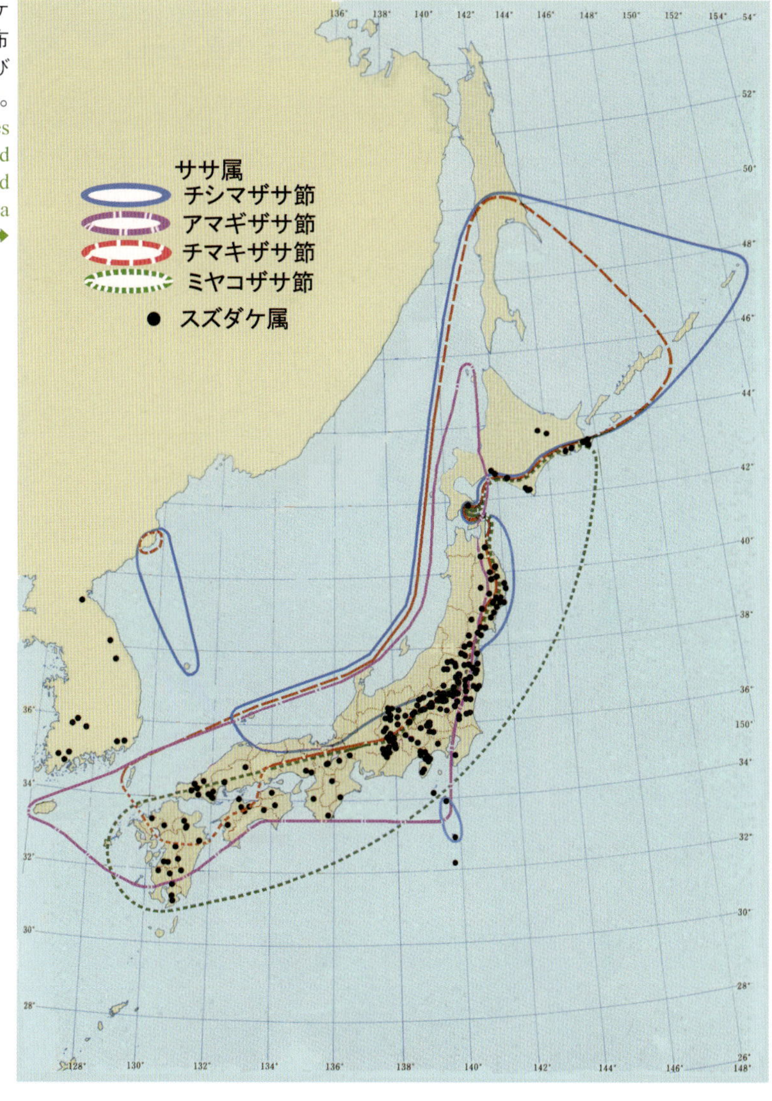

図2：ササ属 *Sasa* 各節とスズダケ属 *Sasamorpha* の現在の分布域、小林・北村（2013）および Kobayashi 2015 を一部改変。
Fig. 2. Present distribution ranges of each section of genus *Sasa* and genus *Sasamorpha*; partly altered after Kobayashi & Kitamura (2013) and Kobayashi(2015).

頼性が低いのは、この分岐群が、急速に系統進化した結果と無関係ではない、と考察されている。葉緑体遺伝子を使いながら、明らかな雑種分類群であるインヨウチクを試料に含めること自体、研究アプローチの妥当性が検討されてしかるべきだが、数少ない分岐年代の推定結果として参考になる。アルンディナリア連の分岐した早い時代の 14Ma には、日本列島域に日本海が開き、拡大をほぼ終了し、さらに、東北日本と西南日本がそれぞれ別の方向に回転し、現在の配置が決まった時期に相当する（Jolivet *et al*. 1994）。その後、12Ma 頃からフィリピン海プレートの貫入につれ、プロト伊豆ブロックの衝突が始まり、0.7Ma には伊豆半島の衝突が完了し、中央構造線の右端が房総半島にかけてハの字に曲がる関東シンタクシスが形成・終了する。本章では、この時期に照準を合わせ、日本列島におけるササ類のうち、特に固有性の強いササ属とスズダケ属に注目し、系統分岐と日本列島における分布域拡大に関する仮説を立てることとした。図2は、これまでに知られた両属に関する日本列島周辺における分布域を示す（小林・北村 2013、Kobayashi 2015）。これらの分布域がどのような経過をたどって形成されたのかを考察するうえで、第1章で紹介した日本産ササ類の系統類縁関係を基礎とし、ササ類の分布域拡大には、地続きの陸地伝いに地下茎の伸長により伝播するしかない、似たような地質地層を最短で広がる経路をとる、両属の生態的特徴を考慮する、の4点を念頭に置いた。

日本列島にササ属 *Sasa* およびスズダケ属 *Sasamorpha* が出現したのは、日本海が開き、本州弧が現在の位置に定まった約 14 Ma 以後と推測される。これまでに公表された日本産ササ類に関する最節約法に基づく系統解析結果から、ササ属はチシマザサ節 sect. *Macrochlamys* が最も早く、次いでアマギザサ節 sect. *Monilicladae* が、さらに末端でチマキザサ節 sect. *Sasa* とミヤコザサ節 sect. *Crassinodi* が姉妹分岐群として分岐した；チシマザサ節ではミクラザサ *Sasa jotanii* (Ke.Inoue & Tanimnoto)

図3：天城山脈南東山麓におけるハチジョウスズダケ *Sasamorpha borealis* var. *viridescens* の新分布地。A: 東伊豆町奈良本の生育地。B: 林縁における密生した藪。C: 稈のプロフィル。D: 稈基部(1)から上端(13)の節における腋芽の有無、*芽無；-1, 0: 地下茎の節につく芽（Kobayashi 2015）。Fig. 3. *Sasamorpha borealis* var. *viridescens* occurred on the southeastern foothills of the Amagi Mountains located on the Izu Peninsula. A: habitat view at Naramoto, Higashiizu Cho, B: a dense grove at forest margin, C: culm profile, D: bud presence on whole current-year culm nodes from base (1) to top (13), in which * show no bud; -1 and 0 show rhizomatous nodes. (Kobayashi 2015).

M.Kobay. が最初に分岐した；スズダケ属ではハチジョウスズダケ *Sasamorpha borealis* (Hack.) Nakai var. *viridescens* (Nakai) Sad.Suzuki が最初に分岐した、とみなされる。なお、核ゲノムの *FT* 遺伝子系統樹では（Hisamoto *et al.* 2008）、ミクラザサの位置は上記とは異なり、チシマザサに次ぐ分岐として解明された。いずれの枝も信頼性に足るブーツストラップ確率を示すが、同一系統樹のより速い分岐群において、イネと草本性タケ類が同一の分岐群を構成する結果が示され、*FT* 遺伝子系統樹としての特異性を考慮すべきと判断された。ミクラザサは御蔵島と八丈島固有、ハチジョウスズダケは青ヶ島から伊豆半島天城山脈の東南山麓にかけて分布する（図3）。さらに、アマギザサ節のミヤマクマザサ *S.*

図4：伊豆・小笠原弧北部におけるササ属およびスズダケ属の初期の系統分岐に関する経路仮説; 青矢線: ミクラザサ *Sasa jotanii* またはチシマザサ *S. kurilensis*、ピンク矢線: アマギザサ節 sect. *Monilicladae*、オレンジ矢線: ハチジョウスズダケ *Sasamorpha borealis* var. *viridescens* および スズダケ var. *borealis*。地図の一部と地体の衝突データは平(1990)により、第3衝突帯の北縁から各島の間との距離を計算した。フィリピン海プレートの移動速度 3.4 cm/yr は Takahashi & Saito(1997)により、地体崩壊の影響は無視した。各ササ類の学名はそれぞれの分岐地点において、任意に表示した。Fig. 4. A hypothetical pathway of early divergence of genera *Sasa* and *Sasamorpha* around Northern Izu-Bonin Arc. Collision zone 3 (Taira 1990) was used to measure the distance between each Izu Island. The estimate for the Philippine Sea Plate migration rate of 3.4 cm/yr is from Takahashi & Saito (1997). The effect of tectonic erosion is not considered. The scientific name of each Sasa group shows the hypothetical place that it first diverged. ➡

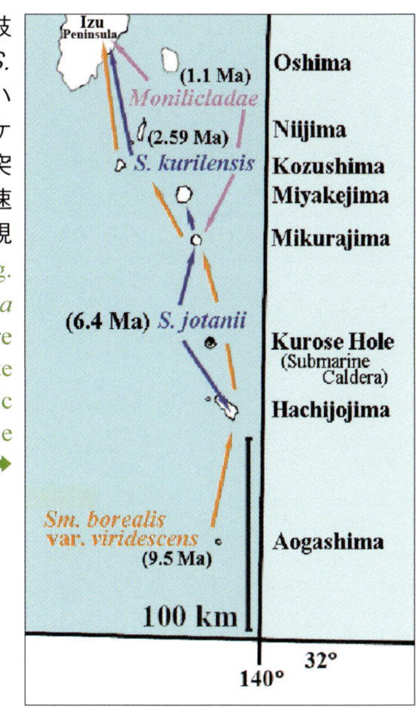

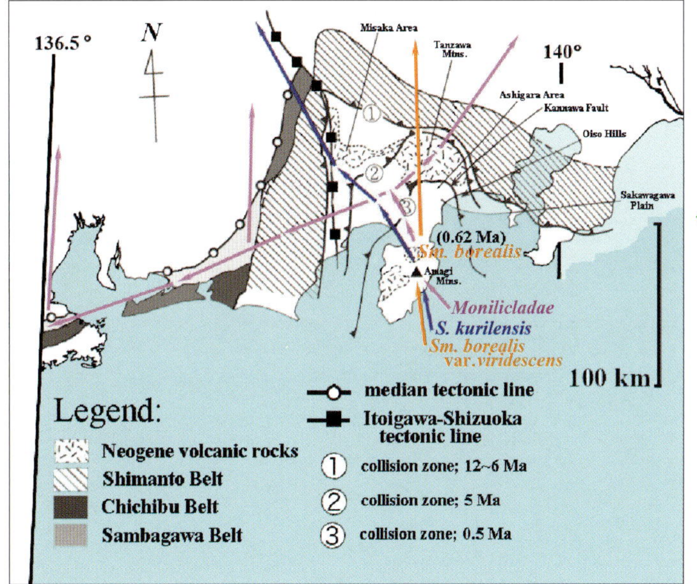

⬅図5：70 万年前の伊豆半島の本州弧への衝突後における本州弧へのササ属とスズダケ属の伝播・拡散経路図。詳細は本文参照。 Fig. 5. Hypothetical map showing early expansion pathway of genera *Sasa* and *Sasamorpha* after the collision of Izu block to the Honshu Arc in 0.7Ma. A part of the map and the collision data are from Taira (1990), in which zone 3 was used to measure the distance between each Izu Island, omitting the later colliding zones of 4 and 5.

hayatae Makino とイブキザサ *S. tsuboiana* Makino が、それぞれ御蔵島、神津島から天城山脈にかけて分布する。これらのデータは、両属とも、系統分岐の出発点が伊豆諸島にあることを示唆する。他方、これまでの古地理学上の知見では、伊豆半島から青ヶ島までの間が陸続きとなった時代は知られていない。現在の古地理学、古地磁気学、プレートテクトニクスの知見では、伊豆諸島は、伊豆ブロックの後に、ほぼ現在の伊豆諸島の配置のまま直列に配列し、フィリピン海プレートの移動とともに北上しつつあり、伊豆ブロックとそれに続く前伊豆諸島との間のいかなる相互作用の存在も示唆していない。これらを前提に、伊豆ブロックが年間 3.4 cm の速度で北上しながら、現在の伊豆諸島の位置を通過するとき、それぞれの島に相当する地体を形成し、もしくは、それぞれの位置で、小規模の付加体を形成しながら本州弧と衝突した、という仮説を立て、それをもとに、伊豆諸島におけるササ属とスズダケ属の分岐と日本列島全域への分散経路を考察した（図4、5）。

まず、9.5 Ma に、現在の青ヶ島の位置で、ハチジョウスズダケが出現した（図4）。0.7 Ma の伊豆ブロックの本州弧との衝突後、0.62 Ma に天城山脈の南東面でスズダケ *Sm. borealis* (Hack.) Nakai を分岐した（図5）。次いで、6.4 Ma 頃、伊豆ブロックが八丈島と御蔵島の中間付近に位置した時期にミクラザサが出現した（図4）。ミクラザサは三宅島付近に分布を広げた後、2.59Ma の第四紀の始まりの寒冷な時期にチシマザサ *S. kurilensis* (Rupr.) Makino & Shibata を分岐し、チシマザサは伊豆ブロックの衝突と

図6：日本列島域の古地理図と チシマザサ *Sasa kurilensis*（青矢線）、アマギザサ節 sect. *Moniliciadae*（ピンク矢線）、およびスズダケ *Sasamorpha borealis*（オレンジ矢線）の更新世中期における推定分布域拡大ルート；紫色の線は更新世初期における海岸線を示す。地図は地学団体研究会（1965）に拠った。Fig. 6. Paleogeographical map of the Japanese Islands area with supposed expansion pathway of *Sasa kurilensis* (blue arrows), sect. *Monilicladae* (pink arrows), and *Sasamorpha borealis* (orange arrows) during Middle Pleistocine age in which the shorelines were denoted with purple lines combined with Early Pleistocine age after the Association for Geological Collaboration of Japan (1965).

図7：新潟県糸魚川市高畑児童遊園上隣（標高80 m）に出現する矮生チシマザサ群落（矢印）。本州におけるチシマザサの最低分布地と推定される。 Fig. 7. *Sasa kurilensis* clump (arrow) occurred on an upper slope neighbor to the Takabatake Children Park, Itoigawa City, Niigata Pref., considered as the lowest locality in Honshu, Japan.

ともに本州に分散を開始した（図5）。他方、チシマザサの分岐後、伊豆ブロックが衝突する前にアマギザサ節が分岐した（図4）。ミヤマクマザサは御蔵島方面にも分布を広げた。しかし、地史的な変動に遮られて八丈島までは至らなかった。ミヤマクマザサに次いでイブキザサが分岐し、両者は伊豆ブロックの衝突完了後に、伊豆半島に侵入し、ともに天城山脈に広く分布を拡大した（図5）。

日本産ササ類の中で、最も高い耐凍性を持つチシマザサとスズダケは（紺野 1977）、第四紀の寒冷期に分岐・分散した（図6）。スズダケは列島全域から朝鮮半島にかけて分散したのに対して、伊豆諸島北部および伊豆半島にかつては分布したであろうチシマザサは、尾根筋に数センチの浅い地下茎を持つ生活型のために、第四紀における約60ヶ所におよぶ単成火山群の活動により、この地域からは絶滅した。他方で、深い地下茎を持ち、低標高地帯を主として分布したアマギザサ節は残存した。本州に進出したチシマザサは、当初は、糸魚川—静岡構造線伝いに、本州弧の内帯に移動し、日本海沿岸伝いに分布を拡大した。アマギザサ節植物は（図6）、本州に入り、中央構造線の外帯の一つ三波川帯伝いに西南日本に広がり、チェジュ島に至り、他方で、美濃・足尾帯を経由し、棚倉構造線の外帯に沿って礼文島付近まで分布拡大した。現在知られる本州におけるチシマザサの最低標高分布地が糸魚川市青海の標高80mの地点であるのは、かつての進入経路の遺存とみなすことができよう（図7）。

第四紀の末期、下末吉海進の最盛期・MISステージ5eの頃（図8）、0.12 Maに朝鮮海峡が開くとともに、日本海に暖流が流入し、大気の大規模擾乱を起こす環境が成立し、日本海地域に多雪、太平洋側では少雪の対照的な環境が出現するに伴い、それまで列島全域に分布を広げていたアマギザサ節

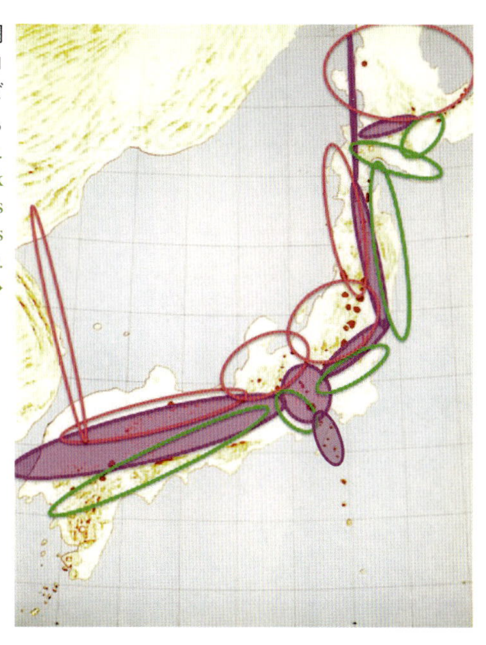

図8:更新世末期におけるアマギザサ節 sect. *Moniliocladae*(ピンク網掛け楕円)からのチマキザサ節 sect. *Sasa*(赤楕円)およびミヤコザサ節 sect. *Crassinodi*(緑楕円)の系統分岐。チシマザサとスズダケの分布域は省略。地図は地学団体研究会(1965)に拠った。
Fig. 8. Divergence of *Sasa* sect. *Sasa* (red ellipsoidal areas) and sect. *Crassinodi* (green ellipsoidal areas) from sect. *Monilicladae* (pink screened areas) at the Latest Pleistocene age. Distribution patterns of *Sasa kurilensis* and *Sasamorpha borealis* were omitted. Map is referred to Association for Geological Collaboration of Japan (1965).

を母体として日本海地域から本州内陸部にかけてチマキザサ節、太平洋沿岸地域にミヤコザサ節が分岐した。

梶(1982)は日本海側多雪地を中心に立地する山岳において、オオシラビソなどの亜高山性針葉樹を欠く偽高山帯の存在する現象が、後氷期温暖期における200～400 m におよぶ植生帯の垂直移動による“追い出し効果”によるものであることを明らかにした。ササ類にあっても、最終氷期後の温暖な時期に入ると、それまで各地の山岳地帯の尾根筋を中心に分布したチシマザサは、それより低標高地に優占したアマギザサ節の分布拡大による“追い出し効果”を受け、多くが消滅したのではなかろうか。その現在の名残り、もしくは現実に進行しつつある姿を、北海道・礼文島の北端部で観察できる(小林・北村 2013)。また、西南日本の北緯35度15分～30分にかけて立地する山岳地帯でも観察することが可能だろう(図9)。琵琶湖東岸の伊吹山(標高1,377 m)では、山麓から山頂部にかけてイブキザサが優占し、山頂部のお花畑と肩の斜面に、僅かなパッチ状のチシマザサの群落をとどめるのみの、まさに“追い出し効果”の最終段階の姿を認めることができる(図10)。それに対して、琵琶湖西岸に立地する比良山系・武奈ヶ嶽(標高1,214 m)では、山頂部周辺の稜線一体がイブキザサの広大な群落で覆われ、チシマザサは分布しない(図11)。他方、氷ノ山(標高1,510 m)では、標高700 m 付近から山頂部周辺をチシマザサが覆う(室井 1968)。チシマザサ分布西限の大山(標高1,729 m)では、東方の大山滝付近(標高1,300 m)にかろうじてナガバネマガリダケの残存群落を認めるのみである。

梶(1982)の時代には、存在が明確な現象にもかかわらず、それまで誰にも手のつけられなかった課題が、花粉分析や古生態学的手法を駆使した“歴史植物地理学”もしくは“植物分布史学”的観点

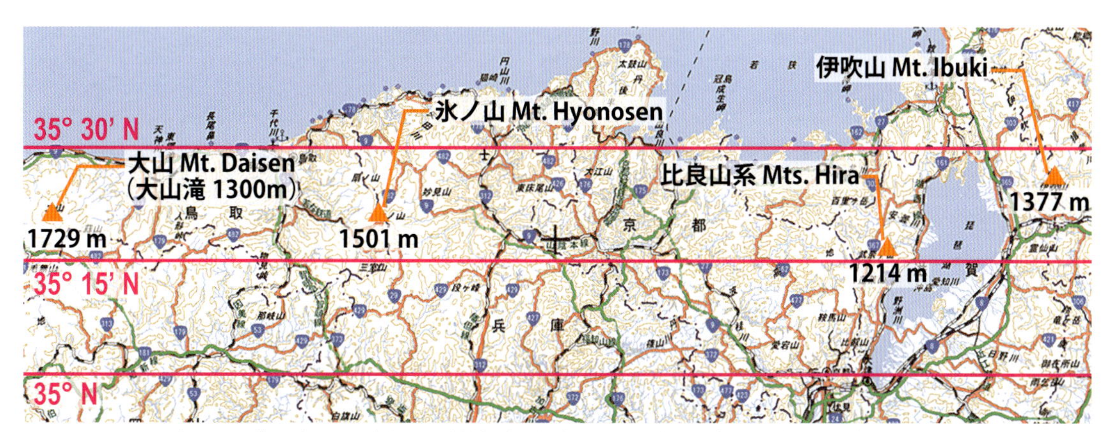

図9:チシマザサとイブキザサの分布状態の比較(国土地理院電子地形図(タイル)に加筆)。Fig. 9. Comparison of distribution pattern of *Sasa kurilensis* and *S. tsuboiana*.

図10：伊吹山におけるイブキザサとチシマザサ。A: 伊吹山山麓のイブキザサ群落から初冬の山頂を望む、B: 山頂のお花畑中にわずかに残存するチシマザサの群落（円内）、C: 山頂部の肩にイブキザサや低木に混じって僅かに出現するチシマザサ（円内）。Fig. 10. *Sasa tsuboiana* and *S. kurilensis* on Mt. Ibuki. A: robust *S. tsuboiana* clumps viewing early winter summit, B: sporadic *S. kurilensis* grove (circle) in an Alpine flower field on the summit, C: sporadic *S. kurilensis* clumps occurred with *S. tsuboiana* and shrubs near the summit ridge.

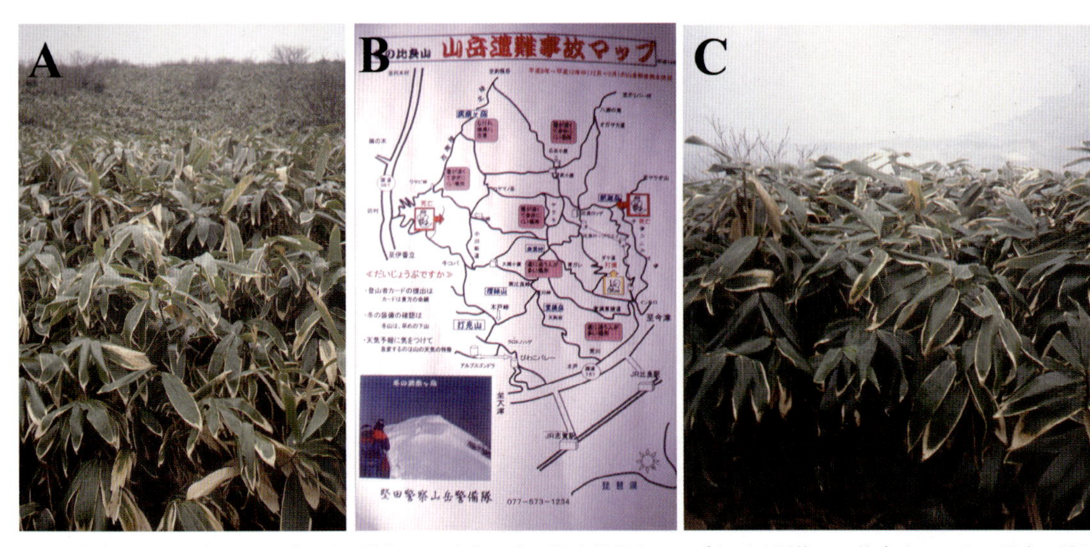

図11：比良山系に生育するイブキザサ群落。A: 武奈ヶ岳に続く稜線上のイブキザサ群落、B: 比良山のスキー場内に設置された遭難防止マップ。冬季の豊富な積雪を示す。C: 鬱蒼としたイブキザサ群落、バックは琵琶湖。Fig. 11. *Sasa tsuboiana* occurred on the Hira Mountains. A: summit of Mt. Bunagatake and around the ridges covered with vast thicket of *S. tsuboiana*. B: a rescue map at a skiing slope near the summit showing a heavy snowy environment, C: robust *S. tsuboiana* population with the Lake Biwa behind.

を総動員して解明された。しかし、現在では梶の手法に学びながらも、前章におけるミクラザサ回復個体群の遺伝構造の解析においてその一端を紹介したように、SSRマーカーなど手軽な遺伝子マーカーを的確に選び、特定の地域毎の分集団単位でチシマザサとアマギザサ節植物の分布動態を調べることによって、実態を一意的に解明することが可能に違いない。

A hypothesis on the paleogeographical distribution pattern of the genera *Sasa* and *Sasamorpha* (Arundinarieae : Bambusoideae) in the Japanese Islands

Summary: Phylogenetic relationships within each genus *Sasamorpha* and *Sasa*, and distribution patterns of each basal-most taxon, *Sm. borealis* var. *viridescens* and *S. jotanii* proposed a hypothetical expansion pathway on the paleogeographcal maps of the Japanese Islands. Early divergence of both genera estimated occurring on the Northern Izu-Bonin arc during 9.5 Ma through 6.4 Ma, respectively, and expanded association with the Izu Block's collision with the Honshu arc at 0.7 Ma. Genus *Sasa* sect. *Moniliciadae* diverged from *S. kurilensis* 1.1 Ma around Isl. Ohshima area and migrated northwestward on one hand, southward on another hand. During the coldest glacial age at MIS Stage 16, due to the highest cold-hardiness, *Sm. borealis* var. *borealis* diverged from var. *viridescens* and attained the widest range, whereas *S. kurilensis* accelerated its expansion toward the circum-Japan Sea region after passing through the Itoigawa-Shizuoka tectonic line into the inner belt of the Honshu arc. Sect. *Monilicladae* entered the outer belt of the median tectonic line to the western limit, and into the North Japan passing through the Tanakura tectonic line to the northern limit. In the full stage of the Shimosueyoshi transgression at MIS Stage 5e, as the Korean straits opened and the Tsushima Warm Current passed through the Japan Sea, contrastive environment emerged on the Honshu arc, heavy snowfall region on the Japan Sea-side as a habitat for *Sasa* sect. *Sasa*, whereas dry and snow-less region on the Pacific side for sect. *Crassinodi*, being a sister clade diverged from sect. *Monilicladae*.

··

Hodkinson *et al.* (2010) have obtained a chronogram of Bambusoideae based on a relaxed Bayesian clock (Fig. 1), in which ancestor of Arundinarieae diverged from the rest of Bambusoideae approximately 23 Ma and radiated at 10.01 Ma (5.7-15.8) during mid-Miocene epoch, almost the same age of 14 Ma.

Parsimony analyses based on RAPD-, morphological dataset, and *FT*-homolog sequences each resolved that genus *Sasa* sect. *Macrochlamys* is the most basal, sect. *Monilicladae* is the next most basal, followed by sister clades of sects. *Sasa* and *Crassinodi* at the terminals in the genus (Kobayashi & Furumoto 2004, Hisamoto *et al.* 2008). Furthermore, in the sect. *Macrochlamys* clade, the RAPD tree positioned *Sasa jotanii* (Ke.Inoue & Tanimoto) M.Kobay. as the most basal, whereas the morphological tree resolved *S. jotanii* the more basal than the rest of the genus *Sasa* clade by intercalating genus *Sasamorpha* clade (Kobayashi & Furumoto 2004). At the same time, the RAPD tree resolved *Sasamorpha borealis* (Hack.) Nakai var. *viridescens* (Nakai) Sad.Suzuki from Hachijojima Island is the most basal in the genus (Kobayashi & Furumoto 2004). *Sm. borealis* var. *viridescens* has a branch complement with several oblong-lanceolate foliage leaves that is analogous with that of the genus *Neosasamorpha* and distinct from *Sm. borealis* var. *borealis* in having a few acuminatedly lanceolate foliage leaves per branch complement. The plant is distributed from Aogashima Island (Suzuki 1996) in the southernmost Izu Islands to Niijima Island (Miki 2010). These phylogenetic relationships and present distribution range across the whole Japanese Islands (Fig. 2; partly altered after Kobayashi & Kitamura 2013) suggested that an early divergence of the two genera exhibited around the Southern Izu Islands.

Recently a new locality was found by the author from the southeast foothills of the Amagi Mountains in the middle of the Izu Peninsula (Fig. 3), of which plant lacked axillary buds on several lower culm-nodes (Fig. 3-D), but not the composite type characterizing genus *Neosasamorpha* (Kobayashi 2013).

Recent paleomagnetic studies have created a series of paleogeographical maps of the Japanese Islands from the Early Miocene to recent times (e.g., Takahashi & Saito 1997). The zonal arrangement of pre-Neogene terranes at 30 Ma had an almost linear trend before the Japan Sea opening (Jolivet *et al.* 1994). Most geophysical data, such as magnetic anomalies and heat flow, as well as drilling results, show that the Japan Sea opened in the Early and Middle Miocene between 25 and 15−12 Ma, as confirmed by the tectonic and sedimentation histories of the Japan Basin and its margins (Jolivet *et al.* 1994). The major rotations of the Southwest and Northeast Japan Arcs ceased at 14 Ma, while the Kanto Mountains rotated until the Late Miocene. The compression deformation took place in central Japan around 14 Ma, suggesting that the collision of the Izu-Bonin Arc initiated at that time. Approximately 30° of additional rotation of the Kanto Mountains occurred between 12 and 6 Ma, resulting in the cusp-shaped structure of the syntaxis (Takahashi & Saito 1997). Tectonic segments of the Proto Izu-Bonin Arc, i.e., the Kushigatayama, Misaka, Tanzawa, and Izu Blocks, collided and accreted at the South Fossa Magna in succession from 12 Ma to 0.7 Ma (Takahashi & Saito1997). No paleogeological evidence indicates that the Izu Block and the following "Proto-Izu Islands" (a tentative term) have any direct connections with each other. The "Proto-Izu Islands" is considered generally as following in tandem after the Izu Block on the Proto-Izu-Bonin-Mariana Arc, which had been colliding with central Japan in association with the northwestward migration of the Philippine Sea Plate (e.g., Takahashi & Saito 1997, Hirata *et al.* 2010). There is also no evidence that the collided Izu Peninsula had formed any land bridges across the southernmost Izu Islands, such as Aogashima Island. However, from a botanical viewpoint, the Sasa group only disperses by the underground rhizome system. Then, if we try to explain, e.g., the expansion process of *Sasamorpha borealis* var. *viridescens* that is distributed at present from Aogashima Island to the southeast foothill of the Amagi Mountains on Izu Peninsula, we would suppose certain connections between these areas. For one example, I supposed here a consecutive connection-and-dissociation model between the Izu Block and each "Proto-Izu Island" during the migration northwestward to collide with the Honshu arc (Fig. 4). Alternately, the Izu Block itself produced each Proto-Izu Island as an accretion that migrated while staying above water through the present time. Takahashi & Saito (1997) estimated the migration rate of the Philippine Sea Plate northwestward to be 3.4 cm/yr. The distance of each "Proto-Izu Island" was measured from collision zone 3 at the north end of the Izu Peninsula (Figs. 4 and 5) supposed by Taira (1990). The position of the original place of each taxon is arbitrary.

Around 12–10 Ma, during the Middle Miocene, the Izu Block was located near the Hachijo Basin (Takahashi & Saito 1997). At 9.5 Ma, *Sasamorpha borealis* var. *viridescens* might have emerged on the present area of Aogashima Island (Fig. 4). On the other hand, at about 6.4 Ma, *Sasa jotanii* diverged as the basal-most taxon of the genus *Sasa* clade when the Izu Block was migrating through the area between the islands of Hachijojima and Mikurajima. Then, a certain connection between the islands of Mikurajima and Hachijojima was broken by faulting movement or volcanic activities that partly gave rise to the submarine Kurose Hole caldera (Machida *et al.* 2003).

From the beginning of the Quaternary Period at 2.59 Ma to 1 Ma before the collision, when the Izu Block was passing through the area around the northern Izu Islands, *Sasa kurilensis* diverged, followed successively by the sect. *Monilicladae* clade composed of *S. hayatae* Makino and *S. tsuboiana* Makino, in which the former rapidly dispersed backward to Mikurajima Island while the latter dispersed around Kouzushima Island. *S. hayatae* at present distributed in Mikurajima Island and the Amagi Mountains on the Izu Peninsula (Kobayashi 1985, Asanuma *et al.* 1987), whereas *S. tsuboiana* in Kouzushima Island (Miki 2010; TNS1194084~1194085) and the southeast foothills of the Amagi Mountains (Kobayashi 2015).

After the collision between the Izu Block and Honshu arc at 0.7 Ma (Kitazato 1997), the two taxa, *Sasa kurilensis* and *Sasa* sect. *Monilicladae*, spread widely under a cold glacial age climate in MIS Stage 16, 0.62 Ma. *S. kurilensis* expanded along the Itoigawa–Shizuoka tectonic line into the inner belt of the Honshu arc and became distributed around the circum-Japan Sea region (Figs. 5, 6). Kobayashi (2011) found the locality of *S. kurilensis* with the lowest altitude in Honshu, located at Takabatake-Jido-Kouen, Oumi, Itoigawa City, on the tectonic line and in the vicinity of the left bank of the Himekawa River at an altitude of 80 m a.s.l. (MK387; June 5, 1989), which might be a relic of the paleogeographical expansion pathway (Fig. 7). Sect. *Monilicladae* expanded into the outer belt of Southwest Japan along the median tectonic line by the Sambagawa Belt, reaching furthest west at Cheju-do Island, Korea, whereas in the outer belt of North Japan it passed the Mino-Ashio Belts through the Tanakura tectonic line to Rebun Island, Hokkaido (Fig. 6). However, at present there is no record of sect. *Monilicladae* from Hokkaido except for the Rebun Island (Kobayashi & Kitamura 2013).

Although Asanuma *et al.* (1987) intensively surveyed the flora of the Sasa group distributed around the Amagi Mountains in the present-day Izu Peninsula, they did not find either *S. jotanii* or *S. kurilensis*, only a dense thicket of *Sasa* sect. *Monilicladae* and *Sasamorpha borealis* var. *borealis* for the two genera. The local population of *S. kurilensis* with a shallow rhizome system that once inhabited the higher elevations around the northern Izu Islands and Izu Peninsula might have gone extinct mainly due to the vigorous activities of about 60 Higashiizu monogenetic volcanos during the Late Quaternary Period within 0.15 Ma (Koyama 1993). On the contrary, sect. *Monilicladae*, with a deep rhizome system and inhabiting lower elevations where it formed vast thickets around the Izu area, persisted even with monogenetic volcanism.

It is known that the taxa *Sasa kurilensis* and *Sasamorpha borealis* var. *borealis* have the highest cold-hardiness among the Japanese dwarf bamboos (Konno 1977). During the coldest glacial age at MIS Stage 16, 0.62 Ma (Pillans & Gibbard, 2012), after the collision of the Izu Block with the Honshu arc at 0.7 Ma (Kitazato 1997), *S. kurilensis* might have accelerated its expansion toward the circum-Japan Sea region. At the same time, *Sm. borealis* var. *borealis* might have diverged from var. *viridescens* on the slope of the Amagi Mountains (Figs. 2, 3) and expanded its distribution range at most to the Korean Peninsula in one direction, and toward the Pacific side from Honshu to Hokkaido in the other direction. *Sm. borealis* var.

borealis commonly inhabited the forest understory in light snowfall regions due to its erect and fragile culms with a branch composed of a few acuminatedly lanceolate foliage leaves.

In the full stage of the Shimosueyoshi transgression at MIS Stage 5e, 0.12 Ma (Machida *et al.* 2003), the Korean straits began to open and the Tsushima Warm Current started passing through the Japan Sea (Fig. 8). As the current supplies much moisture and heat to the wintertime monsoon and cold-air outbreaks that blow toward Japan, a heavy snowfall region exhibited around the Japan Sea side of Honshu and the Oshima Peninsula in Hokkaido (e.g., Yamamoto *et al.* 2011). Genus *Sasa* sects. *Sasa* and *Crassinodi* diverged from sect. *Moniliciadae* as the terminal sister clades, with sect. *Sasa* inhabiting areas with more than 75 cm in mean annual snow depth, *Sasa* sect. *Crassinodi* inhabiting areas on the Pacific side with less than 50 cm snow depth.

When the warm climatic environment appeared after the last glacial age in MIS Stages 2–4, *Sasa kurilensis* might have disappeared from many mountain ranges located in Southwest Japan and in the Pacific-side interior of Honshu and the islands of Shikoku and Kyushu, due to the upward movement of the surrounding vegetation of sect. *Monilicladae*. It is well-known that the subalpine altitudes of mountains in the heavy snowfall regions of the Japan Sea side of northern Honshu are entirely lacking in coniferous forests such as those with *Abies mariesii*. Kaji (1982) found two geological distribution limit lines of coniferous trees, i.e., the lowest line on mountains indigenous for *A. mariesii* and the lowest line of vertical distribution of *A. mariesii*, which are always parallel with each other at an altitudinal distance of 300~400 m. He elucidated that the two lines originated paleoclimatologically from the altitudes of vegetation zones in the postglacial warm period that were 200–400 m higher than the present. The lack of *A. mariesii* was due to the "pushing-out effect," thus the upward movement of the vegetation zones. The "pushing-out effect" might have happened with *Sasa kurilensis* versus sect. *Monilicladae* several times during the Quaternary Period in MIS Stages 12–11, 10–9e, and 6–5e, leaving many mountains in southwestern Japan dominated by only sect. *Monilicladae*.

We can now compare the distribution patterns of *Sasa kurilensis* and *S. tsuboiana* among three mountains located in the Southwest Japan at almost the same latitude of 35° 15′ –30′ N for suggestions for further studies on the "pushing-out effect" in the Sasa group (Fig. 9). Mt. Ibuki (alt. 1377 m), located east of Lake Biwa, on the border of Shiga and Gifu Prefectures, is covered with a dense thicket of *Sasa tsuboiana* from the foothills to the mountain top (Fig. 10). In addition, only a few sporadic clumps of *S. kurilensis* are distributed around the summit concave plain (MK223, 224; alt. 1330 m, Nov. 3, 1986). On the other hand, the highest peak of the Hira Mountains, Mt. Bunagatake (alt. 1214 m), located west of Lake Biwa, Kyoto Prefecture, is covered with a dense thicket of *S. tsuboiana* alone (Makita *et al.* 1988) (Fig. 11). Mt. Hyonosen (alt. 1510 m), located on the border of Hyogo and Tottori Prefectures, is covered with a dense thicket of *S. kurilensis* alone (Muroi 1968). Among all the sites, the sporadic clumps of *S. kurilensis* around the summit of Mt. Ibuki might be facing the final stage of the "pushing-out effect." In another example, *S. scytophylla* Koidz on Rebun Island, Hokkaido is co-dominant in the abandoned potato fields with *S. kurilensis* and *S. cernua*, and the co-occurring habitat is expanding (Kobayashi & Kitamura 2013), which might provide a new case study under present-day global climatic warming.

I am indebted to Dr. Toyosaburo Sakai, emeritus professor, and Dr. Yoshiaki Aita, professor, of Utsunomiya University and Dr. Tsutomu Hikida of Kyoto University for providing me useful information and related papers on the paleogeographical events concerning the Japan Sea opening, collision of the Izu Block with the Honshu arc, plate tectonics, and recent progress in Quaternary research.

和文文献

浅沼晟吾・谷本丈夫・新山 肇　1987. 伊豆天城山系のササ類分布について. Bamboo Journal 5: 14–25.

石塚和雄・斎藤員郎・橘ヒサ子　1978. 神室・加無山地の植生.「神室・加無山」118–138, 山形県総合学術調査会.

伊谷樹一　1995. 竹の酒ウランジータンザニア・イリンガ州. 山本紀夫・吉田集而（編著）, 酒づくりの民族誌. pp. 343, 八坂書房, 東京.

井上賢治・谷本丈夫　1985. 伊豆諸島産ミクラザサについて. 植物研究雑誌 60: 249–250.

上野雄規　2005. スエコザサの研究史. 日本植物園協会誌 39: 54–59.

上野雄規　2009. 牧野富太郎博士が関わった宮城の人と植物. 宮城の植物 34: 1–6.

薄井 宏　1957a. ミヤコザサ及びアズマネザサの胚の形態学的研究. 植物研究雑誌 32(7): 193–200.

薄井 宏　1957b. 日本産竹類の前出葉に関する形態学的研究. 植物学雑誌 70(829–830): 223–227.

内川 勇　1943. 日本産竹類の細胞学的研究, 遺伝学雑誌 19(3): 112–113.

易 同培　1997. 四川竹類植物志. pp. 358, 中国林業出版社, 北京.

大泉高明　2015. 笹離宮—蓼科笹類植物園の魅力. pp. 133, 主婦の友社, 東京.

大野朋子　2013. 多目的植物タケの民族植物学. 山口裕文（編著）, 栽培植物の自然史Ⅱ, 95–118, 北海道大学出版会, 札幌.

岡村はた　1996. タケ. 週刊朝日百科・植物の世界 121: 13–20.

岡村はた　2002. 日本竹笹図譜. pp. 416, 自費出版.

岡村はた・近藤昭一郎　1963 竹笹類の核型について(1). 富士竹類植物園報告 8: 35–39.

梶 幹男　1982. 亜高山性針葉樹の生態地理学的研究—オオシラビソの分布パターンと温暖期気候の影響, 東京大学農学部演習林報告 72, pp. 120.

柏木治次・吉永勝彦　2009. ガモウチクの開花における新発見. 富士竹類植物園報告 53: 137–142.

数馬浅治　1983. メンヤダケをたずねて. 富士竹類植物園報告 27: 125–128.

加藤雅啓・海老原淳　2011. 日本の固有植物, 503, 東海大学出版会, 秦野.

茅野 博　1980. 遺伝と染色体. pp. 120, 共立出版, 東京.

韓 中梅・黄 生　2000. 陽明山地区矢竹族群生態及遺伝研究. pp. 25, 陽明山国家公園管理所.

菊田綾乃　2002. 伊豆諸島・御蔵島におけるミクラザサ *Sasa jotanii* 群落内のクマネズミ *Rattus rattus* の分布と植生. 宇都宮大学農学部森林科学科森林資源植物学研究室 2001 年度卒業論文.

木村英里子・中村和夫　2006. 奥日光におけるシカのササ摂食と蝶類の生息密度. インセクト 57(2): 99–109.

小林幹夫　1985. 八丈島, 御蔵島におけるチシマザサおよびその他のササ植物について. 植物地理・分類研究 33(2): 59–70.

小林幹夫　1986. 八丈島産ササ属植物における機動細胞珪酸体について. 植物地理・分類研究 34(1): 31–35.

小林幹夫　1993a. タケ類の系統分類学的位置をめぐる問題点—タケ科かイネ科タケ亜科か—. 植物地理・分類研究 41: 31–43.

小林幹夫　1993b. 南米産草本性タケ類の概説. 富士竹類植物園報告 37: 11–39.

小林幹夫　1994. 南米産木本性タケ類の概説とアンデスにおける系統分化. 富士竹類植物園報告 38:9–53.

小林幹夫　2001. 世界と日本のタケ類の系統進化の道筋を探る. 富士竹類植物園報告 45: 5–22.

小林幹夫　2002. アフリカ大陸に分布する草本性タケ類の 1 種オリラ・ラティフォリア *Olyra latifolia* L. は南米から帰化したものか？　人間文化 17: 33–40.

小林幹夫　2005a. 日本産タケ類の同定と分類. 福井総合植物園紀要 3: 1–18.

小林幹夫　2005b. ミクラザサの開花・未開花個体群の遺伝的構造解析のよる一斉開花・枯死現象の解明. 平成 14 年度～15 年度科学研究補助金（基盤研究（C））(2) 研究成果報告書.

小林幹夫　2006. 雑種形成によって特徴づけられる岩手のササ類フロラの多様性. 岩手県立博物館収蔵資料目録　第 19 集, 生物Ⅴ　笹村コレクション　Ⅱ　タケ・ササ類編: 4–11.

小林幹夫　2011. 日本産タケ類における推定雑種分類群の存在意義と識別法. 東北植物研究 16: 1–15.

小林幹夫　2013. ササ属およびその近縁属（タケ亜科）における当年性稈の各節の芽の有無による同定. 植物研究雑誌 88(4): 239–248.

小林幹夫　2016. 日本産ササ類（ササ亜連：アルンディナリア連：タケ亜科）における稈鞘の挙動によって特徴づけられる分枝様式の分類学的意義. 植物研究雑誌 91(3): 141–159.

小林幹夫・北村系子　2013. イヌトクガワザサ（イネ科：タケ亜科）の新産地とササ属アマギザサ節とチマキザサ節の分布域の再検討. 植物研究雑誌 88(4): 251–257.

小林幹夫・谷本丈夫　1999. 伊豆諸島・御蔵島におけるミクラザサ *Sasa kurilensis* var. *jotanii* の一斉開花・枯死後の

個体群の初期回復過程；自己間引きの激化と両軸型地下茎の発生. Bamboo Journal 16: 12–21.
小林幹夫・野村 崇 2001. ミクラザサ *Sasa jotanii* 一斉開花2年後における再生稈の出現. Bamboo Journal 18: 37–44.
小林幹夫・濱道寿幸 2001. 奥日光・小田代原南側山地林におけるササ類の生態とニホンジカによる選択的食害. 宇都宮大学農学部演習林報告 37: 187–198.
小林幹夫・谷地森秀二 2000 伊豆諸島・御蔵島御山におけるクマネズミ *Rattus rattus* によるミクラザサ *Sasa kurilensis* var. *jotanii* のタケノコと単軸型地下茎の食害の証拠. Bamboo Journal 17: 35–40.
近藤昭一郎 1964. 竹笹類の核型について(2). 富士竹類植物園報告 9: 55–57.
近藤昭一郎 1965. 竹笹類の核型について(3). 富士竹類植物園報告 10: 55–57.
近藤昭一郎 1968. 竹笹類の核型について(5). 富士竹類植物園報告 13: 65–68.
近藤錬三・佐瀬 隆 1986. 植物珪酸体, その特性と応用. 第四紀研究 25(1): 31–58+Pl. V.
紺野康夫 1977. ササ植物の生態と分布. 種生物学研究 1: 52–64.
齋藤智之・清和研二・西脇亜也・菅野 洋・赤坂臣智 2000. ブナ天然林におけるギャップ周辺の光環境とチマキザサの分布. J. Jpn. For. Soc. 82(4): 342–348.
坂本 彰 2015. 剣山山系三嶺周辺におけるシカ食害の実態と三嶺の森をまもるみんなの会の活動. 日本の科学者 50(9): 24–29.
里見信生 1987. 金沢城内の興味ある植物図譜—ゲンケイチクとニシムライチゴ. 金沢大学理学部付属植物園年報 11: 1–4.
柴田昌三 2010. タケ類 *Melocanna baccifera* (Roxburgh)Kurz ex Skeels の開花—その記録と48年の周期性に関する考察—. 日本生態学会誌 60: 51–62.
朱 石麟ら 1993. 中国竹類植物図志. pp. 243, 中国林業出版社, 北京.
耿 伯介・王 正平 1996. 中国植物志 第9巻第一分冊, pp. 761, 科学出版社, 北京.
新海栄一 2006. 日本のクモ. 文一総合出版, 東京.
鈴木貞雄 1978. 日本タケ科植物総目録. pp. 384, 学習研究社, 東京.
鈴木貞雄 1996. 日本タケ科植物図鑑. pp. 271, 聚海書林, 舟橋.
平 朝彦 1990. 日本列島の誕生. 岩波新書.
高木虎雄 1957. 竹笹科の種子の発芽と成長. 北陸の植物 6(2): 56–60.
高木虎雄 1960. 日本産竹笹科綜説. pp. 39, 自費出版, 京都.
高木虎雄 1963a. ササ属の花による分類学的研究. 京都府文教課, 109–122.
高木虎雄 1963b. アズマザサ属, メダケ属, ササ属の花. 富士竹類植物園報告 8: 58–68.
高木虎雄 1964. 日本産ササ, シノ, ネザサ属の包穎. 富士竹類植物園報告 9: 129–131.
高槻成紀 2015. 保全生態学の立場からのシカの「食害問題」. 日本の科学者 50(9): 32–37.
竹内叔雄 1932. 竹の研究. pp. 291, 養賢堂, 東京.
竹田孝雄 1995. 広島県ササ類植物誌. シンセイアート出版部, 庄原.
館岡亜緒 1959. イネ科植物の解説. pp. 151, 明文堂, 東京.
田中隆荘 1980. 核型. 山下孝介（編）植物遺伝学 I. 細胞分裂と細胞遺伝, 335–358, 裳華房, 東京.
谷本丈夫·小林幹夫 1998. 伊豆諸島·御蔵島におけるミクラザサ(タケ亜科)の一斉開花. 植物研究雑誌 73(1): 42–47.
鳥居厚志・井鷺裕司 1997. 京都府南部地域における竹林. の分布拡大. 日本生態学会誌 47: 31–41.
内藤 哲 2002. シロイヌナズナ：未知を知るためのツールボックス, 岡田清孝他編. タンパク質・核酸・酵素 47: 1471–1475.
中田恭史 2006. ミクラザサとチシマザサの地下茎発達の模式化による個体群の発達過程の推測. 宇都宮大学農学部森林科学科森林資源植物学研究室 2005年度卒業論文.
新宮弘子・伊藤浩司 1983. ササ属植物の形質変異に関する研究(1). 環境科学・北海道大学大学院環境科学研究科紀要 6(1): 117–150.
西脇亜矢・蒔田明史 1998. 伊豆諸島御蔵島で1997年に見られたミクラザサ（*Sasa kurilensis* var. *jotanii*）の一斉開花における大量結実と発芽. Bamboo Journal 15: 1–9.
仁藤隆久 1999. ミクラザサとチシマザサの核型分析による比較. 宇都宮大学農学部森林科学科森林資源植物学研究室 1998年度卒業論文.
野中俊夫・菅野修三. 2008. 霊山・古霊山およびその周辺のササについて（1）主に稜線沿いの分布について. フロラ福島 25: 127–136.
野中俊夫・菅野修三. 2009. 霊山・古霊山およびその周辺のササについて（2）相馬市伊達市境界以東の支稜線, 玉野溜池付近におけるササの分布. フロラ福島 26: 29–35.
野村隆哉 1982. 竹—驚異の生長のしくみ. アニマ 111: 46–52.

橋本佳延・田村和也・服部 保　2007. 兵庫県におけるマダケおよびモウソウチクでのタケ類天狗巣病の発症状況. 人と自然 18: 39–44.

橋本佳延・服部 保・小舘誓治・石田弘明・鈴木 武　2006. タケ天狗巣病発症による竹林の衰退と種組成の変化. 日本造園学会誌 69(5): 503–506.

長谷川順一　2000. ニホンジカの食害による日光白根山の植生の変化. 植物地理・分類研究 48: 47–57.

支倉千賀子・池田 博　2015. ヤマキタダケ（イネ科）のレクトタイプ選定. 植物研究雑誌 90(3): 200–205.

支倉千賀子・清水晶子・池田 博　2016. ヒメスズダケ（イネ科）の基礎異名. 植物研究雑誌 91(2): 115–117.

畠山茂雄　1992. アズマザサ属新考, 東北植物研究会, 白石.

久本洋子・小林幹夫　2007. 台湾における主要なタケ類の分布と利用. 竹 102: 17–20.

久本洋子・小林幹夫　2009. 第 4 回単子葉植物の比較生物学国際交流集会 / 第 5 回イネ科植物の分類と進化に関する国際シンポジウム Monocots Ⅳ /5th International Symposium on Grass Systematics and Evolution に参加して. Bamboo Journal 26: 65–70.

平田大二・山下浩之・鈴木和恵・平田岳史・李 毅兵・昆 慶明　2010. プロト伊豆―マリアナ島弧の衝突付加テクトニクス―レビュー. 地学雑誌 119(6): 1125–1160.

広瀬繁登　1986. 庄原産陰陽竹覚書. 比婆科学 133: 1–6.

舟尾暢男　2005. The R Tips. 九天社, 東京.

堀 良通・河原崎里子・小林 剛　1998. アズマネザサの地上部 C/F 比の可塑性と生態的意義. J. Jpn. For. Soc. 80(3): 165–169.

前川文夫　1970. 植物入門. 八坂書房, 東京.

蒔田明史・紺野康夫・藤田 昇・高田研一・浜端悦治　1993. 一斉開花枯死後 16 年間のイブキザサ実生個体群の動態. Bamboo Journal 11: 1–9.

松下要介　2007. ササ属チシマザサ節とマダケ属を主とするその他のタケ類との核型の比較検討. 宇都宮大学農学部森林科学科森林資源植物学研究室 2006 年度卒業論文.

丸山 巖・岡村はた・村田 源　1979. インヨウチク属について. Acta Phytotax. Geobot. 30(4–6): 148–152.

三樹和博　2010. 伊豆諸島（火山島群）に見られるササ類のフロラ的研究と分布傾向. Bamboo Journal 27: 47–55.

三樹和博　2016. エチゴメダケの新産地. Bunrui 16(1): 53-57.

村田 源　1979. 植物分類雑記 13 Acta Phytotax. Geobot. 30(4–6): 134–147.

村松幹夫　1991. イネ科植物の遠縁交雑親和性と種遺伝学. 種生物学研究 15: 37–45.

村松幹夫　1996. アズマザサ. 週刊朝日百科・植物の世界 121:12–13, 朝日新聞社, 東京.

村松幹夫　1998. ミクラザサの開花結実の観察――記録. 富士竹類植物園報告 42: 100–113.

村松幹夫　2009. 神津島のイシヅチザサ. 富士竹類植物園報告 53: 3–24.

村松幹夫　2013. 日本列島のタケ連植物の自然誌. 山口裕文（編著）, 栽培植物の自然史Ⅱ, 59–93, 北海道大学出版会, 札幌.

室井 綽　1937. 農林学上から見た日本旧土の竹と笹. 兵庫生物学会誌 13: 68–91.

室井 綽　1959. 琉球の竹と笹. 富士竹類植物園報告 4: 68–96.

室井 綽　1968. 氷ノ山におけるネマガリダケの開花. 富士竹類植物園報告 13: 90–106.

室井 綽・藤本義昭　1970. 1970 年のネザサの開花. 富士竹類植物園報告 15: 96–110.

本村浩之・米倉浩司・近藤錬三　2010. イネ科植物の泡状細胞珪酸体形状の多様性と記載用語の提案. 植生史研究 18(1): 3-12.

矢口 慎　2003. タケ亜科植物におけるネオティフォディウム・エンドファイトの分布と生態学的意味. 宇都宮大学農学部森林科学科森林資源植物学研究室 2002 年度卒業論文.

山浦 篤　1933. 竹類の核学的胚発生学的研究（予報）. 植物学雑誌 45(559): 551–555.

山上達也　2012. 太平洋側低地ブナを含む林分の林床優占ササ群落における SSR 遺伝子座多型と珪酸体形態変異に基づくクローン構造と来歴の推定. 宇都宮大学大学院農学研究科 2011 年度修士論文.

山崎 敬　1959. 日本列島の植物分布. 自然科学と博物館 6(1–2): 1–19.

ユージーウィッツ, エメット・小林幹夫　1996. 草本性タケ類. 週刊朝日百科・植物の世界 121: 27–29, 朝日新聞社, 東京.

米倉浩司・邑田仁. 2012. 日本維管束植物目録, 北隆館, 東京.

柳昭薫ら　2004. 恒青如竹（上）, pp. 135, 南投縣.

柳昭薫ら　2005. 恒青如竹（下）, pp. 127, 南投縣.

林維治　1961. 台湾竹科植物分類之研究, 台湾林業試験所試験報告 69 号.

欧文文献

Asanuma, S., Tanimoto, T. & Niiyama, K. 1987. Distribution of dwarf bamboo vegetation in the Amagi Mountains in Izu Peninsula (in Japanese). Bamboo Journal 5: 14–25.

Avdulow, N.P. 1931. Kario-sistematicheskoe issledovanie semejstva zlakov. Tr. Prikl. Bot. Gen. Sel., Suppl. 44, 428pp. Leningrad.

Brandis, D. 1906. Remarks on the structure of bamboo leaves. Trans. Linn. Soc. Ser. 2, Bot.7: 69–92.

Burman, A.G. & Soderstrom, T.R. 1990. In search of the world's oddest bamboo: *Glaziophyton mirabile*. Botanic Gardens Conservation News 1(6): 27–31.

Clark, L.G. & Judziewicz, E.J. 1996. The grass subfamilies Anomochlooideae and Pharoideae. Taxon 45: 641–645.

Clark, L.G., Zhang, W. & Wendel, J.F. 1995. A phylogeny of the grass family (Poaceae) based on *ndhF* sequence data. Systematic Botany 20(4): 436–460.

Clark, L.G., Londoño, X. & Kobayashi, M. 1997. *Aulonemia bogotensis* (Poaceae: Bambusoideae), a new species from the Cordillera, Oriental of Colombia. Brittonia 49(4): 503–507.

Clark, L.G., Kobayashi, M., Mathews, S., Spangler, R.E., & Kellogg, E.A., 2000. The Puelioideae, a new subfamily of grasses. Systematic Botany 25(2): 181–187.

Dahlgren, R.M.T., Clifford, H.T., & Yeo, P.F. 1985. The Families of the Monocotyledons. Springer Verlag.

Dransfield, S. 1992. The Bamboos of Sabah, Sabah Forest Records, No. 14, Sabah.

Dyer, A.F. 1979. Investigating Chromosomes, Edward Arnold, Kent.

Fukuzawa, K., Shibata, H., Takagi, K., Satoh, F., Koike, T., & Sasa, K. 2015. Roles dof dominant understory *Sasa* bamboo in carbon and nitrogen dynamics following canopy tree removal in a cool-temperate forest in northern Japan. Plant Species Biology 30: 104–115.

Gamble, M.A. 1896. The Bambuseae of British Inddia, Annals of the Royal Botanic Garden, Calcutta, Bengal Secretariat Press, Culcatta.

Gradstein, F.M., Ogg, J.G., Schmitz, M.D., & Ogg, G.M. 2012. The Geologic Time Scale 2012. Vol. 2, Elsevier, Amsterdam.

Hall, B.G. 2008. Phylogenetic Trees Made Easy, Sinauer Associates, Sunderland.

Hatusima, S. 1967. A new bamboo from southern Kyusyu. The Journal of Geobotany（北陸の植物）15(4): 86–87.

Hirata D., Yamashita H., Suzuki K., Hirata T., Li Y. B. & Kon Y. (2010) Collision accretion tectonics of the Proto-Izu-Mariana Arc: A review (in Japanese with English summary). Journal of Geography 119(6): 1125–1160.

Hisamoto, Y. 2010. Cloning and expression analysis of flowering genes in life history of two mass-flowered bamboos, *Phyllostachys meyerii* and *Shibataea chinensis*. A thesis submitted in partial fulfillment of the requirements for the degree of Doctor of Agriculture at the Tokyo University of Agriculture and Technology 2010.

Hisamoto, Y. & Kobayashi, M. 2007. Comparison of nucleotide sequences of fragments from rice *FLOWERING LOCUS T* (*RFT1*) homologues in *Phyllostachys* (Bambusoideae, Poaceae) with particular reference to flowering behaviour. Kew Bulletin 62: 463–473.

Hisamoto, Y. & Kobayashi, M. 2013. Flowering habit of two bamboo species, *Phyllostachys meyerii* and *Shibataea chinensis*, analyzed with flowering gene expression. Plaant Species Biology 28: 109–117.

Hisamoto, Y., Kashiwagi, H. & Kobayashi, M. 2005. Monocarpic mass flowering and flower morphology of *Phyllostachys meyerii* McClure (Poaceae: Bambusoideae) cultured in the Fuji Bamboo Garden, Japan. J. Jpn. Bot. 80: 63–71.

Hisamoto, Y., Kashiwagi, H., & Kobayashi, M. 2008. Use of flowering gene *FLOWERING LOCUS T* (*FT*) homologs in the phylogenetic analysis of bambusoid and early diverging grasses. J. Plant Res. 121: 451–461.

Hisamoto, Y., Kashiwagi, H. & Kobayashi, M. 2009. Mass flowering and flower morphology of *Shibataea chinensis* Nakai (Poaceae: Bambusoideae) cultured in the Fuji Bamboo Garden, Japan. J. Jpn. Bot. 84: 167–176.

Hodkinson, T.R., Chonghaile, G.N., Sungkaew, S., Chase, M.W., Salamin, N. & Stapleton, C.M.A. 2010. Phylogenetic analyses of plastid and nuclear DNA sequences indicate a rapid late Miocene radiation of the temperate bamboo tribe Arundinarieae (Poaceae: Bambusoideae). Plant Ecology & Diversity 3(2): 109–120.

Hollowell, V.C. 1997. Systematic relationships of *Pariana* and associated Neotropical taxa, In: Chapman,G.P. (ed.), The Bamboos, 45–60, Academic Press, London.

Ishikawa, M. 1984. Deep supercooling in most tissues of wintering *Sasa senanensis* and its mechanism in leaf blade tissues. Plant Physiol. 75: 196–202

Izawa, K. 1977. Palm-fruit cracking behavior of wild black-capped capuchin, (*Cebus apella*). Primates 18(4): 773–792.

Izawa, K. 1978. Frog-eating behavior of wild black-capped capuchin, (*Cebus apella*). Primates 19(4): 633–642.

Izawa, K. & Kobayashi, M. 1997. Seed dispersers of the monocarpic herbaceous bamboo *Pharus virescens* (Poaceae: Bambusoideae) found in the Neotropical rain forest of La Macarena and Tinigua National Park of Colombia. Tropics 7: 153–159.

Jacques-Félix, H. 1962. Les Graminiées d'Afrique tropicale. I. Généralités, Classification, description des genres. Inst. Rech. Agron. Trop. Bull. Sci. 8: 345.

Janzen, D.H. 1976. Why bamboos wait so long to flower. Ann. Rev. Ecol. Sys. 7: 347–391.

Jolivet L., Tamaki K. & Fournier M. (1994) Japan Sea, opening history and mechanism: A synthesis. Journal of Geophysical Research 99 (B11): 22237–22259.

Judziewicz, E.J. & Soderstrom, T.R. 1989. Morphological, anatomical, and taxonomic studies in *Anomochloa* and *Streptochaeta* (Poaceae: Bambusoideae). Smithsonian Contributions to Botany 68: 1–52.

Judziewicz, E.J., Clark, L.G., Londoño, X. & Stern, M.J. 1999. American Bamboos, Smithsonian Institution Press, Washington & London.

Kaji M. (1982) Studies of the ecological geography of subalpine conifers—Distribution pattern of *Abies mariesii* in relation to the effect of climate in the postglacial warm period—(in Japanese with English summary). Bulletin of the Tokyo University Forests 72: 31–120.

Kawabata (Niimiya), H. & Ito, K. 1992. A new index «node order» and the distribution of sections of the genus *Sasa*. J. Jpn. Bot. 67(2): 101–111.

Kelchner, S.A. & Bamboo Phylogeny Group. 2013. Higher level phylogenetic relationships within the bamboos (Poaceae: Bambusoideae) bassed on five plastid markers. Molecular Phylogenetics and Evolution 67: 404–413.

Kitazato H. 1997. Paleogeographic changes in central Honshu, Japan, during the late Cenozoic in relation to the collision of the Izu-Ogasawara Arc with the Honshu Arc. The Island Arc 6: 144–157.

Kobayashi, M. 1997. Phylogeny of world bamboos analysed by restriction fragment length polymorphisms of chloroplast DNA. In: Chapman, G.P. (ed), The Bamboos, 227–236, Academic Press, London.

Kobayashi, M. 2000. Flower morphology of *Sasa jotanii* (Poaceae: Bambusoideae) ; New taxonomic status. J. Jpn.Bot. 75: 241–247.

Kobayashi, M. 2015. Phylogeny, speciation, and distribution of the Japanese dwarf bamboos of genus Sasa and allies. Plant Species Biology 30: 45–62.

Kobayashi,M. & Furumoto, R. 2004. A phylogeny of Japanese dwarf bamboos, the Sasa-group based on RAPD- and morphological data analyses. J. Phytogeogr. Taxon. 52: 1–24.

Kobayashi, M. & Izawa, K. 1991. Bambusoideae plants from CIPM study area of the Duda River, La Macarena, Colombia; Their ecological and floristic significances. Field Studies of New World Monkys, La Macarena, Colombia 5: 31–40.

Kobayashi, M. & Kikuta, A. 2008. Distribution and food habits of the roof rat *Rattus rattus* in the recovering *Sasa jotanii* population 4 years after the monocarpic mass flowering in Mt. Oyama, Mikurajima Island, Izu Islands, Japan. Bamboo Journal 25: 1–7.

Kobayashi, M. & Manandhar, R. 2002. Monocarpic mass flowering of *Drepanostachyum falcatum* (Bambusoideae) in the Kathmandu Valley, Nepal. Bamboo Journal 19: 40–44.

Kobayashi, M. & Satomi, N. 1990. Herbaceous bambudoid grasses around the Peneya River, Colombia, South America, with speial reference to affinity with Japanese woody bamboos of genus *Sasa*. J. Phytogeogr. & Taxon. 38: 89–100.

Kobayashi, M. & Wakasugi, T. 2012. *Hibanobambusa kamitegensis* (Poaceae: Bambusoideae), a new species from Fukui Prefecture, Honshu, Japan. J. Jpn. Bot. 87: 229–235.

Kobayashi, M., Carvalho, A.M.V., Valle, R.R. & Alvim, P.T. 1992. Evolutionary trend in rhizome system of Japanese and South American bamboo. Proceedings of the Third World Bamboo Congress 65–66.

Kobayashi, T., Saito, A. & Hori, Y. 1999. Species diversity of the understory dominated by dwarf bamboo *Pleioblastus chino* Makino in a secondary forest with different numbers of years after the last mawing. J. Jpn. Soc. Revegt. Tech. 24(3･4): 201–207.

Kobayashi, T., Muraoka, H. & Shimano, K. 2000. Photosynthesis and biomass allocation of beech (*Fagus crenata*) and dwarf-bamboo (*Sasa kurilensis*) in response to contrasting light regimes in a Japan Sea-type beech forest. J. For. Res. 5: 103–107.

Konno, Y. (1977) Distribution and ecology of the Sasa plants (in Japanese). Shuseibutugakukenkyu 1: 52–64.

Koyama, M. (1993) Volcanism and tectonics of the Izu Peninsula, Japan (in Japanese). Kagaku 63: 312–321.

Latch, G.C.M. & Christensen, M.J. 1985, Artificial infection of grasses with endophyte. Ann. App. Biol. 107: 14–24.

Li, H.L., Liu, T.S., Huang, T.C., Koyama, T. & DeVol, C.E. 1978. Flora of Taiwan, Volume Five, 373–375, 706–781, Taipei.

Li, Z.H. & Kobayashi, M. 2004. Plantation future of bamboo in China. Journal of Forestry Research 15(3): 233–242.

Londoño, X. & Kobayashi, M. 1991. Estudio comparativo entre los cuerpos siliceos de *Bambusa* y *Guadua*. Caldasia 16: 407–417.

Machida H., Ohba T., Ono A., Yamazaki H., Kawamura Y. & Momohara A. (2003) Daiyonnkigaku (in Japanese). Asakura, Tokyo.

Makita, A. 1997. The regeneration process in the monocarpic bamboo, *Sasa* species. In: Chapman, G.P. (ed), The Bamboos, 135-145, Academic Press, London.

Makita, A., Konno, Y., Fujita, N., Takada, K., Hamahata, E. & Mihara, T. 1988. Mass flowering of *Sasa tsuboiana* in Hira Mountains (in Japanese with English summary). Bamboo Journal 6: 14–21.

Makita, A., Konno, Y., Fujita, N., Takada, K. & Hamabata, E. 1993. Recovery of a *Sasa tsuboiana* population after mass flowering and death. Ecological Researh 8: 215–224.

Matson M. & Wiesnet, D. R. 1981. New data base for climate studies. Nature 289: 451–456.

McClure, F. A. 1966. The Bamboos: A Fresh Perspective. Harvard University Press.Cambridge.

McNeill, J. 2012. International Code of Nomenclature for Algae, Fungi, and Plants (Melbourne Code), Koeltz Scientific Books, Königstein.

Miki, K. 2010. The floristic study and distribution pattern of Sasa group in Izu Islands (volcanic islands) (in Japanese with English summary). Bamboo Journal 27: 47–55.

Muroi, H. 1968. Flowering of *Sasa kurilensis* in Mt. Hyono-yama (in Japanese). The Reports of the Fuji, Garden 13: 90–106.

Nees ab Esenbeck, C.G. 1835. Bambuseae Brasiliensess. Linnaea 9: 461–494.

Nishimura, A., Izawa, K. & Kimura, K. 1995. Long-term studies primates at La Macarena, Colombia. Primate Conservation 16: 7–14.

Numata, M., Ikusima, I. & Ohga, N. 1974. Ecological aspets of bamboo flowering. Ecological studies of bamboo forests in Japan, XIII. Bot. Mag. Tokyo 87: 271–284.

Ohrnberger, D. 1999. The Bamboos of the World, Elsevier, Amsterdam.

Pillans B. & Gibbard P. 2012. The Quaternary Period. In: Gradstein F.M., Ogg J.G., Schmitz M.D & Ogg, G.M. (eds.). The Geologic Time Scale 2012, Volume 2., Elsevier B.V., Amsterdam, pp. 979–1010.

Saitoh, T., Seiwa, K. & Nishiwaki, A. 2002. Importance of physiological integration of dwarf bamboo to persistence in forest understory : a field experiment. Journal of Ecology 90: 78–85.

Sasaki, N., Kawano, T., Takahara, H. & Sugita, S. 2004. Phytolith evidence for the 700-year history of a dwarf-bamboo community in the sub-alpine zone of Mt. Kamegamori, Shikoku Island, Japan. Jpn. J. Histor. Bot. 13 (1): 35–40.

Soderstrom, T.R. 1981. Some evolutionary trends in the Bambusoideae (Poaceae). Ann. Missouri Bot. Gard. 68: 15–47.

Soderstrom, T.R. & Calderon, C.E. 1971. Insect pollination in tropical rain forest grasses. Biotropica 3(1): 1–16.

Soderstrom, T.R. & Ellis, R.P. 1987. The position of bamboo genera and allies in a system of grass classification. In: Soderstrom *et al.*(eds), Grass Systematics and Evolution, 225–238.

Soderstrom, T.R., Ellis, R.P. & Judziewicz, E.J. 1987. The Phareae and Streptogyneae (Poaceae) of Sri Lanka : a morphological-anatomical study. Smithsonian Contributios to Botany, 65: 1–27. Smithsonian Institution Press, Washington, D.C.

Stapleton, C.M.A. 1994a. The bamboos of Nepal and Bhutan. Part I: *Bambusa*, *Dendrocalamus*, *Melocanna*, *Cephalostachyum*, *Teinostachyum*, and *Pseudostachyum*, (Graminieae:Poaceae: Bambusoideae). Edinb. J. Bot. 51(1):1–32.

Stapleton, C.M.A. 1994b. The bamboos of Nepal and Bhutan. Part II: *Arundinaria*, *Thamunocalamus*, *Borinda*, and *Yushania* (Graminieae:Poaceae:Bambusoideae). Edinb. J. Bot. 51(2): 275–295.

Stapleton, C.M.A. 1994c. The bamboos of Nepal and Bhutan. Part III: *Drepanostachyum*, *Himalayacalamus*, *Ampelocalamus*, *Neomicrocalamus* and *Chimonobambusa*, (Graminieae:Poaceae:Bambusoideae). Edinb. J. Bot. 51(3): 301–330.

Stearn, W.T. 1980. Botanical Latin, David & Charles, London.

Suzuki, S. 1961. Ecology of the bambusaceous genera *Sasa* and *Sasamorpha* in the Kanto and Tohoku Districts of Japan, with special reference to their geographical distributions. Ecol. Rev. 15: 131–147.

Suzuki, S. 1962. The distribution area of *Sasa* sect. *Crassinodi* (Bambusaceae) in Shimokita Peninsula and Hakodate and its vicinity, Japan. Ecol. Rev. 15: 221–230.

Suzuki, S. 1964. Taxonomical studies on the Bambusaceous genus *Sasa* Makino & Shibata I. Japanese Journal of Botany 18 (3): 289–307.

Suzuki, S. 1965. Taxonomical studies on the Bambusaceous genus *Sasa* Makino et Shibata II. Japanese Journal of Botany 19 (1): 99–125.

Suzuki, S. 1967. Taxonomical studies on the Bambusaceous genus *Sasa* Makino et Shibata III. Japanese Journal of Botany 19 (3): 419–457.

Suzuki, S. 2015. Chronological location analyses of giant bamboo (*Phyllostachys pubescens*) groves and their invasive expansion in a satoyama landscape area, western Japan. Plant Speies Biology 30: 63–71.

Suyama, Y., Obayashi, K., & Hayashi, I. 2000. Clonal structure in a dwarf bamboo (*Sasa senanensis*) population inferred from amplified fragment length polymorphism (AFLP) finger prints. Molecular Ecology 9: 901–906.

Taira, A. 1990. Nihonretto no Tanjou (in Japanese). Iwanami Shoten, Tokyo.

Takahashi M. & Saito K. 1997. Miocene intra-arc bending at an arc-arc collision zone, central Japan. The Island Arc 6: 168–182.

Takahashi, K., Watano, Y. & Shimizu, T. 1994. Allozyme evidence for intersectional and intergeneric hybridization in the genus *Sasa* and its related genera (Poaceae:Bambusoideae). Journal of Phytogeography & Taxonomy 42(1): 49–60.

Tateoka, T. 1955. Karyotaxonomy in Poaceae III. Further studies of somatic chromosomes. Cytologia 20: 296–306.

Tateoka, T. 1957. Notes on some grasses III. Bot. Mag. Tokyo 70(823): 8–12.

Tateoka, T. & Takagi, T. 1967. Notes on some grasses XIX. Systematic significance of microhairs of lodicule epidermis. Bot. Mag. Tokyo 80: 394–403.

Tanaka, N. 2002. Distribution and ecophysiological traits of dwarf-bamboo species and impact of climate changes in Japan. Global Emvironmental Research 6(1): 31–40.

Terashhima, H. 2000. A study of multi-ethnic societies in the African evergreen forest. Grant-in-Aid for International Scientific Research (Field Research), The Ministry of Education, Science, Sports and Culture o8o41080.

The Association for Geological Collaboration of Japan. 1965. The Geologic Development of the Japanese Islands. Tsukiji Shokan, Tokyo.

Tutin, T.G. 1936 A revision of the genus *Pariana* (Gramineae). Journal of the Linnean society Botany 50: 337–362+3pls.

Uchikawa, I. 1935. Karyological studies in Japanese bamboo. II Further studies on chromosome numbers. The Japanese Journal of Genetics 11(6): 308–313.

Wang, D. & Shen, S.J. 1987. Bamboos of China, Timber Press, Portland.

Watanabe, M., Nishida, M. & Kurita, S. 1991. On presumed hybrid origin of the genus *Sasaella* Makino (Bambusaceae). J. Jpn. Bot. 66: 160–165.

Watson, L. & Dallwitz, M.F. 1994. The Grass Genera of the World. CAB International, Cambridge.

Williams, J.G.K., Kubelik, A.R., Livak, K.J., Rafalski, J.A. & Tingey, S.V. 1990. DNA polymorphisms amplified by arbitrary primers are useful as genetic markers. Nucl. Acida Res. 18: 6531–6535.

Wong, K.M. 1995a. The Bamboos of Peninsular Malaysia. Forest Research Institute Malysia, Sabah.

Wong, K.M. 1995b. The Morphology, Anatomy, Biology and Classification of Peninsular Malaysian Bamboos, University of Malysia, Kuala Lumpur.

Yamamoto M., Ohigashi T., Tsuboki, K. & Hirose N. 2011. Cloud-resolving simulation of heavy snowfalls in Japan for late December 2005: application of ocean data assimilation to a snow disaster. Natural Hazards and Earth System Sciences 11: 2555–2565.

Zarco, C.R. 1986. A new method for estimating karyotype asymmetry. Taxon 35: 526–530.

和名索引

1. 本索引は本書に出てくるタケ亜科植物および関連生物和名の五十音順索引である。
2. 和名の後に（）で付した数字は第4章掲載の種番号である。
3. それぞれの分類群や種・亜種などの詳しい解説ページについてはページ数を太字で示した。とくに第4章の種の解説部で、解説が複数のページにわたる種では、最初のページだけを太字で示してある。
4. *を付した和名は現在は使用されていないタケ・ササ類の異名で、第4章の各種の解説の末尾に列記したものだが、本書では索引に含めた。

ア

イ

ウ

カ

キ

ク

ケ

コ

サ

シ

ス

セ

ソ

タ

チ

ツ

テ

ト

ナ

ニ

ヌ

ネ

ノ

ハ

ヒ

マ

ミ

ム

メ

学名索引

1. 本索引は本書に出てくるタケ亜科植物および関連生物学名のアルファベット順索引である。
2. 学名の後に（ ）で付した数字は第4章掲載の種番号である。
3. それぞれの分類群や種・亜種などの詳しい解説ページについてはページ数を太字で示した。とくに第4章の種の解説部で、解説が複数のページにわたる種では、最初のページだけを太字で示してある。

A

B

Q

R

S

T

Y

Z

著者略歴

1947年3月、愛知県豊田市生まれ。

高校時代、矢作川左岸に広がる田畑や藪に野鳥を追っかけていた。大学は鳥の生態研究を志し、信州大学農学部へ。2年生の秋まで、山岳部に所属。この頃に培った山での生活技術がタケ類の研究に200%活きた。卒研は畜産製造学研究室で、細野明義先生から研究者としての基本的な姿勢を学ぶ。卒業の頃には、生物学の一般原則に興味を抱き、理学研究科への進学を決意。2年間の浪人生活を経て生物学専攻へ。ユリの花粉母細胞を使った減数分裂の研究者·伊藤道夫先生に師事。だが、テーマはクロレラのような単細胞緑藻の分裂増殖の制御だった。

1977年8月、宇都宮大学教養部講師として就職、94年9月同教授。同年10月、国際学部発足に伴い、農学部森林科学科教授に異動、森林資源植物学研究室を開く。2012年3月定年退職。

名古屋を離れる時の伊藤先生の餞のお言葉：“日光や尾瀬に近い自然豊かな場所だから、そこから新たなテーマをみつけては？”、が自分の半生を決めた。

生まれて初めての海外旅行は、1989年3月～4月の10日間のUSハーバリウム訪問だった。翌年10月からの南米に向けた長期在外研究の準備だった。これを機に、多くの新世界タケ類の研究者の知己を得る。1996年、ロンドンで開催されたタケ類のシンポジウムに参加して以来、ロンドン・リンネ協会会員（F.L.S.)。

大学院時代に始めた空手は、アマゾン、アンデス、そしてアフリカへと続くタケ類の探索において、地元の人々との溝を一瞬にして埋める絶大な架け橋となった。理学博士、樹木医、古流現代日本空手道常心門五段。“得るものがすべての空手人生”

The Illustrated Book of Plant Systematics in Color
Bambusoideae in Japan

THE HOKURYUKAN CO., LTD.
3-17-8, Kamimeguro, Meguro-ku
Tokyo, Japan

原色植物分類図鑑
日本のタケ亜科植物

平成 29 年 4 月 20 日　初版発行

著　者　小　林　幹　夫
発行者　福　田　久　子
発行所　株式会社 北　隆　館
〒153-0051　東京都目黒区上目黒3-17-8
電話03(5720)1161　振替00140-3-750
http://www.hokuryukan-ns.co.jp/
e-mail : hk-ns2@hokuryukan-ns.co.jp
印刷所　株式会社　東邦
ISBN978-4-8326-1004-0 C0645